# Astrolutz 2026

Harald Lutz

Ein Wegweiser für Sternfreunde durch das Jahr 2026
mit Daten zur Sichtbarkeit von Sternen und Planeten
sowie der Auflistung aller wichtigen astronomischen
Ereignisse im Jahreslauf.

# Harald Lutz

# **Astrolutz 2026**

## Astronomisches Jahrbuch für 2026

# Impressum

Bibliografische Information der Deutschen Nationalbibliothek: Die Deutsche Nationalbibliothek verzeichnet diese Publikation in der Deutschen Nationalbibliografie: detaillierte bibliografische Daten sind im Internet über dnb.dnb.de abrufbar.

© 2025 Harald Lutz
Verlag: BoD · Books on Demand GmbH, Überseering 33,
22297 Hamburg, bod@bod.de
Druck: Libri Plureos GmbH, Friedensallee 273, 22763 Hamburg

ISBN: 978-3-8192-9629-1

Umschlaggestaltung: Harald Lutz unter Verwendung selbst angefertigter Fotografien.

# Inhaltsverzeichnis

# Wichtige Sternkarten

# Einleitung

Die folgenden Kapitel sind für den Neuling der Astronomie bestimmt. Wer schon über einschlägige Kenntnisse verfügt, kann diese Kapitel überblättern. Die in diesen Kapiteln beschriebenen und im folgenden Werk benutzten Einstellungen werden kurz zusammengefasst:


Verwendetes Äquinoktium in Ephemeriden: aktuell

Äquinoktium in Sternkarten: 2000
Konjunktionen zwischen Mond, Planeten, Asteroiden und Fixsternen: Wert in Rektaszension
Konjunktionen zwischen Planeten und Asteroiden mit der Sonne: Wert in ekliptikaler Länge

Alle Angaben in diesem Werk wurden mit größtmöglicher Sorgfalt zusammengestellt, doch können fehlerhafte Angaben niemals gänzlich ausgeschlossen werden. Der Autor übernimmt keine Haftung für Personen- oder Sachschäden, insbesondere nicht für solche, die durch unvorsichtige Sonnenbeobachtung entstehen.

# Sterne und Sternbilder

In einer klaren Nacht kann man etwa 2000 – 3000 Sterne sehen. Um in diese Vielzahl von Sternen Ordnung zu bringen, hat man markanten Gruppen von Sternen Namen gegeben, die man als Sternbilder bezeichnet. Jeder Kulturkreis hat im Laufe der Geschichte eigene Sternbilder kreiert. Heutzutage verwendet man 88 Sternbilder. Die meisten, der in Mitteleuropa sichtbaren Sternbilder gehen auf die griechische Sagenwelt zurück, in der die Beteiligten oft am Ende in den Himmel versetzt wurden. Es gibt aber – nicht nur am südlichsten Teil des Himmels, der den antiken Griechen unbekannt war – auch zahlreiche Sternbilder, die erst in der Neuzeit geschaffen wurden.

Die heute verwendeten 88 Sternbilder decken den kompletten Himmel ab und haben eindeutig definierte Grenzen. Die Sterne der Sternbilder bilden in der Regel keine echten Sterngruppen und befinden sich oft in unterschiedlicher Entfernung zur Erde. In den Sternkarten dieses Buches sind die Sternbilder als durch Linien verbundene Sterngruppen dargestellt. Diese Form der Darstellung ermöglicht eine relativ leichte Identifizierung. Natürlich existieren diese Linien am Himmel nicht. Diese Darstellungsform ist nicht genormt. Man kann auch Sternkarten finden, in denen die Sterne der Sternbilder auf andere Weise, wie in diesem Buch, mit Linien verbunden sind.

## Liste der Sternbilder

| Name des Sternbildes | Lateinischer Name | Genitiv des lateinischen Namens | Abkürzung |
|---|---|---|---|
| Adler | Aquila | Aquilae | Aql |
| Altar | Ara | Arae | Ara |
| Andromeda | Andromeda | Andromedae | And |
| Bärenhüter | Bootes | Bootis | Boo |
| Becher | Crater | Crateris | Crt |
| Bildhauer | Sculptor | Sculptoris | Scl |
| Chamäleon | Chamaeleon | Chamaeleontis | Cha |
| Chemischer Ofen | Fornax | Fornacis | For |
| Delphin | Delphinus | Delphini | Del |
| Drache | Draco | Draconis | Dra |
| Dreieck | Triangulum | Trianguli | Tri |
| Eidechse | Lacerta | Lacertae | Lac |
| Einhorn | Monoceros | Monocerotis | Mon |
| Eridanus | Eridanus | Eridani | Eri |
| Fische | Pisces | Piscium | Psc |
| Fliege | Musca | Muscae | Mus |
| Fliegender Fisch | Volans | Volantis | Vol |
| Fuchs | Vulpecula | Vulpeculae | Vul |
| Fuhrmann | Auriga | Aurigae | Aur |

| Name des Sternbildes | Lateinischer Name | Genitiv des lateinischen Namens | Abkürzung |
| --- | --- | --- | --- |
| Füllen | Equuleus | Equulei | Equ |
| Giraffe | Camelopardalis | Camelopardalis | Cam |
| Grabstichel | Caelum | Caeli | Cae |
| Großer Bär | Ursa Major | Ursae Majoris | Uma |
| Großer Hund | Canis Major | Canis Majoris | CMa |
| Haar der Berenike | Coma Berenices | Comae Berenices | Com |
| Hase | Lepus | Leporis | Lep |
| Herkules | Hercules | Herculis | Her |
| Inder | Indus | Indi | Ind |
| Jagdhunde | Canes Venatici | Canum Venaticorum | CVn |
| Jungfrau | Virgo | Virginis | Vir |
| Kassiopeia | Cassiopeia | Cassiopeiae | Cas |
| Kepheus | Cepheus | Cephei | Cep |
| Kleine Wasserschlange | Hydrus | Hydri | Hyi |
| Kleiner Bär | Ursa Minor | Ursae Minoris | UMi |
| Kleiner Hund | Canis Minor | Canis Minoris | CMi |
| Kleiner Löwe | Leo Minor | Leonis Minoris | LMi |
| Kompass | Pyxis | Pyxidis | Pyx |
| Kranich | Grus | Gruis | Gru |
| Krebs | Cancer | Cancri | Cnc |
| Kreuz des Südens | Crux | Crucis | Cru |
| Leier | Lyra | Lyrae | Lyr |
| Löwe | Leo | Leonis | Leo |
| Luchs | Lynx | Lyncis | Lyn |
| Luftpumpe | Antlia | Antliae | Ant |
| Maler | Pictor | Pictoris | Pic |
| Mikroskop | Microscopium | Microscopii | Mic |
| Netz | Reticulum | Reticuli | Ret |
| Nördliche Krone | Corona Borealis | Coronae Borealis | CrB |
| Oktant | Octans | Octantis | Oct |
| Orion | Orion | Orionis | Ori |
| Paradiesvogel | Apus | Apodis | Aps |
| Pegasus | Pegasus | Pegasi | Peg |
| Pendeluhr | Horologium | Horologii | Hor |
| Perseus | Perseus | Persei | Per |
| Pfau | Pavo | Pavonis | Pav |
| Pfeil | Sagitta | Sagittae | Sge |
| Phönix | Phönix | Phoenicis | Phe |
| Rabe | Corvus | Corvi | Crv |
| Schiffsheck | Puppis | Puppis | Pup |
| Schiffskiel | Carina | Carinae | Car |

| Name des Sternbildes | Lateinischer Name | Genitiv des lateinischen Namens | Abkürzung |
|---|---|---|---|
| Schild | Scutum | Scuti | Sct |
| Schlange | Serpens | Serpentis | Ser |
| Schlangenträger | Ophiuchus | Ophiuchi | Oph |
| Schütze | Sagittarius | Sagittarii | Sgr |
| Schwan | Cygnus | Cygni | Cyg |
| Schwertfisch | Dorado | Doradus | Dor |
| Segel | Vela | Velorum | Vel |
| Sextant | Sextans | Sextantis | Sex |
| Skorpion | Scorpius | Scorpii | Sco |
| Steinbock | Capricornus | Capricorni | Cap |
| Stier | Taurus | Tauri | Tau |
| Südliche Krone | Corona Australis | Coronae Australis | CrA |
| Südlicher Fisch | Piscis Austrinus | Piscis Austrini | PsA |
| Südliches Dreieck | Triangulum Australe | Trianguli Australis | TrA |
| Tafelberg | Mensa | Mensae | Men |
| Taube | Columba | Columbae | Col |
| Teleskop | Telescopium | Telescopii | Tel |
| Tukan | Tucana | Tucanae | Tuc |
| Waage | Libra | Librae | Lib |
| Walfisch | Cetus | Ceti | Cet |
| Wassermann | Aquarius | Aquarii | Aqr |
| Wasserschlange | Hydra | Hydrae | Hya |
| Widder | Aries | Arietis | Ari |
| Winkelmaß | Norma | Normae | Nor |
| Wolf | Lupus | Lupi | Lup |
| Zentaur | Centaurus | Centauri | Cen |
| Zirkel | Circinus | Circini | Cir |
| Zwillinge | Gemini | Geminorum | Gem |

# Sternhaufen und Nebel

Neben den Sternen gibt es auch noch nebelhaft erscheinende Objekte am Himmel.
Diese sind zum Teil Sternhaufen, die nicht aufgelöst werden können, Gaswolken im
Kosmos, aus denen sich entweder neue Sterne bilden oder die beim Tod von Sternen
entstanden sind oder auch andere Galaxien, also Sternsysteme ähnlich der
Milchstraße. Im Unterschied zu Sternbildern sind Sternhaufen echte Gruppierungen
von Sternen. Es gibt 2 Typen von Sternhaufen: offene Sternhaufen und
Kugelsternhaufen. Letztere sind dichter gepackt und erscheinen, wie der Name sagt,
kugelförmig.

# Bezeichnung von Sternen, Sternhaufen und Nebeln

Die hellsten Sterne eines Sternbildes werden, seitdem Johannes Bayer im Jahr 1603
den Sternatlas „Uranometria" herausbrachte, im Regelfall mit einem kleinen
Buchstaben des griechischen Alphabets bezeichnet, den man dem Genitiv des
lateinischen Sternbildnamens (siehe Liste auf Seite 10) anhängt. Hierbei trägt meist,
aber nicht immer, der hellste Stern eines Sternbildes den Buchstaben α (Alpha), der
zweithellste den Buchstaben β (Beta), der dritthellste den Buchstaben γ (Gamma),
usw.

**Die Kleinbuchstaben des griechischen Alphabets**

α  Alpha
β  Beta
γ  Gamma
δ  Delta
ε  Epsilon
ζ  Zeta
η  Eta
θ  Theta
ι  Iota
κ  Kappa
λ  Lambda
μ  Mü
ν  Nü
ξ  Xi
ο  Omikron
π  Pi
ρ  Rho
σ  Sigma
τ  Tau
υ  Ypsilon
φ  Phi

| χ | Chi |
| ψ | Psi |
| ω | Omega |

Natürlich reichen die 24 Buchstaben des griechischen Alphabets nicht aus, um alle Sterne eines Sternbildes zu bezeichnen, weshalb der Astronom John Flamsteed im Jahr 1712 die Sterne der Sternbilder durchnummerierte, wobei auch die Sterne, die schon mit einem griechischen Buchstaben bezeichnet wurden, mitgezählt wurden. Noch heute wird dieses Nummerierungssystem genutzt, wobei die Sternennummer in Verbindung mit dem lateinischen Genitiv des Sternbildnamens verwendet wird. Jedes Sternbild hat zudem noch eine Abkürzung, die aus 3 Buchstaben des lateinischen Sternbildnamens besteht.

Selbstverständlich reichte auch dies noch nicht aus und so wurden in den folgenden Jahrhunderten zahlreiche weitere Sternverzeichnisse, sogenannte Sternkataloge, geschaffen. In diesen erfolgt meist die Bezeichnung ohne Angabe des Sternbildes mit fortlaufender Nummerierung, wie HD 128974, welches den Stern mit der Nummer 128974 im Henry-Draper-Katalog bezeichnet.

Helligkeitsveränderliche Sterne werden, sofern sie nicht mit einem Buchstaben des griechischen Alphabets versehen sind, mit einem oder zwei lateinischen Großbuchstaben zwischen R und Z in Verbindung mit dem lateinischen Genitiv des Sternbildes gekennzeichnet.

Die hellsten Sterne und auch einige lichtschwächere Sterne an markanten Positionen besitzen zudem noch Eigennamen, die meist aus dem Arabischen stammen. Typische Beispiele hierfür sind Sirius für α Canum Majoris oder Pollux für β Geminorum.

Nebel, Galaxien und Sternhaufen werden unabhängig von ihrer Natur mit einer fortlaufenden Nummer aus einem entsprechenden Verzeichnis bezeichnet. Die am häufigsten verwendeten Verzeichnisse sind der „Messier-Katalog" in dem Objekte mit einem M und der fortlaufenden Nummer bezeichnet werden, der „New General Catalogue", dessen Objekte mit „NGC" und der fortlaufenden Nummer benannt werden und der „Index Catalogue" (Objektbezeichnung: „IC" + fortlaufende Nummer).

## Veränderliche Sterne

Manche Sterne zeigen eine mehr oder minder große Schwankung ihrer Helligkeit. Ursache hierfür können gegenseitige Bedeckungen von Sternen in Doppelsternsystemen (Bedeckungsveränderliche), die Rotation deformierter oder ungleichmäßig beschaffener Sternkörper (Rotationsveränderliche) oder physikalische Veränderungen des Sterns sein. Rotationsveränderliche zeigen meist nur geringe Helligkeitsschwankungen und sind deshalb für die meisten Amateurbeobachter uninteressant, weshalb sie in diesem Werk nicht näher behandelt werden.

## Bedeckungsveränderliche

Bedeckungsveränderliche sind Doppelsterne, bei denen sich die beiden Komponenten
während eines Umlaufs gegenseitig bedecken, wobei die Helligkeit des Sternsystems
abnimmt, da jeweils nur das Licht einer Komponente die Erde erreicht.
Während eines Umlaufs treten zwei Minima auf, diese fallen je nachdem, wie groß der
Unterschied zwischen beiden Sternen ist, verschieden stark aus.
Zwischen den Minima ist bei Bedeckungsveränderlichen mit nicht deformierten
Sternen die Helligkeit mehr oder minder konstant, während sie bei Systemen, deren
Komponenten durch ihre gegenseitige Schwerkraft deformiert sind, in dieser Zeit in
Folge der Eigenrotation der Sternkomponenten schwanken kann. Ein
Bedeckungsveränderlicher der ersten Sorte ist Algol, einer der letzten ist β Lyrae.


## Physikalisch-veränderliche Sterne

Physikalisch-veränderliche Sterne sind Sterne, deren Helligkeit in Folge physikalischer
Veränderungen des Sterns schwanken. Hierbei gibt es zwei Grundtypen: eruptive
Veränderliche und Pulsationsveränderliche. Der Helligkeitsverlauf eruptiv-
veränderlicher Sterne kann nicht vorausberechnet werden, weshalb auf sie nicht näher
eingegangen wird.
Die für Amateurbeobachter wichtigsten Typen von Pulsationsveränderlichen sind
die Cepheiden und die Mirasterne. Cepheiden zeigen einen streng periodischen
Lichtwechsel mit einer Periode von wenigen Tagen und einer Helligkeitsschwankung
von 0,5 mag bis 1 mag. Mirasterne haben eine Periode von 80 bis 1000 Tagen, die
nicht immer streng eingehalten wird. Die Amplitude ihres Lichtwechsels ist beträchtlich
und kann bei einigen Objekten mehr als 10 mag betragen.

Ab Seite 319 werden einige gut beobachtbare, veränderliche Sterne mit Angaben zu
den Zeitpunkten ihrer Helligkeitsmaxima oder Helligkeitsminima vorgestellt.

# Astronomische Koordinatensysteme und Sternzeit

Um die Position eines Objekts am Himmel festzulegen, ist die Angabe des Sternbildes
häufig zu ungenau. Es muss ein Koordinatensystem her. Da der Himmel von der Erde
aus wie das Innere einer Kugel erscheint, kommt man mit zwei Winkelkoordinaten aus,
die man wie üblich in Grad, abgekürzt mit ° angibt. Für sehr kleine Werte unterteilt
man das Grad in 60 Bogenminuten (abgekürzt: ') und diese wieder in 60
Bogensekunden (abgekürzt: "). Der naheliegendste Gedanke für ein derartiges
System ist das Horizontsystem, bei dem der Horizont als Bezugsebene dient und man
die Position des Objekts durch seine Höhe über dem Horizont und dem Winkel
zwischen Südlinie und der Linie zwischen Objekt und Scheitelpunkt des
Himmelgewölbes, den sogenannten Azimut bestimmt. Dieses System hat den
Nachteil, dass sich wegen der Erdrotation alle Koordinaten rasch ändern.

Ein Koordinatensystem, welches dieses Problem überwindet, ist das äquatoriale Koordinatensystem. Bei ihm dient der Himmelsäquator als Bezugsebene und als Koordinaten dienen die Winkel des Objekts zwischen dem Objekt und dem Himmelsäquator und dem Objekt und dem Frühlingspunkt. Der Frühlingspunkt ist die Stelle, an der sich die Sonne aufhält, wenn sie den Himmelsäquator in nördlicher Richtung passiert und mit dessen Sonnenpassage der astronomische Frühling beginnt.

Es ist üblich, den Winkel zwischen Objekt und Frühlingspunkt, den sogenannten Rektaszensionswinkel in Stunden, Minuten und Sekunden anzugeben. Hierbei entsprechen 1 Stunde 60 Minuten, 1 Minute 60 Sekunden und 24 Stunden einen kompletten Umlauf um den Himmel. Im üblichen Winkelmaß ausgedrückt, entspricht somit 1 Stunde einen Winkel von 15°, 1 Minute einen Winkel von 15' und 1 Sekunde einen Winkel von 15".

Diese Bezeichnung rührt daher, weil in 24 Stunden sich die Erde einmal um sich selbst gedreht hat, so dass dann wieder der gleiche Punkt seinen höchsten Stand am Himmel erreicht.

Allerdings darf man hierzu nicht unsere normalen Stunden nehmen, denn diese sind von dem im Alltag gebräuchliche Tag abgeleitet, welcher als zeitliche Differenz zwischen zwei Höchstständen der Sonne definiert ist. Da die Erde um die Sonne wandert, hat sich die Sonne nach einem Tag am Himmel etwas in Richtung höherer Rektaszensionswerte verschoben, so dass sich dann etwas mehr als der komplette Himmel scheinbar um die Erde gedreht hat.

Man muss deshalb eine andere Tagesdefinition verwenden, den sogenannten Sterntag, der die zeitliche Differenz zwischen zwei Höchstständen des Frühlingspunkts darstellt. Er ist mit einer Länge von 23h56m4s etwas kürzer.

Von diesen können analog zum Sonnentag Stunden, Minuten und Sekunden abgeleitet werden, die um den Faktor 0,997268, ungefähr 365/366-mal kürzer sind als die im Alltagsgebrauch üblichen entsprechenden Zeiteinheiten.

Wenn an einen bestimmten Tag der Frühlingspunkt um 21.30 Uhr kulminiert, das heißt seinen höchsten Stand im Süden erreicht, dann kulminiert ein Objekt mit der Rektaszension 1h30m 1h29m45s später, also um 22h59m45s.

Die Deklination hingegen wird – wie allgemein üblich – in Grad (°), Bogenminute (') und Bogensekunden (") angegeben.

Ein korrekt aufgestelltes, parallaktisch montiertes Fernrohr, dessen Achsen mit Teilkreisen ausgestattet sind, kann mit Hilfe der Sternzeit blind auf ein Himmelsobjekt bekannter Rektaszension und Deklination eingestellt werden. Hierzu muss vom Rektaszensionswert der zur Beobachtungszeit gültige Sternzeitwert subtrahiert werden. Der erhaltene Winkel, der sogenannte Stundenwinkel ist an der Polachse und der Deklinationswert an der Deklinationsachse einzustellen.

Wenn die Montierung korrekt ausgerichtet ist, sieht man jetzt das Objekt im Fernrohr. Zur Bestimmung der Sternzeit gibt es auf Seite 312 eine Tabelle mit der Sternzeit für jeden Tag des Jahres 2026.

Leider ist auch der Himmelspol nicht fest am Himmel, sondern beschreibt durch die Kreiselbewegung der Erde, die sogenannte Präzession, im Zeitraum von 25800 Jahren einen Kreis mit 47° Durchmesser am Himmel.

Dies mag auf den ersten Blick vernachlässigbar klein erscheinen, wenn man
Zeiträume von wenigen Jahren und Jahrzehnten betrachtet, ist es aber nicht, weil man
in der Astronomie oft Koordinatenangaben mit hoher Genauigkeit im
Bogensekundenbereich macht. Deshalb muss man bei äquatorialen Koordinaten stets
angeben, für welchen Zeitpunkt, den man als Epoche bezeichnet, die Position des
Frühlingspunktes wählt. In diesem Werk wird für Sternkarten die Epoche 2000
verwendet, während in den Ephemeriden, das sind die Listen mit den Positionen der
Himmelsobjekte, die aktuelle Epoche verwendet wird.
Ein weiteres astronomisches Koordinatensystem ist das ekliptikale System. Es
verwendet die Erdbahnebene als Bezugsebene mit dem Frühlingspunkt als Nullpunkt.
Es wird in diesem Werk nicht verwendet, wie auch das galaktische System, welches
die Ebene unseres Milchstraßensystems als Bezugsebene mit dem Zentrum der
Milchstraße als Nullpunkt verwendet.

## Helligkeit

Die Helligkeit von Himmelsobjekten wird in Größenklassen angegeben, wobei es
üblich ist für ein Objekt mit der Helligkeit der Größenklasse 2,1 2,1 mag zu schreiben.
Je größer der Wert der Helligkeit eines Objektes ist, umso lichtschwächer ist es. Mit
bloßem Auge kann man Objekte beobachten, deren Größenklassenwert kleiner gleich
6 ist, mit einem Feldstecher kommt man bis zur 9. Größe und mit einem 6 Zentimeter
Fernrohr bis zu 11 mag.
Großteleskope können Objekte bis zu 28 mag detektieren.
Die Größenwerte sehr heller Objekte sind kleiner als 0. So hat Sirius, der hellste
Fixstern, eine Helligkeit von –1,47 mag, die Venus eine von etwa – 4 mag, der
Vollmond von –12,7 mag und die Sonne von –26,7 mag.
Die Größenklassenskala ist eine logarithmische Skala: ein Objekt, dessen
Größenklassenwert um 5 Werte niedriger ist, als die eines anderen, ist 100-mal heller
als dieses, folglich ist ein Objekt, welches um 1 Größenklasse heller ist als ein anderes
um den Faktor der 5. Wurzel aus 100 (ungefähr: 2,512-mal) heller als dieses.

## Uhrzeit

Alle Uhrzeiten in diesem Buch sind, sofern nicht anders angegeben, als
mitteleuropäische Zeit (MEZ) angegeben. Herrscht Sommerzeit (MESZ), so ist zu
diesen Angaben 1 Stunde zu addieren, wobei sich für Zeitangaben zwischen 23 Uhr
und 24 Uhr MEZ, auch das Datum des Ereignisses auf den nächsten Tag verschiebt.
Sind in der Liste der Sternbedeckungen durch den Mond bei einem Ereignis für
manche Orte Zeitangaben mit Werten vor 24 Uhr zugeordnet und für andere solche
mit Werten nach 0 Uhr zu finden, so heißt dies, dass in letzteren Orten das Ereignis
kurz nach Mitternacht am folgenden Tag stattfindet.

# Konjunktion und Opposition

Wenn von der Erde aus betrachtet, zwei Himmelskörper in der gleichen Richtung zu sehen sind, dann sagt man, sie sind in Konjunktion zueinander.
Das präzisere Kriterium für gleiche Richtung ist der gleiche Rektaszensionswert (Konjunktion in Rektaszension) oder der gleiche Wert der ekliptikalen Länge (Konjunktion in Länge).
Für Konjunktionen zwischen Mond, Planeten, Zwergplaneten, Asteroiden und Fixsternen werden in diesem Buch in der Liste „Astronomische Ereignisse" stets die Werte der Konjunktion in Rektaszension angegeben, während bei Konjunktionen mit der Sonne immer der Wert der Konjunktion in ekliptikaler Länge angegeben ist.
Zum Zeitpunkt der Konjunktion erreichen zwei Himmelskörper ihren kleinsten gegenseitigen Winkelabstand. Es ist möglich, dass dieser Winkelabstand so klein ist, dass der eine Körper den anderen bedeckt oder vor diesen vorbeizieht. Da die Himmelskörper hierbei sehr unterschiedlich weit von der Erde entfernt sein können, ist es möglich, dass ein solches Ereignis nicht überall dort sichtbar ist, wo beide Himmelskörper zum fraglichen Zeitpunkt über dem Horizont stehen.
Stehen am Himmel zwei Objekte einander gegenüber, so stehen sie in Opposition zueinander. Dies ist insbesondere in Bezug auf die Sonne von großer Bedeutung, weil dann ein Objekt am besten beobachtet werden kann. Als Zeitpunkt wird hierbei stets der Zeitpunkt der Opposition in ekliptikaler Länge angegeben.

# Sonnenuntergang und Dämmerung

In dieser Tabelle sind für jeden Tag des Jahres der Zeitpunkt des Sonnenaufgangs, des Sonnenuntergangs, des höchsten Standes der Sonne, des Anfangs und des Endes der Dämmerung sowie der Wert der Zeitgleichung angegeben. Es wird hierbei zwischen 3 Arten der Dämmerung unterschieden:
- bürgerliche Dämmerung: Sonne 6° unter dem Horizont. Die hellsten Sterne sind sichtbar und man kann nicht mehr ohne künstliche Beleuchtung lesen
- nautische Dämmerung: Sonne 12° unter dem Horizont. Sterne bis zur 3. Größe sind sichtbar und man kann nicht mehr die exakte Lage des Horizonts bestimmen
- astronomische Dämmerung: Sonne 18° unter dem Horizont. Es ist vollkommen dunkel.

Die Zeitgleichung beschreibt die Differenz zwischen der Kulmination der Sonne und dem Mittagszeitpunkt, der in dieser Tabelle nicht 12 Uhr, sondern 12.24 Uhr ist. Dies ist auf dem Umstand zurückzuführen, dass die Zeitangaben in MEZ angegeben sind, sich aber auf den Ort mit 50° nördlicher Breite und 9° östlicher Länge beziehen. Die Längendifferenz von 6° führt zu einer Verspätung der Sonnenkulmination von 24 Minuten.

# Mond

Der Mond durchwandert in 27,5 Tagen den kompletten Tierkreis, weshalb für jeden Tag seine Position angegeben ist. Da der von der Sonne beleuchtete Teil des Mondes, den wir als Mondphase bezeichnen, innerhalb von etwa 29,5 Tagen einen kompletten Zyklus durchläuft, ist auch der sogenannte Phasenwinkel angegeben, wobei 0 nicht beleuchtet (Neumond), 0,5 (halb beleuchtet) und 1 (Vollmond) bedeutet. Die exakten Zeitpunkte der Hauptmondphasen Neumond, Erstes Viertel (zunehmender Mond halb beleuchtet), Vollmond und Letztes Viertel (abnehmender Mond halb beleuchtet), die in der Tabelle mit den Mondpositionen durch entsprechende Symbole gekennzeichnet sind, können der Tabelle „Astronomische Ereignisse" entnommen werden, ebenso die Konjunktionen des Mondes mit Planeten und hellen Fixsternen.
In dieser Rubrik findet man auch die Zeitpunkte der größten Erdnähe und Erdferne des Mondes und auch die Zeitpunkte, zu denen der Mond die Ekliptikebene durchwandert (den Durchgang des aufsteigenden bzw. absteigenden Knotens) und des maximalen Abstandes von der Ekliptikebene, der sogenannten größten Nord- oder Südbreite.

## Sternbedeckungen durch den Mond

Bei seiner Wanderung durch den Tierkreis bedeckt der Mond auch gelegentlich Fixsterne und Planeten, was mit einem Fernrohr verfolgt werden kann. Da der Mond keine Atmosphäre hat, verschwinden Fixsterne bei Bedeckungen schlagartig und tauchen auch unvermittelt wieder auf. Im Anhang befindet sich auf Seite 205 eine Tabelle mit derartigen Ereignissen. Die Ein- und Austrittszeitpunkte sind hierbei stark ortsabhängig, weshalb diese für verschiedene Orte im deutschsprachigen Raum angegeben sind. Bedeckungen von Himmelskörpern durch den Mond sind auch nicht überall sichtbar. Aus diesem Grund enthält diese Tabelle auch für manche Orte keine Werte.

# Finsternisse

Wenn der Neumond vor der Sonne vorbeizieht, ereignet sich eine Sonnenfinsternis und wenn der Vollmond durch den Erdschatten wandert, eine Mondfinsternis. Diese Ereignisse werden in der Rubrik „Astronomische Ereignisse" und speziellen Kapiteln beschrieben. Mondfinsternisse sind überall dort sichtbar, wo der Mond während der Finsternis über dem Horizont steht, während Sonnenfinsternisse nur in bestimmten Gebieten mit unterschiedlicher Ausprägung zu sehen sind.

# Planeten

Die Sterne verändern innerhalb „überschaubarer" Zeiträume von einigen
Jahrtausenden ihre Position untereinander am Himmel praktisch nicht und erscheinen
„fix", weshalb man auch von Fixsternen spricht. Daneben gibt es auch einige Objekte,
die den Beobachter mit bloßem Auge zwar als Sterne erscheinen, aber ihre Position in
Bezug zu den anderen Sternen relativ rasch ändern. Man bezeichnet diese Objekte
als Wandelsterne oder Planeten. Sie sind allesamt Objekte des Sonnensystems, die
wie die Erde um die Sonne laufen.
Im Fernrohr sieht man Planeten als mehr oder minder große Scheibchen, während
Fixsterne selbst in größten Fernrohren punktförmig erscheinen.
Die Beobachtung dieser Objekte ist besonders interessant, weshalb der größte Teil
des Werkes den Planeten gewidmet ist.
Man unterscheidet zwischen äußeren und inneren Planeten. Innere Planeten laufen
innerhalb der Erdbahn um die Sonne, äußere außerhalb.
Da wir uns auch auf einem Planeten befinden, der um die Sonne läuft, erscheinen uns
manchmal die Bahnen der Planeten am Himmel etwas verworren. So sehen wir, wenn
die Erde einen äußeren Planeten überholt oder sie von einem inneren Planeten
überholt wird, dass dieser am Himmel langsamer wird, stillzustehen scheint, sich am
Himmel rückläufig bewegt, wieder stillzustehen scheint und sich dann wieder
rechtläufig bewegt. Man spricht hierbei von der Oppositionsschleife (bei äußeren
Planeten) bzw. Konjunktionsschleife (bei inneren Planeten).
Innere Planeten können nur am Abendhimmel nach Sonnenuntergang und am
Morgenhimmel vor Sonnenaufgang beobachtet werden. Sie sind im Regelfall am
günstigsten zum Zeitpunkt ihres größten Winkelabstandes von der Sonne, der größten
Elongation zu sehen. Diese Planeten können auf zwei Arten mit der Sonne in
Konjunktion stehen und zwar in dem sie „hinter" oder „vor" der Sonne stehen. (Da
Planetenbahnen gegen die Erdbahnebene geneigt sind, stehen sie meist nördlich oder
südlich der Sonne). Im ersteren Fall spricht man von der oberen, im letzteren Fall von
der unteren Konjunktion.
In beiden Fällen ist der Planet im Regelfall unbeobachtbar. Allerdings kann die Venus
bei einer unteren Konjunktion in so großem Abstand an der Sonne vorbei-ziehen, dass
sie kurzzeitig sowohl am Abendhimmel kurz nach Sonnenuntergang als auch am
Morgenhimmel kurz vor Sonnenaufgang gesehen werden kann. Ein innerer Planet
kann, wenn er zum Zeitpunkt der unteren Konjunktion sehr nahe an der
Erdbahnebene steht, vor der Sonne vorbeiziehen, was mit geeigneten Vorsichtsmaßnahmen beobachtbar ist. Man spricht hierbei von einem Durchgang oder Transit.
Es gibt nur zwei innere Planeten: Merkur und Venus. Alle anderen Planeten sind
äußere Planeten. Auch die Zwergplaneten und die meisten der sogenannten
Asteroiden benehmen sich wie äußere Planeten.
Äußere Planeten kann man am besten zur Zeit der Opposition sehen. Sie stehen dann
gegenüber von der Sonne am Himmel und gehen bei Sonnenuntergang auf und bei
Sonnenaufgang unter und können die ganze Nacht über beobachtet werden.
Wenn sie mit der Sonne in Konjunktion stehen, sind sie natürlich im Regelfall
unbeobachtbar, da sie mit der Sonne auf- und untergehen.

Alle Planeten halten sich, wie der Mond, stets in der Nähe der Ekliptik auf. Die Ekliptik ist die Linie, auf der sich die Sonne im Laufe eines Jahres durch die Sternbilder scheinbar bewegt. Sie verläuft durch die Sternbilder Fische, Waage, Stier, Zwillinge, Krebs, Löwe, Jungfrau, Waage, Skorpion, Schlangenträger, Schütze, Steinbock und Wassermann. Mit Ausnahme des Schlangenträgers werden diese Konstellationen als Tierkreissternbilder bezeichnet. Sie sind trotz Namensgleichheit nicht identisch mit den Tierkreiszeichen. Letztere teilen die Ekliptik in 12 gleich lange Teile, während die Länge der Ekliptik in den Tierkreissternbildern unterschiedlich ist. Außerdem sind die Tierkreiszeichen gegenüber den Sternbildern, in Folge der Präzession, welche eine Wanderung des Frühlingspunktes, an den die Tierkreiszeichen gekoppelt sind, um ca. 1° in 72 Jahren in westlicher Richtung bewirkt, um etwa 30° in westlicher Richtung verschoben, so dass eine Position in einem bestimmten Sternbild meist identisch ist mit einer Position im nächsten Tierkreiszeichen.

## Identifizierung der Planeten

**Merkur:** nur während der Abenddämmerung in geringer Höhe über dem Westhorizont oder während der Morgendämmerung tief über dem Osthorizont zu sehen. Orangefarbenes Licht. Helligkeit: 6,2 mag bis –2,3 mag, Symbol: ☿.

**Venus:** nur am Abendhimmel oder am Morgenhimmel zu sehen. Sie ist nach Sonne und Mond das hellste Objekt am Himmel. Gelbes Licht. Helligkeit: –3,7 mag bis –4,7 mag, Symbol: ♀.

**Mars:** Orangerotes Licht („Der rote Planet"). Helligkeit: 1,8 mag bis –2,9 mag, Symbol: ♂.

**Jupiter:** Gelbes Licht. Meist das vierthellste Gestirn. Helligkeit: –1,7 mag bis –2,9 mag, Symbol: ♃.

**Saturn:** Weißes Licht, Helligkeit: 1,3 mag bis –0,5 mag. Die berühmten Ringe sind nur in einem Fernrohr von mindestens 5 cm Durchmesser bei 30facher Vergrößerung sichtbar, Symbol: ♄.

**Uranus:** Grünliches Licht. Mit bloßem Auge nur bei sehr dunklem Himmel als schwacher Stern sichtbar. Helligkeit: 5,3 mag bis 5,9 mag, Symbol: ♅.

**Neptun:** Bläuliches Licht. Nur mit Ferngläsern oder Fernrohren beobachtbar. Helligkeit: 7,8 mag bis 8,0 mag, Symbol: ♆.

# Asteroiden und Zwergplaneten

Die Planeten sind nicht die einzigen sternförmigen Objekte, die am Himmel relativ
rasch ihre Position verändern. Auch die sogenannten Zwergplaneten und Asteroiden
zeigen ein derartiges Verhalten.
Sie sind wie die Planeten Objekte des Sonnensystems, aber kleiner als diese. Mit
Ausnahme von Vesta, die bei günstiger Opposition mit freiem Auge als Stern 6. Größe
gesehen werden kann, ist zu ihrer Beobachtung optisches Gerät notwendig. Im
Unterschied zu Planeten erscheinen Asteroiden und Zwergplaneten auch in größeren
Fernrohren punktförmig.
Es gibt 5 Zwergplaneten (Ceres, Pluto, Eris, Makemake und Haumea) sowie einige
tausend Asteroiden. In diesem Werk werden nur für Amateurastronomen interessante
Objekte dieser Kategorien berücksichtigt.
Manche Asteroiden und Zwergplaneten haben Umlaufbahnen mit großer Neigung
gegenüber der Erdbahn, so dass nicht alle diese Objekte immer in unmittelbarer Nähe
der Ekliptik zu finden sind.

# Monde anderer Planeten

Schon mit einem Feldstecher sind die 4 hellsten Monde des Planeten Jupiter, Io,
Europa, Ganymed und Kallisto zu sehen. Für alle Monate, in denen Jupiter beobachtet
werden kann, ist ein Diagramm mit den Stellungen dieser Monde bezüglich des
Planeten vorhanden.
Auf diesem Diagramm erscheint Jupiter als schwarzer Strich in der Mitte und die
Monde sind mit I für Io, II für Europa, III für Ganymed und IV für Kallisto
gekennzeichnet.
Diese Monde treten manchmal in den Schatten Jupiters ein, werden von ihm bedeckt,
werfen ihren Schatten auf Jupiter oder ziehen vor ihm vorbei. Derartige Ereignisse
können mit Fernrohren verfolgt werden und sind in der Rubrik „Jupitermond-
Ereignisse" aufgeführt.
Mit einem Fernrohr können auch die Saturnmonde Titan, Rhea, Thethys, Japetus und
Enceladus beobachtet werden. Während Titan schon mit einem lichtstarken Fernglas
gesehen werden kann, ist für Rhea und Japetus ein Fernrohr mit 6 cm Objektivöffnung
und für weitere Monde ein noch größeres Instrument erforderlich. Diagramme mit der
Sichtbarkeit der Saturnmonde finden sich im Anhang auf Seite 293.
Die Helligkeit des Mondes Japetus schwankt stark während eines Umlaufs: in
westlicher Elongation ist er 10,5 mag hell, während in östlicher Elongation seine
Helligkeit auf 11,9 mag zurückgeht.
Die anderen Monde von Jupiter und Saturn sowie die Monde anderer Planeten
können nur mit sehr großen Fernrohren beobachtet werden. Sie werden in diesem
Werk nicht berücksichtigt.

# Astronomische Ereignisse

Diese Tabelle enthält alle wichtigen astronomischen Ereignisse, außer
Sternbedeckungen durch den Mond und Ereignisse bei denen Monde anderer
Planeten involviert sind. Man findet dort:
- Wichtige Stellungen der Planeten (Opposition, Konjunktion zur Sonne, größte
Elongationen zur Sonne bei Merkur und Venus, Beginn und Ende von Oppositions-
und Konjunktionsschleifen)
- Mondphasen
- Erdnähe (Perigäum) und Erdferne (Aphel) des Mondes
- Passage des Perihels (sonnennächster Punkt) und Aphels (sonnenfernster Punkt)
von Planeten und Zwergplaneten
- Passage der Ekliptikebene von Mond, Planeten, Zwergplaneten und Asteroiden
(absteigender Knoten, wenn von Nord nach Süd, aufsteigender Knoten, wenn von Süd
nach Nord)
- Maximaler Abstand von Mond, Planeten, Zwergplaneten und Asteroiden zur Ekliptik
(Größte Nordbreite bzw. Größte Südbreite)
- Mond- und Sonnenfinsternisse
- Konjunktionen des Mondes, der Planeten, Zwergplaneten und Asteroiden
untereinander sowie mit hellen ekliptiknahen Sternen. Der angegebene Winkelwert
bezeichnet den Winkelabstand zwischen den Mittelpunkten beider, an der Konjunktion
beteiligten Himmelskörper.
Bei allen Konjunktionen ist auch ein Elongationswinkel zur Sonne angegeben, welcher
den Winkel zwischen dem Sonnenmittelpunkt und dem Mittelpunkt des an diesem
Ereignis beteiligten Himmelskörpers mit der kleinsten Elongation bezeichnet. Je
größer dieser ist, umso besser ist es im Regelfall beobachtbar. Der Elongationswert
kann für Konjunktionen mit der Sonne, unter die auch bekanntlich der Neumond fällt,
einen negativen Wert annehmen. In diesem Fall wandert der entsprechende
Himmelskörper im angegebenen Abstand südlich an der Sonne vorbei.

# Ephemeriden

Ephemeriden sind Tabellen der Position beweglicher Himmelsobjekte. Im Anhang
finden sich derartige Ephemeriden für die Sonne, die Planeten und die in diesem Werk
erwähnten Zwergplaneten und Asteroiden. Sie enthalten neben den Rektaszensions-
und Deklinationswerten für das aktuelle Äquinoktium noch den Zeitpunkt des Auf- oder
Untergangs, wobei der Aufgang angegeben ist, falls dieser vor der Sonne erfolgt und
der Untergang, wenn dieser erst nach Sonnenuntergang stattfindet. Aufgangszeiten
sind mit „A", Untergangszeiten mit „U" gekennzeichnet.

# Benutzung der Monatssternkarten

Um mit den Sternkarten die Sterne zu bestimmen, muss man zuerst einmal am Beobachtungsort die Himmelsrichtungen festlegen. In erster Näherung kann dies mit einem Kompass erfolgen, allerdings können in und in der Nähe von größeren Objekten aus Eisen, wie Stahlbetonbauten, Missweisungen auftreten.
Daher empfiehlt es sich, als Erstes den Polarstern aufzusuchen. Er steht fast genau über dem Punkt der Nordrichtung und bietet den Bewohnern der Nordhalbkugel die genaueste, einfache Möglichkeit zur Bestimmung der Nordrichtung. Um dies zu tun, gibt es zwei Möglichkeiten:

1.) Man sucht den sogenannten Großen Wagen, das sind die hellsten Sterne des Großen Bären, die eine Sterngruppe bilden, welche an einen Wagen mit einer Deichsel erinnern, auf und verlängert in Gedanken die Verbindungslinie der beiden hintersten Kastensterne, welche die Namen Dubhe und Merak tragen, um etwa den Faktor 5. Dann trifft man auf einen auffälligen Stern 2. Größe, den Polarstern.

2.) Man sucht das Sternbild Kassiopeia auf, welches auch „Himmels-W" genannt wird, weil die hellsten Sterne dieses Sternbildes die Form eines Buchstaben „W" bilden. Die Spitze dieses „W" zeigt ungefähr in Richtung Polarstern.

Welche Methode gewählt wird, sei dem Leser überlassen. Die Sternbilder Kassiopeia und Großer Bär liegen in entgegengesetzter Richtung vom Polarstern, somit kann, wenn eines dieser Bilder durch irdische Hindernisse verdeckt wird, das andere zum Aufsuchen des Polarsterns genutzt werden.

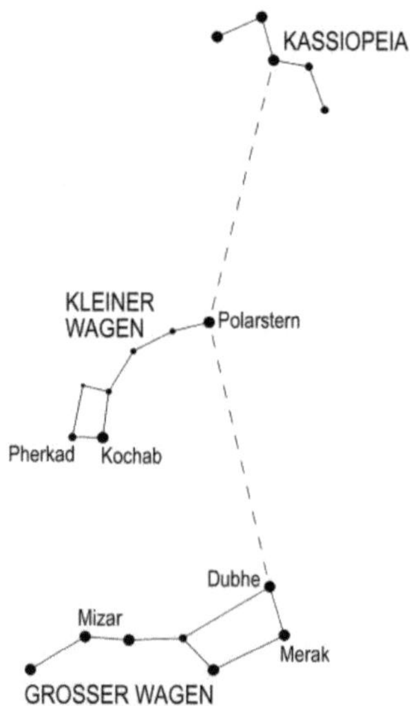


Die Sternbilder Großer Wagen, Kleiner Wagen und Kassiopeia mit Polarstern und anderen im Text erwähnten Sternen

Der Polarstern ist der hellste Stern des Sternbildes Kleiner Bär, das auch als Kleiner Wagen bezeichnet wird und steht mit einer Abweichung von maximal 1° über dem Nordpunkt. Das Sternbild Kleiner Bär besteht sonst überwiegend aus lichtschwachen Sternen, die nur bei dunklem Himmel freiäugig sichtbar sind. Einzig die beiden hintersten Kastensterne des Kleinen Bären, welche die Namen Kochab und Pherkad tragen, sind 2. und 3. Größe und damit auch bei aufgehelltem Himmel sichtbar. Nachdem man die Himmelsrichtungen für den Beobachtungsort bestimmt hat und wissen möchte, welche Sterne in einer bestimmten Richtung stehen, nimmt man die Monatskarte, die den gewünschten Zeitpunkt am nächsten kommt und dreht das Buch so, dass diese Richtung auf der Monatskarte nach unten weist. Ein Vergleich der Sterne am Himmel mit denen auf der Karte ermöglicht dann die Identifizierung dieser. Die Position der in den Monatskarten eingezeichneten Planeten gilt nur für den 1. des jeweiligen Monats. Sie können zum gewählten Beobachtungszeitpunkt ganz woanders am Himmel stehen.

# Planetenkarte

Diese Sternkarte, die man am Anfang des Kapitels „Planeten" des jeweiligen Monats findet, veranschaulicht den Weg der Sonne und der hellen Planeten Merkur, Venus, Mars, Jupiter und Saturn im jeweiligen Monat. Aus Platzgründen werden in diesen Karten die Sternbilder mit den international üblichen Abkürzungen (siehe „Liste der Sternbilder", auf Seite 10 und die Planeten mit den entsprechenden Symbolen (siehe „Identifizierung der Planeten" auf Seite 21) bezeichnet. Der Buchstabe neben den Planeten ist der Anfangsbuchstabe des jeweiligen Monats. Der entsprechende Planet steht dort am 1. Tag dieses Monats. Da die aufeinander folgenden Monate Juni und Juli beide mit dem gleichen Buchstaben anfangen, wird der Juni in diesen Karten mit 6 und der Juli mit 7 bezeichnet.

# Jahreszeitensternkarten

In den Monaten Januar, April, Juli und Oktober findet man zusätzliche Jahreszeitensternkarten, welche die Sternbilder der jeweiligen Jahreszeit inklusive aller in den Beschreibungen des monatlichen Sternenhimmels erwähnten Objekte zeigen. Auch die Fixsterne, deren Konjunktionen mit Mond und Planeten in den Monatslisten der astronomischen Ereignisse vermerkt sind, wurden markiert. Planeten sind in diesen Karten nicht eingetragen.
Eine Karte der sogenannten Zirkumpolarsterne, das sind die Sterne, die nicht untergehen, mit in diesem Werk erwähnten Objekten existiert auf Seite 29.

# Zentralmeridiane

Als Zentralmeridian bezeichnet man den Längengrad auf der Oberfläche eines
Planeten, welcher durch die Mitte seines Scheibchens verläuft. Hierbei erfolgt die
Zählung des planetaren Längengrades von 0° bis 360° in westlicher Richtung. Im
Anhang dieses Werkes sind für die Planeten Mars und Jupiter die Zentralmeridiane
sowie die Neigungswinkel ihrer Rotationsachsen zur Erde für die Monate, in denen
diese Planeten lohnende Objekte für Fernrohrbeobachtungen sind, tabelliert. Die
angegebenen Werte beziehen sich auf 0 Uhr MEZ des jeweiligen Tages.
Da die Äquatorregion von Jupiter schneller rotiert als seine Polarregionen, gibt es für
Jupiter zwei Zentralmeridiane, und zwar einen für seine Äquatorregion (System I) und
einen für seine Polarregionen (System II).

# Korrektur der Auf- und Untergangszeiten

Die in diesem Buch angegebenen Auf- und Untergangszeiten gelten für einen Punkt
bei 9° östlicher Länge und 50° nördlicher Breite. Für andere Orte ergeben sich
abweichende Zeiten. Allerdings sind die Zeitdifferenzen im deutschsprachigen Raum
so gering, dass eher die Beschaffenheit des lokalen Horizonts die größere Rolle spielt.
Wer aber dennoch für seinen Beobachtungsort genaue Werte ermitteln möchte, findet
auf Seite 316 die nötigen Informationen.

# Meteorströme

Neben einzeln auftretenden Meteoren gibt es auch Meteorströme, das sind Häufungen
von Sternschnuppen, welche zu gewissen Zeiten auftreten und aus den Resten von
Kometen stammen. Ihre Bahnen verlaufen im Raum annähernd parallel und sie
scheinen, wenn sie in die Erdatmosphäre eintreten, von einem Fluchtpunkt, dem
Radianten, herzukommen. Ein Meteorstrom wird in der Regel nach dem lateinischen
Namen des Sternbildes, in dem sich der Radiant befindet, bezeichnet. Wenn mehrere
Meteorströme ihren Radianten in einem Sternbild besitzen, wird zusätzlich meist
entweder der Maximumsmonat oder der dem Radianten nächstgelegene, hellere Stern
zur Bezeichnung herangezogen.

# Die sichere Sonnenbeobachtung

Immer wieder besteht der Wunsch, die Sonne zu beobachten oder zu fotografieren.
Während die freiäugige Beobachtung der tief stehenden oder von Dunst
geschwächten, nicht blendenden Sonne ohne Filter gefahrlos möglich ist, muss für die
freiäugige Beobachtung der hochstehenden blendenden Sonne ein geeigneter Filter
verwendet werden. Berußte Gläser oder Rettungsfolien sind hierfür nicht zu
empfehlen, weil sie die für das Auge gefährliche Infrarot- oder UV-Strahlung nicht im

nötigen Umfang blockieren. Sicher sind nur für visuelle Beobachtungen bestimmte Sonnenfilter, Schutzbrillen mit Mylarfolien oder Schweißergläser nach DIN EN 169 mit mindestens Filterstufe 14. Mit derartigen Gerätschaften ist auch ein längerer, freiäugiger Blick in die hochstehende, blendende Sonne möglich, ohne Augenschäden befürchten zu müssen.

Wenn für die Sonnenbeobachtung ein Fernglas oder ein Fernrohr eingesetzt werden soll, erfordert dies besondere Vorsichtsmaßnahmen, weil derartige optische Instrumente wie ein Brennglas Licht bündeln. **Schon ein kurzer Blick durch ein optisches Instrument ohne geeignete Filter zerstört das Auge des Beobachters! Auch eine oben genannte Gerätschaft zur freiäugigen Beobachtung der Sonne würde keinen Schutz bieten, weil sie durch die Hitze im Brennpunkt binnen kürzester Zeit zerstört würde!**

Um mit einem Fernrohr oder Fernglas die Sonne gefahrlos zu beobachten, gibt es prinzipiell zwei Möglichkeiten: die Verwendung von Filtern oder die Projektionsmethode.

Letzteres Verfahren, dass schon Galileo 1610 anwandte, besteht darin, hinter dem Okular einen Schirm anzubringen, auf dem das Sonnenbild projiziert wird. Es ist für Beobachter absolut gefahrlos und bietet die Möglichkeit, das Sonnenbild abzuzeichnen und ist, wenn mehrere Personen gleichzeitig das Ereignis verfolgen wollen, das Mittel der Wahl.

Allerdings können insbesondere bei größeren Fernrohren durch die Hitzeentwicklung verkittete Okulare beschädigt werden, weshalb es sich empfiehlt, vor dem Gerät eine Blende anzubringen.

**Da man nicht durch das Fernrohr blicken darf, wird das Gerät anhand seines Schattenwurfes auf die Sonne ausgerichtet. Sucherfernrohre müssen hierbei verschlossen oder abmontiert werden, um eine versehentliche Benutzung zu vermeiden.**

**Ein mit einem Projektionsschirm versehenes Fernrohr soll, während es auf die Sonne ausgerichtet ist, nicht unbeaufsichtigt gelassen werden.**

Die andere Möglichkeit der gefahrlosen teleskopischen Sonnenbeobachtung besteht in der Verwendung geeigneter Filter, die in Optikfachgeschäften erhältlich sind.

**Allerdings sollten nicht, die zahlreichen Fernrohren als Zubehör beiliegenden Okularfilter verwendet werden, weil sich diese stark erhitzen und platzen können. Die menschliche Reaktionszeit reicht nicht aus, das Auge rechtzeitig aus der Gefahrenzone zu bringen.**

Filter, die vor dem Objektiv angebracht werden, sind sicher, weil sie sich kaum erwärmen und deshalb nicht platzen können. Es müssen optische Filter mit einer optischen Dichte von mindestens 5, was einer Lichtabschwächung um den Faktor 100000 entspricht, verwendet werden. Da auch die im Sonnenlicht vorhandenen, unsichtbaren Infrarot- und UV-Strahlen die Augen schädigen können, dürfen für visuelle Beobachtung nur Filter verwendet werden, die auch diese Strahlung ausreichend stark unterdrücken.

**Aus diesem Grund sollte man keine Sonnenfilter aus Materialien basteln, deren Absorptionsvermögen für Infrarot und UV-Strahlung nicht spezifiziert ist, wie dies zum Beispiel bei Rettungsfolien der Fall ist.**

Grundsätzlich ist darauf zu achten, dass Sonnenfilter so gelagert werden, dass sie nicht beschädigt werden, weil sonst nicht das Lichtabsorptionsverhalten sichergestellt werden kann. Insbesondere bei Folienfiltern ist die Gefahr der Beschädigung durch Kratzer und Alterung gegeben.

Filter für fotografische Zwecke unterdrücken nicht immer schädliche UV- und Infrarotstrahlung in ausreichendem Masse, weshalb man durch diese die Sonne nur zum Ein- und Scharfstellen des Sonnenbildes betrachten soll.

Eine Alternative zu Objektivsonnenfiltern stellen Herschelkeile dar. Sie werden am Okular befestigt und bestehen aus einem Prisma an dessen Oberfläche ein kleiner Teil des einfallenden Lichtes (etwa 4 %) reflektiert wird, während der Rest in eine Lichtfalle umgelenkt wird.

Da sie kaum Licht absorbieren, erhitzen sie sich nur wenig und können deshalb nicht platzen.

Die Intensität des am Herschelkeils reflektierten Lichtes ist immer noch für eine direkte Beobachtung zu groß, aber nicht mehr so groß, um Okularfilter, die für diese Anwendung eine optische Dichte von 3 (Filterfaktor: 1000) haben müssen, zu zerstören. Herschelkeile sind teurer als Objektivfilter, liefern allerdings bessere Bilder. Herschelkeile sollen nicht bei Spiegelteleskopen eingesetzt werden, weil es durch Überhitzung des Fangspiegels zu Schäden am Teleskop kommen kann. **Bei Herschelkeilen mit offener Lichtfalle ist darauf zu achten, dass in diese keine brennbaren Gegenstände geraten können und auch niemand hineinsehen oder hineingreifen kann.**

**Wenn Sucherfernrohre verwendet werden, müssen diese ebenfalls mit einem Sonnenfilter ausgestattet sein.**

Detaillierte Fotografien der Sonne sind mit einer auf einem Stativ montierten Kamera, welche mit einem Teleobjektiv versehen ist, auf das ein Objektivsonnenfilter gesetzt wurde, problemlos möglich. Da die für fotografischen Zwecke vorgesehenen Filter oft nicht die schädliche UV- und Infrarotstrahlung ausreichend unterdrücken, sollte man die visuelle Beobachtung im Sucher nur auf das Ein- und Scharfstellen des Sonnenbildes beschränken.

# Zirkumpolarsterne

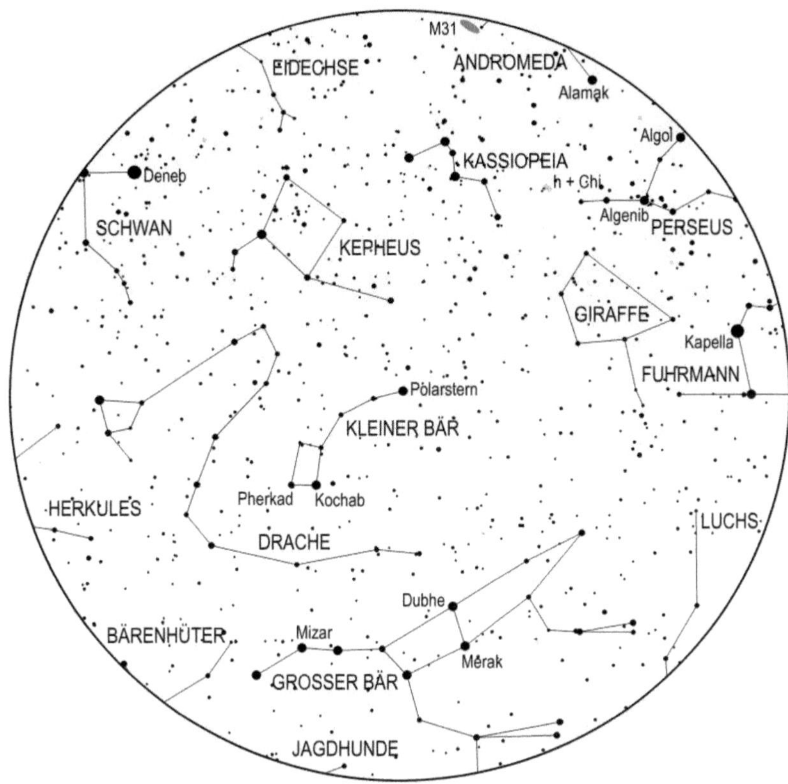

# Der Sternenhimmel im Lauf des Jahres 2026

## Januar

### Sternenhimmel

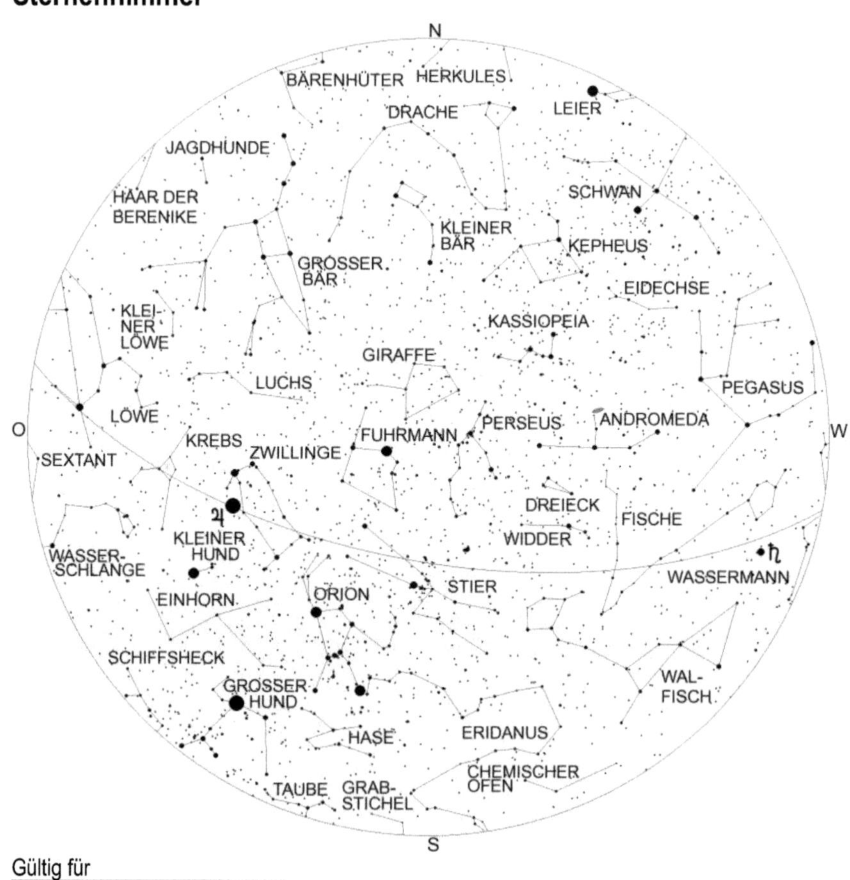


Gültig für

| | |
|---|---|
| 1.10. 4 Uhr | 15.10. 3 Uhr |
| 1.11. 2 Uhr | 15.11. 1 Uhr |
| 1.12. 0 Uhr | 15.12. 23 Uhr |
| **1.1. 22 Uhr** | 15.1. 21 Uhr |
| 1.2. 20 Uhr | 15.2. 19 Uhr |

Im Januar dominieren erwartungsgemäß die Wintersternbilder den Himmel. So steht der Orion, eines der bekanntesten Sternbilder, kurz vor seiner Kulmination im Süden. Die beiden hellsten Sterne im Orion sind Beteigeuze, der rötliche Stern am nordöstlichen Ende dieser Sternfigur und der bläulich-weiße Rigel an seinem südwestlichen Ende.

Die drei mittleren Sterne des Orion weisen in südöstliche Richtung auf Sirius im Großen Hund, den hellsten Stern des Himmels. Sirius ist nicht deshalb der hellste Stern, weil er extrem leuchtstark ist, sondern weil er mit einer Entfernung von 8,8 Lichtjahren zu den sonnennächsten Sternen gehört. Würden die anderen Sterne, welche die Figur des Sternbildes Großer Hund bilden, in der gleichen Entfernung zur Sonne stehen, so erschienen sie viel heller. Nordöstlich vom Großem Hund erkennt man einen weiteren hellen Stern, Prokion, den Hauptstern des Kleinen Hundes, der ebenfalls zu den sonnennahen Sternen zählt. Zwischen dem Großem Hund und dem Kleinem Hund befindet sich das lichtschwache Sternbild Einhorn.

Hoch im Südosten über dem Kleinen Hund erkennt man das Sternbild Zwillinge, mit seinen beiden hellen Sternen Kastor und Pollux. Für Fernrohrbeobachter ist Kastor interessant, denn er entpuppt sich schon in kleinen Fernrohren als Doppelstern. Seine beiden Komponenten, die 1,9 mag und 3,0 mag hell sind, befinden sich in einem Winkelabstand von 6", was eine Trennung schon in einem Fernrohr von 5 cm Objektivöffnung erlaubt. Unterhalb von Kastor und Pollux findet man in diesem Jahr einen bedeutend helleren „Stern" – es ist der für Fernrohrbeobachter sehr interessante Planet Jupiter.

Westlich der Zwillinge befindet sich das Sternbild Stier, in dem es zwei, schon mit bloßem Auge auflösbare Sternhäufen gibt, die Plejaden und die Hyaden. Letztere sind um den rötlichen Stern Aldebaran platziert, der aber nur im Vordergrund steht.

Über dem Stier, fast im Zenit, steht das Sternbild Fuhrmann mit dem hellen Stern Kapella. Kapella, Aldebaran, Rigel, Sirius, Prokion und Pollux bilden das Wintersechseck, eine markante Konstellation.

Im Osten erkennt man das aufgehende Sternbild Löwe, ein Frühlingssternbild, dessen hellster Stern Regulus sich sehr nahe an der Ekliptik befindet. Zwischen dem Löwen und den Zwillingen befindet sich der Krebs, der nur aus lichtschwachen Sternen besteht, aber über einen markanten Sternhaufen verfügt, der als Krippe, Präsepe oder M44 bezeichnet wird und schon mit bloßem Auge als Nebelfleckchen erkennbar ist.

Westlich des Fuhrmanns erkennt man den Perseus, in dessen nördlichen Teil es den bekannten Doppelsternhaufen h + Chi Persei gibt, der ein schönes Feldstecherobjekt darstellt und mit bloßem Auge als Nebelfleckchen erkennbar ist. In diesem Sternbild befindet sich auch Algol, der bekannteste bedeckungsveränderliche Stern.

Südwestlich des Perseus erkennt man das Tierkreissternbild Widder – welches wie das Sternbild Walfisch im Südwesten – zu den Herbststernbildern gerechnet wird. Der bekannteste Stern des Walfisches ist der veränderliche Stern Mira, der im Maximum ein auffälliges Objekt 2. Größe sein kann (mitunter aber lichtschwächer ist) und im Minimum so lichtschwach ist, dass es schon eines Fernrohres bedarf, um ihn zu sehen.

Mira ist ein pulsationsveränderlicher Riesenstern, der einer ganzen Klasse von veränderlichen Sternen seinen Namen gab. Zwischen Walfisch und Widder befindet sich das Tierkreissternbild Fische, das nur aus lichtschwachen Sternen besteht,

welche nur an ausreichend dunklen Beobachtungsorten mit bloßem Auge sichtbar
sein dürften.

Tief im Westsüdwesten zwischen dem Sternbild Fische und dem Horizont kann man in
diesem Jahr den Planeten Saturn als helles, sternartiges Objekt erkennen. Um seinen
bekannten Ring zu sehen, ist aber ein Fernrohr mit mindestens 5 Zentimetern
Objektivöffnung und 30-facher Vergrößerung notwendig. Allerdings blickt man zur Zeit
in einem sehr flachen Winkel auf diesen, so dass er in kleinen Fernrohren kaum
erkennbar ist und in größeren Geräten als Strich erscheint.

Nördlich der Fische erkennt man die Sternenkette der Andromeda, an die sich das
Sternbild Pegasus anschließt, von dem bald die ersten Sterne unter dem Horizont
versinken werden.

Zwischen Walfisch und Orion liegt das ausgedehnte, nur aus Sternen geringer
Helligkeit bestehende Sternbild Eridanus. An dieses grenzt, tief im Südsüdwesten, der
Chemische Ofen an, der ebenfalls nur aus lichtschwachen Sternen besteht.

## Wintersternbilder

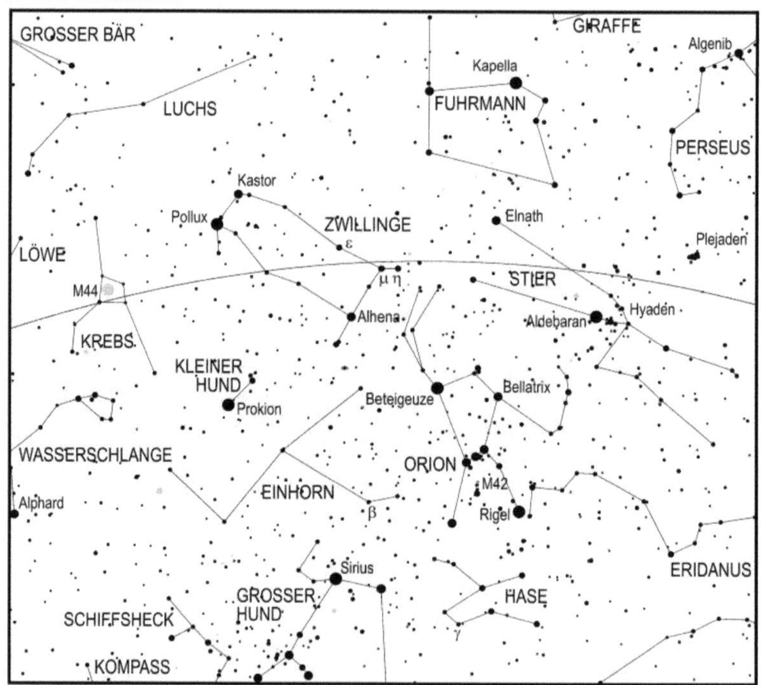

# Astronomische Ereignisse

| Datum | Uhrzeit | Ereignis | Elongation |
|---|---|---|---|
| 1.1.2026 | 07:43:11 | Mond in größter Nordbreite | |
| 1.1.2026 | 09:11:50 | Mond 9,7° nördlich Aldebaran | 148,8° |
| 1.1.2026 | 10:38:17 | Mars 2,6° nördlich Nunki | 2,2° |
| 1.1.2026 | 22:36:26 | Mond im Perigäum | |
| 2.1.2026 | 03:51:15 | Mond 1° südlich Elnath | 160,5° |
| 2.1.2026 | 18:58:44 | Mond 5° nördlich Eta Geminorum | 170,4° |
| 2.1.2026 | 20:00:30 | Merkur 10,7° südlich Juno | 11° |
| 2.1.2026 | 22:26:36 | Mond 5° nördlich Mü Geminorum | 171,8° |
| 3.1.2026 | 05:06:26 | Mond 10,6° nördlich Alhena | 172,5° |
| 3.1.2026 | 07:22:53 | Mond 1,5° nördlich Epsilon Geminorum | 175,5° |
| 3.1.2026 | 11:03:02 | Vollmond | |
| 3.1.2026 | 18:15:35 | Erde im Perihel (Abstand Erde-Sonne: 147100569 km) | |
| 3.1.2026 | 22:17:33 | Mond 3,3° nördlich Jupiter | 172,2° |
| 4.1.2026 | 01:00:30 | Mond 6,8° südlich Kastor | 167,7° |
| 4.1.2026 | 01:48:11 | Venus 2,85° nördlich Nunki | 0,9° |
| 4.1.2026 | 06:07:01 | Mond 3,8° südlich Pollux | 168,2° |
| 5.1.2026 | 03:04:02 | Mond 43' nördlich M44 | 157,1° |
| 6.1.2026 | 12:03:14 | Merkur im Aphel<br>(Abstand Merkur-Sonne: 69817793 km) | |
| 6.1.2026 | 17:24:31 | Mond 14' südlich Regulus | 136,1° |
| 6.1.2026 | 17:34:33 | Venus in oberer Konjunktion zur Sonne | -43' |
| 7.1.2026 | 12:36:02 | Mond im absteigenden Knoten | |
| 8.1.2026 | 04:52:22 | Venus 10' nördlich Mars | 0,8° |
| 9.1.2026 | 09:09:07 | Jupiter in Erdnähe<br>(Abstand Erde-Jupiter: 633056042 km) | |
| 9.1.2026 | 12:42:44 | Mars in Konjunktion zur Sonne | -56' |
| 10.1.2026 | 00:40:47 | Mond 6,45° südlich Porrima | 96,7° |
| 10.1.2026 | 05:45:57 | Merkur 2° nördlich Nunki | 7,15° |
| 10.1.2026 | 09:41:58 | Jupiteropposition | |
| 10.1.2026 | 16:48:36 | Letztes Viertel | |
| 11.1.2026 | 00:16:56 | Mond 2,1° südlich Spika | 85,8° |
| 12.1.2026 | 21:36:20 | Mond 5,6° südlich Zuben-el-dschenubi | 65,7° |
| 13.1.2026 | 22:03:20 | Mond im Apogäum | |
| 14.1.2026 | 10:39:13 | Mond 7,1° südlich Akrab | 49,6° |
| 14.1.2026 | 20:52:31 | Mond in größter Südbreite | |
| 14.1.2026 | 21:13:11 | Mond 54' südlich Antares | 44,7° |
| 17.1.2026 | 00:09:56 | Mond 14,95° südlich Juno | 21,5° |
| 17.1.2026 | 09:08:50 | Vesta 6,6° südlich Beta Capricorni | 5,95° |
| 17.1.2026 | 14:32:53 | Mond 1,6° südlich Nunki | 15,1° |
| 18.1.2026 | 03:39:26 | Merkur 58' südlich Mars | 2,3° |

| Datum | Uhrzeit | Ereignis | Elongation |
|---|---|---|---|
| 18.1.2026 | 16:13:29 | Mond 3,3° südlich Mars | 2,45° |
| 18.1.2026 | 17:25:35 | Mond 2,1° südlich Merkur | 2,8° |
| 18.1.2026 | 20:52:13 | Neumond | -3,7° |
| 18.1.2026 | 23:45:11 | Pallas 12,4° nördlich Delta Capricorni | 25,2° |
| 19.1.2026 | 00:55:03 | Pluto 2° südlich Vesta | 5,2° |
| 19.1.2026 | 01:42:25 | Mond 2,6° südlich Venus | 3,1° |
| 19.1.2026 | 03:28:41 | Mond 8,5° südlich Beta Capricorni | 5° |
| 19.1.2026 | 04:54:25 | Mond 4,6' nördlich Pluto | 5,6° |
| 19.1.2026 | 05:03:02 | Mond 1,9° südlich Vesta | 5,1° |
| 19.1.2026 | 23:54:22 | Venus 5,9° südlich Beta Capricorni | 3,4° |
| 20.1.2026 | 00:42:55 | Jupiter 28' nördlich Delta Geminorum | 168,9° |
| 20.1.2026 | 17:46:42 | Venus 2,7° nördlich Pluto | 3,5° |
| 20.1.2026 | 22:22:36 | Mond 58' nördlich Delta Capricorni | 23,2° |
| 20.1.2026 | 23:25:41 | Mond 11,2° südlich Pallas | 24,1° |
| 21.1.2026 | 16:48:38 | Merkur in oberer Konjunktion zur Sonne | -2,05° |
| 21.1.2026 | 21:44:36 | Venus 47' nördlich Vesta | 3,8° |
| 22.1.2026 | 01:03:14 | Mond im aufsteigenden Knoten |  |
| 22.1.2026 | 10:00:45 | Merkur 6,8° südlich Beta Capricorni | 2,1° |
| 22.1.2026 | 19:46:57 | Venus im Aphel<br>(Abstand Venus-Sonne: 108943881 km) |  |
| 23.1.2026 | 00:18:43 | Merkur 1,8° nördlich Pluto | 2,25° |
| 23.1.2026 | 11:26:33 | Pluto in Konjunktion zur Sonne | -3,8° |
| 23.1.2026 | 12:40:39 | Mond 3,4° nördlich Saturn | 54,4° |
| 23.1.2026 | 17:07:42 | Mond 2,9° nördlich Neptun | 56,3° |
| 24.1.2026 | 16:46:14 | Merkur 6,1' südlich Vesta | 2,9° |
| 24.1.2026 | 22:47:39 | Mond 11,15° nördlich Ceres | 68,4° |
| 26.1.2026 | 05:33:21 | Mond 6,8° südlich Hamal | 89,5° |
| 26.1.2026 | 05:47:40 | Erstes Viertel |  |
| 26.1.2026 | 17:49:10 | Merkur in größter Südbreite |  |
| 27.1.2026 | 08:41:10 | Mars 5,8° südlich Beta Capricorni | 4,4° |
| 27.1.2026 | 19:50:57 | Mond 5° nördlich Uranus | 109,6° |
| 27.1.2026 | 23:54:15 | Mond 41' nördlich der Plejaden | 112,3° |
| 28.1.2026 | 13:28:14 | Mond in größter Nordbreite |  |
| 28.1.2026 | 16:21:43 | Mond 10,15° nördlich Aldebaran | 121,3° |
| 28.1.2026 | 16:45:43 | Venus 45' südlich Theta Capricorni | 5,4° |
| 28.1.2026 | 20:44:21 | Vesta in Konjunktion zur Sonne | -2,1° |
| 28.1.2026 | 21:49:05 | Mars 2,85° nördlich Pluto | 4,8° |
| 29.1.2026 | 00:45:12 | Merkur 45' südlich Venus | 5,5° |
| 29.1.2026 | 11:20:30 | Mond 1,3° südlich Elnath | 133,2° |
| 29.1.2026 | 22:13:27 | Mond im Perigäum |  |
| 30.1.2026 | 06:23:54 | Mond 4,75° nördlich Eta Geminorum | 143,2° |
| 30.1.2026 | 08:50:43 | Mond 4,5° nördlich Mü Geminorum | 144,9° |
| 30.1.2026 | 13:09:35 | Mond 10,45° nördlich Alhena | 148° |

| Datum | Uhrzeit | Ereignis | Elongation |
|---|---|---|---|
| 30.1.2026 | 15:11:13 | Mond 1,7° nördlich Epsilon Geminorum | 149,3° |
| 31.1.2026 | 02:57:12 | Merkur 36' südlich Iota Capricorni | 6,9° |
| 31.1.2026 | 04:33:12 | Mond 3,1° nördlich Jupiter | 155,6° |
| 31.1.2026 | 11:16:08 | Mond 7,3° südlich Kastor | 156,85° |
| 31.1.2026 | 14:34:31 | Mond 3,8° südlich Pollux | 160,7° |
| 31.1.2026 | 22:22:36 | Venus 26" nördlich Iota Capricorni | 6,2° |

## Planeten

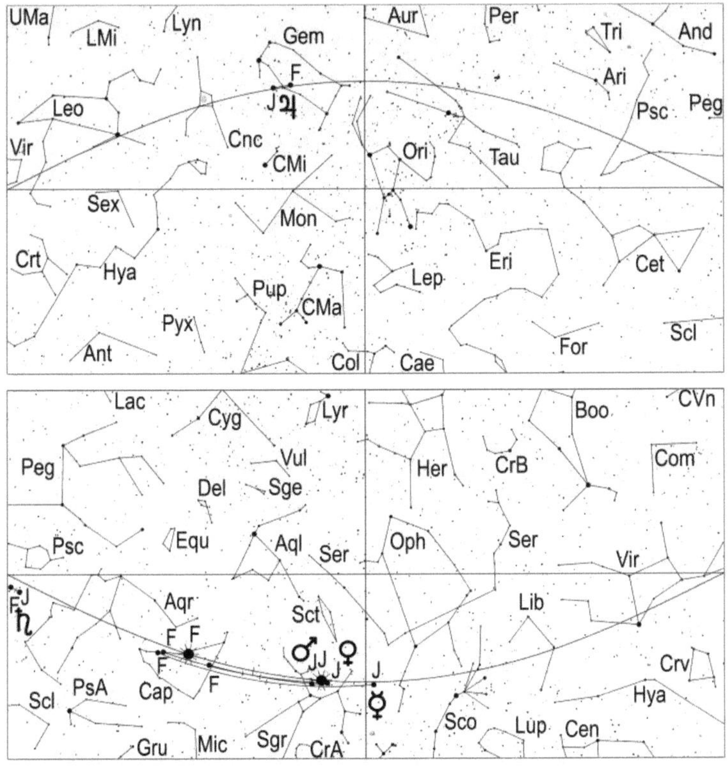


**Merkur** steht am 21. in oberer Konjunktion zur Sonne und ist im Januar nicht zu
sehen.

**Venus** steht am 6. in oberer Konjunktion zur Sonne und ist in diesem Monat nicht zu
sehen.

**Mars** erreicht am 9. seine Konjunktion zur Sonne und ist in diesem Monat nicht zu beobachten. Auch seine Konjunktion mit Venus am 8. bei der dieser 10' südlich des Liebesplaneten steht, kann nicht beobachtet werden.

**Jupiter**, rückläufig im Sternbild Zwillinge, erreicht am 10. seine Opposition zur Sonne, was Sichtbarkeit während der ganzen Nacht bedeutet.

Einen Tag zuvor, am 9., erreicht er mit 633056042 Kilometern seine größte Erdnähe. Ein Lichtstrahl benötigt für diese Strecke über 35 Minuten.

Seine Helligkeit beträgt am Oppositionstag -2,7 mag und sein Scheibchendurchmesser 46,5". Er ist jetzt wegen seiner großen Höhe über dem Horizont ein äußerst interessantes Objekt für Fernrohrbeobachter und zur Zeit nach dem Mond das hellste Objekt am Nachthimmel.

Zum Monatsende beginnt Jupiter mit seinem Rückzug aus den frühen Morgenstunden, denn er versinkt am 31. um 7.01 Uhr MEZ unter dem Horizont.

Am Abend des 3. und am Morgen des 31. findet man den Mond in der Nachbarschaft von Jupiter, der am 20. den Fixstern Delta Geminorum in 28' nördlichem Abstand passiert.

Stellung der 4 hellen Jupitermonde im Januar 2026

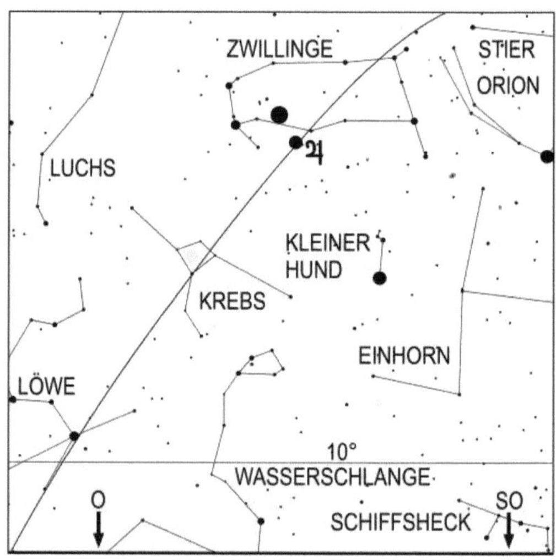


Mond und Jupiter am 3.1.2026 um 22 Uhr MEZ

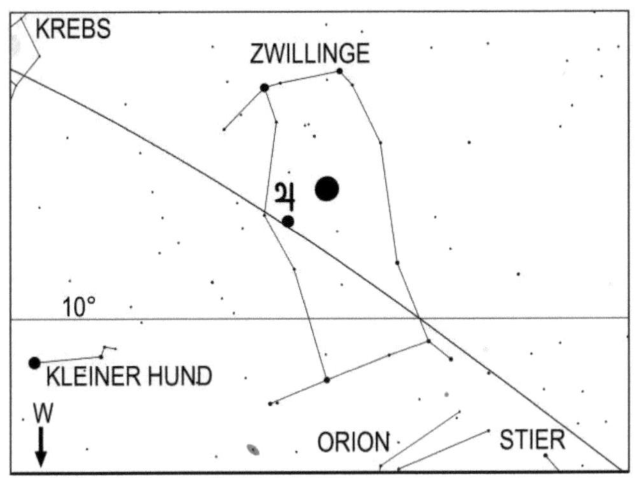


Mond und Jupiter am 31.1.2026 um 5 Uhr MEZ

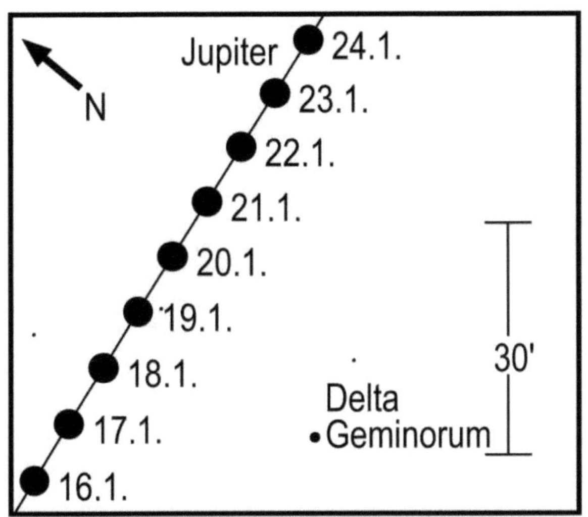


Stellung von Jupiter bei Delta Geminorum. Der Kreis zeigt die
Position von Jupiter um 20 Uhr MEZ am jeweiligen Tag.

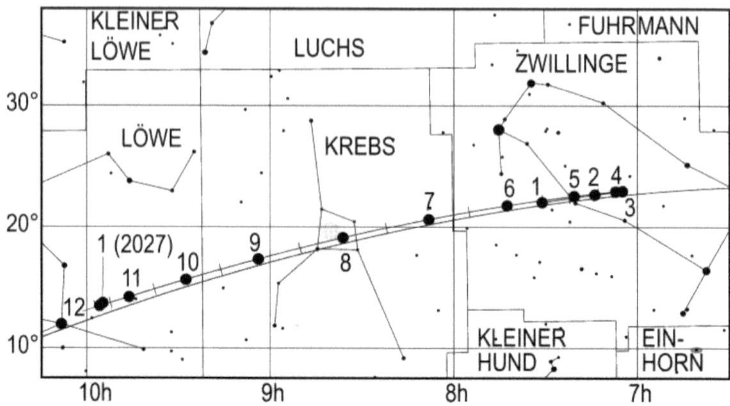


Lauf des Planeten Jupiter im Jahr 2026. Die Zahl gibt die Position
am 1. des entsprechenden Monats an, also 4 die Position am 1.4.

**Saturn** ist Planet des Abendhimmels. Am 1. geht der 1,1 mag helle Ringplanet, der
rechtläufig vom Sternbild Wassermann in das Sternbild Fische wandert, um 23.14 Uhr
MEZ unter. Im Laufe des Januars verfrüht sich sein Untergang auf 22.24 Uhr MEZ am
15. und auf 21.30 Uhr MEZ am 31.
Sein Scheibchendurchmesser schrumpft in diesem Monat von 17,2" auf 16,4". Im
Januar erscheint sein Ringsystem unter einem sehr flachen Winkel von 1° zu
Monatsbeginn und 2° am Monatsende, was zur Folge hat, dass es eine Breite von 0,6"
am Monatsanfang hat, die bis zum Ende des Monats auf 1,4" ansteigt.
Es dürfte zumindest in der ersten Januarhälfte mit kleinen Fernrohren kaum zu sehen
sein, während er in größeren Geräten als Strich erscheint.
Am Abend des 23. kann man den zunehmenden Mond in der Nachbarschaft von
Saturn finden.

**Uranus**, dessen Helligkeit im Januar von 5,6 mag auf 5,7 mag absinkt, wandert
rückläufig durch die westlichen Gebiete des Sternbildes Stier. Der grünliche Planet
kann am frühen Abendhimmel leicht mit einem Feldstecher aufgesucht werden
(Aufsuchkarte, Seite 184)
Er kulminiert am 1. um 21.21 Uhr MEZ und am 31. um 19.21 Uhr MEZ, während sich
sein Untergang im Laufe des Monats von 5.08 Uhr MEZ auf 3.07 Uhr MEZ verfrüht.

**Neptun** kann nach Ende der Abenddämmerung in südwestlicher Richtung mit einem
Fernrohr beobachtet werden. Er hält sich im südwestlichen Teil des Sternbildes Fische
– nordöstlich von Saturn – auf (Aufsuchkarte, Seite 150).
In der zweiten Monatshälfte wird es allmählich schwieriger, den 7,9 mag hellen
Planeten, der seinen Untergang von 23.35 Uhr MEZ am 1., auf 22.41 Uhr MEZ am 15.
und auf 21.41 Uhr MEZ am Monatsletzten verlegt, aufzusuchen.

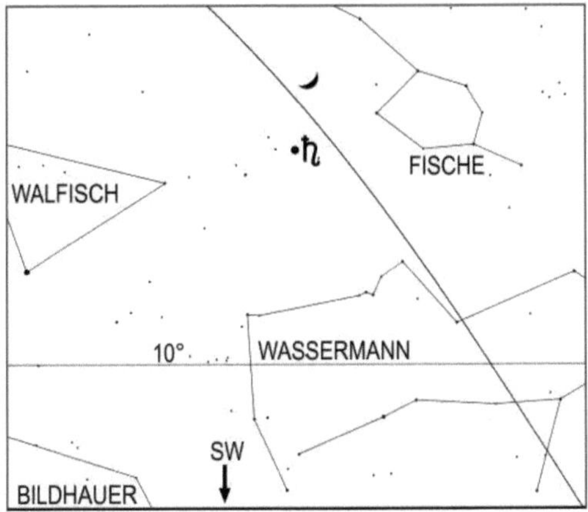

Mond und Saturn am 23.1.2026 um 19 Uhr MEZ

## Klein- und Zwergplaneten

**Ceres**, deren Helligkeit im Laufe des Monats von 8,9 mag auf 9,1 mag zurückgeht, kann nach Dämmerungsende mit einem Fernrohr im Sternbild Walfisch aufgesucht werden. Am 1. kulminiert der Zwergplanet um 18.19 Uhr MEZ und geht um 23.57 Uhr MEZ unter. Am 15. versinkt Ceres um 23.23 Uhr MEZ unter dem Horizont, während sie um 17.35 Uhr MEZ ihren höchsten Stand im Süden erreicht.
Zum Monatsende verabschiedet sie sich um 22.47 Uhr MEZ von der Himmelsbühne.

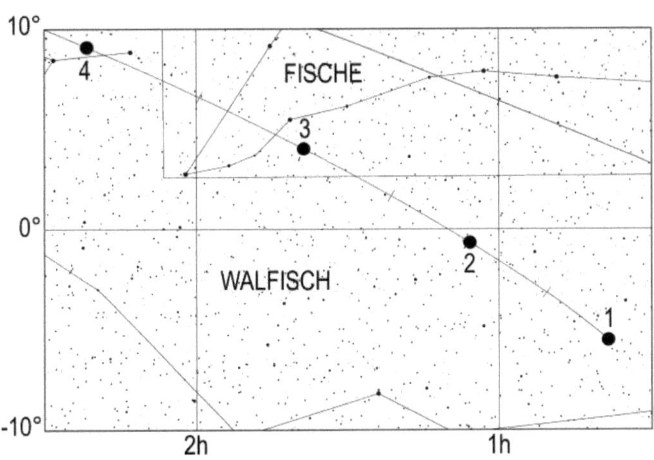

Lauf des Kleinplaneten Ceres von Januar bis April 2026. Die Zahl gibt die Position zum 1. des entsprechenden Monats an, also 2 die Position am 1.2.

**Pallas**, deren Helligkeit im Januar leicht von 10,4 mag auf 10,3 mag ansteigt, ist ein schwieriges Objekt für größere Fernrohre (ab 15 Zentimeter Objektivöffnung), welches zum Ende der Abenddämmerung aufgesucht werden kann und sich im zweiten Monatsdrittel vom Abendhimmel verabschiedet.

Am 1. geht sie um 20.50 Uhr MEZ, am 15. um 20.13 Uhr MEZ und am 31. um 19.34 Uhr MEZ unter.

Da am Monatsletzten erst eine halbe Stunde vor ihren Untergang die astronomische Dämmerung zu Ende gegangen ist, dürfte sie dann selbst bei exzellenter Horizontsicht, auch mit einem größeren Fernrohr, nicht mehr erfolgreich aufgesucht werden können.

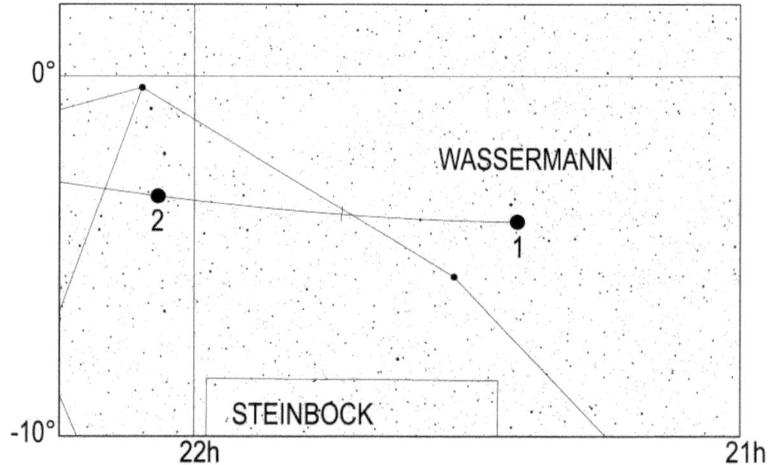


Lauf des Kleinplaneten Pallas von Januar bis Februar 2026. Die Zahl gibt die Position zum 1. des entsprechenden Monats an, also 2 die Position am 1.2.

**Juno** stand im Vormonat in Konjunktion zur Sonne und kann in diesem Monat nicht beobachtet werden.

**Vesta** steht am 28. in Konjunktion zur Sonne und kann im Januar nicht beobachtet werden.

## Periodische Sternschnuppenströme

Bis zum 6. sind die Quadrantiden aktiv, die ihren Radianten im nördlichen Teil des Sternbildes Bärenhüter haben. Die mäßig schnellen Quadrantiden erreichen ihr spitzes Maximum am 3. um 23.45 Uhr MEZ mit einer Rate von bis zu 130 Meteoren pro Stunde.

Die beste Zeit für ihre Beobachtung ist am 4. um 4 Uhr MEZ, wobei bis zu 10 Sternschnuppen pro Stunde zu erwarten sind. Weil die Intensität der Quadrantiden

40

nach ihrem Maximum schnell abnimmt, geht ihre Fallrate bis zum Beginn der Morgendämmerung um 7 Uhr MEZ leicht auf 8 Meteore pro Stunde zurück, obwohl ihr Radiant in diesem Zeitraum noch an Höhe gewinnt.

Der noch fast volle Mond steht während der ganzen Nacht über dem Horizont und beeinträchtigt ihre Sichtung in hohem Maße.

## Sonnenuntergang und Dämmerung

| | Astr. Anf. | Naut. Anf. | Bürg. Anf. | Aufgang | Kulm. | Untergang | Bürg. Ende | Naut. Ende | Astr. Ende | Zeitgl. |
|---|---|---|---|---|---|---|---|---|---|---|
| 1.1.2026 | 6:23 | 7:03 | 7:45 | 8:22 | 12:28 | 16:33 | 17:11 | 17:52 | 18:31 | -3m18s |
| 2.1.2026 | 6:24 | 7:03 | 7:45 | 8:22 | 12:28 | 16:34 | 17:12 | 17:53 | 18:32 | -3m47s |
| 3.1.2026 | 6:24 | 7:03 | 7:44 | 8:22 | 12:28 | 16:35 | 17:13 | 17:54 | 18:33 | -4m14s |
| 4.1.2026 | 6:24 | 7:03 | 7:44 | 8:22 | 12:29 | 16:36 | 17:14 | 17:55 | 18:34 | -4m42s |
| 5.1.2026 | 6:23 | 7:03 | 7:44 | 8:22 | 12:29 | 16:37 | 17:15 | 17:56 | 18:35 | -5m09s |
| 6.1.2026 | 6:23 | 7:03 | 7:44 | 8:21 | 12:30 | 16:38 | 17:16 | 17:57 | 18:36 | -5m35s |
| 7.1.2026 | 6:23 | 7:03 | 7:44 | 8:21 | 12:30 | 16:39 | 17:17 | 17:58 | 18:37 | -6m02s |
| 8.1.2026 | 6:23 | 7:02 | 7:43 | 8:21 | 12:31 | 16:41 | 17:19 | 17:59 | 18:38 | -6m27s |
| 9.1.2026 | 6:23 | 7:02 | 7:43 | 8:20 | 12:31 | 16:42 | 17:20 | 18:01 | 18:39 | -6m52s |
| 10.1.2026 | 6:22 | 7:02 | 7:43 | 8:20 | 12:32 | 16:43 | 17:21 | 18:02 | 18:40 | -7m17s |
| 11.1.2026 | 6:22 | 7:01 | 7:42 | 8:19 | 12:32 | 16:45 | 17:22 | 18:03 | 18:42 | -7m41s |
| 12.1.2026 | 6:22 | 7:01 | 7:42 | 8:18 | 12:32 | 16:46 | 17:24 | 18:04 | 18:43 | -8m05s |
| 13.1.2026 | 6:21 | 7:00 | 7:41 | 8:18 | 12:33 | 16:47 | 17:25 | 18:05 | 18:44 | -8m28s |
| 14.1.2026 | 6:21 | 7:00 | 7:41 | 8:17 | 12:33 | 16:49 | 17:26 | 18:06 | 18:45 | -8m50s |
| 15.1.2026 | 6:20 | 6:59 | 7:40 | 8:16 | 12:33 | 16:50 | 17:28 | 18:08 | 18:46 | -9m12s |
| 16.1.2026 | 6:20 | 6:59 | 7:39 | 8:16 | 12:34 | 16:52 | 17:29 | 18:09 | 18:48 | -9m33s |
| 17.1.2026 | 6:19 | 6:58 | 7:39 | 8:15 | 12:34 | 16:53 | 17:30 | 18:10 | 18:49 | -9m53s |
| 18.1.2026 | 6:19 | 6:57 | 7:38 | 8:14 | 12:34 | 16:55 | 17:32 | 18:12 | 18:50 | -10m13s |
| 19.1.2026 | 6:18 | 6:57 | 7:37 | 8:13 | 12:35 | 16:57 | 17:33 | 18:13 | 18:52 | -10m32s |
| 20.1.2026 | 6:17 | 6:56 | 7:36 | 8:12 | 12:35 | 16:58 | 17:35 | 18:14 | 18:53 | -10m50s |
| 21.1.2026 | 6:17 | 6:55 | 7:35 | 8:11 | 12:35 | 17:00 | 17:36 | 18:16 | 18:54 | -11m08s |
| 22.1.2026 | 6:16 | 6:54 | 7:34 | 8:10 | 12:36 | 17:01 | 17:38 | 18:17 | 18:56 | -11m25s |
| 23.1.2026 | 6:15 | 6:53 | 7:33 | 8:09 | 12:36 | 17:03 | 17:39 | 18:18 | 18:57 | -11m41s |
| 24.1.2026 | 6:14 | 6:53 | 7:32 | 8:08 | 12:36 | 17:05 | 17:41 | 18:20 | 18:58 | -11m56s |
| 25.1.2026 | 6:13 | 6:52 | 7:31 | 8:07 | 12:36 | 17:06 | 17:42 | 18:21 | 19:00 | -12m10s |
| 26.1.2026 | 6:12 | 6:51 | 7:30 | 8:06 | 12:37 | 17:08 | 17:44 | 18:23 | 19:01 | -12m24s |
| 27.1.2026 | 6:11 | 6:50 | 7:29 | 8:04 | 12:37 | 17:10 | 17:45 | 18:24 | 19:02 | -12m37s |
| 28.1.2026 | 6:10 | 6:48 | 7:28 | 8:03 | 12:37 | 17:11 | 17:47 | 18:26 | 19:04 | -12m49s |
| 29.1.2026 | 6:09 | 6:47 | 7:27 | 8:02 | 12:37 | 17:13 | 17:48 | 18:27 | 19:05 | -13m00s |
| 30.1.2026 | 6:08 | 6:46 | 7:26 | 8:00 | 12:37 | 17:15 | 17:50 | 18:29 | 19:07 | -13m10s |
| 31.1.2026 | 6:07 | 6:45 | 7:24 | 7:59 | 12:37 | 17:17 | 17:51 | 18:30 | 19:08 | -13m20s |

## Mondlauf

| | Rektaszension | Deklination | Elong. | Phase | mag | Aufgang | Kulm. | Untergang |
|---|---|---|---|---|---|---|---|---|
| Do 1.1.2026 | 4h11m24,9s | 25°50'10" | 145,2° | 0,91 | -12,0 | 13:58 | 22:55 | 6:40 |

|  | Rektaszension | Deklination | Elong. | Phase | mag | Auf-gang | Kulm. | Unter-gang |
|---|---|---|---|---|---|---|---|---|
| Fr 2.1.2026 | 5h19m02,9s | 27°43'11" | 159,0° | 0,97 | -12,4 | 15:00 | 22:57 | 7:57 |
| Sa 3.1.2026 | 6h27m48,2s | 27°28'58" | 172,1° | 1 ○ | -12,7 | 16:19 | 0:01 | 8:55 |
| So 4.1.2026 | 7h34m20,4s | 25°10'57" | 171,6° | 0,99 | -12,7 | 17:47 | 1:06 | 9:35 |
| Mo 5.1.2026 | 8h36m14,4s | 21°11'16" | 158,8° | 0,97 | -12,3 | 19:15 | 2:05 | 10:03 |
| Di 6.1.2026 | 9h32m43,3s | 16°00'57" | 145,9° | 0,91 | -12,0 | 20:37 | 2:59 | 10:23 |
| Mi 7.1.2026 | 10h24m18,2s | 10°10'08" | 133,2° | 0,84 | -11,6 | 21:56 | 3:47 | 10:38 |
| Do 8.1.2026 | 11h12m08,4s | 4°03'10" | 121,0° | 0,76 | -11,2 | 23:10 | 4:32 | 10:51 |
| Fr 9.1.2026 | 11h57m32,9s | -2°01'57" | 109,2° | 0,67 | -10,8 |  | 5:14 | 11:04 |
| Sa 10.1.2026 | 12h41m47,9s | -7°52'04" | 97,8° | 0,57 ☽ | -10,4 | 0:21 | 5:55 | 11:16 |
| So 11.1.2026 | 13h26m01,9s | -13°16'57" | 86,7° | 0,47 | -9,9 | 1:33 | 6:37 | 11:30 |
| Mo 12.1.2026 | 14h11m13,8s | -18°07'32" | 75,8° | 0,38 | -9,5 | 2:44 | 7:20 | 11:47 |
| Di 13.1.2026 | 14h58m10,5s | -22°14'37" | 65,0° | 0,29 | -8,9 | 3:55 | 8:05 | 12:07 |
| Mi 14.1.2026 | 15h47m20,8s | -25°28'26" | 54,2° | 0,21 | -8,4 | 5:06 | 8:53 | 12:35 |
| Do 15.1.2026 | 16h38m47,9s | -27°38'52" | 43,4° | 0,14 | -7,7 | 6:11 | 9:43 | 13:13 |
| Fr 16.1.2026 | 17h32m04,4s | -28°36'52" | 32,6° | 0,08 | -6,9 | 7:09 | 10:36 | 14:03 |
| Sa 17.1.2026 | 18h26m14,5s | -28°16'18" | 21,6° | 0,04 | -6,0 | 7:55 | 11:28 | 15:05 |
| So 18.1.2026 | 19h20m09,0s | -26°35'51" | 10,7° | 0,01 ● | -5,0 | 8:30 | 12:20 | 16:17 |
| Mo 19.1.2026 | 20h12m47,1s | -23°39'39" | 3,6° | 0 | -4,2 | 8:57 | 13:10 | 17:33 |
| Di 20.1.2026 | 21h03m34,0s | -19°36'29" | 13,3° | 0,01 | -5,3 | 9:17 | 13:58 | 18:50 |
| Mi 21.1.2026 | 21h52m27,4s | -14°38'16" | 24,9° | 0,05 | -6,4 | 9:33 | 14:44 | 20:07 |
| Do 22.1.2026 | 22h39m53,6s | -8°58'27" | 36,9° | 0,1 | -7,3 | 9:47 | 15:28 | 21:25 |
| Fr 23.1.2026 | 23h26m39,9s | -2°51'10" | 49,0° | 0,17 | -8,2 | 10:00 | 16:13 | 22:42 |
| Sa 24.1.2026 | 0h13m48,4s | 3°28'48" | 61,4° | 0,26 | -8,9 | 10:13 | 16:58 |  |
| So 25.1.2026 | 1h02m30,0s | 9°45'22" | 74,1° | 0,36 | -9,6 | 10:28 | 17:47 | 0:02 |
| Mo 26.1.2026 | 1h53m59,2s | 15°40'03" | 86,9° | 0,47 ☾ | -10,1 | 10:47 | 18:39 | 1:26 |
| Di 27.1.2026 | 2h49m22,6s | 20°50'57" | 99,9° | 0,59 | -10,6 | 11:13 | 19:36 | 2:52 |
| Mi 28.1.2026 | 3h49m16,8s | 24°52'50" | 113,1° | 0,7 | -11,1 | 11:49 | 20:38 | 4:18 |
| Do 29.1.2026 | 4h53m18,1s | 27°19'59" | 126,5° | 0,8 | -11,5 | 12:41 | 21:43 | 5:38 |
| Fr 30.1.2026 | 5h59m41,2s | 27°52'38" | 140,0° | 0,88 | -11,8 | 13:51 | 22:47 | 6:42 |
| Sa 31.1.2026 | 7h05m41,9s | 26°24'40" | 153,5° | 0,95 | -12,2 | 15:14 | 23:48 | 7:29 |

## Jupitermond-Ereignisse

| Datum | Uhrzeit (MEZ) | Mond | Erscheinung | Phase |
|---|---|---|---|---|
| 1.1.2026 | 03:01:20 | Europa | Schattenvorübergang | Anfang |
| 1.1.2026 | 03:29:39 | Europa | Durchgang | Anfang |
| 1.1.2026 | 05:52:09 | Europa | Schattenvorübergang | Ende |
| 1.1.2026 | 06:20:40 | Europa | Durchgang | Ende |
| 1.1.2026 | 19:15:34 | Io | Bedeckung | Ende |
| 1.1.2026 | 21:12:55 | Kallisto | Verfinsterung | Anfang |
| 2.1.2026 | 03:08:41 | Kallisto | Bedeckung | Ende |
| 2.1.2026 | 21:12:32 | Europa | Verfinsterung | Anfang |
| 3.1.2026 | 00:25:27 | Europa | Bedeckung | Ende |
| 4.1.2026 | 19:10:34 | Europa | Schattenvorübergang | Ende |
| 4.1.2026 | 19:28:06 | Europa | Durchgang | Ende |

| Datum | Uhrzeit (MEZ) | Mond | Erscheinung | Phase |
|---|---|---|---|---|
| 5.1.2026 | 05:42:57 | Io | Verfinsterung | Anfang |
| 6.1.2026 | 02:51:19 | Io | Schattenvorübergang | Anfang |
| 6.1.2026 | 02:57:47 | Io | Durchgang | Anfang |
| 6.1.2026 | 05:07:14 | Io | Schattenvorübergang | Ende |
| 6.1.2026 | 05:13:43 | Io | Durchgang | Ende |
| 7.1.2026 | 00:11:31 | Io | Verfinsterung | Anfang |
| 7.1.2026 | 02:33:10 | Io | Bedeckung | Ende |
| 7.1.2026 | 03:02:17 | Ganymed | Schattenvorübergang | Anfang |
| 7.1.2026 | 03:21:30 | Ganymed | Durchgang | Anfang |
| 7.1.2026 | 06:18:19 | Ganymed | Schattenvorübergang | Ende |
| 7.1.2026 | 06:38:38 | Ganymed | Durchgang | Ende |
| 7.1.2026 | 21:19:52 | Io | Schattenvorübergang | Anfang |
| 7.1.2026 | 21:23:38 | Io | Durchgang | Anfang |
| 7.1.2026 | 23:35:49 | Io | Schattenvorübergang | Ende |
| 7.1.2026 | 23:39:35 | Io | Durchgang | Ende |
| 8.1.2026 | 05:37:35 | Europa | Schattenvorübergang | Anfang |
| 8.1.2026 | 05:44:06 | Europa | Durchgang | Anfang |
| 8.1.2026 | 18:40:11 | Io | Verfinsterung | Anfang |
| 8.1.2026 | 20:59:06 | Io | Bedeckung | Ende |
| 9.1.2026 | 18:04:21 | Io | Schattenvorübergang | Ende |
| 9.1.2026 | 18:05:24 | Io | Durchgang | Ende |
| 9.1.2026 | 23:47:32 | Europa | Verfinsterung | Anfang |
| 10.1.2026 | 02:38:56 | Europa | Bedeckung | Ende |
| 10.1.2026 | 20:13:44 | Ganymed | Verfinsterung | Ende |
| 11.1.2026 | 18:51:30 | Europa | Durchgang | Anfang |
| 11.1.2026 | 18:55:57 | Europa | Schattenvorübergang | Anfang |
| 11.1.2026 | 21:42:13 | Europa | Durchgang | Ende |
| 11.1.2026 | 21:46:49 | Europa | Schattenvorübergang | Ende |
| 12.1.2026 | 07:34:23 | Io | Bedeckung | Anfang |
| 13.1.2026 | 04:41:11 | Io | Durchgang | Anfang |
| 13.1.2026 | 04:45:32 | Io | Schattenvorübergang | Anfang |
| 13.1.2026 | 06:57:09 | Io | Durchgang | Ende |
| 13.1.2026 | 07:01:34 | Io | Schattenvorübergang | Ende |
| 14.1.2026 | 02:00:16 | Io | Bedeckung | Anfang |
| 14.1.2026 | 04:22:32 | Io | Verfinsterung | Ende |
| 14.1.2026 | 06:36:46 | Ganymed | Durchgang | Anfang |
| 14.1.2026 | 07:01:20 | Ganymed | Schattenvorübergang | Anfang |
| 14.1.2026 | 23:07:04 | Io | Durchgang | Anfang |
| 14.1.2026 | 23:14:07 | Io | Schattenvorübergang | Anfang |
| 15.1.2026 | 01:23:03 | Io | Durchgang | Ende |
| 15.1.2026 | 01:30:11 | Io | Schattenvorübergang | Ende |
| 15.1.2026 | 20:26:15 | Io | Bedeckung | Anfang |
| 15.1.2026 | 22:51:13 | Io | Verfinsterung | Ende |
| 16.1.2026 | 17:32:57 | Io | Durchgang | Anfang |
| 16.1.2026 | 17:42:40 | Io | Schattenvorübergang | Anfang |
| 16.1.2026 | 19:48:55 | Io | Durchgang | Ende |
| 16.1.2026 | 19:58:46 | Io | Schattenvorübergang | Ende |
| 17.1.2026 | 02:02:15 | Europa | Bedeckung | Anfang |

| Datum | Uhrzeit (MEZ) | Mond | Erscheinung | Phase |
|---|---|---|---|---|
| 17.1.2026 | 05:13:33 | Europa | Verfinsterung | Ende |
| 17.1.2026 | 17:19:49 | Io | Verfinsterung | Ende |
| 17.1.2026 | 20:08:15 | Ganymed | Bedeckung | Anfang |
| 18.1.2026 | 00:13:20 | Ganymed | Verfinsterung | Ende |
| 18.1.2026 | 19:12:25 | Kallisto | Verfinsterung | Ende |
| 18.1.2026 | 21:05:58 | Europa | Durchgang | Anfang |
| 18.1.2026 | 21:32:10 | Europa | Schattenvorübergang | Anfang |
| 18.1.2026 | 23:56:32 | Europa | Durchgang | Ende |
| 19.1.2026 | 00:23:03 | Europa | Schattenvorübergang | Ende |
| 20.1.2026 | 06:24:50 | Io | Durchgang | Anfang |
| 20.1.2026 | 06:39:54 | Io | Schattenvorübergang | Anfang |
| 20.1.2026 | 18:31:21 | Europa | Verfinsterung | Ende |
| 21.1.2026 | 03:44:08 | Io | Bedeckung | Anfang |
| 21.1.2026 | 06:17:08 | Io | Verfinsterung | Ende |
| 22.1.2026 | 00:50:50 | Io | Durchgang | Anfang |
| 22.1.2026 | 01:08:31 | Io | Schattenvorübergang | Anfang |
| 22.1.2026 | 03:06:50 | Io | Durchgang | Ende |
| 22.1.2026 | 03:24:43 | Io | Schattenvorübergang | Ende |
| 22.1.2026 | 22:10:13 | Io | Bedeckung | Anfang |
| 23.1.2026 | 00:45:50 | Io | Verfinsterung | Ende |
| 23.1.2026 | 19:16:49 | Io | Durchgang | Anfang |
| 23.1.2026 | 19:37:07 | Io | Schattenvorübergang | Anfang |
| 23.1.2026 | 21:32:49 | Io | Durchgang | Ende |
| 23.1.2026 | 21:53:20 | Io | Schattenvorübergang | Ende |
| 24.1.2026 | 04:16:35 | Europa | Bedeckung | Anfang |
| 24.1.2026 | 19:14:28 | Io | Verfinsterung | Ende |
| 24.1.2026 | 23:24:32 | Ganymed | Bedeckung | Anfang |
| 25.1.2026 | 04:13:12 | Ganymed | Verfinsterung | Ende |
| 25.1.2026 | 23:21:08 | Europa | Durchgang | Anfang |
| 26.1.2026 | 00:08:20 | Europa | Schattenvorübergang | Anfang |
| 26.1.2026 | 02:11:31 | Europa | Durchgang | Ende |
| 26.1.2026 | 02:59:15 | Europa | Schattenvorübergang | Ende |
| 26.1.2026 | 22:10:34 | Kallisto | Durchgang | Anfang |
| 27.1.2026 | 02:04:10 | Kallisto | Durchgang | Ende |
| 27.1.2026 | 02:04:18 | Kallisto | Schattenvorübergang | Anfang |
| 27.1.2026 | 06:02:58 | Kallisto | Schattenvorübergang | Ende |
| 27.1.2026 | 21:07:21 | Europa | Verfinsterung | Ende |
| 28.1.2026 | 05:28:30 | Io | Bedeckung | Anfang |
| 28.1.2026 | 18:18:48 | Ganymed | Schattenvorübergang | Ende |
| 29.1.2026 | 02:35:10 | Io | Durchgang | Anfang |
| 29.1.2026 | 03:03:05 | Io | Schattenvorübergang | Anfang |
| 29.1.2026 | 04:51:11 | Io | Durchgang | Ende |
| 29.1.2026 | 05:19:24 | Io | Schattenvorübergang | Ende |
| 29.1.2026 | 23:54:45 | Io | Bedeckung | Anfang |
| 30.1.2026 | 02:40:32 | Io | Verfinsterung | Ende |
| 30.1.2026 | 21:01:19 | Io | Durchgang | Anfang |
| 30.1.2026 | 21:31:43 | Io | Schattenvorübergang | Anfang |
| 30.1.2026 | 23:17:21 | Io | Durchgang | Ende |

| Datum | Uhrzeit (MEZ) | Mond | Erscheinung | Phase |
|---|---|---|---|---|
| 30.1.2026 | 23:48:03 | Io | Schattenvorübergang | Ende |
| 31.1.2026 | 18:20:57 | Io | Bedeckung | Anfang |
| 31.1.2026 | 21:09:11 | Io | Verfinsterung | Ende |

# Februar

## Sternenhimmel

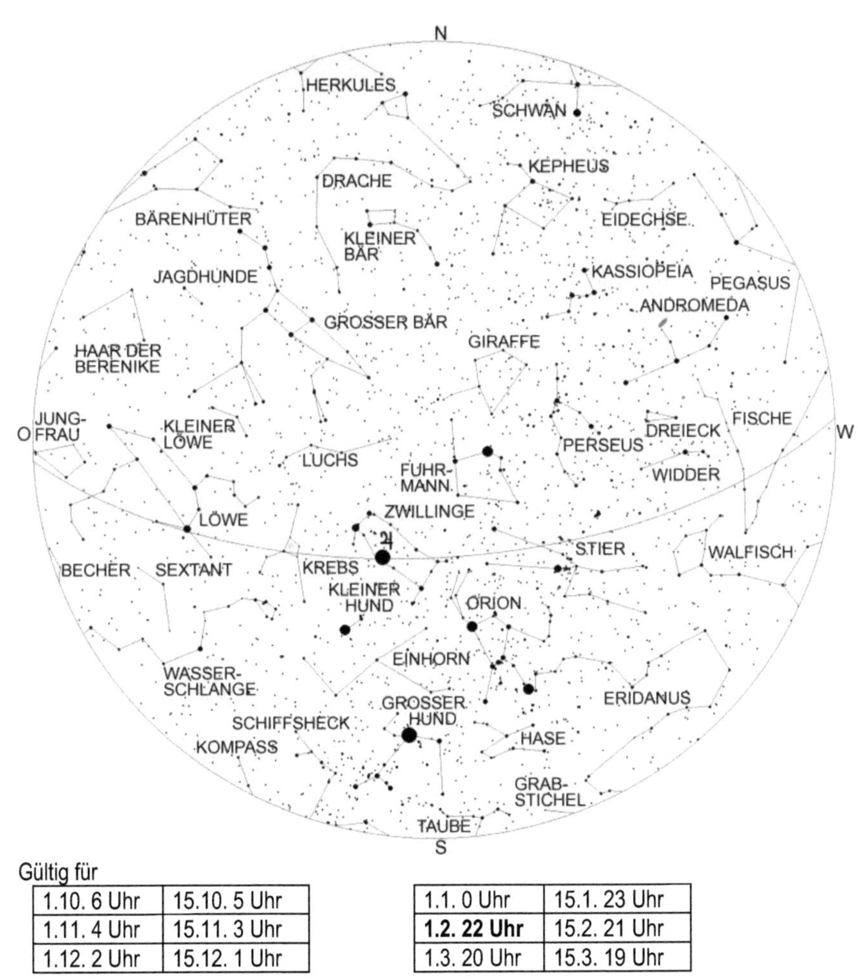


Gültig für

| 1.10. 6 Uhr | 15.10. 5 Uhr |
|---|---|
| 1.11. 4 Uhr | 15.11. 3 Uhr |
| 1.12. 2 Uhr | 15.12. 1 Uhr |

| 1.1. 0 Uhr | 15.1. 23 Uhr |
|---|---|
| **1.2. 22 Uhr** | 15.2. 21 Uhr |
| 1.3. 20 Uhr | 15.3. 19 Uhr |

Im Februar hat zur Standbeobachtungszeit (1. um 22 Uhr MEZ) der Orion seine höchste Position überschritten. Man erkennt in diesem Sternbild unterhalb der Gürtelsterne eine Sterngruppe mit einem nebligen Fleckchen. Dies ist der berühmte Orionnebel, ein Gasnebel, in dem neue Sterne entstehen. Die beiden hellsten Sterne des Orions, Rigel (rechts unten) und Beteigeuze (links oben), sind Riesensterne von ganz unterschiedlicher Natur. Der bläuliche Rigel ist 60-mal größer als die Sonne und strahlt so viel Energie ab wie 41000 Sonnen. Seine Oberfläche ist mit 12300 Kelvin Oberflächentemperatur auch wesentlich heißer als die unseres Zentralgestirns, dessen Oberfläche 5800 K heiß ist. Sein Abstand zur Sonne beträgt etwa 770 Lichtjahre.

Der rötliche Stern Beteigeuze ist mit einer Oberflächentemperatur von 3450 K kühler als die Sonne, hat aber einen ungefähr tausendmal größeren Durchmesser. In ihrem Inneren hätten die Umlaufbahnen aller inneren Planeten Platz.

Beteigeuze strahlt etwa 55000-mal so viel Energie wie die Sonne ab und ist ca. 640 Lichtjahre von ihr entfernt.

Das Sternbild Zwillinge mit dem Planeten Jupiter steht jetzt kurz vor der Kulmination, während der Stier und der Fuhrmann diese schon hinter sich gebracht haben.

Tief im Süden erreichen die ersten Sterne des Großen Hundes ihren höchsten Stand. Westlich von diesen erkennt man den Hasen, der in der Mythologie eine Beute des Himmelsjägers Orion darstellt. Im Hasen befindet sich ein schon im Feldstecher trennbarer Doppelstern, Gamma ($\gamma$) Leporis. Seine beiden Komponenten haben eine Helligkeit von 3,6 mag und 6,1 mag und stehen 97" voneinander entfernt. Bei guten Sichtbedingungen kann man auch das Sternbild Taube knapp über dem Südhorizont erkennen.

Nördlich des Großen Hundes befindet sich das Sternbild Einhorn, welches nur aus lichtschwachen Sternen besteht. Dieses Sternbild hat im Unterschied zu vielen anderen in Mitteleuropa sichtbaren Sternbildern, wie der Orion und der Stier, seinen Ursprung nicht in der Antike, sondern wurde 1602 von dem niederländischen Kartografen Petrus Plancius eingeführt. In diesem Sternbild gibt es einen für Amateurastronomen interessanten Dreifachstern, und zwar den Stern Beta ($\beta$) Monocerotis, der schon mit einem Fernrohr von 5 Zentimetern Objektivöffnung aufgelöst werden kann. Beta Monocerotis besteht aus einem 4,6 mag hellen Stern mit einem 5,3 mag hellen Begleiter in 3" Abstand. Ein weiterer Begleiter mit einer Helligkeit von 5,0 mag befindet sich in 7" Entfernung vom 4,6 mag hellem Hauptstern. Alle 3 Sterne dieses Systems liegen in etwa auf einer Linie.

Höher am Himmel, zwischen Einhorn und Zwillinge, findet man den Kleinen Hund mit dem hellen Fixstern Prokion.

Nordöstlich des Kleinen Hundes kann man an dunkleren Beobachtungsorten das lichtschwache Sternbild Krebs erkennen.

In westlicher Richtung sieht man den Widder und den im Untergang befindlichen Walfisch. Zwischen dem Widder und dem Horizont erblickt man bei dunklem Himmel die lichtschwachen Sterne der Fische, während das Gebiet zwischen Walfisch, Orion und Hase von dem ausgedehntem Eridanus ausgefüllt wird, der fast nur aus lichtschwachen Sternen besteht.

Weiter in nördlicher Richtung befinden sich noch einige Sterne des Pegasus über dem Horizont. Über diesen erkennt man das Sternbild Andromeda.

Im Osten ist jetzt das Sternbild Löwe komplett aufgegangen, auch die ersten Sterne des Tierkreissternbildes Jungfrau sind schon über dem Horizont erschienen, aber wegen des Horizontdunstes noch kaum zu sehen. Zwischen dem Kleinem Hund und dem Südosthorizont erkennt man den Kopf des Sternbildes Wasserschlange. Das Sternbild Wasserschlange ist das größte Sternbild des Himmels. Es besteht aber zum größten Teil aus Sternen der 4. Größenklasse und schwächer, weshalb es von helleren Beobachtungsorten aus nur rudimentär erkannt werden kann. Es gibt nur einen Stern 2. Größe in dieser Konstellation, Alphard, der das hellste Objekt im Südosten darstellt. Alphard ist ein orangeroter Riesenstern mit 400-facher Sonnenleuchtkraft und 41-fachen Sonnendurchmesser in 180 Lichtjahren Entfernung. Der Große Wagen, der aus den hellsten Sternen des Sternbildes Großer Bär besteht, gewinnt jetzt Höhe im Nordosten. Tief im Nordosten geht gerade der Bärenhüter auf. Allerdings ist sein hellster Stern, Arktur, noch unter dem Horizont und seine schon aufgegangenen Sterne sind im Horizontdunst kaum zu erkennen.

Zwischen Bärenhüter und Großen Wagen kann man Chara, den mit 2,9 mag hellsten Stern der Jagdhunde erblicken. Alle anderen Sterne dieser Konstellation haben eine Helligkeit von 4 mag und weniger und sind nur an dunkleren Orten zu sehen.

Auch das Sternbild „Haar der Berenike" ist inzwischen vollständig über dem ostnordöstlichen Horizont getreten, es kann aber, da es nur aus Sternen 4. Größe und schwächer besteht, nur an dunkleren Orten gesichtet werden.

## Astronomische Ereignisse

| Datum | Uhrzeit | Ereignis | Elongation |
|---|---|---|---|
| 1.2.2026 | 13:05:54 | Mond 21' nördlich M44 | 174,5° |
| 1.2.2026 | 23:09:25 | Vollmond | |
| 2.2.2026 | 16:58:05 | Merkur 50' nördlich Gamma Capricorni | 8,7° |
| 3.2.2026 | 05:29:31 | Mond 32' südlich Regulus | 164° |
| 3.2.2026 | 17:29:55 | Merkur 59' nördlich Delta Capricorni | 9,4° |
| 3.2.2026 | 20:40:55 | Mond im absteigenden Knoten | |
| 4.2.2026 | 05:36:29 | Uranus stationär, dann rechtläufig | |
| 5.2.2026 | 22:38:58 | Venus 1,3° nördlich Delta Capricorni | 7,3° |
| 6.2.2026 | 12:06:39 | Mond 7,1° südlich Porrima | 124,3° |
| 6.2.2026 | 14:45:16 | Merkur 45' nördlich Iota Aquarii | 11,5° |
| 7.2.2026 | 06:09:18 | Juno 13,7° nördlich Nunki | 35,6° |
| 7.2.2026 | 11:26:22 | Mond 2,8° südlich Spika | 113,3° |
| 7.2.2026 | 13:27:01 | Merkur 9,4° südlich Pallas | 12,3° |
| 9.2.2026 | 06:17:36 | Mond 6,3° südlich Zuben-el-dschenubi | 93,2° |
| 9.2.2026 | 13:43:22 | Letztes Viertel | |
| 9.2.2026 | 22:08:21 | Venus 40' nördlich Iota Aquarii | 8,2° |
| 10.2.2026 | 09:14:06 | Mars 30' südlich Theta Capricorni | 7,4° |
| 10.2.2026 | 18:05:06 | Mond im Apogäum | |

| Datum | Uhrzeit | Ereignis | Elongation |
|---|---|---|---|
| 10.2.2026 | 18:15:29 | Mond 6,75° südlich Akrab | 77,2° |
| 11.2.2026 | 02:48:29 | Mond in größter Südbreite | |
| 11.2.2026 | 04:07:55 | Mond 1,4° südlich Antares | 72,2° |
| 12.2.2026 | 14:30:11 | Venus 9,25° südlich Pallas | 8,95° |
| 13.2.2026 | 21:44:41 | Mond 1,3° südlich Nunki | 42,5° |
| 13.2.2026 | 23:23:07 | Venus in größter Südbreite | |
| 14.2.2026 | 00:59:56 | Mond 15,15° südlich Juno | 40° |
| 14.2.2026 | 05:16:17 | Merkur 17' nördlich Lambda Aquarii | 16,5° |
| 14.2.2026 | 19:32:34 | Merkur im aufsteigenden Knoten | |
| 15.2.2026 | 12:38:48 | Mond 8,7° südlich Beta Capricorni | 22,8° |
| 15.2.2026 | 13:41:33 | Mars 18' nördlich Iota Capricorni | 8,8° |
| 15.2.2026 | 16:45:13 | Mond 23' nördlich Pluto | 23° |
| 16.2.2026 | 06:07:36 | Saturn 55' südlich Neptun | 32,8° |
| 16.2.2026 | 19:50:36 | Mond 1,1° südlich Mars | 9,05° |
| 16.2.2026 | 20:01:45 | Mond 25' nördlich Vesta | 9,5° |
| 17.2.2026 | 03:52:38 | Mond 32' nördlich Delta Capricorni | 4,8° |
| 17.2.2026 | 05:44:52 | Mars 1,55° nördlich Vesta | 9,1° |
| 17.2.2026 | 13:01:21 | Neumond | -1,6° |
| 17.2.2026 | 13:13:05 | Ringförmige Sonnenfinsternis, in Miteleuropa nicht sichtbar | |
| 18.2.2026 | 00:24:19 | Mond 8,2° südlich Pallas | 5,6° |
| 18.2.2026 | 07:11:30 | Mond im aufsteigenden Knoten | |
| 18.2.2026 | 09:06:45 | Mond 41' nördlich Venus | 10,3° |
| 19.2.2026 | 00:28:42 | Mond 43' südlich Merkur | 17,8° |
| 19.2.2026 | 11:42:00 | Merkur im Perihel (Abstand Merkur-Sonne: 46001653 km) | |
| 19.2.2026 | 18:26:44 | Merkur in größter östlicher Elongation | 18,1° |
| 20.2.2026 | 00:59:15 | Mond 3,1° nördlich Neptun | 29,4° |
| 20.2.2026 | 01:24:35 | Mond 4° nördlich Saturn | 29,4° |
| 21.2.2026 | 18:38:49 | Mond 10,3° nördlich Ceres | 49,3° |
| 22.2.2026 | 09:38:13 | Mond 6,9° südlich Hamal | 62° |
| 23.2.2026 | 14:00:39 | Mars 1,6° nördlich Delta Capricorni | 10,5° |
| 24.2.2026 | 02:27:28 | Mond 4,8° nördlich Uranus | 82,2° |
| 24.2.2026 | 04:50:58 | Mond 18' nördlich der Plejaden | 84,8° |
| 24.2.2026 | 08:00:24 | Venus 24' südlich Phi Aquarii | 11,8° |
| 24.2.2026 | 13:27:50 | Erstes Viertel | |
| 24.2.2026 | 18:39:43 | Mond in größter Nordbreite | |
| 24.2.2026 | 23:56:55 | Mond im Perigäum | |
| 25.2.2026 | 00:18:37 | Mond 10,3° nördlich Aldebaran | 93,8° |
| 25.2.2026 | 17:45:09 | Mond 40' südlich Elnath | 105,8° |
| 25.2.2026 | 17:46:07 | Merkur stationär, dann rückläufig | |
| 26.2.2026 | 11:32:17 | Mond 4,9° nördlich Eta Geminorum | 115,8° |
| 26.2.2026 | 14:18:45 | Mond 4,9° nördlich Mü Geminorum | 117,4° |

48

| Datum | Uhrzeit | Ereignis | Elongation |
|---|---|---|---|
| 26.2.2026 | 18:19:09 | Vesta 11,6' südlich Delta Capricorni | 14,45° |
| 26.2.2026 | 21:04:02 | Mond 11° nördlich Alhena | 120,4° |
| 27.2.2026 | 00:09:05 | Merkur 4,7° nördlich Venus | 12,4° |
| 27.2.2026 | 00:11:49 | Mond 1,9° nördlich Epsilon Geminorum | 121,7° |
| 27.2.2026 | 07:45:54 | Mond 3° nördlich Jupiter | 126,2° |
| 27.2.2026 | 18:07:01 | Mond 6,7° südlich Kastor | 130,7° |
| 27.2.2026 | 23:05:26 | Mars in größter Südbreite | |
| 27.2.2026 | 23:48:02 | Mond 3,55° südlich Pollux | 133,85° |
| 28.2.2026 | 21:27:23 | Mond 50' nördlich M44 | 147° |

# Planeten

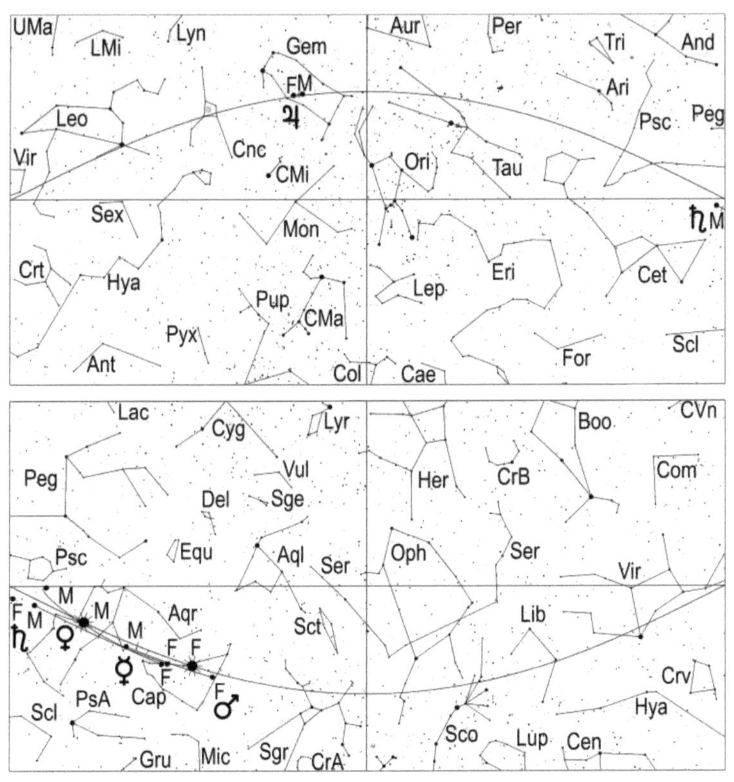

**Merkur** beginnt am 7. mit einer Abendsichtbarkeit, welche fast bis zum Monatsende dauert. An diesem Tag versinkt der -1,1 mag helle Planet um 18.32 Uhr MEZ hinter dem Horizont. Ab etwa 18 Uhr MEZ wird er in der Dämmerung sichtbar.

Im Fernrohr erscheint er an diesem Tag als zu 89% beleuchtetes Scheibchen mit 5,45" Durchmesser.

In den folgenden Tagen verspätet sich sein Untergang schnell auf 18.51 Uhr MEZ am 10., auf 19.18 Uhr MEZ am 15. und auf 19.34 Uhr MEZ am 20., während seine Helligkeit bis zum 20. auf -0,3 mag zurückgeht.

Seine rechtläufige Bewegung führt ihn vom Sternbild Wassermann in das Sternbild Fische.

Fernrohrbeobachter bemerken, dass der Durchmesser seines Scheibchens zunimmt, während dessen beleuchteter Teil zurückgeht: so misst es am 15. 6,4" und ist zu 67% beleuchtet. Die Halbphase (Dichotomie) wird am 19. bei einem Durchmesser von 7,2" erreicht.

Am selben Tag erreicht er auch seine größte östliche Elongation, die mit 18,1° sehr klein ausfällt, da er nur wenige Stunden zuvor sein Perihel passiert hat. Er kann an diesem Tag etwa von 18.30 Uhr MEZ bis 19.15 Uhr MEZ in der Abenddämmerung beobachtet werden.

Einen Tag zuvor findet man die dünne zunehmende Mondsichel in der Nachbarschaft des sonnennächsten Planeten.

Nach der größten östlichen Elongation verspätet sich sein Untergang bis zum 22. auf 19.36 Uhr MEZ, während seine Helligkeit auf 0,1 mag absinkt, sodass er erst später in der Dämmerung erscheint.

In der Folgezeit verschlechtert sich seine Sichtbarkeit rapide, da seine Helligkeit rasch zurückgeht und sich sein Untergang verfrüht, während sich der Sonnenuntergang weiterhin verspätet.

Am Abend des 26. sieht man den 1,2 mag hellen Merkur nördlich der viel helleren Venus, die als Aufsuchhilfe für den in der Dämmerung freiäugig kaum noch sichtbaren Planeten dienen kann.

Am folgenden Abend dürfte Merkur zum letzten Mal mit bloßem Auge in der Dämmerung zu sehen sein. Er geht an diesem Abend um 19.24 Uhr MEZ unter und hat nur noch eine Helligkeit von 1,5 mag.

Im Fernrohr zeigt sich Merkur an diesen Abend als zu 15% beleuchtete Sichel mit 9,2" Durchmesser.

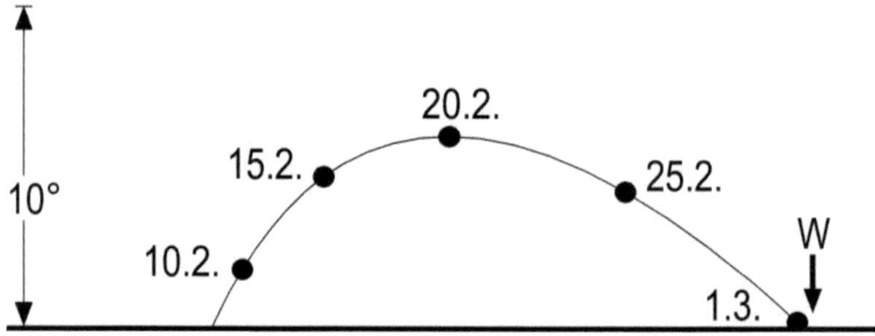


Position des Planeten Merkur am Abendhimmel, 1 Stunde nach Sonnenuntergang

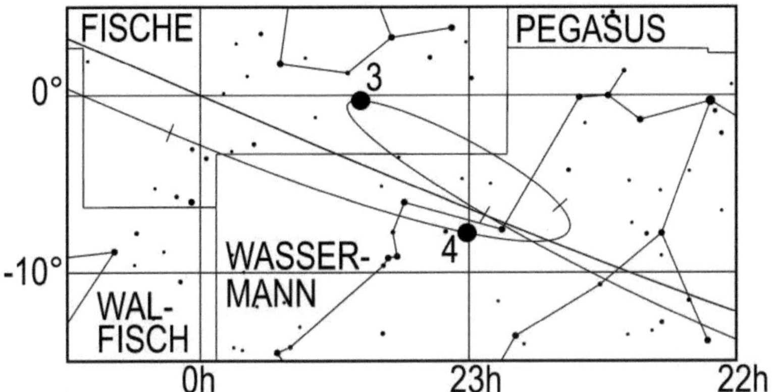


Lauf des Planeten Merkur von Februar bis April 2026. Die Zahl gibt die Position am 1. des entsprechenden Monats an, also 3 die Position am 1.3.

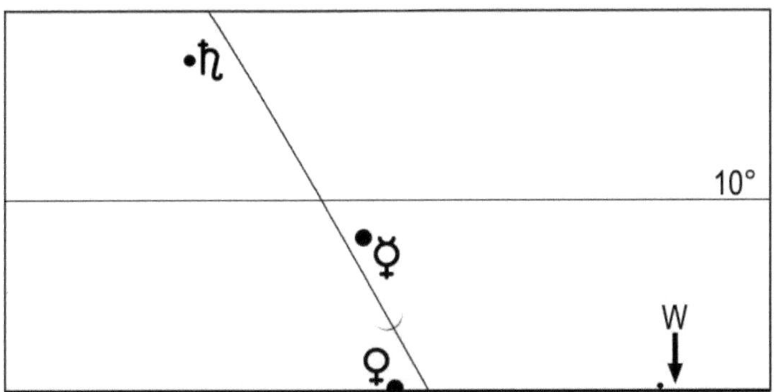


Mond, Merkur, Venus und Saturn in der Abenddämmerung des 18.2.2026 um 18.30 Uhr MEZ

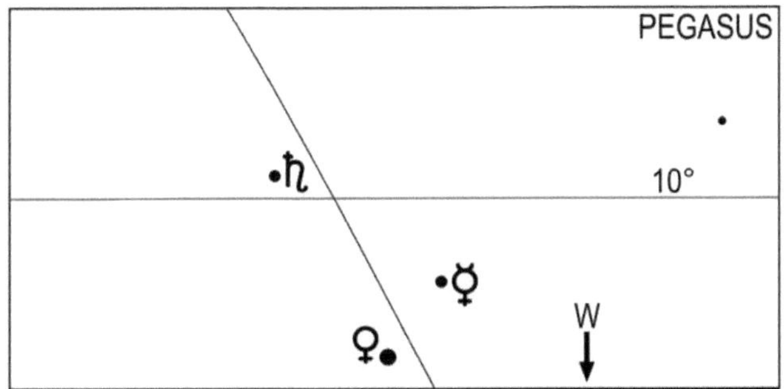


Merkur, Venus und Saturn in der Abenddämmerung des 26.2.2026 um 18.45 Uhr MEZ

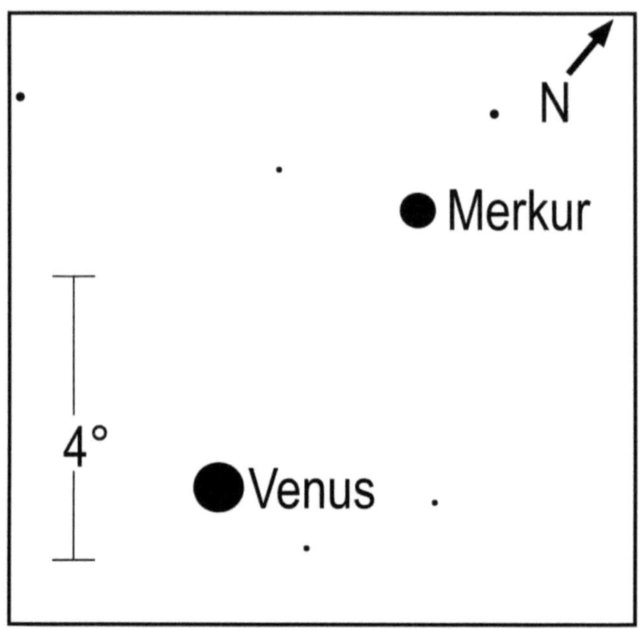


Anblick der Konjunktion zwischen Merkur und Venus im Feldstecher am Abendhimmel des 26.2.2026 um 18.45 Uhr MEZ

**Venus** beginnt ebenfalls am 7. mit einer Abendsichtbarkeit. An diesem Tag versinkt der -3,9 mag helle Abendstern um 18.05 Uhr MEZ unter dem Horizont. Eine halbe Stunde vorher kann man bei guter Horizontsicht versuchen, Venus in der hellen Abenddämmerung aufzusuchen, wobei ein Fernglas gute Dienste leisten kann. In der Folgezeit verspätet sich der Untergang des Abendsterns, der durch das Sternbild Wassermann wandert und dessen Helligkeit unverändert bei -3,9 mag bleibt, auf 18.29 Uhr MEZ am 15. und auf 19.10 Uhr MEZ am 28, sodass sich dessen Sichtbarkeit langsam verbessert.
Bis zu ihrer Konjunktion mit Merkur am 26. steht Venus dem Horizont näher als dieser. Am Monatsende kann der Abendstern bei guter Horizontsicht über 45 Minuten lang in der Abenddämmerung beobachtet werden.

**Mars** stand im Vormonat in Konjunktion zur Sonne und ist in diesem Monat nicht zu sehen.

**Jupiter** wandert rückläufig durch das Sternbild Zwillinge und steht fast während der gesamten Nacht über dem Horizont. Er versinkt am 1. um 6.57 Uhr MEZ, am 15. um 5.58 Uhr MEZ und am 28. um 5.04 Uhr MEZ unter dem Horizont. Seine Helligkeit nimmt im Februar von -2,6 mag auf -2,4 mag ab und sein Scheibchen schrumpft im gleichen Zeitraum von 45,7" auf 42,8".

Er ist wegen seiner großen Höhe über dem Horizont insbesondere in den Abendstunden ein sehr lohnendes Objekt für Fernrohrbeobachter.
In den frühen Morgenstunden des 27. findet man den Mond in Jupiters Nachbarschaft.

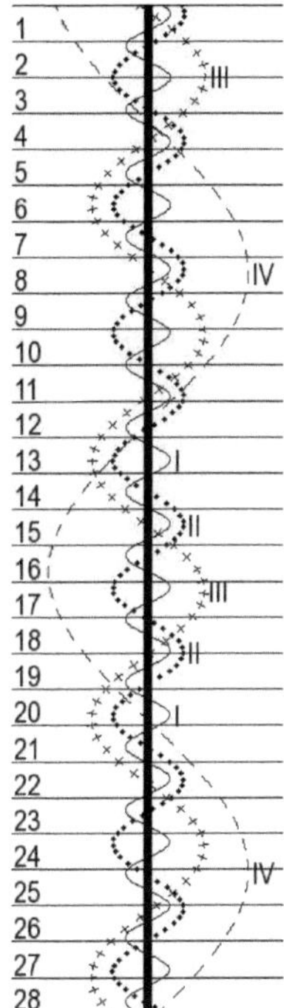

Stellung der 4 hellen Jupitermonde im Februar 2026

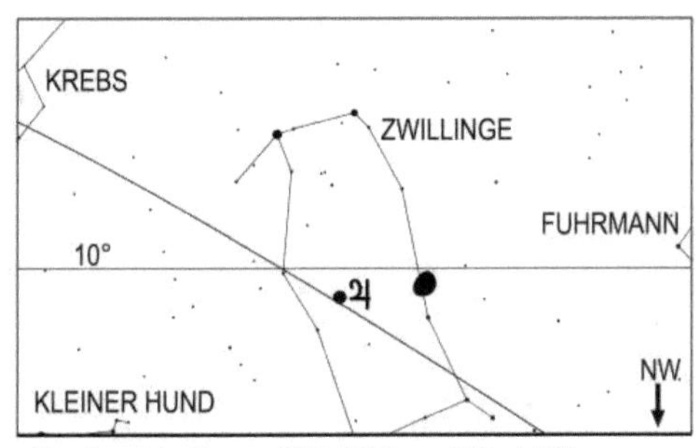


Mond und Jupiter am 27.2.2026 um 4 Uhr MEZ

**Saturn** kann am frühen Abendhimmel nach Ende der Abenddämmerung im Sternbild Fische beobachtet werden. Sein Untergang verfrüht sich im Februar von 21.26 Uhr MEZ am 1., auf 20.39 Uhr MEZ am 15. und auf 19.57 Uhr MEZ am 28.
Da der Öffnungswinkel seines Ringsystems im Laufe des Monats von 2° auf 4° anwächst, wird es im Februar auch in kleinen Fernrohren wieder besser sichtbar.
Am 16. zieht der Ringplanet 55' südlich an Neptun vorbei, was eine gute – und möglicherweise letzte – Gelegenheit bietet, den fernen, lichtschwachen Planeten zu beobachten.
Die zunehmende Mondsichel hält sich am Abend des 19. in der Nähe von Saturn auf.

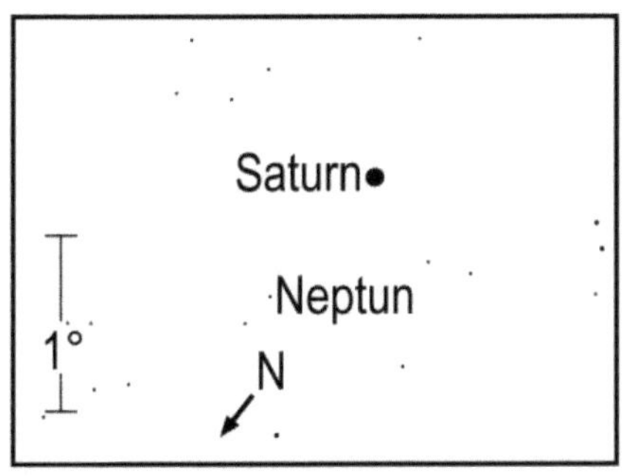


Anblick der Konjunktion zwischen Saturn und Neptun am 16.2.2026 um 19 Uhr MEZ im umkehrenden Fernrohr

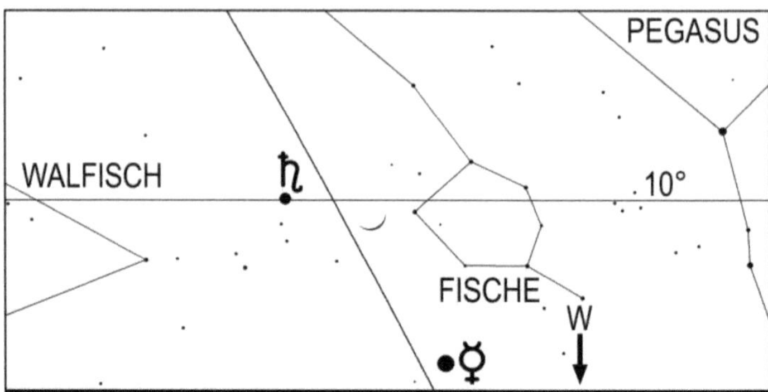

Mond, Merkur und Saturn am 19.2.2026 um 19.15 Uhr MEZ

**Uranus** beendet am 4. seine Oppositionsschleife im Sternbild Stier und kann am Abendhimmel, nach Ende der Dämmerung, mit einem Fernglas aufgesucht werden (Aufsuchkarte, Seite 184). Der Untergang des grünlichen Planeten, dessen Helligkeit im Februar 5,7 mag beträgt, erfolgt am 1. um 3.03 Uhr MEZ, am 15. um 2.08 Uhr MEZ und am 28. um 1.19 Uhr MEZ.

**Neptun**, dessen Helligkeit im Laufe des Monats von 7,9 mag auf 8,0 mag zurückgeht, kann mit einem Fernrohr gegen Ende der Abenddämmerung in südwestlicher Richtung im Sternbild Fische nahe Saturn aufgesucht werden (Aufsuchkarte, Seite 150). Sein Untergang erfolgt am 1. um 21.37 Uhr MEZ, am 15. um 20.44 Uhr MEZ und am 28. um 19.55 Uhr MEZ.
Zum Monatsende ist für eine erfolgreiche Suche nach dem fernen Planeten eine gute Horizontsicht nötig. Wie schon bei „Saturn" beschrieben, bietet seine Konjunktion mit dem Ringplaneten am 16. eine gute Gelegenheit um Neptun – möglicherweise zum letzten Mal in dieser Sichtbarkeitsperiode – aufzusuchen.

## Klein- und Zwergplaneten

**Ceres** wandert vom Walfisch in die Fische und kann am Abendhimmel mit einem Fernrohr zum Ende der Abenddämmerung aufgesucht werden (Aufsuchkarte, Seite 39).
Der 9,1 mag helle Zwergplanet versinkt am 1. um 22.45 Uhr MEZ, am 15. um 22.17 Uhr MEZ und am 28. um 21.53 Uhr MEZ unter dem Horizont.

**Pallas** hat sich im Vormonat vom Abendhimmel verabschiedet und kann in diesem Monat nicht beobachtet werden.

**Juno** kann in der zweiten Monatshälfte wieder am Morgenhimmel aufgesucht werden, ist aber mit einer Helligkeit von 11,3 mag ein schwieriges Objekt, welches zur Beobachtung den Einsatz eines Fernrohrs mit mindestens 15 Zentimetern Objektivöffnung erfordert.

Der Kleinplanet, der vom Schild durch den Schützen in den Adler wandert, erscheint am 1. um 5.26 Uhr MEZ, am 15. um 4.47 Uhr MEZ und am 28. um 4.09 Uhr MEZ über dem Horizont. Die beste Zeit für eine Beobachtung ist zu Beginn der Morgendämmerung.

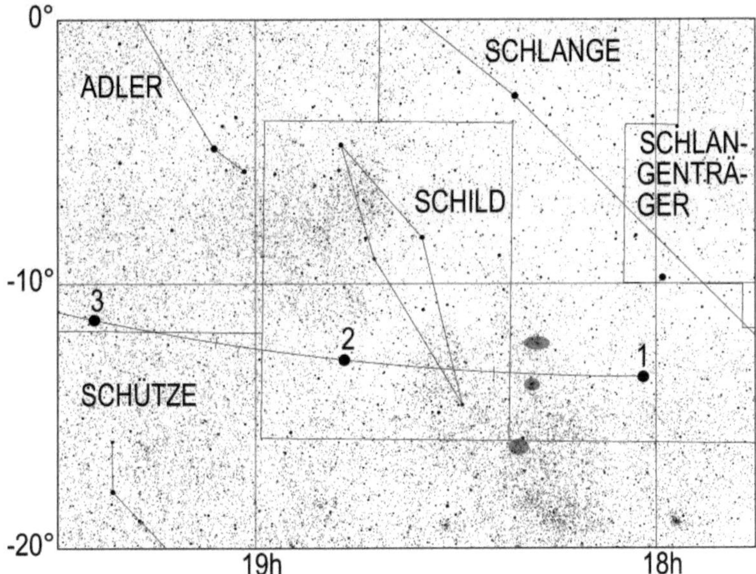


Lauf des Kleinplaneten Juno von Januar bis März 2026. Die Zahl gibt die Position zum 1. des entsprechenden Monats an, also 2 die Position am 1.2.

**Vesta** kann im Februar nicht beobachtet werden.

## Periodische Sternschnuppenströme

Der Februar ist der Monat mit der geringsten Sternschnuppenaktivität. Im Zeitraum zwischen dem 15.2. und dem 10.3. sind die Delta-Leoniden aktiv, ein schwacher Strom langsamer Meteore, der am 23. um 18 Uhr MEZ sein flaches Maximum mit ungefähr einem Meteor pro Stunde erreicht.
Die beste Zeit zur Beobachtung dieses Meteorstroms sind die ersten Stunden des 24. Der zunehmende Halbmond versinkt an diesem Tag 2 Stunden nach Mitternacht unter dem Horizont, sodass er nach Mitternacht die Beobachtung dieses Schwarmes nur noch geringfügig beeinträchtigen kann.

# Sonnenuntergang und Dämmerung

| | Astr. Anf. | Naut. Anf. | Bürg. Anf. | Auf-gang | Kulm. | Unter-Gang | Bürg. Ende | Naut. Ende | Astr. Ende | Zeitgl. |
|---|---|---|---|---|---|---|---|---|---|---|
| 1.2.2026 | 6:06 | 6:44 | 7:23 | 7:58 | 12:38 | 17:18 | 17:53 | 18:32 | 19:10 | -13m28s |
| 2.2.2026 | 6:05 | 6:43 | 7:22 | 7:56 | 12:38 | 17:20 | 17:55 | 18:33 | 19:11 | -13m36s |
| 3.2.2026 | 6:04 | 6:41 | 7:20 | 7:55 | 12:38 | 17:22 | 17:56 | 18:35 | 19:13 | -13m43s |
| 4.2.2026 | 6:02 | 6:40 | 7:19 | 7:53 | 12:38 | 17:23 | 17:58 | 18:36 | 19:14 | -13m49s |
| 5.2.2026 | 6:01 | 6:39 | 7:17 | 7:52 | 12:38 | 17:25 | 17:59 | 18:38 | 19:16 | -13m55s |
| 6.2.2026 | 6:00 | 6:37 | 7:16 | 7:50 | 12:38 | 17:27 | 18:01 | 18:39 | 19:17 | -13m59s |
| 7.2.2026 | 5:58 | 6:36 | 7:14 | 7:49 | 12:38 | 17:29 | 18:03 | 18:41 | 19:19 | -14m03s |
| 8.2.2026 | 5:57 | 6:34 | 7:13 | 7:47 | 12:38 | 17:30 | 18:04 | 18:42 | 19:20 | -14m06s |
| 9.2.2026 | 5:56 | 6:33 | 7:11 | 7:45 | 12:38 | 17:32 | 18:06 | 18:44 | 19:22 | -14m08s |
| 10.2.2026 | 5:54 | 6:31 | 7:10 | 7:44 | 12:38 | 17:34 | 18:07 | 18:45 | 19:23 | -14m10s |
| 11.2.2026 | 5:53 | 6:30 | 7:08 | 7:42 | 12:38 | 17:36 | 18:09 | 18:47 | 19:25 | -14m10s |
| 12.2.2026 | 5:51 | 6:28 | 7:06 | 7:40 | 12:38 | 17:37 | 18:11 | 18:49 | 19:26 | -14m10s |
| 13.2.2026 | 5:50 | 6:27 | 7:05 | 7:39 | 12:38 | 17:39 | 18:12 | 18:50 | 19:28 | -14m10s |
| 14.2.2026 | 5:48 | 6:25 | 7:03 | 7:37 | 12:38 | 17:41 | 18:14 | 18:52 | 19:30 | -14m08s |
| 15.2.2026 | 5:46 | 6:23 | 7:01 | 7:35 | 12:38 | 17:42 | 18:15 | 18:53 | 19:31 | -14m06s |
| 16.2.2026 | 5:45 | 6:22 | 7:00 | 7:33 | 12:38 | 17:44 | 18:17 | 18:55 | 19:33 | -14m03s |
| 17.2.2026 | 5:43 | 6:20 | 6:58 | 7:31 | 12:38 | 17:46 | 18:19 | 18:57 | 19:34 | -13m59s |
| 18.2.2026 | 5:41 | 6:18 | 6:56 | 7:29 | 12:38 | 17:48 | 18:20 | 18:58 | 19:36 | -13m55s |
| 19.2.2026 | 5:40 | 6:16 | 6:54 | 7:27 | 12:38 | 17:49 | 18:22 | 19:00 | 19:37 | -13m50s |
| 20.2.2026 | 5:38 | 6:15 | 6:52 | 7:26 | 12:38 | 17:51 | 18:24 | 19:01 | 19:39 | -13m44s |
| 21.2.2026 | 5:36 | 6:13 | 6:50 | 7:24 | 12:38 | 17:53 | 18:25 | 19:03 | 19:41 | -13m38s |
| 22.2.2026 | 5:34 | 6:11 | 6:49 | 7:22 | 12:37 | 17:54 | 18:27 | 19:05 | 19:42 | -13m30s |
| 23.2.2026 | 5:32 | 6:09 | 6:47 | 7:20 | 12:37 | 17:56 | 18:28 | 19:06 | 19:44 | -13m23s |
| 24.2.2026 | 5:30 | 6:07 | 6:45 | 7:18 | 12:37 | 17:58 | 18:30 | 19:08 | 19:45 | -13m14s |
| 25.2.2026 | 5:28 | 6:05 | 6:43 | 7:16 | 12:37 | 17:59 | 18:32 | 19:09 | 19:47 | -13m05s |
| 26.2.2026 | 5:27 | 6:04 | 6:41 | 7:14 | 12:37 | 18:01 | 18:33 | 19:11 | 19:49 | -12m56s |
| 27.2.2026 | 5:25 | 6:02 | 6:39 | 7:12 | 12:37 | 18:03 | 18:35 | 19:13 | 19:50 | -12m46s |
| 28.2.2026 | 5:23 | 6:00 | 6:37 | 7:10 | 12:36 | 18:04 | 18:37 | 19:14 | 19:52 | -12m35s |

# Mondlauf

| | Rektaszension | Deklination | Elong. | Phase | mag | Auf-gang | Kulm. | Unter-gang |
|---|---|---|---|---|---|---|---|---|
| So 1.2.2026 | 8h08m44,0s | 23°07'06" | 166,8° | 0,99 | -12,5 | 16:42 | | 8:02 |
| Mo 2.2.2026 | 9h07m19,0s | 18°23'48" | 177,7° | 1 ○ | -12,8 | 18:08 | 0:44 | 8:24 |
| Di 3.2.2026 | 10h01m17,2s | 12°43'35" | 166,6° | 0,99 | -12,5 | 19:30 | 1:35 | 8:42 |
| Mi 4.2.2026 | 10h51m22,0s | 6°33'33" | 154,0° | 0,95 | -12,1 | 20:47 | 2:22 | 8:56 |
| Do 5.2.2026 | 11h38m39,8s | 0°16'03" | 141,8° | 0,89 | -11,8 | 22:01 | 3:06 | 9:09 |
| Fr 6.2.2026 | 12h24m21,9s | -5°51'35" | 129,9° | 0,82 | -11,4 | 23:15 | 3:48 | 9:22 |
| Sa 7.2.2026 | 13h09m35,5s | -11°36'00" | 118,4° | 0,74 | -11,0 | | 4:31 | 9:35 |
| So 8.2.2026 | 13h55m20,1s | -16°46'23" | 107,2° | 0,65 | -10,7 | 0:27 | 5:14 | 9:50 |
| Mo 9.2.2026 | 14h42m24,5s | -21°13'04" | 96,2° | 0,56 ◐ | -10,3 | 1:40 | 5:59 | 10:09 |
| Di 10.2.2026 | 15h31m22,2s | -24°46'42" | 85,4° | 0,46 | -9,9 | 2:51 | 6:46 | 10:34 |

|  | Rektaszension | Deklination | Elong. | Phase | mag | Auf-gang | Kulm. | Unter-gang |
|---|---|---|---|---|---|---|---|---|
| Mi 11.2.2026 | 16h22m25,0s | -27°18'00" | 74,6° | 0,37 | -9,4 | 3:59 | 7:35 | 11:08 |
| Do 12.2.2026 | 17h15m17,6s | -28°38'28" | 63,7° | 0,28 | -8,9 | 5:00 | 8:27 | 11:53 |
| Fr 13.2.2026 | 18h09m17,3s | -28°41'38" | 52,8° | 0,2 | -8,3 | 5:51 | 9:19 | 12:50 |
| Sa 14.2.2026 | 19h03m24,0s | -27°24'46" | 41,6° | 0,13 | -7,6 | 6:30 | 10:11 | 13:59 |
| So 15.2.2026 | 19h56m38,7s | -24°49'50" | 30,3° | 0,07 | -6,8 | 6:59 | 11:02 | 15:14 |
| Mo 16.2.2026 | 20h48m20,9s | -21°03'27" | 18,6° | 0,03 | -5,8 | 7:22 | 11:51 | 16:32 |
| Di 17.2.2026 | 21h38m18,8s | -16°16'00" | 6,7° | 0 ● | -4,6 | 7:39 | 12:39 | 17:51 |
| Mi 18.2.2026 | 22h26m48,7s | -10°40'31" | 5,6° | 0 | -4,5 | 7:54 | 13:24 | 19:10 |
| Do 19.2.2026 | 23h14m29,2s | -4°31'48" | 18,0° | 0,02 | -5,8 | 8:07 | 14:10 | 20:29 |
| Fr 20.2.2026 | 0h02m14,2s | 1°53'53" | 30,7° | 0,07 | -6,9 | 8:21 | 14:56 | 21:50 |
| Sa 21.2.2026 | 0h51m07,3s | 8°18'46" | 43,5° | 0,14 | -7,9 | 8:36 | 15:44 | 23:13 |
| So 22.2.2026 | 1h42m15,0s | 14°23'16" | 56,5° | 0,22 | -8,7 | 8:53 | 16:36 |  |
| Mo 23.2.2026 | 2h36m37,0s | 19°45'41" | 69,5° | 0,33 | -9,4 | 9:17 | 17:31 | 0:39 |
| Di 24.2.2026 | 3h34m49,0s | 24°02'38" | 82,6° | 0,44 ◗ | -9,9 | 9:48 | 18:31 | 2:05 |
| Mi 25.2.2026 | 4h36m38,9s | 26°51'15" | 95,8° | 0,55 | -10,5 | 10:33 | 19:33 | 3:27 |
| Do 26.2.2026 | 5h40m49,0s | 27°53'32" | 108,9° | 0,66 | -10,9 | 11:36 | 20:36 | 4:35 |
| Fr 27.2.2026 | 6h45m08,1s | 27°01'59" | 122,0° | 0,77 | -11,3 | 12:52 | 21:36 | 5:26 |
| Sa 28.2.2026 | 7h47m19,3s | 24°22'38" | 135,1° | 0,85 | -11,7 | 14:17 | 22:33 | 6:02 |

## Jupitermond-Ereignisse

| Datum | Uhrzeit (MEZ) | Mond | Erscheinung | Phase |
|---|---|---|---|---|
| 1.2.2026 | 02:43:47 | Ganymed | Bedeckung | Anfang |
| 1.2.2026 | 17:43:40 | Io | Durchgang | Ende |
| 1.2.2026 | 18:16:48 | Io | Schattenvorübergang | Ende |
| 2.2.2026 | 01:37:25 | Europa | Durchgang | Anfang |
| 2.2.2026 | 02:44:29 | Europa | Schattenvorübergang | Anfang |
| 2.2.2026 | 04:27:40 | Europa | Durchgang | Ende |
| 2.2.2026 | 05:35:24 | Europa | Schattenvorübergang | Ende |
| 3.2.2026 | 19:40:25 | Europa | Bedeckung | Anfang |
| 3.2.2026 | 23:43:38 | Europa | Verfinsterung | Ende |
| 4.2.2026 | 03:35:26 | Kallisto | Bedeckung | Anfang |
| 4.2.2026 | 18:59:18 | Ganymed | Schattenvorübergang | Anfang |
| 4.2.2026 | 19:47:22 | Ganymed | Durchgang | Ende |
| 4.2.2026 | 22:18:40 | Ganymed | Schattenvorübergang | Ende |
| 5.2.2026 | 04:20:16 | Io | Durchgang | Anfang |
| 5.2.2026 | 04:57:48 | Io | Schattenvorübergang | Anfang |
| 5.2.2026 | 18:53:23 | Europa | Schattenvorübergang | Ende |
| 6.2.2026 | 01:40:02 | Io | Bedeckung | Anfang |
| 6.2.2026 | 04:35:19 | Io | Verfinsterung | Ende |
| 6.2.2026 | 22:46:39 | Io | Durchgang | Anfang |
| 6.2.2026 | 23:26:28 | Io | Schattenvorübergang | Anfang |
| 7.2.2026 | 01:02:43 | Io | Durchgang | Ende |
| 7.2.2026 | 01:42:55 | Io | Schattenvorübergang | Ende |
| 7.2.2026 | 20:06:27 | Io | Bedeckung | Anfang |
| 7.2.2026 | 23:04:00 | Io | Verfinsterung | Ende |

| Datum | Uhrzeit (MEZ) | Mond | Erscheinung | Phase |
|---|---|---|---|---|
| 8.2.2026 | 17:55:13 | Io | Schattenvorübergang | Anfang |
| 8.2.2026 | 19:29:16 | Io | Durchgang | Ende |
| 8.2.2026 | 20:11:43 | Io | Schattenvorübergang | Ende |
| 9.2.2026 | 03:55:17 | Europa | Durchgang | Anfang |
| 9.2.2026 | 05:20:37 | Europa | Schattenvorübergang | Anfang |
| 10.2.2026 | 21:58:30 | Europa | Bedeckung | Anfang |
| 11.2.2026 | 02:20:09 | Europa | Verfinsterung | Ende |
| 11.2.2026 | 19:54:28 | Ganymed | Durchgang | Anfang |
| 11.2.2026 | 22:58:20 | Ganymed | Schattenvorübergang | Anfang |
| 11.2.2026 | 23:10:37 | Ganymed | Durchgang | Ende |
| 12.2.2026 | 02:18:31 | Ganymed | Schattenvorübergang | Ende |
| 12.2.2026 | 18:38:32 | Europa | Schattenvorübergang | Anfang |
| 12.2.2026 | 19:54:49 | Europa | Durchgang | Ende |
| 12.2.2026 | 20:06:34 | Kallisto | Schattenvorübergang | Anfang |
| 12.2.2026 | 21:29:30 | Europa | Schattenvorübergang | Ende |
| 13.2.2026 | 00:11:21 | Kallisto | Schattenvorübergang | Ende |
| 13.2.2026 | 03:26:15 | Io | Bedeckung | Anfang |
| 14.2.2026 | 00:32:57 | Io | Durchgang | Anfang |
| 14.2.2026 | 01:21:21 | Io | Schattenvorübergang | Anfang |
| 14.2.2026 | 02:49:04 | Io | Durchgang | Ende |
| 14.2.2026 | 03:37:55 | Io | Schattenvorübergang | Ende |
| 14.2.2026 | 21:52:56 | Io | Bedeckung | Anfang |
| 15.2.2026 | 00:58:52 | Io | Verfinsterung | Ende |
| 15.2.2026 | 18:59:45 | Io | Durchgang | Anfang |
| 15.2.2026 | 19:50:08 | Io | Schattenvorübergang | Anfang |
| 15.2.2026 | 21:15:53 | Io | Durchgang | Ende |
| 15.2.2026 | 22:06:45 | Io | Schattenvorübergang | Ende |
| 16.2.2026 | 19:27:36 | Io | Verfinsterung | Ende |
| 18.2.2026 | 00:18:43 | Europa | Bedeckung | Anfang |
| 18.2.2026 | 04:56:59 | Europa | Verfinsterung | Ende |
| 18.2.2026 | 23:21:54 | Ganymed | Durchgang | Anfang |
| 19.2.2026 | 02:38:05 | Ganymed | Durchgang | Ende |
| 19.2.2026 | 02:57:35 | Ganymed | Schattenvorübergang | Anfang |
| 19.2.2026 | 19:25:26 | Europa | Durchgang | Anfang |
| 19.2.2026 | 21:14:35 | Europa | Schattenvorübergang | Anfang |
| 19.2.2026 | 22:15:25 | Europa | Durchgang | Ende |
| 20.2.2026 | 00:05:33 | Europa | Schattenvorübergang | Ende |
| 20.2.2026 | 18:36:39 | Kallisto | Bedeckung | Anfang |
| 20.2.2026 | 22:31:56 | Kallisto | Bedeckung | Ende |
| 21.2.2026 | 02:20:23 | Io | Durchgang | Anfang |
| 21.2.2026 | 03:16:22 | Io | Schattenvorübergang | Anfang |
| 21.2.2026 | 03:19:07 | Kallisto | Verfinsterung | Anfang |
| 21.2.2026 | 04:36:33 | Io | Durchgang | Ende |
| 21.2.2026 | 18:15:42 | Europa | Verfinsterung | Ende |
| 21.2.2026 | 23:40:29 | Io | Bedeckung | Anfang |
| 22.2.2026 | 02:53:47 | Io | Verfinsterung | Ende |
| 22.2.2026 | 20:15:35 | Ganymed | Verfinsterung | Ende |
| 22.2.2026 | 20:47:28 | Io | Durchgang | Anfang |

| Datum | Uhrzeit (MEZ) | Mond | Erscheinung | Phase |
|---|---|---|---|---|
| 22.2.2026 | 21:45:11 | Io | Schattenvorübergang | Anfang |
| 22.2.2026 | 23:03:40 | Io | Durchgang | Ende |
| 23.2.2026 | 00:01:55 | Io | Schattenvorübergang | Ende |
| 23.2.2026 | 21:22:32 | Io | Verfinsterung | Ende |
| 24.2.2026 | 18:30:41 | Io | Schattenvorübergang | Ende |
| 25.2.2026 | 02:41:15 | Europa | Bedeckung | Anfang |
| 26.2.2026 | 02:54:30 | Ganymed | Durchgang | Anfang |
| 26.2.2026 | 21:48:19 | Europa | Durchgang | Anfang |
| 26.2.2026 | 23:50:35 | Europa | Schattenvorübergang | Anfang |
| 27.2.2026 | 00:38:13 | Europa | Durchgang | Ende |
| 27.2.2026 | 02:41:33 | Europa | Schattenvorübergang | Ende |
| 28.2.2026 | 04:09:00 | Io | Durchgang | Anfang |
| 28.2.2026 | 20:52:52 | Europa | Verfinsterung | Ende |

## Finsternisse

Am 17. findet in der Antarktis und den südlichen Indischen Ozean eine ringförmige Sonnenfinsternis mit einer maximalen Dauer von 2m20s und einer maximalen Größe von 0,963 statt.
Die maximale Länge der ringförmigen Phase wird bei 64,72° südlicher Breite und 86.755° östlicher Länge erreicht.
In Madagaskar, den südwestlichsten Teilen Afrikas und den südlichsten Gebieten von Südamerika sowie auf einigen Inseln im Indischen Ozean wie Reunion und Mauritius ist diese Finsternis als partielle Finsternis mit geringer Größe sichtbar, während man in Europa von diesem Ereignis nichts zu sehen bekommt.

# März

## Sternenhimmel

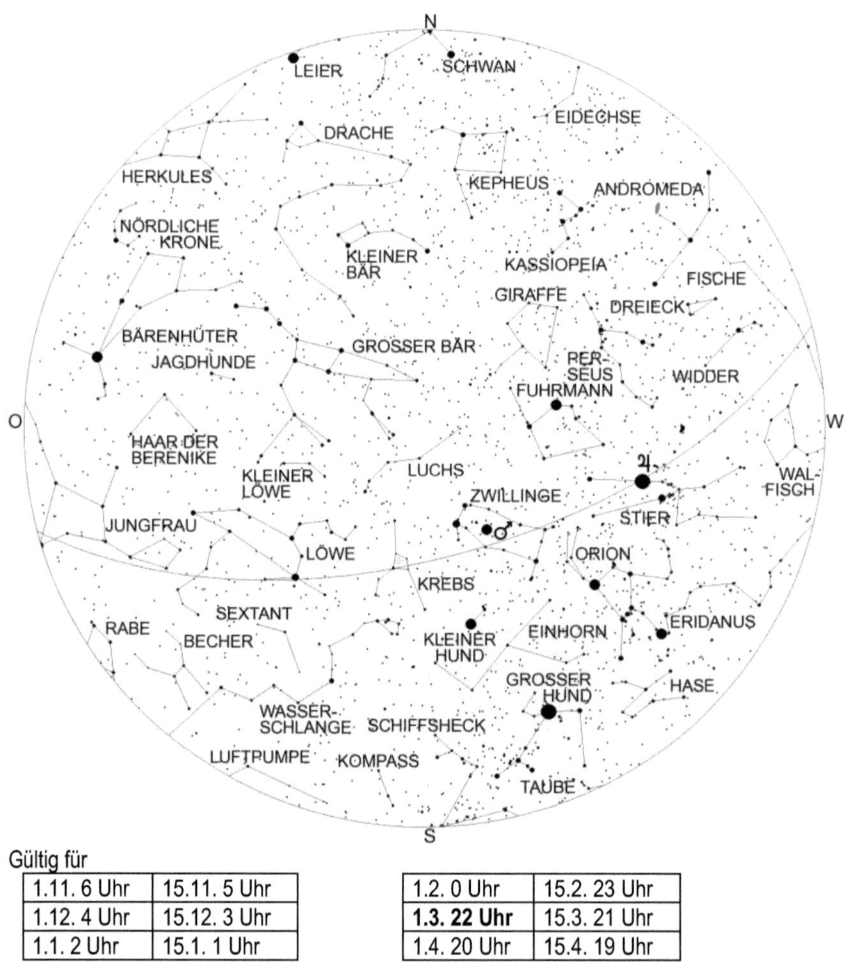



Gültig für

| 1.11. 6 Uhr | 15.11. 5 Uhr |
|---|---|
| 1.12. 4 Uhr | 15.12. 3 Uhr |
| 1.1. 2 Uhr | 15.1. 1 Uhr |

| 1.2. 0 Uhr | 15.2. 23 Uhr |
|---|---|
| **1.3. 22 Uhr** | 15.3. 21 Uhr |
| 1.4. 20 Uhr | 15.4. 19 Uhr |

Die Wintersternbilder stehen noch alle über dem Horizont, sind aber jetzt fast alle im westlichen Teil des Himmels versammelt. Der Kleine Hund mit Prokion und die Zwillingssterne Kastor und Pollux, in deren Nähe sich der helle Jupiter befindet, erreichen jetzt ihren höchsten Stand. Das lichtschwache Sternbild Krebs steht kurz vor

60

der Kulmination und der Löwe hoch im Südosten. Südlich des Krebses erkennt man
den Kopf der Wasserschlange und den hellsten Stern dieses Sternbildes, Alphard,
was auf Arabisch der „Alleinstehende" heißt, weil er der einzig helle Stern in diesem
Gebiet ist. Im Südosten erkennt man unter dem Löwen die lichtschwachen Sterne von
Wasserschlange, Becher und Sextant, während im Osten die Jungfrau schon zum
größten Teil über den Horizont erschienen ist. Im Nordosten erblickt man einen hellen,
orangefarbenen Stern. Es ist Arktur, der hellste Stern im Bärenhüter, der auch der
vierthellste Stern des Himmels ist. Inzwischen ist dieses Sternbild genauso wie die
Nördliche Krone vollständig über dem Horizont erschienen. Der Große Bär strebt jetzt
immer höher in den Himmel, während sein Gegenstück, die Kassiopeia immer tiefer
sinkt.

## Astronomische Ereignisse

| Datum | Uhrzeit | Ereignis | Elongation |
|---|---|---|---|
| 1.3.2026 | 16:59:38 | Merkur in größter Nordbreite | |
| 2.3.2026 | 13:15:11 | Mond 21' südlich Regulus | 168,3° |
| 2.3.2026 | 16:14:07 | Pallas in Konjunktion zur Sonne | 5,9° |
| 3.3.2026 | 05:51:47 | Mond im absteigenden Knoten | |
| 3.3.2026 | 09:45:00 | Totale Mondfinsternis, Eintritt Halbschatten | |
| 3.3.2026 | 10:51:27 | Totale Mondfinsternis, Eintritt Kernschatten | |
| 3.3.2026 | 12:05:09 | Totale Mondfinsternis, Beginn Totalität | |
| 3.3.2026 | 12:34:27 | Totale Mondfinsternis, Maximale Phase, Grösse: 1,154 | |
| 3.3.2026 | 12:38:04 | Vollmond | |
| 3.3.2026 | 13:03:44 | Totale Mondfinsternis, Ende Totalität | |
| 3.3.2026 | 14:17:26 | Totale Mondfinsternis, Austritt Kernschatten | |
| 3.3.2026 | 15:23:53 | Totale Mondfinsternis, Austritt Halbschatten | |
| 5.3.2026 | 19:00:48 | Mond 6,6° südlich Porrima | 151,9° |
| 6.3.2026 | 18:10:17 | Mond 2,25° südlich Spika | 140,9° |
| 7.3.2026 | 12:02:35 | Merkur in unterer Konjunktion zur Sonne | 3,6° |
| 7.3.2026 | 13:08:10 | Venus 4,4' nördlich Neptun | 14,4° |
| 8.3.2026 | 15:00:50 | Mond 5,95° südlich Zuben-el-dschenubi | 120,7° |
| 8.3.2026 | 23:12:01 | Venus 1° nördlich Saturn | 14,5° |
| 10.3.2026 | 01:08:27 | Mond 7° südlich Akrab | 104,5° |
| 10.3.2026 | 10:33:08 | Mond in größter Südbreite | |
| 10.3.2026 | 12:44:16 | Merkur in Erdnähe (Abstand Erde-Merkur: 92467062 km) | |
| 10.3.2026 | 13:27:46 | Merkur 2,3° südlich Pallas | 6,95° |
| 10.3.2026 | 14:12:52 | Mond 1,2° südlich Antares | 99,6° |
| 10.3.2026 | 14:43:59 | Mond im Apogäum | |
| 11.3.2026 | 03:44:56 | Jupiter stationär, dann rechtläufig | |
| 11.3.2026 | 10:38:45 | Letztes Viertel | |
| 13.3.2026 | 05:42:09 | Mond 1,8° südlich Nunki | 69,9° |

| Datum | Uhrzeit | Ereignis | Elongation |
|---|---|---|---|
| 14.3.2026 | 01:27:51 | Mond 15,6° südlich Juno | 58,5° |
| 14.3.2026 | 07:45:31 | Merkur 3,95° nördlich Mars | 13,25° |
| 14.3.2026 | 21:11:27 | Mond 8,3° südlich Beta Capricorni | 50° |
| 15.3.2026 | 01:03:57 | Mond 18' nördlich Pluto | 49,6° |
| 16.3.2026 | 15:07:39 | Mond 51' nördlich Delta Capricorni | 31,85° |
| 17.3.2026 | 06:51:57 | Mond 2° nördlich Vesta | 22,8° |
| 17.3.2026 | 10:12:56 | Mars 45' südlich Lambda Aquarii | 14,9° |
| 17.3.2026 | 16:12:51 | Mond im aufsteigenden Knoten | |
| 17.3.2026 | 16:16:57 | Mond 2,4° südlich Merkur | 18,1° |
| 17.3.2026 | 23:04:12 | Mond 56' nördlich Mars | 14,9° |
| 18.3.2026 | 02:50:44 | Mond 5,6° südlich Pallas | 11,4° |
| 19.3.2026 | 02:23:36 | Neumond | 57' |
| 19.3.2026 | 09:42:41 | Mond 2,8° nördlich Neptun | 3,25° |
| 19.3.2026 | 16:07:48 | Mond 4,45° nördlich Saturn | 5,4° |
| 19.3.2026 | 20:46:29 | Merkur stationär, dann rechtläufig | |
| 20.3.2026 | 13:37:52 | Mond 4° nördlich Venus | 17,6° |
| 20.3.2026 | 15:46:17 | Frühlingsanfang | |
| 21.3.2026 | 18:17:55 | Mond 9,6° nördlich Ceres | 31,75° |
| 21.3.2026 | 18:32:31 | Mond 6,3° südlich Hamal | 34,95° |
| 22.3.2026 | 02:25:24 | Ceres 15,95° südlich Hamal | 31,5° |
| 22.3.2026 | 12:26:14 | Neptun in Konjunktion zur Sonne | -1,3° |
| 22.3.2026 | 12:53:15 | Mond im Perigäum | |
| 23.3.2026 | 07:46:33 | Mond 4,5° nördlich Uranus | 55,75° |
| 23.3.2026 | 09:15:28 | Mond 15' nördlich der Plejaden | 57,7° |
| 23.3.2026 | 23:51:19 | Mond in größter Nordbreite | |
| 23.3.2026 | 23:53:31 | Mars 6,1° südlich Pallas | 14,8° |
| 24.3.2026 | 04:46:49 | Mond 9,8° nördlich Aldebaran | 66,75° |
| 24.3.2026 | 20:41:33 | Mars 47" südlich Phi Aquarii | 16,7° |
| 25.3.2026 | 00:38:47 | Mond 1° südlich Elnath | 78,6° |
| 25.3.2026 | 02:14:54 | Merkur im absteigenden Knoten | |
| 25.3.2026 | 09:55:34 | Saturn in Konjunktion zur Sonne | -2,1° |
| 25.3.2026 | 17:26:59 | Mond 5,3° nördlich Eta Geminorum | 88,6° |
| 25.3.2026 | 20:17:48 | Erstes Viertel | |
| 25.3.2026 | 21:32:46 | Mond 5° nördlich Mü Geminorum | 90,25° |
| 26.3.2026 | 03:14:30 | Mond 10,4° nördlich Alhena | 93,3° |
| 26.3.2026 | 05:14:38 | Mond 1,4° nördlich Epsilon Geminorum | 94,7° |
| 26.3.2026 | 08:06:09 | Mars im Perihel<br>(Abstand Mars-Sonne: 206634935 km) | |
| 26.3.2026 | 12:07:52 | Mond 3,2° nördlich Jupiter | 99,3° |
| 27.3.2026 | 01:45:57 | Mond 7,2° südlich Kastor | 104° |
| 27.3.2026 | 05:34:52 | Mond 4° südlich Pollux | 106,9° |
| 28.3.2026 | 04:54:13 | Mond 13' nördlich M44 | 120° |
| 29.3.2026 | 12:12:44 | Merkur 32' südlich Lambda Aquarii | 26,8° |

| Datum | Uhrzeit | Ereignis | Elongation |
|---|---|---|---|
| 29.3.2026 | 20:04:52 | Mond bedeckt Regulus, siehe Seite 223/224 | 141,1° |
| 30.3.2026 | 12:49:48 | Mond im absteigenden Knoten | |

## Planeten

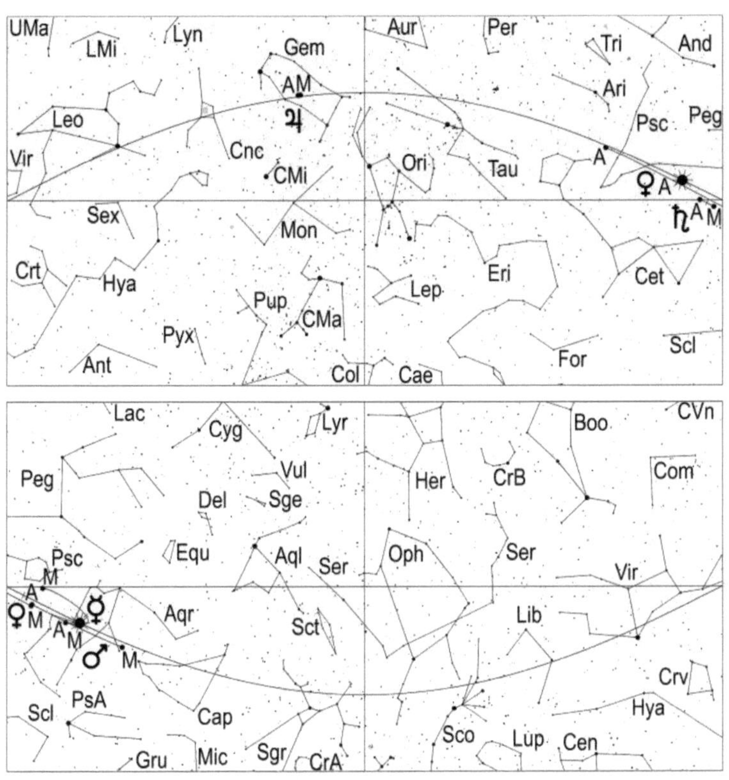



**Merkur** steht am 7. in unterer Konjunktion zur Sonne und kann in diesem Monat nicht beobachtet werden.

**Venus** verbessert im Laufe des Monats ihre Abendsichtbarkeit. Der -3,9 mag helle Abendstern geht am 1. um 19.13 Uhr MEZ, am 15. um 19.56 Uhr MEZ und am 31. um 20.45 Uhr MEZ (21.45 Uhr MESZ) unter, sodass sie am Monatsende schon fast 2 Stunden lang am Abendhimmel zu sehen ist.
Venus wandert im März vom Wassermann in das Sternbild Fische, welches sie im Laufe des Monats durchwandert. Hierbei durchquert sie auch die nordwestlichste Ecke

des Sternbildes Walfisch. Zum Monatsende wechselt sie vom Sternbild Fische in das Sternbild Widder.

Während dieser Wanderung passiert sie am 7. Neptun in 4,4' nördlichem und am 8. Saturn in 1° nördlichem Abstand.

Selbst mit größeren Fernrohren dürfte es nicht möglich sein, ihre Konjunktion mit Neptun zu beobachten und bei ihrer Konjunktion mit Saturn am 8. dürfte letzterer in der hellen Abenddämmerung nicht mehr freiäugig zu sehen sein.

Die zunehmende Mondsichel findet man am 20. in der Nähe des Liebesplaneten.

Im Fernrohr erscheint Venus als kleines fast vollständig beleuchtetes Scheibchen. Es hat am 1. einen Durchmesser von 10,1" und ist zu 98% beleuchtet, während es am 31. 10,6" misst und zu 94% beschienen ist.

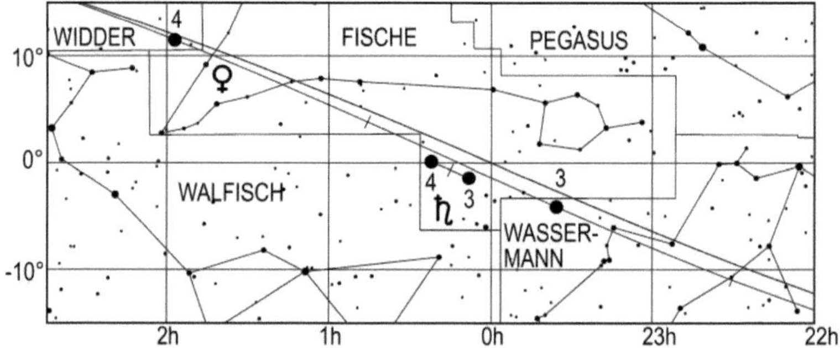


Lauf des Planeten Venus von Februar bis April 2026. Die Zahl gibt die Position am 1. des entsprechenden Monats an, also 3 die Position am 1.3.

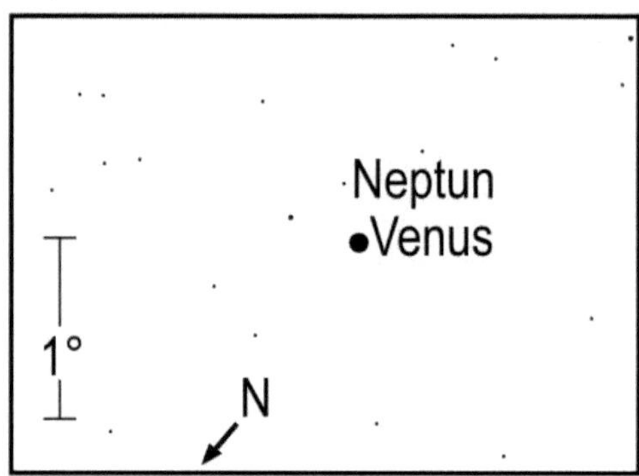


Anblick der Konjunktion zwischen Venus und Neptun am 7.3.2026 um 19 Uhr MEZ im umkehrenden Fernrohr. Ob die Beobachtung gelingt?

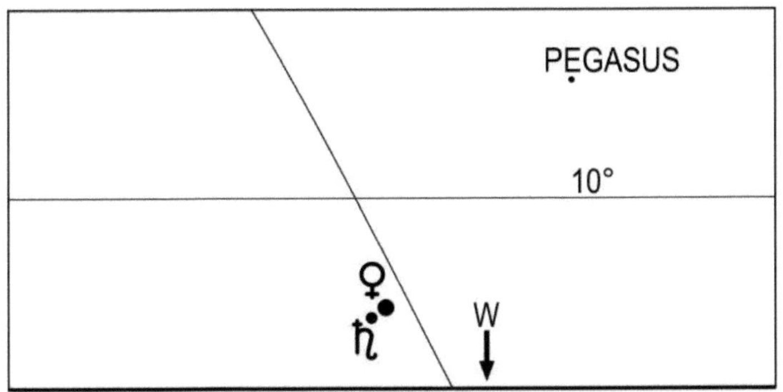


Venus und Saturn in der Abenddämmerung des 8.3.2026 um 19 Uhr MEZ. Mit bloßem Auge dürfte nur Venus zu sehen sein.

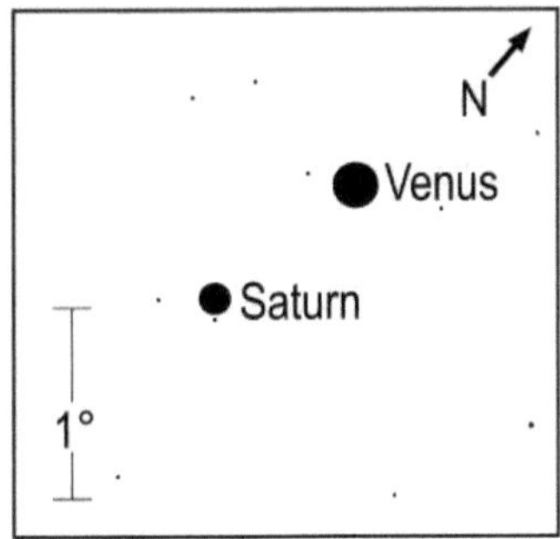


Anblick der Konjunktion zwischen Venus und Saturn im Feldstecher am Abendhimmel des 8.3.2026 um 19 Uhr MEZ

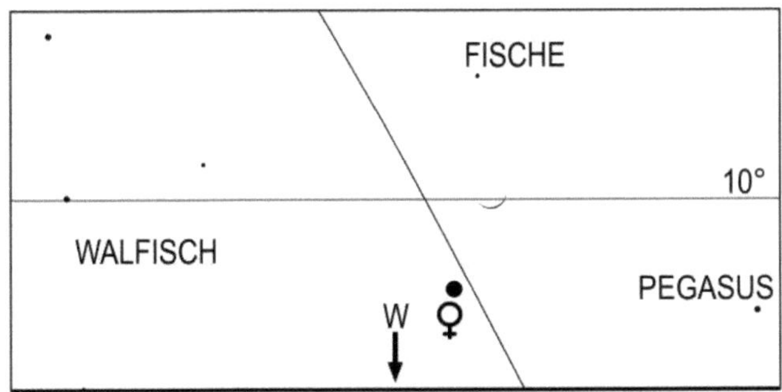


Mond und Venus am 20.3.2026 um 19.30 Uhr MEZ

**Mars** hat noch einen zu geringen Winkelabstand von der Sonne, um am Morgenhimmel aufzutauchen. Er bleibt somit auch in diesem Monat unbeobachtbar.

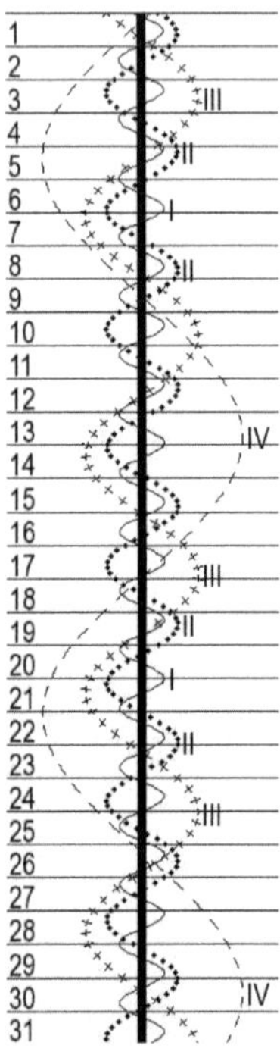

Stellung der 4 hellen Jupitermonde im März 2026

**Jupiter** beendet am 11. seine Oppositionsschleife im Sternbild Zwillinge. Er ist ein auffälliges Objekt am Abendhimmel, welches auch noch während großer Teile der zweiten Nachthälfte über dem Horizont steht. Sein Untergang verfrüht sich von 5 Uhr MEZ am 1., auf 4.04 Uhr MEZ am 15. und auf 3.04 Uhr MEZ (4.04 Uhr MESZ) am 31.

Im März geht die Helligkeit des größten Planeten unseres Sonnensystems leicht von -2,4 mag auf -2,2 mag zurück und sein Scheibchendurchmesser schrumpft im Laufe des Monats von 42,8" auf 38,9".

Am Abend des 26. findet man den zunehmenden Mond nahe Jupiter.

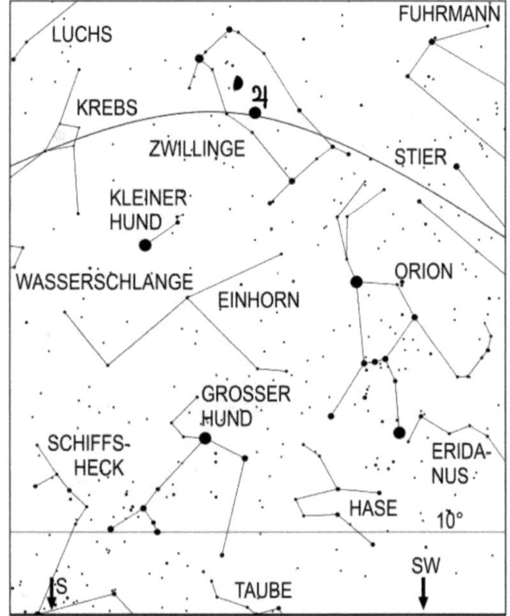


Mond und Jupiter am 26.3.2026 um 20 Uhr MEZ

**Saturn** kann höchstens noch bis zum 7. in der Abenddämmerung tief im Westen beobachtet werden. Der 1,0 mag helle Ringplanet, der durch das Sternbild Fische wandert, versinkt am 1. um 19.53 Uhr MEZ und am 7. um 19.34 Uhr MEZ – kurz nach Ende der nautischen Dämmerung – unter dem Horizont.

Er dürfte an diesem Tag kaum noch mit bloßem Auge in der Abenddämmerung sichtbar sein. Bei seiner Konjunktion mit Venus am 8. dürfte er selbst bei guten Bedingungen ohne optische Hilfsmittel nicht mehr zu sehen sein.
Für den Rest des Monats ist Saturn, der am 25. in Konjunktion zur Sonne steht und am 26. den Himmelsäquator in Richtung Norden überquert, nicht mehr zu sehen.

**Uranus**, rechtläufig im Stier, kann am besten gegen Ende der Abenddämmerung mit einem Fernrohr oder Fernglas in westlicher Richtung aufgesucht werden (Aufsuchkarte, Seite 184). Uranus, dessen Helligkeit im März leicht von 5,7 mag auf 5,8 mag zurückgeht, versinkt am 1. um 1.15 Uhr MEZ, am 15. um 0.21 Uhr MEZ und am 31. um 23.19 Uhr MEZ (0.19 Uhr MESZ) unter dem Horizont.

**Neptun** steht am 22. in Konjunktion zur Sonne und kann im März nicht beobachtet werden. Auch seine Konjunktion mit Venus am 7. dürfte wahrscheinlich nicht beobachtbar sein.

## Klein- und Zwergplaneten

**Ceres** verabschiedet sich im März vom Abendhimmel. Der Zwergplanet, dessen Helligkeit im Laufe des Monats leicht von 9,1 mag auf 9,0 mag ansteigt, wandert von den Fischen in den Walfisch.
Ceres verfrüht ihren Untergang von 21.51 Uhr MEZ am 1., auf 21.26 Uhr MEZ am 15. und auf 20.58 Uhr MEZ (21.58 Uhr MESZ) am 31.
Da zum Monatsende eine Stunde vor ihren Untergang, wenn Ceres noch eine für eine erfolgreiche Suche ausreichende Höhe über dem Horizont hat, die Dämmerung noch nicht zu Ende ist, dürfte es dann nicht mehr möglich sein, diesen Zwergplaneten mit einem Fernrohr aufzusuchen (Aufsuchkarte, Seite 39).

**Pallas** steht am 2. in Konjunktion zur Sonne und kann in diesem Monat nicht beobachtet werden.

**Juno** wandert rechtläufig durch die südlichen Gebiete des Sternbildes Adler und ist ein Objekt für größere Fernrohre (ab 15 Zentimeter Objektivöffnung) am Morgenhimmel.
Der Kleinplanet, dessen Helligkeit im März von 11,3 mag auf 11,1 mag ansteigt, erscheint am 1. um 4.06 Uhr MEZ, am 15. um 3.23 Uhr MEZ und am 31. um 2.30 Uhr MEZ (3.30 Uhr MESZ) über dem Horizont.
Er kann am besten zum Beginn der Morgendämmerung aufgesucht werden und ist wegen seiner geringen Höhe und Helligkeit ein schwieriges Objekt (Aufsuchkarte, Seite 120).

**Vesta** kann auch im März nicht beobachtet werden.

# Periodische Sternschnuppenströme

Der März gehört zu den Monaten mit der geringsten Aktivität an Meteoren. Vom 22.3. bis zum 26.4. sind die Alpha-Virginiden aktiv, die am 18.4. ein schwach ausgeprägtes Maximum erreichen. Es sind nur wenige, recht langsame Sternschnuppen zu erwarten.

# Sonnenuntergang und Dämmerung

| | Astr. Anf. | Naut. Anf. | Bürg. Anf. | Auf- gang | Kulm. | Unter- gang | Bürg. Ende | Naut. Ende | Astr. Ende | Zeitgl. |
|---|---|---|---|---|---|---|---|---|---|---|
| 1.3.2026 | 5:20 | 5:58 | 6:35 | 7:08 | 12:36 | 18:06 | 18:38 | 19:16 | 19:54 | -12m24s |
| 2.3.2026 | 5:18 | 5:56 | 6:33 | 7:06 | 12:36 | 18:07 | 18:40 | 19:18 | 19:55 | -12m12s |
| 3.3.2026 | 5:16 | 5:54 | 6:31 | 7:03 | 12:36 | 18:09 | 18:41 | 19:19 | 19:57 | -12m00s |
| 4.3.2026 | 5:14 | 5:52 | 6:29 | 7:01 | 12:36 | 18:11 | 18:43 | 19:21 | 19:59 | -11m47s |
| 5.3.2026 | 5:12 | 5:50 | 6:27 | 6:59 | 12:35 | 18:12 | 18:45 | 19:23 | 20:00 | -11m34s |
| 6.3.2026 | 5:10 | 5:48 | 6:25 | 6:57 | 12:35 | 18:14 | 18:46 | 19:24 | 20:02 | -11m20s |
| 7.3.2026 | 5:08 | 5:46 | 6:23 | 6:55 | 12:35 | 18:16 | 18:48 | 19:26 | 20:03 | -11m06s |
| 8.3.2026 | 5:05 | 5:44 | 6:20 | 6:53 | 12:35 | 18:17 | 18:50 | 19:27 | 20:05 | -10m52s |
| 9.3.2026 | 5:03 | 5:42 | 6:18 | 6:51 | 12:34 | 18:19 | 18:51 | 19:29 | 20:07 | -10m37s |
| 10.3.2026 | 5:01 | 5:39 | 6:16 | 6:49 | 12:34 | 18:20 | 18:53 | 19:31 | 20:09 | -10m22s |
| 11.3.2026 | 4:59 | 5:37 | 6:14 | 6:46 | 12:34 | 18:22 | 18:54 | 19:32 | 20:10 | -10m06s |
| 12.3.2026 | 4:56 | 5:35 | 6:12 | 6:44 | 12:34 | 18:24 | 18:56 | 19:34 | 20:12 | -9m50s |
| 13.3.2026 | 4:54 | 5:33 | 6:10 | 6:42 | 12:33 | 18:25 | 18:58 | 19:36 | 20:14 | -9m34s |
| 14.3.2026 | 4:52 | 5:31 | 6:08 | 6:40 | 12:33 | 18:27 | 18:59 | 19:37 | 20:15 | -9m18s |
| 15.3.2026 | 4:49 | 5:28 | 6:06 | 6:38 | 12:33 | 18:29 | 19:01 | 19:39 | 20:17 | -9m01s |
| 16.3.2026 | 4:47 | 5:26 | 6:04 | 6:36 | 12:33 | 18:30 | 19:03 | 19:41 | 20:19 | -8m45s |
| 17.3.2026 | 4:45 | 5:24 | 6:01 | 6:33 | 12:32 | 18:32 | 19:04 | 19:42 | 20:21 | -8m28s |
| 18.3.2026 | 4:42 | 5:22 | 5:59 | 6:31 | 12:32 | 18:33 | 19:06 | 19:44 | 20:23 | -8m10s |
| 19.3.2026 | 4:40 | 5:19 | 5:57 | 6:29 | 12:32 | 18:35 | 19:08 | 19:46 | 20:25 | -7m53s |
| 20.3.2026 | 4:37 | 5:17 | 5:55 | 6:27 | 12:31 | 18:37 | 19:09 | 19:47 | 20:26 | -7m36s |
| 21.3.2026 | 4:35 | 5:15 | 5:53 | 6:25 | 12:31 | 18:38 | 19:11 | 19:49 | 20:28 | -7m18s |
| 22.3.2026 | 4:32 | 5:12 | 5:51 | 6:22 | 12:31 | 18:40 | 19:12 | 19:51 | 20:30 | -7m00s |
| 23.3.2026 | 4:30 | 5:10 | 5:48 | 6:20 | 12:31 | 18:41 | 19:14 | 19:52 | 20:32 | -6m42s |
| 24.3.2026 | 4:27 | 5:08 | 5:46 | 6:18 | 12:30 | 18:43 | 19:16 | 19:54 | 20:34 | -6m24s |
| 25.3.2026 | 4:25 | 5:05 | 5:44 | 6:16 | 12:30 | 18:45 | 19:17 | 19:56 | 20:36 | -6m06s |
| 26.3.2026 | 4:22 | 5:03 | 5:42 | 6:14 | 12:30 | 18:46 | 19:19 | 19:58 | 20:38 | -5m48s |
| 27.3.2026 | 4:20 | 5:01 | 5:40 | 6:12 | 12:29 | 18:48 | 19:21 | 19:59 | 20:40 | -5m30s |
| 28.3.2026 | 4:17 | 4:58 | 5:37 | 6:09 | 12:29 | 18:49 | 19:22 | 20:01 | 20:42 | -5m12s |
| 29.3.2026 | 4:15 | 4:56 | 5:35 | 6:07 | 12:29 | 18:51 | 19:24 | 20:03 | 20:44 | -4m54s |
| 30.3.2026 | 4:12 | 4:54 | 5:33 | 6:05 | 12:28 | 18:52 | 19:26 | 20:04 | 20:46 | -4m36s |
| 31.3.2026 | 4:10 | 4:51 | 5:31 | 6:03 | 12:28 | 18:54 | 19:27 | 20:06 | 20:48 | -4m18s |

# Mondlauf

| | Rektaszension | Deklination | Elong. | Phase | mag | Auf-gang | Kulm. | Unter-gang |
|---|---|---|---|---|---|---|---|---|
| So 1.3.2026 | 8h45m51,7s | 20°13'09" | 148,1° | 0,92 | -12,0 | 15:42 | 23:25 | 6:28 |
| Mo 2.3.2026 | 9h40m19,9s | 14°57'23" | 160,9° | 0,97 | -12,3 | 17:04 | | 6:47 |
| Di 3.3.2026 | 10h31m10,3s | 9°00'08" | 173,5° | 1 ○ | -12,6 | 18:23 | 0:12 | 7:02 |
| Mi 4.3.2026 | 11h19m16,9s | 2°43'57" | 174,1° | 1 | -12,6 | 19:39 | 0:57 | 7:15 |
| Do 5.3.2026 | 12h05m43,5s | -3°31'56" | 162,1° | 0,98 | -12,3 | 20:53 | 1:41 | 7:28 |
| Fr 6.3.2026 | 12h51m32,9s | -9°31'33" | 150,3° | 0,93 | -11,9 | 22:07 | 2:23 | 7:41 |
| Sa 7.3.2026 | 13h37m42,0s | -15°01'28" | 138,8° | 0,88 | -11,6 | 23:20 | 3:07 | 7:55 |
| So 8.3.2026 | 14h24m58,1s | -19°50'03" | 127,6° | 0,81 | -11,3 | | 3:51 | 8:12 |
| Mo 9.3.2026 | 15h13m54,7s | -23°46'47" | 116,5° | 0,72 | -10,9 | 0:33 | 4:38 | 8:35 |
| Di 10.3.2026 | 16h04m45,5s | -26°42'03" | 105,6° | 0,64 | -10,6 | 1:44 | 5:26 | 9:04 |
| Mi 11.3.2026 | 16h57m19,7s | -28°27'30" | 94,8° | 0,54 ☽ | -10,2 | 2:48 | 6:17 | 9:44 |
| Do 12.3.2026 | 17h51m01,4s | -28°56'56" | 83,9° | 0,45 | -9,8 | 3:43 | 7:09 | 10:36 |
| Fr 13.3.2026 | 18h44m57,9s | -28°07'21" | 73,0° | 0,35 | -9,3 | 4:26 | 8:01 | 11:40 |
| Sa 14.3.2026 | 19h38m14,9s | -25°59'44" | 61,8° | 0,26 | -8,8 | 4:59 | 8:52 | 12:52 |
| So 15.3.2026 | 20h30m13,0s | -22°38'56" | 50,4° | 0,18 | -8,2 | 5:25 | 9:41 | 14:08 |
| Mo 16.3.2026 | 21h20m38,1s | -18°13'05" | 38,6° | 0,11 | -7,4 | 5:44 | 10:29 | 15:27 |
| Di 17.3.2026 | 22h09m42,1s | -12°52'59" | 26,5° | 0,05 | -6,5 | 6:00 | 11:16 | 16:46 |
| Mi 18.3.2026 | 22h57m59,5s | -6°51'42" | 14,1° | 0,02 | -5,4 | 6:14 | 12:02 | 18:06 |
| Do 19.3.2026 | 23h46m20,7s | -0°24'40" | 2,1° | 0 ● | -4,1 | 6:27 | 12:49 | 19:29 |
| Fr 20.3.2026 | 0h35m46,1s | 6°10'01" | 12,1° | 0,01 | -5,3 | 6:42 | 13:38 | 20:53 |
| Sa 21.3.2026 | 1h27m20,0s | 12°31'15" | 25,4° | 0,05 | -6,5 | 6:59 | 14:29 | 22:20 |
| So 22.3.2026 | 2h22m00,1s | 18°15'07" | 38,8° | 0,11 | -7,6 | 7:21 | 15:25 | 23:50 |
| Mo 23.3.2026 | 3h20m20,5s | 22°56'04" | 52,2° | 0,19 | -8,4 | 7:50 | 16:24 | |
| Di 24.3.2026 | 4h22m08,6s | 26°09'47" | 65,6° | 0,29 | -9,2 | 8:31 | 17:27 | 1:15 |
| Mi 25.3.2026 | 5h26m08,4s | 27°37'46" | 78,9° | 0,4 ☽ | -9,8 | 9:29 | 18:30 | 2:28 |
| Do 26.3.2026 | 6h30m12,7s | 27°12'35" | 92,0° | 0,52 | -10,3 | 10:41 | 19:31 | 3:25 |
| Fr 27.3.2026 | 7h32m08,3s | 25°00'03" | 105,0° | 0,63 | -10,7 | 12:03 | 20:27 | 4:04 |
| Sa 28.3.2026 | 8h30m26,6s | 21°16'46" | 117,7° | 0,73 | -11,1 | 13:26 | 21:19 | 4:32 |
| So 29.3.2026 | 9h24m42,4s | 16°24'41" | 130,3° | 0,82 | -11,5 | 14:47 | 22:08 | 4:53 |
| Mo 30.3.2026 | 10h15m21,1s | 10°46'20" | 142,6° | 0,9 | -11,8 | 16:06 | 22:53 | 5:09 |
| Di 31.3.2026 | 11h03m15,8s | 4°42'23" | 154,8° | 0,95 | -12,1 | 17:21 | 23:36 | 5:23 |

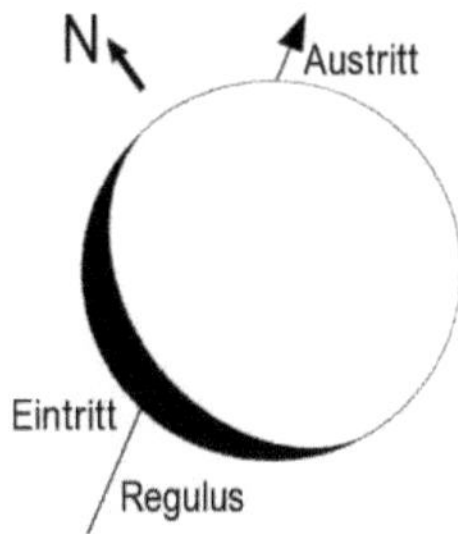


Ablauf der Bedeckung von Regulus durch den Mond am Abend des 29. (Kontaktzeiten auf Seite 223/224). Der beleuchtete Teil des Mondes ist weiß, der unbeleuchtete Teil schwarz dargestellt.

# Jupitermond-Ereignisse

| Datum | Uhrzeit (MEZ) | Mond | Erscheinung | Phase |
|---|---|---|---|---|
| 1.3.2026 | 01:29:12 | Io | Bedeckung | Anfang |
| 1.3.2026 | 19:53:37 | Ganymed | Bedeckung | Ende |
| 1.3.2026 | 20:52:22 | Ganymed | Verfinsterung | Anfang |
| 1.3.2026 | 22:36:24 | Io | Durchgang | Anfang |
| 1.3.2026 | 23:40:20 | Io | Schattenvorübergang | Anfang |
| 2.3.2026 | 00:15:44 | Ganymed | Verfinsterung | Ende |
| 2.3.2026 | 00:52:40 | Io | Durchgang | Ende |
| 2.3.2026 | 01:57:11 | Io | Schattenvorübergang | Ende |
| 2.3.2026 | 19:56:35 | Io | Bedeckung | Anfang |
| 2.3.2026 | 23:17:31 | Io | Verfinsterung | Ende |
| 3.3.2026 | 19:20:05 | Io | Durchgang | Ende |
| 3.3.2026 | 20:25:58 | Io | Schattenvorübergang | Ende |
| 6.3.2026 | 00:13:25 | Europa | Durchgang | Anfang |
| 6.3.2026 | 02:26:29 | Europa | Schattenvorübergang | Anfang |
| 6.3.2026 | 03:03:15 | Europa | Durchgang | Ende |
| 7.3.2026 | 23:30:15 | Europa | Verfinsterung | Ende |
| 8.3.2026 | 03:19:06 | Io | Bedeckung | Anfang |
| 8.3.2026 | 20:14:59 | Ganymed | Bedeckung | Anfang |
| 8.3.2026 | 23:32:38 | Ganymed | Bedeckung | Ende |
| 9.3.2026 | 00:26:35 | Io | Durchgang | Anfang |
| 9.3.2026 | 00:51:39 | Ganymed | Verfinsterung | Anfang |
| 9.3.2026 | 01:35:35 | Io | Schattenvorübergang | Anfang |
| 9.3.2026 | 02:42:55 | Io | Durchgang | Ende |
| 9.3.2026 | 18:35:24 | Europa | Schattenvorübergang | Ende |
| 9.3.2026 | 21:22:44 | Kallisto | Verfinsterung | Anfang |
| 9.3.2026 | 21:46:47 | Io | Bedeckung | Anfang |
| 10.3.2026 | 01:12:31 | Io | Verfinsterung | Ende |
| 10.3.2026 | 01:38:11 | Kallisto | Verfinsterung | Ende |
| 10.3.2026 | 18:54:17 | Io | Durchgang | Anfang |
| 10.3.2026 | 20:04:22 | Io | Schattenvorübergang | Anfang |
| 10.3.2026 | 21:10:38 | Io | Durchgang | Ende |
| 10.3.2026 | 22:21:21 | Io | Schattenvorübergang | Ende |
| 11.3.2026 | 19:41:15 | Io | Verfinsterung | Ende |
| 13.3.2026 | 02:40:50 | Europa | Durchgang | Anfang |
| 14.3.2026 | 20:48:44 | Europa | Bedeckung | Anfang |
| 15.3.2026 | 02:07:48 | Europa | Verfinsterung | Ende |
| 15.3.2026 | 23:58:44 | Ganymed | Bedeckung | Anfang |
| 16.3.2026 | 02:17:59 | Io | Durchgang | Anfang |
| 16.3.2026 | 21:11:10 | Europa | Schattenvorübergang | Ende |
| 16.3.2026 | 23:38:09 | Io | Bedeckung | Anfang |
| 17.3.2026 | 03:07:32 | Io | Verfinsterung | Ende |
| 17.3.2026 | 20:45:16 | Kallisto | Durchgang | Anfang |
| 17.3.2026 | 20:46:00 | Io | Durchgang | Anfang |
| 17.3.2026 | 21:59:43 | Io | Schattenvorübergang | Anfang |

| Datum | Uhrzeit (MEZ) | Mond | Erscheinung | Phase |
|---|---|---|---|---|
| 17.3.2026 | 23:02:26 | Io | Durchgang | Ende |
| 18.3.2026 | 00:16:48 | Io | Schattenvorübergang | Ende |
| 18.3.2026 | 00:40:55 | Kallisto | Durchgang | Ende |
| 18.3.2026 | 21:36:16 | Io | Verfinsterung | Ende |
| 19.3.2026 | 18:57:49 | Ganymed | Schattenvorübergang | Anfang |
| 19.3.2026 | 22:21:52 | Ganymed | Schattenvorübergang | Ende |
| 21.3.2026 | 23:20:04 | Europa | Bedeckung | Anfang |
| 23.3.2026 | 20:55:51 | Europa | Schattenvorübergang | Anfang |
| 23.3.2026 | 21:15:46 | Europa | Durchgang | Ende |
| 23.3.2026 | 23:46:50 | Europa | Schattenvorübergang | Ende |
| 24.3.2026 | 01:30:39 | Io | Bedeckung | Anfang |
| 24.3.2026 | 22:38:54 | Io | Durchgang | Anfang |
| 24.3.2026 | 23:55:07 | Io | Schattenvorübergang | Anfang |
| 25.3.2026 | 00:55:25 | Io | Durchgang | Ende |
| 25.3.2026 | 02:12:18 | Io | Schattenvorübergang | Ende |
| 25.3.2026 | 19:58:56 | Io | Bedeckung | Anfang |
| 25.3.2026 | 23:31:18 | Io | Verfinsterung | Ende |
| 26.3.2026 | 19:23:53 | Io | Durchgang | Ende |
| 26.3.2026 | 19:46:28 | Kallisto | Verfinsterung | Ende |
| 26.3.2026 | 20:41:13 | Io | Schattenvorübergang | Ende |
| 26.3.2026 | 21:09:08 | Ganymed | Durchgang | Ende |
| 26.3.2026 | 22:57:27 | Ganymed | Schattenvorübergang | Anfang |
| 27.3.2026 | 02:22:11 | Ganymed | Schattenvorübergang | Ende |
| 29.3.2026 | 01:53:47 | Europa | Bedeckung | Anfang |
| 30.3.2026 | 20:58:50 | Europa | Durchgang | Anfang |
| 30.3.2026 | 23:31:27 | Europa | Schattenvorübergang | Anfang |
| 30.3.2026 | 23:48:34 | Europa | Durchgang | Ende |

## Finsternisse

Am 3. ereignet sich eine totale Mondfinsternis mit einer Größe von 1,154 und einer Dauer der totalen Phase von 59 Minuten. Sie nimmt folgenden Verlauf (alle Zeiten in MEZ)

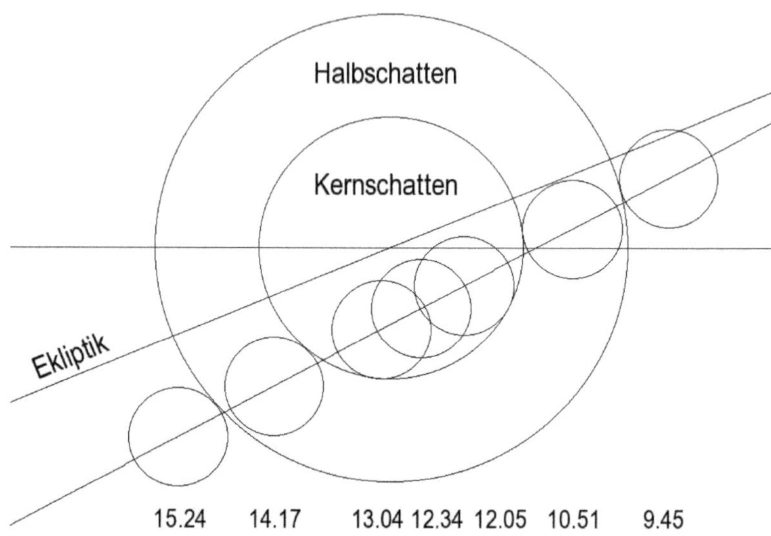



Da der Mond am 3. für Beobachter in Mitteleuropa gegen 7 Uhr MEZ untergeht, kann diese Finsternis im deutschsprachigen Raum nicht beobachtet werden. Sie ist sichtbar in Nordamerika, Ostasien, Australien und den gesamten pazifischen Raum.

# April

## Sternenhimmel

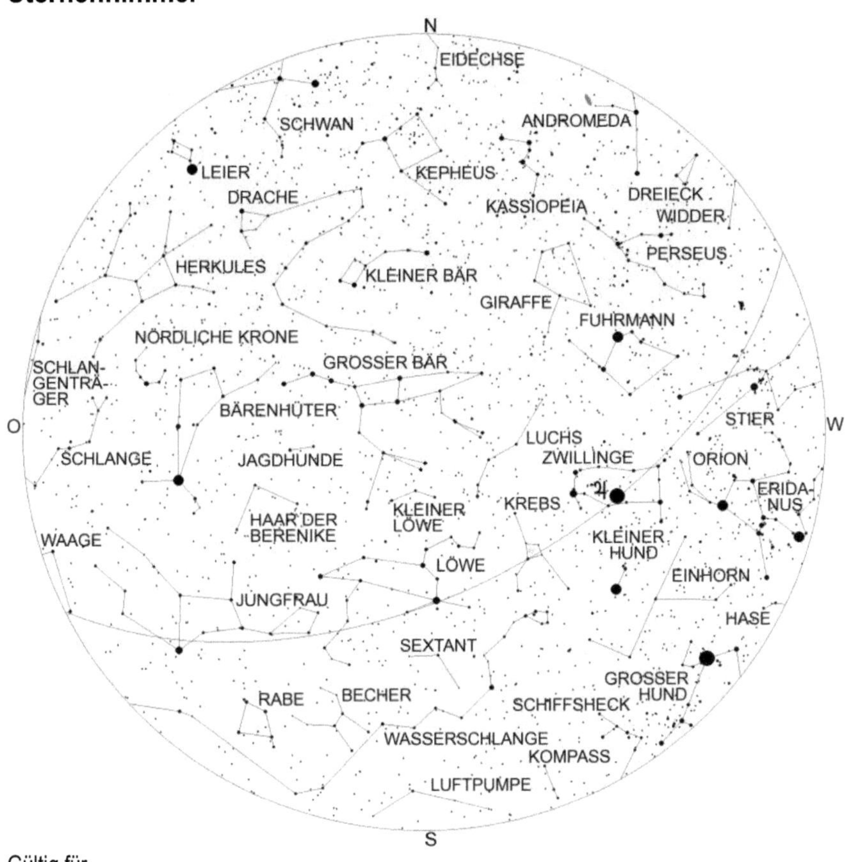



Gültig für

| 1.12. 6 Uhr | 15.12. 5 Uhr |
|---|---|
| 1.1. 4 Uhr | 15.1. 3 Uhr |
| 1.2. 2 Uhr | 15.2. 1 Uhr |
| 1.3. 0 Uhr | 15.3. 23 Uhr |
| **1.4. 22 Uhr** | 15.4. 21 Uhr |

Die Wintersternbilder verschwinden jetzt vom Himmel, wenn auch das aus den
Sternen Kapella, Aldebaran, Rigel, Sirius, Prokion und Pollux gebildete
Wintersechseck noch vollständig über dem Horizont steht. Der Hase ist schon fast

vollständig verschwunden, der Stier und der Große Hund werden ihm bald folgen. Der Orion ist noch vollständig tief im Südwesten zu sehen. In der gleichen Richtung, aber höher, sind die Zwillinge zu finden, in denen sich zur Zeit der Planet Jupiter aufhält. Im Süden erreicht jetzt der Löwe seinen höchsten Stand. Südlich des Löwen findet man die lichtschwachen Sternbilder Sextant, Becher, Wasserschlange und bei guter Horizontsicht auch das Sternbild Luftpumpe. Bemerkenswert ist, dass der Kopf der Wasserschlange schon in südwestlicher Richtung zu finden ist, während ihr Schwanz noch nicht aufgegangen ist. Im Südosten ist jetzt das Sternbild Jungfrau mit seinem hellen Hauptstern Spika über dem Horizont erschienen. Für Fernrohrbeobachter ist in diesem Sternbild der Stern Porrima (Gamma Virginis) von besonderem Interesse, denn er ist ein Doppelstern, der aus zwei fast gleich hellen, weißlichen Sternen besteht, die einander in 169 Jahren umkreisen, wobei der gegenseitige Winkelabstand beider Sterne zwischen 0,4" und 6,2" schwankt. Dies hat zur Folge, dass er zeitweise nur mit großen Fernrohren aufgelöst werden kann. Zuletzt war dies von 1995 bis 2015 der Fall. In diesem Jahr beträgt der Winkelabstand beider Komponenten wieder 3,6", was eine Trennung schon mit Fernrohren ab 5 cm Objektivöffnung ermöglicht. Südlich der Jungfrau erkennt man vier Sterne dritter Größe, die das Sternbild Rabe formen. Nördlich der Jungfrau befinden sich der Bärenhüter mit seinem hellen Stern Arktur und die Nördliche Krone. Arktur bildet zusammen mit Regulus im Löwen und Spika in der Jungfrau die markante Sternfigur des Frühlingsdreiecks. Zwischen Löwen und Bärenhüter liegt das Sternbild Haar der Berenike. In diesem Sternbild existiert eine auffällige Konzentration von Fixsternen vierter Größe und schwächer, welche einen offenen Sternhaufen bilden, der ca. 290 Lichtjahre entfernt ist und nach der lateinischen Bezeichnung des Sternbildes, Coma Berenices, Coma-Berenices-Sternhaufen heißt.

Oberhalb des Löwen ist das kleine Sternbild des Kleinen Löwen zu finden, über dem – hoch im Zenit – der Große Bär steht. Der zweitöstlichste helle Stern dieses Sternbildes, Mizar ist besonders interessant, denn er ist ein Mehrfachsternsystem. Schon mit bloßem Auge ist bei guten Sichtbedingungen neben diesem ein Stern 4. Größe, Alkor genannt, zu sehen. Es ist immer noch nicht endgültig geklärt, ob Alkor ein Hintergrundstern ist oder gravitativ an Mizar gekoppelt ist. Im Fernrohr erkennt man, dass Mizar selbst doppelt ist. Beide Sterne sind wiederum Doppelsterne, was aber nur durch Spektralanalyse nachweisbar ist.

# Frühlingssternbilder

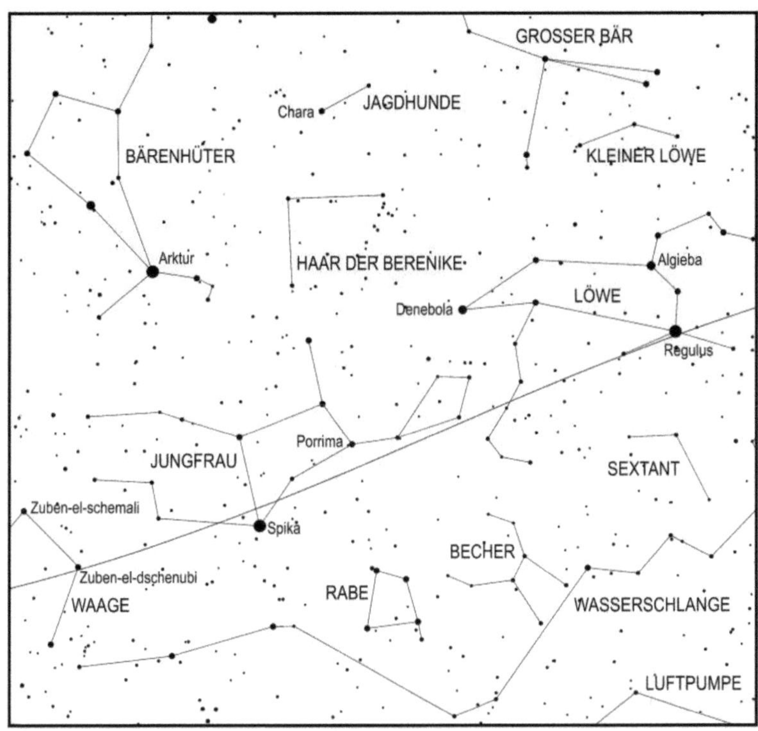


## Astronomische Ereignisse

| Datum | Uhrzeit | Ereignis | Elongation |
| --- | --- | --- | --- |
| 2.4.2026 | 03:12:08 | Vollmond | |
| 2.4.2026 | 05:34:00 | Mond 7,2° südlich Porrima | 176° |
| 3.4.2026 | 04:11:24 | Mond 2,8° südlich Spika | 167,3° |
| 3.4.2026 | 04:47:29 | Venus 11° südlich Hamal | 20,9° |
| 3.4.2026 | 23:34:14 | Merkur in größter westlicher Elongation | 27,8° |
| 4.4.2026 | 11:19:55 | Merkur im Aphel (Abstand Merkur-Sonne: 69817793 km) | |
| 4.4.2026 | 17:56:21 | Merkur 50' südlich Phi Aquarii | 27,4° |
| 4.4.2026 | 21:26:46 | Mond 5,9° südlich Zuben-el-dschenubi | 147,5° |
| 6.4.2026 | 11:09:16 | Mond 6,9° südlich Akrab | 131,5° |
| 6.4.2026 | 17:05:45 | Mond in größter Südbreite | |

| Datum | Uhrzeit | Ereignis | Elongation |
| --- | --- | --- | --- |
| 6.4.2026 | 20:02:57 | Mond 1° südlich Antares | 126,5° |
| 8.4.2026 | 13:49:39 | Venus 4,6° nördlich Ceres | 21,2° |
| 9.4.2026 | 01:49:29 | Merkur 6,2° südlich Pallas | 24,9° |
| 9.4.2026 | 15:22:28 | Mond 1,2° südlich Nunki | 97° |
| 10.4.2026 | 05:51:53 | Letztes Viertel | |
| 10.4.2026 | 23:42:44 | Mond 16° südlich Juno | 78° |
| 11.4.2026 | 05:22:52 | Mond 8,75° südlich Beta Capricorni | 76,9° |
| 11.4.2026 | 06:25:33 | Venus im aufsteigenden Knoten | |
| 11.4.2026 | 13:11:08 | Mond 46' nördlich Pluto | 76,1° |
| 12.4.2026 | 22:55:11 | Mond 46' nördlich Delta Capricorni | 58,9° |
| 13.4.2026 | 11:08:56 | Mars 21' nördlich Neptun | 20,7° |
| 14.4.2026 | 00:43:08 | Mond im aufsteigenden Knoten | |
| 14.4.2026 | 20:44:06 | Mond 4,9° nördlich Vesta | 35,95° |
| 15.4.2026 | 05:22:11 | Uranus 4,3° südlich der Plejaden | 34,2° |
| 15.4.2026 | 06:57:55 | Mond 2,6° südlich Pallas | 28,9° |
| 15.4.2026 | 20:52:57 | Mond 4,6° nördlich Merkur | 23,1° |
| 15.4.2026 | 22:32:38 | Mond 3,2° nördlich Neptun | 22° |
| 16.4.2026 | 01:07:42 | Mond 2,75° nördlich Mars | 20,2° |
| 16.4.2026 | 05:56:27 | Mond 4,2° nördlich Saturn | 17,25° |
| 16.4.2026 | 17:33:14 | Merkur 1,4° südlich Neptun | 23,95° |
| 17.4.2026 | 12:51:54 | Neumond | 3,4° |
| 18.4.2026 | 02:14:27 | Mond 7° südlich Hamal | 8,3° |
| 18.4.2026 | 20:25:32 | Mond 8,8° nördlich Ceres | 15,4° |
| 19.4.2026 | 08:14:49 | Mond im Perigäum | |
| 19.4.2026 | 08:37:35 | Mond 3,9° nördlich Venus | 24,8° |
| 19.4.2026 | 19:15:59 | Mond 33' nördlich der Plejaden | 30,9° |
| 19.4.2026 | 19:39:30 | Mond 4,85° nördlich Uranus | 29,95° |
| 20.4.2026 | 01:02:13 | Merkur 1,8° südlich Mars | 22,05° |
| 20.4.2026 | 05:29:52 | Mond in größter Nordbreite | |
| 20.4.2026 | 09:04:16 | Merkur 30' südlich Saturn | 22,45° |
| 20.4.2026 | 11:09:20 | Mond 10° nördlich Aldebaran | 40,1° |
| 20.4.2026 | 18:36:57 | Mars 1,3° nördlich Saturn | 22,2° |
| 21.4.2026 | 05:51:25 | Mond 1,4° südlich Elnath | 51,9° |
| 22.4.2026 | 00:55:32 | Mond 4,6° nördlich Eta Geminorum | 61,85° |
| 22.4.2026 | 03:24:07 | Mond 4,4° nördlich Mü Geminorum | 63,55° |
| 22.4.2026 | 07:45:58 | Mond 10,3° nördlich Alhena | 66,65° |
| 22.4.2026 | 09:49:21 | Mond 1,5° nördlich Epsilon Geminorum | 68° |
| 23.4.2026 | 00:09:35 | Mond 2,7° nördlich Jupiter | 74,7° |
| 23.4.2026 | 06:16:24 | Mond 7,5° südlich Kastor | 77,7° |
| 23.4.2026 | 09:42:42 | Mond 3,95° südlich Pollux | 80,4° |
| 23.4.2026 | 21:01:51 | Venus 3,6° südlich der Plejaden | 25,9° |
| 24.4.2026 | 03:31:52 | Erstes Viertel | |
| 24.4.2026 | 06:20:17 | Venus 47' nördlich Uranus | 25,8° |

| Datum | Uhrzeit | Ereignis | Elongation |
|---|---|---|---|
| 24.4.2026 | 08:51:51 | Mond 15' nördlich M44 | 93,3° |
| 24.4.2026 | 09:06:00 | Juno 7,9° nördlich Beta Capricorni | 87,9° |
| 24.4.2026 | 17:04:49 | Merkur in größter Südbreite | |
| 26.4.2026 | 03:29:46 | Mond 50' südlich Regulus | 114,3° |
| 26.4.2026 | 15:49:31 | Mond im absteigenden Knoten | |
| 27.4.2026 | 06:26:28 | Venus 32' südlich 37 Tauri | 26,8° |
| 29.4.2026 | 10:48:41 | Mond 6,8° südlich Porrima | 151,3° |
| 30.4.2026 | 06:04:16 | Jupiter 34' nördlich Delta Geminorum | 68,9° |
| 30.4.2026 | 10:20:50 | Mond 2,4° südlich Spika | 164° |

## Planeten

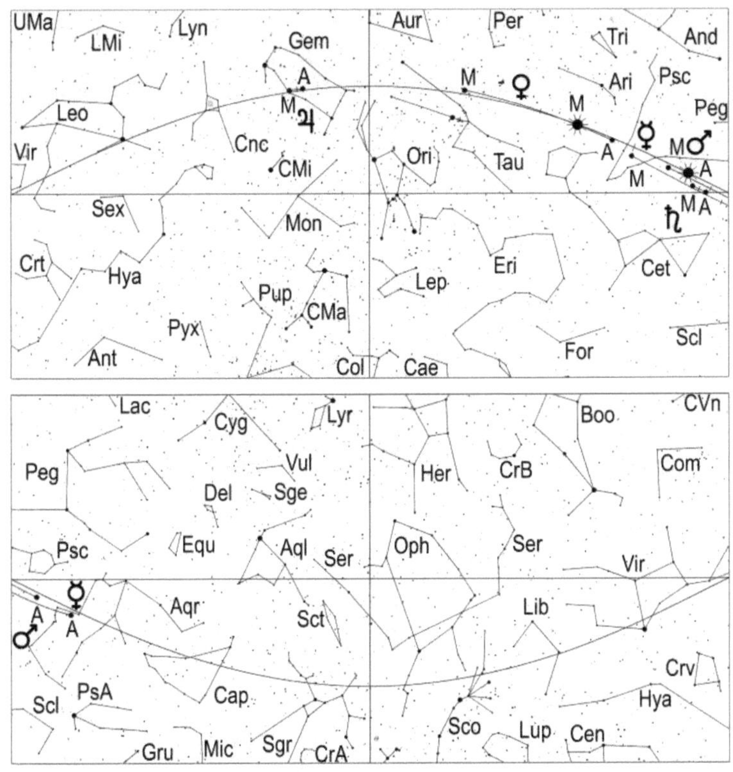


**Merkur** erreicht am 3. seine größte westliche Elongation mit 27,8°. Dies ist fast der maximal mögliche Wert, denn Merkur wandert nur 12 Stunden später durch den

sonnenfernsten Punkt (Aphel) seiner Bahn. Trotzdem kommt es für Beobachter in
Mitteleuropa nicht zu einer Morgensichtbarkeit. Der flinke, 0,3 mag helle Planet geht
am 3. um 5.19 Uhr MEZ (6.19 Uhr MESZ) auf. Kurz danach fängt die bürgerliche
Dämmerung an, sodass der Himmel viel zu hell ist, um den innersten Planeten
unseres Sonnensystems an Morgenhimmel zu erkennen.
Erst in Gebieten südlich von 38° nördlicher Breite kann man in diesem Monat Merkur
freiäugig am Morgenhimmel sehen.

**Venus** durchwandert im April das Sternbild Widder und wechselt in der zweiten
Monatshälfte in das Sternbild Stier. Hierbei passiert sie am 3. Hamal 11° südlich. Am
23. zieht Venus in 3,6° südlichen Abstand an den Plejaden vorbei. An diesem Tag
findet man sie auch in der Nachbarschaft des lichtschwachen Planeten Uranus, was
eine gute Gelegenheit bietet, diesen Planeten mit einem Fernrohr aufzusuchen.
Venus verbessert ihre Sichtbarkeit im Verlauf des Monats beträchtlich, denn ihr
Untergang verspätet sich von 20.48 Uhr MEZ (21.48 Uhr MESZ) am 1., auf 21.32 Uhr
MEZ (22.32 Uhr MESZ) am 15. und auf 22.16 Uhr MEZ (23.16 Uhr MESZ) am 30.
Im Fernrohr erscheint Venus immer noch fast voll, denn der beleuchtete Teil ihres
Scheibchens, dessen Durchmesser im April leicht von 10,6" auf 11,6" ansteigt, geht im
Laufe des Monats von 94% auf 88% zurück.
Am Abend des 19. steht die zunehmende Mondsichel in der Nähe des Abendsterns.

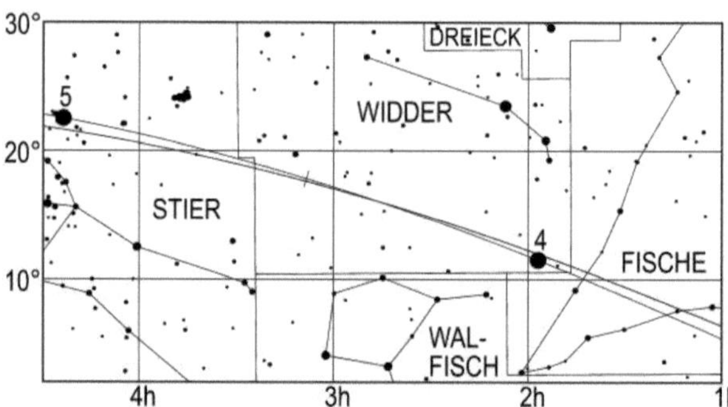


Lauf des Planeten Venus von März bis Mai 2026. Die Zahl gibt die Position am 1. des
entsprechenden Monats an, also 4 die Position am 1.4.

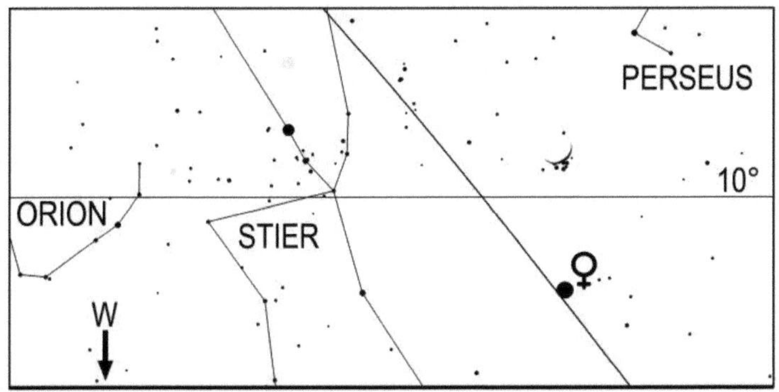



Mond und Venus am 19.4.2026 um 21 Uhr MEZ (22 Uhr MESZ)

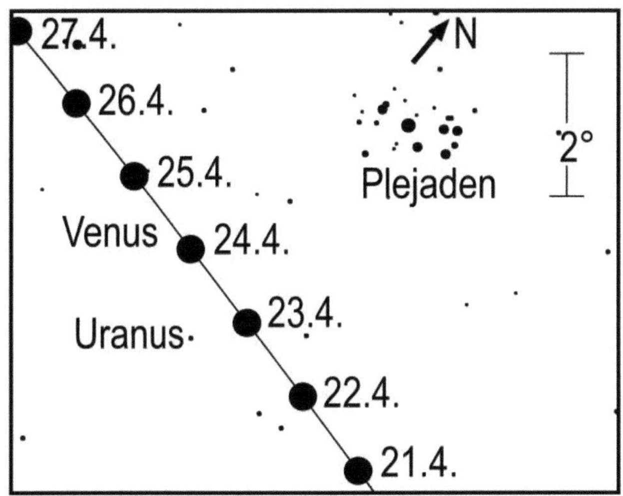



Stellung der Venus bei den Plejaden vom 21.4. bis zum 27.4. Der Kreis gibt die Position der Venus am jeweiligen Tag um 21 Uhr MEZ (22 Uhr MESZ) wieder.

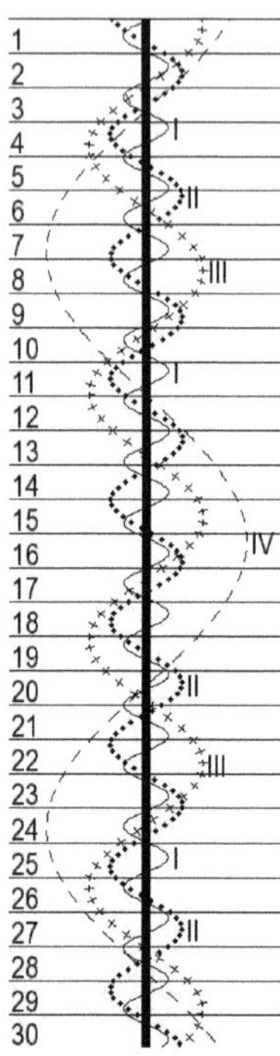

Stellung der 4
hellen Jupiter-
monde im
April 2026

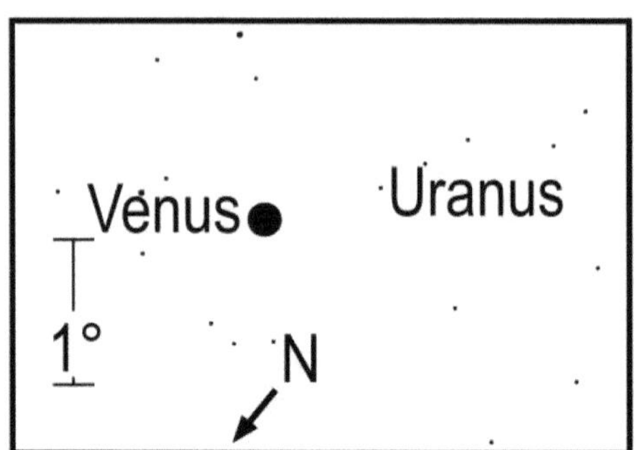

Anblick der Konjunktion zwischen Venus und Uranus am 23.4.2026 um 21 Uhr MEZ (22 Uhr MESZ) im umkehrenden Fernrohr.

**Mars** kann zumindest in mitteleuropäischen Breiten in diesem Monat nicht beobachtet werden.

**Jupiter** wandert rechtläufig durch das Sternbild Zwillinge und ist Planet des Abendhimmels. Sein Untergang erfolgt am 1. um 3 Uhr MEZ (2 Uhr MESZ), am 15. um 2.09 Uhr MEZ (3.09 Uhr MESZ) und am 30. um 1.17 Uhr MEZ (2.17 Uhr MESZ). Seine Helligkeit geht in diesem Monat von -2,2 mag auf -2,0 mag zurück und sein Scheibchendurchmesser schrumpft im gleichen Zeitraum von 38,9" am 1. auf 35,5" am 30. Am Abend des 22. zieht die zunehmende Mondsichel nördlich an Jupiter vorbei und am 30. passiert der Riesenplanet Delta Geminorum in 34' nördlichen Abstand.

**Saturn**, schafft es im April noch nicht, am Morgenhimmel sichtbar zu werden. Der 0,9 mag helle Ringplanet erscheint am 30. um 4.17 Uhr MEZ (5.17 Uhr MESZ) über dem Horizont, doch kann er, bevor er in der Morgendämmerung verblasst, keine für eine freiäugige Sichtung ausreichende Höhe über dem Horizont erreichen.
Auch seine Konjunktion mit Merkur und Mars am 20., bei der Saturn 30' nördlich von Merkur und 1,3° südlich von Mars steht, kann zumindest in Mitteleuropa nicht mit bloßem Auge beobachtet werden.

80

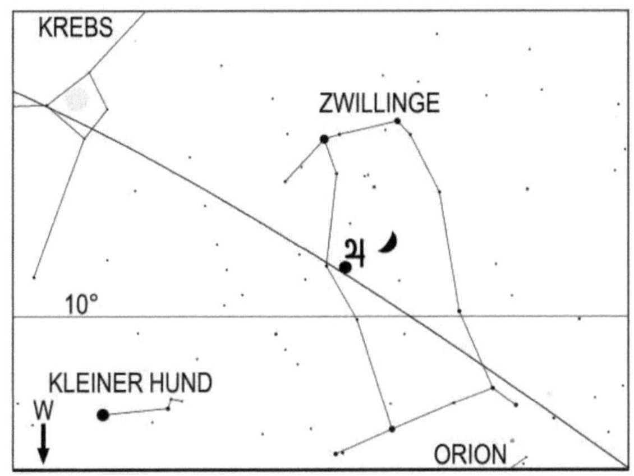


Mond und Jupiter am 22.4.2026 um 24 Uhr MEZ (23.4.2026 um 1 Uhr MESZ)

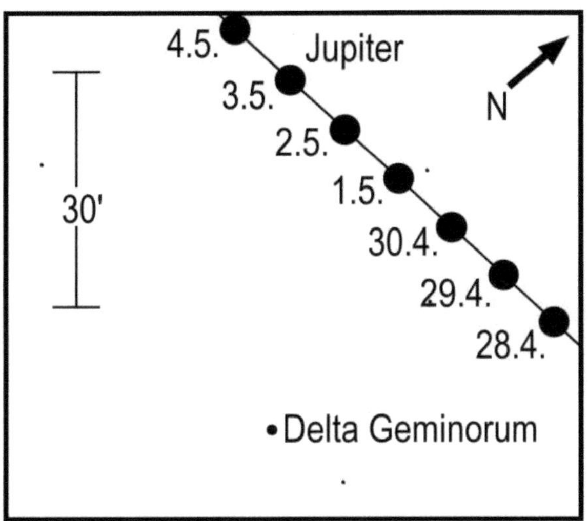


Stellung von Jupiter bei Delta Geminorum. Der Kreis zeigt die Position von Jupiter um 21 Uhr MEZ (22 Uhr MESZ) am jeweiligen Tag.

**Uranus**, rechtläufig im Stier, kann noch in der ersten Monatshälfte beobachtet werden (Aufsuchkarte, Seite 184). Am 1. versinkt der 5,8 mag helle, grünliche Planet um 23.15 Uhr MEZ (0.15 Uhr MESZ) unter dem Horizont und am 15. erfolgt sein Untergang um 22.23 Uhr MEZ (23.23 Uhr MESZ). Bis etwa eine halbe Stunde vorher kann man versuchen, Uranus aufzusuchen. Zu Monatsbeginn dürfte dies noch mit einem Feldstecher gelingen, doch wird man zur Monatsmitte nur noch mit einem Fernrohr

Erfolg haben.
Die möglicherweise letzte Gelegenheit, um den lichtschwachen Planeten
aufzusuchen, dürfte seine Konjunktion mit der hellen Venus am 24. bieten.
In den letzten Tagen des Aprils dürfte es auch mit einem Fernrohr nicht mehr möglich
sein, Uranus in der Abenddämmerung zu sichten.

**Neptun** stand im Vormonat in Konjunktion zur Sonne und hat noch einen zu geringen
westlichen Winkelabstand von der Sonne, um am Morgenhimmel beobachtet werden
zu können. Am 24. überquert er den Himmelsäquator in nördliche Richtung.

## Klein- und Zwergplaneten

**Ceres** hat sich im Vormonat vom Abendhimmel verabschiedet und kann in diesem
Monat nicht mehr beobachtet werden.

**Pallas** kann in diesem Monat ebenfalls nicht beobachtet werden.

**Juno** wandert rechtläufig durch das Sternbild Adler und erscheint am 1. um 2.27 Uhr
MEZ (3.27 Uhr MESZ), am 15. um 1.40 Uhr MEZ (2.40 Uhr MESZ) und am 30. um
0.45 Uhr MEZ (1.45 Uhr MESZ) über dem Horizont. Der Kleinplanet, dessen Helligkeit
im April von 11,1 mag auf 10,7 mag ansteigt, kann am besten zu Beginn der
Morgendämmerung aufgesucht werden (Aufsuchkarte, Seite 120). Wegen seiner
geringen Helligkeit sollte hierfür ein Fernrohr mit mindestens 15 Zentimetern
Objektivöffnung eingesetzt werden.

**Vesta** ist auch im April weiterhin unbeobachtbar.

## Periodische Sternschnuppenströme

Vom 16. bis zum 25. sind die Lyriden, ein Schwarm schnellerer Meteore, unter denen
sich auch hellere Exemplare befinden, aktiv. Sie erreichen ihr Maximum am 23. um 4
Uhr MEZ.
Beobachter, für die zu dieser Zeit der Radiant im Zenit steht, können 13 Meteore pro
Stunde sichten. Da zu dieser Zeit die Morgendämmerung schon begonnen hat, ist die
beste Zeit für ihre Beobachtung am selben Tag eine Stunde zuvor, also gegen 3 Uhr
MEZ.
Es sind bis zu 7 Meteore pro Stunde zu erwarten. Der zunehmende Mond ist zu dieser
Zeit schon längst hinter dem Horizont verschwunden.
Zwischen dem 1. und dem 8. kann man die Kappa-Serpentiden beobachten,
schnellere Meteore mit einer maximalen Rate von 4 Stück pro Stunde. Sie erreichen
ihr Maximum am 6. um 3 Uhr MEZ. Zu dieser Zeit ist auch die beste Zeit für ihre
Beobachtung. Beobachter in mitteleuropäischen Breiten dürften höchstens einen
Meteor pro Stunde von diesem Schwarm sehen. Der zu über 80% beleuchtete,
abnehmende Mond, der sich unweit vom Radianten im Sternbild Waage aufhält, stört
bei den Beobachtungen in hohem Maße.

Bis zum 26. sind Meteore des schwachen Stroms der Alpha-Virginiden zu sehen, der
am 18. um 16 Uhr MEZ sein Maximum mit bis zu einem Meteor pro Stunde erreicht. Er
kann am besten gegen Mitternacht beobachtet werden. Die dünne Mondsichel geht
schon in der Abenddämmerung unter und beeinträchtigt nicht ihre Beobachtung.
Ab dem 19. erscheinen die ersten Eta-Aquariden am Morgenhimmel.

## Sonnenuntergang und Dämmerung

| | Astr. Anf. | Naut. Anf. | Bürg. Anf. | Auf-gang | Kulm. | Unter-gang | Bürg. Ende | Naut. Ende | Astr. Ende | Zeitgl. |
|---|---|---|---|---|---|---|---|---|---|---|
| 1.4.2026 | 4:07 | 4:49 | 5:28 | 6:01 | 12:28 | 18:56 | 19:29 | 20:08 | 20:50 | -4m00s |
| 2.4.2026 | 4:04 | 4:46 | 5:26 | 5:59 | 12:28 | 18:57 | 19:30 | 20:10 | 20:52 | -3m42s |
| 3.4.2026 | 4:02 | 4:44 | 5:24 | 5:57 | 12:27 | 18:59 | 19:32 | 20:11 | 20:54 | -3m24s |
| 4.4.2026 | 3:59 | 4:42 | 5:22 | 5:55 | 12:27 | 19:00 | 19:34 | 20:13 | 20:56 | -3m06s |
| 5.4.2026 | 3:57 | 4:39 | 5:20 | 5:53 | 12:27 | 19:02 | 19:35 | 20:15 | 20:58 | -2m49s |
| 6.4.2026 | 3:54 | 4:37 | 5:17 | 5:50 | 12:26 | 19:04 | 19:37 | 20:17 | 21:01 | -2m32s |
| 7.4.2026 | 3:51 | 4:34 | 5:15 | 5:48 | 12:26 | 19:05 | 19:39 | 20:19 | 21:03 | -2m15s |
| 8.4.2026 | 3:49 | 4:32 | 5:13 | 5:46 | 12:26 | 19:07 | 19:40 | 20:21 | 21:05 | -1m58s |
| 9.4.2026 | 3:46 | 4:29 | 5:11 | 5:44 | 12:26 | 19:08 | 19:42 | 20:22 | 21:07 | -1m41s |
| 10.4.2026 | 3:43 | 4:27 | 5:08 | 5:42 | 12:25 | 19:10 | 19:44 | 20:24 | 21:10 | -1m25s |
| 11.4.2026 | 3:40 | 4:25 | 5:06 | 5:40 | 12:25 | 19:12 | 19:45 | 20:26 | 21:12 | -1m09s |
| 12.4.2026 | 3:38 | 4:22 | 5:04 | 5:38 | 12:25 | 19:13 | 19:47 | 20:28 | 21:14 | -0m53s |
| 13.4.2026 | 3:35 | 4:20 | 5:02 | 5:36 | 12:25 | 19:15 | 19:49 | 20:30 | 21:17 | -0m38s |
| 14.4.2026 | 3:32 | 4:17 | 4:59 | 5:34 | 12:24 | 19:16 | 19:50 | 20:32 | 21:19 | -0m23s |
| 15.4.2026 | 3:29 | 4:15 | 4:57 | 5:32 | 12:24 | 19:18 | 19:52 | 20:34 | 21:21 | -0m08s |
| 16.4.2026 | 3:26 | 4:13 | 4:55 | 5:30 | 12:24 | 19:19 | 19:54 | 20:36 | 21:24 | 0m05s |
| 17.4.2026 | 3:24 | 4:10 | 4:53 | 5:28 | 12:24 | 19:21 | 19:55 | 20:38 | 21:26 | 0m19s |
| 18.4.2026 | 3:21 | 4:08 | 4:51 | 5:26 | 12:23 | 19:23 | 19:57 | 20:40 | 21:29 | 0m33s |
| 19.4.2026 | 3:18 | 4:06 | 4:49 | 5:24 | 12:23 | 19:24 | 19:59 | 20:42 | 21:31 | 0m46s |
| 20.4.2026 | 3:15 | 4:03 | 4:46 | 5:22 | 12:23 | 19:26 | 20:00 | 20:44 | 21:34 | 0m59s |
| 21.4.2026 | 3:12 | 4:01 | 4:44 | 5:20 | 12:23 | 19:27 | 20:02 | 20:46 | 21:36 | 1m11s |
| 22.4.2026 | 3:09 | 3:59 | 4:42 | 5:18 | 12:23 | 19:29 | 20:04 | 20:48 | 21:39 | 1m23s |
| 23.4.2026 | 3:06 | 3:56 | 4:40 | 5:16 | 12:22 | 19:30 | 20:05 | 20:50 | 21:41 | 1m35s |
| 24.4.2026 | 3:03 | 3:54 | 4:38 | 5:14 | 12:22 | 19:32 | 20:07 | 20:52 | 21:44 | 1m46s |
| 25.4.2026 | 3:00 | 3:52 | 4:36 | 5:12 | 12:22 | 19:34 | 20:09 | 20:54 | 21:47 | 1m57s |
| 26.4.2026 | 2:57 | 3:49 | 4:34 | 5:10 | 12:22 | 19:35 | 20:11 | 20:56 | 21:49 | 2m07s |
| 27.4.2026 | 2:54 | 3:47 | 4:32 | 5:08 | 12:22 | 19:37 | 20:12 | 20:58 | 21:52 | 2m17s |
| 28.4.2026 | 2:51 | 3:45 | 4:30 | 5:06 | 12:21 | 19:38 | 20:14 | 21:00 | 21:55 | 2m26s |
| 29.4.2026 | 2:48 | 3:42 | 4:28 | 5:04 | 12:21 | 19:40 | 20:16 | 21:02 | 21:57 | 2m35s |
| 30.4.2026 | 2:44 | 3:40 | 4:26 | 5:02 | 12:21 | 19:41 | 20:17 | 21:04 | 22:00 | 2m43s |

## Mondlauf

| | Rektaszension | Deklination | Elong. | Phase | mag | Auf-gang | Kulm. | Unter-gang |
|---|---|---|---|---|---|---|---|---|
| Mi 1.4.2026 | 11h49m29,4s | -1°29'02" | 166,6° | 0,99 | -12,4 | 18:35 | | 5:35 |
| Do 2.4.2026 | 12h35m04,5s | -7°32'03" | 176,8° | 1 ○ | -12,6 | 19:49 | 0:18 | 5:48 |

|  | Rektaszension | Deklination | Elong. | Phase | mag | Auf-gang | Kulm. | Unter-gang |
|---|---|---|---|---|---|---|---|---|
| Fr 3.4.2026 | 13h20m58,4s | -13°12'25" | 169,4° | 0,99 | -12,4 | 21:02 | 1:01 | 6:01 |
| Sa 4.4.2026 | 14h07m59,0s | -18°17'07" | 158,2° | 0,96 | -12,1 | 22:15 | 1:45 | 6:17 |
| So 5.4.2026 | 14h56m40,7s | -22°34'00" | 147,1° | 0,92 | -11,8 | 23:27 | 2:31 | 6:38 |
| Mo 6.4.2026 | 15h47m18,1s | -25°52'01" | 136,2° | 0,86 | -11,5 |  | 3:19 | 7:05 |
| Di 7.4.2026 | 16h39m41,4s | -28°01'44" | 125,3° | 0,79 | -11,1 | 0:34 | 4:09 | 7:40 |
| Mi 8.4.2026 | 17h33m14,9s | -28°56'21" | 114,5° | 0,71 | -10,8 | 1:34 | 5:00 | 8:27 |
| Do 9.4.2026 | 18h27m05,0s | -28°32'41" | 103,7° | 0,62 | -10,5 | 2:21 | 5:52 | 9:26 |
| Fr 10.4.2026 | 19h20m16,0s | -26°51'36" | 92,7° | 0,52 ☽ | -10,1 | 2:58 | 6:42 | 10:33 |
| Sa 11.4.2026 | 20h12m06,9s | -23°57'41" | 81,6° | 0,43 | -9,7 | 3:26 | 7:32 | 11:47 |
| So 12.4.2026 | 21h02m21,8s | -19°58'11" | 70,2° | 0,33 | -9,2 | 3:47 | 8:19 | 13:03 |
| Mo 13.4.2026 | 21h51m11,9s | -15°02'14" | 58,4° | 0,24 | -8,6 | 4:04 | 9:06 | 14:20 |
| Di 14.4.2026 | 22h39m10,9s | -9°20'30" | 46,3° | 0,16 | -8,0 | 4:18 | 9:51 | 15:39 |
| Mi 15.4.2026 | 23h27m09,6s | -3°05'32" | 33,7° | 0,08 | -7,1 | 4:32 | 10:38 | 17:00 |
| Do 16.4.2026 | 0h16m10,4s | 3°27'10" | 20,9° | 0,03 | -6,1 | 4:47 | 11:25 | 18:23 |
| Fr 17.4.2026 | 1h07m21,6s | 9°58'11" | 8,1° | 0 ● | -4,8 | 5:03 | 12:17 | 19:52 |
| Sa 18.4.2026 | 2h01m48,6s | 16°03'26" | 7,7° | 0 | -4,8 | 5:23 | 13:12 | 21:23 |
| So 19.4.2026 | 3h00m16,4s | 21°14'57" | 20,9° | 0,03 | -6,1 | 5:49 | 14:12 | 22:53 |
| Mo 20.4.2026 | 4h02m43,4s | 25°03'54" | 34,6° | 0,09 | -7,3 | 6:27 | 15:15 |  |
| Di 21.4.2026 | 5h07m57,0s | 27°06'33" | 48,3° | 0,17 | -8,2 | 7:20 | 16:21 | 0:14 |
| Mi 22.4.2026 | 6h13m38,4s | 27°11'21" | 61,9° | 0,27 | -9,0 | 8:30 | 17:24 | 1:19 |
| Do 23.4.2026 | 7h17m12,4s | 25°22'39" | 75,2° | 0,37 | -9,6 | 9:51 | 18:23 | 2:05 |
| Fr 24.4.2026 | 8h16m50,2s | 21°58'03" | 88,1° | 0,48 ☾ | -10,1 | 11:15 | 19:17 | 2:36 |
| Sa 25.4.2026 | 9h11m56,8s | 17°21'18" | 100,8° | 0,59 | -10,5 | 12:36 | 20:06 | 2:59 |
| So 26.4.2026 | 10h02m57,6s | 11°56'08" | 113,1° | 0,7 | -10,9 | 13:55 | 20:51 | 3:16 |
| Mo 27.4.2026 | 10h50m50,3s | 6°03'13" | 125,2° | 0,79 | -11,3 | 15:10 | 21:34 | 3:31 |
| Di 28.4.2026 | 11h36m43,6s | -0°00'14" | 137,0° | 0,87 | -11,6 | 16:23 | 22:16 | 3:43 |
| Mi 29.4.2026 | 12h21m45,6s | -5°59'31" | 148,5° | 0,93 | -11,8 | 17:35 | 22:58 | 3:55 |
| Do 30.4.2026 | 13h06m58,4s | -11°41'27" | 159,8° | 0,97 | -12,1 | 18:48 | 23:41 | 4:09 |

## Jupitermond-Ereignisse

| Datum | Uhrzeit (MEZ) | Mond | Erscheinung | Phase |
|---|---|---|---|---|
| 1.4.2026 | 00:32:57 | Io | Durchgang | Anfang |
| 1.4.2026 | 01:50:33 | Io | Schattenvorübergang | Anfang |
| 1.4.2026 | 20:41:58 | Europa | Verfinsterung | Ende |
| 1.4.2026 | 21:52:47 | Io | Bedeckung | Anfang |
| 2.4.2026 | 01:26:19 | Io | Verfinsterung | Ende |
| 2.4.2026 | 20:19:28 | Io | Schattenvorübergang | Anfang |
| 2.4.2026 | 21:18:18 | Io | Durchgang | Ende |
| 2.4.2026 | 21:46:51 | Ganymed | Durchgang | Anfang |
| 2.4.2026 | 22:36:46 | Io | Schattenvorübergang | Ende |
| 3.4.2026 | 01:04:54 | Ganymed | Durchgang | Ende |
| 3.4.2026 | 19:55:06 | Io | Verfinsterung | Ende |
| 6.4.2026 | 20:18:37 | Ganymed | Verfinsterung | Ende |
| 6.4.2026 | 23:33:32 | Europa | Durchgang | Anfang |
| 8.4.2026 | 23:19:59 | Europa | Verfinsterung | Ende |

| Datum | Uhrzeit (MEZ) | Mond | Erscheinung | Phase |
|---|---|---|---|---|
| 8.4.2026 | 23:47:37 | Io | Bedeckung | Anfang |
| 9.4.2026 | 20:57:02 | Io | Durchgang | Anfang |
| 9.4.2026 | 22:14:57 | Io | Schattenvorübergang | Anfang |
| 9.4.2026 | 23:13:46 | Io | Durchgang | Ende |
| 10.4.2026 | 00:32:21 | Io | Schattenvorübergang | Ende |
| 10.4.2026 | 21:50:05 | Io | Verfinsterung | Ende |
| 11.4.2026 | 21:24:07 | Kallisto | Bedeckung | Anfang |
| 12.4.2026 | 01:27:29 | Kallisto | Bedeckung | Ende |
| 13.4.2026 | 20:51:19 | Ganymed | Verfinsterung | Anfang |
| 14.4.2026 | 00:18:51 | Ganymed | Verfinsterung | Ende |
| 15.4.2026 | 20:27:23 | Europa | Bedeckung | Anfang |
| 16.4.2026 | 22:53:22 | Io | Durchgang | Anfang |
| 17.4.2026 | 00:10:26 | Io | Schattenvorübergang | Anfang |
| 17.4.2026 | 01:10:12 | Io | Durchgang | Ende |
| 17.4.2026 | 20:12:29 | Io | Bedeckung | Anfang |
| 17.4.2026 | 20:50:57 | Europa | Schattenvorübergang | Ende |
| 17.4.2026 | 23:45:03 | Io | Verfinsterung | Ende |
| 18.4.2026 | 19:39:23 | Io | Durchgang | Ende |
| 18.4.2026 | 20:56:45 | Io | Schattenvorübergang | Ende |
| 20.4.2026 | 19:46:12 | Ganymed | Bedeckung | Anfang |
| 20.4.2026 | 20:17:42 | Kallisto | Schattenvorübergang | Anfang |
| 20.4.2026 | 23:06:54 | Ganymed | Bedeckung | Ende |
| 21.4.2026 | 00:42:33 | Kallisto | Schattenvorübergang | Ende |
| 21.4.2026 | 00:50:43 | Ganymed | Verfinsterung | Anfang |
| 22.4.2026 | 23:08:28 | Europa | Bedeckung | Anfang |
| 24.4.2026 | 20:35:06 | Europa | Schattenvorübergang | Anfang |
| 24.4.2026 | 20:57:53 | Europa | Durchgang | Ende |
| 24.4.2026 | 22:09:15 | Io | Bedeckung | Anfang |
| 24.4.2026 | 23:26:11 | Europa | Schattenvorübergang | Ende |
| 25.4.2026 | 20:34:44 | Io | Schattenvorübergang | Anfang |
| 25.4.2026 | 21:36:54 | Io | Durchgang | Ende |
| 25.4.2026 | 22:52:18 | Io | Schattenvorübergang | Ende |
| 26.4.2026 | 20:08:41 | Io | Verfinsterung | Ende |
| 27.4.2026 | 23:54:24 | Ganymed | Bedeckung | Anfang |
| 28.4.2026 | 20:14:38 | Kallisto | Bedeckung | Ende |

# Mai

## Sternenhimmel

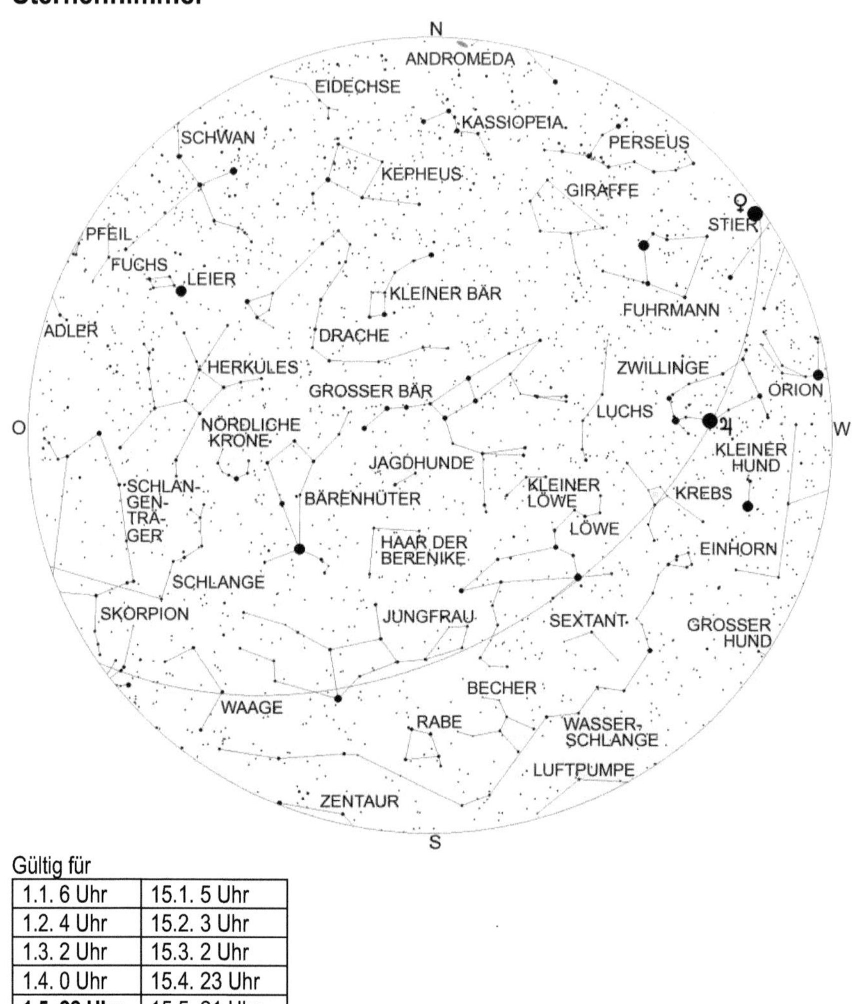


Gültig für

| | |
|---|---|
| 1.1. 6 Uhr | 15.1. 5 Uhr |
| 1.2. 4 Uhr | 15.2. 3 Uhr |
| 1.3. 2 Uhr | 15.3. 2 Uhr |
| 1.4. 0 Uhr | 15.4. 23 Uhr |
| **1.5. 22 Uhr** | 15.5. 21 Uhr |

Die Wintersternbilder sind fast vollständig verschwunden. Nur noch der Fuhrmann, die Zwillinge, mit dem hellen Planeten Jupiter, der Krebs und der Kleine Hund sind noch vollständig zu sehen.

Tief im Nordwesten erblickt man im untergehenden Sternbild Stier knapp über dem Horizont die helle Venus.

Von Südost bis Südwest erstreckt sich das riesige, aber unauffällige Sternbild Wasserschlange. Über diesem sind der Rabe, der Becher und der Sextant zu sehen. Allerdings besitzt von diesen Sternbildern nur der Rabe einige hellere Sterne. Halbhoch im Südwesten ist der Löwe zu finden, während gerade die Jungfrau kulminiert. Nordnordöstlich von dieser ist das Sternbild Bärenhüter mit dem orangerotem Stern Arktur zu sehen. Östlich des Bärenhüters erkennt man das Halbrund der Nördlichen Krone und das wenig charakteristische Sternbild des Herkules. Im Ostsüdosten geht gerade der Schlangenträger auf. Etwas höher ist der vordere Teil der Schlange zu sehen. Im Südosten erkennt man das Tierkreissternbild Waage, dessen Hauptstern, Zuben-el-dschenubi, fast genau auf der Ekliptik liegt. Er ist ein weiter Doppelstern und schon mit einem Fernglas problemlos auflösbar.

## Astronomische Ereignisse

| Datum | Uhrzeit | Ereignis | Elongation |
|---|---|---|---|
| 1.5.2026 | 07:23:51 | Venus 17' nördlich Kappa1 Tauri | 27,7° |
| 1.5.2026 | 11:47:55 | Venus 11' südlich Ypsilon Tauri | 27,8° |
| 1.5.2026 | 18:23:23 | Vollmond | |
| 2.5.2026 | 03:17:07 | Merkur 11' südlich Omikron Piscium | 13,7° |
| 2.5.2026 | 06:49:37 | Mond 6,1° südlich Zuben-el-dschenubi | 172,3° |
| 3.5.2026 | 08:12:53 | Venus 6,5° nördlich Aldebaran | 27,8° |
| 3.5.2026 | 16:18:17 | Mond 6,5° südlich Akrab | 157,8° |
| 3.5.2026 | 20:31:53 | Mond in größter Südbreite | |
| 4.5.2026 | 04:51:52 | Mond 1,3° südlich Antares | 152,8° |
| 4.5.2026 | 13:45:56 | Venus 20' nördlich Tau Tauri | 28,5° |
| 4.5.2026 | 23:31:28 | Mond im Apogäum | |
| 5.5.2026 | 04:02:48 | Merkur 12,1° südlich Hamal | 10,8° |
| 6.5.2026 | 20:42:07 | Mond 1,2° südlich Nunki | 123,5° |
| 8.5.2026 | 12:23:01 | Pluto stationär, dann rückläufig | |
| 8.5.2026 | 14:37:22 | Mond 7,9° südlich Beta Capricorni | 103,5° |
| 8.5.2026 | 18:01:23 | Mond 16,4° südlich Juno | 99,1° |
| 8.5.2026 | 19:37:00 | Mond 1,05° nördlich Pluto | 102,4° |
| 9.5.2026 | 22:10:41 | Letztes Viertel | |
| 10.5.2026 | 08:46:11 | Mond 1° nördlich Delta Capricorni | 85,4° |
| 11.5.2026 | 05:36:43 | Mond im aufsteigenden Knoten | |
| 11.5.2026 | 10:25:25 | Neptun 2,8° südlich Pallas | 46,05° |
| 13.5.2026 | 00:13:22 | Venus 4° südlich Elnath | 30,5° |
| 13.5.2026 | 05:02:11 | Mond 6,8° nördlich Vesta | 49,9° |
| 13.5.2026 | 10:38:35 | Mond 3,6° nördlich Neptun | 47,6° |
| 13.5.2026 | 12:09:07 | Mond 1,1° nördlich Pallas | 47° |
| 13.5.2026 | 18:48:25 | Merkur im aufsteigenden Knoten | |

| Datum | Uhrzeit | Ereignis | Elongation |
|---|---|---|---|
| 13.5.2026 | 22:39:27 | Mond 4,8° nördlich Saturn | 40,8° |
| 14.5.2026 | 15:24:44 | Merkur in oberer Konjunktion zur Sonne | 9' |
| 15.5.2026 | 01:00:56 | Mond 4,1° nördlich Mars | 25,9° |
| 15.5.2026 | 03:46:29 | Ceres in Konjunktion zur Sonne | -3,5° |
| 15.5.2026 | 03:48:47 | Venus im Perihel<br>(Abstand Venus-Sonne: 107474820 km) | |
| 15.5.2026 | 07:48:01 | Merkur 3,85° nördlich Ceres | 0,9° |
| 15.5.2026 | 14:01:53 | Mond 6,4° südlich Hamal | 19,3° |
| 16.5.2026 | 21:01:09 | Neumond | 4,1° |
| 16.5.2026 | 21:27:48 | Mars 55' nördlich Omikron Piscium | 27,6° |
| 16.5.2026 | 23:07:41 | Mond 7,7° nördlich Ceres | 3,6° |
| 17.5.2026 | 03:04:47 | Mond 3,5° nördlich Merkur | 3,1° |
| 17.5.2026 | 03:31:55 | Mond 2,8' südlich der Plejaden | 5,75° |
| 17.5.2026 | 05:56:01 | Mond 4,4° nördlich Uranus | 4,9° |
| 17.5.2026 | 07:02:17 | Merkur 3,5° südlich der Plejaden | 3,3° |
| 17.5.2026 | 11:35:54 | Mond in größter Nordbreite | |
| 17.5.2026 | 14:44:54 | Mond im Perigäum | |
| 17.5.2026 | 22:25:17 | Mond 9,7° nördlich Aldebaran | 14,2° |
| 18.5.2026 | 03:18:05 | Merkur 56' nördlich Uranus | 4,1° |
| 18.5.2026 | 10:58:08 | Merkur im Perihel<br>(Abstand Merkur-Sonne: 46001653 km) | |
| 18.5.2026 | 13:30:04 | Pluto 18° südlich Juno | 107,1° |
| 18.5.2026 | 15:58:48 | Mond 1° südlich Elnath | 25,5° |
| 18.5.2026 | 18:05:10 | Neptun 4,1° nördlich Vesta | 54° |
| 19.5.2026 | 02:46:49 | Mond 2° nördlich Venus | 31,95° |
| 19.5.2026 | 04:45:54 | Merkur 20' südlich 37 Tauri | 5,6° |
| 19.5.2026 | 07:37:01 | Mond 4,55° nördlich Eta Geminorum | 35,5° |
| 19.5.2026 | 10:31:40 | Mond 4,6° nördlich Mü Geminorum | 37,2° |
| 19.5.2026 | 17:20:07 | Mond 10,5° nördlich Alhena | 40,2° |
| 19.5.2026 | 20:04:42 | Mond 1,4° nördlich Epsilon Geminorum | 41,5° |
| 20.5.2026 | 12:46:13 | Mond 2,7° nördlich Jupiter | 52,1° |
| 20.5.2026 | 13:15:02 | Mond 7,15° südlich Kastor | 51,8° |
| 20.5.2026 | 18:46:56 | Mond 4,1° südlich Pollux | 54,1° |
| 21.5.2026 | 11:42:40 | Merkur 39' nördlich Kappa1 Tauri | 8,2° |
| 21.5.2026 | 14:13:35 | Merkur 11' nördlich Ypsilon Tauri | 8,4° |
| 21.5.2026 | 15:55:36 | Mond 21' nördlich M44 | 66,9° |
| 21.5.2026 | 21:36:25 | Jupiter 9,8° südlich Kastor | 50,55° |
| 22.5.2026 | 05:01:43 | Venus 2,6° nördlich Eta Geminorum | 32,7° |
| 22.5.2026 | 15:24:25 | Uranus in Konjunktion zur Sonne | -9,6' |
| 22.5.2026 | 15:49:12 | Merkur 67° nördlich Aldebaran | 9,7° |
| 23.5.2026 | 07:54:50 | Mond 48' südlich Regulus | 88° |
| 23.5.2026 | 08:53:41 | Merkur 49' nördlich Tau Tauri | 10,3° |
| 23.5.2026 | 12:11:05 | Erstes Viertel | |

| Datum | Uhrzeit | Ereignis | Elongation |
| --- | --- | --- | --- |
| 23.5.2026 | 16:27:23 | Mond im absteigenden Knoten | |
| 23.5.2026 | 17:57:25 | Venus 2,6° nördlich Mü Geminorum | 33° |
| 24.5.2026 | 13:01:57 | Mars 11,3° südlich Hamal | 27,1° |
| 26.5.2026 | 00:20:50 | Ceres 7,4° südlich der Plejaden | 6° |
| 26.5.2026 | 13:07:36 | Venus 8,6° nördlich Alhena | 33,7° |
| 26.5.2026 | 15:20:24 | Mond 6,8° südlich Porrima | 125,1° |
| 26.5.2026 | 16:38:58 | Pallas im absteigenden Knoten | |
| 27.5.2026 | 14:39:14 | Mond 2,3° südlich Spika | 137,9° |
| 27.5.2026 | 18:10:36 | Venus 14' südlich Epsilon Geminorum | 33,9° |
| 28.5.2026 | 11:41:24 | Merkur 3,4° südlich Elnath | 15,7° |
| 28.5.2026 | 16:15:23 | Merkur in größter Nordbreite | |
| 29.5.2026 | 11:28:50 | Mond 5,7° südlich Zuben-el-dschenubi | 157,4° |
| 30.5.2026 | 21:31:49 | Mond in größter Südbreite | |
| 30.5.2026 | 22:55:52 | Mond 6,9° südlich Akrab | 172,6° |
| 31.5.2026 | 09:45:24 | Vollmond | |
| 31.5.2026 | 10:46:02 | Mond 47' südlich Antares | 174,6° |

# Planeten

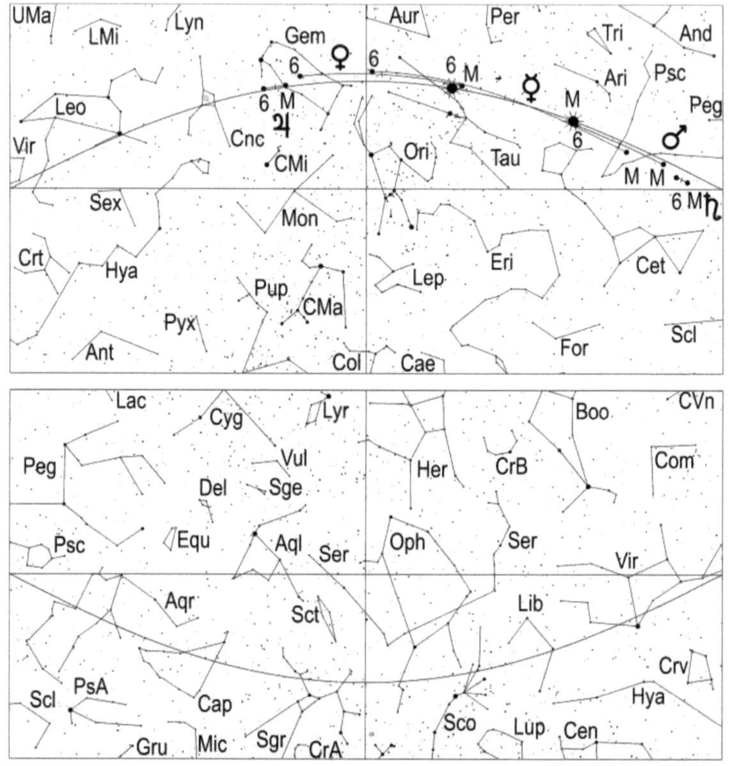

**Merkur** steht am 14. in oberer Konjunktion zur Sonne, wobei er von dieser bedeckt
wird. Anschließend gewinnt er rasch an östlicher Elongation zur Sonne, sodass er am
26. erstmals in der Abenddämmerung sichtbar wird. Der -1,0 mag helle Planet, der
rechtläufig durch das Sternbild Stier wandert, geht an diesem Tag um 21.40 Uhr MEZ
(22.40 Uhr MESZ) unter. Etwa 15 Minuten vorher kann er bei guter Horizontsicht in der
Abenddämmerung tief im Nordwesten gefunden werden. Hierbei kann ein Fernglas
gute Dienste leisten. Bis zum Monatsende verspätet sich sein Untergang auf 22.06
Uhr MEZ (23.06 Uhr MESZ), während seine Helligkeit auf -0,6 mag zurückgeht. Er
kann dann am besten eine halbe Stunde vorher in der Abenddämmerung tief im
Nordwesten gesichtet werden.
Im Fernrohr zeigt sich der innerste Planet unseres Sonnensystems rundlich, denn sein
Scheibchen, dessen Durchmesser vom 26. bis zum 31. von 5,6" auf 6,1" anwächst, ist
am 26. zu 83% und am 31. zu 70% beleuchtet.

Am 28. passiert Merkur Elnath in 3,4° südlichem Abstand. Elnath ist in der
Abenddämmerung nur mit einem Fernglas zu erkennen.

**Venus** ist weiterhin strahlender Abendstern. Sie wandert im Mai vom Stier in die
Zwillinge und verspätet ihren Untergang von 22.19 Uhr MEZ (23.19 Uhr MESZ) am 1.,
auf 22.52 Uhr MEZ (23.52 Uhr MESZ) am 15. und auf 23.10 Uhr MEZ (0.10 Uhr
MESZ) am 31.
Bei ihrer Wanderung passiert sie Aldebaran am 3. 6,5° nördlich, Elnath am 13. 4.1°
südlich, Eta Geminorum am 22. 2,6° nördlich, Mü Geminorum am 23. 2,6° nördlich,
Alhena am 26. 8,6° nördlich und Epsilon Geminorum am 27. 14' südlich.
Am Abend des 18. findet man die zunehmende Mondsichel in der Nachbarschaft des
Liebesplaneten.
Im Fernrohr zeigt sich Venus immer noch ziemlich rundlich und mit kleinen
Scheibchendurchmesser. Er beträgt am 1. 11,6" und am 31. 13.3". Dafür geht im
Laufe des Monats der beleuchtete Teil des Venusscheibchens leicht von 88% auf 80%
zurück.

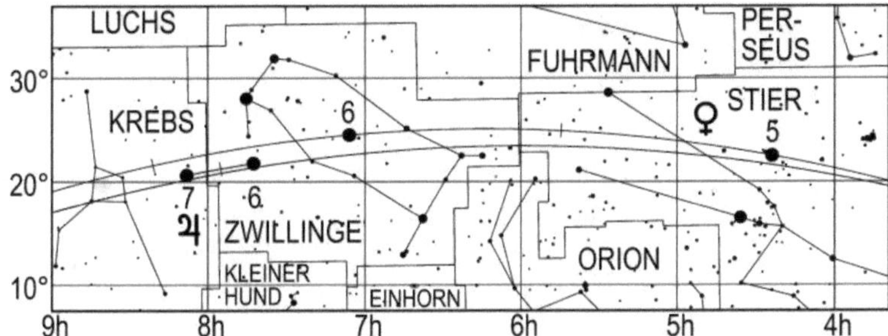


Lauf des Planeten Venus von April bis Juni 2026. Die Zahl gibt die Position am 1. des
entsprechenden Monats an, also 5 die Position am 1.5.

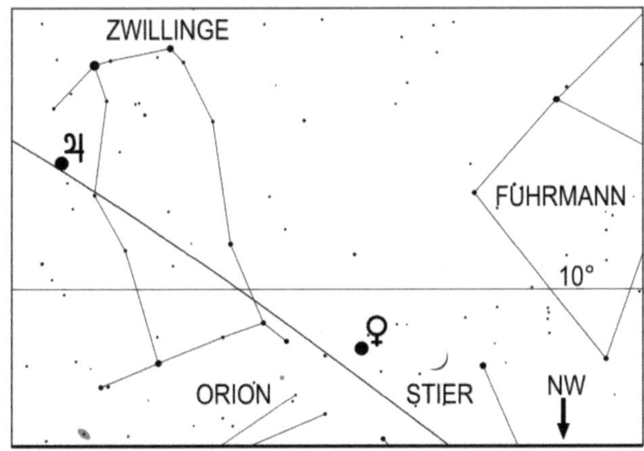


Mond und Venus am 18.5.2026 um 22 Uhr MEZ (23 Uhr MESZ)

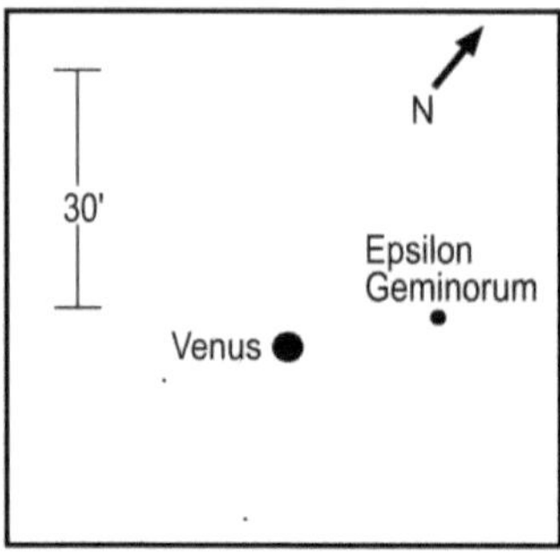

Anblick der Konjunktion zwischen Venus und Epsilon Geminorum im Feldstecher am Abendhimmel des 27.5.2026 um 22 Uhr MEZ (23 Uhr MESZ)

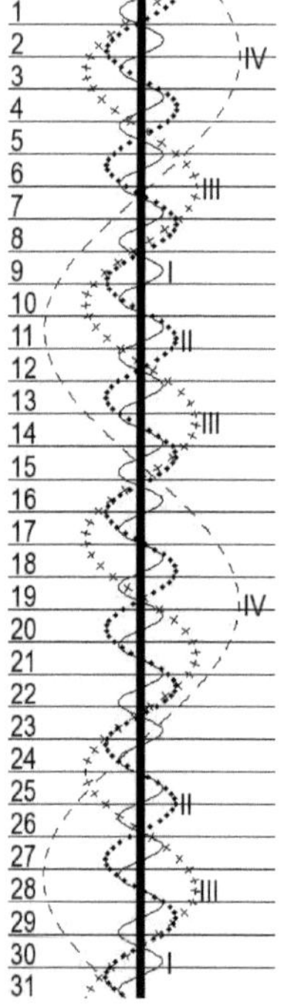

Stellung der 4 hellen Jupitermonde im Mai 2026

**Mars** ist zumindest für Beobachter in mitteleuropäischen Breiten in diesem Monat nicht zu sehen.

**Jupiter** wandert rechtläufig durch das Sternbild Zwillinge und kann am Abendhimmel beobachtet werden. Sein Untergang erfolgt am 1. um 1.13 Uhr MEZ (2.13 Uhr MESZ), am 15. um 0.25 Uhr MEZ (1.25 Uhr MESZ) und am 31. um 23.28 Uhr MEZ (0.28 Uhr MESZ).
Seine Helligkeit geht im Mai von -2,0 mag auf -1,9 mag zurück und sein Scheibchendurchmesser schrumpft im gleichen Zeitraum von 35,5" am 1. auf 33,1" am 31.
Am 20. findet man die zunehmende Mondsichel in der Nähe des Riesenplaneten.

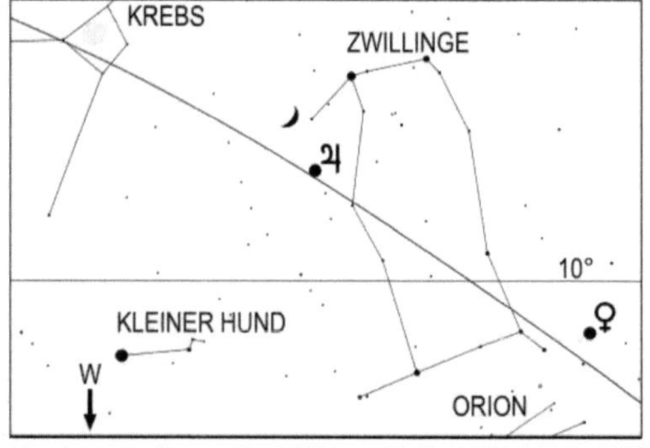


Mond und Jupiter am 20.5.2026 um 22 Uhr MEZ (23 Uhr MESZ)

**Saturn**, rechtläufig in der nordwestlichen Ecke des Sternbildes Walfisch, taucht am 28.
nach längerer Unsichtbarkeit wieder am Morgenhimmel auf. An diesem Tag erscheint
der 0,9 mag helle Ringplanet um 2.32 Uhr MEZ (3.32 Uhr MESZ) über dem Horizont.
Etwa 20 Minuten später kann er in der beginnenden Morgendämmerung gesichtet
werden.
Am 31. geht der Ringplanet um 2.21 Uhr MEZ (3.21 Uhr MESZ) auf und dürfte etwa
bis 3 Uhr MEZ (4 Uhr MESZ) in der beginnenden Morgendämmerung zu sehen sein,
bevor er in dieser verblasst.
Sein Ringsystem erscheint im Fernrohr unter einem flachen Winkel von 8°.

**Uranus** steht am 22. in Konjunktion zur Sonne und ist in diesem Monat nicht zu
sehen.

**Neptun**, der sich im Sternbild Fische aufhält, ist ebenfalls unbeobachtbar. Der 7,9 mag
helle Planet geht am Monatsletzten um 2.01 Uhr MEZ (3.01 Uhr MESZ) auf, was ihn
aber kaum die Möglichkeit verschafft, bis zum Beginn der Morgendämmerung so viel
an Höhe zu gewinnen, dass er erfolgreich mit einem Fernrohr aufgesucht werden
kann.

## Klein- und Zwergplaneten

**Ceres** steht am 15. in Konjunktion zur Sonne und kann in diesem Monat nicht
beobachtet werden.

**Pallas** ist im Mai weiterhin nicht beobachtbar.

**Juno** wandert rechtläufig durch die südöstlichen Gebiete des Sternbildes Adler und ist
ein Objekt für größere Fernrohre ab etwa 10 Zentimetern Objektivöffnung.
Der Kleinplanet, dessen Helligkeit im Laufe des Monats von 10,7 mag auf 10,2 mag
ansteigt, erscheint am 1. um 0.42 Uhr MEZ (1.42 Uhr MESZ), am 15. um 23.45 Uhr
MEZ (0.45 Uhr MESZ) und am 31. um 22.40 Uhr MEZ (23.40 Uhr MESZ) über dem
Horizont.
Die beste Zeit für ihre Beobachtung ist der Beginn der Morgendämmerung
(Aufsuchkarte, Seite 120).

**Vesta** kann in diesem Monat nicht beobachtet werden.

**Pluto**, im westlichen Teil des Sternbildes Steinbock, setzt am 8. zu seiner
Oppositionsschleife an, weshalb er in diesem Monat erwähnt wird. Er ist mit einer
Helligkeit von 14,5 mag nur in Fernrohren mit mindestens 30 cm Objektivdurchmesser
sichtbar (Aufsuchkarte, Seite 121).

# Periodische Sternschnuppenströme

Bis zum 28. sind die Eta-Aquariden aktiv, die am 7. um 22 Uhr MEZ ihr Maximum
erreichen. Die Eta-Aquariden sind Reste des Halley'schen Kometen. Der beste
Zeitpunkt zu ihrer Beobachtung ist am 8. gegen 3.30 Uhr MEZ. In unseren Breiten
kann von den sehr schnellen Eta-Aquariden maximal ein Meteor pro Stunde
beobachtet werden, in südlichen Breiten sind bis zu 30 Meteore pro Stunde sichtbar.
Der zu 65% beleuchtete, abnehmende Mond ist zwei Stunden vorher aufgegangen
und stört bei ihrer Beobachtung beträchtlich.
Vom 6. bis zum 12. ist der eher schwache Strom der Eta-Lyriden aktiv, der am 8. sein
Maximum mit bis zu 1,5 Meteoren pro Stunde erreicht. Der abnehmende Mond kann
ihre Beobachtung in den frühen Morgenstunden beeinträchtigen.
Am 17. um 5 Uhr MEZ erreicht der Meteorschwarm der Alpha-Scorpiiden, die während
des gesamten Mais aktiv sind, sein Maximum. Die beste Zeit für die Beobachtung
dieses Schwarms ist am 17. um 1 Uhr MEZ. Da 4 Stunden zuvor Neumond ist, gibt es
in diesem Jahr bei ihrer Beobachtung keine mondbedingten Störungen.

# Sonnenuntergang und Dämmerung

| | Astr. Anf. | Naut. Anf. | Bürg. Anf. | Aufgang | Kulm. | Untergang | Bürg. Ende | Naut. Ende | Astr. Ende | Zeitgl. |
|---|---|---|---|---|---|---|---|---|---|---|
| 1.5.2026 | 2:41 | 3:38 | 4:24 | 5:01 | 12:21 | 19:43 | 20:19 | 21:06 | 22:03 | 2m51s |
| 2.5.2026 | 2:38 | 3:35 | 4:22 | 4:59 | 12:21 | 19:44 | 20:21 | 21:09 | 22:06 | 2m58s |
| 3.5.2026 | 2:35 | 3:33 | 4:20 | 4:57 | 12:21 | 19:46 | 20:23 | 21:11 | 22:09 | 3m04s |
| 4.5.2026 | 2:32 | 3:31 | 4:18 | 4:55 | 12:21 | 19:47 | 20:24 | 21:13 | 22:12 | 3m11s |
| 5.5.2026 | 2:29 | 3:29 | 4:16 | 4:54 | 12:21 | 19:49 | 20:26 | 21:15 | 22:15 | 3m16s |
| 6.5.2026 | 2:25 | 3:26 | 4:14 | 4:52 | 12:21 | 19:50 | 20:28 | 21:17 | 22:18 | 3m21s |
| 7.5.2026 | 2:22 | 3:24 | 4:12 | 4:50 | 12:21 | 19:52 | 20:29 | 21:19 | 22:21 | 3m25s |
| 8.5.2026 | 2:19 | 3:22 | 4:11 | 4:49 | 12:20 | 19:53 | 20:31 | 21:21 | 22:24 | 3m29s |
| 9.5.2026 | 2:16 | 3:20 | 4:09 | 4:47 | 12:20 | 19:55 | 20:33 | 21:23 | 22:27 | 3m32s |
| 10.5.2026 | 2:13 | 3:17 | 4:07 | 4:45 | 12:20 | 19:56 | 20:34 | 21:26 | 22:30 | 3m35s |
| 11.5.2026 | 2:09 | 3:15 | 4:05 | 4:44 | 12:20 | 19:58 | 20:36 | 21:28 | 22:34 | 3m37s |
| 12.5.2026 | 2:06 | 3:13 | 4:04 | 4:42 | 12:20 | 19:59 | 20:38 | 21:30 | 22:37 | 3m39s |
| 13.5.2026 | 2:03 | 3:11 | 4:02 | 4:41 | 12:20 | 20:00 | 20:39 | 21:32 | 22:40 | 3m39s |
| 14.5.2026 | 1:59 | 3:09 | 4:01 | 4:39 | 12:20 | 20:02 | 20:41 | 21:34 | 22:44 | 3m40s |
| 15.5.2026 | 1:56 | 3:07 | 3:59 | 4:38 | 12:20 | 20:03 | 20:43 | 21:36 | 22:48 | 3m39s |
| 16.5.2026 | 1:53 | 3:05 | 3:57 | 4:37 | 12:20 | 20:05 | 20:44 | 21:38 | 22:51 | 3m38s |
| 17.5.2026 | 1:49 | 3:03 | 3:56 | 4:35 | 12:20 | 20:06 | 20:46 | 21:40 | 22:55 | 3m37s |
| 18.5.2026 | 1:45 | 3:01 | 3:54 | 4:34 | 12:20 | 20:07 | 20:47 | 21:42 | 22:59 | 3m35s |
| 19.5.2026 | 1:42 | 2:59 | 3:53 | 4:33 | 12:20 | 20:09 | 20:49 | 21:44 | 23:03 | 3m32s |
| 20.5.2026 | 1:38 | 2:57 | 3:52 | 4:31 | 12:21 | 20:10 | 20:51 | 21:46 | 23:07 | 3m29s |
| 21.5.2026 | 1:34 | 2:55 | 3:50 | 4:30 | 12:21 | 20:11 | 20:52 | 21:48 | 23:11 | 3m26s |
| 22.5.2026 | 1:30 | 2:53 | 3:49 | 4:29 | 12:21 | 20:13 | 20:54 | 21:50 | 23:16 | 3m21s |
| 23.5.2026 | 1:26 | 2:51 | 3:47 | 4:28 | 12:21 | 20:14 | 20:55 | 21:52 | 23:20 | 3m17s |
| 24.5.2026 | 1:22 | 2:49 | 3:46 | 4:27 | 12:21 | 20:15 | 20:57 | 21:54 | 23:25 | 3m12s |
| 25.5.2026 | 1:17 | 2:47 | 3:45 | 4:26 | 12:21 | 20:16 | 20:58 | 21:56 | 23:30 | 3m06s |
| 26.5.2026 | 1:13 | 2:46 | 3:44 | 4:25 | 12:21 | 20:17 | 20:59 | 21:58 | 23:35 | 3m00s |

| | Astr. Anf. | Naut. Anf. | Bürg. Anf. | Auf- gang | Kulm. | Unter- gang | Bürg. Ende | Naut. Ende | Astr. Ende | Zeitgl. |
|---|---|---|---|---|---|---|---|---|---|---|
| 27.5.2026 | 1:08 | 2:44 | 3:43 | 4:24 | 12:21 | 20:19 | 21:01 | 21:59 | 23:41 | 2m53s |
| 28.5.2026 | 1:02 | 2:42 | 3:41 | 4:23 | 12:21 | 20:20 | 21:02 | 22:01 | 23:47 | 2m46s |
| 29.5.2026 | 0:56 | 2:41 | 3:40 | 4:22 | 12:21 | 20:21 | 21:04 | 22:03 | 23:54 | 2m39s |
| 30.5.2026 | 0:49 | 2:39 | 3:39 | 4:21 | 12:22 | 20:22 | 21:05 | 22:05 | | 2m31s |
| 31.5.2026 | 0:40 | 2:38 | 3:38 | 4:20 | 12:22 | 20:23 | 21:06 | 22:06 | 0:03 | 2m22s |

# Mondlauf

| | Rektaszension | Deklination | Elong. | Phase | mag | Auf- gang | Kulm. | Unter- gang |
|---|---|---|---|---|---|---|---|---|
| Fr 1.5.2026 | 13h53m15,3s | -16°53'26" | 170,5° | 0,99 ○ | -12,4 | 20:01 | | 4:24 |
| Sa 2.5.2026 | 14h41m15,9s | -21°23'05" | 174,7° | 1 | -12,5 | 21:13 | 0:26 | 4:43 |
| So 3.5.2026 | 15h31m21,0s | -24°58'21" | 165,5° | 0,98 | -12,2 | 22:22 | 1:13 | 5:07 |
| Mo 4.5.2026 | 16h23m25,1s | -27°28'24" | 154,9° | 0,95 | -11,9 | 23:24 | 2:03 | 5:40 |
| Di 5.5.2026 | 17h16m53,9s | -28°44'53" | 144,1° | 0,91 | -11,6 | | 2:54 | 6:22 |
| Mi 6.5.2026 | 18h10m50,4s | -28°43'26" | 133,4° | 0,84 | -11,4 | 0:15 | 3:45 | 7:17 |
| Do 7.5.2026 | 19h04m11,5s | -27°24'21" | 122,5° | 0,77 | -11,1 | 0:56 | 4:36 | 8:20 |
| Fr 8.5.2026 | 19h56m07,1s | -24°52'20" | 111,6° | 0,69 | -10,7 | 1:26 | 5:25 | 9:32 |
| Sa 9.5.2026 | 20h46m13,9s | -21°15'01" | 100,5° | 0,59 ☽ | -10,4 | 1:49 | 6:12 | 10:45 |
| So 10.5.2026 | 21h34m38,4s | -16°41'35" | 89,1° | 0,49 | -10,0 | 2:07 | 6:58 | 12:00 |
| Mo 11.5.2026 | 22h21m52,0s | -11°21'56" | 77,4° | 0,39 | -9,6 | 2:23 | 7:42 | 13:16 |
| Di 12.5.2026 | 23h08m44,9s | -5°26'44" | 65,4° | 0,29 | -9,0 | 2:37 | 8:27 | 14:33 |
| Mi 13.5.2026 | 23h56m20,6s | 0°51'42" | 52,9° | 0,2 | -8,4 | 2:50 | 9:13 | 15:53 |
| Do 14.5.2026 | 0h45m51,6s | 7°17'53" | 39,9° | 0,12 | -7,6 | 3:05 | 10:02 | 17:18 |
| Fr 15.5.2026 | 1h38m33,2s | 13°31'31" | 26,6° | 0,05 | -6,6 | 3:23 | 10:55 | 18:47 |
| Sa 16.5.2026 | 2h35m30,0s | 19°06'33" | 13,2° | 0,01 ● | -5,4 | 3:47 | 11:53 | 20:20 |
| So 17.5.2026 | 3h37m10,1s | 23°32'25" | 5,3° | 0 | -4,6 | 4:19 | 12:56 | 21:49 |
| Mo 18.5.2026 | 4h42m50,8s | 26°19'09" | 16,8° | 0,02 | -5,8 | 5:06 | 14:03 | 23:03 |
| Di 19.5.2026 | 5h50m22,0s | 27°06'14" | 30,6° | 0,07 | -7,0 | 6:11 | 15:10 | 23:58 |
| Mi 20.5.2026 | 6h56m42,4s | 25°50'36" | 44,3° | 0,14 | -7,9 | 7:32 | 16:13 | |
| Do 21.5.2026 | 7h59m18,2s | 22°47'19" | 57,9° | 0,23 | -8,7 | 8:58 | 17:10 | 0:36 |
| Fr 22.5.2026 | 8h56m57,6s | 18°22'12" | 71,0° | 0,34 | -9,4 | 10:23 | 18:02 | 1:03 |
| Sa 23.5.2026 | 9h49m49,5s | 13°02'48" | 83,7° | 0,45 ☽ | -9,9 | 11:44 | 18:50 | 1:22 |
| So 24.5.2026 | 10h38m50,2s | 7°12'55" | 96,0° | 0,55 | -10,3 | 13:01 | 19:34 | 1:38 |
| Mo 25.5.2026 | 11h25m13,6s | 1°11'26" | 108,0° | 0,66 | -10,7 | 14:14 | 20:16 | 1:51 |
| Di 26.5.2026 | 12h10m14,8s | -4°46'50" | 119,6° | 0,75 | -11,0 | 15:26 | 20:57 | 2:03 |
| Mi 27.5.2026 | 12h55m03,1s | -10°29'30" | 131,0° | 0,83 | -11,3 | 16:38 | 21:40 | 2:16 |
| Do 28.5.2026 | 13h40m39,1s | -15°45'09" | 142,2° | 0,9 | -11,6 | 17:50 | 22:24 | 2:30 |
| Fr 29.5.2026 | 14h27m50,9s | -20°22'25" | 153,2° | 0,95 | -11,9 | 19:02 | 23:10 | 2:48 |
| Sa 30.5.2026 | 15h17m08,6s | -24°09'41" | 163,8° | 0,98 | -12,2 | 20:12 | 23:59 | 3:11 |
| So 31.5.2026 | 16h08m37,2s | -26°55'36" | 173,3° | 1 ○ | -12,4 | 21:16 | 0:48 | 3:41 |

# Jupitermond-Ereignisse

| Datum | Uhrzeit (MEZ) | Mond | Erscheinung | Phase |
|---|---|---|---|---|
| 1.5.2026 | 20:48:23 | Europa | Durchgang | Anfang |
| 1.5.2026 | 22:25:56 | Ganymed | Schattenvorübergang | Ende |
| 1.5.2026 | 23:10:14 | Europa | Schattenvorübergang | Anfang |
| 1.5.2026 | 23:38:25 | Europa | Durchgang | Ende |
| 2.5.2026 | 00:06:45 | Io | Bedeckung | Anfang |
| 2.5.2026 | 21:18:08 | Io | Durchgang | Anfang |
| 2.5.2026 | 22:30:12 | Io | Schattenvorübergang | Anfang |
| 2.5.2026 | 23:35:12 | Io | Durchgang | Ende |
| 3.5.2026 | 20:33:47 | Europa | Verfinsterung | Ende |
| 3.5.2026 | 22:03:34 | Io | Verfinsterung | Ende |
| 8.5.2026 | 21:44:07 | Ganymed | Durchgang | Ende |
| 8.5.2026 | 22:57:33 | Ganymed | Schattenvorübergang | Anfang |
| 8.5.2026 | 23:30:03 | Europa | Durchgang | Anfang |
| 9.5.2026 | 23:17:00 | Io | Durchgang | Anfang |
| 10.5.2026 | 20:34:31 | Io | Bedeckung | Anfang |
| 10.5.2026 | 23:11:55 | Europa | Verfinsterung | Ende |
| 11.5.2026 | 21:12:16 | Io | Schattenvorübergang | Ende |
| 15.5.2026 | 21:36:49 | Kallisto | Verfinsterung | Anfang |
| 15.5.2026 | 22:37:51 | Ganymed | Durchgang | Anfang |
| 17.5.2026 | 20:45:03 | Europa | Bedeckung | Anfang |
| 17.5.2026 | 22:33:22 | Io | Bedeckung | Anfang |
| 18.5.2026 | 20:49:56 | Io | Schattenvorübergang | Anfang |
| 18.5.2026 | 22:03:46 | Io | Durchgang | Ende |
| 18.5.2026 | 23:07:42 | Io | Schattenvorübergang | Ende |
| 19.5.2026 | 20:28:51 | Europa | Schattenvorübergang | Ende |
| 25.5.2026 | 21:46:36 | Io | Durchgang | Anfang |
| 25.5.2026 | 22:45:16 | Io | Schattenvorübergang | Anfang |
| 26.5.2026 | 20:49:05 | Ganymed | Verfinsterung | Anfang |
| 26.5.2026 | 21:09:33 | Europa | Durchgang | Ende |
| 26.5.2026 | 22:16:31 | Io | Verfinsterung | Ende |

# Juni

## Sternenhimmel

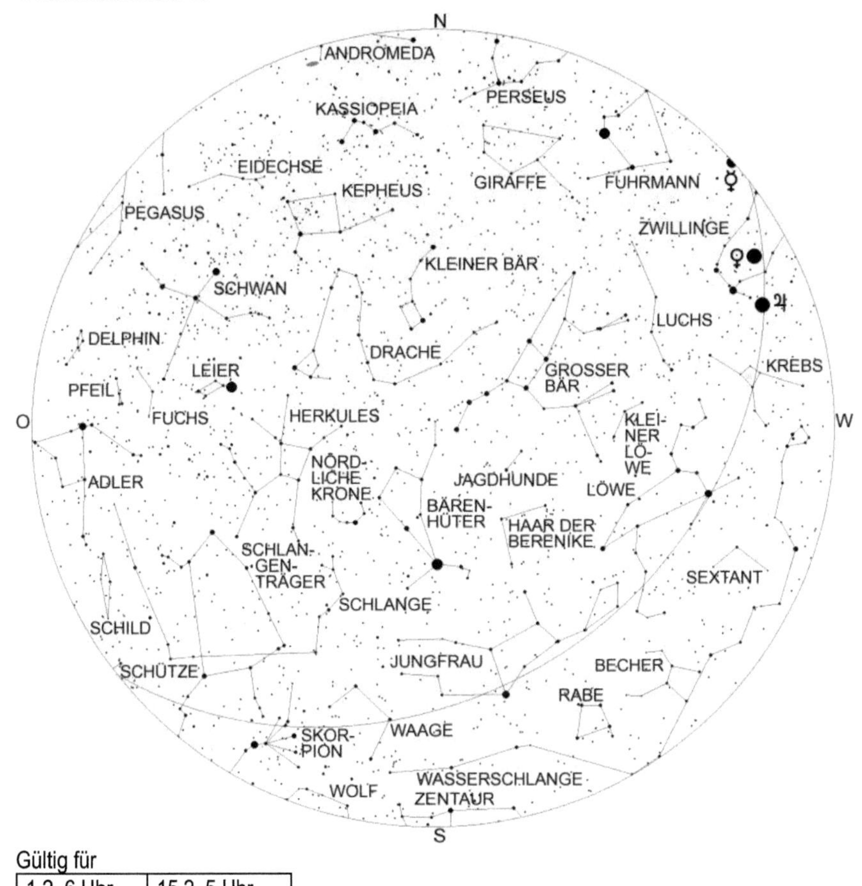


Gültig für

| 1.2. 6 Uhr | 15.2. 5 Uhr |
| --- | --- |
| 1.3. 4 Uhr | 15.3. 3 Uhr |
| 1.4. 2 Uhr | 15.4. 1 Uhr |
| 1.5. 0 Uhr | 15.5. 23 Uhr |
| **1.6. 22 Uhr** | 15.6. 21 Uhr |

Jetzt sind die Nächte am kürzesten. Zu unserer Standardbeobachtungszeit, am Monatsersten um 22 Uhr MEZ, ist immer noch eine Restdämmerung im Nordwesten vorhanden, wenngleich es ausreichend dunkel ist, um die Sternbilder zu beobachten und zu identifizieren. In allen Gebieten nördlich von 48,5° nördlicher Breite wird es zum Zeitpunkt der Sommersonnenwende überhaupt nicht richtig dunkel, wenn dies auch erst nördlich des 52. Breitengrades auffallen dürfte.
Der helle Stern Arktur im Bärenhüter ist hoch im Süden zu finden. Unterhalb von diesem findet man die Jungfrau mit Spika. Auch der Kopf des Skorpions mit Antares ist tief im Südosten beobachtbar. Oberhalb von diesem ist der Schlangenträger mit der Schlange zu sehen. Tief im Osten erkennt man einen hellen Stern – es ist Atair – der Hauptstern des Adlers. Höher im Osten ist ein noch hellerer Stern sichtbar, es ist Wega, der hellste Stern des kleinen Sternbildes Leier und der fünfthellste Stern des Himmels. Weiter nordöstlich erblickt man das kreuzförmige Sternbild Schwan, dessen hellster Stern Deneb zusammen mit Wega und Atair das sogenannte Sommerdreieck bildet. Zwischen Leier und Bärenhüter befinden sich die Sternbilder Herkules und Nördliche Krone. In der westlichen Himmelshälfte findet man den Löwen, den Kopf der Wasserschlange, den Krebs und das untergehende Sternbild Zwillinge mit den Planeten Venus und Jupiter. Tief im Süden kann man bei klarem Himmel die nördlichsten Sterne des Wolfs und des Zentauren sehen.

## Astronomische Ereignisse

| Datum | Uhrzeit | Ereignis | Elongation |
|---|---|---|---|
| 1.6.2026 | 05:20:21 | Mond im Apogäum | |
| 1.6.2026 | 17:57:41 | Uranus 2,9° nördlich Ceres | 9,1° |
| 3.6.2026 | 04:38:31 | Mond 1,2° südlich Nunki | 149,6° |
| 3.6.2026 | 19:13:45 | Merkur 3° nördlich Eta Geminorum | 20,6° |
| 3.6.2026 | 20:06:31 | Juno stationär, dann rückläufig | |
| 4.6.2026 | 11:39:41 | Jupiter 6,4° südlich Pollux | 40,2° |
| 4.6.2026 | 19:15:13 | Mond 8° südlich Beta Capricorni | 129,6° |
| 4.6.2026 | 23:20:52 | Merkur 2,9° nördlich Mü Geminorum | 21,3° |
| 5.6.2026 | 01:33:14 | Mond 58' nördlich Pluto | 128,8° |
| 5.6.2026 | 03:52:34 | Mond 17,8° südlich Juno | 122,3° |
| 5.6.2026 | 18:23:28 | Venus in größter Nordbreite | |
| 6.6.2026 | 14:42:12 | Venus 8,2° südlich Kastor | 36° |
| 6.6.2026 | 15:43:48 | Mond 1,5° nördlich Delta Capricorni | 111,5° |
| 7.6.2026 | 05:29:41 | Merkur 8,8° nördlich Alhena | 22,5° |
| 7.6.2026 | 07:20:04 | Mond im aufsteigenden Knoten | |
| 8.6.2026 | 06:16:39 | Merkur 8,1' südlich Epsilon Geminorum | 22,9° |
| 8.6.2026 | 11:00:40 | Letztes Viertel | |
| 8.6.2026 | 17:24:58 | Venus 4,7° südlich Pollux | 36,2° |
| 9.6.2026 | 13:29:12 | Venus 1,6° nördlich Jupiter | 36,8° |
| 9.6.2026 | 15:37:30 | Pallas 5,1° nördlich Vesta | 66,0° |
| 9.6.2026 | 20:03:23 | Mond 3,65° nördlich Neptun | 73,3° |

| Datum | Uhrzeit | Ereignis | Elongation |
|---|---|---|---|
| 10.6.2026 | 13:13:58 | Mond 4,7° nördlich Pallas | 64,8° |
| 10.6.2026 | 13:23:35 | Mond 9,7° nördlich Vesta | 64,7° |
| 10.6.2026 | 13:54:32 | Mond 5,8° nördlich Saturn | 64,5° |
| 11.6.2026 | 11:25:16 | Saturn 4° nördlich Vesta | 67,5° |
| 11.6.2026 | 22:58:13 | Mond 6,8° südlich Hamal | 43,9° |
| 12.6.2026 | 06:02:42 | Saturn 53' südlich Pallas | 67,8° |
| 12.6.2026 | 22:12:50 | Mond 4,7° nördlich Mars | 32,35° |
| 13.6.2026 | 16:04:07 | Mond 29' nördlich der Plejaden | 22,6° |
| 13.6.2026 | 18:03:29 | Mond in größter Nordbreite | |
| 13.6.2026 | 20:44:09 | Mond 4,4° nördlich Uranus | 19,6° |
| 14.6.2026 | 01:52:33 | Mond 6,85° nördlich Ceres | 15,8° |
| 14.6.2026 | 07:32:42 | Mond 9,9° nördlich Aldebaran | 12,5° |
| 15.6.2026 | 00:20:18 | Mond im Perigäum | |
| 15.6.2026 | 01:43:56 | Mond 1,65° südlich Elnath | 3,9° |
| 15.6.2026 | 03:54:15 | Neumond | 3,8° |
| 15.6.2026 | 19:59:44 | Mond 4,4° nördlich Eta Geminorum | 9,15° |
| 15.6.2026 | 21:00:54 | Merkur in größter östlicher Elongation | 24,5° |
| 15.6.2026 | 22:29:54 | Mond 4,1° nördlich Mü Geminorum | 10,9° |
| 16.6.2026 | 02:40:08 | Mond 9,9° nördlich Alhena | 14,2° |
| 16.6.2026 | 04:30:34 | Mond 1,1° nördlich Epsilon Geminorum | 15,4° |
| 16.6.2026 | 21:35:44 | Mond 1,7° nördlich Merkur | 24,3° |
| 17.6.2026 | 00:16:39 | Mond 7,9° südlich Kastor | 26,2° |
| 17.6.2026 | 03:27:53 | Mond 4,6° südlich Pollux | 28,4° |
| 17.6.2026 | 06:52:24 | Mond 1,9° nördlich Jupiter | 30,9° |
| 17.6.2026 | 22:29:29 | Mond 43' südlich Venus | 38,5° |
| 18.6.2026 | 01:44:29 | Mond 27' südlich M44 | 40,8° |
| 19.6.2026 | 08:50:28 | Merkur 9,9° südlich Kastor | 24,2° |
| 19.6.2026 | 15:55:47 | Mond 54' südlich Regulus | 61,8° |
| 19.6.2026 | 18:58:24 | Mond im absteigenden Knoten | |
| 19.6.2026 | 21:58:53 | Venus 27' nördlich M44 | 38,9° |
| 21.6.2026 | 01:30:27 | Merkur im absteigenden Knoten | |
| 21.6.2026 | 09:24:58 | Sommeranfang | |
| 21.6.2026 | 22:55:28 | Erstes Viertel | |
| 23.6.2026 | 00:04:58 | Mond 7,7° südlich Porrima | 99° |
| 23.6.2026 | 20:18:44 | Merkur 7,45° südlich Pollux | 22,2° |
| 23.6.2026 | 22:36:37 | Ceres 3° nördlich Aldebaran | 22° |
| 23.6.2026 | 22:52:43 | Mond 3,15° südlich Spika | 111,75° |
| 24.6.2026 | 04:14:20 | Pluto 19,7° südlich Juno | 140,2° |
| 25.6.2026 | 16:30:12 | Mond 6° südlich Zuben-el-dschenubi | 131,4° |
| 26.6.2026 | 22:44:42 | Mond in größter Südbreite | |
| 27.6.2026 | 06:15:29 | Mond 6,75° südlich Akrab | 147,95° |
| 27.6.2026 | 15:11:06 | Mond 53' südlich Antares | 153,8° |
| 28.6.2026 | 00:06:37 | Mars 4,5° südlich der Plejaden | 36,15° |

| Datum | Uhrzeit | Ereignis | Elongation |
|---|---|---|---|
| 28.6.2026 | 08:36:25 | Mond im Apogäum | |
| 29.6.2026 | 02:58:34 | Merkur stationär, dann rückläufig | |
| 30.6.2026 | 00:56:51 | Vollmond | |
| 30.6.2026 | 10:36:27 | Mond 42' südlich Nunki | 174,2° |

## Planeten

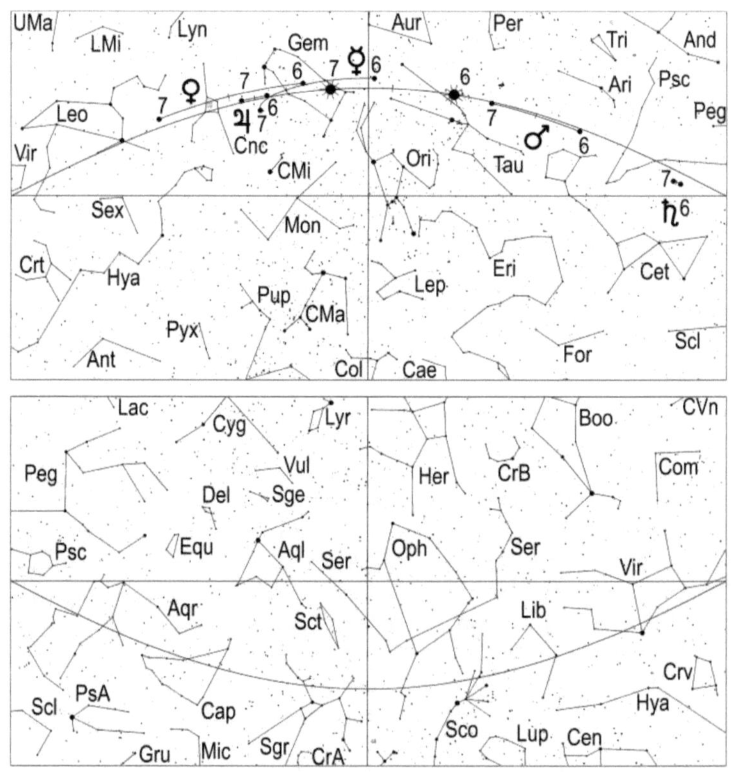


**Merkur** ist am Monatsanfang am Abendhimmel zu sehen. Sein Untergang verspätet sich leicht von 22.09 Uhr MEZ (23.09 Uhr MESZ) am 1., auf 22.20 Uhr MEZ (23.20 Uhr MESZ) am 5. und auf 22.23 Uhr MEZ (23.23 Uhr MESZ) am 10. Da aber im gleichen Zeitraum seine Helligkeit von -0,5 mag am 1., auf -0,2 mag am 5. und auf 0,2 mag am 10. zurückgeht, verkürzt sich seine Sichtbarkeit nach dem 5. wieder, weil er später in der Abenddämmerung sichtbar wird.

Am besten kann der flinke Planet eine halbe Stunde vor seinem Untergang tief im Nordwesten gesichtet werden. Er durchwandert in der ersten Junidekade die westlichen Gebiete des Sternbildes Zwillinge, wobei er Eta Geminorum am 3. 3° nördlich, Mü Geminorum am 4. 2,9° nördlich, Alhena am 7. 8,8° nördlich und Epsilon Geminorum am 8. 8,1' südlich passiert. Alle diese Konjunktionen sind nur mit einem Feldstecher zu sehen.

Da bei der sehr engen Konjunktion zwischen Merkur und Epsilon Geminorum am 8. der geringste Abstand in den frühen Morgenstunden erreicht wird, ist diese Konjunktion am besten am Abend des Vortags, also dem 7., zu sehen.

Seine größte östliche Elongation mit 24,5° erreicht Merkur am 15., trotzdem dürfte der 11. der letzte Tag sein, an dem es zumindest für einen Beobachter auf dem 50. nördlichen Breitengrad möglich ist, Merkur freiäugig zu sichten. Der 0,3 mag helle Merkur versinkt an diesem Tag um 22.23 Uhr MEZ (23.23 Uhr MESZ) unter dem Horizont. Er kann ab etwa 22 Uhr MEZ (23 Uhr MESZ) tief im Nordwesten gesichtet werden.

Erst in Gebieten südlich von 47,5° nördlicher Breite ist eine freiäugige Beobachtung von Merkur am Tag der größten östlichen Elongation möglich.

Im Fernrohr bemerkt man, dass der Durchmesser seines Scheibchens leicht von 6,2" am 1., auf 6,7" am 5. und auf 7,5" am 11. ansteigt. Gleichzeitig geht dessen beleuchteter Anteil zurück: er beträgt am 1. 68% und am 5. 59%. Die Halbphase (Dichotomie) wird am 9. erreicht und am 11. erscheint Merkur als dicke, zu 46% beleuchtete Sichel.

In der zweiten Monatshälfte ist der innerste Planet unseres Sonnensystems, der am 29. stationär wird und der Sonne rückläufig entgegenstrebt, zumindest für Beobachter in Mitteleuropa nicht mehr mit bloßem Auge zu sehen.

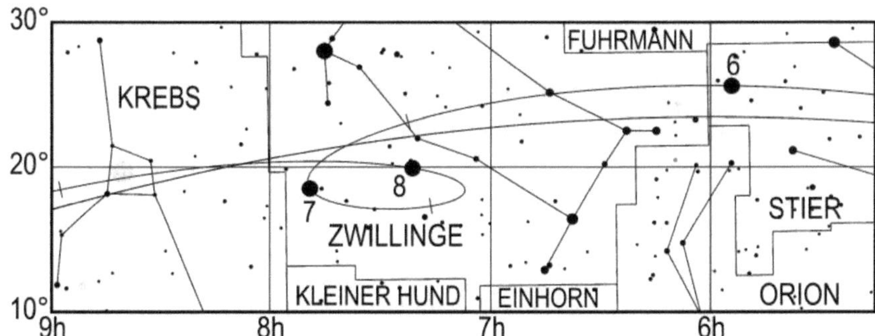


Lauf des Planeten Merkur von Mai bis August 2026. Die Zahl gibt die Position am 1. des entsprechenden Monats an, also 6 die Position am 1.6.

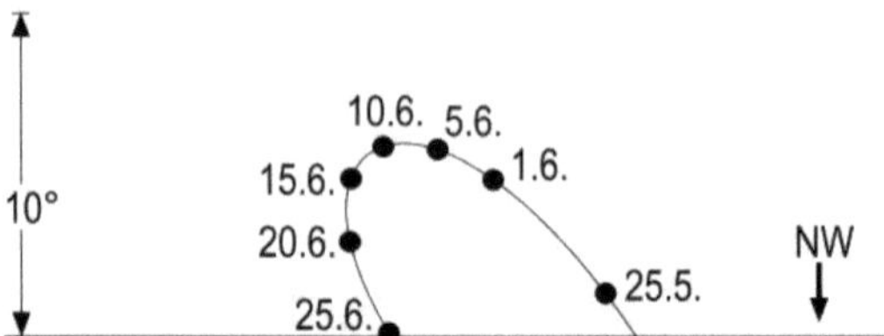


Position des Planeten Merkur am Abendhimmel, 1 Stunde nach Sonnenuntergang

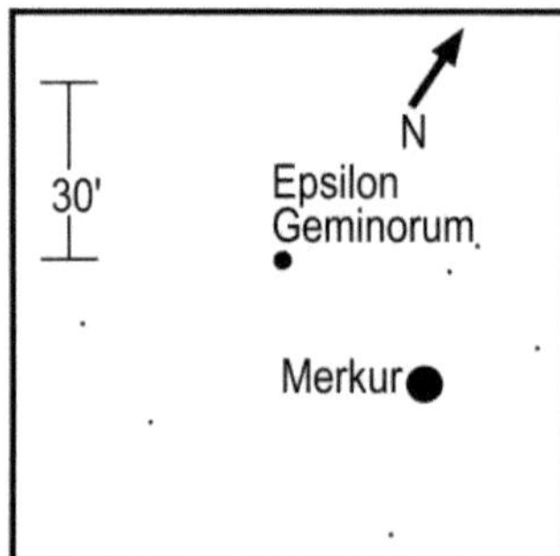


Anblick der Konjunktion zwischen Merkur und Epsilon Geminorum im Feldstecher am
Abendhimmel des 7.6.2026 um 22 Uhr MEZ (23 Uhr MESZ)

**Venus** ist weiterhin Abendstern und durchwandert im Juni die Zwillinge und den
Krebs. Hierbei zieht sie am 6. 8,2° südlich an Kastor und am 8. 4,7° südlich an Pollux
vorbei.
Dem Sternhaufen M44 stattet sie am 19. einen Besuch ab.
Allerdings ist ihre markanteste Konjunktion in diesem Monat, die mit dem hellen
Jupiter am 9., bei der Venus 1,6° nördlich an diesen vorbeizieht, was man schön am
Abendhimmel verfolgen kann.
Die Mondsichel zieht am 17. an Venus vorbei.
Da die Deklination der Venus im Laufe des Monats abnimmt, verfrüht sich ihre
Untergangszeit, obwohl sie noch weiter an Winkelabstand zur Sonne gewinnt, leicht
von 23.10 Uhr MEZ (0.10 Uhr MESZ) am 1., auf 23.06 Uhr MEZ (0.06 Uhr MESZ) am
15. und auf 22.47 Uhr MEZ (23.47 Uhr MESZ) am 30.
Im Fernrohr bemerkt man, dass der beleuchtete Teil des Venusscheibchens
zurückgeht, während es langsam wächst: am 1. beträgt dessen Durchmesser 13,3" bei
einem Beleuchtungsgrad von 80%, am 30. hat die zu 69% beleuchtete Venus einen
Winkeldurchmesser von 16".

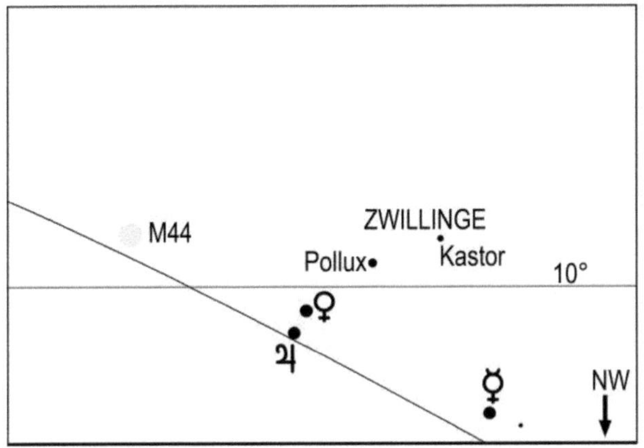


Venus und Jupiter am 9.6.2026 um 22 Uhr MEZ (23 Uhr MESZ)

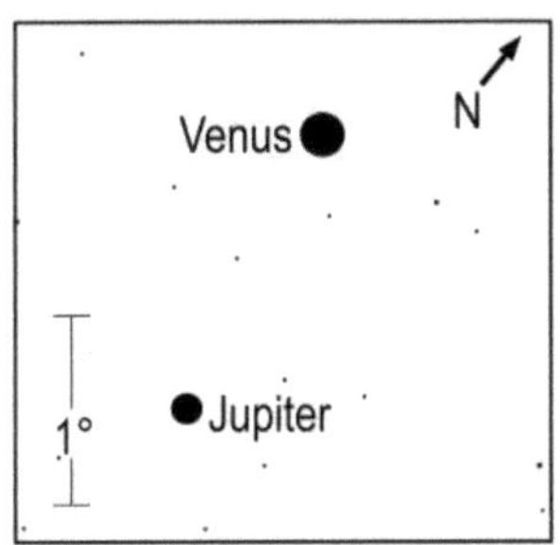


Anblick der Konjunktion zwischen Venus und Jupiter im Feldstecher am Abendhimmel des 9.6.2026 um 22 Uhr MEZ (23 Uhr MESZ)

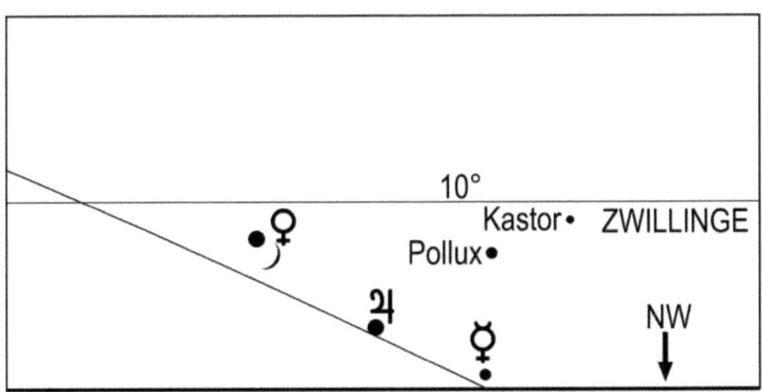


Mond und Venus am 17.6.2026 um 22 Uhr MEZ (23 Uhr MESZ). Mit bloßem Auge sind nur der Mond, Venus und Jupiter zu sehen.

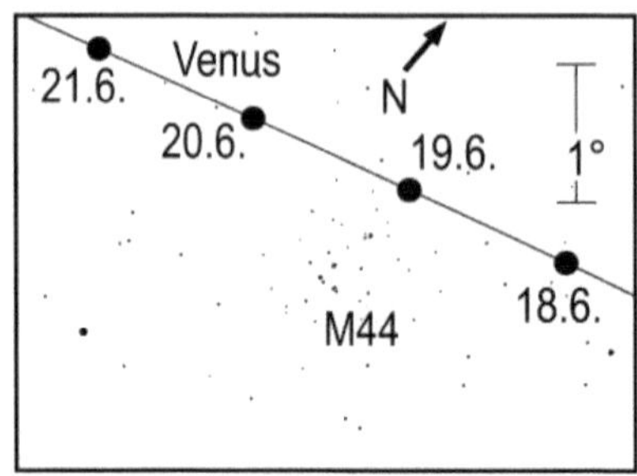

Stellung der Venus bei M44 vom 18.6.2026 bis zum 21.6.2026.
Der Kreis zeigt ihre Position um 22 Uhr MEZ (23 Uhr MESZ) am jeweiligen Tag.

**Mars** taucht zum Monatsende endlich wieder am Morgenhimmel auf. Am 27. erscheint
der 1,3 mag helle Mars um 2.05 Uhr MEZ (3.05 Uhr MESZ) über dem Horizont. Etwa
eine halbe Stunde später kann er tief im Nordosten ausgemacht werden, bevor er in
der Morgendämmerung verblasst.
Er hält sich im Stier in der Nähe der Plejaden auf, die er am 28. in 4,5° südlichem
Abstand passiert. Sein Aufgang verfrüht sich bis zum 30. leicht auf 2 Uhr MEZ (3 Uhr
MESZ). Er ist mit einem Scheibchendurchmesser von 4,4" für Fernrohrbeobachtungen
noch uninteressant.

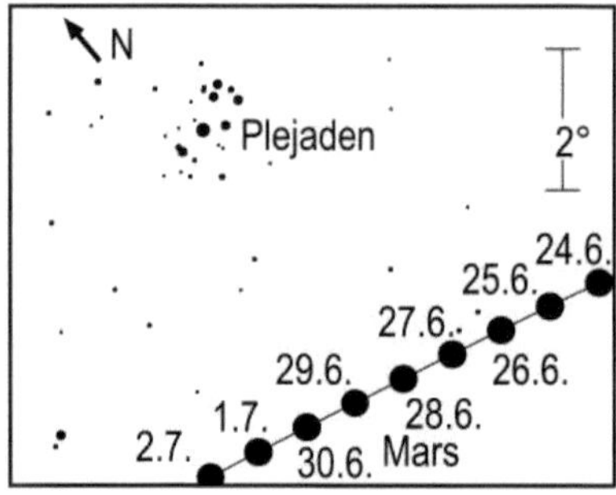

Stellung von Mars bei den Plejaden zwischen dem 24.6. und dem 2.7. Der Kreis gibt die Position
von Mars am entsprechenden Tag um 3 Uhr MEZ (4 Uhr MESZ) wieder.

**Jupiter** ist zunächst noch ein gut sichtbares Objekt am Abendhimmel, welches am 9.
mit der helleren Venus ein gut sichtbares Treffen arrangiert.
Den zunehmenden Mond kann man am Abend des 16. in Jupiters Nachbarschaft
finden.
Der Untergang des -1,8 mag hellen Riesenplaneten erfolgt am 10. um 22.55 Uhr MEZ
(23.55 Uhr MESZ) und am 20. um 22.21 Uhr MEZ (23.21 Uhr MESZ).

Da er gegen 21.30 Uhr MEZ (22.30 Uhr MESZ) in der Abenddämmerung sichtbar wird, verkürzt sich somit seine Sichtbarkeit ziemlich schnell.

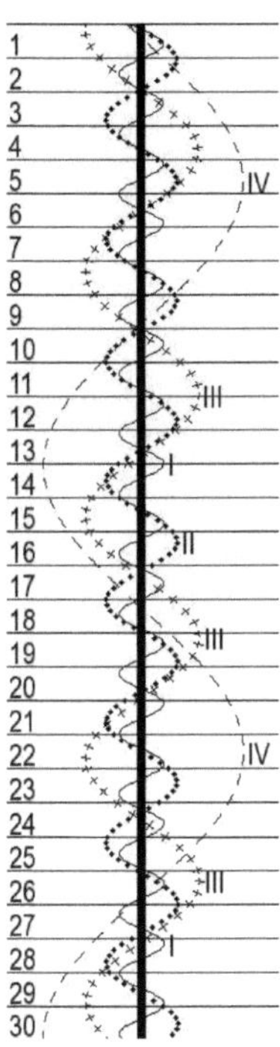

Am 28. dürfte er letztmals ohne optische Hilfsmittel in der Abenddämmerung zu sehen sein. Er versinkt an diesem Tag um 21.55 Uhr MEZ (22.55 Uhr MESZ) unter dem Horizont und ist 20 Minuten vorher kurz zu sehen.

**Saturn** wandert rechtläufig durch das Sternbild Fische und verschiebt seinen Aufgang von 2.17 Uhr MEZ (3.17 Uhr MESZ) am 1., auf 1.25 Uhr MEZ (2.25 Uhr MESZ) am 15. und auf 0.28 Uhr MEZ (1.28 Uhr MESZ) am 30.
Seine Helligkeit steigt im Juni leicht von 0,9 mag auf 0,8 mag und sein Scheibchendurchmesser nimmt im gleichen Zeitraum von 16,7" auf 17,6" zu.
Auch die Öffnung seines Ringsystems nimmt im Juni leicht zu, und zwar von 8° auf 9°.
Am Morgen des 10. findet man den abnehmenden Mond nahe dem Ringplaneten.

**Uranus** kann vielleicht am Monatsende bei guter Horizontsicht mit einem Fernrohr im Sternbild Stier aufgesucht werden (Aufsuchkarte, Seite 184). Er erscheint am 25. um 2.25 Uhr MEZ (3.25 Uhr MESZ) und am 30. um 2.07 Uhr MEZ (3.07 Uhr MESZ) über dem Horizont. Etwa 30 Minuten nach seinem Aufgang kann man in der beginnenden Morgendämmerung mit Aussicht auf Erfolg versuchen, den 5,8 mag hellen Planeten aufzustöbern.

Stellung der 4 hellen Jupitermonde im Juni 2026

**Neptun**, im Sternbild Fische, kann am Morgenhimmel in der beginnenden Morgendämmerung mit einem Fernrohr aufgesucht werden (Aufsuchkarte, Seite 150), wenn dies auch in der ersten Monatshälfte sehr schwierig sein dürfte. Der 7,9 mag helle Neptun überschreitet den Horizont am 1. um 1.58 Uhr MEZ (2.58 Uhr MESZ), am 15. um 1.03 Uhr MEZ (2.03 Uhr MESZ) und am 30. um 0.04 Uhr MEZ (1.04 Uhr MESZ).

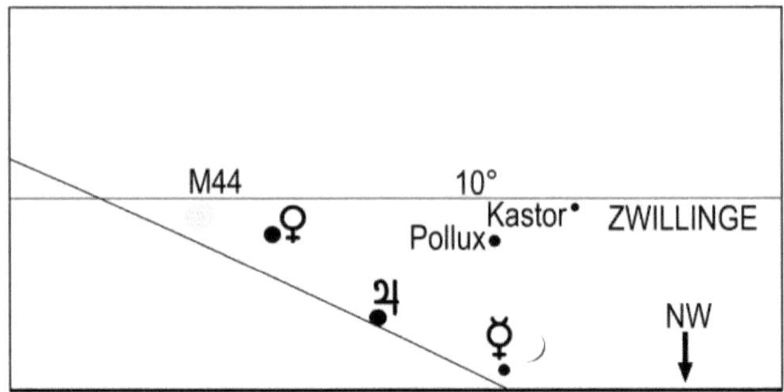


Mond, Merkur, Venus und Jupiter am 16.6.2026 um 22 Uhr MEZ (23 Uhr MESZ). Mit bloßem Auge sind nur der Mond, Venus und Jupiter zu sehen.

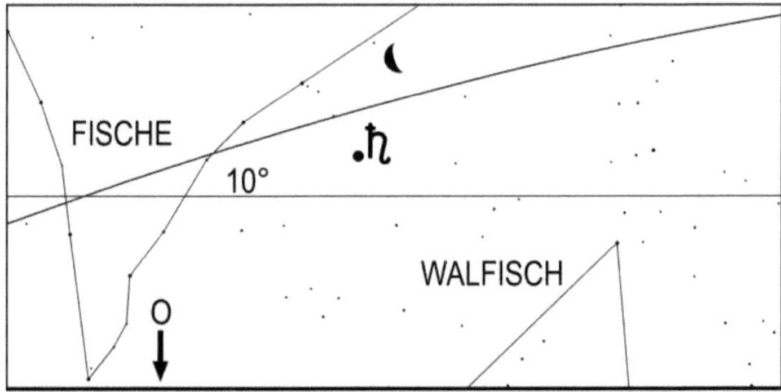


Mond und Saturn am 10.6.2026 um 3 Uhr MEZ (4 Uhr MESZ)

## Klein- und Zwergplaneten

**Ceres** kann im Juni nicht beobachtet werden.

**Pallas**, im Sternbild Fische kann in der zweiten Monatshälfte mit einem größeren Fernrohr (ab ca. 15 Zentimeter Objektivöffnung) bei guten Sichtbedingungen zu Beginn der Morgendämmerung aufgesucht werden.
Am 15. erscheint der 10,1 mag helle Kleinplanet um 1.23 Uhr MEZ (2.23 Uhr MESZ) über dem Horizont. Bei guter Horizontsicht kann eine Stunde später eine erfolgreiche Suche gelingen (Aufsuchkarte, Seite 166).
Bis zum Monatsende verfrüht sich sein Aufgang auf 0.40 Uhr MEZ (1.40 Uhr MESZ) und seine Helligkeit nimmt leicht auf 9,9 mag zu, sodass sich seine Sichtbedingungen etwas verbessern.

106

**Juno** setzt am 3. im südöstlichen Teil des Sternbildes Adler zu ihrer Oppositionsschleife an.

Der Kleinplanet, dessen Helligkeit im Juno von 10,2 mag auf 9,6 mag ansteigt, erscheint am 1. um 22.36 Uhr MEZ (23.36 Uhr MESZ), am 15. um 21.38 Uhr MEZ (22.38 Uhr MESZ) und am 30. um 20.32 Uhr MEZ (21.32 Uhr MESZ) über dem Horizont.

Juno kann am besten zu Beginn der Morgendämmerung aufgesucht werden, wofür wegen ihrer geringen Helligkeit ein Fernrohr mit mindestens 8 Zentimetern Objektivöffnung eingesetzt werden sollte (Aufsuchkarte, Seite 120)

**Vesta**, rechtläufig im Sternbild Walfisch, zieht am 9. 5,1° südlich an der lichtschwächeren Pallas vorbei und taucht in der zweiten Monatshälfte wieder am Morgenhimmel auf.

Am 15. erscheint der 8,0 mag helle Kleinplanet um 1.47 Uhr MEZ (2.47 Uhr MESZ) über dem Horizont. Bei guten Sichtbedingungen kann Vesta etwa eine Stunde später mit einem Fernrohr aufgefunden werden (Aufsuchkarte, Seite 166)

Ihr Aufgang verfrüht sich bis zum Monatsende auf 1.01 Uhr MEZ (2.01 Uhr MESZ), während ihre Helligkeit leicht auf 7,9 mag ansteigt, sodass sich ihre Beobachtungsbedingungen verbessern.

## Periodische Sternschnuppenströme

Vom 11. bis zum 21. kann man die Juni-Lyriden beobachten, die ihr Maximum am 16. um 17 Uhr MEZ erreichen. Für Beobachter in Mitteleuropa ist die größte Anzahl an Juni-Lyriden am 17. um 0.45 Uhr MEZ zu erwarten. Allerdings dürften auch dann höchstens zwei Meteore pro Stunde von diesem Schwarm zu sehen sein.

Der dünne, zunehmende Sichelmond geht zum Ende der Abenddämmerung unter, sodass es keine mondbedingten Störungen bei ihrer Beobachtung gibt.

Während des ganzen Monats sind die ziemlich langsam fliegenden Meteore der Scorpius-Sagittariiden zu registrieren, welche am 14. ihr Maximum erreichen. Der dünne, abnehmende Sichelmond erscheint an diesem Tag während der Morgendämmerung über dem Horizont und stört somit nicht bei ihrer Beobachtung.

Zwischen dem 22.6. und dem 2.7. sind die Juni-Bootiden aktiv, die ihr Maximum am 26. um 16 Uhr MEZ erreichen. Es sind bis zu 2, langsame Meteore pro Stunde zu erwarten, doch können höhere Fallraten nicht gänzlich ausgeschlossen werden.

Die Juni-Bootiden sind Reste des Kometen 7P/Pons-Winnecke.

Der zu 92% beleuchtete, zunehmende Mond stört bei ihrer Beobachtung bis in die frühen Morgenstunden.

## Sonnenuntergang und Dämmerung

| | Astr. Anf. | Naut. Anf. | Bürg. Anf. | Auf- gang | Kulm. | Unter- gang | Bürg. Ende | Naut. Ende | Astr. Ende | Zeitgl. |
|---|---|---|---|---|---|---|---|---|---|---|
| 1.6.2026 | ---- | 2:37 | 3:37 | 4:20 | 12:22 | 20:24 | 21:07 | 22:08 | ---- | 2m14s |
| 2.6.2026 | ---- | 2:35 | 3:37 | 4:19 | 12:22 | 20:25 | 21:08 | 22:09 | ---- | 2m04s |

|  | Astr. Anf. | Naut. Anf. | Bürg. Anf. | Auf-gang | Kulm. | Unter-gang | Bürg. Ende | Naut. Ende | Astr. Ende | Zeitgl. |
|---|---|---|---|---|---|---|---|---|---|---|
| 3.6.2026 | ---- | 2:34 | 3:36 | 4:18 | 12:22 | 20:26 | 21:10 | 22:11 | ---- | 1m55s |
| 4.6.2026 | ---- | 2:33 | 3:35 | 4:18 | 12:22 | 20:27 | 21:11 | 22:12 | ---- | 1m45s |
| 5.6.2026 | ---- | 2:32 | 3:34 | 4:17 | 12:23 | 20:28 | 21:12 | 22:14 | ---- | 1m35s |
| 6.6.2026 | ---- | 2:31 | 3:34 | 4:17 | 12:23 | 20:29 | 21:13 | 22:15 | ---- | 1m24s |
| 7.6.2026 | ---- | 2:30 | 3:33 | 4:16 | 12:23 | 20:30 | 21:14 | 22:17 | ---- | 1m13s |
| 8.6.2026 | ---- | 2:29 | 3:32 | 4:16 | 12:23 | 20:30 | 21:15 | 22:18 | ---- | 1m02s |
| 9.6.2026 | ---- | 2:28 | 3:32 | 4:15 | 12:23 | 20:31 | 21:16 | 22:19 | ---- | 0m50s |
| 10.6.2026 | ---- | 2:27 | 3:31 | 4:15 | 12:23 | 20:32 | 21:16 | 22:20 | ---- | 0m38s |
| 11.6.2026 | ---- | 2:26 | 3:31 | 4:15 | 12:24 | 20:32 | 21:17 | 22:21 | ---- | 0m26s |
| 12.6.2026 | ---- | 2:26 | 3:31 | 4:14 | 12:24 | 20:33 | 21:18 | 22:22 | ---- | 0m14s |
| 13.6.2026 | ---- | 2:25 | 3:30 | 4:14 | 12:24 | 20:34 | 21:19 | 22:23 | ---- | 0m01s |
| 14.6.2026 | ---- | 2:25 | 3:30 | 4:14 | 12:24 | 20:34 | 21:19 | 22:24 | ---- | -0m10s |
| 15.6.2026 | ---- | 2:24 | 3:30 | 4:14 | 12:25 | 20:35 | 21:20 | 22:24 | ---- | -0m23s |
| 16.6.2026 | ---- | 2:24 | 3:30 | 4:14 | 12:25 | 20:35 | 21:20 | 22:25 | ---- | -0m36s |
| 17.6.2026 | ---- | 2:24 | 3:30 | 4:14 | 12:25 | 20:36 | 21:21 | 22:26 | ---- | -0m49s |
| 18.6.2026 | ---- | 2:24 | 3:30 | 4:14 | 12:25 | 20:36 | 21:21 | 22:26 | ---- | -1m02s |
| 19.6.2026 | ---- | 2:24 | 3:30 | 4:14 | 12:25 | 20:36 | 21:21 | 22:27 | ---- | -1m16s |
| 20.6.2026 | ---- | 2:24 | 3:30 | 4:14 | 12:26 | 20:36 | 21:22 | 22:27 | ---- | -1m29s |
| 21.6.2026 | ---- | 2:24 | 3:30 | 4:14 | 12:26 | 20:37 | 21:22 | 22:27 | ---- | -1m42s |
| 22.6.2026 | ---- | 2:24 | 3:30 | 4:15 | 12:26 | 20:37 | 21:22 | 22:27 | ---- | -1m55s |
| 23.6.2026 | ---- | 2:24 | 3:31 | 4:15 | 12:26 | 20:37 | 21:22 | 22:27 | ---- | -2m08s |
| 24.6.2026 | ---- | 2:25 | 3:31 | 4:15 | 12:26 | 20:37 | 21:22 | 22:27 | ---- | -2m21s |
| 25.6.2026 | ---- | 2:25 | 3:32 | 4:16 | 12:27 | 20:37 | 21:22 | 22:27 | ---- | -2m34s |
| 26.6.2026 | ---- | 2:26 | 3:32 | 4:16 | 12:27 | 20:37 | 21:22 | 22:27 | ---- | -2m46s |
| 27.6.2026 | ---- | 2:27 | 3:32 | 4:17 | 12:27 | 20:37 | 21:22 | 22:26 | ---- | -2m59s |
| 28.6.2026 | ---- | 2:27 | 3:33 | 4:17 | 12:27 | 20:37 | 21:22 | 22:26 | ---- | -3m11s |
| 29.6.2026 | ---- | 2:28 | 3:34 | 4:18 | 12:28 | 20:37 | 21:22 | 22:26 | ---- | -3m24s |
| 30.6.2026 | ---- | 2:29 | 3:34 | 4:18 | 12:28 | 20:37 | 21:21 | 22:25 | ---- | -3m36s |

## Mondlauf

|  | Rektaszension | Deklination | Elong. | Phase | mag | Auf-gang | Kulm. | Unter-gang |
|---|---|---|---|---|---|---|---|---|
| Mo 1.6.2026 | 17h01m50,6s | -28°30'32" | 171,9° | 1 | -12,4 | 22:11 | 0:49 | 4:20 |
| Di 2.6.2026 | 17h55m54,2s | -28°48'17" | 162,0° | 0,98 | -12,1 | 22:55 | 1:41 | 5:11 |
| Mi 3.6.2026 | 18h49m39,2s | -27°47'39" | 151,4° | 0,94 | -11,8 | 23:28 | 2:32 | 6:12 |
| Do 4.6.2026 | 19h42m04,1s | -25°32'34" | 140,6° | 0,89 | -11,6 | 23:53 | 3:21 | 7:21 |
| Fr 5.6.2026 | 20h32m32,5s | -22°10'53" | 129,7° | 0,82 | -11,3 |  | 4:09 | 8:33 |
| Sa 6.6.2026 | 21h21m00,2s | -17°52'38" | 118,5° | 0,74 | -11,0 | 0:12 | 4:54 | 9:47 |
| So 7.6.2026 | 22h07m51,2s | -12°48'29" | 107,1° | 0,65 | -10,6 | 0:28 | 5:38 | 11:00 |
| Mo 8.6.2026 | 22h53m51,1s | -7°09'11" | 95,5° | 0,55 ◖ | -10,3 | 0:42 | 6:21 | 12:14 |
| Di 9.6.2026 | 23h40m00,3s | -1°05'56" | 83,4° | 0,44 | -9,8 | 0:55 | 7:05 | 13:31 |
| Mi 10.6.2026 | 0h27m29,9s | 5°08'30" | 71,0° | 0,34 | -9,3 | 1:09 | 7:51 | 14:51 |
| Do 11.6.2026 | 1h17m37,6s | 11°18'02" | 58,2° | 0,24 | -8,7 | 1:25 | 8:40 | 16:15 |
| Fr 12.6.2026 | 2h11m40,0s | 17°01'34" | 44,9° | 0,15 | -7,9 | 1:45 | 9:34 | 17:45 |
| Sa 13.6.2026 | 3h10m33,8s | 21°52'12" | 31,2° | 0,07 | -7,0 | 2:12 | 10:34 | 19:15 |
| So 14.6.2026 | 4h14m22,6s | 25°19'18" | 17,4° | 0,02 | -5,8 | 2:51 | 11:40 | 20:38 |

| | Rektaszension | Deklination | Elong. | Phase | mag | Auf-gang | Kulm. | Unter-gang |
|---|---|---|---|---|---|---|---|---|
| Mo 15.6.2026 | 5h21m42,7s | 26°55'20" | 5,3° | 0 ● | -4,6 | 3:48 | 12:48 | 21:44 |
| Di 16.6.2026 | 6h29m45,6s | 26°26'02" | 12,7° | 0,01 | -5,3 | 5:03 | 13:54 | 22:30 |
| Mi 17.6.2026 | 7h35m21,9s | 23°57'00" | 26,3° | 0,05 | -6,6 | 6:30 | 14:57 | 23:03 |
| Do 18.6.2026 | 8h36m24,2s | 19°50'52" | 39,9° | 0,12 | -7,6 | 8:00 | 15:53 | 23:25 |
| Fr 19.6.2026 | 9h32m18,5s | 14°37'39" | 53,2° | 0,2 | -8,4 | 9:25 | 16:43 | 23:43 |
| Sa 20.6.2026 | 10h23m41,5s | 8°45'52" | 66,1° | 0,3 | -9,1 | 10:46 | 17:30 | 23:57 |
| So 21.6.2026 | 11h11m43,2s | 2°38'39" | 78,5° | 0,4 ◗ | -9,6 | 12:02 | 18:14 | |
| Mo 22.6.2026 | 11h57m41,9s | -3°26'30" | 90,5° | 0,51 | -10,1 | 13:16 | 18:56 | 0:10 |
| Di 23.6.2026 | 12h42m52,3s | -9°16'10" | 102,2° | 0,61 | -10,5 | 14:28 | 19:38 | 0:23 |
| Mi 24.6.2026 | 13h28m21,1s | -14°39'11" | 113,5° | 0,7 | -10,8 | 15:41 | 20:22 | 0:37 |
| Do 25.6.2026 | 14h15m03,7s | -19°25'10" | 124,6° | 0,79 | -11,1 | 16:52 | 21:08 | 0:54 |
| Fr 26.6.2026 | 15h03m39,8s | -23°23'35" | 135,6° | 0,86 | -11,4 | 18:03 | 21:55 | 1:15 |
| Sa 27.6.2026 | 15h54m26,6s | -26°23'46" | 146,4° | 0,92 | -11,7 | 19:09 | 22:45 | 1:42 |
| So 28.6.2026 | 16h47m11,1s | -28°15'47" | 157,2° | 0,96 | -12,0 | 20:07 | 23:36 | 2:18 |
| Mo 29.6.2026 | 17h41m09,3s | -28°52'09" | 167,7° | 0,99 | -12,3 | 20:54 | | 3:06 |
| Di 30.6.2026 | 18h35m15,0s | -28°09'44" | 175,9° | 1 ○ | -12,5 | 21:31 | 0:28 | 4:04 |

## Jupitermond-Ereignisse

| Datum | Uhrzeit (MEZ) | Mond | Erscheinung | Phase |
|---|---|---|---|---|
| 2.6.2026 | 21:02:24 | Io | Bedeckung | Anfang |
| 2.6.2026 | 21:04:08 | Europa | Durchgang | Anfang |
| 2.6.2026 | 21:18:11 | Ganymed | Bedeckung | Anfang |
| 3.6.2026 | 21:27:11 | Io | Schattenvorübergang | Ende |
| 10.6.2026 | 21:04:30 | Io | Schattenvorübergang | Anfang |
| 18.6.2026 | 21:24:54 | Europa | Bedeckung | Anfang |
| 26.6.2026 | 21:09:07 | Io | Durchgang | Ende |

# Juli

## Sternenhimmel

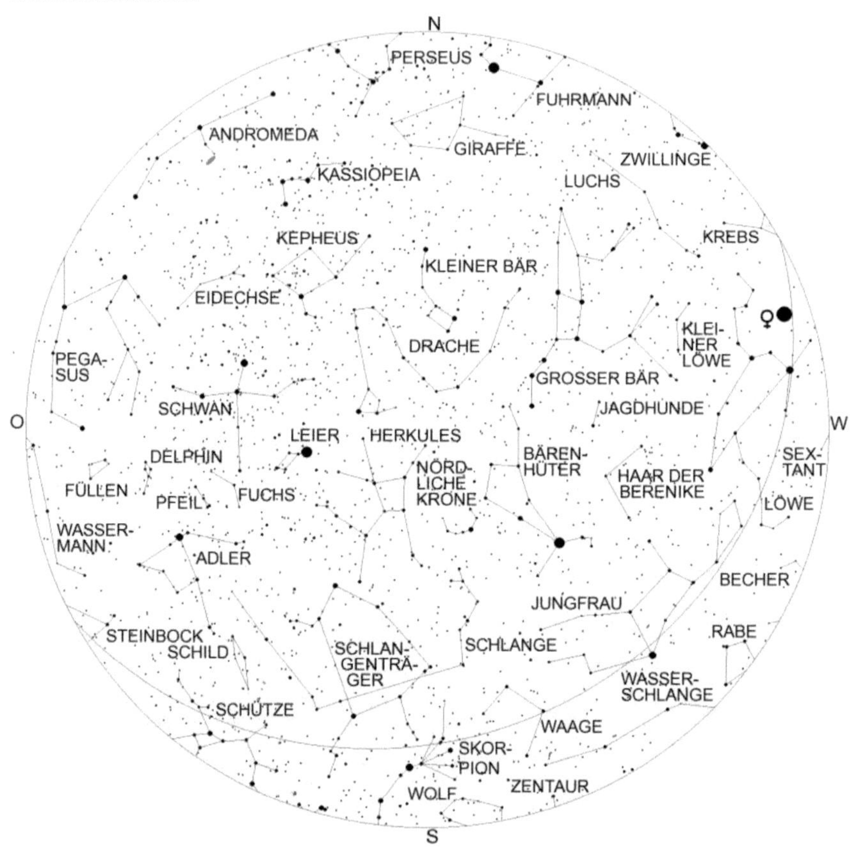


Gültig für

| 1.3. 6 Uhr | 15.3. 5 Uhr |
|---|---|
| 1.4. 4 Uhr | 15.4. 3 Uhr |
| 1.5. 2 Uhr | 15.5. 1 Uhr |
| 1.6. 0 Uhr | 15.6. 23 Uhr |
| **1.7. 22 Uhr** | 15.7. 21 Uhr |

Zur Standardbeobachtungszeit, den Monatsersten um 22 Uhr MEZ, ist im Nordwesten immer noch eine Restdämmerung zu sehen und in den nördlichen Teilen Deutschlands wird es in der ersten Monatshälfte überhaupt nicht vollständig dunkel, doch ist es zu dieser Zeit dunkel genug, um die wichtigsten Sternbilder zu sehen und zu bestimmen.

Tief im Süden steht der Skorpion mit seinem hellen Stern Antares, der zu den größten Sternen überhaupt gehört. Im Skorpion befinden sich mehrere Doppelsterne, die schon mit kleinen Fernrohren getrennt werden können. Einer ist der Scherenstern Akrab, der schon mit Teleskopen ab 5 cm Öffnung aufgelöst werden kann. Er besteht aus den 2,6 mag hellen Hauptstern und einen 4,9 mag hellen Begleiter. Sowohl der Hauptstern als auch der Begleiter sind ihrerseits enge Doppelsterne, deren Auflösung nur mit sehr großen Fernrohren gelingt. Zumindest einer der Sterne, die das Hauptsternsystem bilden und ein Stern des Begleiters sind ebenfalls doppelt, sodass Akrab ein System aus 6, möglicherweise 7 Sternen darstellt.

Der nur knapp östlich von Akrab gelegene Stern Jabbah ist ein schon im Feldstecher trennbarer Doppelstern und besteht aus einem 4,0 mag hellen Hauptstern mit einem 6,3 mag hellem Begleiter in 41" Abstand. In einem Fernrohr ab 6 cm Öffnung erkennt man, dass der Begleiter seinerseits wieder doppelt ist und aus 2 Sternen in 2,4" Abstand besteht. Ein Fernrohr ab 15 cm Öffnung zeigt, dass auch der Hauptstern ein Doppelstern ist, der sich aus einem 4,2 mag und einem 6,6 mag hellen Stern in 1,3" Abstand zusammensetzt.

Beide Komponenten des Hauptsterns sind ihrerseits wieder Doppelsterne, was nur durch Spektralanalyse festgestellt werden kann. Möglicherweise trifft dies auch auf die schwächere Komponente des Begleiters zu.

Jabbah ist somit – wie Akrab – ein System aus 6 vielleicht sogar 7 Sternen.

Östlich des Skorpions, im Südsüdosten geht gerade das Sternbild Schütze auf. Westlich des Skorpions befindet sich die Waage. Nordwestlich davon findet man die Tierkreissternbilder Jungfrau und Löwe, die bald unter dem Horizont versinken werden. Im Sternbild Löwe hält sich zur Zeit der helle Planet Venus auf.

Das Areal nördlich des Skorpions wird von den Sternbildern Schlange und Schlangenträger eingenommen. Erstere ist das einzige Sternbild, welches aus zwei nicht zusammenhängenden Teilen besteht.

Nördlich des Schlangenträgers steht das wenig charakteristische Sternbild Herkules, dessen südöstlichster heller Stern, Ras Algheti (Alpha Herculis), ein schon in Fernrohren ab 5 cm Öffnung auflösbarer Doppelstern ist. Er besteht aus dem orangeroten Hauptstern, dessen Helligkeit zwischen 2,7 mag und 4,0 mag schwankt und einem 5,4 mag hellem, weißlichem Begleiter in 4,8" Abstand. Ras Algheti zeigt im Fernrohr einen schönen Farbkontrast.

Weitere Beobachtungsobjekte im Herkules für Fernrohrbesitzer sind die Kugelsternhaufen M13 und M92, die mit einer Helligkeit von 5,8 mag bzw. 6,3 mag schon im Feldstecher aufgesucht werden können. Westlich des Herkules erkennt man das Halbrund der Nördlichen Krone und den Bärenhüter mit Arktur.

Hoch im Südosten findet man die Sternbilder Schwan, Leier und Adler, deren hellste Sterne Wega, Deneb und Atair das Sommerdreieck bilden. In der Leier finden sich einige interessante Beobachtungsobjekte: als Erstes ist hiervon der Vierfachstern Epsilon ($\varepsilon$) Lyrae zu nennen, der sich nordöstlich von Wega befindet. Seine beiden

Hauptkomponenten, welche 3,45' auseinander stehen, können unter guten Sichtbedingungen schon mit bloßem Auge, auf jeden Fall aber in einem Fernglas getrennt werden. Bei Beobachtung mit einem Fernrohr ab 6 Zentimeter Objektivöffnung erkennt man, dass beide Hauptkomponenten ihrerseits Doppelsterne mit Winkelabständen von 2,3" und 2,7" sind. Wählt man eine ca. 150-fache Vergrößerung kann man alle 4 Sterne gleichzeitig sehen.

Ein weiterer Doppelstern, dessen Hauptkomponente zu den bekanntesten bedeckungsveränderlichen Sternen gehört, ist Beta (β) Lyrae. Er wird auf Seite 320 ausführlich beschrieben und kann schon mit einem Fernglas getrennt werden. Zeta (ζ) Lyrae, der aus einem 4,3 mag und einem 5,6 mag hellem Stern in 44" Abstand besteht, ist ein ebenfalls im Feldstecher auflösbarer Doppelstern. Das Sternbild Schwan liegt direkt in der Milchstraße und zeigt im Fernglas eine enorme Sternenfülle.

## Sommersternbilder

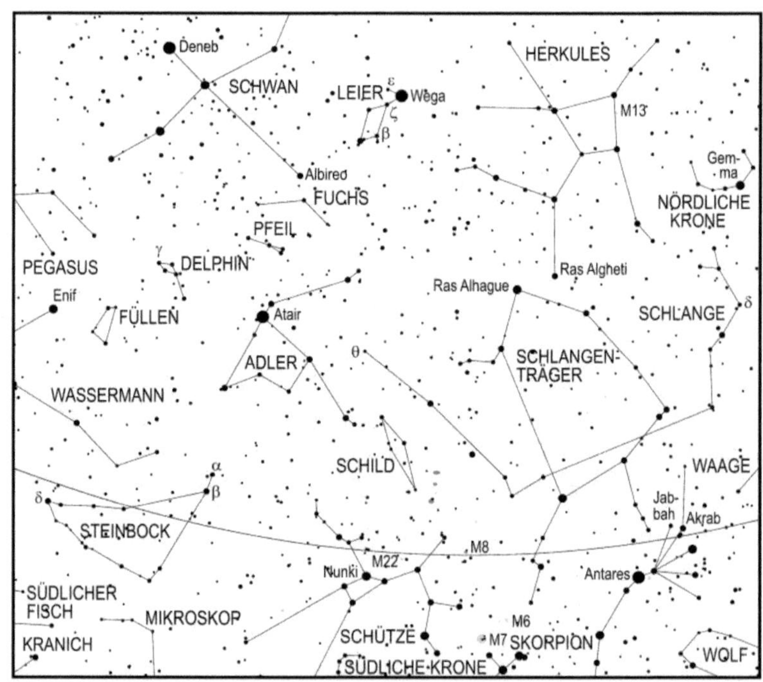

# Astronomische Ereignisse

| Datum | Uhrzeit | Ereignis | Elongation |
|---|---|---|---|
| 1.7.2026 | 10:35:40 | Merkur im Aphel (Abstand Merkur-Sonne: 69817793 km) | |
| 2.7.2026 | 02:00:16 | Mond 8,1° südlich Beta Capricorni | 155,4° |
| 2.7.2026 | 06:32:39 | Mond 18,4° südlich Juno | 148,1° |
| 2.7.2026 | 08:26:29 | Mond 1,7° nördlich Pluto | 155,1° |
| 3.7.2026 | 19:57:44 | Mond 1,3° nördlich Delta Capricorni | 137,5° |
| 4.7.2026 | 06:19:51 | Mars 6,5' südlich Uranus | 38,4° |
| 4.7.2026 | 08:51:51 | Mond im aufsteigenden Knoten | |
| 4.7.2026 | 12:16:18 | Merkur 10,2° südlich Pollux | 12,9° |
| 6.7.2026 | 17:56:57 | Erde im Aphel (Abstand Erde-Sonne: 152088195 km) | |
| 7.7.2026 | 02:46:14 | Mond 3,85° nördlich Neptun | 99° |
| 7.7.2026 | 20:29:07 | Letztes Viertel | |
| 7.7.2026 | 21:50:27 | Mond 5,6° nördlich Saturn | 89,1° |
| 8.7.2026 | 05:11:10 | Neptun stationär, dann rückläufig | |
| 8.7.2026 | 09:15:15 | Mond 8,7° nördlich Pallas | 83,9° |
| 8.7.2026 | 13:51:44 | Mond 11,8° nördlich Vesta | 81,7° |
| 9.7.2026 | 08:13:55 | Mond 6,1° südlich Hamal | 69,4° |
| 9.7.2026 | 10:52:56 | Merkur 14,7° südlich Kastor | 7,3° |
| 9.7.2026 | 14:32:34 | Venus 1,1° nördlich Regulus | 42,5° |
| 10.7.2026 | 08:37:51 | Merkur in Erdnähe (Abstand Erde-Merkur: 85070893 km) | |
| 10.7.2026 | 19:00:30 | Mars 49' südlich Kappa1 Tauri | 39,9° |
| 10.7.2026 | 23:55:35 | Mond 8,4' nördlich der Plejaden | 48,4° |
| 11.7.2026 | 00:23:07 | Mond in größter Nordbreite | |
| 11.7.2026 | 07:42:09 | Mond 4,9° nördlich Uranus | 44,1° |
| 11.7.2026 | 16:42:49 | Mond 4,6° nördlich Mars | 39,8° |
| 11.7.2026 | 19:10:53 | Mond 9,8° nördlich Aldebaran | 38,1° |
| 12.7.2026 | 04:28:45 | Mond 6,2° nördlich Ceres | 31,6° |
| 12.7.2026 | 07:26:19 | Juno 10,85° nördlich Beta Capricorni | 157,3° |
| 12.7.2026 | 13:11:02 | Mond 1,1° südlich Elnath | 27,6° |
| 13.7.2026 | 02:26:19 | Merkur in unterer Konjunktion zur Sonne | -4,8° |
| 13.7.2026 | 04:33:00 | Mond 4,5° nördlich Eta Geminorum | 17° |
| 13.7.2026 | 07:32:48 | Mond 4,6° nördlich Mü Geminorum | 15,3° |
| 13.7.2026 | 08:48:01 | Mond im Perigäum | |
| 13.7.2026 | 14:19:11 | Mond 10,3° nördlich Alhena | 12,9° |
| 13.7.2026 | 16:55:14 | Mond 1,2° nördlich Epsilon Geminorum | 11,2° |
| 14.7.2026 | 04:41:26 | Mond 7,7° nördlich Merkur | 3,95° |
| 14.7.2026 | 07:56:19 | Mars 5,4° nördlich Aldebaran | 41° |
| 14.7.2026 | 09:37:06 | Mond 7,4° südlich Kastor | 2,8° |
| 14.7.2026 | 10:43:42 | Neumond | 2,8° |
| 14.7.2026 | 14:56:46 | Mond 4,3° südlich Pollux | 3,3° |

| Datum | Uhrzeit | Ereignis | Elongation |
|---|---|---|---|
| 15.7.2026 | 03:27:01 | Mond 1,2° nördlich Jupiter | 10,4° |
| 15.7.2026 | 10:57:30 | Mond 3,35' nördlich M44 | 14,7° |
| 15.7.2026 | 18:05:31 | Merkur 43' nördlich Lambda Geminorum | 6,5° |
| 16.7.2026 | 11:36:01 | Mars 50' südlich Tau Tauri | 41,4° |
| 17.7.2026 | 01:50:30 | Mond im absteigenden Knoten | |
| 17.7.2026 | 02:02:02 | Mond 1,4° südlich Regulus | 35,7° |
| 17.7.2026 | 18:28:47 | Mond 2,9° südlich Venus | 43,7° |
| 20.7.2026 | 06:07:58 | Mond 7,4° südlich Porrima | 73° |
| 21.7.2026 | 05:17:11 | Mond 3° südlich Spika | 85,8° |
| 21.7.2026 | 12:05:43 | Erstes Viertel | |
| 21.7.2026 | 16:20:25 | Merkur in größter Südbreite | |
| 23.7.2026 | 01:30:08 | Mond 6,5° südlich Zuben-el-dschenubi | 105,2° |
| 23.7.2026 | 18:14:20 | Merkur stationär, dann rechtläufig | |
| 24.7.2026 | 00:29:20 | Ceres 7,1° südlich Elnath | 38,5° |
| 24.7.2026 | 02:31:59 | Mond in größter Südbreite | |
| 24.7.2026 | 10:57:35 | Mond 6,7° südlich Akrab | 122° |
| 24.7.2026 | 13:30:06 | Pluto in Erdnähe<br>(Abstand Erde-Pluto: 5168853389 km) | |
| 24.7.2026 | 23:33:13 | Mond 1,4° südlich Antares | 127,95° |
| 25.7.2026 | 00:44:10 | Mars im aufsteigenden Knoten | |
| 25.7.2026 | 18:02:18 | Mond im Apogäum | |
| 26.7.2026 | 17:58:46 | Junoopposition | |
| 27.7.2026 | 07:53:16 | Plutoopposition | |
| 27.7.2026 | 15:17:03 | Mond 58' südlich Nunki | 157,7° |
| 28.7.2026 | 00:06:33 | Saturn stationär, dann rückläufig | |
| 29.7.2026 | 02:03:32 | Mond 18,5° südlich Juno | 165° |
| 29.7.2026 | 09:07:53 | Mond 7,5° südlich Beta Capricorni | 175,1° |
| 29.7.2026 | 12:12:59 | Mond 1,7° nördlich Pluto | 175,2° |
| 29.7.2026 | 13:18:02 | Jupiter in Konjunktion zur Sonne | 28,5' |
| 29.7.2026 | 15:35:50 | Vollmond | |
| 31.7.2026 | 03:38:31 | Mond 1,6° nördlich Delta Capricorni | 163,45° |
| 31.7.2026 | 10:08:52 | Mars 5,3° südlich Elnath | 45,5° |
| 31.7.2026 | 12:54:29 | Mond im aufsteigenden Knoten | |
| 31.7.2026 | 19:43:06 | Venus im absteigenden Knoten | |

# Planeten

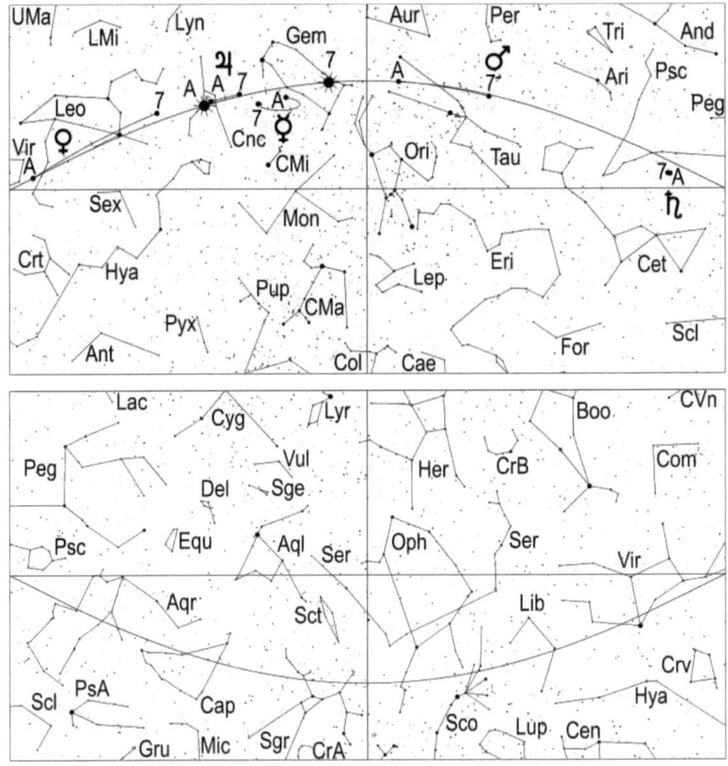

**Merkur** steht am 13. in unterer Konjunktion zur Sonne und kann in diesem Monat nicht beobachtet werden.

**Venus** ist weiterhin heller Abendstern. Ihre Helligkeit steigt im Juli von -4,1 mag auf -4,2 mag. Sie durchwandert das Sternbild Löwe, wobei sie am 9. Regulus in 1,1° nördlichem Abstand passiert.
Da ihre Deklination im Laufe des Monats abnimmt, verfrüht sich ihr Untergang von 22.45 Uhr MEZ (23.45 Uhr MESZ) am 1., auf 22.17 Uhr MEZ (23.17 Uhr MESZ) am 15. und auf 21.39 Uhr MEZ (22.39 Uhr MESZ) am 31., wodurch sich ihre Sichtbarkeitsdauer – trotz immer noch zunehmender Elongation – um eine halbe Stunde verkürzt.
Im Fernrohr bemerkt man, dass der beleuchtete Teil ihres Scheibchens von 69% am 1. auf 56% am 31. abnimmt. Hingegen wächst im gleichen Zeitraum ihr scheinbarer Durchmesser von 16" auf 20,8".

115

Am Abend des 17. findet man die zunehmende Mondsichel südlich der Venus.

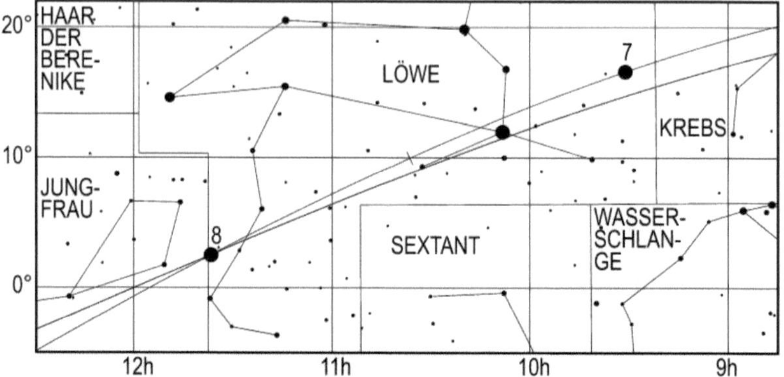


Lauf des Planeten Venus von Juni bis August 2026. Die Zahl gibt die Position am 1. entsprechenden Monats an, also 7 die Position am 1.7.

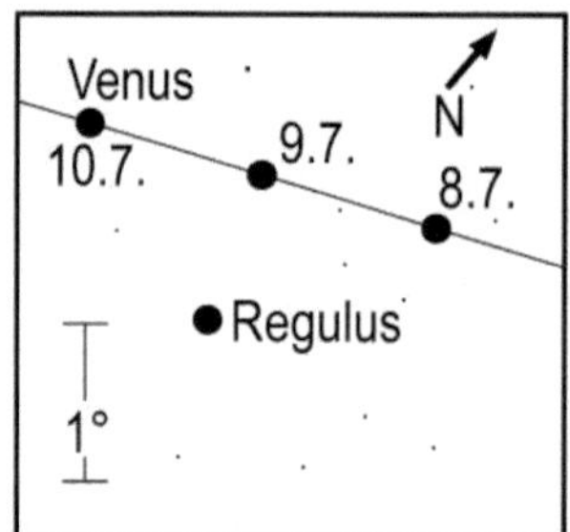


Stellung der Venus bei Regulus vom 8.7. bis zum 10.7. Der Kreis gibt die Position der Venus am jeweiligen Tag um 22 Uhr MEZ (23 Uhr MESZ) wieder.

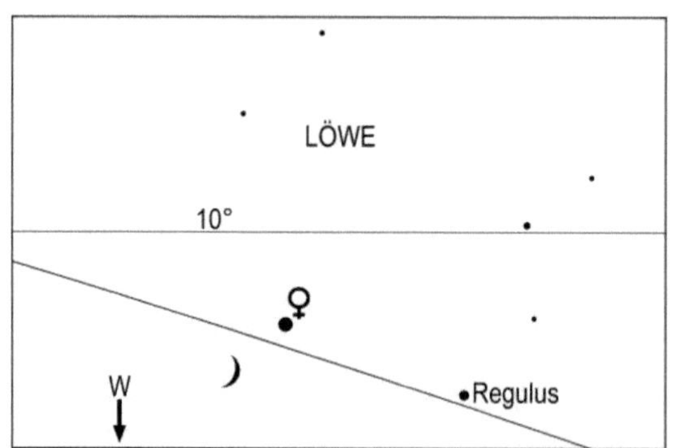


Mond und Venus am 17.7.2026 um 21.30 Uhr MEZ (22.30 Uhr MESZ). Mit bloßem Auge sind nur Mond und Venus zu sehen.

116

**Mars** wandert rechtläufig durch das Sternbild Stier und verbessert seine Sichtbarkeit am Morgenhimmel beträchtlich, obwohl er mit einer Helligkeit von 1,3 mag noch lichtschwächer als Aldebaran ist, an dem er am 14. in 5,4° nördlichem Abstand vorbeizieht.

Der rote Planet erscheint am 1. um 1.58 Uhr MEZ (2.58 Uhr MESZ), am 15. um 1.33 Uhr MEZ (2.33 Uhr MESZ) und am 31. um 1.10 Uhr MEZ (2.10 Uhr MESZ) über dem Horizont.

Am 4. wandert Mars 6.5` südlich an Uranus vorbei, was als Gelegenheit genutzt werden kann, diesen lichtschwachen Planeten erstmals in seiner diesmaligen Sichtbarkeitsperiode aufzusuchen und um die Sichtbedingungen zu testen.

Der Mond kann am Morgen des 12. in der Nachbarschaft von Mars beobachtet werden und am 31. findet man Mars 5,3° südlich von Elnath.

Für Fernrohrbeobachter ist der rote Planet, dessen scheinbarer Durchmesser im Laufe des Monats von 4,4" auf 4,7" ansteigt, uninteressant.

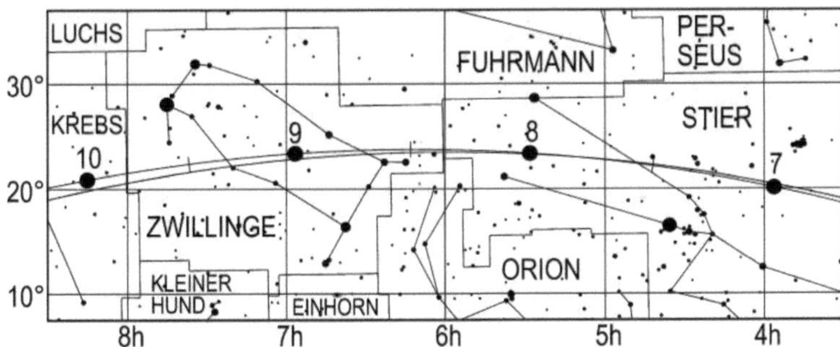


Lauf des Planeten Mars von Juni bis Oktober 2026. Die Zahl gibt die Position am 1. des entsprechenden Monats an, also 9 die Position am 1.9.

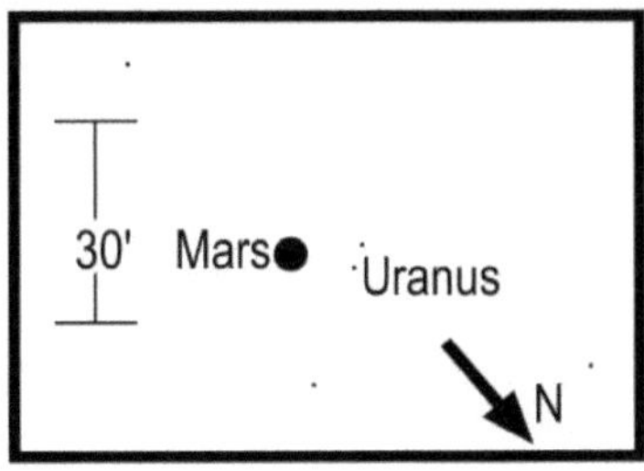


Anblick der Konjunktion zwischen Mars und Uranus am 4.7.2026 um 3 Uhr MEZ (4 Uhr MESZ) im umkehrenden Fernrohr

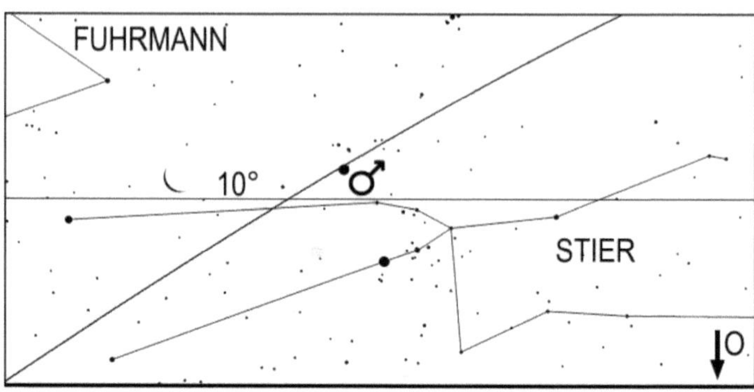


Mond und Mars am 12.7.2026 um 3 Uhr MEZ (4 Uhr MESZ)

**Jupiter** steht am 29. in Konjunktion zur Sonne und kann in diesem Monat nicht beobachtet werden.

**Saturn,** im Sternbild Fische, setzt am 28. zu seiner Oppositionsschleife an. Er verlagert im Laufe des Monats seinen Aufgang in die späten Abendstunden, denn er erscheint am 1. um 0.24 Uhr MEZ (1.24 Uhr MESZ), am 15. um 23.27 Uhr MEZ (0.27 Uhr MESZ) und am 31. um 22.24 Uhr MEZ (23.24 Uhr MESZ) über dem Horizont. Seine Helligkeit steigt im Juli von 0,8 mag auf 0,6 mag und sein Scheibchendurchmesser nimmt im Laufe des Monats von 17,6" auf 18,5" zu. Im Fernrohr ist sein Ring unter einem flachen Winkel von 9° zu sehen.
Am Morgen des 8. findet man den abnehmenden Mond in der Nachbarschaft des Ringplaneten.

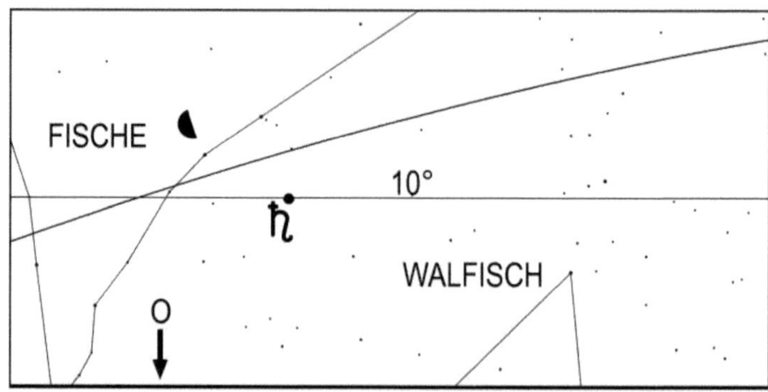


Mond und Saturn am 8.7.2026 um 1 Uhr MEZ (2 Uhr MESZ)

**Uranus,** rechtläufig im Sternbild Stier, erscheint am 1. um 2.03 Uhr MEZ (3.03 Uhr MESZ), am 15. um 1.10 Uhr MEZ (2.10 Uhr MESZ) und am 31. um 0.09 Uhr MEZ (1.09 Uhr MESZ) über dem Horizont. Uranus, dessen Helligkeit im Juli leicht von 5,8

118

mag auf 5,7 mag ansteigt, kann zu Beginn der Morgendämmerung aufgesucht
werden. Im ersten Monatsdrittel dürfte dies nur mit einem Fernrohr gelingen, in der
zweiten Monatshälfte ist schon ein Feldstecher ausreichend (Aufsuchkarte, Seite 184).
Am 4. findet man Uranus 6,5' nördlich von Mars, was – wie schon bei „Mars"
beschrieben – eine interessante Gelegenheit bietet, um nach den fernen, grünlichen
Planeten Ausschau zu halten und um die Sichtbedingungen zu testen, da der rote
Planet an diesem Tag eine gute Aufsuchhilfe darstellt.

**Neptun**, im Sternbild Fische, setzt am 8. zu seiner Oppositionsschleife an und
erscheint am 1. um 0 Uhr MEZ (1 Uhr MESZ), am 15. um 23.01 Uhr MEZ (0.01 Uhr
MESZ) und am 31. um 21.58 Uhr MEZ (22.58 Uhr MESZ) über dem Horizont. Der
lichtschwache Planet, dessen Helligkeit im Juli leicht von 7,9 mag auf 7,8 mag
ansteigt, kann am besten kurz vor Einbruch der Morgendämmerung mit einem
Fernrohr in der Nähe von Saturn aufgesucht werden (Aufsuchkarte, Seite 150).

## Klein- und Zwergplaneten

**Ceres** taucht im letzten Monatsdrittel wieder am Morgenhimmel auf. Am 20. erscheint
der 9,0 mag helle Zwergplanet um 1.59 Uhr MEZ (2.59 Uhr MESZ) über dem Horizont.
Bei guter Horizontsicht kann er eine Stunde später mit einem größeren Fernrohr im
östlichen Teil des Sternbildes Stier aufgefunden werden, bevor die zunehmende
Morgendämmerung eine Beobachtung vereitelt (Aufsuchkarte, Seite 200).
Bis zum Monatsende verfrüht sich der Aufgang von Ceres auf 1.28 Uhr MEZ (2.28 Uhr
MESZ), was in Verbindung mit der später einsetzenden Morgendämmerung eine
Verbesserung ihrer Sichtbarkeit ergibt.

**Pallas** wandert von den Fischen in den Walfisch, wobei ihre Helligkeit im Laufe des
Monats von 9,9 mag auf 9,5 mag ansteigt.
Ihr Aufgang erfolgt am 1. um 0.37 Uhr MEZ (1.37 Uhr MESZ), am 15. um 23.54 Uhr
MEZ (0.54 Uhr MESZ) und am 31. um 23.09 Uhr MEZ (0.09 Uhr MESZ). Sie kann am
besten zum Beginn der Morgendämmerung in südöstlicher Richtung aufgesucht
werden (Aufsuchkarte, Seite 166).

**Juno** wandert rückläufig durch die östlichen Gebiete des Sternbildes Adler und
erreicht am 26. ihre Opposition zur Sonne und steht somit während der ganzen Nacht
über dem Horizont.
Da ihre Helligkeit, die im Verlauf des Monats von 9,6 mag auf 9,2 mag ansteigt,
ziemlich gering ist, ist zu ihrer Beobachtung ein Fernrohr nötig.
Die beste Zeit für die Beobachtung von Juno ist die Zeit ihrer Kulmination, die am 1.
um 2.18 Uhr MEZ (3.18 Uhr MESZ), am 15. um 1.13 Uhr MEZ (2.13 Uhr MESZ) und
am 31. um 23.52 Uhr MEZ (0.52 Uhr MESZ) erfolgt (Aufsuchkarte, Seite 120).

**Vesta** wandert durch die nördlichen Regionen des Sternbildes Walfisch und geht am
1. um 0.58 Uhr MEZ (1.58 Uhr MESZ), am 15. um 0.14 Uhr MEZ (1.14 Uhr MESZ) und
am 31. um 23.21 Uhr MEZ (0.21 Uhr MESZ) unter.

Der Kleinplanet, dessen Helligkeit im Laufe des Monats von 7,9 mag auf 7,5 mag
ansteigt, kann mit einem Fernrohr – in der zweiten Monatshälfte vielleicht schon mit
einem Feldstecher – in südöstlicher Richtung zu Beginn der Morgendämmerung
beobachtet werden (Aufsuchkarte, Seite 166).

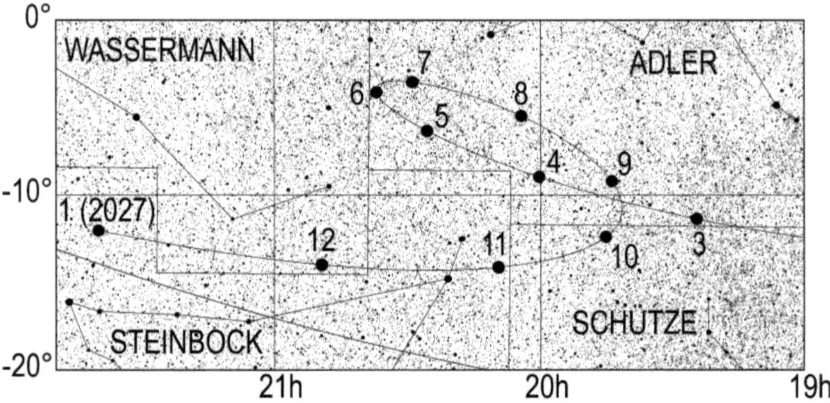


Lauf des Kleinplaneten Juno von Februar bis Dezember 2026. Die Zahl gibt die Position
zum 1. des entsprechenden Monats an, also 8 die Position am 1.8.

**Pluto** erreicht am 27. seine Opposition zur Sonne. Da seine Helligkeit nur 14,4 mag
beträgt, ist zur Beobachtung ein Fernrohr mit mindestens 30 cm Objektivöffnung nötig.
Er kann von Mai bis November mit geeigneten Geräten im westlichen Teil des
Sternbildes Steinbock aufgesucht werden (Aufsuchkarte, Seite 121).

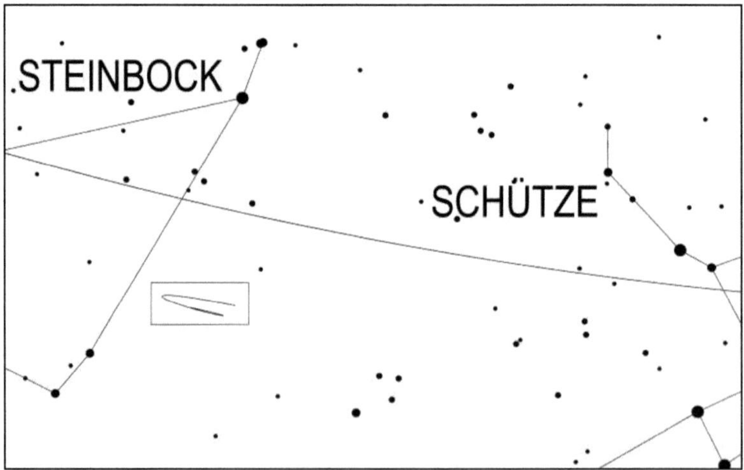


Übersichtskarte zum Aufsuchen des Zwergplaneten Pluto. Die nächste Sternkarte zeigt
vergrößert den rechteckigen Ausschnitt

120

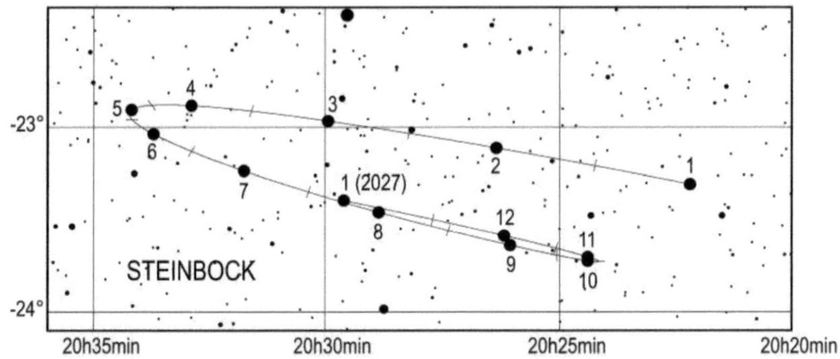


Lauf des Zwergplaneten Pluto im Jahr 2026. Die Zahl gibt die Position am 1. des entsprechenden Monats an, also 4 die Position am 1.4.

## Periodische Sternschnuppenströme

Am 29. um 2 Uhr MEZ erreicht der Meteorstrom der Juli-Aquariden mit bis zu 18 Meteoren pro Stunde sein Maximum. Die beste Gelegenheit zur Beobachtung dieser Sternschnuppen ist am selben Tag vor Beginn der Morgendämmerung, also gegen 3 Uhr MEZ, weil dann ihr Radiant seine größte Höhe über dem Horizont erreicht. Da aber auch dann ihr Radiant für Beobachter in Mitteleuropa nur eine geringe Höhe erreicht, dürften mitteleuropäische Beobachter von diesem Schwarm nur einen Meteor pro Stunde sichten können.
Hierbei stört der Mond in hohem Maße, denn am 29. ist auch Vollmond, der zudem relativ nahe bei ihren Radianten steht.
Die Juli-Aquariden sind vom 12.7. bis zum 23.8. aktiv. Sie haben ihren Radianten in der Nähe des Sterns Delta Aquarii, weshalb sie auch als Delta-Aquariden bezeichnet werden.
Am 30. um 3 Uhr MEZ erreichen die Delta-Cassiopeiiden ihre höchste Fallrate mit bis zu 10 Meteoren pro Stunde. Für mitteleuropäische Beobachter erreicht dieser Schwarm am selben Tag um 2 Uhr MEZ, wenn sein Radiant am höchsten steht, sein Maximum mit bis zu 1 Meteor pro Stunde. Der Vollmond beeinträchtigt seine Beobachtung in hohem Maße.
Am 31. um 2 Uhr MEZ erreichen die Alpha-Capricorniden ihr Maximum. Die beste Zeit für ihre Beobachtung ist gegen 0.30 Uhr MEZ. Von diesem Strom, dessen Beobachtung durch den fast vollen Mond hochgradig gestört wird, ist höchstens ein Meteor pro Stunde zu erwarten.
Ab dem 17. sind die ersten Perseiden sichtbar.

## Sonnenuntergang und Dämmerung

| | Astr. Anf. | Naut. Anf. | Bürg. Anf. | Auf-gang | Kulm. | Unter-gang | Bürg. Ende | Naut. Ende | Astr. Ende | Zeitgl. |
|---|---|---|---|---|---|---|---|---|---|---|
| 1.7.2026 | ---- | 2:30 | 3:35 | 4:19 | 12:28 | 20:36 | 21:21 | 22:24 | ---- | -3m47s |
| 2.7.2026 | ---- | 2:31 | 3:36 | 4:19 | 12:28 | 20:36 | 21:20 | 22:24 | ---- | -3m59s |
| 3.7.2026 | ---- | 2:32 | 3:37 | 4:20 | 12:28 | 20:36 | 21:20 | 22:23 | ---- | -4m10s |
| 4.7.2026 | ---- | 2:33 | 3:37 | 4:21 | 12:28 | 20:35 | 21:19 | 22:22 | ---- | -4m21s |
| 5.7.2026 | ---- | 2:35 | 3:38 | 4:22 | 12:29 | 20:35 | 21:19 | 22:21 | ---- | -4m32s |
| 6.7.2026 | ---- | 2:36 | 3:39 | 4:22 | 12:29 | 20:34 | 21:18 | 22:20 | ---- | -4m42s |
| 7.7.2026 | ---- | 2:37 | 3:40 | 4:23 | 12:29 | 20:34 | 21:17 | 22:19 | ---- | -4m52s |
| 8.7.2026 | ---- | 2:39 | 3:41 | 4:24 | 12:29 | 20:33 | 21:17 | 22:18 | ---- | -5m01s |
| 9.7.2026 | ---- | 2:40 | 3:42 | 4:25 | 12:29 | 20:32 | 21:16 | 22:17 | ---- | -5m11s |
| 10.7.2026 | ---- | 2:42 | 3:43 | 4:26 | 12:29 | 20:32 | 21:15 | 22:15 | ---- | -5m20s |
| 11.7.2026 | ---- | 2:43 | 3:45 | 4:27 | 12:30 | 20:31 | 21:14 | 22:14 | ---- | -5m28s |
| 12.7.2026 | ---- | 2:45 | 3:46 | 4:28 | 12:30 | 20:30 | 21:13 | 22:13 | ---- | -5m36s |
| 13.7.2026 | 0:50 | 2:47 | 3:47 | 4:29 | 12:30 | 20:29 | 21:12 | 22:11 | 0:09 | -5m44s |
| 14.7.2026 | 0:59 | 2:48 | 3:48 | 4:30 | 12:30 | 20:29 | 21:11 | 22:10 | 0:01 | -5m51s |
| 15.7.2026 | 1:06 | 2:50 | 3:49 | 4:31 | 12:30 | 20:28 | 21:10 | 22:08 | 23:49 | -5m57s |
| 16.7.2026 | 1:12 | 2:52 | 3:51 | 4:32 | 12:30 | 20:27 | 21:09 | 22:07 | 23:43 | -6m04s |
| 17.7.2026 | 1:18 | 2:54 | 3:52 | 4:34 | 12:30 | 20:26 | 21:08 | 22:05 | 23:39 | -6m09s |
| 18.7.2026 | 1:23 | 2:56 | 3:53 | 4:35 | 12:30 | 20:25 | 21:06 | 22:03 | 23:34 | -6m14s |
| 19.7.2026 | 1:28 | 2:58 | 3:55 | 4:36 | 12:30 | 20:24 | 21:05 | 22:02 | 23:30 | -6m19s |
| 20.7.2026 | 1:32 | 3:00 | 3:56 | 4:37 | 12:30 | 20:22 | 21:04 | 22:00 | 23:25 | -6m23s |
| 21.7.2026 | 1:37 | 3:02 | 3:58 | 4:38 | 12:30 | 20:21 | 21:02 | 21:58 | 23:21 | -6m26s |
| 22.7.2026 | 1:41 | 3:03 | 3:59 | 4:40 | 12:31 | 20:20 | 21:01 | 21:56 | 23:17 | -6m29s |
| 23.7.2026 | 1:45 | 3:05 | 4:00 | 4:41 | 12:31 | 20:19 | 21:00 | 21:54 | 23:13 | -6m31s |
| 24.7.2026 | 1:49 | 3:07 | 4:02 | 4:42 | 12:31 | 20:18 | 20:58 | 21:52 | 23:09 | -6m33s |
| 25.7.2026 | 1:53 | 3:09 | 4:03 | 4:44 | 12:31 | 20:16 | 20:56 | 21:50 | 23:05 | -6m34s |
| 26.7.2026 | 1:56 | 3:11 | 4:05 | 4:45 | 12:31 | 20:15 | 20:55 | 21:49 | 23:02 | -6m34s |
| 27.7.2026 | 2:00 | 3:14 | 4:06 | 4:46 | 12:31 | 20:14 | 20:53 | 21:47 | 22:58 | -6m34s |
| 28.7.2026 | 2:03 | 3:16 | 4:08 | 4:48 | 12:31 | 20:12 | 20:52 | 21:44 | 22:55 | -6m33s |
| 29.7.2026 | 2:07 | 3:18 | 4:10 | 4:49 | 12:31 | 20:11 | 20:50 | 21:42 | 22:51 | -6m32s |
| 30.7.2026 | 2:10 | 3:20 | 4:11 | 4:50 | 12:30 | 20:09 | 20:48 | 21:40 | 22:48 | -6m29s |
| 31.7.2026 | 2:13 | 3:22 | 4:13 | 4:52 | 12:30 | 20:08 | 20:47 | 21:38 | 22:44 | -6m27s |

## Mondlauf

| | Rektaszension | Deklination | Elong. | Phase | mag | Auf-gang | Kulm. | Unter-gang |
|---|---|---|---|---|---|---|---|---|
| Mi 1.7.2026 | 19h28m20,4s | -26°10'40" | 168,9° | 0,99 | -12,3 | 21:57 | 1:18 | 5:12 |
| Do 2.7.2026 | 20h19m36,6s | -23°01'58" | 158,2° | 0,96 | -12,0 | 22:18 | 2:06 | 6:23 |
| Fr 3.7.2026 | 21h08m45,6s | -18°53'49" | 147,2° | 0,92 | -11,8 | 22:35 | 2:52 | 7:37 |
| Sa 4.7.2026 | 21h56m00,0s | -13°57'53" | 135,9° | 0,86 | -11,5 | 22:49 | 3:36 | 8:50 |
| So 5.7.2026 | 22h41m56,8s | -8°26'06" | 124,4° | 0,78 | -11,2 | 23:02 | 4:19 | 10:03 |
| Mo 6.7.2026 | 23h27m29,6s | -2°30'23" | 112,6° | 0,69 | -10,8 | 23:15 | 5:02 | 11:18 |

|  | Rektaszension | Deklination | Elong. | Phase | mag | Auf-gang | Kulm. | Unter-gang |
|---|---|---|---|---|---|---|---|---|
| Di 7.7.2026 | 0h13m43,6s | 3°36'46" | 100,6° | 0,59 ☽ | -10,5 | 23:30 | 5:46 | 12:34 |
| Mi 8.7.2026 | 1h01m52,1s | 9°41'10" | 88,2° | 0,49 | -10,1 | 23:47 | 6:32 | 13:54 |
| Do 9.7.2026 | 1h53m11,2s | 15°25'21" | 75,4° | 0,38 | -9,6 |  | 7:22 | 15:19 |
| Fr 10.7.2026 | 2h48m48,2s | 20°27'15" | 62,2° | 0,27 | -9,0 | 0:09 | 8:18 | 16:46 |
| Sa 11.7.2026 | 3h49m18,0s | 24°20'22" | 48,7° | 0,17 | -8,2 | 0:41 | 9:19 | 18:11 |
| So 12.7.2026 | 4h54m09,1s | 26°37'06" | 34,9° | 0,09 | -7,3 | 1:28 | 10:25 | 19:25 |
| Mo 13.7.2026 | 6h01m22,5s | 26°56'33" | 20,9° | 0,03 | -6,1 | 2:33 | 11:32 | 20:20 |
| Di 14.7.2026 | 7h08m01,1s | 25°13'22" | 7,3° | 0 ● | -4,8 | 3:56 | 12:37 | 20:59 |
| Mi 15.7.2026 | 8h11m24,1s | 21°40'46" | 8,2° | 0,01 | -4,9 | 5:27 | 13:37 | 21:26 |
| Do 16.7.2026 | 9h10m07,9s | 16°45'10" | 21,6° | 0,04 | -6,1 | 6:56 | 14:31 | 21:46 |
| Fr 17.7.2026 | 10h04m11,7s | 10°56'53" | 34,9° | 0,09 | -7,2 | 8:21 | 15:21 | 22:02 |
| Sa 18.7.2026 | 10h54m26,5s | 4°43'22" | 47,9° | 0,17 | -8,1 | 9:42 | 16:07 | 22:15 |
| So 19.7.2026 | 11h42m04,2s | -1°33'29" | 60,4° | 0,25 | -8,8 | 10:59 | 16:51 | 22:29 |
| Mo 20.7.2026 | 12h28m19,2s | -7°37'00" | 72,5° | 0,35 | -9,3 | 12:13 | 17:35 | 22:43 |
| Di 21.7.2026 | 13h14m20,4s | -13°14'20" | 84,2° | 0,45 ☽ | -9,8 | 13:28 | 18:18 | 22:59 |
| Mi 22.7.2026 | 14h01m06,8s | -18°14'42" | 95,6° | 0,55 | -10,2 | 14:40 | 19:04 | 23:18 |
| Do 23.7.2026 | 14h49m24,2s | -22°28'06" | 106,7° | 0,65 | -10,6 | 15:52 | 19:51 | 23:43 |
| Fr 24.7.2026 | 15h39m38,6s | -25°44'47" | 117,7° | 0,73 | -10,9 | 17:01 | 20:40 |  |
| Sa 25.7.2026 | 16h31m50,1s | -27°55'24" | 128,6° | 0,81 | -11,2 | 18:02 | 21:31 | 0:16 |
| So 26.7.2026 | 17h25m28,3s | -28°52'12" | 139,5° | 0,88 | -11,5 | 18:52 | 22:23 | 1:00 |
| Mo 27.7.2026 | 18h19m37,7s | -28°30'43" | 150,3° | 0,93 | -11,8 | 19:32 | 23:14 | 1:55 |
| Di 28.7.2026 | 19h13m12,8s | -26°51'07" | 161,3° | 0,97 | -12,1 | 20:02 |  | 3:01 |
| Mi 29.7.2026 | 20h05m19,1s | -23°58'28" | 172,2° | 1 ○ | -12,4 | 20:24 | 0:03 | 4:12 |
| Do 30.7.2026 | 20h55m27,3s | -20°01'49" | 175,7° | 1 | -12,5 | 20:42 | 0:50 | 5:26 |
| Fr 31.7.2026 | 21h43m38,5s | -15°12'43" | 164,7° | 0,98 | -12,2 | 20:57 | 1:35 | 6:40 |

# August

## Sternenhimmel

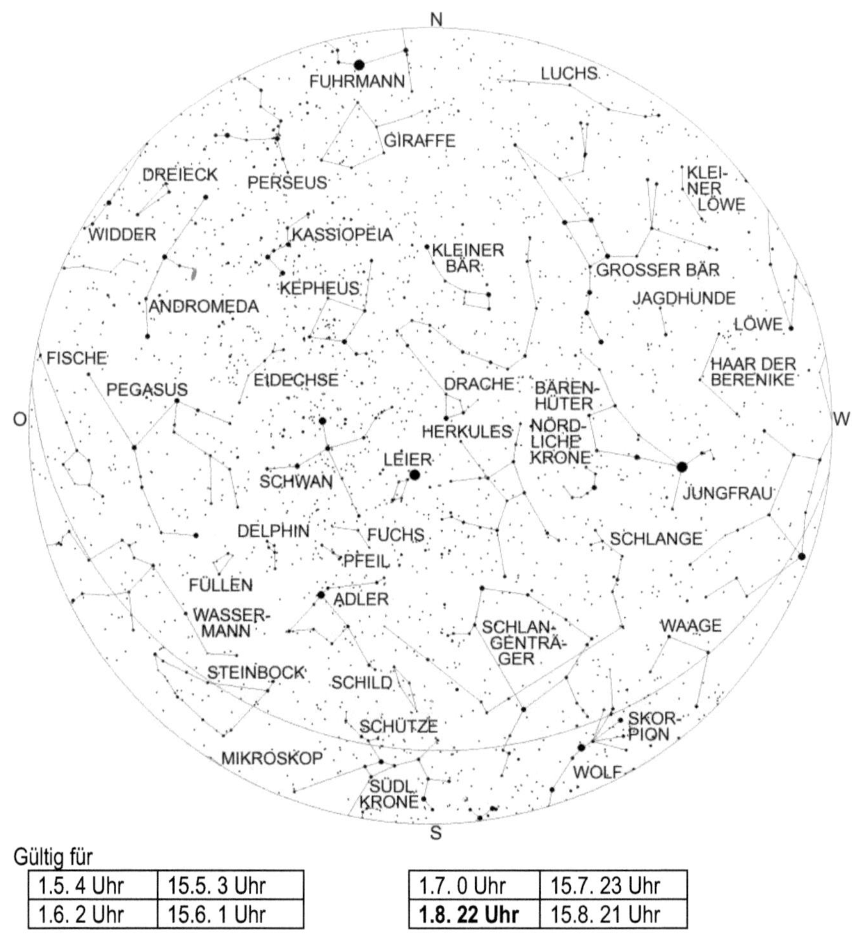


Gültig für

| 1.5. 4 Uhr | 15.5. 3 Uhr |
|---|---|
| 1.6. 2 Uhr | 15.6. 1 Uhr |

| 1.7. 0 Uhr | 15.7. 23 Uhr |
|---|---|
| **1.8. 22 Uhr** | 15.8. 21 Uhr |

Tief im Süden ist jetzt das Sternbild Schütze zu sehen. Für Fernrohrbeobachter ist
dieses Sternbild sehr interessant, denn es gibt hier zahlreiche Nebel, wie den
Lagunennebel und einige helle Sternhaufen. Im Westen verschwinden gerade die
Jungfrau und der Löwe. Höher im Westen erkennt man Arktur im Bärenhüter und die
Nördliche Krone.
Oberhalb des Skorpions und des Schützens sind die ausgedehnten Sternbilder
Schlange und Schlangenträger sowie der Adler mit seinem hellen Hauptstern Atair zu

finden. Hoch im Süden sieht man die Leier mit Wega und den Schwan mit seinem Hauptstern Deneb. In beiden Sternbildern gibt es bemerkenswerte Doppelsterne: Albireo im Schwan, der das südliche Ende des kreuzförmigen Sternbildes bildet, ist ein schon im Feldstecher trennbarer Doppelstern mit schönen orange-blau Kontrast. Der Stern Epsilon (ε) Lyrae, der sich nordöstlich von Wega befindet, kann bei guten Sichtbedingungen schon freiäugig getrennt werden. In einem Fernrohr ab ca. 6 cm Durchmesser erkennt man, dass beide Komponenten wiederum Doppelsterne sind. Auch der Stern Beta (β) Lyrae ist ein schon mit einem Fernglas auflösbarer Doppelstern.

Im Südosten ist das lichtschwache Sternbild Steinbock aufgegangen. Auch Teile der ebenfalls lichtschwachen Tierkreissternbilder Wassermann und Fische sind bereits zu sehen.

Höher über dem Horizont erkennt man die Sternbilder Andromeda und Pegasus, zwei typische Herbststernbilder. Das bekannte Herbstviereck, gebildet aus dem südwestlichsten Stern der Andromeda und drei Sternen des Pegasus, erinnert jetzt an ein himmlisches Vorfahrtstraßenschild.

## Astronomische Ereignisse

| Datum | Uhrzeit | Ereignis | Elongation |
|---|---|---|---|
| 2.8.2026 | 09:08:15 | Merkur in größter westlicher Elongation | 19,5° |
| 3.8.2026 | 10:12:17 | Mond 4,5° nördlich Neptun | 125° |
| 4.8.2026 | 04:04:06 | Merkur 11,6° südlich Kastor | 19,3° |
| 4.8.2026 | 05:29:40 | Mond 6,4° nördlich Saturn | 114,6° |
| 4.8.2026 | 21:56:34 | Mond 12,8° nördlich Pallas | 105,4° |
| 5.8.2026 | 02:24:54 | Jupiter 1,1° südlich M44 | 4,8° |
| 5.8.2026 | 06:14:03 | Juno in Erdnähe (Abstand Erde-Juno: 268375885 km) | |
| 5.8.2026 | 06:22:46 | Mond 13,9° nördlich Vesta | 101,6° |
| 5.8.2026 | 15:05:36 | Mond 6,2° südlich Hamal | 95,1° |
| 6.8.2026 | 03:21:40 | Letztes Viertel | |
| 6.8.2026 | 05:04:13 | Merkur 7,6° südlich Pollux | 18,8° |
| 7.8.2026 | 06:40:32 | Mond in größter Nordbreite | |
| 7.8.2026 | 08:36:24 | Mond 51,5' nördlich der Plejaden | 74,35° |
| 7.8.2026 | 17:56:35 | Mond 4,6° nördlich Uranus | 69,25° |
| 8.8.2026 | 01:32:31 | Mond 9,9° nördlich Aldebaran | 64° |
| 8.8.2026 | 21:03:53 | Mond 1,5° südlich Elnath | 53,5° |
| 9.8.2026 | 05:39:53 | Mond 3,9° nördlich Mars | 48,2° |
| 9.8.2026 | 06:00:52 | Mond 5,4° nördlich Ceres | 47,9° |
| 9.8.2026 | 15:47:14 | Mond 4,5° nördlich Eta Geminorum | 43,2° |
| 9.8.2026 | 18:03:56 | Merkur im aufsteigenden Knoten | |
| 9.8.2026 | 18:26:38 | Mond 4,2° nördlich Mü Geminorum | 41,5° |
| 9.8.2026 | 20:01:37 | Mars 1,4° nördlich Ceres | 48,25° |
| 9.8.2026 | 22:45:14 | Mond 9,9° nördlich Alhena | 38,35° |

| Datum | Uhrzeit | Ereignis | Elongation |
|---|---|---|---|
| 10.8.2026 | 00:37:40 | Mond 1,1° nördlich Epsilon Geminorum | 37,1° |
| 10.8.2026 | 03:51:08 | Jupiter 26' nördlich Delta Cancri | 8,4° |
| 10.8.2026 | 11:54:24 | Mond im Perigäum | |
| 10.8.2026 | 20:43:46 | Mond 7,9° südlich Kastor | 26,4° |
| 10.8.2026 | 23:56:59 | Mond 4,6° südlich Pollux | 24° |
| 11.8.2026 | 14:45:07 | Mond 1,4° nördlich Merkur | 15,8° |
| 11.8.2026 | 22:15:42 | Mond 33' südlich M44 | 11,6° |
| 12.8.2026 | 00:15:27 | Mond 32' nördlich Jupiter | 9,9° |
| 12.8.2026 | 18:36:48 | Neumond | -3,7' |
| 12.8.2026 | 18:47:05 | Totale Sonnenfinsternis, in Mitteleuropa als partielle Sonnenfinsternis sichtbar | |
| 13.8.2026 | 09:02:27 | Mars 26' nördlich 1 Geminorum | 49,3° |
| 13.8.2026 | 11:15:35 | Mond im absteigenden Knoten | |
| 13.8.2026 | 11:28:30 | Mond 1,1° südlich Regulus | 9,5° |
| 14.8.2026 | 05:45:53 | Merkur 44' südlich M44 | 13,7° |
| 14.8.2026 | 10:13:36 | Merkur im Perihel (Abstand Merkur-Sonne: 46001653 km) | |
| 14.8.2026 | 19:47:05 | Merkur 54' nördlich Delta Cancri | 12,9° |
| 15.8.2026 | 07:24:15 | Venus in größter östlicher Elongation | 45,9° |
| 15.8.2026 | 10:14:30 | Merkur 34' nördlich Jupiter | 12,5° |
| 16.8.2026 | 08:28:13 | Mond 2,5° südlich Venus | 45,9° |
| 16.8.2026 | 15:17:47 | Mond 7,8° südlich Porrima | 46,8° |
| 17.8.2026 | 02:51:59 | Mars 1,2° nördlich Eta Geminorum | 50,4° |
| 17.8.2026 | 12:30:04 | Mond 3° südlich Spika | 59,6° |
| 19.8.2026 | 07:22:05 | Mond 6,1° südlich Zuben-el-dschenubi | 79,1° |
| 19.8.2026 | 17:17:43 | Venus 5,1° südlich Porrima | 43,9° |
| 19.8.2026 | 22:53:04 | Mars 1,2° nördlich Mü Geminorum | 51,3° |
| 20.8.2026 | 03:46:28 | Erstes Viertel | |
| 20.8.2026 | 09:09:42 | Mond in größter Südbreite | |
| 20.8.2026 | 19:16:36 | Mond 7,3° südlich Akrab | 95,8° |
| 21.8.2026 | 06:15:41 | Mond 59,5' südlich Antares | 101,9° |
| 22.8.2026 | 09:35:23 | Mond im Apogäum | |
| 23.8.2026 | 04:13:48 | Ceres 5,6' nördlich Eta Geminorum | 56,2° |
| 24.8.2026 | 00:31:43 | Mond 1,1° südlich Nunki | 131,6° |
| 24.8.2026 | 15:30:42 | Merkur in größter Nordbreite | |
| 24.8.2026 | 23:48:54 | Mond 16,7° südlich Juno | 142,5° |
| 25.8.2026 | 03:30:55 | Mars 7,2° nördlich Alhena | 52,8° |
| 25.8.2026 | 08:32:55 | Merkur 1,4° nördlich Regulus | 2° |
| 25.8.2026 | 14:25:34 | Mond 7,9° südlich Beta Capricorni | 150,1° |
| 25.8.2026 | 16:56:18 | Mond 1,2° nördlich Pluto | 150,9° |
| 27.8.2026 | 09:43:48 | Mars 1,6° südlich Epsilon Geminorum | 53,7° |
| 27.8.2026 | 10:24:34 | Mond 1,8° nördlich Delta Capricorni | 169,5° |
| 27.8.2026 | 18:03:43 | Merkur in oberer Konjunktion zur Sonne | 1,75° |

| Datum | Uhrzeit | Ereignis | Elongation |
|---|---|---|---|
| 27.8.2026 | 19:34:32 | Mond im aufsteigenden Knoten | |
| 27.8.2026 | 20:12:30 | Pallas stationär, dann rückläufig | |
| 28.8.2026 | 02:23:44 | Partielle Mondfinsternis, Eintritt Halbschatten | |
| 28.8.2026 | 03:34:32 | Partielle Mondfinsternis, Eintritt Kernschatten | |
| 28.8.2026 | 05:13:14 | Partielle Mondfinsternis, Maximale Phase, Grösse: 0,93 | |
| 28.8.2026 | 05:18:38 | Vollmond | |
| 28.8.2026 | 06:51:55 | Partielle Mondfinsternis, Austritt Kernschatten | |
| 28.8.2026 | 08:02:44 | Partielle Mondfinsternis, Austritt Kernschatten | |
| 28.8.2026 | 11:47:02 | Ceres 12' nördlich Mü Geminorum | 59,5° |
| 28.8.2026 | 22:38:23 | Vesta stationär, dann rückläufig | |
| 30.8.2026 | 13:54:23 | Mond 4,15° nördlich Neptun | 151,7° |
| 31.8.2026 | 10:14:51 | Mond 6,55° nördlich Saturn | 141,6° |

# Planeten

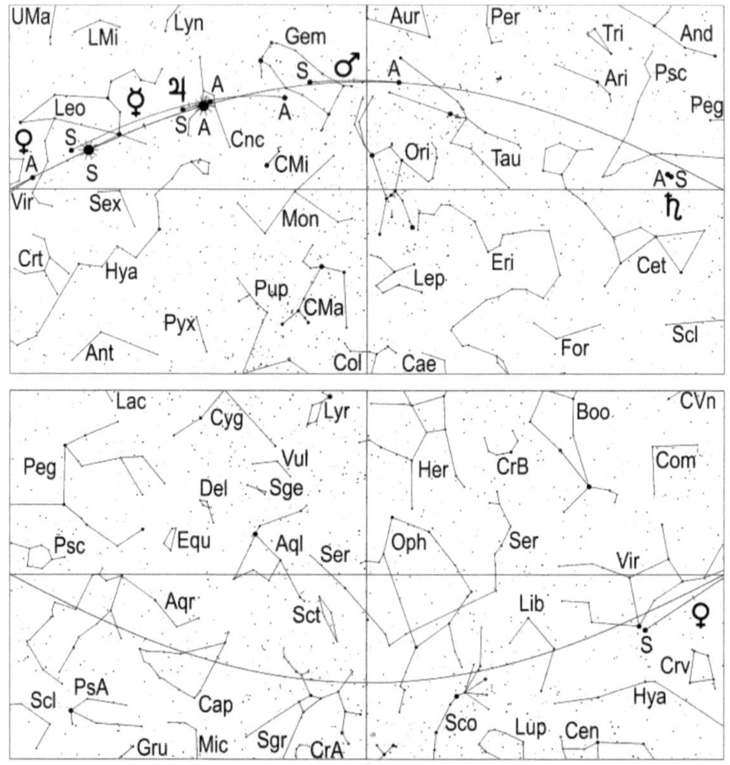

**Merkur** steht am 2. in größter westlicher Elongation von 19,5° und startet am gleichen
Tag eine Morgensichtbarkeit. Am 2. erscheint der 0,2 mag helle Merkur um 3.22 Uhr
MEZ (4.22 Uhr MESZ) über dem Horizont. Ungefähr 20 Minuten später kann er in der
Morgendämmerung gesichtet werden, wobei ein Fernglas gute Dienste leisten kann.
In den folgenden Tagen nimmt seine Helligkeit auf -0,2 mag am 5. und auf -0,8 mag
am 10. zu, während sich sein Aufgang nur unwesentlich auf 3.34 Uhr MEZ (4.34 Uhr
MESZ) am 10. verspätet, sodass sich – verbunden mit der täglichen Verspätung des
Sonnenaufgangs – seine Sichtbarkeit nach dem 2. trotz kleiner werdenden
Winkelabstands zur Sonne zunächst verbessert.
Nach dem 10. verschlechtert sich allerdings seine Morgensichtbarkeit rasch. Zwar
steigt seine Helligkeit bis zum 15. auf -1,2 mag an, doch verspätet sich sein Aufgang
auf 3.59 Uhr MEZ (4.59 Uhr MESZ) was seine Sichtbarkeit stark verkürzt.
Zum letzten Mal dürfte Merkur, der am 27. in oberer Konjunktion zur Sonne steht, am
17. zu sehen sein. Der -1,3 mag helle Merkur erscheint an diesem Tag um 4.11 Uhr

128

MEZ (5.11 Uhr MESZ) über dem Horizont. Bei sehr guter Horizontsicht kann er etwa 20 Minuten später in der Morgendämmerung erspäht werden, bevor er in dieser verblasst.

Der flinke Planet wandert während seiner Morgensichtbarkeit von den Zwillingen in den Krebs und zieht hierbei am 4. 11,6° südlich an Kastor und am 6. 7,6° südlich an Pollux vorbei.

In den Morgenstunden des 11. bekommt er Besuch von der dünnen Mondsichel.

Den Sternhaufen M44 passiert er am 14. in 44' südlichem Abstand. Allerdings dürfte dieses Ereignis auch mit einem lichtstarken Feldstecher kaum zu verfolgen sein.

Dies trifft allerdings nicht für seine Konjunktion mit dem hellen Jupiter am folgenden Tag zu, bei welcher der kleinste Planet unseres Sonnensystems den größten Planeten des Sonnensystems in 34' südlichem Abstand passiert.

Im Fernrohr zeigt sich Merkur am 2. als zu 38% beleuchtete Sichel mit 7,7" Durchmesser. Die Halbphase (Dichotomie) wird am 5. erreicht, wobei sein Scheibchendurchmesser leicht auf 7" abgenommen hat.

In den folgenden Tagen nimmt der Beleuchtungsgrad des Merkurscheibchens zu, während dessen Durchmesser schrumpft. Am 10. hat es einen Durchmesser von 6,2" und ist zu 67% beleuchtet, während es am 17. 5,4" misst und zu 89% beschienen ist.

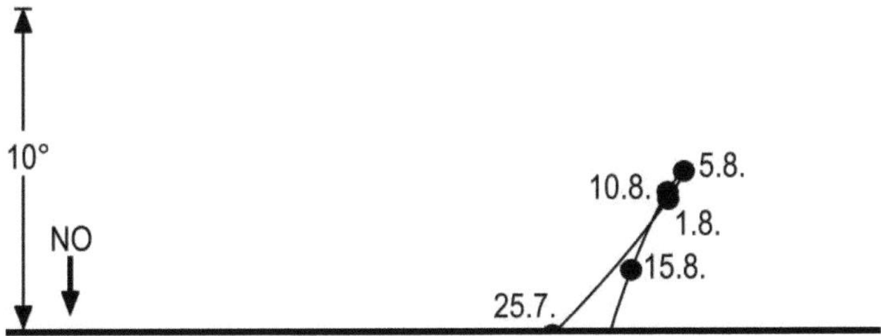


Position des Planeten Merkur am Morgenhimmel, 1 Stunde vor Sonnenaufgang

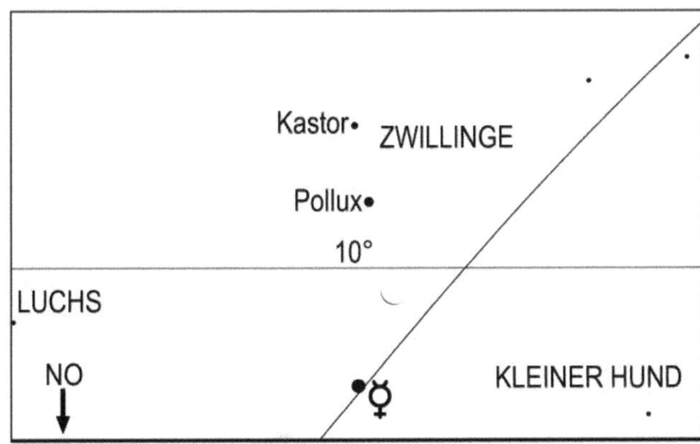


Mond und Merkur am 11.8.2026 um 4 Uhr MEZ (5 Uhr MESZ)

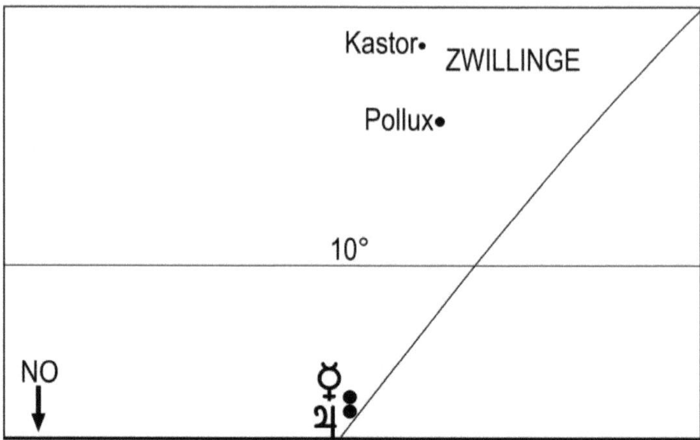

Merkur und Jupiter am 15.8.2026 um 4.15 Uhr MEZ (5.15 Uhr MESZ)

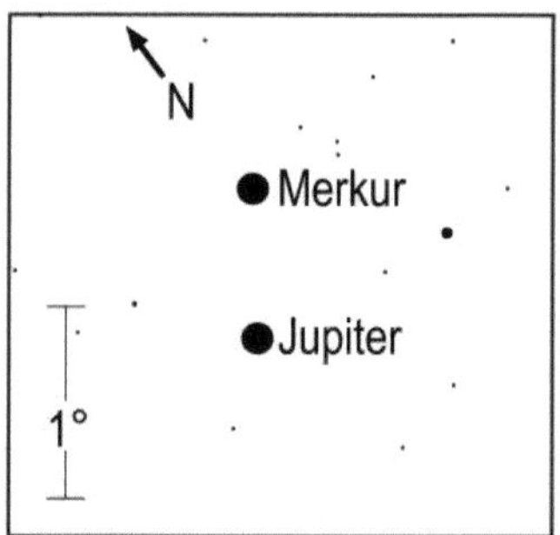


Anblick der Konjunktion zwischen Merkur und Jupiter im Feldstecher am Morgenhimmel des 15.8.2026 um 4.15 Uhr MEZ (5.15 Uhr MESZ)

**Venus** ist weiterhin Abendstern und erreicht am 15. ihre größte östliche Elongation zur Sonne mit 45,9°. Weil sie immer südlicheren Deklinationen entgegenstrebt, verkürzt sie in diesem Monat stark ihre tägliche Sichtbarkeitsdauer.
Am 1. versinkt der Abendstern 90 Minuten nach der Sonne um 21.36 Uhr MEZ (22.36 Uhr MESZ) unter dem Horizont. Am 15. geht Venus 75 Minuten nach der Sonne um 20.58 Uhr MEZ (21.58 Uhr MESZ) unter und am 31. erfolgt ihr Untergang 59 Minuten nach Sonnenuntergang um 20.09 Uhr MEZ (21.09 Uhr MESZ).
Venus wandert im August durch das Sternbild Jungfrau, wobei sie am 19. Porrima in 5,1° südlichem Abstand passiert. Porrima ist hierbei nur mit einem Fernglas zu sehen. Im Verlauf des Monats nimmt ihre Helligkeit von -4,2 mag auf -4,5 mag zu, sodass sie am Monatsende durchaus schon vor Sonnenuntergang sichtbar sein kann.
Fernrohrbeobachter bemerken, dass Venus im Laufe des Monats zur Sichel wird und ihr Scheibchen an Größe gewinnt: am 1. misst es 21" im Durchmesser und ist zu 56% beleuchtet, die Halbphase (Dichotomie) wird am 12. erreicht, wobei ihr

130

Scheibchendurchmesser 23,6" beträgt und am 31. präsentiert sich unser innerer
Nachbarplanet als zu 39% beschienene Sichel mit 30" Durchmesser.
Am 16. findet man die zunehmende Mondsichel nahe Venus.

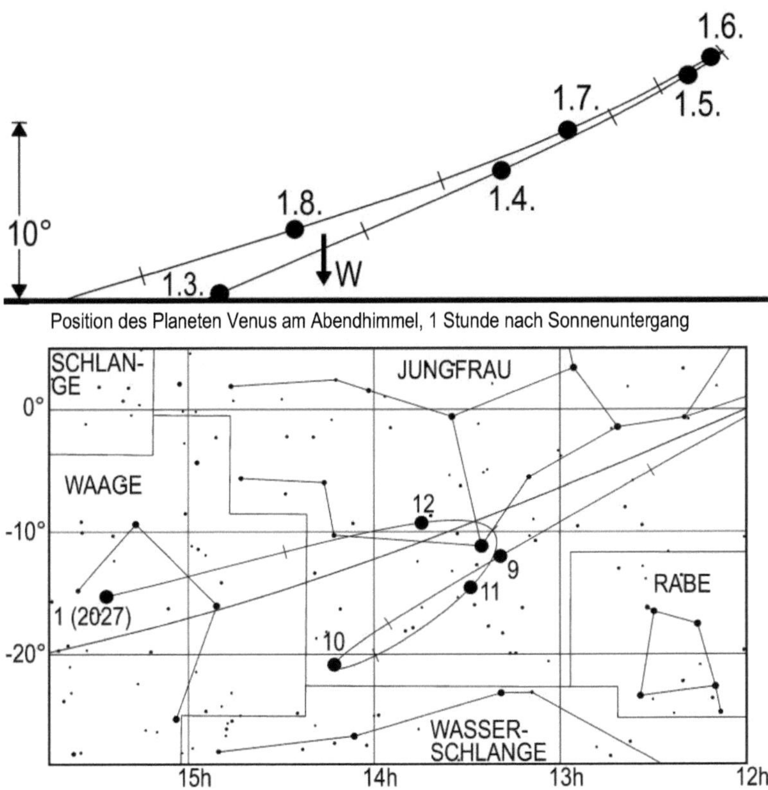


Position des Planeten Venus am Abendhimmel, 1 Stunde nach Sonnenuntergang

Lauf des Planeten Venus von August bis Dezember 2026. Die Zahl gibt die Position am 1.
des entsprechenden Monats an, also 10 die Position am 1.10.

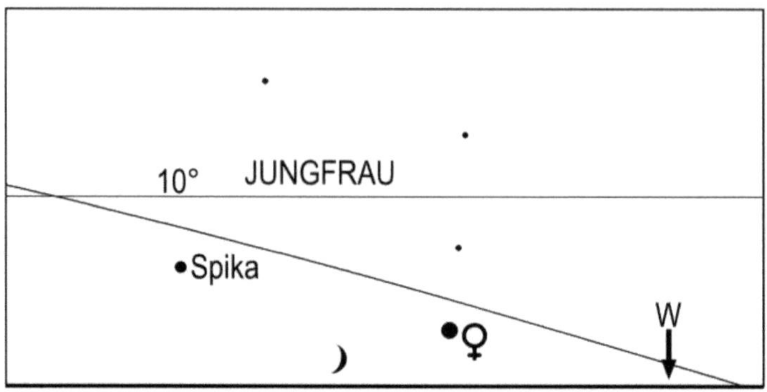


Mond und Venus am 16.8.2026 um 20.30 Uhr MEZ (21.30 Uhr MESZ). Mit bloßem Auge sind nur Mond und Venus zu sehen.

**Mars** kann am Morgenhimmel gesehen werden. Der 1,3 mag helle Planet wandert vom Stier in die Zwillinge und zieht am 17. 1,2° nördlich an Eta Geminorum, am 19. 1,2° nördlich an Mü Geminorum, am 25. 7,2° nördlich an Alhena und am 27. 1,6° südlich an Epsilon Geminorum vorbei.

Am Morgen des 9. findet man den abnehmenden Mond in der Nähe von Mars. Am Abend des gleichen Tages steht Mars 1,4° nördlich des Zwergplaneten Ceres, was eine gute Möglichkeit bietet, diesen Zwergplaneten mit einem lichtstarken Feldstecher oder Fernrohr aufzusuchen.

Sein Aufgang erfolgt am 1. um 1.07 Uhr MEZ (2.07 Uhr MESZ), am 15. um 0.50 Uhr MEZ (1.50 Uhr MESZ) und am 31. um 0.34 Uhr MEZ (1.34 Uhr MESZ).

Mit einem Scheibchendurchmesser von 4,7“ am 1. und 5,1“ am 31. lohnen sich noch keine Fernrohrbeobachtungen.

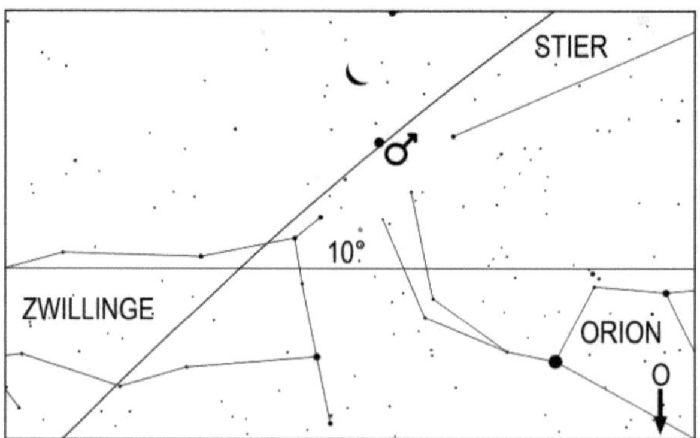


Mond und Mars am 9.8.2026 um 3 Uhr MEZ (4 Uhr MESZ)

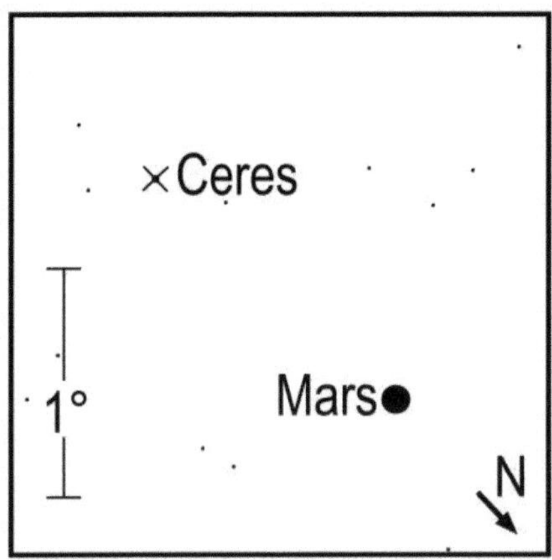


Anblick der Konjunktion zwischen Mars und Ceres (der mit einem Kreuz markierte Stern) am 10.8.2026 um 3 Uhr MEZ (4 Uhr MESZ) im umkehrenden Fernrohr

**Jupiter** ist zunächst unsichtbar. Bei guten Sichtbedingungen kann man den größten Planeten des Sonnensystems erstmals am 13. in der Morgendämmerung sichten. Der -1,8 mag helle Planet erscheint an diesem Tag um 4.09 Uhr MEZ (5.09 Uhr MESZ) über dem Horizont. 20 Minuten später kann er tief im Nordosten erspäht werden.
Zwei Tage später steht er – wie schon bei „Merkur" beschrieben – mit diesem in Konjunktion, was man am Morgenhimmel beobachten kann.
Jupiter, der rechtläufig durch den Krebs wandert, verbessert rasch seine Sichtbarkeit am Morgenhimmel. Am Monatsletzten erscheint der größte Planet unseres Sonnensystems schon vor Beginn der astronomischen Dämmerung um 3.21 Uhr MEZ (4.21 Uhr MESZ) über dem Horizont.

**Saturn** wandert rückläufig durch die Fische und wird im Laufe des Monats schon in den frühen Abendstunden sichtbar, denn sein Aufgang verfrüht sich von 22.20 Uhr MEZ (23.20 Uhr MESZ) am 1., auf 21.25 Uhr MEZ (22.25 Uhr MESZ) am 15. und auf 20.21 Uhr MEZ (21.21 Uhr MESZ) am 31.
Seine Helligkeit nimmt im August von 0,6 mag auf 0,5 mag zu und sein Scheibchendurchmesser steigt im gleichen Zeitraum von 18,5" auf 19,4"
Der Öffnungswinkel seines Ringsystems beträgt in diesem Monat 9°.
Am Morgen des 4. und am Morgen des 31. findet man den Mond in der Nachbarschaft des Ringplaneten.

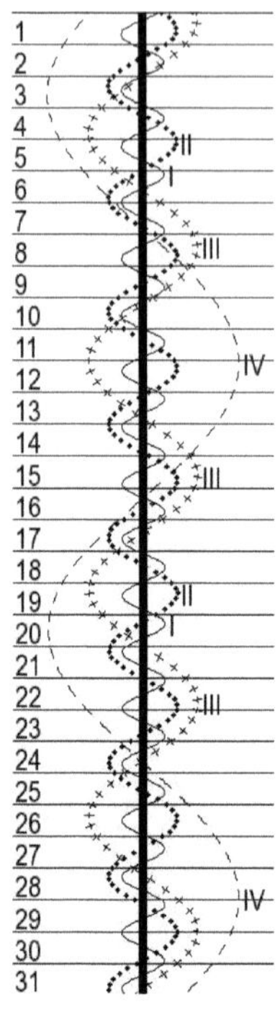

Stellung der 4
hellen Jupiter-
monde im
August 2026

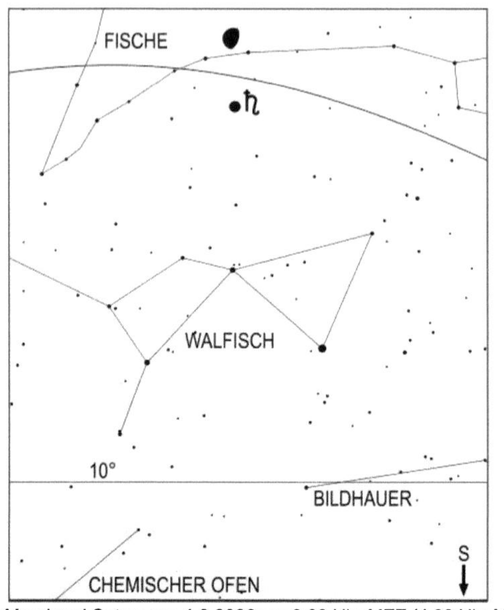


Mond und Saturn am 4.8.2026 um 3.30 Uhr MEZ (4.30 Uhr MESZ)

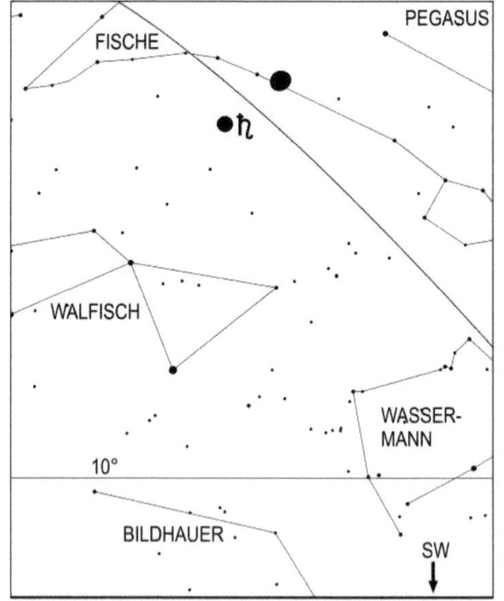


Mond und Saturn am 31.8.2026 um 4 Uhr MEZ (5 Uhr MESZ)

134

**Uranus**, im Westteil des Sternbildes Stier, geht am 1. um 0.05 Uhr MEZ (1.05 Uhr MESZ), am 15. um 23.07 Uhr MEZ (0.07 Uhr MESZ) und am 31. schon um 22.05 Uhr MEZ (23.05 Uhr MESZ) auf. Der grünliche, 5,7 mag helle Planet kann am besten unmittelbar vor Beginn der Morgendämmerung mit einem Fernrohr oder Fernglas aufgesucht werden (Aufsuchkarte, Seite 184).

**Neptun** wandert rückläufig durch die westlichen Gebiete des Sternbildes Fische und verlagert seinen Aufgang von 21.55 Uhr MEZ (22.55 Uhr MESZ) am 1., auf 20.59 Uhr MEZ (21.59 Uhr MESZ) am 15. und auf 19.56 Uhr MEZ (20.56 Uhr MESZ) am Monatsletzten.
Er erreicht seine Kulmination am 1. um 4.03 Uhr MEZ (5.03 Uhr MESZ), am 15. um 3.07 Uhr MEZ (4.07 Uhr MESZ) und am 31. um 2.03 Uhr MEZ (3.03 Uhr MESZ). Der ohne optische Hilfsmittel nicht sichtbare Planet hat eine Helligkeit von 7,8 mag und kann am besten zur Kulminationszeit beobachtet werden (Aufsuchkarte, Seite 150).

## Klein- und Zwergplaneten

**Ceres** wandert vom Stier in die nördlichsten Gebiete des Orions und von diesen in die Zwillinge. Hierbei passiert sie Eta Geminorum am 23. in 5,6' nördlichen und Mü Geminorum am 28. in 12' nördlichem Abstand, was an diesen Tagen ihre Suche vereinfacht.
Eine weitere gute Gelegenheit hierfür bietet auch – wie bei „Mars" beschrieben – ihre Konjunktion mit Mars am 9.
Der Zwergplanet, dessen Helligkeit im August leicht von 9,0 mag auf 8,9 mag zunimmt, erscheint am 1. um 1.28 Uhr MEZ (2.28 Uhr MESZ), am 15. um 0.52 Uhr MEZ (1.52 Uhr MESZ) und am 31. um 0.11 Uhr MEZ (1.11 Uhr MESZ) über dem Horizont und kann am besten zu Beginn der Morgendämmerung mit einem Fernrohr oder einem lichtstarken Feldstecher aufgesucht werden (Aufsuchkarte, Seite 200).

**Pallas** setzt am 27. zu ihrer Oppositionsschleife im Sternbild Walfisch an. Im Laufe des Monats steigt ihre Helligkeit von 9,5 mag auf 8,9 mag an und ihr Aufgang verfrüht sich von 23.06 Uhr MEZ (0.06 Uhr MESZ) am 1., auf 22.27 Uhr MEZ (23.27 Uhr MESZ) am 15. und auf 21.41 Uhr MEZ (22.41 Uhr MESZ) am 31.
Am besten kann Pallas zum Beginn der Morgendämmerung aufgesucht werden, wofür ein lichtstarker Feldstecher oder ein Fernrohr nötig ist (Aufsuchkarte, Seite 166).

**Juno** wandert rückläufig durch die südöstlichen Gebiete des Adlers und kann am besten in den späten Abendstunden mit einem Fernrohr aufgesucht werden (Aufsuchkarte, Seite 120)
Der Kleinplanet, dessen Helligkeit im August von 9,2 mag auf 9,5 mag zurückgeht, kulminiert am 1. um 23.47 Uhr MEZ (0.47 Uhr MESZ) und geht um 5.28 Uhr MEZ (6.28 Uhr MESZ) unter. Am 31. erreicht sie ihren höchsten Stand im Süden um 21.29 Uhr MEZ (22.29 Uhr MESZ) und versinkt um 2.52 Uhr MEZ (3.52 Uhr MESZ) hinter dem Horizont.

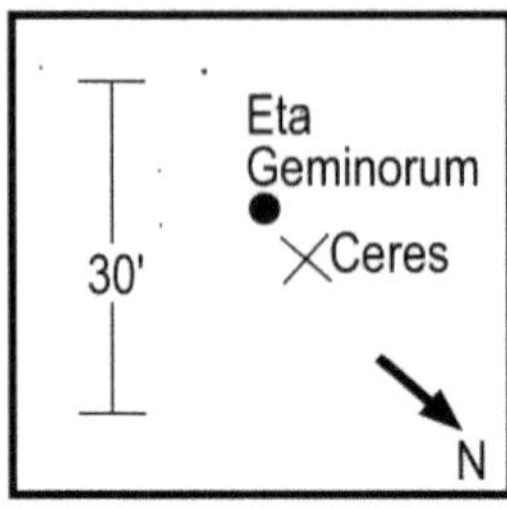


Anblick der Konjunktion zwischen Eta Geminorum und Ceres (der mit einem Kreuz markierte Stern) am 23.8.2026 um 4 Uhr MEZ (5 Uhr MESZ) im umkehrenden Fernrohr

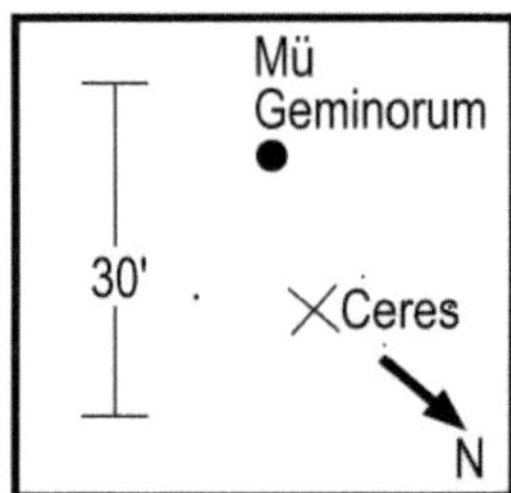


Anblick der Konjunktion zwischen Mü Geminorum und Ceres (der mit einem Kreuz markierte Stern) am 23.8.2026 um 4 Uhr MEZ (5 Uhr MESZ) im umkehrenden Fernrohr

**Vesta** startet am 28. ihre Oppositionsschleife im Sternbild Walfisch. Der Kleinplanet, dessen Helligkeit im August von 7,5 mag auf 7,0 mag ansteigt, erscheint am 1. um 23.17 Uhr MEZ (0.17 Uhr MESZ), am 15. um 22.30 Uhr MEZ (23.30 Uhr MESZ) und am 31. um 21.34 Uhr MEZ (22.34 Uhr MESZ) über dem Horizont.
Vesta kann am besten zum Beginn der Morgendämmerung beobachtet werden, wofür schon ein normaler Feldstecher ausreicht (Aufsuchkarte, Seite 166).

## Periodische Sternschnuppenströme

Am 13. um 8 Uhr MEZ erreichen die Perseiden ihr Maximum. Beobachter, die zu dieser Zeit Nacht haben und den Radianten im Zenit sehen, können bis zu 85 Meteore pro Stunde beobachten. Für mitteleuropäische Beobachter erreichen die Perseiden am 13. um 3 Uhr MEZ mit 47 Meteoren pro Stunde die größte Fallrate. Da der dünne Sichelmond an diesem Tag schon in der hellen Abenddämmerung untergeht, gibt es keine mondbedingten Störungen.
Bis zum 23. sind noch die Juli-Aquariden aktiv, welche am 8. gegen 23 Uhr MEZ ein Nebenmaximum mit bis zu 4 Meteoren pro Stunde erreichen. Für mitteleuropäische Beobachter ist die beste Beobachtungszeit am 9. um 3 Uhr MEZ. Allerdings ist wegen der geringen Höhe des Radianten von diesem Schwarm höchstens eine

Sternschnuppe pro Stunde zu erwarten. Die zu 19% beleuchtete, abnehmende
Mondsichel ist 3 Stunden zuvor aufgegangen und dürfte nur wenig stören.
Vom 3. bis zum 25. kann man die Kappa-Cygniden beobachten, welche am 18. um 13
Uhr MEZ ihr Maximum mit bis zu 2 Meteoren pro Stunde erreichen. Die beste Zeit für
ihre Beobachtung ist am selben Tag um 22 Uhr MEZ, weil dann ihr Radiant seine
größte Höhe erreicht und fast im Zenit steht, doch wird man, weil das Maximum dieses
Stroms nicht sehr ausgeprägt ist, auch am Vor- und Folgetag zu dieser Zeit fast die
maximale Fallrate beobachten können. Der zu 38% beleuchtete, zunehmende Mond
ist zu dieser Zeit schon hinter dem Horizont versunken.
Ab dem 25. ist der schwache Meteorstrom der Alpha-Aurigiden zu sehen.

## Sonnenuntergang und Dämmerung

| | Astr. Anf. | Naut. Anf. | Bürg. Anf. | Auf- gang | Kulm. | Unter- gang | Bürg. Ende | Naut. Ende | Astr. Ende | Zeitgl. |
|---|---|---|---|---|---|---|---|---|---|---|
| 1.8.2026 | 2:16 | 3:24 | 4:14 | 4:53 | 12:30 | 20:06 | 20:45 | 21:36 | 22:41 | -6m24s |
| 2.8.2026 | 2:20 | 3:26 | 4:16 | 4:55 | 12:30 | 20:05 | 20:43 | 21:34 | 22:37 | -6m20s |
| 3.8.2026 | 2:23 | 3:28 | 4:17 | 4:56 | 12:30 | 20:03 | 20:41 | 21:32 | 22:34 | -6m15s |
| 4.8.2026 | 2:26 | 3:30 | 4:19 | 4:57 | 12:30 | 20:02 | 20:40 | 21:29 | 22:31 | -6m10s |
| 5.8.2026 | 2:29 | 3:32 | 4:21 | 4:59 | 12:30 | 20:00 | 20:38 | 21:27 | 22:28 | -6m05s |
| 6.8.2026 | 2:32 | 3:34 | 4:22 | 5:00 | 12:30 | 19:59 | 20:36 | 21:25 | 22:24 | -5m58s |
| 7.8.2026 | 2:35 | 3:36 | 4:24 | 5:02 | 12:30 | 19:57 | 20:34 | 21:23 | 22:21 | -5m52s |
| 8.8.2026 | 2:38 | 3:38 | 4:26 | 5:03 | 12:30 | 19:55 | 20:32 | 21:20 | 22:18 | -5m44s |
| 9.8.2026 | 2:41 | 3:40 | 4:27 | 5:05 | 12:30 | 19:53 | 20:30 | 21:18 | 22:15 | -5m36s |
| 10.8.2026 | 2:44 | 3:42 | 4:29 | 5:06 | 12:29 | 19:52 | 20:28 | 21:16 | 22:12 | -5m28s |
| 11.8.2026 | 2:47 | 3:44 | 4:31 | 5:08 | 12:29 | 19:50 | 20:26 | 21:13 | 22:09 | -5m19s |
| 12.8.2026 | 2:50 | 3:46 | 4:32 | 5:09 | 12:29 | 19:48 | 20:24 | 21:11 | 22:06 | -5m09s |
| 13.8.2026 | 2:53 | 3:48 | 4:34 | 5:11 | 12:29 | 19:46 | 20:22 | 21:09 | 22:03 | -4m59s |
| 14.8.2026 | 2:55 | 3:50 | 4:36 | 5:12 | 12:29 | 19:45 | 20:20 | 21:06 | 22:00 | -4m48s |
| 15.8.2026 | 2:58 | 3:52 | 4:37 | 5:14 | 12:29 | 19:43 | 20:18 | 21:04 | 21:57 | -4m37s |
| 16.8.2026 | 3:01 | 3:54 | 4:39 | 5:15 | 12:28 | 19:41 | 20:16 | 21:01 | 21:54 | -4m25s |
| 17.8.2026 | 3:03 | 3:56 | 4:41 | 5:17 | 12:28 | 19:39 | 20:14 | 20:59 | 21:51 | -4m13s |
| 18.8.2026 | 3:06 | 3:58 | 4:42 | 5:18 | 12:28 | 19:37 | 20:12 | 20:56 | 21:48 | -4m00s |
| 19.8.2026 | 3:09 | 4:00 | 4:44 | 5:20 | 12:28 | 19:35 | 20:10 | 20:54 | 21:45 | -3m46s |
| 20.8.2026 | 3:11 | 4:02 | 4:46 | 5:21 | 12:27 | 19:33 | 20:08 | 20:52 | 21:42 | -3m32s |
| 21.8.2026 | 3:14 | 4:03 | 4:47 | 5:23 | 12:27 | 19:31 | 20:06 | 20:49 | 21:39 | -3m18s |
| 22.8.2026 | 3:16 | 4:05 | 4:49 | 5:24 | 12:27 | 19:29 | 20:04 | 20:47 | 21:36 | -3m03s |
| 23.8.2026 | 3:19 | 4:07 | 4:51 | 5:26 | 12:27 | 19:27 | 20:01 | 20:44 | 21:33 | -2m48s |
| 24.8.2026 | 3:21 | 4:09 | 4:52 | 5:27 | 12:26 | 19:25 | 19:59 | 20:42 | 21:30 | -2m32s |
| 25.8.2026 | 3:23 | 4:11 | 4:54 | 5:29 | 12:26 | 19:23 | 19:57 | 20:39 | 21:27 | -2m16s |
| 26.8.2026 | 3:26 | 4:13 | 4:55 | 5:30 | 12:26 | 19:21 | 19:55 | 20:37 | 21:25 | -1m59s |
| 27.8.2026 | 3:28 | 4:15 | 4:57 | 5:32 | 12:26 | 19:19 | 19:53 | 20:35 | 21:22 | -1m42s |
| 28.8.2026 | 3:30 | 4:16 | 4:59 | 5:33 | 12:25 | 19:17 | 19:51 | 20:32 | 21:19 | -1m24s |
| 29.8.2026 | 3:33 | 4:18 | 5:00 | 5:35 | 12:25 | 19:15 | 19:49 | 20:30 | 21:16 | -1m06s |
| 30.8.2026 | 3:35 | 4:20 | 5:02 | 5:36 | 12:25 | 19:13 | 19:46 | 20:27 | 21:13 | -0m48s |
| 31.8.2026 | 3:37 | 4:22 | 5:04 | 5:38 | 12:24 | 19:10 | 19:44 | 20:25 | 21:10 | -0m30s |

# Mondlauf

| | Rektaszension | Deklination | Elong. | Phase | mag | Auf-gang | Kulm. | Unter-gang |
|---|---|---|---|---|---|---|---|---|
| Sa 1.8.2026 | 22h30m19,2s | -9°43'53" | 153,1° | 0,95 | -12,0 | 21:10 | 2:19 | 7:54 |
| So 2.8.2026 | 23h16m14,8s | -3°48'30" | 141,3° | 0,89 | -11,7 | 21:23 | 3:02 | 9:08 |
| Mo 3.8.2026 | 0h02m23,2s | 2°19'46" | 129,3° | 0,82 | -11,4 | 21:37 | 3:45 | 10:23 |
| Di 4.8.2026 | 0h49m50,4s | 8°26'13" | 117,1° | 0,73 | -11,0 | 21:53 | 4:30 | 11:41 |
| Mi 5.8.2026 | 1h39m46,2s | 14°14'11" | 104,6° | 0,63 | -10,7 | 22:12 | 5:18 | 13:03 |
| Do 6.8.2026 | 2h33m15,5s | 19°24'01" | 91,8° | 0,52 ☽ | -10,2 | 22:39 | 6:10 | 14:27 |
| Fr 7.8.2026 | 3h31m01,8s | 23°32'53" | 78,8° | 0,4 | -9,7 | 23:19 | 7:07 | 15:52 |
| Sa 8.8.2026 | 4h33m00,4s | 26°16'25" | 65,5° | 0,29 | -9,1 | | 8:09 | 17:08 |
| So 9.8.2026 | 5h37m55,8s | 27°13'40" | 51,9° | 0,19 | -8,4 | 0:14 | 9:14 | 18:09 |
| Mo 10.8.2026 | 6h43m28,7s | 26°14'05" | 38,2° | 0,11 | -7,5 | 1:28 | 10:18 | 18:54 |
| Di 11.8.2026 | 7h47m05,8s | 23°22'30" | 24,4° | 0,04 | -6,4 | 2:54 | 11:20 | 19:26 |
| Mi 12.8.2026 | 8h47m01,7s | 18°57'50" | 10,7° | 0,01 ● | -5,1 | 4:23 | 12:17 | 19:48 |
| Do 13.8.2026 | 9h42m44,1s | 13°26'50" | 3,1° | 0 | -4,3 | 5:52 | 13:09 | 20:06 |
| Fr 14.8.2026 | 10h34m39,3s | 7°17'17" | 16,3° | 0,02 | -5,6 | 7:16 | 13:57 | 20:20 |
| Sa 15.8.2026 | 11h23m45,0s | 0°53'51" | 29,2° | 0,06 | -6,7 | 8:35 | 14:43 | 20:34 |
| So 16.8.2026 | 12h11m08,8s | -5°23'15" | 41,8° | 0,13 | -7,6 | 9:53 | 15:27 | 20:48 |
| Mo 17.8.2026 | 12h57m56,9s | -11°18'01" | 53,9° | 0,21 | -8,4 | 11:09 | 16:12 | 21:03 |
| Di 18.8.2026 | 13h45m07,6s | -16°37'34" | 65,7° | 0,3 | -9,0 | 12:23 | 16:57 | 21:22 |
| Mi 19.8.2026 | 14h33m27,7s | -21°10'54" | 77,1° | 0,39 | -9,5 | 13:38 | 17:45 | 21:44 |
| Do 20.8.2026 | 15h23m27,1s | -24°48'13" | 88,3° | 0,49 ☽ | -9,9 | 14:48 | 18:34 | 22:14 |
| Fr 21.8.2026 | 16h15m12,9s | -27°20'35" | 99,2° | 0,58 | -10,3 | 15:53 | 19:24 | 22:54 |
| Sa 22.8.2026 | 17h08m25,6s | -28°40'36" | 110,1° | 0,67 | -10,7 | 16:47 | 20:16 | 23:45 |
| So 23.8.2026 | 18h02m20,9s | -28°43'28" | 121,0° | 0,76 | -11,0 | 17:31 | 21:07 | |
| Mo 24.8.2026 | 18h56m01,5s | -27°28'09" | 132,0° | 0,84 | -11,3 | 18:04 | 21:57 | 0:47 |
| Di 25.8.2026 | 19h48m34,6s | -24°57'52" | 143,0° | 0,9 | -11,6 | 18:29 | 22:45 | 1:57 |
| Mi 26.8.2026 | 20h39m27,0s | -21°19'40" | 154,3° | 0,95 | -12,0 | 18:48 | 23:31 | 3:10 |
| Do 27.8.2026 | 21h28m32,3s | -16°43'32" | 165,7° | 0,98 | -12,3 | 19:04 | | 4:25 |
| Fr 28.8.2026 | 22h16m09,3s | -11°21'22" | 177,4° | 1 ○ | -12,6 | 19:18 | | 5:40 |
| Sa 29.8.2026 | 23h02m55,9s | -5°26'29" | 170,6° | 0,99 | -12,5 | 19:31 | | 6:55 |
| So 30.8.2026 | 23h49m44,1s | 0°46'36" | 158,5° | 0,97 | -12,2 | 19:45 | | 8:11 |
| Mo 31.8.2026 | 0h37m34,0s | 7°01'51" | 146,1° | 0,92 | -11,9 | 20:00 | 2:28 | 9:30 |

# Finsternisse

Am 12. findet eine totale Sonnenfinsternis statt, deren Totalitätszone von Nordsibirien über das Eismeer, die Ostküste Grönlands, die westlichen Gebiete Islands, den östlichen Atlantik und Spanien in das westliche Mittelmeer reicht und die eine maximale Dauer der totalen Verfinsterung von 2m 18s für einen Beobachter bei 65°13' nördlicher Breite und 25°14' westlicher Länge erreicht. In Mitteleuropa ist diese Finsternis mit großen Bedeckungsgrad kurz vor Sonnenuntergang sichtbar. **Bei der Beobachtung sind die auf Seite 26 erwähnten Vorsichtsmaßnahmen zur Sonnenbeobachtung unbedingt zu beachten!**

Die folgende Tabelle enthält den Zeitpunkt des Anfangs, den Zeitpunkt der größten Verfinsterung, den Bedeckungsgrad, also den Anteil der Sonnenfläche, der vom Mond zum Zeitpunkt der größten Verfinsterung bedeckt wird, die Größe und den Zeitpunkt des Endes für einige Städte in Deutschland. Auch findet man in ihr ein Bild, welches die Sonne zum Zeitpunkt der maximalen Verfinsterung zeigt. Es ist in der Spalte „Sonne zur Mitte" zu finden.

| Ort | Anfang (MEZ) | Größte Verfinsterung (MEZ) | Größe | Bedeckungsgrad | Sonne zum Zeitpunkt der größten Verfinsterung | Ende (Sonnenuntergang) (MEZ) |
|---|---|---|---|---|---|---|
| Berlin | 18:15:37 | 19:08:37 | 0,8738 | 0,8481 | | 19:38 |
| Bern | 18:25:33 | 19:19:14 | 0,9258 | 0,9143 | | 19:46 |
| Dresden | 18:18:02 | 19:10:47 | 0,8808 | 0,8570 | | 19:32 |
| Frankfurt | 18:20:07 | 19:13:51 | 0,8999 | 0,8814 | | 19:50 |
| Hamburg | 18:14:06 | 19:07:57 | 0,8779 | 0,8535 | | 19:55 |
| Hannover | 18:16:10 | 19:09:57 | 0,8842 | 0,8615 | | 19:52 |
| Köln | 18:18:45 | 19:13:00 | 0,9005 | 0,8823 | | 19:59 |
| Leipzig | 18:17:44 | 19:10:48 | 0,8825 | 0,8592 | | 19:39 |
| München | 18:23:09 | 19:16:00 | 0,9050 | 0,8877 | | 19:33 |
| Nürnberg | 18:21:02 | 19:14:08 | 0,8972 | 0,8779 | | 19:38 |
| Stuttgart | 18:22:20 | 19:15:48 | 0,9071 | 0,8905 | | 19:44 |
| Wien | 18:22:12 | 19:14:02 | 0,8938 | 0,8733 | | 19:14 |

Da Island und Spanien touristisch gut erschlossen sind, dürfte mancher Leser das Interesse haben, die Finsternis im Sichtbarkeitsgebiet der totalen Zone zu verfolgen, so dass die entsprechenden Kontaktzeiten für mehrere Orte in diesen Ländern angeführt werden.

## Verlauf für Orte in Island

| Ort | Anfang partielle Verfinsterung (WZ) | Anfang totale Verfinsterung (WZ) | Dauer | Größe | Ende totale Verfinsterung (WZ) | Ende partielle Verfinsterung (WZ) |
|---|---|---|---|---|---|---|
| Reykjavik | 16:47:11 | 17:48:15 | 1 m 02 s | 1,038 | 17:49:17 | 18:47:38 |
| Reykjanesbaer | 16:47:11 | 17:48:04 | 1 m 39 s | 1,038 | 17:49:43 | 18:47:52 |

## Verlauf für Orte in Spanien

| Ort | Anfang partielle Verfinsterung (MEZ) | Anfang totale Verfinsterung (MEZ) | Dauer | Größe | Ende totale Verfinsterung (MEZ) | Ende partielle Verfinsterung (MEZ) |
|---|---|---|---|---|---|---|
| Gijón | 18:31:02 | 19:26:47 | 1 m 45 s | 1,034 | 19:28:32 | 20:20:45 |
| Santander | 18:31:19 | 19:26:55 | 1 m 02 s | 1,034 | 19:27:57 | 20:18:17 |
| Oviedo | 18:31:19 | 19:27:04 | 1 m 48 s | 1,034 | 19:28:52 | 20:21:04 |
| Bilbao | 18:31:47 | 19:27:22 | 0 m 30 s | 1,034 | 19:27:52 | 20:14:15 |
| A Coruña | 18:30:56 | 19:27:40 | 1 m 15 s | 1,034 | 19:28:56 | 20:21:59 |
| León | 18:32:43 | 19:28:19 | 1 m 44 s | 1,034 | 19:30:04 | 20:22:06 |
| Burgos | 18:33:21 | 19:28:24 | 1 m 43 s | 1,033 | 19:30:07 | 20:15:25 |
| Saragossa | 18:34:40 | 19:29:01 | 1 m 24 s | 1,032 | 19:30:25 | 20:02:52 |
| Tarragona | 18:35:33 | 19:29:28 | 1 m 00 s | 1,032 | 19:30:28 | 19:53:18 |
| Valladolid | 18:34:30 | 19:29:52 | 1 m 27 s | 1,033 | 19:31:19 | 20:18:12 |
| Palma de Mallorca | 18:38:03 | 19:31:04 | 1 m 36 s | 1,031 | 19:32:40 | 19:44:48 |
| Castellón de la Plana | 18:37:31 | 19:31:19 | 1 m 34 s | 1,032 | 19:32:52 | 19:56:20 |
| Alcobendas | 18:36:32 | 19:31:57 | 0 m 24 s | 1,033 | 19:32:21 | 20:11:42 |
| Valencia | 18:38:23 | 19:32:27 | 1 m 01 s | 1,032 | 19:33:28 | 19:56:31 |
| Ibiza | 18:39:14 | 19:32:44 | 1 m 04 s | 1,031 | 19:33:48 | 19:48:28 |

Am Morgen des 28. ereignet sich eine partielle Mondfinsternis mit einer Größe von 0,93. Diese Finsternis nimmt folgenden Verlauf (alle Zeiten in MEZ)

140

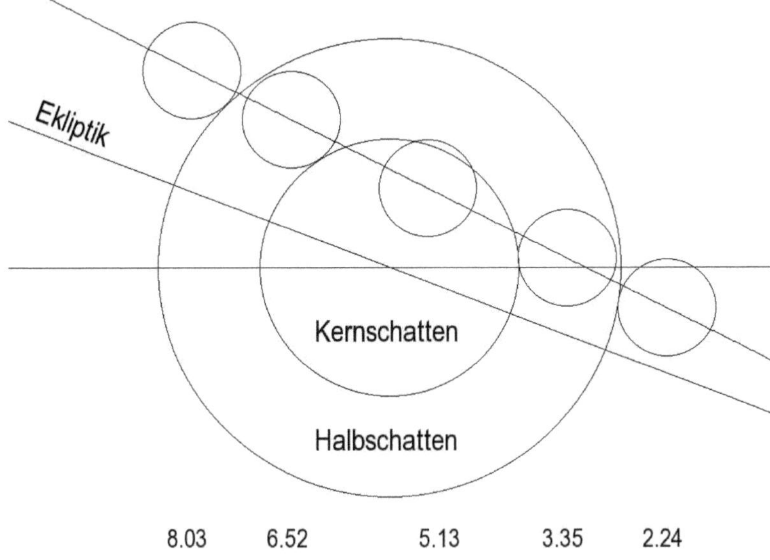


Monduntergang für verschiedene Orte im deutschsprachigen Raum am 28.8.2026 (alle Zeiten in MEZ)

| Bern | Berlin | Dresden | Frankfurt | Hamburg | Hannover |
|---|---|---|---|---|---|
| 5:52 | 5:17 | 5:18 | 5:41 | 5:29 | 5:33 |

| Köln | Leipzig | München | Nürnberg | Stuttgart | Wien |
|---|---|---|---|---|---|
| 5:47 | 5:24 | 5:33 | 5:32 | 5:42 | 5:12 |

Der Mond geht an diesem Tag für Beobachter im deutschsprachigen Raum – je nach Beobachtungsort – zum Zeitpunkt der maximalen Verfinsterung oder kurz danach unter, so dass von diesem Ereignis in Mitteleuropa nur die erste Hälfte zu sehen ist. In Südamerika und den westlichen Gebieten Nordamerikas kann sie in ihrer ganzen Länge beobachtet werden.

## Jupitermond-Ereignisse

| Datum | Uhrzeit (MEZ) | Mond | Erscheinung | Phase |
|---|---|---|---|---|
| 24.8.2026 | 05:08:04 | Io | Schattenvorübergang | Anfang |
| 25.8.2026 | 04:59:46 | Io | Bedeckung | Ende |
| 29.8.2026 | 04:44:20 | Europa | Bedeckung | Ende |

# September

## Sternenhimmel

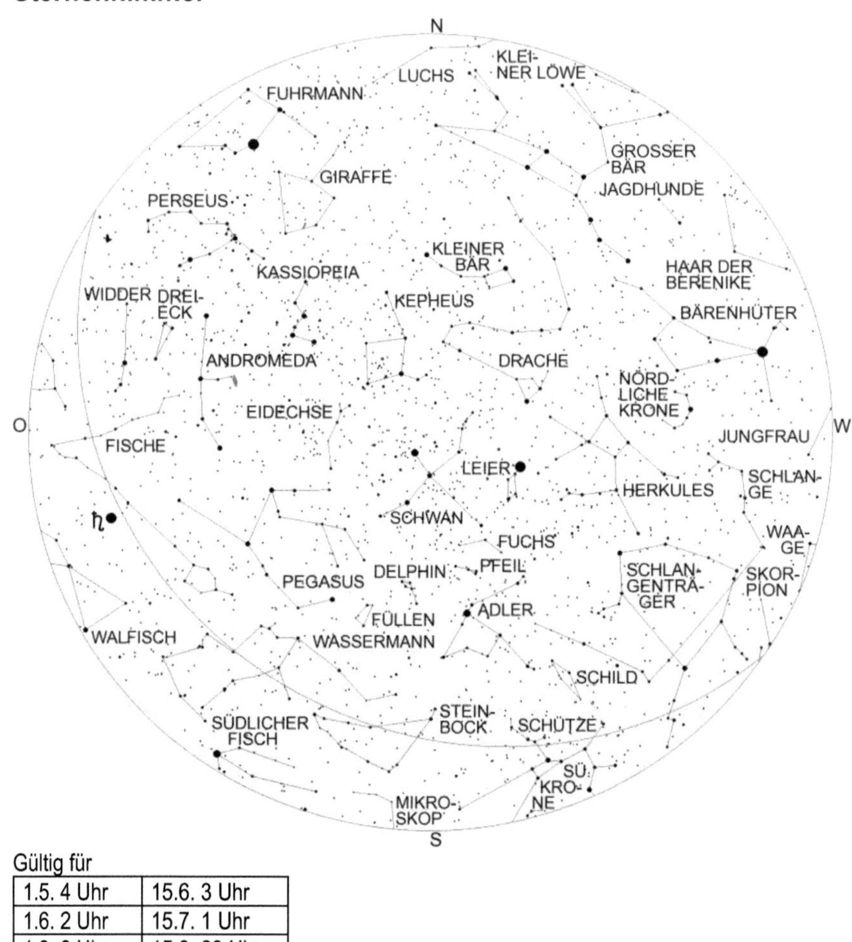


Gültig für

| | |
|---|---|
| 1.5. 4 Uhr | 15.6. 3 Uhr |
| 1.6. 2 Uhr | 15.7. 1 Uhr |
| 1.8. 0 Uhr | 15.8. 23 Uhr |
| **1.9. 22 Uhr** | 15.9. 21 Uhr |
| 1.10. 20 Uhr | 15.10. 19 Uhr |

Die Sternbilder Waage, Skorpion und Jungfrau sind fast vollständig verschwunden und
der Schlangenträger steht zusammen mit der Schlange über dem Südwesthorizont. Im
Südsüdwesten erkennt man das Sternbild Schütze. Östlich davon, kurz vor der

Kulmination, befindet sich das Sternbild Steinbock, welches nur aus lichtschwachen Sternen besteht.

Im Südosten und Osten erblickt man die ausgedehnten, ebenfalls nur aus lichtschwachen Sternen bestehenden Sternbilder Wassermann und Fische. Letzteres setzt sich nur aus Sternen mit einer maximalen Helligkeit von 4 mag zusammen, während der Wassermann über einige Sterne 3. Größe verfügt.

Allerdings sieht man in diesem Jahr in dieser Region im aufgehenden Sternbild Walfisch einen hellen „Stern" und zwar den Ringplaneten Saturn. Um seinen Ring zu sehen, braucht man aber ein Fernrohr mit mindestens 5 Zentimeter Objektivöffnung und 30-facher Vergrößerung.

Hoch am Himmel erblickt man den Schwan, durch den die Milchstraße verläuft, welche sich im Feldstecher als ein echtes „Sternenmeer" präsentiert. Der südlichste helle Stern des Schwans, Albireo, ist einer der schönsten Doppelsterne des Himmels. Er kann schon mit einem Feldstecher aufgelöst werden. Albireo besteht aus einem orangerotem, 3,1 mag hellen Stern, der von einem 5,1 mag hellen, blauen Stern in 34" Abstand begleitet wird.

Östlich des Schwans findet man den Pegasus und das Sternbild Andromeda. In diesem Sternbild gibt es neben den schon mit bloßem Auge als schwaches Nebelfleckchen sichtbaren Andromedanebel den Doppelstern Alamak, der schon in kleinen Fernrohren aufgelöst werden kann und der aus einem orangefarbenen Hauptstern mit blauem Begleiter besteht.

Zwischen dem Horizont und dem Sternbild Andromeda erkennt man das Tierkreissternbild Widder und das kleine Sternbild Dreieck. Tief im Nordosten bemerkt man, dass der Fuhrmann und der Perseus wieder höher steigen – erste Vorboten des Winters.

## Astronomische Ereignisse

| Datum | Uhrzeit | Ereignis | Elongation |
|---|---|---|---|
| 1.9.2026 | 08:02:56 | Mond 19,2° nördlich Pallas | 130,1° |
| 1.9.2026 | 15:00:31 | Mond 15,4° nördlich Vesta | 126° |
| 1.9.2026 | 18:55:51 | Mond 6,5° südlich Hamal | 120,75° |
| 3.9.2026 | 04:24:25 | Venus 1,7° südlich Spika | 43,6° |
| 3.9.2026 | 12:13:00 | Mond in größter Nordbreite | |
| 3.9.2026 | 14:36:55 | Mond 27,5' nördlich der Plejaden | 100,6° |
| 3.9.2026 | 23:00:35 | Mond 4,6° nördlich Uranus | 94,9° |
| 4.9.2026 | 08:51:23 | Letztes Viertel | |
| 4.9.2026 | 09:26:55 | Mond 10,3° nördlich Aldebaran | 90,2° |
| 4.9.2026 | 12:41:02 | Venus im Aphel (Abstand Venus-Sonne: 108942385 km) | |
| 4.9.2026 | 13:43:14 | Merkur 24' südlich Sigma Leonis | 7,3° |
| 5.9.2026 | 02:37:50 | Mond 1,1° südlich Elnath | 79,6° |
| 5.9.2026 | 21:13:41 | Mond 4,35° nördlich Eta Geminorum | 69,5° |
| 5.9.2026 | 23:44:50 | Mond 4,3° nördlich Mü Geminorum | 67,7° |

| Datum | Uhrzeit | Ereignis | Elongation |
|---|---|---|---|
| 6.9.2026 | 04:38:53 | Mond 4° nördlich Ceres | 65° |
| 6.9.2026 | 05:30:42 | Mond 10,5° nördlich Alhena | 64,3° |
| 6.9.2026 | 08:43:15 | Mond 1,55° nördlich Epsilon Geminorum | 63,5° |
| 6.9.2026 | 19:41:35 | Mond 2° nördlich Mars | 57,2° |
| 6.9.2026 | 21:21:11 | Mond im Perigäum | |
| 7.9.2026 | 02:53:33 | Mond 7,5° südlich Kastor | 52,7° |
| 7.9.2026 | 07:48:21 | Mond 4,1° südlich Pollux | 50,4° |
| 7.9.2026 | 11:36:58 | Ceres 6,5° nördlich Alhena | 65,5° |
| 8.9.2026 | 05:17:34 | Mond 2,3' nördlich M44 | 38° |
| 8.9.2026 | 19:54:21 | Mond 11' südlich Jupiter | 30,8° |
| 9.9.2026 | 05:26:16 | Merkur 13' nördlich Beta Virginis | 11° |
| 9.9.2026 | 14:31:37 | Mars 51' nördlich Delta Geminorum | 58° |
| 9.9.2026 | 20:27:48 | Mond im absteigenden Knoten | |
| 9.9.2026 | 21:44:10 | Mond 1,5° südlich Regulus | 16,5° |
| 10.9.2026 | 19:09:19 | Uranus stationär, dann rückläufig | |
| 11.9.2026 | 04:27:03 | Neumond | -2,15° |
| 11.9.2026 | 23:06:48 | Ceres 2,2° südlich Epsilon Geminorum | 68,7° |
| 12.9.2026 | 07:03:35 | Mond 4,25° südlich Merkur | 13,1° |
| 13.9.2026 | 00:55:22 | Mond 7,6° südlich Porrima | 20,45° |
| 13.9.2026 | 23:26:12 | Mond 3,2° südlich Spika | 33,1° |
| 14.9.2026 | 05:49:29 | Juno stationär, dann rechtläufig | |
| 14.9.2026 | 08:57:14 | Ceres im aufsteigenden Knoten | |
| 14.9.2026 | 11:08:56 | Mond bedeckt Venus, siehe Seite 247 | 41,2° |
| 15.9.2026 | 02:39:58 | Mars 9,5° südlich Kastor | 60,1° |
| 15.9.2026 | 16:47:08 | Mond 6,6° südlich Zuben-el-dschenubi | 52,6° |
| 16.9.2026 | 16:55:39 | Mond in größter Südbreite | |
| 17.9.2026 | 00:45:36 | Merkur im absteigenden Knoten | |
| 17.9.2026 | 03:31:11 | Mond 6,7° südlich Akrab | 69,3° |
| 17.9.2026 | 12:59:45 | Mond 1,2° südlich Antares | 75,6° |
| 17.9.2026 | 22:42:53 | Merkur 3,15° südlich Porrima | 15,7° |
| 18.9.2026 | 21:43:47 | Erstes Viertel | |
| 19.9.2026 | 03:59:57 | Mond im Apogäum | |
| 19.9.2026 | 04:54:21 | Mars 6° südlich Pollux | 61,6° |
| 19.9.2026 | 21:32:42 | Vesta in größter Südbreite | |
| 20.9.2026 | 07:35:12 | Mond 43' südlich Nunki | 105,3° |
| 21.9.2026 | 05:51:52 | Mond 13,4° südlich Juno | 115,1° |
| 22.9.2026 | 00:47:52 | Mond 7,7° südlich Beta Capricorni | 123,6° |
| 22.9.2026 | 02:46:36 | Mond 1,6° nördlich Pluto | 124° |
| 22.9.2026 | 18:03:00 | Venus in größtem Glanz, -4.6 mag | |
| 23.9.2026 | 01:05:06 | Herbstanfang | |
| 23.9.2026 | 17:07:19 | Mond 1,3° nördlich Delta Capricorni | 143,2° |
| 24.9.2026 | 03:24:29 | Mond im aufsteigenden Knoten | |

| Datum | Uhrzeit | Ereignis | Elongation |
|---|---|---|---|
| 25.9.2026 | 05:38:27 | Neptun in Erdnähe<br>(Abstand Erde-Neptun: 4319754139 km) | |
| 26.9.2026 | 01:34:54 | Merkur 59' nördlich Spika | 20,9° |
| 26.9.2026 | 02:43:46 | Neptunopposition | |
| 26.9.2026 | 16:07:29 | Venus in größter Südbreite | |
| 26.9.2026 | 17:49:10 | Vollmond | |
| 26.9.2026 | 18:52:01 | Mond 3,8° nördlich Neptun | 177,8° |
| 27.9.2026 | 09:51:00 | Merkur im Aphel<br>(Abstand Merkur-Sonne: 69817793 km) | |
| 27.9.2026 | 12:57:33 | Mond 6,1° nördlich Saturn | 169,8° |
| 28.9.2026 | 09:38:28 | Mond 25,1° nördlich Pallas | 157,8° |
| 28.9.2026 | 15:05:06 | Mond 16,5° nördlich Vesta | 155,7° |
| 29.9.2026 | 02:12:22 | Mond 6,05° südlich Hamal | 146,5° |
| 30.9.2026 | 17:02:51 | Mond in größter Nordbreite | |
| 30.9.2026 | 18:40:59 | Mond 10' nördlich der Plejaden | 127,1° |

# Planeten

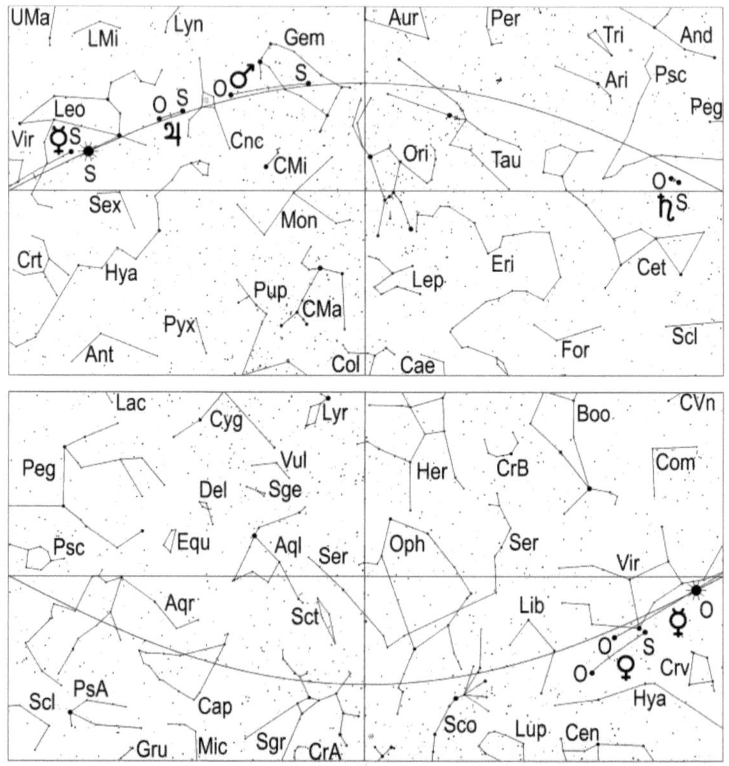

**Merkur** ist zumindest in mitteleuropäischen Breiten in diesem Monat nicht zu sehen.

**Venus** wandert durch das Sternbild Jungfrau, wobei sie am 3. Spika in 1,7° südlichem Abstand passiert. Wegen der hellen Dämmerung ist dieser Stern nicht mehr ohne optische Hilfsmittel zu erkennen. Im Laufe des Monats strebt Venus immer südlicheren Deklinationen entgegen. Dies hat zur Folge, dass ihre Sichtbarkeitsdauer am Abendhimmel immer kürzer wird und sie zum Monatsende von diesem verschwindet. Gleichzeitig steigt ihre Helligkeit bis zum 22., an dem sie ihr Helligkeitsmaximum erreicht, leicht von -4,5 mag auf -4,6 mag an, sodass sie durchaus schon vor Sonnenuntergang sichtbar sein kann.
Am 1. verschwindet der Abendstern 57 Minuten nach der Sonne um 20.05 Uhr MEZ (21.05 Uhr MESZ), am 10. 46 Minuten nach der Sonne um 19.35 Uhr MEZ (20.35 Uhr MESZ) und am 22. 28 Minuten nach der Sonne um 18.50 Uhr MEZ (19.50 Uhr MESZ) hinter dem Horizont.

146

Sie kann am leichtesten unmittelbar nach Sonnenuntergang gesichtet werden, wofür eine gute Horizontsicht erforderlich ist.

Wann Venus zum letzten Mal freiäugig sichtbar ist, lässt sich schwierig sagen, da sie bei klarem Wetter schon vor Sonnenuntergang sichtbar sein kann. Um sie zu dieser Zeit aufzusuchen, sollte man sich an einen schattigen Platz mit freiem Blick in Richtung Südwesten begeben.

Vielleicht gelingen derartige Beobachtungen noch am Monatsende.

In den späten Vormittagsstunden des 14. bedeckt der Mond die Venus (Kontaktzeiten, siehe Seite 247). Bei klarem Wetter kann dieses Ereignis mit einem Fernrohr beobachtet werden, wobei sehr sorgfältig vorgegangen werden muss, damit die Sonne nicht ins Blickfeld gerät (Erblindungsgefahr!).

Im Fernrohr bemerkt man, dass der Abendstern zu einer immer dünneren Sichel mit zunehmendem Durchmesser wird: am 1. ist sie bei einem Durchmesser von 30,4" zu 38% beleuchtet, am 15. misst ihr zu 28% beleuchtetes Scheibchen 37,5" im Durchmesser und am 30. hat ihr zu 15% beschienenes Scheibchen einen Durchmesser von 47,8".

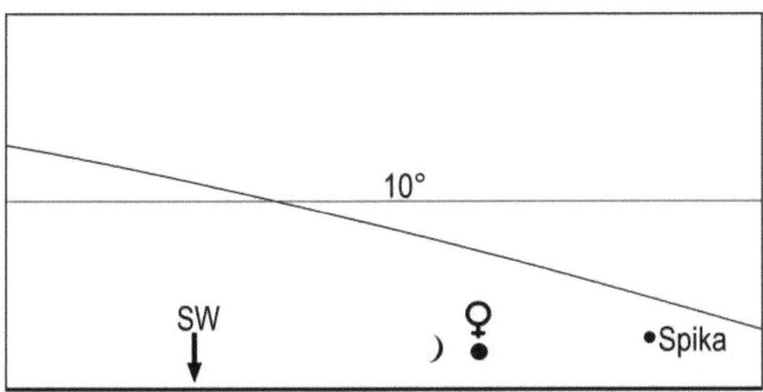


Mond und Venus am 14.9.2026 um 19 Uhr MEZ (20 Uhr MESZ). Mit bloßem Auge sind nur Mond und Venus zu sehen

**Mars** ist ein gut sichtbares Objekt am Morgenhimmel, welches im September zunächst durch die östlichen Gebiete der Zwillinge wandert und kurz vor Monatsende in das Sternbild Krebs wechselt.

Hierbei zieht der rote Planet, dessen Helligkeit im September von 1,3 mag auf 1,1 mag ansteigt, am 15. 9,5° südlich an Kastor und am 19. 6° südlich an Pollux vorbei.

Sein Aufgang verfrüht sich im September nur unwesentlich von 0.33 Uhr MEZ (1.33 Uhr MESZ) am 1., auf 0.22 Uhr MEZ (1.22 Uhr MESZ) am 15. und auf 0.11 Uhr MEZ (1.11 Uhr MESZ) am 30.

In den Morgenstunden des 7. findet man den abnehmenden Mond nahe Mars.

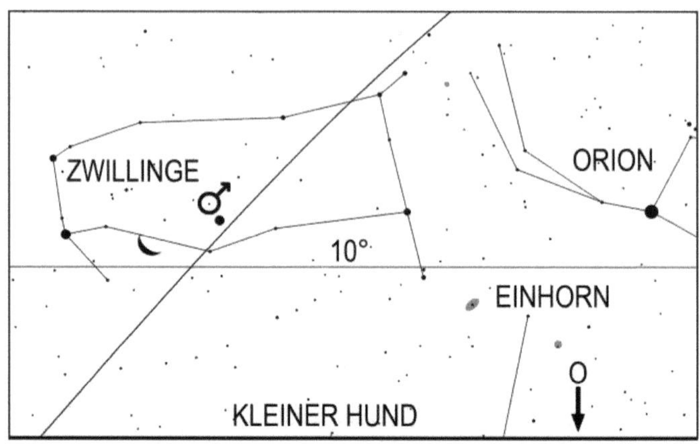

Mond und Mars am 7.9.2026 um 2 Uhr MEZ (3 Uhr MESZ)

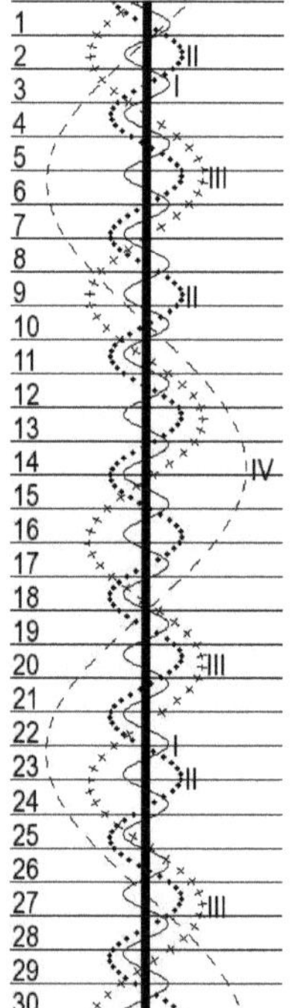

**Jupiter** wandert zunächst rechtläufig durch die östlichen Gebiete des Sternbildes Krebses bevor er kurz vor Monatsende in das Sternbild Löwe übertritt. Der Riesenplanet erscheint am 1. um 3.18 Uhr MEZ (4.18 Uhr MESZ), am 15. um 2.38 Uhr MEZ (3.38 Uhr MESZ) und am 30. um 1.56 Uhr MEZ (2.56 Uhr MESZ) über dem Horizont

Seine Helligkeit nimmt im Laufe des Monats von -1,8 mag auf -1,9 mag zu und sein Scheibchendurchmesser wächst im September von 31,8" auf 33,3".

Am Morgen des 16. findet man die abnehmende Mondsichel in der Nähe des Riesenplaneten.

Stellung der 4
hellen Jupiter-
monde im
September 2026

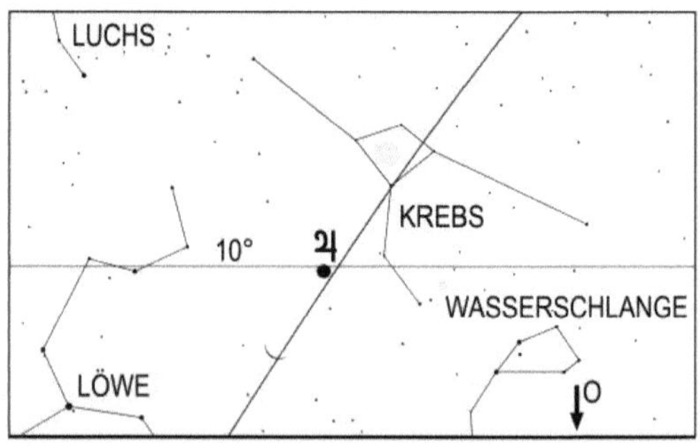

Mond und Jupiter am 9.9.2026 um 4 Uhr MEZ (5 Uhr MESZ)

148

**Saturn** wandert rückläufig von den Fischen in den Walfisch und wird im September zum Planeten der ganzen Nacht. Er geht am 1. um 20.17 Uhr MEZ (21.17 Uhr MESZ), am 15. um 19.21 Uhr MEZ (20.21 Uhr MESZ) und am 30. um 18.19 Uhr MEZ (19.19 Uhr MESZ) auf.
Im Laufe des Monats steigt seine Helligkeit leicht von 0,5 mag auf 0,3 mag an und sein Scheibchendurchmesser nimmt von 19,4" auf 19,8" zu, während der Öffnungswinkel seines Ringsystems von 9° auf 8° zurückgeht.
Am Abend des 27. hält sich der Mond in der Nähe von Saturn auf.

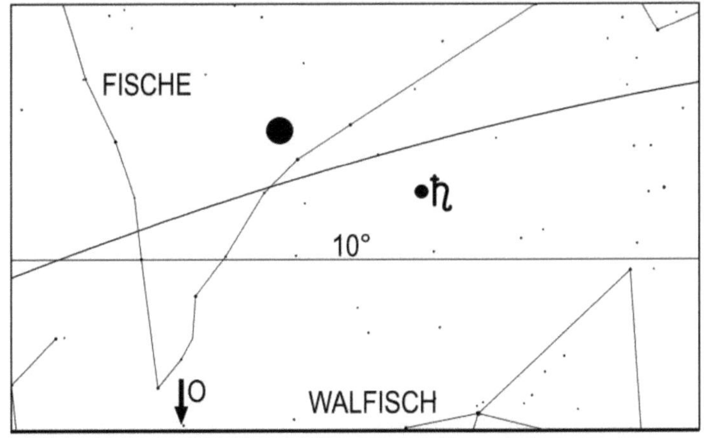


Mond und Saturn am Abendhimmel des 27.9.2026 um 20 Uhr MEZ (21 Uhr MESZ)

**Uranus** setzt am 10. zu seiner Oppositionsschleife im Sternbild Stier an. Der grünliche Planet geht am 1. um 22.01 Uhr MEZ (23.01 Uhr MESZ), am 15. um 21.06 Uhr MEZ (22.06 Uhr MESZ) und am 30. um 20.07 Uhr MEZ (21.07 Uhr MESZ) auf und erreicht seine höchste Stellung im Süden am 1. um 5.58 Uhr MEZ (6.58 Uhr MESZ), am 15. um 5.03 Uhr MEZ (6.03 Uhr MESZ) und am 30. um 4.03 Uhr MEZ (5.03 Uhr MESZ). Uranus, dessen Helligkeit im September von 5,7 mag auf 5,6 mag ansteigt, kann jetzt gut in den Morgenstunden mit einem Fernglas oder Fernrohr aufgesucht werden, vielleicht ist bei klarem Himmel sogar eine freiäugige Beobachtung möglich (Aufsuchkarte, Seite 184).

**Neptun** steht am 25. in Opposition zur Sonne. Der 7,8 mag helle Planet, der am 16. den Himmelsäquator in südliche Richtung überschreitet, hält sich im Sternbild Fische auf und kann am besten um Mitternacht beobachtet werden, wofür mindestens ein Fernglas nötig ist (Aufsuchkarte, Seite 150).
Mit einem scheinbaren Durchmesser von 2,3" erscheint Neptun im Feldstecher als Stern und in größeren Fernrohren als ein kleines, bläuliches Scheibchen.

Am 25. erreicht Neptun mit 4319754139 km seine geringste Entfernung zur Erde. Ein Lichtstrahl braucht für diese Strecke etwas mehr als 4 Stunden.

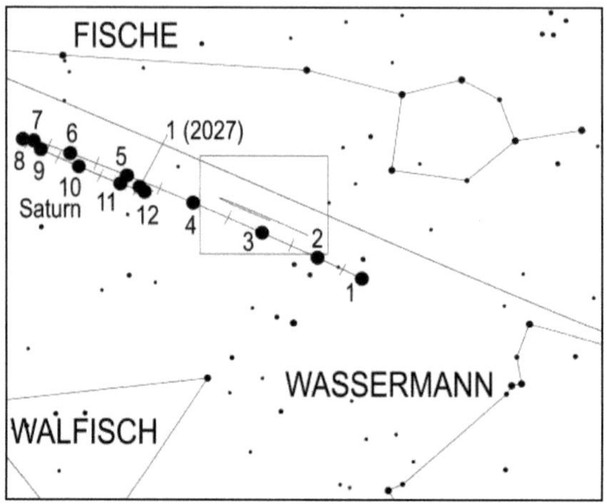


Übersichtskarte zum Aufsuchen des Planeten Neptun. Die Zahl gibt die Position von Saturn am 1. des entsprechenden Monats an, also 4 die Position am 1.4.
Die nächste Sternkarte zeigt vergrößert den rechteckigen Ausschnitt.

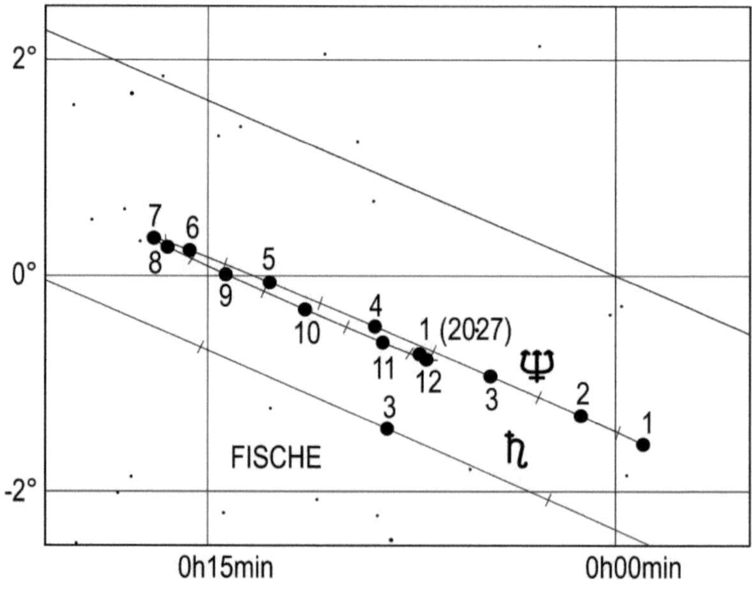


Lauf des Planeten Neptun im Jahr 2026. Die Zahl gibt die Position am 1. des entsprechenden Monats an, also 4 die Position am 1.4.

150

# Klein- und Zwergplaneten

**Ceres** wandert durch die Zwillinge und verlagert ihren Aufgang in die erste Nachthälfte, denn sie erscheint am 1. um 0.09 Uhr MEZ (1.09 Uhr MESZ), am 15. um 23.30 Uhr MEZ (0.30 Uhr MESZ) und am 30. um 22.48 Uhr MEZ (23.48 Uhr MESZ) über dem Horizont.
Der Zwergplanet, dessen Helligkeit im September von 8,9 mag auf 8,7 mag ansteigt, kann am besten zu Beginn der Morgendämmerung mit einem Fernrohr oder einem lichtstarken Feldstecher aufgesucht werden (Aufsuchkarte, Seite 200).

**Pallas** wandert rückläufig durch den Walfisch und strebt ihrer Opposition entgegen. Ihre Helligkeit nimmt im Laufe des Monats von 8,9 mag auf 8,3 mag zu und ihr Aufgang verfrüht sich von 21.38 Uhr MEZ (22.38 Uhr MESZ) am 1., auf 20.57 Uhr MEZ (21.57 Uhr MESZ) am 15. und auf 20.10 Uhr MEZ (21.10 Uhr MESZ) am 30. Sie kann am besten zum Zeitpunkt ihrer Kulmination, welche am 1. um 3.23 Uhr MEZ (4.23 Uhr MESZ), am 15. um 2.25 Uhr MEZ (3.25 Uhr MESZ) und am 30. um 1.17 Uhr MEZ (2.17 Uhr MESZ) erfolgt, mit einem Fernrohr oder einem lichtstarken Feldstecher aufgesucht werden (Aufsuchkarte, Seite 166).

**Juno** beendet am 14. ihre Oppositionsschleife. Der Kleinplanet, dessen Helligkeit in diesem Monat von 9,5 mag auf 9,9 mag zurückgeht, wandert vom Adler in den Schützen.
Juno kulminiert am 1. um 21.25 Uhr MEZ (22.25 Uhr MESZ) und geht um 2.47 Uhr MEZ (3.47 Uhr MESZ) unter. Am 15. erreicht sie ihren höchsten Stand im Süden um 20.28 Uhr MEZ (21.28 Uhr MESZ) und versinkt um 1.42 Uhr MEZ (2.42 Uhr MESZ) hinter dem Horizont, während sie am Monatsletzten um 19.32 Uhr MEZ (20.32 Uhr MESZ) am höchsten am Firmament steht und um 0.39 Uhr MEZ (1.39 Uhr MESZ) von diesem verschwindet.
Sie kann am besten in den Abendstunden zu ihrer Kulminationszeit beobachtet werden, wofür wegen ihrer geringen Helligkeit ein Fernrohr nötig ist (Aufsuchkarte, Seite 120).

**Vesta** bewegt sich – wie Pallas – rückläufig durch den Walfisch und strebt ihrer Opposition entgegen. Allerdings ist sie mit ihrer größeren Helligkeit, die im Laufe des Monats von 7,0 mag auf 6,5 mag ansteigt, viel leichter als diese zu beobachten.
Ihr Aufgang erfolgt am 1. um 21.31 Uhr MEZ (22.31 Uhr MESZ), am 15. um 20.37 Uhr MEZ (21.37 Uhr MESZ) und am 30. um 19.35 Uhr MEZ (20.35 Uhr MESZ).
Am besten kann Vesta zum Zeitpunkt ihrer Kulmination, welche am 1. um 3.41 Uhr MEZ (4.41 Uhr MESZ), am 15. um 2.41 Uhr MEZ (3.41 Uhr MESZ) und am 30. um 1.32 Uhr MEZ (2.32 Uhr MESZ) erfolgt, beobachtet werden, was mit einem Feldstecher problemlos möglich ist (Aufsuchkarte, Seite 166).

## Periodische Sternschnuppenströme

Bis zum 5. sind noch die Alpha-Aurigiden aktiv, welche am 1. um 13 Uhr MEZ ihr
Maximum mit bis zu 4 Meteoren pro Stunde erreichen. Für mitteleuropäische Beobachter ist am 1. um 4 Uhr MEZ die beste Sichtbarkeitszeit, doch ist auch dann
höchstens ein Meteor pro Stunde zu erwarten.
Der zu über 80% beleuchtete, abnehmende Mond, welcher in den frühen
Abendstunden des Vortags aufgegangen ist, kann bei ihrer Beobachtung erheblich
stören.
Zwischen dem 5. und dem 21. sind die Epsilon-Perseiden beobachtbar. Dieser Strom
erreicht am 8. um 16 Uhr MEZ sein Maximum mit bis zu 3 Sternschnuppen pro Stunde
und ist am besten in der zweiten Nachthälfte zu sehen. Der dünne, abnehmende
Sichelmond, der in den frühen Morgenstunden über dem Horizont erscheint, dürfte bei
ihrer Beobachtung nicht stören.
Während des ganzen Monats kann man die Pisciden beobachten, welche am 20. ihr
Maximum mit bis zu 2 Meteoren pro Stunde erreichen. Der zunehmende Mond kann
an diesem Tag ihre Beobachtung in der ersten Nachthälfte beeinträchtigen.
Ab dem 10. tauchen die ersten Nord-Tauriden auf, denen am 20. die ersten Delta-
Aurigiden folgen.

## Sonnenuntergang und Dämmerung

| | Astr. Anf. | Naut. Anf. | Bürg. Anf. | Auf- gang | Kulm. | Unter- Gang | Bürg. Ende | Naut. Ende | Astr. Ende | Zeitgl. |
|---|---|---|---|---|---|---|---|---|---|---|
| 1.9.2026 | 3:39 | 4:24 | 5:05 | 5:39 | 12:24 | 19:08 | 19:42 | 20:22 | 21:07 | -0m11s |
| 2.9.2026 | 3:41 | 4:25 | 5:07 | 5:41 | 12:24 | 19:06 | 19:40 | 20:20 | 21:05 | 0m07s |
| 3.9.2026 | 3:44 | 4:27 | 5:08 | 5:42 | 12:23 | 19:04 | 19:38 | 20:18 | 21:02 | 0m27s |
| 4.9.2026 | 3:46 | 4:29 | 5:10 | 5:44 | 12:23 | 19:02 | 19:35 | 20:15 | 20:59 | 0m46s |
| 5.9.2026 | 3:48 | 4:31 | 5:12 | 5:45 | 12:23 | 19:00 | 19:33 | 20:13 | 20:56 | 1m06s |
| 6.9.2026 | 3:50 | 4:33 | 5:13 | 5:47 | 12:22 | 18:57 | 19:31 | 20:10 | 20:53 | 1m26s |
| 7.9.2026 | 3:52 | 4:34 | 5:15 | 5:48 | 12:22 | 18:55 | 19:29 | 20:08 | 20:51 | 1m47s |
| 8.9.2026 | 3:54 | 4:36 | 5:16 | 5:49 | 12:22 | 18:53 | 19:26 | 20:06 | 20:48 | 2m07s |
| 9.9.2026 | 3:56 | 4:38 | 5:18 | 5:51 | 12:21 | 18:51 | 19:24 | 20:03 | 20:45 | 2m28s |
| 10.9.2026 | 3:58 | 4:40 | 5:20 | 5:52 | 12:21 | 18:49 | 19:22 | 20:01 | 20:43 | 2m49s |
| 11.9.2026 | 4:00 | 4:41 | 5:21 | 5:54 | 12:21 | 18:46 | 19:19 | 19:59 | 20:40 | 3m09s |
| 12.9.2026 | 4:02 | 4:43 | 5:23 | 5:55 | 12:20 | 18:44 | 19:17 | 19:56 | 20:37 | 3m31s |
| 13.9.2026 | 4:03 | 4:45 | 5:24 | 5:57 | 12:20 | 18:42 | 19:15 | 19:54 | 20:35 | 3m52s |
| 14.9.2026 | 4:05 | 4:46 | 5:26 | 5:58 | 12:20 | 18:40 | 19:13 | 19:51 | 20:32 | 4m13s |
| 15.9.2026 | 4:07 | 4:48 | 5:27 | 6:00 | 12:19 | 18:38 | 19:10 | 19:49 | 20:29 | 4m34s |
| 16.9.2026 | 4:09 | 4:50 | 5:29 | 6:01 | 12:19 | 18:35 | 19:08 | 19:47 | 20:27 | 4m56s |
| 17.9.2026 | 4:11 | 4:51 | 5:30 | 6:03 | 12:19 | 18:33 | 19:06 | 19:44 | 20:24 | 5m17s |
| 18.9.2026 | 4:13 | 4:53 | 5:32 | 6:04 | 12:18 | 18:31 | 19:04 | 19:42 | 20:22 | 5m39s |
| 19.9.2026 | 4:14 | 4:55 | 5:34 | 6:06 | 12:18 | 18:29 | 19:01 | 19:40 | 20:19 | 6m00s |
| 20.9.2026 | 4:16 | 4:56 | 5:35 | 6:07 | 12:17 | 18:26 | 18:59 | 19:37 | 20:17 | 6m21s |
| 21.9.2026 | 4:18 | 4:58 | 5:37 | 6:09 | 12:17 | 18:24 | 18:57 | 19:35 | 20:14 | 6m43s |
| 22.9.2026 | 4:20 | 5:00 | 5:38 | 6:10 | 12:17 | 18:22 | 18:54 | 19:33 | 20:12 | 7m04s |

| | Astr. Anf. | Naut. Anf. | Bürg. Anf. | Aufgang | Kulm. | Unter-Gang | Bürg. Ende | Naut. Ende | Astr. Ende | Zeitgl. |
|---|---|---|---|---|---|---|---|---|---|---|
| 23.9.2026 | 4:22 | 5:01 | 5:40 | 6:12 | 12:16 | 18:20 | 18:52 | 19:31 | 20:09 | 7m25s |
| 24.9.2026 | 4:23 | 5:03 | 5:41 | 6:13 | 12:16 | 18:18 | 18:50 | 19:28 | 20:07 | 7m46s |
| 25.9.2026 | 4:25 | 5:05 | 5:43 | 6:14 | 12:16 | 18:15 | 18:48 | 19:26 | 20:05 | 8m07s |
| 26.9.2026 | 4:27 | 5:06 | 5:44 | 6:16 | 12:15 | 18:13 | 18:46 | 19:24 | 20:02 | 8m28s |
| 27.9.2026 | 4:29 | 5:08 | 5:46 | 6:18 | 12:15 | 18:11 | 18:43 | 19:21 | 20:00 | 8m49s |
| 28.9.2026 | 4:30 | 5:09 | 5:47 | 6:19 | 12:15 | 18:09 | 18:41 | 19:19 | 19:58 | 9m09s |
| 29.9.2026 | 4:32 | 5:11 | 5:49 | 6:21 | 12:14 | 18:07 | 18:39 | 19:17 | 19:55 | 9m29s |
| 30.9.2026 | 4:34 | 5:13 | 5:50 | 6:22 | 12:14 | 18:05 | 18:37 | 19:15 | 19:53 | 9m49s |

## Mondlauf

| | Rektaszension | Deklination | Elong. | Phase | | mag | Aufgang | Kulm. | Untergang |
|---|---|---|---|---|---|---|---|---|---|
| Di 1.9.2026 | 1h27m29,5s | 13°01'19" | 133,5° | 0,85 | | -11,5 | 20:18 | 03:15 | 10:50 |
| Mi 2.9.2026 | 2h20m29,9s | 18°24'47" | 120,8° | 0,76 | | -11,2 | 20:43 | 04:06 | 12:14 |
| Do 3.9.2026 | 3h17m16,2s | 22°49'58" | 107,9° | 0,65 | | -10,8 | 21:17 | 05:02 | 13:39 |
| Fr 4.9.2026 | 4h17m49,0s | 25°54'07" | 94,8° | 0,54 ☾ | | -10,4 | 22:05 | 06:01 | 14:57 |
| Sa 5.9.2026 | 5h21m09,1s | 27°17'49" | 81,7° | 0,43 | | -9,9 | 23:11 | 07:04 | 16:02 |
| So 6.9.2026 | 6h25m20,5s | 26°50'20" | 68,4° | 0,32 | | -9,3 | | 08:07 | 16:51 |
| Mo 7.9.2026 | 7h28m08,0s | 24°33'35" | 55,1° | 0,21 | | -8,6 | 00:31 | 09:08 | 17:26 |
| Di 8.9.2026 | 8h27m49,3s | 20°41'47" | 41,7° | 0,13 | | -7,7 | 01:58 | 10:05 | 17:51 |
| Mi 9.9.2026 | 9h23m43,2s | 15°37'03" | 28,4° | 0,06 | | -6,7 | 03:25 | 10:57 | 18:10 |
| Do 10.9.2026 | 10h16m04,0s | 9°44'09" | 15,3° | 0,02 | | -5,5 | 04:49 | 11:47 | 18:26 |
| Fr 11.9.2026 | 11h05m39,1s | 3°26'47" | 2,8° | 0 ● | | -4,2 | 06:10 | 12:33 | 18:40 |
| Sa 12.9.2026 | 11h53m29,7s | -2°54'01" | 10,6° | 0,01 | | -5 | 07:29 | 13:18 | 18:54 |
| So 13.9.2026 | 12h40m37,8s | -9°00'19" | 22,9° | 0,04 | | -6,2 | 08:45 | 14:03 | 19:08 |
| Mo 14.9.2026 | 13h27m59,8s | -14°36'54" | 34,9° | 0,09 | | -7,1 | 10:02 | 14:49 | 19:25 |
| Di 15.9.2026 | 14h16m21,1s | -19°30'44" | 46,6° | 0,16 | | -7,9 | 11:18 | 15:36 | 19:46 |
| Mi 16.9.2026 | 15h06m12,0s | -23°30'32" | 58,0° | 0,24 | | -8,6 | 12:31 | 16:25 | 20:13 |
| Do 17.9.2026 | 15h57m41,2s | -26°26'41" | 69,2° | 0,32 | | -9,1 | 13:39 | 17:16 | 20:49 |
| Fr 18.9.2026 | 16h50m33,3s | -28°11'34" | 80,2° | 0,42 ◗ | | -9,6 | 14:38 | 18:07 | 21:36 |
| Sa 19.9.2026 | 17h44m09,4s | -28°40'22" | 91,0° | 0,51 | | -10 | 15:27 | 18:58 | 22:33 |
| So 20.9.2026 | 18h37m37,7s | -27°51'45" | 101,9° | 0,6 | | -10,4 | 16:03 | 19:49 | 23:40 |
| Mo 21.9.2026 | 19h30m08,8s | -25°48'09" | 112,8° | 0,7 | | -10,8 | 16:31 | 20:37 | |
| Di 22.9.2026 | 20h21m10,1s | -22°35'12" | 123,9° | 0,78 | | -11,1 | 16:53 | 21:24 | 00:52 |
| Mi 23.9.2026 | 21h10m33,4s | -18°21'05" | 135,2° | 0,86 | | -11,5 | 17:10 | 22:09 | 02:06 |
| Do 24.9.2026 | 21h58m34,3s | -13°15'41" | 146,7° | 0,92 | | -11,8 | 17:25 | 22:53 | 03:21 |
| Fr 25.9.2026 | 22h45m48,2s | -7°30'30" | 158,6° | 0,97 | | -12,2 | 17:38 | 23:38 | 04:36 |
| Sa 26.9.2026 | 23h33m04,3s | -1°18'53" | 170,5° | 0,99 ○ | | -12,5 | 17:52 | | 05:53 |
| So 27.9.2026 | 0h21m21,4s | 5°03'23" | 175,5° | 1 | | -12,7 | 18:07 | 00:23 | 07:11 |
| Mo 28.9.2026 | 1h11m42,4s | 11°17'32" | 163,5° | 0,98 | | -12,4 | 18:24 | 01:10 | 08:33 |
| Di 29.9.2026 | 2h05m06,6s | 17°01'31" | 150,6° | 0,94 | | -12 | 18:47 | 02:01 | 09:58 |
| Mi 30.9.2026 | 3h02m14,8s | 21°50'46" | 137,5° | 0,87 | | -11,7 | 19:19 | 02:56 | 11:25 |

# Jupitermond-Ereignisse

| Datum | Uhrzeit (MEZ) | Mond | Erscheinung | Phase |
|---|---|---|---|---|
| 1.9.2026 | 04:09:40 | Io | Verfinsterung | Anfang |
| 2.9.2026 | 04:21:58 | Io | Durchgang | Ende |
| 4.9.2026 | 04:34:03 | Ganymed | Verfinsterung | Anfang |
| 9.9.2026 | 04:04:14 | Io | Durchgang | Anfang |
| 10.9.2026 | 03:49:54 | Kallisto | Verfinsterung | Anfang |
| 14.9.2026 | 04:31:59 | Europa | Durchgang | Ende |
| 15.9.2026 | 05:19:56 | Ganymed | Durchgang | Ende |
| 16.9.2026 | 05:18:07 | Io | Schattenvorübergang | Anfang |
| 17.9.2026 | 05:30:23 | Io | Bedeckung | Ende |
| 21.9.2026 | 04:24:59 | Europa | Durchgang | Anfang |
| 21.9.2026 | 05:38:10 | Europa | Schattenvorübergang | Ende |
| 24.9.2026 | 04:19:12 | Io | Verfinsterung | Anfang |
| 25.9.2026 | 03:57:46 | Io | Schattenvorübergang | Ende |
| 25.9.2026 | 04:50:39 | Io | Durchgang | Ende |
| 28.9.2026 | 05:19:30 | Europa | Schattenvorübergang | Anfang |
| 30.9.2026 | 05:13:08 | Europa | Bedeckung | Ende |

# Oktober

## Sternenhimmel

Gültig für

| | |
|---|---|
| 1.7. 4 Uhr | 15.7. 3 Uhr |
| 1.8. 2 Uhr | 15.8. 1 Uhr |
| 1.9. 0 Uhr | 15.9. 23 Uhr |
| **1.10. 22 Uhr** | 15.10. 21 Uhr |
| 1.11. 20 Uhr | 15.11. 19 Uhr |
| 1.12. 18 Uhr | 15.12. 17 Uhr |

Der südliche Teil des Himmels wird von den fast nur aus lichtschwachen Sternen bestehenden Sternbildern Wassermann, Steinbock, Fische, Walfisch, Südlicher Fisch, Bildhauer und Mikroskop eingenommen. In diesen Konstellationen existieren nur ein Stern erster Größe, Fomalhaut im Südlichen Fisch und zwei Sterne zweiter Größe, Menkar und Deneb Kaitos im Walfisch. Allerdings erkennt man in diesem Jahr auch einen bedeutend helleren „Stern" im Sternbild Walfisch an der Grenze zum Sternbild Fische. Es ist der Planet Saturn.

Über diesen Sternbildern erblickt man den Pegasus und die Andromeda, von der ein Stern, Sirrah, zusammen mit 3 Sternen des Pegasus das Herbstviereck bilden. Bei klarem Himmel kann man schon mit bloßem Auge den Andromedanebel, der auch als M31 bekannt ist, sehen. Man findet ihn leicht, wenn man den mittleren hellen Stern der Andromeda, Mirach, als Ausgangspunkt nimmt und der dort in nördliche Richtung abzweigenden Sternenkette folgt. Westlich des 2. und letzten Sterns dieser Kette sieht man ein kleines Nebelfleckchen mit einer Helligkeit von 3,5 mag – den Andromedanebel. Er ist mit einer Entfernung von 2,5 Millionen Lichtjahren das weiteste Objekt, welches man mit bloßem Auge sehen kann und eine der nächsten Galaxien.

Mit einem Durchmesser von 140000 Lichtjahren ist der Andromedanebel bedeutend größer als unser Milchstraßensystem. Wenn man den Andromedanebel mit einem Fernrohr, dass über einen sogenannten Sucher verfügt, aufsucht, wird man feststellen, dass er im Sucher auch nicht viel kleiner erscheint als bei starker Vergrößerung. Schuld daran ist der Umstand, dass derartige Nebel nicht wie der Mond und Planeten scharf umgrenzte Objekte mit hoher Leuchtdichte sind, sondern Objekte geringer Leuchtdichte mit unscharfer Umgrenzung. Eine starke Vergrößerung bewirkt bei derartigen Objekten, dass die Helligkeit über einen größeren Bereich des Gesichtsfeldes verteilt wird, was das Erkennen desselben erschweren bis unmöglich machen kann.

In der Andromeda befindet sich auch ein schöner Doppelstern, Alamak. Er besteht aus einem 2,3 mag hellem orangerotem Stern mit einem blauem, 4,8 mag hellem Begleiter in 9,6" Abstand. Schon ein Fernrohr mit 5 cm Öffnung zeigt diesen Doppelstern mit seinem schönen Farbkontrast getrennt. Der Begleiter kann mit einem großen Fernrohr ebenfalls in 2 Sterne aufgelöst werden. Der hellere dieser Sterne ist wiederum ein Doppelstern, was aber nur spektroskopisch nachweisbar ist.

Insgesamt ist Alamak also ein vierfaches Sternsystem.

Östlich der Andromeda findet man den Widder und das Dreieck, zwei kleine aber relativ markante Sternbilder. In letzteren befindet sich eine weitere Nachbargalaxie unserer Milchstraße, welche die Bezeichnung M33 trägt. M33 hat eine Helligkeit von 5,5 mag, was sie eigentlich zu einem leichten Beobachtungsobjekt machen müsste. Trotzdem ist diese Galaxie nicht leicht aufzufinden, weil sie über eine geringe Flächenhelligkeit verfügt. Bei Verwendung hoher Vergrößerung kann man deshalb M33 leicht übersehen, auch wenn ein großes Fernrohr eingesetzt wird.

Im Gebiet zwischen Pegasus, Schwan und Adler, der schon deutlich im Südwesten steht, erblickt man die kleinen Sternbilder Füllen, Delphin, Pfeil und Fuchs, von denen nur Pfeil und Delphin über hellere Sterne verfügen.

Im Delphin befindet sich ein schöner Doppelstern, Gamma ($\gamma$) Delphini, der schon in Fernrohren mit 5 cm Objektivöffnung getrennt werden kann. Er besteht aus einem 4,3

mag hellem, orangerotem und einem 5,1 mag hellem, weißgelben Stern in 9" Abstand.
Beide Sterne umkreisen einander in 3249 Jahren. Die Entfernung von Gamma
Delphini zur Erde beträgt 101 Lichtjahre.
Im Südwesten versinken gerade der Schütze, die Schlange und der Schlangenträger
unter dem Horizont. Auch Arktur im Bärenhüter ist schon untergegangen, während
sich die Nördliche Krone noch über dem Horizont hält.
Im Osten kommen schon die ersten Wintersternbilder über den Horizont. So sind der
Stier und der Fuhrmann schon vollständig zu sehen. Bald werden auch die Zwillinge
und der Orion über dem Horizont erscheinen.

## Herbststernbilder

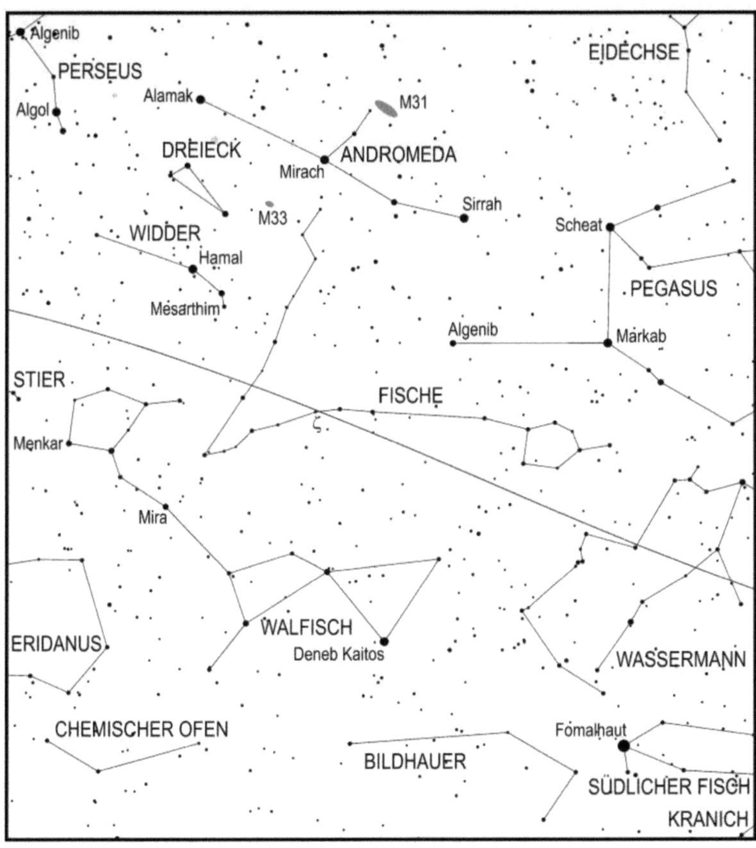

# Astronomische Ereignisse

| Datum | Uhrzeit | Ereignis | Elongation |
|---|---|---|---|
| 1.10.2026 | 05:48:51 | Mond 5° nördlich Uranus | 121,5° |
| 1.10.2026 | 14:31:32 | Mond 9,7° nördlich Aldebaran | 116,8° |
| 1.10.2026 | 22:33:50 | Mond im Perigäum | |
| 2.10.2026 | 09:59:27 | Mond 1,2° südlich Elnath | 106,2° |
| 2.10.2026 | 14:38:54 | Venus stationär, dann rückläufig | |
| 3.10.2026 | 02:12:22 | Mond 4,7° nördlich Eta Geminorum | 96° |
| 3.10.2026 | 06:11:22 | Mond 4,6° nördlich Mü Geminorum | 94,3° |
| 3.10.2026 | 12:46:31 | Mond 9,95° nördlich Alhena | 90,8° |
| 3.10.2026 | 14:25:10 | Letztes Viertel | |
| 3.10.2026 | 14:57:05 | Mond 55' nördlich Epsilon Geminorum | 90,1° |
| 3.10.2026 | 23:49:57 | Mond 2,05° nördlich Ceres | 83,9° |
| 4.10.2026 | 10:44:39 | Mond 7,7° südlich Kastor | 79,3° |
| 4.10.2026 | 13:28:59 | Saturnopposition | |
| 4.10.2026 | 15:05:42 | Mond 4,7° südlich Pollux | 76,9° |
| 4.10.2026 | 15:13:00 | Saturn in Erdnähe<br>(Abstand Erde-Saturn: 1261752773 km) | |
| 5.10.2026 | 05:56:46 | Mond 45' nördlich Mars | 67,9° |
| 5.10.2026 | 13:55:14 | Mond 34' südlich M44 | 64,6° |
| 5.10.2026 | 15:57:43 | Merkur 5,4° nördlich Venus | 24,3° |
| 6.10.2026 | 12:10:39 | Mond 39' südlich Jupiter | 52,5° |
| 6.10.2026 | 23:57:28 | Pallasopposition | |
| 7.10.2026 | 02:31:12 | Mond im absteigenden Knoten | |
| 7.10.2026 | 03:24:08 | Mond 1,05° südlich Regulus | 43,3° |
| 9.10.2026 | 06:04:53 | Vesta in Erdnähe<br>(Abstand Erde-Vesta: 221476639 km) | |
| 10.10.2026 | 08:11:06 | Mond 7,4° südlich Porrima | 5,4° |
| 10.10.2026 | 16:50:09 | Neumond | -4,75° |
| 11.10.2026 | 05:56:26 | Mond 2,8° südlich Spika | 6,6° |
| 11.10.2026 | 12:17:15 | Mars 23' südlich M44 | 70,5° |
| 11.10.2026 | 16:09:38 | Pallas in Erdnähe<br>(Abstand Erde-Pallas: 276327065 km) | |
| 12.10.2026 | 02:59:02 | Mond 2,7° nördlich Venus | 18° |
| 12.10.2026 | 10:47:44 | Merkur in größter östlicher Elongation | 25,2° |
| 12.10.2026 | 22:11:04 | Mond 2,8° südlich Merkur | 25,15° |
| 13.10.2026 | 01:04:38 | Mond 6° südlich Zuben-el-dschenubi | 25,8° |
| 13.10.2026 | 07:24:40 | Vestaopposition | |
| 13.10.2026 | 22:50:38 | Mond in größter Südbreite | |
| 14.10.2026 | 10:11:02 | Mond 6,8° südlich Akrab | 42,5° |
| 14.10.2026 | 23:12:15 | Mond 59' südlich Antares | 48,7° |
| 15.10.2026 | 01:16:24 | Merkur 3,55° südlich Zuben-el-dschenubi | 23,8° |
| 16.10.2026 | 11:55:09 | Pluto stationär, dann rechtläufig | |

| Datum | Uhrzeit | Ereignis | Elongation |
|---|---|---|---|
| 17.10.2026 | 15:02:57 | Mond 1,1° südlich Nunki | 78,5° |
| 17.10.2026 | 15:35:36 | Merkur in größter Südbreite | |
| 18.10.2026 | 17:12:43 | Erstes Viertel | |
| 18.10.2026 | 21:25:21 | Mond 10,5° südlich Juno | 91,4° |
| 19.10.2026 | 07:58:10 | Mond 7,4° südlich Beta Capricorni | 96,8° |
| 19.10.2026 | 09:11:57 | Mond 1,7° nördlich Pluto | 97,1° |
| 21.10.2026 | 04:32:06 | Mond 2,1° nördlich Delta Capricorni | 116,1° |
| 21.10.2026 | 09:36:34 | Mond im aufsteigenden Knoten | |
| 24.10.2026 | 04:43:52 | Venus in unterer Konjunktion zur Sonne | -6,5° |
| 24.10.2026 | 05:28:22 | Mond 4,4° nördlich Neptun | 151,45° |
| 24.10.2026 | 12:34:59 | Merkur stationär, dann rückläufig | |
| 24.10.2026 | 17:30:21 | Mond 5,8° nördlich Saturn | 158,3° |
| 25.10.2026 | 02:42:10 | Venus in Erdnähe<br>(Abstand Erde-Venus: 40810572 km) | |
| 25.10.2026 | 09:02:38 | Mond 29,25° nördlich Pallas | 147,2° |
| 25.10.2026 | 12:53:39 | Mond 16° nördlich Vesta | 161° |
| 26.10.2026 | 05:11:55 | Vollmond | |
| 26.10.2026 | 11:07:33 | Mond 6,4° südlich Hamal | 168,85° |
| 27.10.2026 | 21:42:24 | Mond in größter Nordbreite | |
| 28.10.2026 | 03:27:33 | Mond 37' nördlich der Plejaden | 153,8° |
| 28.10.2026 | 07:47:10 | Ceres 8° südlich Kastor | 102,9° |
| 28.10.2026 | 11:59:02 | Mond 4,4° nördlich Uranus | 149,2° |
| 28.10.2026 | 19:32:46 | Mond im Perigäum | |
| 28.10.2026 | 19:57:54 | Mond 9,6° nördlich Aldebaran | 143,65° |
| 29.10.2026 | 15:25:09 | Mond 1,8° südlich Elnath | 133° |
| 30.10.2026 | 10:13:35 | Mond 4,2° nördlich Eta Geminorum | 123,1° |
| 30.10.2026 | 12:57:08 | Mond 3,9° nördlich Mü Geminorum | 121,4° |
| 30.10.2026 | 17:20:57 | Mond 9,6° nördlich Alhena | 117,6° |
| 30.10.2026 | 19:15:47 | Mond 47' nördlich Epsilon Geminorum | 117° |
| 31.10.2026 | 15:51:21 | Mond 8,3° südlich Kastor | 106,2° |
| 31.10.2026 | 16:33:31 | Mond 29' südlich Ceres | 105,7° |
| 31.10.2026 | 19:10:58 | Mond 4,9° südlich Pollux | 103,9° |

# Planeten

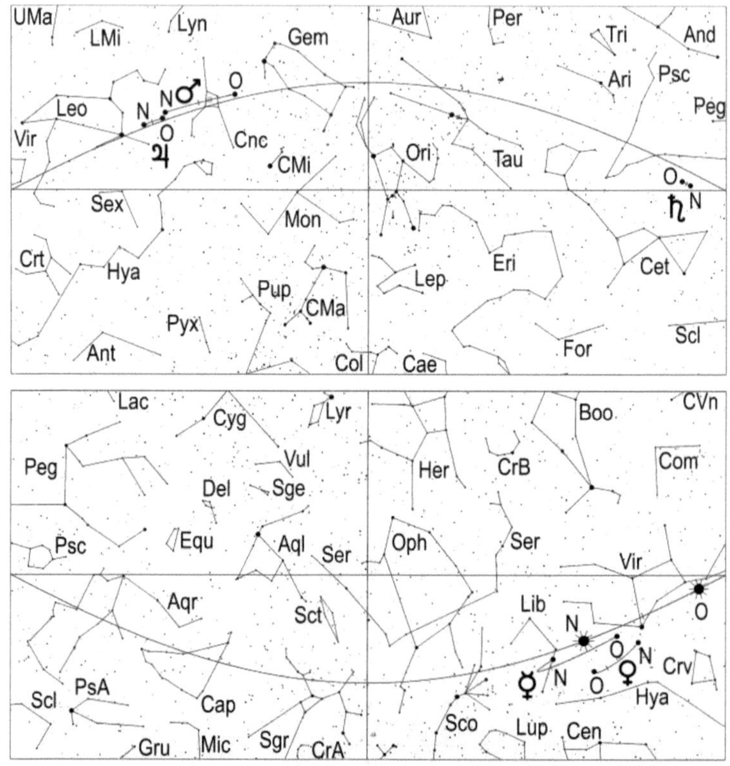



**Merkur** steht am 12. in größter östlicher Elongation von 25,2° zur Sonne, trotzdem kommt es für Beobachter in Mitteleuropa in diesem Monat nicht zu einer Abendsichtbarkeit, denn wenn am 12. der 0,0 mag helle Merkur um 18.10 Uhr MEZ (19.10 Uhr MESZ) untergeht, ist der Himmel noch viel zu hell, um den flinken Planeten am Abendhimmel ohne optische Hilfsmittel erkennen zu können.
Erst in Gebieten südlich von 36 Grad nördlicher Breite kann man Merkur in diesem Monat freiäugig am Abendhimmel sichten.

**Venus** ist zunächst unsichtbar. Am 2. kehrt sie ihre Bewegungsrichtung um und wandert der Sonne rückläufig entgegen, mit der sie am 24. in unterer Konjunktion steht, wobei sie 6,5° südlich an dieser vorbeiwandert.
In den folgenden Tagen gewinnt sie rasch an westlicher Elongation zur Sonne und schon am 30. kann unser innerer Nachbarplanet in der Morgendämmerung erblickt werden.

160

Die -4,2 mag helle Venus erscheint an diesem Tag um 6.35 Uhr MEZ (7.35 Uhr MESZ) über dem Horizont. Bei guter Horizontsicht kann sie etwa 15 Minuten später tief im Südosten erspäht werden, bevor sie in der Morgendämmerung verblasst.
Am 31. erscheint Venus schon 8 Minuten früher – also um 6.27 Uhr MEZ (7.27 Uhr MESZ) – über dem Horizont, wodurch sich ihre Sichtbarkeit leicht verbessert.
Im Fernrohr zeigt sich Venus als dünne, zu 2% beleuchtete Sichel mit einem Durchmesser von 60,3" am 30. und einem Durchmesser von 59,9" am 31.

**Mars** durchwandert im Oktober das Sternbild Krebs und tritt kurz vor Monatsende in das Sternbild Löwe über. Mars, dessen Helligkeit im Oktober von 1,1 mag auf 0,8 mag ansteigt, erscheint am 1. um 0.10 Uhr MEZ (1.10 Uhr MESZ), am 15. um 23.57 Uhr MEZ (0.57 Uhr MESZ) und am 31. um 23.41 Uhr MEZ (0.41 Uhr MESZ) über dem Horizont. Er ist somit fast während der gesamten zweiten Nachthälfte sichtbar.
Sein Scheibchendurchmesser nimmt in diesem Monat leicht von 5,6" auf 6,3" zu, womit er allerdings immer noch für Fernrohrbeobachter uninteressant ist.
Am 11. zieht der rote Planet 23' südlich an den Sternhaufen M44 vorbei, was man gut mit einem Fernglas verfolgen kann und am Morgen des 5. findet man den Mond nahe Mars.

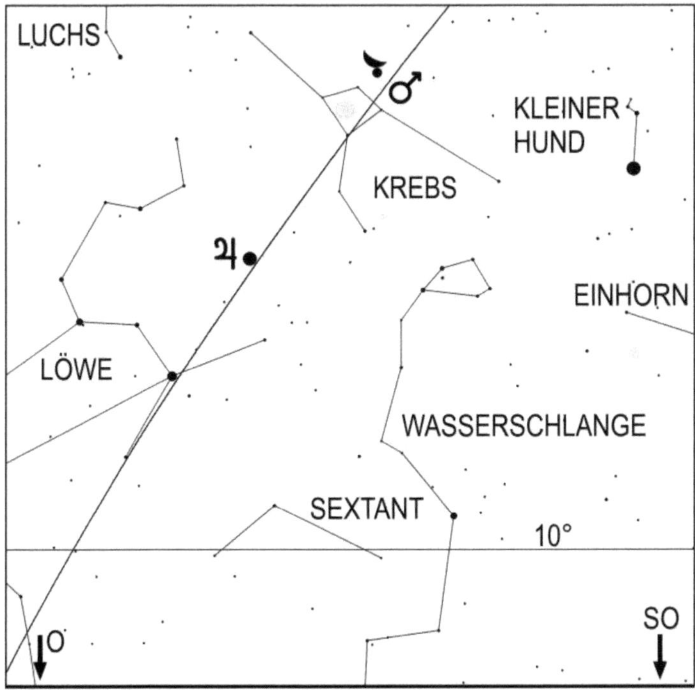


Mond, Mars und Jupiter am 5.10.2026 um 5 Uhr MEZ (6 Uhr MESZ)

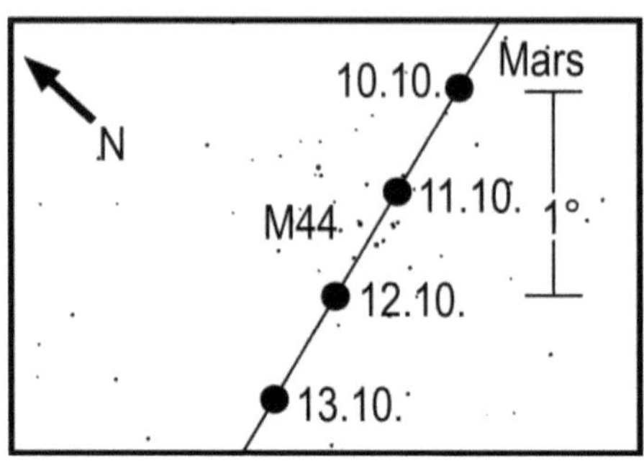

Stellung von Mars bei M44 vom 10.10.2026 bis zum 13.10.2026.
Der Kreis zeigt ihre Position um 5 Uhr MEZ (6 Uhr MESZ) am jeweiligen Tag.

**Jupiter** wandert rechtläufig durch das Sternbild Löwe. Der Riesenplanet, dessen Helligkeit im Oktober von -1,9 mag auf -2,0 mag ansteigt, erscheint am 1. um 1.53 Uhr MEZ (2.53 Uhr MESZ), am 15. um 1.11 Uhr MEZ (2.11 Uhr MESZ) und am 31. um 0.20 Uhr MEZ (1.20 Uhr MESZ) über dem Horizont. Er ist somit am Monatsende während großer Teile der zweiten Nachthälfte zu sehen.

Im Laufe des Monats wächst sein Scheibchendurchmesser von 33,3" auf 35,8".

In den frühen Morgenstunden des 6. erblickt man den abnehmenden Sichelmond nahe Jupiter.

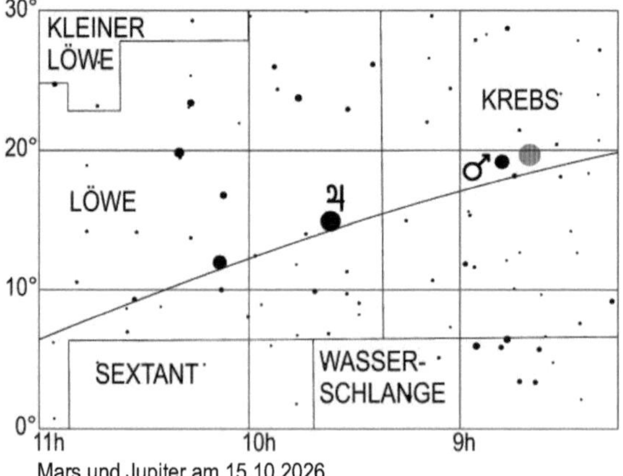

Stellung der 4 hellen Jupitermonde im Oktober 2026

Mars und Jupiter am 15.10.2026

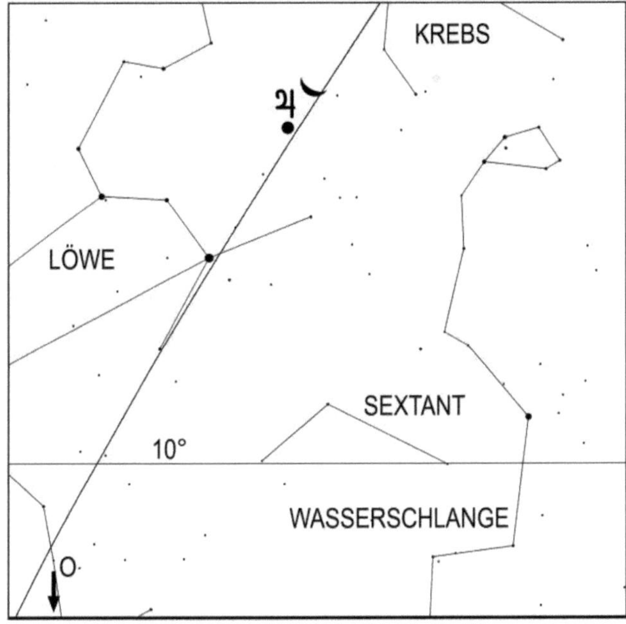


Mond und Jupiter am 6.10.2026 um 5 Uhr MEZ (6 Uhr MESZ)

**Saturn** steht am 4. in Opposition zur Sonne, was Sichtbarkeit während der ganzen Nacht bedeutet. Er wandert rückläufig durch den Walfisch und erreicht am Oppositionstag auch seine kleinste Entfernung zur Erde mit 1261752773 Kilometern. Ein Lichtstrahl braucht für diese Strecke etwas mehr als eine Stunde und zehn Minuten. Am Oppositionstag hat Saturn eine Helligkeit von 0,3 mag und einen Scheibchendurchmesser von 19,8".
Sein berühmtes Ringsystem erscheint unter einem Winkel von 7°.
In der zweiten Monatshälfte beginnt der Ringplanet mit seinem langsamen Rückzug vom Morgenhimmel: am 15. verschwindet er um 5.43 Uhr MEZ (6.43 Uhr MESZ) hinter dem Horizont und am 31. geht er schon vor Beginn der astronomischen Dämmerung um 4.34 Uhr MEZ (5.34 Uhr MESZ) unter.
Am Abend des 24. findet man den fast vollen Mond in der Nachbarschaft von Saturn.

163

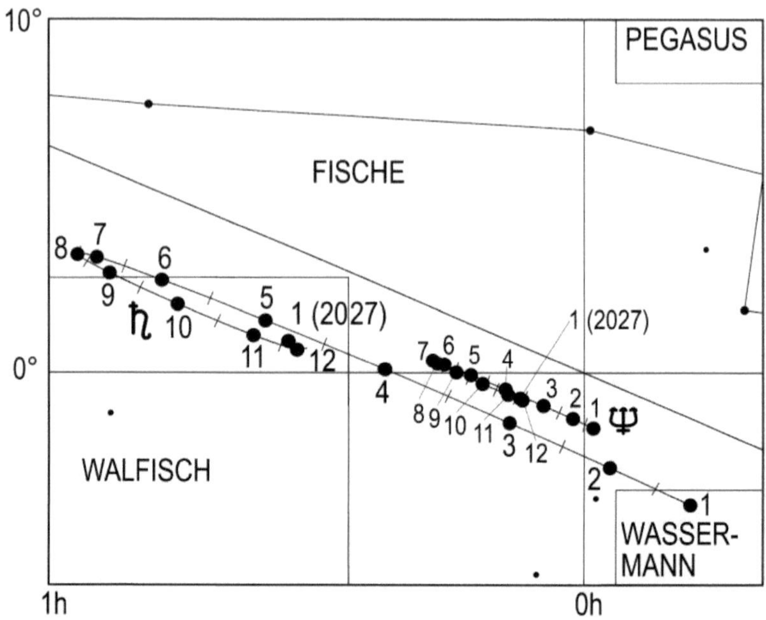



Lauf des Planeten Saturn im Jahr 2026. Die Zahl gibt die Position
am 1. des entsprechenden Monats an, also 4 die Position am 1.4.

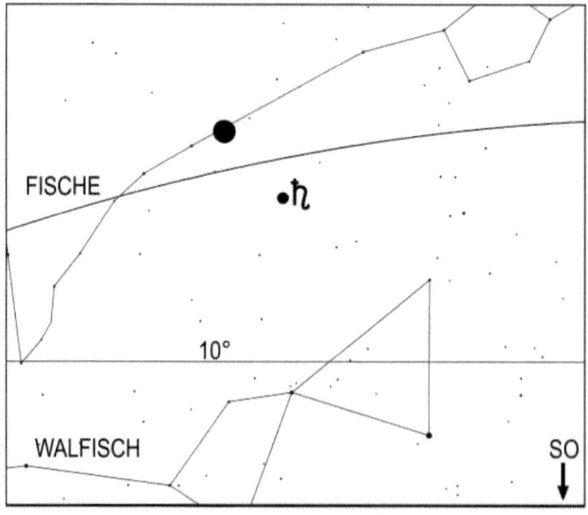



Mond und Saturn am 24.10.2026 um 19 Uhr MEZ (20 Uhr MESZ)

**Uranus**, rückläufig im Stier, strebt seiner Opposition entgegen. Der grünliche, 5,6 mag helle Planet geht am 1. um 20.03 Uhr MEZ (21.03 Uhr MESZ), am 15. um 19.07 Uhr MEZ (20.07 Uhr MESZ) und am 31. um 18.02 Uhr MEZ (19.02 Uhr MESZ) auf und kann am besten in den ersten Stunden nach Mitternacht beobachtet werden (Aufsuchkarte, Seite 184). Zur Beobachtung genügt ein einfaches Fernglas, vielleicht ist er sogar bei klarem, dunklem Himmel schon mit bloßem Auge als schwacher Stern erkennbar.

**Neptun**, rückläufig im Sternbild Fische, kann mit einem Fernglas oder einem Fernrohr am Abendhimmel beobachtet werden (Aufsuchkarte, Seite 150).
Zu Monatsbeginn erreicht der 7,8 mag helle Planet seinen höchsten Stand um 23.54 Uhr MEZ (0.54 Uhr MESZ) und geht um 6.00 Uhr MEZ (7.00 Uhr MESZ) unter. Zur Monatsmitte erfolgt seine Kulmination um 22.58 Uhr MEZ (23.58 Uhr MESZ) und sein Untergang um 5.03 Uhr MEZ (6.03 Uhr MESZ). Am Monatsende kulminiert Neptun um 21.53 Uhr MEZ (22.53 Uhr MESZ) und versinkt um 3.58 Uhr MEZ (4.58 Uhr MESZ) hinter dem Horizont.

## Klein- und Zwergplaneten

**Ceres** wandert rechtläufig durch die Zwillinge und erscheint am 1. um 22.45 Uhr MEZ (23.45 Uhr MESZ), am 15. um 22.03 Uhr MEZ (23.03 Uhr MESZ) und am 31. um 21.10 Uhr MEZ (22.10 Uhr MESZ) über dem Horizont.
Der Zwergplanet, dessen Helligkeit im Oktober von 8,7 mag auf 8,2 mag anwächst, kann mit einem Fernrohr oder einem lichtstarken Feldstecher in den Morgenstunden – am besten kurz vor Beginn der Morgendämmerung – aufgesucht werden (Aufsuchkarte, Seite 200)

**Pallas** erreicht am 6. ihre Oppositionsstellung zur Sonne. Eigentlich heißt dies Aufgang mit Sonnenuntergang und Untergang mit Sonnenaufgang, doch da sie ziemlich weit südlich der Ekliptik im Sternbild Walfisch steht, erfolgt ihr Aufgang am Oppositionstag um 19.51 Uhr MEZ (20.51 Uhr MESZ) – nach Ende der astronomischen Dämmerung.
Zur Monatsmitte geht sie um 19.21 Uhr MEZ (20.21 Uhr MESZ) – zum Ende der astronomischen Dämmerung – auf.
Der Kleinplanet, dessen Helligkeit im Laufe des Monats von 8,2 mag am Oppositionstag auf 8,5 mag am Monatsende abfällt, kann am besten in den späten Abendstunden mit einem Fernrohr oder einem lichtstarken Feldstecher aufgesucht werden (Aufsuchkarte, Seite 166).
Vom Morgenhimmel zieht sich Pallas langsam zurück: ihr Untergang verfrüht sich von 4.50 Uhr MEZ (5.50 Uhr MESZ) am 15., auf 3.12 Uhr MEZ (4.12 Uhr MESZ) am Monatsende.

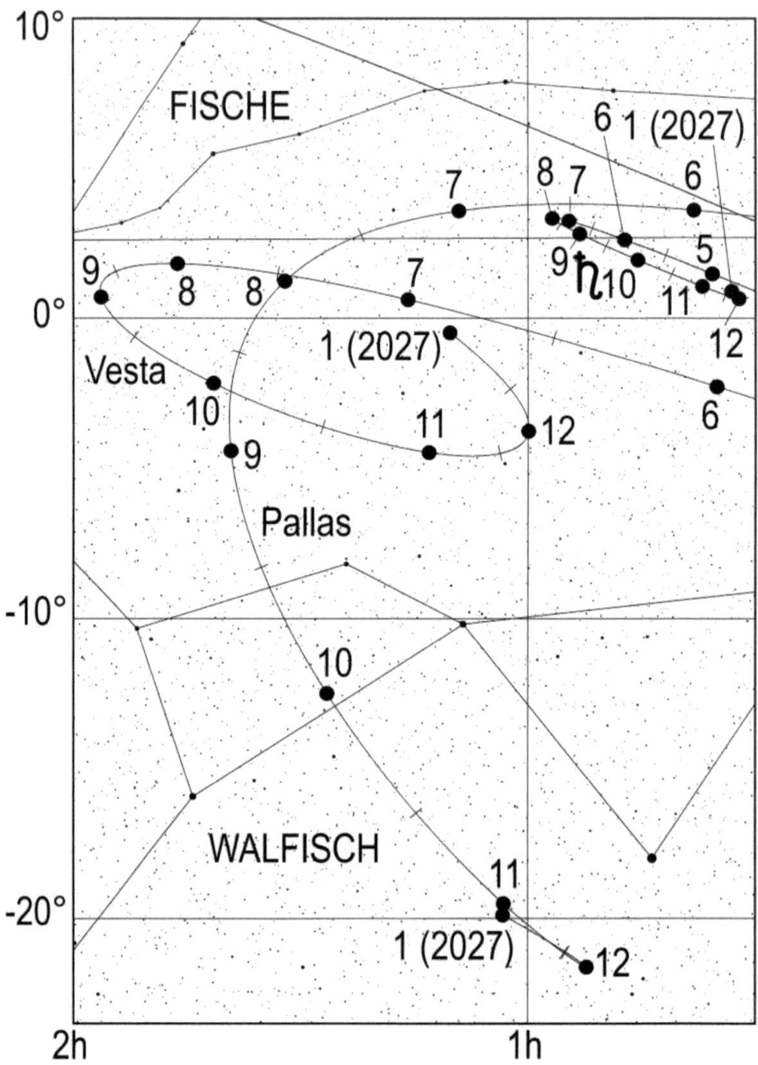


Lauf der Kleinplaneten Pallas und Vesta von Mai bis Dezember 2026. Die Zahl gibt die Position zum 1. des entsprechenden Monats an, also 8 die Position am 1.8.

**Juno**, wandert durch die nordöstlichsten Gebiete des Sternbildes Schütze und wechselt kurz vor Monatsende in das Sternbild Steinbock. Der Kleinplanet, dessen Helligkeit im Oktober von 9,9 mag auf 10,2 mag zurückgeht, versinkt am 1. um 0.35 Uhr MEZ (1.35 Uhr MESZ), am 15. um 23.40 Uhr MEZ (0.40 Uhr MESZ) und am 31. um 22.49 Uhr MEZ (23.49 Uhr MESZ) unter dem Horizont.

Sie kann am besten in den Abendstunden zu ihrer Kulminationszeit beobachtet werden, wofür wegen ihrer geringen Helligkeit ein Fernrohr mit mindestens 6 Zentimetern Objektivöffnung nötig ist (Aufsuchkarte, Seite 120).

**Vesta** erreicht am 13. ihre Oppositionsstellung zur Sonne. Da sie wie Pallas merklich südlich der Ekliptik im Sternbild Walfisch steht, erfolgt ihr Aufgang am Oppositionstag erst um 18.38 Uhr MEZ (19.38 Uhr MESZ) – kurz vor Ende der nautischen Dämmerung – und nicht wie bei Objekten in der Nähe der Ekliptik zum Sonnenuntergang.
Ihre Helligkeit steigt zunächst bis zum Oppositionstag von 6,5 mag auf 6,4 mag an, um dann bis zum Monatsende auf 6,7 mag abzufallen. Sie kann problemlos mit einem Feldstecher beobachtet werden, wofür die späten Abendstunden der beste Zeitpunkt sind (Aufsuchkarte, Seite 166).
Wie Pallas beginnt auch Vesta sich langsam vom Morgenhimmel zurückzuziehen: am 15. versinkt sie um 6.06 Uhr MEZ (7.06 Uhr MESZ) und am 31. um 4.44 Uhr MEZ (5.44 Uhr MESZ) hinter dem Horizont.

**Pluto**, im Westteil des Steinbocks, beendet am 16. seine Oppositionsschleife, weshalb er in diesem Monat erwähnt wird. Er ist mit einer Helligkeit von 14,5 mag nur in Fernrohren mit mindestens 30 cm Durchmesser sichtbar (Aufsuchkarte, Seite 121).

## Periodische Sternschnuppenströme

Vom 2. bis zum 16. kann man die Draconiden beobachten, die ihr Maximum am 9. um 2 Uhr MEZ erreichen. Ihre maximale Rate beträgt etwa ein Meteor pro Stunde, doch gab es in der Vergangenheit, wie 1933, Ausbrüche mit bis zu 10000 Meteoren pro Stunde. Am besten sind die Draconiden am 8. um 20 Uhr MEZ zu sehen, weil dann ihr Radiant die größte Höhe während der Nachtstunden über dem Horizont hat, doch ist die Beobachtung der Draconiden, weil ihr Radiant zirkumpolar ist, während der ganzen Nacht möglich. Der dünne, abnehmende Sichelmond geht erst in der Morgendämmerung auf und beeinträchtigt ihre Beobachtung in keiner Weise.
Die Delta-Aurigiden erreichen am 4. um 15 Uhr MEZ ihr flaches Maximum mit bis zu 3 Meteoren pro Stunde. Sie können am besten kurz vor Beginn der Morgendämmerung desselben Tages beobachtet werden. Der abnehmende Halbmond geht in den späten Abendstunden auf und kann, da er sich relativ nahe beim Radianten aufhält, ihre Beobachtung beeinträchtigen. Bis zu zwei Meteore der Delta-Aurigiden können pro Stunde gesichtet werden. Die Delta-Aurigiden sind bis zum 18. aktiv.
Zwischen dem 2.10. und dem 7.11. treten die Orioniden auf. Sie gehören zu den sehr schnellen Sternschnuppen und erreichen am 22. um 10 Uhr MEZ ihr Maximum mit bis zu 23 Meteoren pro Stunde. Mitteleuropäische Beobachter können von diesem Schwarm am Morgen des gleichen Tages bis zu 11 Meteore pro Stunden beobachten, wobei die höchste Rate am gleichen Tag um 5 Uhr MEZ zu erwarten ist.
Der zu 80% beleuchtete, zunehmende Mond hat sich schon 3 Stunden zuvor von der Himmelsbühne verabschiedet.
Ein weiterer, allerdings schwacher Meteorstrom sind die Epsilon Geminiden, die zwischen dem 14. und dem 27. auftreten und ihr Maximum am 19. um 19 Uhr MEZ mit

bis zu 3 Meteoren pro Stunde erreichen. Für mitteleuropäische Beobachter ist der beste Zeitpunkt für ihre Beobachtung am nächsten Tag um 5 Uhr MEZ. Es sind bis zu zwei Meteore pro Stunde zu erwarten. Der zu 62% beleuchtete, zunehmende Mond ist schon kurz vor Mitternacht untergegangen.

Ferner erreichen die Süd-Tauriden am 11. ihr Maximum, wobei bis zu 3 Meteore pro Stunde auftreten können. Da am Vortag Neumond war, gibt es keine mondbedingten Störungen bei ihrer Beobachtung.

Ab dem 20. kann man die ersten Nord-Tauriden beobachten.

## Sonnenuntergang und Dämmerung

| | Astr. Anf. | Naut. Anf. | Bürg. Anf. | Auf-gang | Kulm. | Unter-gang | Bürg. Ende | Naut. Ende | Astr. Ende | Zeitgl. |
|---|---|---|---|---|---|---|---|---|---|---|
| 1.10.2026 | 4:35 | 5:14 | 5:52 | 6:24 | 12:14 | 18:03 | 18:34 | 19:12 | 19:51 | 10m09s |
| 2.10.2026 | 4:37 | 5:16 | 5:53 | 6:25 | 12:13 | 18:00 | 18:32 | 19:10 | 19:48 | 10m29s |
| 3.10.2026 | 4:39 | 5:17 | 5:55 | 6:27 | 12:13 | 17:58 | 18:30 | 19:08 | 19:46 | 10m48s |
| 4.10.2026 | 4:40 | 5:19 | 5:56 | 6:28 | 12:13 | 17:56 | 18:28 | 19:06 | 19:44 | 11m06s |
| 5.10.2026 | 4:42 | 5:20 | 5:58 | 6:30 | 12:12 | 17:54 | 18:26 | 19:04 | 19:42 | 11m25s |
| 6.10.2026 | 4:44 | 5:22 | 5:59 | 6:31 | 12:12 | 17:52 | 18:24 | 19:01 | 19:40 | 11m43s |
| 7.10.2026 | 4:45 | 5:24 | 6:01 | 6:33 | 12:12 | 17:50 | 18:22 | 18:59 | 19:37 | 12m00s |
| 8.10.2026 | 4:47 | 5:25 | 6:02 | 6:34 | 12:12 | 17:48 | 18:20 | 18:57 | 19:35 | 12m17s |
| 9.10.2026 | 4:49 | 5:27 | 6:04 | 6:36 | 12:11 | 17:46 | 18:18 | 18:55 | 19:33 | 12m34s |
| 10.10.2026 | 4:50 | 5:28 | 6:05 | 6:38 | 12:11 | 17:44 | 18:15 | 18:53 | 19:31 | 12m51s |
| 11.10.2026 | 4:52 | 5:30 | 6:07 | 6:39 | 12:11 | 17:42 | 18:13 | 18:51 | 19:29 | 13m06s |
| 12.10.2026 | 4:53 | 5:31 | 6:08 | 6:41 | 12:11 | 17:39 | 18:11 | 18:49 | 19:27 | 13m22s |
| 13.10.2026 | 4:55 | 5:33 | 6:10 | 6:42 | 12:10 | 17:37 | 18:09 | 18:47 | 19:25 | 13m37s |
| 14.10.2026 | 4:57 | 5:34 | 6:11 | 6:44 | 12:10 | 17:35 | 18:07 | 18:45 | 19:23 | 13m51s |
| 15.10.2026 | 4:58 | 5:36 | 6:13 | 6:46 | 12:10 | 17:33 | 18:05 | 18:43 | 19:21 | 14m05s |
| 16.10.2026 | 5:00 | 5:37 | 6:14 | 6:47 | 12:10 | 17:31 | 18:04 | 18:41 | 19:19 | 14m18s |
| 17.10.2026 | 5:01 | 5:39 | 6:16 | 6:49 | 12:09 | 17:29 | 18:02 | 18:39 | 19:17 | 14m31s |
| 18.10.2026 | 5:03 | 5:40 | 6:18 | 6:50 | 12:09 | 17:27 | 18:00 | 18:37 | 19:15 | 14m43s |
| 19.10.2026 | 5:04 | 5:42 | 6:19 | 6:52 | 12:09 | 17:25 | 17:58 | 18:35 | 19:13 | 14m54s |
| 20.10.2026 | 5:06 | 5:44 | 6:21 | 6:54 | 12:09 | 17:23 | 17:56 | 18:33 | 19:11 | 15m05s |
| 21.10.2026 | 5:07 | 5:45 | 6:22 | 6:55 | 12:09 | 17:21 | 17:54 | 18:31 | 19:09 | 15m16s |
| 22.10.2026 | 5:09 | 5:47 | 6:24 | 6:57 | 12:08 | 17:19 | 17:52 | 18:30 | 19:07 | 15m25s |
| 23.10.2026 | 5:11 | 5:48 | 6:25 | 6:59 | 12:08 | 17:17 | 17:51 | 18:28 | 19:05 | 15m35s |
| 24.10.2026 | 5:12 | 5:50 | 6:27 | 7:00 | 12:08 | 17:16 | 17:49 | 18:26 | 19:04 | 15m43s |
| 25.10.2026 | 5:14 | 5:51 | 6:28 | 7:02 | 12:08 | 17:14 | 17:47 | 18:24 | 19:02 | 15m51s |
| 26.10.2026 | 5:15 | 5:52 | 6:30 | 7:04 | 12:08 | 17:12 | 17:45 | 18:23 | 19:00 | 15m58s |
| 27.10.2026 | 5:17 | 5:54 | 6:31 | 7:05 | 12:08 | 17:10 | 17:43 | 18:21 | 18:58 | 16m04s |
| 28.10.2026 | 5:18 | 5:55 | 6:33 | 7:07 | 12:08 | 17:08 | 17:42 | 18:19 | 18:57 | 16m09s |
| 29.10.2026 | 5:20 | 5:57 | 6:35 | 7:09 | 12:08 | 17:06 | 17:40 | 18:18 | 18:55 | 16m14s |
| 30.10.2026 | 5:21 | 5:58 | 6:36 | 7:10 | 12:08 | 17:04 | 17:38 | 18:16 | 18:54 | 16m18s |
| 31.10.2026 | 5:23 | 6:00 | 6:38 | 7:12 | 12:08 | 17:03 | 17:37 | 18:14 | 18:52 | 16m21s |

# Mondlauf

| | Rektaszension | Deklination | Elong. | Phase | mag | Aufgang | Kulm. | Untergang |
|---|---|---|---|---|---|---|---|---|
| Do 1.10.2026 | 4h03m07,4s | 25°20'23" | 124,3° | 0,78 | -11,3 | 20:03 | 3:55 | 12:46 |
| Fr 2.10.2026 | 5h06m44,4s | 27°09'36" | 111,1° | 0,68 | -10,9 | 21:03 | 4:58 | 13:56 |
| Sa 3.10.2026 | 6h11m08,5s | 27°07'15" | 97,9° | 0,57 ☽ | -10,5 | 22:18 | 6:01 | 14:50 |
| So 4.10.2026 | 7h14m02,6s | 25°15'17" | 84,8° | 0,46 | -10,0 | 23:42 | 7:01 | 15:28 |
| Mo 5.10.2026 | 8h13m43,9s | 21°47'42" | 71,7° | 0,34 | -9,4 | | 7:58 | 15:55 |
| Di 6.10.2026 | 9h09m31,1s | 17°05'34" | 58,7° | 0,24 | -8,8 | 1:07 | 8:51 | 16:15 |
| Mi 7.10.2026 | 10h01m39,3s | 11°31'54" | 45,9° | 0,15 | -8,0 | 2:30 | 9:40 | 16:32 |
| Do 8.10.2026 | 10h50m57,0s | 5°28'28" | 33,3° | 0,08 | -7,1 | 3:50 | 10:27 | 16:46 |
| Fr 9.10.2026 | 11h38m26,1s | -0°45'16" | 20,9° | 0,03 | -6,0 | 5:08 | 11:12 | 17:00 |
| Sa 10.10.2026 | 12h25m09,7s | -6°52'00" | 9,1° | 0,01 ● | -4,8 | 6:24 | 11:56 | 17:14 |
| So 11.10.2026 | 13h12m05,2s | -12°36'15" | 5,4° | 0 | -4,4 | 7:41 | 12:41 | 17:30 |
| Mo 12.10.2026 | 13h59m59,8s | -17°43'56" | 16,1° | 0,02 | -5,5 | 8:57 | 13:28 | 17:50 |
| Di 13.10.2026 | 14h49m25,3s | -22°02'16" | 27,4° | 0,06 | -6,5 | 10:12 | 14:17 | 18:14 |
| Mi 14.10.2026 | 15h40m32,4s | -25°20'03" | 38,6° | 0,11 | -7,3 | 11:23 | 15:07 | 18:46 |
| Do 15.10.2026 | 16h33m06,4s | -27°28'25" | 49,7° | 0,18 | -8,1 | 12:26 | 15:58 | 19:29 |
| Fr 16.10.2026 | 17h26m28,5s | -28°21'42" | 60,6° | 0,26 | -8,7 | 13:19 | 16:50 | 20:22 |
| Sa 17.10.2026 | 18h19m45,5s | -27°58'12" | 71,4° | 0,34 | -9,2 | 14:00 | 17:40 | 21:25 |
| So 18.10.2026 | 19h12m05,6s | -26°20'14" | 82,2° | 0,43 ☽ | -9,7 | 14:31 | 18:29 | 22:34 |
| Mo 19.10.2026 | 20h02m53,7s | -23°33'19" | 93,1° | 0,53 | -10,1 | 14:55 | 19:16 | 23:46 |
| Di 20.10.2026 | 20h51m59,6s | -19°44'59" | 104,1° | 0,62 | -10,5 | 15:14 | 20:01 | |
| Mi 21.10.2026 | 21h39m37,9s | -15°03'53" | 115,4° | 0,72 | -10,9 | 15:29 | 20:45 | 0:59 |
| Do 22.10.2026 | 22h26m23,8s | -9°39'27" | 126,9° | 0,8 | -11,3 | 15:43 | 21:29 | 2:13 |
| Fr 23.10.2026 | 23h13m07,4s | -3°42'18" | 138,8° | 0,88 | -11,7 | 15:57 | 22:13 | 3:29 |
| Sa 24.10.2026 | 0h00m49,7s | 2°34'37" | 151,1° | 0,94 | -12,0 | 16:11 | 23:00 | 4:46 |
| So 25.10.2026 | 0h50m38,5s | 8°54'49" | 163,5° | 0,98 | -12,4 | 16:28 | 23:50 | 6:07 |
| Mo 26.10.2026 | 1h43m41,6s | 14°57'02" | 174,7° | 1 ○ | -12,7 | 16:49 | | 7:33 |
| Di 27.10.2026 | 2h40m52,8s | 20°15'07" | 168,4° | 0,99 | -12,6 | 17:18 | 0:45 | 9:01 |
| Mi 28.10.2026 | 3h42m26,9s | 24°20'05" | 155,3° | 0,95 | -12,2 | 17:59 | 1:44 | 10:27 |
| Do 29.10.2026 | 4h47m30,9s | 26°45'17" | 141,8° | 0,89 | -11,9 | 18:55 | 2:48 | 11:45 |
| Fr 30.10.2026 | 5h53m56,9s | 27°14'07" | 128,3° | 0,81 | -11,5 | 20:07 | 3:52 | 12:45 |
| Sa 31.10.2026 | 6h59m01,5s | 25°45'57" | 114,9° | 0,71 | -11,1 | 21:30 | 4:55 | 13:29 |

# Jupitermond-Ereignisse

| Datum | Uhrzeit (MEZ) | Mond | Erscheinung | Phase |
|---|---|---|---|---|
| 2.10.2026 | 03:33:36 | Io | Schattenvorübergang | Anfang |
| 2.10.2026 | 04:31:27 | Io | Durchgang | Anfang |
| 2.10.2026 | 05:51:13 | Io | Schattenvorübergang | Ende |
| 3.10.2026 | 03:58:26 | Io | Bedeckung | Ende |
| 3.10.2026 | 04:03:53 | Ganymed | Bedeckung | Ende |
| 7.10.2026 | 03:01:09 | Europa | Verfinsterung | Anfang |

| Datum | Uhrzeit (MEZ) | Mond | Erscheinung | Phase |
|---|---|---|---|---|
| 9.10.2026 | 02:12:30 | Europa | Durchgang | Ende |
| 9.10.2026 | 05:27:00 | Io | Schattenvorübergang | Anfang |
| 10.10.2026 | 02:34:52 | Io | Verfinsterung | Anfang |
| 10.10.2026 | 04:03:29 | Ganymed | Verfinsterung | Ende |
| 10.10.2026 | 04:41:28 | Ganymed | Bedeckung | Anfang |
| 10.10.2026 | 05:56:43 | Io | Bedeckung | Ende |
| 11.10.2026 | 02:12:57 | Io | Schattenvorübergang | Ende |
| 11.10.2026 | 03:16:28 | Io | Durchgang | Ende |
| 14.10.2026 | 02:14:56 | Kallisto | Bedeckung | Anfang |
| 14.10.2026 | 05:35:07 | Europa | Verfinsterung | Anfang |
| 16.10.2026 | 02:02:18 | Europa | Durchgang | Anfang |
| 16.10.2026 | 02:41:17 | Europa | Schattenvorübergang | Ende |
| 16.10.2026 | 04:56:15 | Europa | Durchgang | Ende |
| 17.10.2026 | 04:23:00 | Ganymed | Verfinsterung | Anfang |
| 17.10.2026 | 04:28:26 | Io | Verfinsterung | Anfang |
| 18.10.2026 | 01:48:39 | Io | Schattenvorübergang | Anfang |
| 18.10.2026 | 02:55:57 | Io | Durchgang | Anfang |
| 18.10.2026 | 04:06:11 | Io | Schattenvorübergang | Ende |
| 18.10.2026 | 05:13:31 | Io | Durchgang | Ende |
| 19.10.2026 | 02:23:37 | Io | Bedeckung | Ende |
| 21.10.2026 | 02:47:02 | Ganymed | Durchgang | Ende |
| 22.10.2026 | 02:24:47 | Kallisto | Schattenvorübergang | Anfang |
| 23.10.2026 | 02:22:26 | Europa | Schattenvorübergang | Anfang |
| 23.10.2026 | 04:44:49 | Europa | Durchgang | Anfang |
| 23.10.2026 | 05:16:39 | Europa | Schattenvorübergang | Ende |
| 24.10.2026 | 06:21:59 | Io | Verfinsterung | Anfang |
| 25.10.2026 | 02:38:33 | Europa | Bedeckung | Ende |
| 25.10.2026 | 03:41:52 | Io | Schattenvorübergang | Anfang |
| 25.10.2026 | 04:52:18 | Io | Durchgang | Anfang |
| 25.10.2026 | 05:59:22 | Io | Schattenvorübergang | Ende |
| 26.10.2026 | 04:20:23 | Io | Bedeckung | Ende |
| 27.10.2026 | 01:38:46 | Io | Durchgang | Ende |
| 28.10.2026 | 02:05:55 | Ganymed | Schattenvorübergang | Ende |
| 28.10.2026 | 03:17:52 | Ganymed | Durchgang | Anfang |
| 30.10.2026 | 04:57:48 | Europa | Schattenvorübergang | Anfang |
| 31.10.2026 | 02:17:51 | Kallisto | Bedeckung | Ende |

# November

## Sternenhimmel

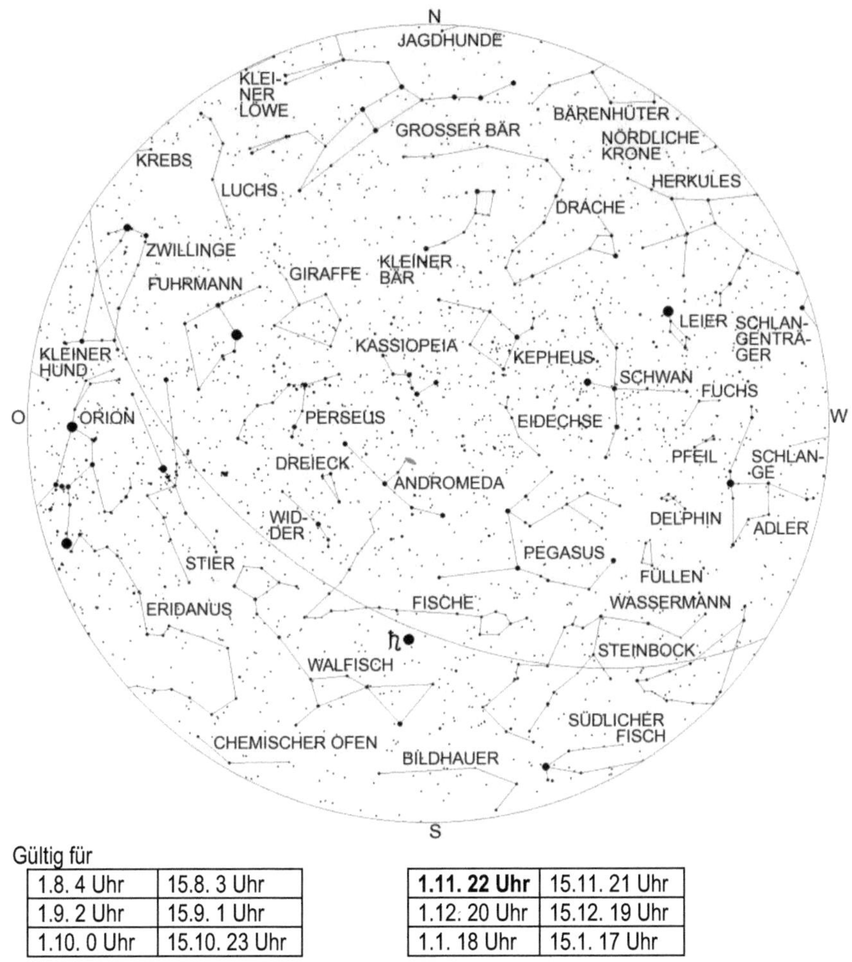



Gültig für

| | | | |
|---|---|---|---|
| 1.8. 4 Uhr | 15.8. 3 Uhr | **1.11. 22 Uhr** | 15.11. 21 Uhr |
| 1.9. 2 Uhr | 15.9. 1 Uhr | 1.12. 20 Uhr | 15.12. 19 Uhr |
| 1.10. 0 Uhr | 15.10. 23 Uhr | 1.1. 18 Uhr | 15.1. 17 Uhr |

Noch immer wird der südliche Teil des Himmels von den überwiegend aus
lichtschwachen Sternen bestehenden Konstellationen Steinbock, Wassermann,
Fische, Südlicher Fisch, Bildhauer und Walfisch beherrscht, zu dem sich jetzt auch

Teile des Eridanus gesellen. Allerdings bemerkt man in diesem Jahr im Sternblid Walfisch an der Grenze zum Sternbild Fische ein helles Objekt, und zwar den Planeten Saturn. Oberhalb der Sternbilder Fische und Wassermann sieht man den Pegasus und die Andromeda. Der Andromedanebel kann jetzt sehr gut beobachtet werden. Er ist bei klarem Himmel schon freiäugig sichtbar, aber auf jeden Fall in einem Fernglas zu sehen. Auch der schon im kleinen Fernrohr trennbare Doppelstern Alamak, der sich am nordöstlichsten Ende der Sternfigur der Andromeda befindet, kann jetzt bestens beobachtet werden. Südöstlich der Andromeda findet man das Dreieck und den Widder. Im Widder gibt es auch einen Doppelstern, der schon mit kleinen Fernrohren aufgelöst werden kann, und zwar Gamma ($\gamma$) Arietis. Er besteht aus zwei gleich hellen weißen Sternen.

Südwestlich des Widders befindet sich das ausgedehnte, lichtschwache Tierkreissternbild der Fische. Im Westen sieht man, dass der Adler schon kurz vor dem Untergang steht. Schlange und Schlangenträger sind schon fast vollständig verschwunden und auch der Herkules ist nur noch teilweise zu sehen. Tief im Norden erreicht jetzt der Große Wagen, der von den hellsten Sternen des Großen Bären gebildet wird, seinen niedrigsten Stand.

Im Osten bemerkt man, dass bereits einige Wintersternbilder über dem Horizont erschienen sind. Der Stier und die Zwillinge sind schon vollständig zu sehen. Der Orion ist schon zum größten Teil aufgegangen. Kleiner Hund und Krebs werden bald über dem Horizont erscheinen.

## Astronomische Ereignisse

| Datum | Uhrzeit | Ereignis | Elongation |
|---|---|---|---|
| 1.11.2026 | 15:33:44 | Merkur 1,8° südlich Zuben-el-dschenubi | 6,3° |
| 1.11.2026 | 18:15:48 | Mond 48' südlich M44 | 91,5° |
| 1.11.2026 | 21:28:35 | Letztes Viertel | |
| 2.11.2026 | 16:15:25 | Mond 2,1° südlich Mars | 80,1° |
| 2.11.2026 | 23:08:56 | Mond 1,1° südlich Jupiter | 75,6° |
| 3.11.2026 | 04:19:48 | Mond im absteigenden Knoten | |
| 3.11.2026 | 11:20:20 | Mond 1,7° südlich Regulus | 70,2° |
| 3.11.2026 | 13:36:21 | Venus 2,4° südlich Spika | 16,6° |
| 3.11.2026 | 13:42:41 | Merkur in Erdnähe (Abstand Erde-Merkur: 100615712 km) | |
| 4.11.2026 | 15:25:42 | Merkur in unterer Konjunktion zur Sonne | -22,5' |
| 5.11.2026 | 17:18:58 | Merkur im aufsteigenden Knoten | |
| 6.11.2026 | 17:20:23 | Mond 7,95° südlich Porrima | 30,95° |
| 7.11.2026 | 13:20:42 | Mond 2° südlich Venus | 21,2° |
| 7.11.2026 | 15:34:42 | Mond 3,4° südlich Spika | 20,4° |
| 8.11.2026 | 18:39:03 | Mond 6,9° südlich Merkur | 8,7° |
| 9.11.2026 | 06:18:17 | Minimalabstand von 1,2° zwischen Venus und Spika | 23,6° |
| 9.11.2026 | 07:12:22 | Mond 6° südlich Zuben-el-dschenubi | 1,4° |

| Datum | Uhrzeit | Ereignis | Elongation |
|---|---|---|---|
| 9.11.2026 | 08:02:09 | Neumond | -5,4° |
| 10.11.2026 | 01:48:04 | Mond in größter Südbreite | |
| 10.11.2026 | 09:28:33 | Merkur im Perihel<br>(Abstand Merkur-Sonne: 46001653 km) | |
| 10.11.2026 | 15:50:39 | Juno 30' nördlich Beta Capricorni | 76,2° |
| 10.11.2026 | 20:00:50 | Mond 6,7° südlich Akrab | 15,2° |
| 11.11.2026 | 04:48:57 | Mond 39' südlich Antares | 21,8° |
| 11.11.2026 | 16:10:54 | Venus stationär, dann rechtläufig | |
| 13.11.2026 | 10:25:25 | Merkur stationär, dann rechtläufig | |
| 13.11.2026 | 18:50:43 | Mond im Apogäum | |
| 13.11.2026 | 19:26:25 | Pluto 9,4° südlich Juno | 71,9° |
| 14.11.2026 | 00:18:16 | Mond 19,5' südlich Nunki | 51,2° |
| 14.11.2026 | 17:34:23 | Merkur 47' südlich Kappa Virginis | 17,3° |
| 15.11.2026 | 03:33:42 | Mars 1,2° nördlich Jupiter | 86,95° |
| 15.11.2026 | 15:48:37 | Mond 7,6° südlich Beta Capricorni | 69,4° |
| 15.11.2026 | 18:46:57 | Mond 1,7° nördlich Pluto | 70° |
| 15.11.2026 | 20:29:32 | Mond 7,3° südlich Juno | 70,9° |
| 17.11.2026 | 11:00:39 | Mond 1,9° nördlich Delta Capricorni | 88,85° |
| 17.11.2026 | 12:36:18 | Mond im aufsteigenden Knoten | |
| 17.11.2026 | 12:47:57 | Erstes Viertel | |
| 19.11.2026 | 23:39:26 | Venus 1,8° nördlich Spika | 33,5° |
| 20.11.2026 | 12:31:59 | Mond 3,9° nördlich Neptun | 123,6° |
| 20.11.2026 | 14:45:45 | Merkur in größter Nordbreite | |
| 21.11.2026 | 01:04:31 | Merkur in größter westlicher Elongation | 19,6° |
| 21.11.2026 | 03:39:11 | Mond 6,35° nördlich Saturn | 129,4° |
| 21.11.2026 | 11:31:16 | Mond 30,45° nördlich Pallas | 120,95° |
| 21.11.2026 | 14:49:48 | Mond 14,2° nördlich Vesta | 132,8° |
| 21.11.2026 | 23:08:47 | Venus im aufsteigenden Knoten | |
| 22.11.2026 | 20:59:43 | Mond 6,2° südlich Hamal | 155,1° |
| 24.11.2026 | 00:13:14 | Ceres stationär, dann rückläufig | |
| 24.11.2026 | 03:06:22 | Mond in größter Nordbreite | |
| 24.11.2026 | 12:51:18 | Mond 2,95' südlich der Plejaden | 175,55° |
| 24.11.2026 | 15:53:39 | Vollmond | |
| 24.11.2026 | 18:36:30 | Mond 4,4° nördlich Uranus | 175,35° |
| 24.11.2026 | 22:52:03 | Mars 1,8° nördlich Regulus | 92,4° |
| 25.11.2026 | 07:41:54 | Mond 9,7° nördlich Aldebaran | 170,55° |
| 25.11.2026 | 22:01:50 | Merkur 1,8° nördlich Zuben-el-dschenubi | 18,2° |
| 25.11.2026 | 22:13:01 | Mond im Perigäum | |
| 25.11.2026 | 23:28:50 | Uranus in Erdnähe<br>(Abstand Erde-Uranus: 2759218014 km) | |
| 25.11.2026 | 23:39:12 | Uranusopposition | |
| 26.11.2026 | 00:13:21 | Mond 1,4° südlich Elnath | 160° |
| 26.11.2026 | 17:02:14 | Mond 3,9° nördlich Eta Geminorum | 150,6° |

| Datum | Uhrzeit | Ereignis | Elongation |
|---|---|---|---|
| 26.11.2026 | 19:35:11 | Mond 3,9° nördlich Mü Geminorum | 148,8° |
| 27.11.2026 | 01:35:42 | Mond 9,9° nördlich Alhena | 144,7° |
| 27.11.2026 | 04:41:07 | Mond 55' nördlich Epsilon Geminorum | 144,5° |
| 27.11.2026 | 20:20:03 | Venus in größtem Glanz, -4.7 mag | |
| 27.11.2026 | 21:55:30 | Mond 8° südlich Kastor | 133,65° |
| 28.11.2026 | 02:25:03 | Mond 2,3° südlich Ceres | 131,5° |
| 28.11.2026 | 02:50:23 | Mond 4,7° südlich Pollux | 131,4° |
| 28.11.2026 | 23:56:26 | Mond 35' südlich M44 | 119° |
| 30.11.2026 | 04:52:27 | Mond im absteigenden Knoten | |
| 30.11.2026 | 11:28:39 | Mond 2,2° südlich Jupiter | 100,71° |
| 30.11.2026 | 16:39:59 | Mond 2,1° südlich Regulus | 97,51° |
| 30.11.2026 | 19:58:51 | Mond 4° südlich Mars | 95,28° |

## Planeten

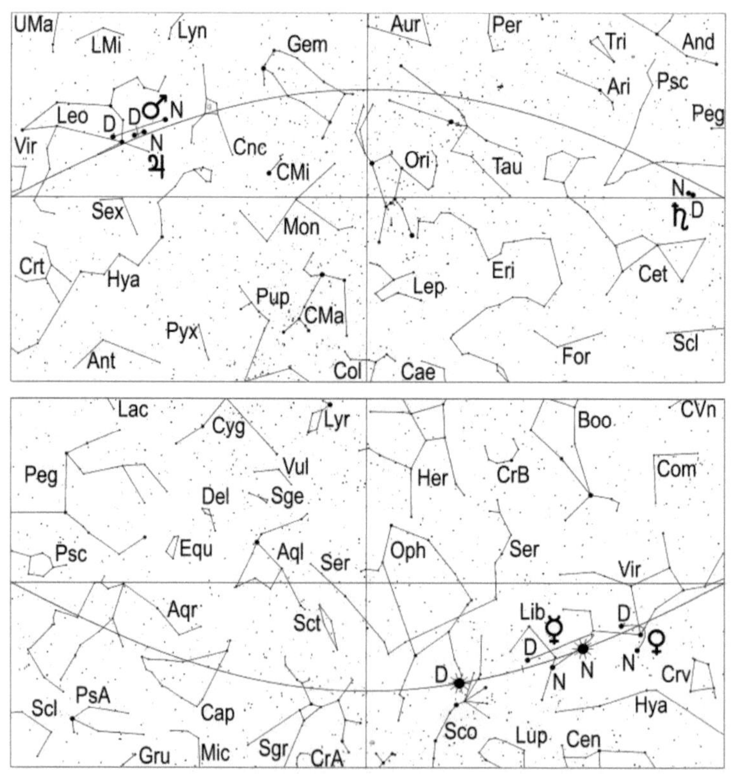


174

**Merkur** steht am 4. in unterer Konjunktion zur Sonne, wobei er 22,5' südlich von deren Mittelpunkt vorbeizieht. Bei günstigen Sichtbedingungen kann der flinke Planet am 12. erstmals in der Morgendämmerung tief im Südosten erspäht werden. An diesem Tag erscheint der 0,9 mag helle Planet um 6.05 Uhr MEZ über der Horizontlinie und kann etwa 20 Minuten später kurz gesichtet werden, bevor er in der Morgendämmerung verblasst.

Einen Tag später, am 13., beendet er seine Konjunktionsschleife und am 14. wandert er in 47' südlichen Abstand an Kappa Virginis vorbei, der aber in der Dämmerung nur mit einem Fernglas zu sehen ist.

Merkur verfrüht seinen Aufgang bis zum 17. auf 5.49 Uhr MEZ und steigert seine Helligkeit auf -0,2 mag, wodurch sich seine Sichtbarkeit in der Morgendämmerung rasch verbessert. Am 17. dürfte Merkur bei klarem Wetter etwa 50 Minuten lang in der Morgendämmerung zu sehen sein.

Vier Tage später, am 21., erreicht Merkur seine größte westliche Elongation mit 19,6°. Der -0,5 mag helle Merkur, der inzwischen von der Jungfrau in die Waage gewandert ist, erscheint an diesem Tag um 5.51 Uhr MEZ über dem Horizont und kann etwa von 6.05 Uhr MEZ bis 7.10 Uhr MEZ in der Morgendämmerung freiäugig gesehen werden.

Am 25. passiert der -0,6 mag helle Merkur Zuben-el-dschenubi 1,8° nördlich, was man am besten am Morgen des folgenden Tages sehen kann. Zuben-el-dschenubi ist allerdings in der hellen Dämmerung nur im Fernglas zu sehen.

Der innerste Planet unseres Sonnensystems verspätet seinen Aufgang von 6.02 Uhr MEZ am 25. auf 6.21 Uhr MEZ am 30., während seine Helligkeit bei -0,6 mag verharrt. Dies bewirkt eine merkliche Verkürzung seiner Sichtbarkeitsdauer im letzten Monatsdrittel nach seiner größten westlichen Elongation.

Fernrohrbeobachter sehen Merkur am 21. als zu 21% beleuchtete Sichel mit 8,6" Durchmesser, die Halbphase (Dichotomie) erreicht Merkur am 18., wobei sein Scheibchendurchmesser 7,2" beträgt.

Am 25. hat das Merkurscheibchen einen Durchmesser von 6,1" und ist zu 73% beleuchtet, während es am 30. 5,6" misst und zu 83% in Sonnenlicht getaucht ist.

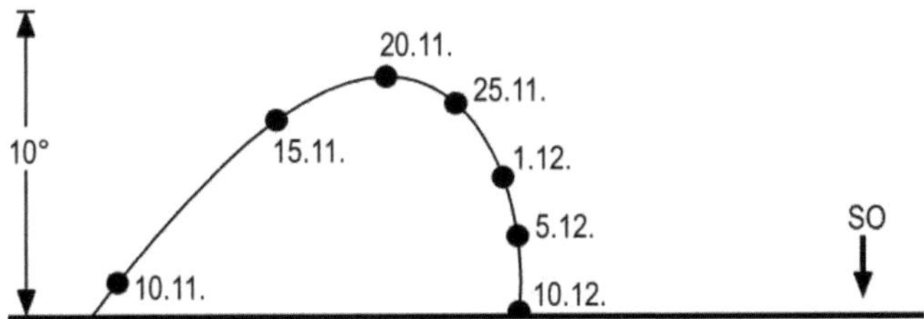


Position des Planeten Merkur am Morgenhimmel, 1 Stunde vor Sonnenaufgang

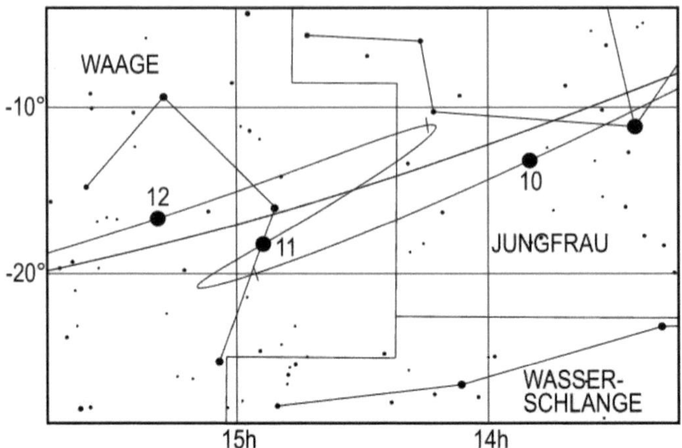



Lauf des Planeten Merkur von September bis Dezember 2026. Die Zahl gibt die Position am 1. des entsprechenden Monats an, also 12 die Position am 1.12.

**Venus** verbessert im Laufe dieses Monats schnell ihre Morgensichtbarkeit, denn ihr Aufgang verfrüht sich von 6.20 Uhr MEZ am 1., auf 4.55 Uhr MEZ am 15. und auf 4.13 Uhr MEZ am 30., womit sie am Monatsende weit über 3 Stunden lang am Morgenhimmel gesehen werden kann.

Der Morgenstern, der am 11. seine Konjunktionsschleife beendet, wandert zuerst in einem großen Bogen westlich um Spika herum, mit der sie am 3. und am 19. in Konjunktion steht, wobei die Winkelabstände 2,4° bzw. 1,8° betragen.

Allerdings erreicht sie ihren geringsten Winkelabstand zu Spika mit 1,2° am 9. An diesem Tag steht sie westlich von diesem Stern.

Zwei Tage zuvor, am 7., findet man die Mondsichel in ihrer Nachbarschaft.

Die Helligkeit der Venus steigt von -4,2 mag am 1. bis zu ihrem größten Glanz am 27. auf -4,7 mag an, um danach bis zum Monatsende leicht auf -4,6 mag abzufallen. Sie ist somit zumindest in der zweiten Monatshälfte durchaus noch nach Sonnenaufgang am Morgenhimmel sichtbar.

Im Fernrohr zeigt sich Venus als Sichel, deren Durchmesser ab- und deren beleuchteter Anteil zunimmt. Am 1. beträgt der Durchmesser der zu 2,6% beleuchteten Venussichel 59,6", während am 15. das zu 14% beleuchtete Venusscheibchen einen Durchmesser von 50,3" hat.

Am 30. ist die Venus bei einem Winkeldurchmesser von 39,6" zu 27% beleuchtet.

176

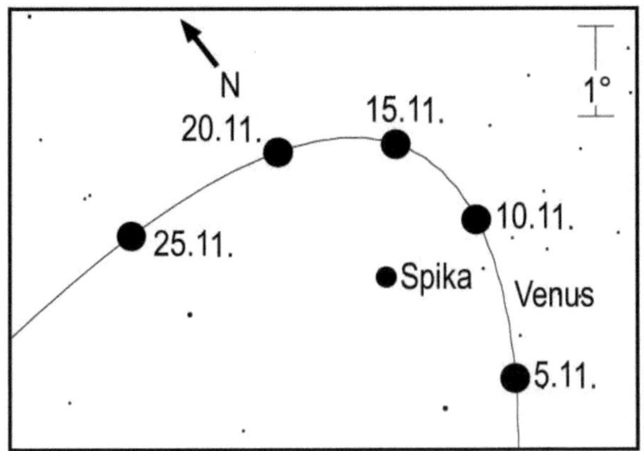



Stellung der Venus bei Spika im November 2026. Der Kreis gibt die Position der Venus am jeweiligen Tag um 5 Uhr MEZ wieder.

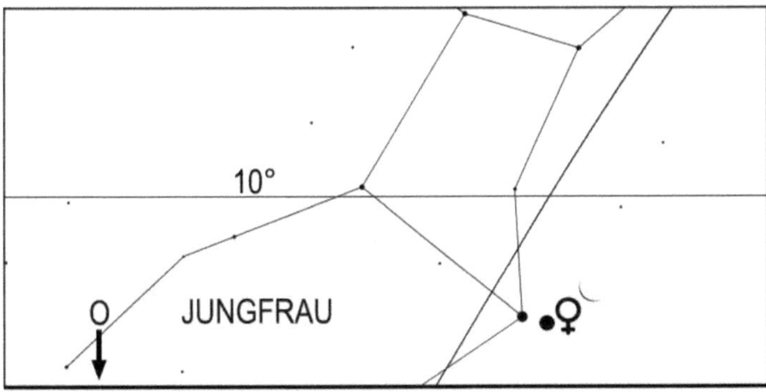



Mond und Venus am 7.11.2026 um 6 Uhr MEZ

**Mars** wandert durch die westlichen Gebiete des Sternbildes Löwe und erscheint am 1. um 23.40 Uhr MEZ, am 15. um 23.22 Uhr MEZ und am 30. um 22.56 Uhr MEZ über dem Horizont.

Der rote Planet, dessen Helligkeit im November von 0,9 mag auf 0,5 mag ansteigt, wandert am 15. 1,2° nördlich an Jupiter und am 24. 1,8° nördlich an Regulus vorbei. Sein Winkeldurchmesser steigt im Laufe des Monats von 6,5" auf 7,9" an, womit er für Fernrohrbeobachter langsam interessant wird. Diese bemerken, dass er nicht kreisrund erscheint, sondern wie der Mond 3 Tage vor Vollmond aussieht.

Der abnehmende Mond ist in den Morgenstunden des 2. und in den späten Abendstunden des 30. nahe Mars zu finden.

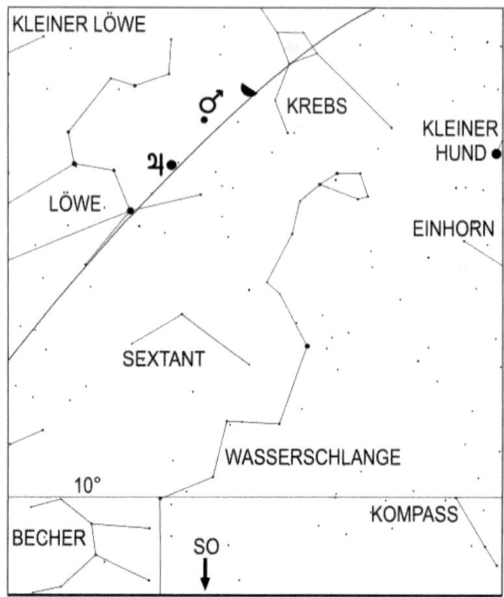


Mond und Mars am 2.11.2026 um 5 Uhr MEZ

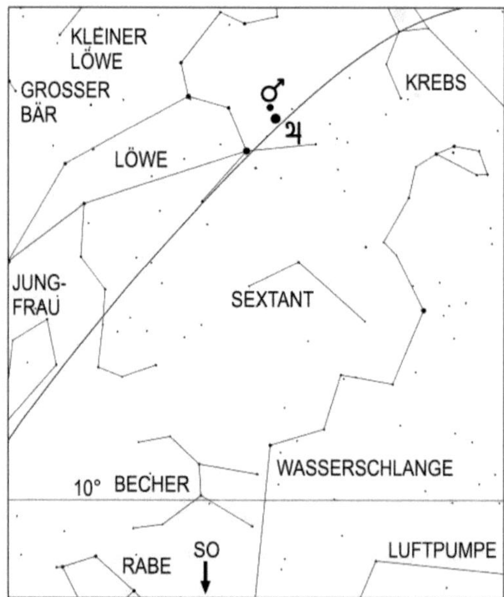


Mars und Jupiter am 15.11.2026 um 5 Uhr MEZ

178

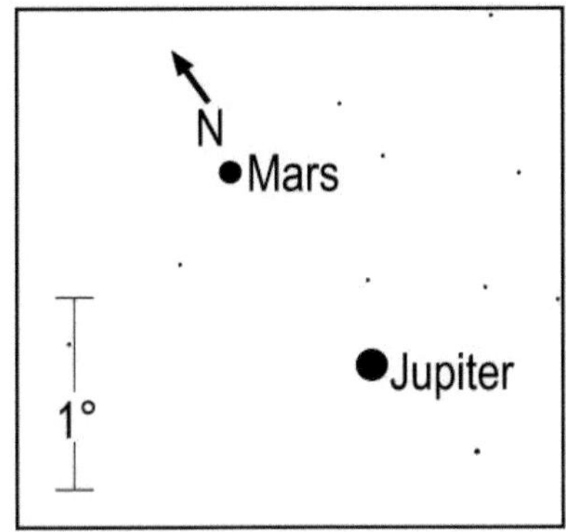

Anblick der Konjunktion zwischen Mars und Jupiter im Feldstecher am Morgenhimmel des 15.11.2026 um 5 Uhr MEZ

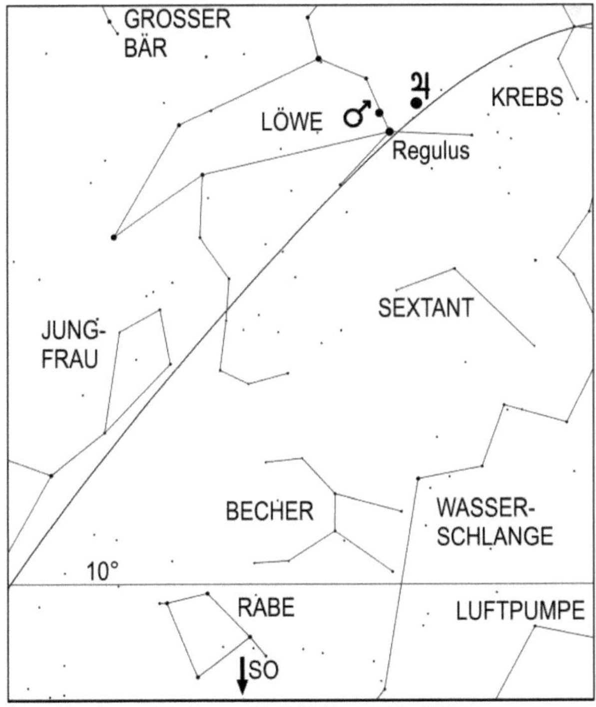


Mars, Regulus und Jupiter am 25.11.2026 um 5 Uhr MEZ

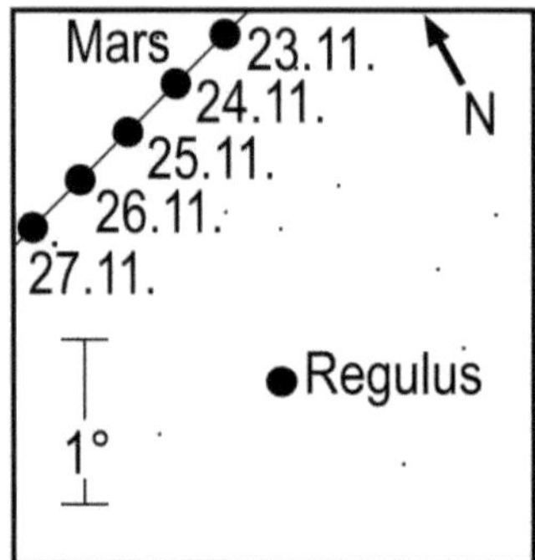


Stellung von Mars bei Regulus. Der Kreis zeigt die Position von Mars um 5 Uhr MEZ am jeweiligen Tag.

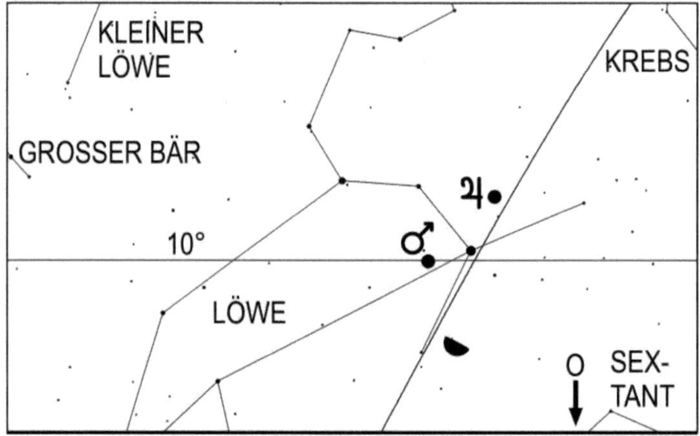


Mond und Mars am 30.11.2026 um 24 Uhr MEZ

**Jupiter**, rechtläufig im Sternbild Löwe, erscheint am 1. um 0.17 Uhr MEZ, am 15. um 23.27 Uhr MEZ und am 30. um 22.32 Uhr MEZ über dem Horizont.
Wie schon bei „Mars" beschrieben, steht er mit diesem am 15. in Konjunktion und wird sich auch in den nächsten Monaten in dessen Nachbarschaft aufhalten, ohne dass eine weitere Konjunktion stattfindet.
Im Laufe des Monats steigt seine Helligkeit von -2,0 mag auf -2,2 mag und sein Scheibchendurchmesser wächst von 35,8" auf 39,1".

180

Am Morgen des 3. und am Morgen des 30. findet man den Mond in der Nachbarschaft von Jupiter.

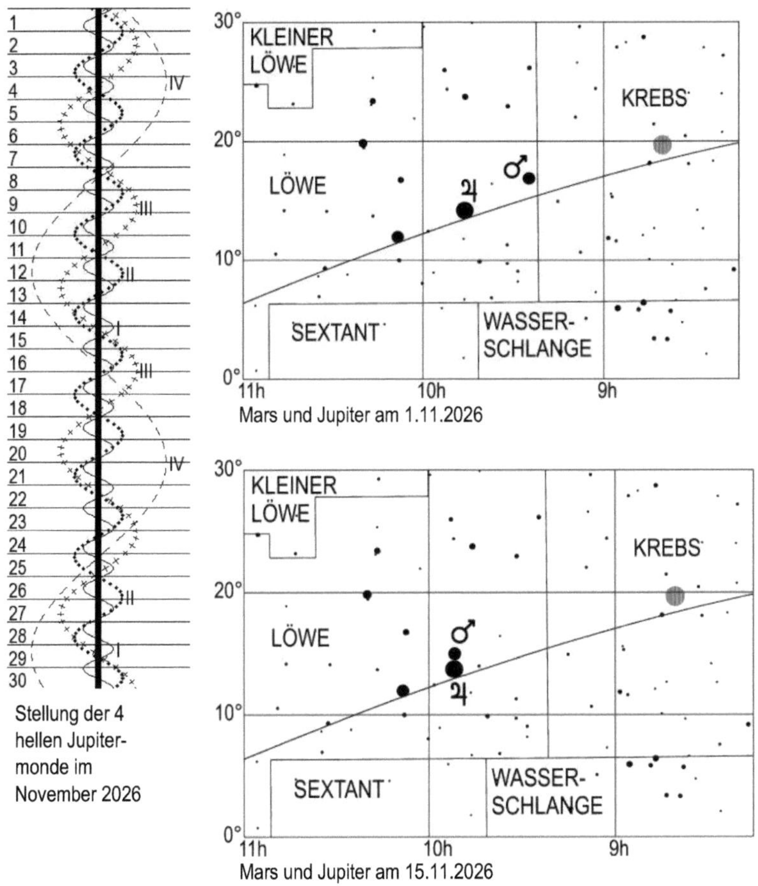



Mars und Jupiter am 1.11.2026

Mars und Jupiter am 15.11.2026

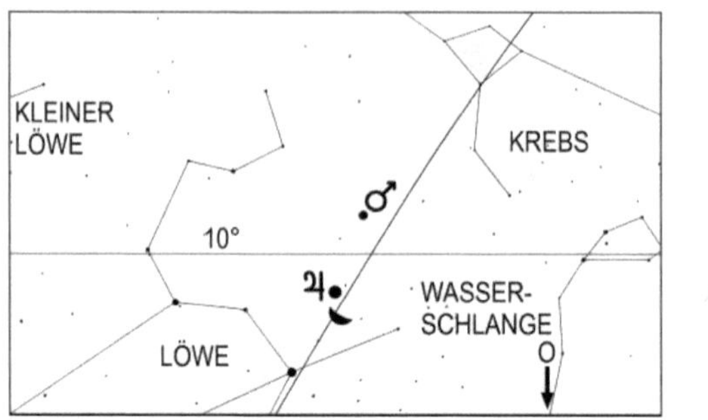


Mond, Mars und Jupiter am Morgen des 3.11.2026 um 1 Uhr MEZ

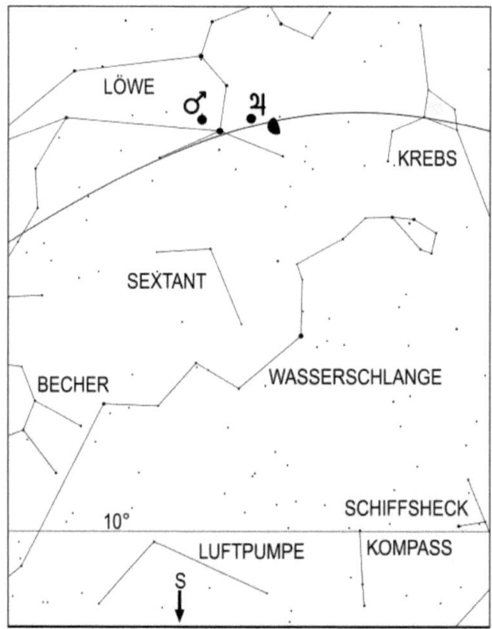


Mond, Mars und Jupiter am Morgen des 30.11.2026 um 6 Uhr MEZ

**Saturn** wandert rückläufig durch die nordwestlichste Ecke des Sternbildes Walfisch und ist ein markantes Objekt am Abendhimmel. Der Ringplanet, dessen Helligkeit im November von 0,5 mag auf 0,7 mag zurückgeht und dessen Scheibchendurchmesser im gleichen Zeitraum von 19,5" auf 18,7" abnimmt, versinkt am 1. um 4.30 Uhr MEZ, am 15. um 3.31 Uhr MEZ und am 30. um 2.29 Uhr MEZ unter dem Horizont. Der Blickwinkel auf sein Ringsystem nimmt im Laufe des Monats von 7° auf 6° ab. Am Morgen des 21. findet man den Mond nahe dem Ringplaneten.

182

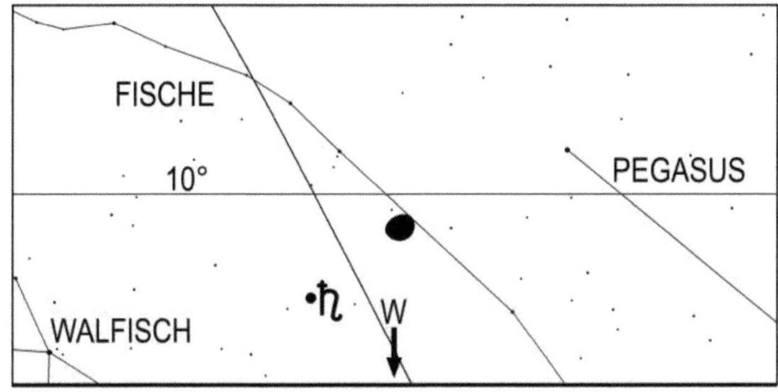


Mond und Saturn am 21. um 2.30 Uhr MEZ

**Uranus** steht am 25. in Opposition zur Sonne. Der ferne Planet, der rückläufig durch das Sternbild Stier wandert, hat im November eine Helligkeit von 5,6 mag, womit er prinzipiell mit dem bloßen Auge als lichtschwacher Stern, auf jeden Fall aber mit einem Fernglas oder Fernrohr, beobachtet werden kann (Aufsuchkarte, Seite 184). In größeren Teleskopen erscheint Uranus als kleines, grünliches und strukturloses Scheibchen mit 3,8" Durchmesser. Uranus erreicht am Oppositionstag auch seine geringste Entfernung zur Erde, welche 2759218014 km beträgt. Ein Lichtstrahl benötigt für diese Strecke etwas länger als 2 Stunden und 33 Minuten.
Die beste Zeit, um nach Uranus Ausschau zu halten, ist die Zeit seiner Kulmination, welche am 1. um 1.54 Uhr MEZ, am 15. um 0.56 Uhr MEZ und am 30. um 23.51 Uhr MEZ erfolgt. Am 30. versinkt Uranus um 7.45 Uhr MEZ unter dem Horizont.

**Neptun** bewegt sich rückläufig durch das Sternbild Fische. Er kann mit einem Fernglas oder Fernrohr am Abendhimmel beobachtet werden (Aufsuchkarte, Seite 150).
Der ferne Planet, dessen Helligkeit im November von 7,8 mag auf 7,9 mag zurückgeht, kulminiert am 1. um 21.49 Uhr MEZ, am 15. um 20.53 Uhr MEZ und am 30. um 19.54 Uhr MEZ und versinkt am 1. um 3.54 Uhr MEZ, am 15. um 2.57 Uhr MEZ und am 30. um 1.57 Uhr MEZ hinter dem Horizont.

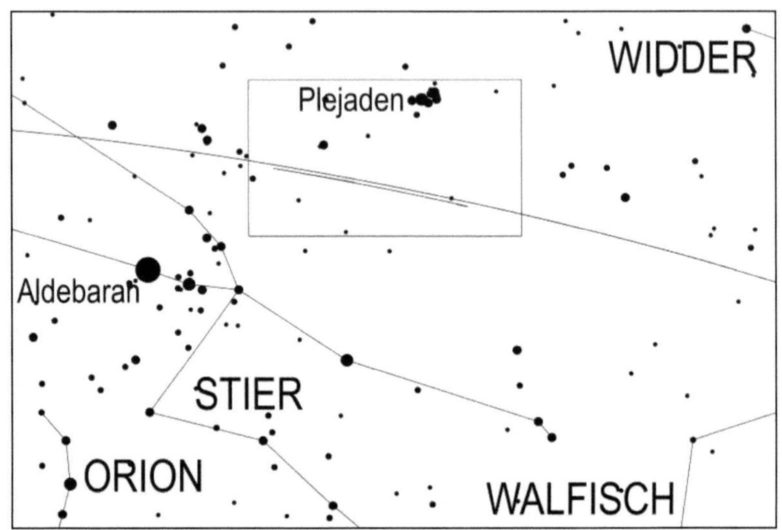

Übersichtskarte zum Aufsuchen des Planeten Uranus. Die nächste Sternkarte zeigt vergrößert den rechteckigen Ausschnitt.

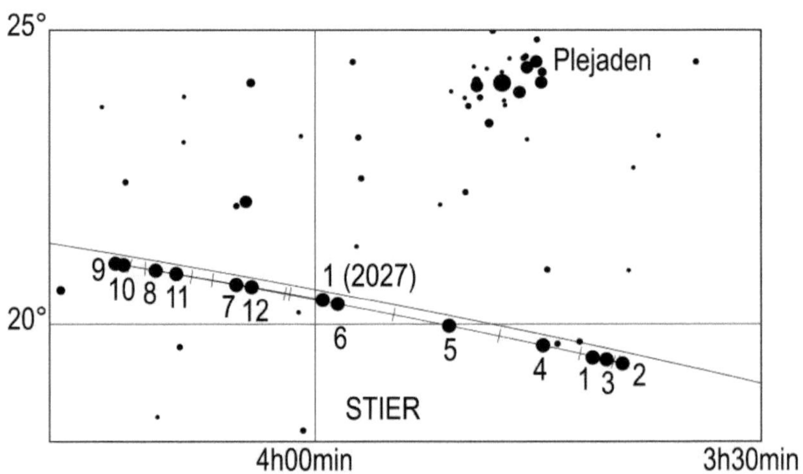


Lauf des Planeten Uranus im Jahr 2026. Die Zahl gibt die Position am 1. des entsprechenden Monats an, also 4 die Position am 1.4.

184

# Klein- und Zwergplaneten

**Ceres** setzt am 24. zu ihrer Oppositionsschleife im Sternbild Zwillinge an. Der Zwergplanet, dessen Helligkeit im November von 8,2 mag auf 7,6 mag ansteigt, erscheint am 1. um 21.06 Uhr MEZ, am 15. um 20.12 Uhr MEZ und am 30. um 19.05 Uhr MEZ über dem Horizont.
Ceres kann am besten zum Zeitpunkt ihrer Kulmination, die am 1. um 5.21 Uhr MEZ, am 15. um 4.32 Uhr MEZ und am 30. um 3.34 Uhr MEZ erfolgt, beobachtet werden. Ein Feldstecher ist für ihre Beobachtung ausreichend (Aufsuchkarte, Seite 200).

**Pallas**, deren Helligkeit im Laufe des Monats von 8,5 mag auf 9,0 mag zurückgeht, kann am besten in den späten Abendstunden mit einem Fernrohr in den südlichen Gebieten des Sternbildes Walfisch aufgesucht werden (Aufsuchkarte, Seite 166). Sie kulminiert am 1. um 22.43 Uhr MEZ und geht um 3.12 Uhr MEZ unter, am 15. erfolgt ihre Kulmination um 21.41 Uhr MEZ und ihr Untergang um 2.00 Uhr MEZ.
Am Monatsletzten erreicht Pallas um 20.39 Uhr MEZ ihren höchsten Stand im Süden und versinkt um 0.54 Uhr MEZ hinter dem Horizont.
Ihre Helligkeit geht im November von 8,5 mag auf 9,0 mag zurückgeht.

**Juno** wandert zuerst durch die nördlichen Gebiete des Steinbocks bevor sie in der zweiten Monatshälfte in den Wassermann übertritt. Der Kleinplanet ist mit seiner geringen Helligkeit, die von 10,2 mag am Monatsanfang auf 10,3 mag am Monatsende absinkt, ein Objekt für Fernrohre ab 10 Zentimetern Objektivöffnung, welches am besten zum Ende der Abenddämmerung aufgesucht werden kann (Aufsuchkarte, Seite 120).
Juno versinkt am 1. um 22.46 Uhr MEZ, am 15. um 22.07 Uhr MEZ und am 30. um 21.31 Uhr MEZ hinter dem Horizont.
Am 10. wandert Juno 30' nördlich an Beta Capricorni vorbei, was an diesem Tag die Suche nach ihr vereinfacht.

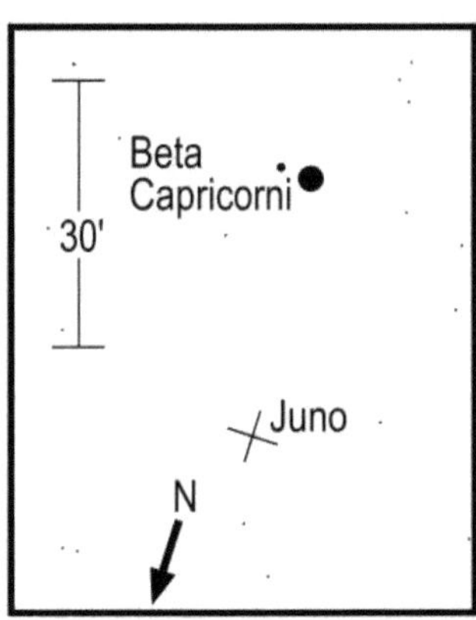


Anblick der Konjunktion zwischen Beta Capricorni und Juno (der mit einem Kreuz markierte Stern) am 10.11.2026 um 19 Uhr MEZ im umkehrenden Fernrohr

**Vesta**, rückläufig im Sternbild Walfisch, kann – wie Pallas – am besten in den späten
Abendstunden beobachtet werden (Aufsuchkarte, Seite 166). Dies ist wegen ihrer
größeren Helligkeit schon mit Hilfe eines gewöhnlichen Feldstechers möglich.
Vesta, deren Helligkeit im November von 6,7 mag auf 7,3 mag absinkt, geht am 1. um
4.39 Uhr MEZ, am 15. um 3.35 Uhr MEZ und am 30. um 2.35 Uhr MEZ unter.
Ihren höchsten Stand im Süden erreicht sie am 1. um 22.53 Uhr MEZ, am 15. um
21.49 Uhr MEZ und am 30. um 20.47 Uhr MEZ.

## Periodische Sternschnuppenströme

Vom 10. bis zum 23. treten die Leoniden auf, die am 17. um 21 Uhr MEZ ihr Maximum
mit bis zu 13 Meteoren pro Stunde erreichen. Die Meteore der Leoniden gehören zu
den sehr schnellen. In der Vergangenheit sorgten die Leoniden gelegentlich für
Meteorschauer mit bis zu 10000 Sternschnuppen pro Stunde.
Die beste Sichtbarkeit für mitteleuropäische Beobachter besteht am 18. um 6 Uhr
MEZ, wobei bis zu 7 Sternschnuppen pro Stunde zu erwarten sind. Der zu 55%
beleuchtete Mond ist schon kurz vor Mitternacht untergegangen.
Am 13. erreichen die Nord-Tauriden ihr Maximum mit bis zu 3 Sternschnuppen pro
Stunde. Da die dünne Mondsichel schon in den frühen Abendstunden hinter dem
Horizont verschwunden ist, gibt es keine mondbedingten Störungen bei ihrer
Beobachtung. Die Nord-Tauriden sind noch bis zum 10.12. aktiv.
Bis zum 20. kann man noch die letzten Süd-Tauriden sichten.
Zwischen dem 15. und dem 25. treten die Alpha-Monocerotiden auf, welche am 22.
um 1 Uhr MEZ ihr Maximum mit bis zu 4 Meteoren pro Stunde erreichen.
Allerdings werden mitteleuropäische Beobachter höchstens 1 Sternschnuppe pro
Stunde von diesem Schwarm sichten können. Die beste Zeit für ihre Beobachtung ist
am 22. um 5 Uhr MEZ. Da der zu 90% beleuchtete, zunehmende Mond zu dieser Zeit
hinter dem Horizont versinkt, gibt es mondbedingten Störungen nur in den früheren
Nachtstunden.
Ferner erscheinen zwischen dem 1. und dem 23. die mittelschnellen Sternschnuppen
der Iota-Aurigiden. Sie erreichen am 16. um 10 Uhr MEZ ihr Maximum mit bis zu 8
Meteoren pro Stunde. Für mitteleuropäische Beobachter besteht die beste Sichtbarkeit
am selben Tag um 2 Uhr MEZ, wobei bis zu 6 Meteore pro Stunde zu erwarten sind.
Die zu 36% beleuchtete, zunehmende Mondsichel ist schon über 4 Stunden vorher
untergegangen.

## Sonnenuntergang und Dämmerung

| | Astr. Anf. | Naut. Anf. | Bürg. Anf. | Auf-gang | Kulm. | Unter-gang | Bürg. Ende | Naut. Ende | Astr. Ende | Zeitgl. |
|---|---|---|---|---|---|---|---|---|---|---|
| 1.11.2026 | 5:24 | 6:01 | 6:39 | 7:14 | 12:08 | 17:01 | 17:35 | 18:13 | 18:50 | 16m23s |
| 2.11.2026 | 5:25 | 6:03 | 6:41 | 7:15 | 12:08 | 16:59 | 17:34 | 18:11 | 18:49 | 16m25s |

|  | Astr. Anf. | Naut. Anf. | Bürg. Anf. | Auf-gang | Kulm. | Unter-gang | Bürg. Ende | Naut. Ende | Astr. Ende | Zeitgl. |
|---|---|---|---|---|---|---|---|---|---|---|
| 3.11.2026 | 5:27 | 6:04 | 6:42 | 7:17 | 12:08 | 16:58 | 17:32 | 18:10 | 18:47 | 16m26s |
| 4.11.2026 | 5:28 | 6:06 | 6:44 | 7:19 | 12:08 | 16:56 | 17:30 | 18:08 | 18:46 | 16m26s |
| 5.11.2026 | 5:30 | 6:07 | 6:46 | 7:20 | 12:08 | 16:54 | 17:29 | 18:07 | 18:45 | 16m25s |
| 6.11.2026 | 5:31 | 6:09 | 6:47 | 7:22 | 12:08 | 16:53 | 17:27 | 18:06 | 18:43 | 16m23s |
| 7.11.2026 | 5:33 | 6:10 | 6:49 | 7:24 | 12:08 | 16:51 | 17:26 | 18:04 | 18:42 | 16m20s |
| 8.11.2026 | 5:34 | 6:11 | 6:50 | 7:25 | 12:08 | 16:50 | 17:25 | 18:03 | 18:41 | 16m17s |
| 9.11.2026 | 5:36 | 6:13 | 6:52 | 7:27 | 12:08 | 16:48 | 17:23 | 18:02 | 18:39 | 16m13s |
| 10.11.2026 | 5:37 | 6:14 | 6:53 | 7:29 | 12:08 | 16:47 | 17:22 | 18:01 | 18:38 | 16m07s |
| 11.11.2026 | 5:38 | 6:16 | 6:55 | 7:30 | 12:08 | 16:45 | 17:21 | 17:59 | 18:37 | 16m01s |
| 12.11.2026 | 5:40 | 6:17 | 6:57 | 7:32 | 12:08 | 16:44 | 17:19 | 17:58 | 18:36 | 15m54s |
| 13.11.2026 | 5:41 | 6:19 | 6:58 | 7:34 | 12:08 | 16:42 | 17:18 | 17:57 | 18:35 | 15m47s |
| 14.11.2026 | 5:42 | 6:20 | 7:00 | 7:35 | 12:08 | 16:41 | 17:17 | 17:56 | 18:34 | 15m38s |
| 15.11.2026 | 5:44 | 6:21 | 7:01 | 7:37 | 12:09 | 16:40 | 17:16 | 17:55 | 18:33 | 15m29s |
| 16.11.2026 | 5:45 | 6:23 | 7:03 | 7:38 | 12:09 | 16:39 | 17:15 | 17:54 | 18:32 | 15m19s |
| 17.11.2026 | 5:47 | 6:24 | 7:04 | 7:40 | 12:09 | 16:37 | 17:13 | 17:53 | 18:31 | 15m08s |
| 18.11.2026 | 5:48 | 6:26 | 7:06 | 7:42 | 12:09 | 16:36 | 17:12 | 17:52 | 18:30 | 14m56s |
| 19.11.2026 | 5:49 | 6:27 | 7:07 | 7:43 | 12:09 | 16:35 | 17:11 | 17:51 | 18:29 | 14m43s |
| 20.11.2026 | 5:50 | 6:28 | 7:09 | 7:45 | 12:10 | 16:34 | 17:10 | 17:50 | 18:28 | 14m30s |
| 21.11.2026 | 5:52 | 6:30 | 7:10 | 7:46 | 12:10 | 16:33 | 17:09 | 17:49 | 18:27 | 14m15s |
| 22.11.2026 | 5:53 | 6:31 | 7:11 | 7:48 | 12:10 | 16:32 | 17:09 | 17:49 | 18:27 | 14m00s |
| 23.11.2026 | 5:54 | 6:32 | 7:13 | 7:49 | 12:10 | 16:31 | 17:08 | 17:48 | 18:26 | 13m44s |
| 24.11.2026 | 5:55 | 6:34 | 7:14 | 7:51 | 12:11 | 16:30 | 17:07 | 17:47 | 18:25 | 13m28s |
| 25.11.2026 | 5:57 | 6:35 | 7:16 | 7:52 | 12:11 | 16:29 | 17:06 | 17:47 | 18:25 | 13m10s |
| 26.11.2026 | 5:58 | 6:36 | 7:17 | 7:54 | 12:11 | 16:28 | 17:05 | 17:46 | 18:24 | 12m52s |
| 27.11.2026 | 5:59 | 6:37 | 7:18 | 7:55 | 12:12 | 16:27 | 17:05 | 17:45 | 18:24 | 12m33s |
| 28.11.2026 | 6:00 | 6:39 | 7:20 | 7:57 | 12:12 | 16:27 | 17:04 | 17:45 | 18:23 | 12m14s |
| 29.11.2026 | 6:01 | 6:40 | 7:21 | 7:58 | 12:12 | 16:26 | 17:04 | 17:44 | 18:23 | 11m53s |
| 30.11.2026 | 6:02 | 6:41 | 7:22 | 7:59 | 12:13 | 16:25 | 17:03 | 17:44 | 18:22 | 11m32s |

## Mondlauf

|  | Rektaszension | Deklination | Elong. | Phase | mag | Auf-gang | Kulm. | Unter-gang |
|---|---|---|---|---|---|---|---|---|
| So 1.11.2026 | 8h00m34,0s | 22°35'30" | 101,6° | 0,6 ☾ | -10,6 | 22:55 | 5:54 | 13:59 |
| Mo 2.11.2026 | 8h57m37,6s | 18°06'19" | 88,6° | 0,49 | -10,2 |  | 6:48 | 14:21 |
| Di 3.11.2026 | 9h50m25,3s | 12°43'33" | 75,9° | 0,38 | -9,6 | 0:18 | 7:38 | 14:39 |
| Mi 4.11.2026 | 10h39m50,6s | 6°49'45" | 63,4° | 0,28 | -9,0 | 1:38 | 8:24 | 14:53 |
| Do 5.11.2026 | 11h27m02,7s | 0°43'52" | 51,1° | 0,19 | -8,3 | 2:55 | 9:09 | 15:07 |
| Fr 6.11.2026 | 12h13m11,5s | -5°18'08" | 39,1° | 0,11 | -7,5 | 4:10 | 9:52 | 15:21 |
| Sa 7.11.2026 | 12h59m20,8s | -11°02'06" | 27,4° | 0,06 | -6,5 | 5:25 | 10:37 | 15:36 |
| So 8.11.2026 | 13h46m23,8s | -16°14'50" | 16,0° | 0,02 | -5,5 | 6:40 | 11:22 | 15:54 |
| Mo 9.11.2026 | 14h34m59,0s | -20°43'38" | 6,2° | 0 ● | -4,5 | 7:55 | 12:10 | 16:16 |
| Di 10.11.2026 | 15h25m23,4s | -24°16'38" | 9,0° | 0,01 | -4,8 | 9:07 | 12:59 | 16:46 |
| Mi 11.11.2026 | 16h17m27,7s | -26°43'34" | 19,3° | 0,03 | -5,8 | 10:13 | 13:51 | 17:25 |
| Do 12.11.2026 | 17h10m34,9s | -27°57'16" | 30,1° | 0,07 | -6,7 | 11:11 | 14:42 | 18:14 |
| Fr 13.11.2026 | 18h03m48,5s | -27°54'45" | 40,8° | 0,12 | -7,5 | 11:56 | 15:33 | 19:14 |

|  | Rektaszension | Deklination | Elong. | Phase | mag | Auf-gang | Kulm. | Unter-gang |
|---|---|---|---|---|---|---|---|---|
| Sa 14.11.2026 | 18h56m09,1s | -26°37'43" | 51,6° | 0,19 | -8,2 | 12:30 | 16:22 | 20:20 |
| So 15.11.2026 | 19h46m52,5s | -24°11'48" | 62,3° | 0,27 | -8,8 | 12:56 | 17:09 | 21:31 |
| Mo 16.11.2026 | 20h35m40,7s | -20°45'02" | 73,1° | 0,36 | -9,3 | 13:17 | 17:54 | 22:42 |
| Di 17.11.2026 | 21h22m43,0s | -16°26'20" | 84,1° | 0,45 ☽ | -9,8 | 13:33 | 18:38 | 23:54 |
| Mi 18.11.2026 | 22h08m31,7s | -11°24'42" | 95,2° | 0,55 | -10,3 | 13:48 | 19:20 |  |
| Do 19.11.2026 | 22h53m55,7s | -5°49'12" | 106,7° | 0,65 | -10,7 | 14:01 | 20:03 | 1:06 |
| Fr 20.11.2026 | 23h39m56,4s | 0°10'09" | 118,6° | 0,74 | -11,1 | 14:15 | 20:48 | 2:20 |
| Sa 21.11.2026 | 0h27m44,8s | 6°20'56" | 130,8° | 0,83 | -11,5 | 14:30 | 21:35 | 3:38 |
| So 22.11.2026 | 1h18m37,8s | 12°26'28" | 143,5° | 0,9 | -11,9 | 14:49 | 22:28 | 5:00 |
| Mo 23.11.2026 | 2h13m48,8s | 18°04'02" | 156,6° | 0,96 | -12,3 | 15:14 | 23:25 | 6:27 |
| Di 24.11.2026 | 3h14m05,8s | 22°44'43" | 169,5° | 0,99 ○ | -12,6 | 15:49 |  | 7:56 |
| Mi 25.11.2026 | 4h19m15,8s | 25°56'39" | 173,2° | 1 | -12,7 | 16:39 | 0:29 | 9:21 |
| Do 26.11.2026 | 5h27m33,1s | 27°13'11" | 160,7° | 0,97 | -12,4 | 17:48 | 1:35 | 10:31 |
| Fr 27.11.2026 | 6h35m54,7s | 26°23'16" | 146,9° | 0,92 | -12,1 | 19:11 | 2:42 | 11:23 |
| Sa 28.11.2026 | 7h41m15,8s | 23°36'27" | 133,2° | 0,84 | -11,7 | 20:39 | 3:45 | 11:59 |
| So 29.11.2026 | 8h41m47,8s | 19°17'37" | 119,7° | 0,75 | -11,3 | 22:05 | 4:42 | 12:25 |
| Mo 30.11.2026 | 9h37m15,8s | 13°56'48" | 106,5° | 0,64 | -10,8 | 23:28 | 5:35 | 12:44 |

## Jupitermond-Ereignisse

| Datum | Uhrzeit (MEZ) | Mond | Erscheinung | Phase |
|---|---|---|---|---|
| 1.11.2026 | 05:16:36 | Europa | Bedeckung | Ende |
| 1.11.2026 | 05:35:00 | Io | Schattenvorübergang | Anfang |
| 1.11.2026 | 06:47:52 | Io | Durchgang | Anfang |
| 2.11.2026 | 02:43:52 | Io | Verfinsterung | Anfang |
| 2.11.2026 | 06:16:23 | Io | Bedeckung | Ende |
| 3.11.2026 | 01:16:36 | Io | Durchgang | Anfang |
| 3.11.2026 | 02:20:43 | Io | Schattenvorübergang | Ende |
| 3.11.2026 | 03:34:03 | Io | Durchgang | Ende |
| 4.11.2026 | 02:26:33 | Ganymed | Schattenvorübergang | Anfang |
| 4.11.2026 | 06:04:22 | Ganymed | Schattenvorübergang | Ende |
| 8.11.2026 | 01:01:17 | Ganymed | Bedeckung | Ende |
| 8.11.2026 | 01:12:04 | Kallisto | Schattenvorübergang | Ende |
| 8.11.2026 | 02:32:40 | Europa | Verfinsterung | Anfang |
| 9.11.2026 | 04:37:24 | Io | Verfinsterung | Anfang |
| 10.11.2026 | 01:56:20 | Io | Schattenvorübergang | Anfang |
| 10.11.2026 | 02:18:42 | Europa | Durchgang | Ende |
| 10.11.2026 | 03:11:04 | Io | Durchgang | Anfang |
| 10.11.2026 | 04:13:46 | Io | Schattenvorübergang | Ende |
| 10.11.2026 | 05:28:27 | Io | Durchgang | Ende |
| 11.11.2026 | 02:40:13 | Io | Bedeckung | Ende |
| 11.11.2026 | 06:24:18 | Ganymed | Schattenvorübergang | Anfang |
| 15.11.2026 | 01:22:30 | Ganymed | Bedeckung | Anfang |
| 15.11.2026 | 05:02:18 | Ganymed | Bedeckung | Ende |
| 15.11.2026 | 05:05:56 | Europa | Verfinsterung | Anfang |

| Datum | Uhrzeit (MEZ) | Mond | Erscheinung | Phase |
| --- | --- | --- | --- | --- |
| 16.11.2026 | 03:48:47 | Kallisto | Verfinsterung | Anfang |
| 16.11.2026 | 06:30:57 | Io | Verfinsterung | Anfang |
| 17.11.2026 | 02:02:00 | Europa | Durchgang | Anfang |
| 17.11.2026 | 02:21:29 | Europa | Schattenvorübergang | Ende |
| 17.11.2026 | 03:49:22 | Io | Schattenvorübergang | Anfang |
| 17.11.2026 | 04:55:27 | Europa | Durchgang | Ende |
| 17.11.2026 | 05:04:35 | Io | Durchgang | Anfang |
| 17.11.2026 | 06:06:46 | Io | Schattenvorübergang | Ende |
| 17.11.2026 | 07:21:54 | Io | Durchgang | Ende |
| 18.11.2026 | 00:59:23 | Io | Verfinsterung | Anfang |
| 18.11.2026 | 04:34:12 | Io | Bedeckung | Ende |
| 19.11.2026 | 00:35:01 | Io | Schattenvorübergang | Ende |
| 19.11.2026 | 01:50:06 | Io | Durchgang | Ende |
| 22.11.2026 | 00:12:34 | Ganymed | Verfinsterung | Anfang |
| 22.11.2026 | 03:52:18 | Ganymed | Verfinsterung | Ende |
| 22.11.2026 | 05:19:49 | Ganymed | Bedeckung | Anfang |
| 24.11.2026 | 02:02:43 | Europa | Schattenvorübergang | Anfang |
| 24.11.2026 | 04:36:55 | Europa | Durchgang | Anfang |
| 24.11.2026 | 04:57:12 | Europa | Schattenvorübergang | Ende |
| 24.11.2026 | 05:42:22 | Io | Schattenvorübergang | Anfang |
| 24.11.2026 | 06:57:05 | Io | Durchgang | Anfang |
| 24.11.2026 | 07:30:13 | Europa | Durchgang | Ende |
| 25.11.2026 | 02:08:02 | Kallisto | Durchgang | Anfang |
| 25.11.2026 | 02:52:57 | Io | Verfinsterung | Anfang |
| 25.11.2026 | 06:27:10 | Io | Bedeckung | Ende |
| 25.11.2026 | 06:50:25 | Kallisto | Durchgang | Ende |
| 26.11.2026 | 00:10:37 | Io | Schattenvorübergang | Anfang |
| 26.11.2026 | 01:25:03 | Io | Durchgang | Anfang |
| 26.11.2026 | 02:15:04 | Europa | Bedeckung | Ende |
| 26.11.2026 | 02:28:00 | Io | Schattenvorübergang | Ende |
| 26.11.2026 | 03:42:18 | Io | Durchgang | Ende |
| 27.11.2026 | 00:55:13 | Io | Bedeckung | Ende |
| 29.11.2026 | 04:11:17 | Ganymed | Verfinsterung | Anfang |

# Dezember

## Sternenhimmel

Gültig für

| | |
|---|---|
| 1.9. 4 Uhr | 15.9. 3 Uhr |
| 1.10. 2 Uhr | 15.10. 1 Uhr |
| 1.11. 0 Uhr | 15.11. 23 Uhr |
| **1.12. 22 Uhr** | 15.12. 21 Uhr |
| 1.1. 20 Uhr | 15.1. 19 Uhr |

Der südliche und südwestliche Teil des Himmels wird von den lichtschwachen
Herbststernbildern dominiert, von denen nur der Walfisch über zwei Sterne zweiter

Größe verfügt. Allerdings erblickt man in diesem Jahr in der nordwestlichsten „Ecke" des Sternbildes Walfisch unterhalb der Fische einen hellen „Stern" und zwar den Planeten Saturn.

Im Osten erkennt man, dass schon zahlreiche Wintersternbilder, wie die Zwillinge, der markante Orion, der unauffällige Hase und der Kleine Hund mit dem hellen Prokion schon vollständig zu sehen sind.

Sirius im Großen Hund geht gerade im Südosten auf und dürfte wegen seiner großen Helligkeit bald sichtbar werden.

Im Südsüdosten erblickt man das große, unauffällige Sternbild Eridanus, welches von allen Sternbildern die größte Ausdehnung in Nord-Süd-Richtung hat. Die nördlichsten Gebiete dieses Sternbildes, welches den Fluss Eridanus darstellen soll, in dem nach der griechischen Mythologie, Phaeton, der Sohn des Sonnengottes Helios gestürzt sein soll, nachdem er den Sonnenwagen seines Vaters lenken durfte, befinden sich nördlich des Himmelsäquators bei einer Deklination von 1°, während die südlichsten Regionen dieses Sternbildes bei einer Deklination von −58° liegen. Sie erscheinen somit erst bei 32° nördlicher Breite, das ist die geografische Breite Nordafrikas, über dem Horizont.

Der Pegasus steht schon in südwestlicher Richtung. Von den Sommersternbildern sind nur noch der Schwan, die Leier, sowie die Kleinsternbilder Pfeil und Delphin vollständig zu sehen. Der Adler ist fast vollständig untergegangen, sein Hauptstern Atair, die südlichste Spitze des Sommerdreiecks ist im Horizontdunst verschwunden.

## Astronomische Ereignisse

| Datum | Uhrzeit | Ereignis | Elongation |
|---|---|---|---|
| 1.12.2026 | 07:08:49 | Letztes Viertel | |
| 1.12.2026 | 12:55:35 | Pallas stationär, dann rechtläufig | |
| 2.12.2026 | 17:04:42 | Vesta stationär, dann rechtläufig | |
| 3.12.2026 | 21:29:42 | Mond 7,7° südlich Porrima | 58,3° |
| 4.12.2026 | 20:28:23 | Mond 3,1° südlich Spika | 47,5° |
| 5.12.2026 | 12:44:58 | Mond 8,1° südlich Venus | 40,1° |
| 6.12.2026 | 15:53:55 | Mond 6,4° südlich Zuben-el-dschenubi | 27,7° |
| 7.12.2026 | 02:54:23 | Mond in größter Südbreite | |
| 7.12.2026 | 23:07:27 | Mond 6,15° südlich Merkur | 13,3° |
| 8.12.2026 | 00:57:45 | Mond 6,4° südlich Akrab | 12,3° |
| 8.12.2026 | 12:33:30 | Mond 1,1° südlich Antares | 7,7° |
| 8.12.2026 | 18:59:17 | Merkur 23' südlich Graffias | 13° |
| 8.12.2026 | 19:02:51 | Merkur 23' südlich Akrab | 13° |
| 9.12.2026 | 00:15:03 | Merkur 23' nördlich Omega1 Scorpii | 12,8° |
| 9.12.2026 | 01:51:58 | Neumond | -4,9° |
| 11.12.2026 | 05:10:51 | Mond 17' südlich Nunki | 23,9° |
| 11.12.2026 | 07:32:37 | Mond im Apogäum | |
| 11.12.2026 | 11:10:07 | Venus 23' südlich Kappa Virginis | 44,4° |
| 12.12.2026 | 00:17:58 | Saturn stationär, dann rechtläufig | |

| Datum | Uhrzeit | Ereignis | Elongation |
|---|---|---|---|
| 12.12.2026 | 13:33:47 | Merkur 4,8° nördlich Antares | 11,1° |
| 12.12.2026 | 23:23:53 | Merkur 19' südlich Omega Ophiuchi | 10,9° |
| 12.12.2026 | 23:59:47 | Mond 6,8° südlich Beta Capricorni | 41,9° |
| 13.12.2026 | 02:32:24 | Mond 2,4° nördlich Pluto | 43° |
| 13.12.2026 | 11:43:58 | Neptun stationär, dann rechtläufig | |
| 13.12.2026 | 13:03:06 | Jupiter stationär, dann rückläufig | |
| 14.12.2026 | 00:00:51 | Merkur im absteigenden Knoten | |
| 14.12.2026 | 00:47:29 | Mond 4° südlich Juno | 53,1° |
| 14.12.2026 | 13:55:03 | Mond im aufsteigenden Knoten | |
| 14.12.2026 | 20:35:50 | Mond 2,5° nördlich Delta Capricorni | 61,1° |
| 17.12.2026 | 06:42:48 | Erstes Viertel | |
| 17.12.2026 | 23:40:28 | Mond 4,8° nördlich Neptun | 95,6° |
| 18.12.2026 | 10:22:35 | Mond 5,9° nördlich Saturn | 101,5° |
| 19.12.2026 | 00:23:29 | Mond 31,1° nördlich Pallas | 96,7° |
| 19.12.2026 | 03:50:11 | Mond 12,9° nördlich Vesta | 106,8° |
| 20.12.2026 | 05:01:56 | Ceres 3,9° südlich Kastor | 155,6° |
| 20.12.2026 | 08:14:20 | Mond 6,25° südlich Hamal | 127,4° |
| 21.12.2026 | 03:24:54 | Merkur 10' nördlich 44 Ophiuchi | 6,6° |
| 21.12.2026 | 10:01:16 | Mond in größter Nordbreite | |
| 21.12.2026 | 21:50:02 | Winteranfang | |
| 22.12.2026 | 01:10:51 | Mond 37' nördlich der Plejaden | 150° |
| 22.12.2026 | 06:16:06 | Mond 4,52° nördlich Uranus | 152,3° |
| 22.12.2026 | 17:00:28 | Mond 9,6° nördlich Aldebaran | 158,7° |
| 22.12.2026 | 18:34:50 | Venus 3° nördlich Zuben-el-dschenubi | 45,4° |
| 23.12.2026 | 11:49:15 | Mond 2° südlich Elnath | 169,8° |
| 24.12.2026 | 02:28:21 | Vollmond | |
| 24.12.2026 | 05:46:12 | Mond 4° nördlich Eta Geminorum | 176,6° |
| 24.12.2026 | 08:29:57 | Mond 3,6° nördlich Mü Geminorum | 175,9° |
| 24.12.2026 | 09:06:06 | Merkur im Aphel<br>(Abstand Merkur-Sonne: 69817793 km) | |
| 24.12.2026 | 09:32:25 | Mond im Perigäum | |
| 24.12.2026 | 12:46:19 | Mond 9,3° nördlich Alhena | 170,4° |
| 24.12.2026 | 14:33:39 | Mond 24' nördlich Epsilon Geminorum | 172,1° |
| 25.12.2026 | 08:48:12 | Mond 5,1° südlich Ceres | 162° |
| 25.12.2026 | 10:11:34 | Mond 8,7° südlich Kastor | 160,3° |
| 25.12.2026 | 13:26:05 | Mond 5,4° südlich Pollux | 159,1° |
| 25.12.2026 | 22:25:44 | Venus im Perihel<br>(Abstand Venus-Sonne: 107480804 km) | |
| 26.12.2026 | 11:22:20 | Mond 1,4° südlich M44 | 146,7° |
| 27.12.2026 | 09:19:02 | Mond im absteigenden Knoten | |
| 27.12.2026 | 17:55:36 | Mond 2,2° südlich Jupiter | 128,5° |
| 27.12.2026 | 23:15:20 | Mond 1,8° südlich Regulus | 125,3° |
| 28.12.2026 | 18:15:47 | Mond 6° südlich Mars | 115,25° |

| Datum | Uhrzeit | Ereignis | Elongation |
|---|---|---|---|
| 30.12.2026 | 01:07:58 | Merkur 33' nördlich Kaus Borealis | 2,2° |
| 30.12.2026 | 19:59:41 | Letztes Viertel | |
| 31.12.2026 | 03:02:10 | Mond 8° südlich Porrima | 85,8° |

## Planeten

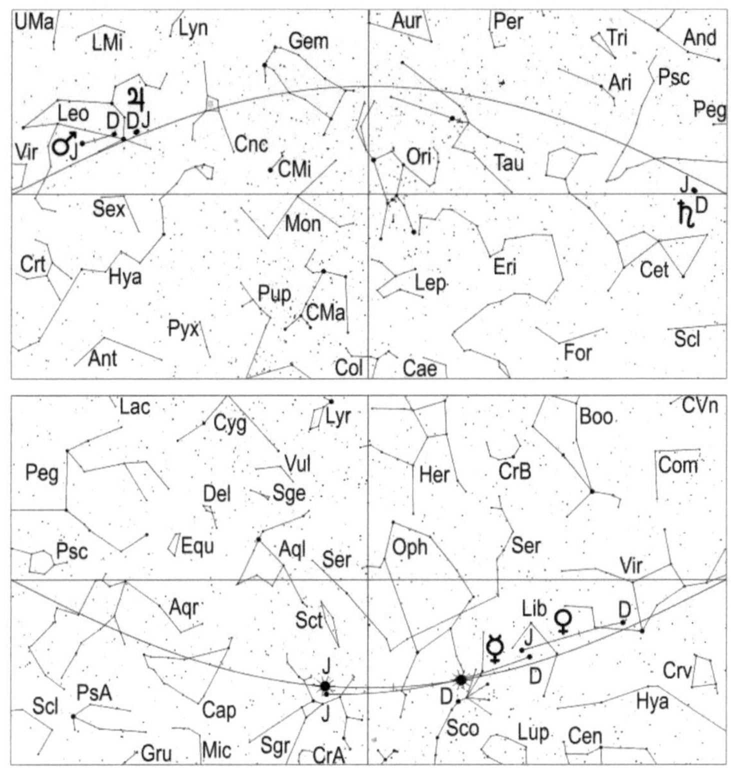


**Merkur** kann noch bis zum 7. in der Morgendämmerung tief im Südosten beobachtet werden. Der -0,6 mag helle Merkur, der sich im Ostteil des Sternbildes Waage aufhält, erscheint am 1. um 6.36 Uhr MEZ und am 7. um 6.54 Uhr MEZ über dem Horizont. Etwa eine Viertelstunde später wird er bei guten Bedingungen sichtbar, um dann gegen 7.15 Uhr MEZ in der heller werdenden Dämmerung zu verblassen.
Am Morgen des 7. findet man die dünne, abnehmende Mondsichel in seiner Nachbarschaft, die als Aufsuchhilfe dienen kann.

Im Fernrohr erscheint Merkur fast vollständig beleuchtet: am 1. ist sein Scheibchen mit einem Durchmesser von 5,5" zu 85% in Sonnenlicht getaucht und am 7. misst es bei einem Beleuchtungsgrad von 92% 5,1".

Nach dem 7. ist der innerste Planet unseres Sonnensystems nicht mehr zu sehen. Er strebt seiner oberen Konjunktion mit der Sonne entgegen, die er am 1.1.2027 erreichen wird.

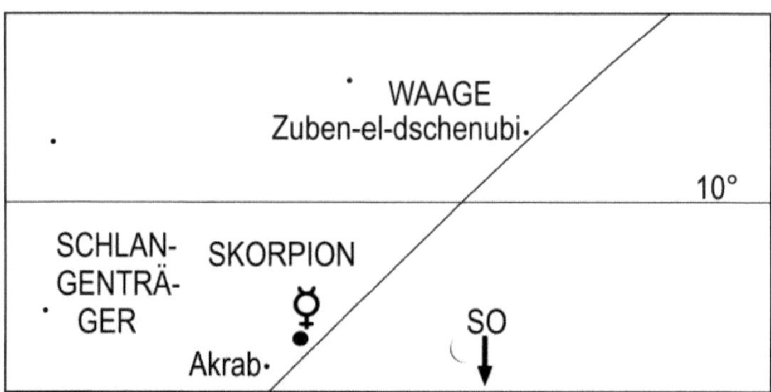


Mond und Merkur am 7.12.2026 um 7.15 Uhr MEZ. Mit bloßem Auge sind nur Mond und Merkur zu sehen.

**Venus** wandert von der Jungfrau in die Waage und ist prächtiger Morgenstern. Unser innerer Nachbarplanet, dessen Helligkeit im Laufe des Monats leicht von -4,6 mag auf -4,5 mag zurückgeht, erscheint am 1. um 4.12 Uhr MEZ, am 15. um 4.07 Uhr MEZ und am 31. um 4.21 Uhr MEZ über dem Horizont.

Venus passiert am 11. den Fixstern Kappa Virginis in 23' südlichem und am 22. den Fixstern Zuben-el-dschenubi in 3° nördlichem Abstand.

Den abnehmenden Mond findet man am 5. in der Nähe des Liebesplaneten.

Fernrohrbeobachter bemerken, dass sich im Laufe des Monats ihre Gestalt immer mehr der Halbphase annähert und ihr Scheibchendurchmesser abnimmt.

Am 1. hat Venus einen scheinbaren Durchmesser von 39" und ist zu 28% beleuchtet, am 15. misst ihr zu 38% beleuchtetes Scheibchen 31,6" und am 31. beträgt ihr Winkeldurchmesser 25,8" bei einem beleuchteten Anteil von 48%.

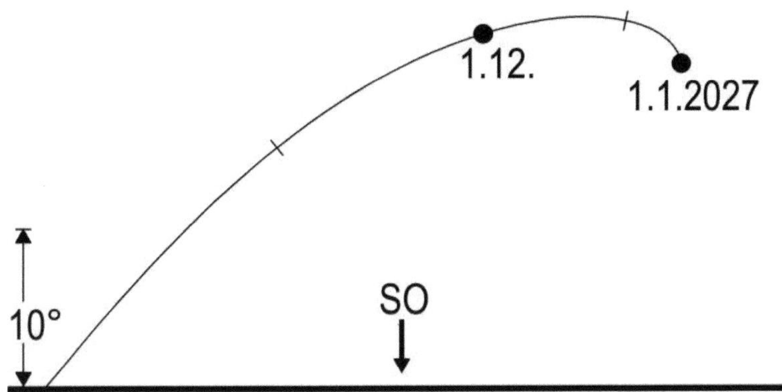

Position des Planeten Venus am Morgenhimmel, 1 Stunde vor Sonnenaufgang.

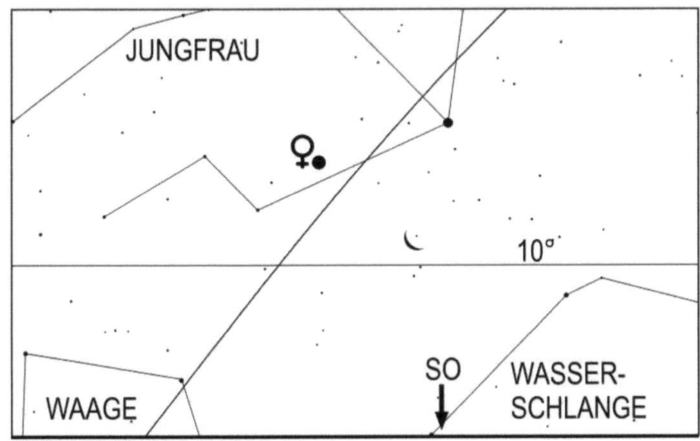


Mond und Venus am 5.12.2026 um 6 Uhr MEZ

**Mars** wandert rechtläufig – östlich von Regulus – durch das Sternbild Löwe und erscheint am 1. um 22.54 Uhr MEZ, am 15. um 22.23 Uhr MEZ und am 31. um 21.37 Uhr MEZ über dem Horizont.

Seine Helligkeit steigt im Laufe des Monats von 0,5 mag auf -0,1 mag und auch sein Winkeldurchmesser nimmt in diesem Zeitraum von 7,9" auf 10,2" zu.

Er ist somit am Jahresende ungefähr so hell wie der zweithellste in Mitteleuropa sichtbare Fixstern, Arktur.

Im Fernrohr erkennt man, dass sein Scheibchen runder wird. Es ist am 1. zu 90% und am 31. zu 93% in Sonnenlicht getaucht.

Am späten Abend des 28. findet man den abnehmenden Mond in der Nähe von Mars.

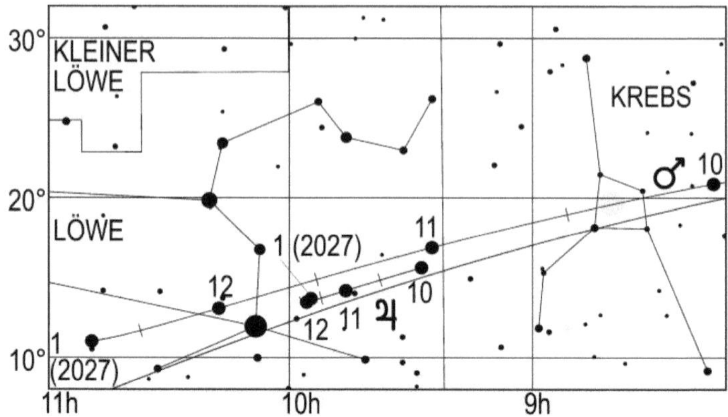

Lauf des Planeten Mars von September bis Dezember 2026. Die Zahl gibt die Position am 1. des entsprechenden Monats an, also 11 die Position am 1.11.

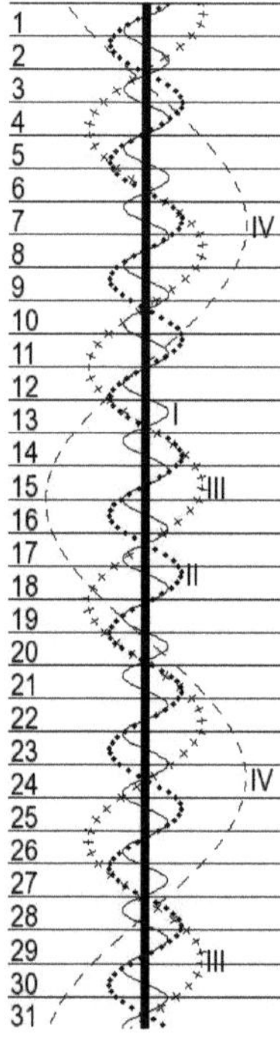

Stellung der 4 hellen Jupitermonde im Dezember 2026

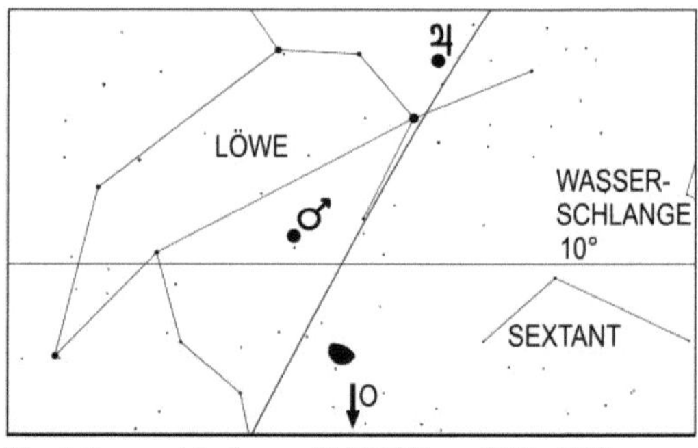

Mond, Mars und Jupiter am 28.12.2026 um 23 Uhr MEZ

**Jupiter** hält sich im Sternbild Löwe westlich von Regulus auf und setzt am 13. zu seiner Oppositionsschleife an.

Der Riesenplanet verfrüht im Dezember seinen Aufgang von 22.29 Uhr MEZ am 1., auf 21.35 Uhr MEZ am 15. und auf 20.28 Uhr MEZ am 31.

Im gleichen Zeitraum nimmt seine Helligkeit von -2,2 mag am 1. auf -2,4 mag am 31. zu und sein scheinbarer Durchmesser wächst von 39,1" am 1. auf 42,7" am 31.

Am Abend des 27. erblickt man den Mond nahe Jupiter.

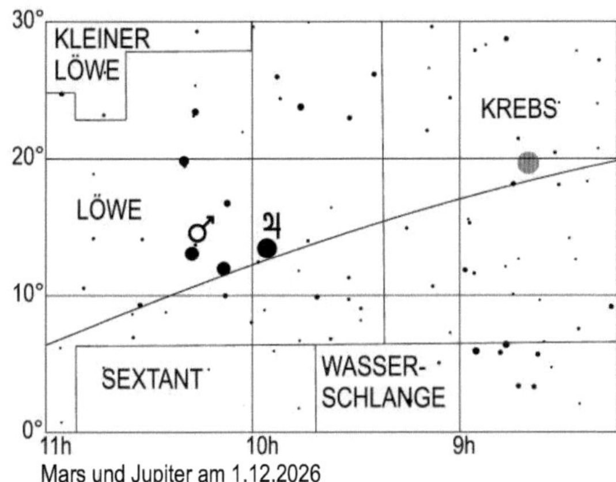


Mars und Jupiter am 1.12.2026

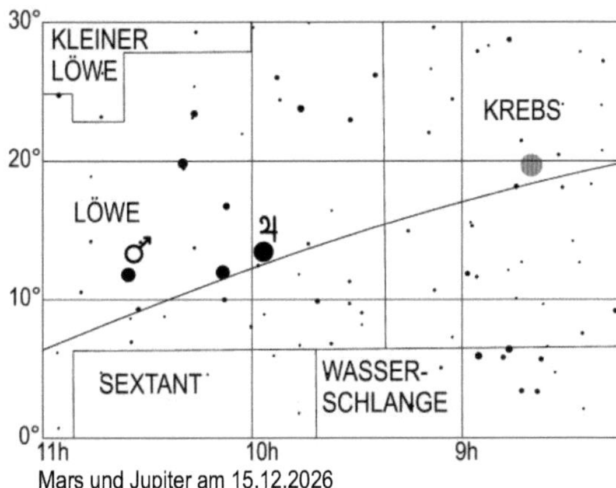


Mars und Jupiter am 15.12.2026

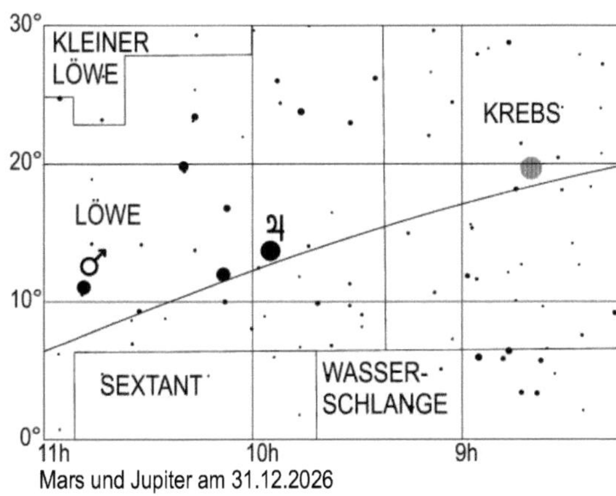


Mars und Jupiter am 31.12.2026

**Saturn** beendet am 12. in der nordwestlichsten Ecke des Sternbildes Walfisch seine Oppositionsschleife und ist Planet des Abendhimmels. Der Ringplanet, dessen Helligkeit im Dezember von 0,7 mag auf 0,8 mag zurückgeht und dessen Scheibchendurchmesser im gleichen Zeitraum von 18,7" auf 17,8" abnimmt, geht am 1. um 2.25 Uhr MEZ, am 15. um 1.30 Uhr MEZ und am 31. um 0.29 Uhr MEZ unter. Sein Ringsystem erscheint in diesem Monat unter einem Winkel von 6°.
In den frühen Abendstunden des 18. findet man den zunehmenden Mond in der Nähe von Saturn.

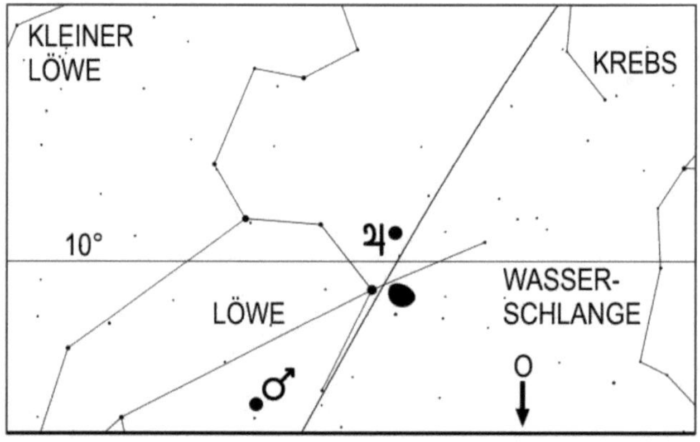


Mond und Jupiter am 27.12.2026 um 22 Uhr MEZ

**Uranus** wandert rückläufig durch das Sternbild Stier. Der grünliche, 5,6 mag helle Planet kann während großer Teile der Nacht mit einem Fernrohr oder Fernglas aufgesucht werden (Aufsuchkarte, Seite 184). Am 1. kulminiert Uranus um 23.47 Uhr MEZ und versinkt um 7.41 Uhr MEZ hinter dem Horizont, am 15. erreicht er seinen höchsten Stand im Süden um 22.49 Uhr MEZ und geht um 6.42 Uhr MEZ unter und am 31. steht der ferne Planet um 21.44 Uhr MEZ am höchsten am Himmel und verschwindet um 5.37 Uhr MEZ hinter dem Horizont.

**Neptun** beendet am 13. seine Oppositionsschleife im Sternbild Fische und bewegt sich von diesem Zeitpunkt an wieder rechtläufig durch den Tierkreis. Der 7,9 mag helle Planet kann in den Abendstunden mit einem Fernglas oder Fernrohr aufgesucht werden (Aufsuchkarte, Seite 150). Seine Kulmination erfolgt am 1. um 19.50 Uhr MEZ, am 15. um 18.55 Uhr MEZ und am 31. um 17.52 Uhr MEZ. Er verschwindet am 1. um 1.53 Uhr MEZ, am 15. um 0.58 Uhr MEZ und am 31. um 23.52 Uhr MEZ unter dem Horizont.

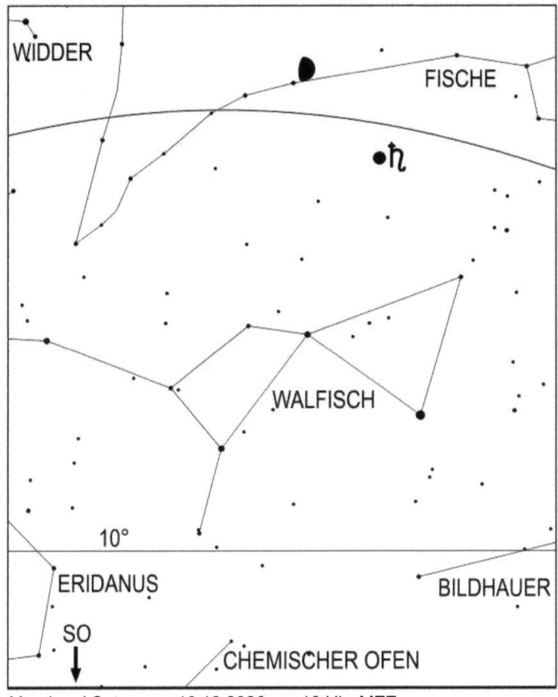


Mond und Saturn am 18.12.2026 um 18 Uhr MEZ

## Klein- und Zwergplaneten

**Ceres** wandert rückläufig durch die Zwillinge und steht fast während der gesamten Nacht über dem Horizont, denn ihr Aufgang verfrüht sich von 19.00 Uhr MEZ am 1., auf 17.48 Uhr MEZ am 15. und auf 16.17 Uhr MEZ am 31.
Der Zwergplanet, dessen Helligkeit im Dezember von 7,6 mag auf 6,9 mag ansteigt, ist in diesem Monat ein leichtes Feldstecherobjekt (Aufsuchkarte, Seite 200).
Die beste Zeit für die Beobachtung von Ceres ist die Zeit ihrer Kulmination, welche am 1. um 3.30 Uhr MEZ, am 15. um 2.29 Uhr MEZ und am 31. um 1.13 Uhr MEZ erfolgt.

**Pallas** beendet am 1. ihre Oppositionsschleife und wandert von diesem Zeitpunkt an wieder rechtläufig durch die südlichen Gefilde des Sternbildes Walfisch. Der Kleinplanet, dessen Helligkeit in diesem Monat von 9,0 mag auf 9,3 mag absinkt, kann am besten in den frühen Abendstunden mit einem Fernrohr aufgesucht werden (Aufsuchkarte, Seite 166).
Am 1. kulminiert Pallas um 20.35 Uhr MEZ und geht um 0.50 Uhr MEZ unter, am 15. erreicht sie um 19.42 Uhr MEZ ihren höchsten Stand im Süden und versinkt um 0.00

Uhr MEZ hinter dem Horizont und am Jahresende erfolgt ihre Kulmination um 18.48
Uhr MEZ und ihr Untergang um 23.10 Uhr MEZ.

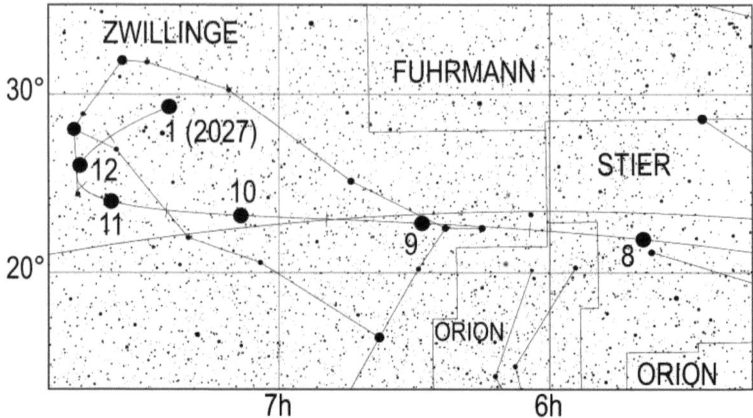

Lauf des Zwergplaneten Ceres von Juli bis Dezember 2026. Die Zahl gibt die Position
zum 1. des entsprechenden Monats an, also 8 die Position am 1.8.

**Juno** wandert vom Wassermann in den Steinbock und kann mit einem größeren
Fernrohr in den frühen Abendstunden beobachtet werden.
Der 10,3 mag helle Kleinplanet geht am 1. um 21.29 Uhr MEZ, am 15. um 20.59 Uhr
MEZ und am 31. um 20.30 Uhr MEZ unter.
Die beste Zeit für ihre Beobachtung ist das Ende der Abenddämmerung, wofür wegen
ihrer geringen Helligkeit ein Fernrohr mit mindestens 10 Zentimetern Objektivöffnung
eingesetzt werden sollte (Aufsuchkarte, Seite 120).

**Vesta** beendet wie Pallas am 1. ihre Oppositionsschleife im Sternbild Walfisch, um
von diesem Zeitpunkt an wieder rechtläufig über den Himmel zu wandern.
Sie kann – wie Pallas – am besten in den frühen Abendstunden beobachtet werden,
was wegen ihrer größeren Helligkeit schon mit einem Feldstecher möglich ist
(Aufsuchkarte, Seite 166).
Vesta, deren Helligkeit im Dezember von 7,3 mag auf 7,9 mag zurückgeht, kulminiert
am 1. um 20.43 Uhr MEZ und geht um 2.32 Uhr MEZ unter. Am 15. erfolgt ihre
Kulmination um 19.50 Uhr MEZ und ihr Untergang um 1.45 Uhr MEZ.
Am Jahresende erreicht Vesta um 18.55 Uhr MEZ ihren höchsten Stand im Süden und
versinkt um 0.59 Uhr MEZ hinter dem Horizont.

## Periodische Sternschnuppenströme

Zwischen dem 4. und dem 20. treten die Geminiden auf, welche am 14. um 11.45 Uhr
MEZ ihr Maximum mit bis zu 120 mittelschnellen Meteoren pro Stunde erreichen. In

200

Mitteleuropa dürfte die größte Zahl von Geminiden am gleichen Tag um 4.30 Uhr MEZ mit 56 Exemplaren pro Stunde auftreten. Der zu 20% beleuchtete, zunehmende Mond ist schon in den Abendstunden untergegangen.

Vom 17. bis zum 26. sind die Ursae Minoriden aktiv, welche am 23. um 6 Uhr MEZ ihr scharfes Maximum mit bis zu 12 Meteoren pro Stunde erreichen. Zu dieser Zeit ist auch ihre beste Beobachtungszeit. Es ist nicht mehr als ein Meteor pro Stunde zu erwarten. Der fast volle Mond stört bei ihrer Beobachtung beträchtlich.

Ferner können vom 12. bis zum 15.1. noch die Coma-Bereniciden beobachtet werden, welche am 26. um 5 Uhr MEZ ihr Maximum erreichen. Die beste Zeit für die Beobachtung dieses Schwarms ist eine Stunde später. Allerdings dürfte er nur einen Meteor pro Stunde liefern. Der zu 95% beleuchtete, abnehmende Mond beeinträchtigt erheblich ihre Beobachtung.

## Sonnenuntergang und Dämmerung

| | Astr. Anf. | Naut. Anf. | Bürg. Anf. | Auf- gang | Kulm. | Unter- Gang | Bürg. Ende | Naut. Ende | Astr. Ende | Zeitgl. |
|---|---|---|---|---|---|---|---|---|---|---|
| 1.12.2026 | 6:03 | 6:42 | 7:23 | 8:01 | 12:13 | 16:25 | 17:03 | 17:43 | 18:22 | 11m11s |
| 2.12.2026 | 6:05 | 6:43 | 7:25 | 8:02 | 12:13 | 16:24 | 17:02 | 17:43 | 18:22 | 10m48s |
| 3.12.2026 | 6:06 | 6:45 | 7:26 | 8:03 | 12:14 | 16:24 | 17:02 | 17:43 | 18:21 | 10m25s |
| 4.12.2026 | 6:07 | 6:46 | 7:27 | 8:04 | 12:14 | 16:23 | 17:01 | 17:42 | 18:21 | 10m01s |
| 5.12.2026 | 6:08 | 6:47 | 7:28 | 8:06 | 12:15 | 16:23 | 17:01 | 17:42 | 18:21 | 9m37s |
| 6.12.2026 | 6:09 | 6:48 | 7:29 | 8:07 | 12:15 | 16:23 | 17:01 | 17:42 | 18:21 | 9m12s |
| 7.12.2026 | 6:10 | 6:49 | 7:30 | 8:08 | 12:15 | 16:22 | 17:01 | 17:42 | 18:21 | 8m47s |
| 8.12.2026 | 6:11 | 6:50 | 7:31 | 8:09 | 12:16 | 16:22 | 17:00 | 17:42 | 18:21 | 8m21s |
| 9.12.2026 | 6:11 | 6:51 | 7:32 | 8:10 | 12:16 | 16:22 | 17:00 | 17:42 | 18:21 | 7m54s |
| 10.12.2026 | 6:12 | 6:52 | 7:33 | 8:11 | 12:17 | 16:22 | 17:00 | 17:42 | 18:21 | 7m27s |
| 11.12.2026 | 6:13 | 6:53 | 7:34 | 8:12 | 12:17 | 16:22 | 17:00 | 17:42 | 18:21 | 7m00s |
| 12.12.2026 | 6:14 | 6:53 | 7:35 | 8:13 | 12:18 | 16:22 | 17:00 | 17:42 | 18:21 | 6m32s |
| 13.12.2026 | 6:15 | 6:54 | 7:36 | 8:14 | 12:18 | 16:22 | 17:00 | 17:42 | 18:21 | 6m04s |
| 14.12.2026 | 6:16 | 6:55 | 7:37 | 8:15 | 12:19 | 16:22 | 17:00 | 17:42 | 18:21 | 5m36s |
| 15.12.2026 | 6:16 | 6:56 | 7:38 | 8:16 | 12:19 | 16:22 | 17:01 | 17:42 | 18:21 | 5m07s |
| 16.12.2026 | 6:17 | 6:57 | 7:38 | 8:16 | 12:20 | 16:22 | 17:01 | 17:43 | 18:22 | 4m38s |
| 17.12.2026 | 6:18 | 6:57 | 7:39 | 8:17 | 12:20 | 16:22 | 17:01 | 17:43 | 18:22 | 4m09s |
| 18.12.2026 | 6:18 | 6:58 | 7:40 | 8:18 | 12:21 | 16:23 | 17:02 | 17:43 | 18:22 | 3m40s |
| 19.12.2026 | 6:19 | 6:59 | 7:40 | 8:18 | 12:21 | 16:23 | 17:02 | 17:44 | 18:23 | 3m10s |
| 20.12.2026 | 6:20 | 6:59 | 7:41 | 8:19 | 12:22 | 16:24 | 17:02 | 17:44 | 18:23 | 2m41s |
| 21.12.2026 | 6:20 | 7:00 | 7:42 | 8:20 | 12:22 | 16:24 | 17:03 | 17:45 | 18:24 | 2m11s |
| 22.12.2026 | 6:21 | 7:00 | 7:42 | 8:20 | 12:23 | 16:25 | 17:03 | 17:45 | 18:24 | 1m41s |
| 23.12.2026 | 6:21 | 7:01 | 7:43 | 8:21 | 12:23 | 16:25 | 17:04 | 17:46 | 18:25 | 1m12s |
| 24.12.2026 | 6:21 | 7:01 | 7:43 | 8:21 | 12:24 | 16:26 | 17:04 | 17:46 | 18:25 | 0m42s |
| 25.12.2026 | 6:22 | 7:02 | 7:43 | 8:21 | 12:24 | 16:26 | 17:05 | 17:47 | 18:26 | 0m12s |
| 26.12.2026 | 6:22 | 7:02 | 7:44 | 8:22 | 12:25 | 16:27 | 17:06 | 17:47 | 18:27 | -0m16s |
| 27.12.2026 | 6:22 | 7:02 | 7:44 | 8:22 | 12:25 | 16:28 | 17:07 | 17:48 | 18:27 | -0m46s |
| 28.12.2026 | 6:23 | 7:02 | 7:44 | 8:22 | 12:26 | 16:29 | 17:07 | 17:49 | 18:28 | -1m15s |
| 29.12.2026 | 6:23 | 7:03 | 7:44 | 8:22 | 12:26 | 16:29 | 17:08 | 17:50 | 18:29 | -1m45s |

|  | Astr. Anf. | Naut. Anf. | Bürg. Anf. | Auf-gang | Kulm. | Unter-Gang | Bürg. Ende | Naut. Ende | Astr. Ende | Zeitgl. |
|---|---|---|---|---|---|---|---|---|---|---|
| 30.12.2026 | 6:23 | 7:03 | 7:44 | 8:22 | 12:26 | 16:30 | 17:09 | 17:50 | 18:29 | -2m14s |
| 31.12.2026 | 6:23 | 7:03 | 7:45 | 8:22 | 12:27 | 16:31 | 17:10 | 17:51 | 18:30 | -2m43s |

## Mondlauf

|  | Rektaszension | Deklination | Elong. | Phase | mag | Auf-gang | Kulm. | Unter-gang |
|---|---|---|---|---|---|---|---|---|
| Di 1.12.2026 | 10h28m28,0s | 8°01'24" | 93,7° | 0,53 ☾ | -10,3 |  | 6:23 | 13:00 |
| Mi 2.12.2026 | 11h16m38,9s | 1°53'20" | 81,3° | 0,43 | -9,8 | 0:45 | 7:08 | 13:14 |
| Do 3.12.2026 | 12h03m07,0s | -4°10'25" | 69,2° | 0,32 | -9,3 | 2:01 | 7:52 | 13:28 |
| Fr 4.12.2026 | 12h49m04,6s | -9°56'14" | 57,4° | 0,23 | -8,6 | 3:15 | 8:35 | 13:43 |
| Sa 5.12.2026 | 13h35m33,6s | -15°12'09" | 45,9° | 0,15 | -7,9 | 4:29 | 9:20 | 14:00 |
| So 6.12.2026 | 14h23m21,3s | -19°46'53" | 34,6° | 0,09 | -7,1 | 5:43 | 10:06 | 14:20 |
| Mo 7.12.2026 | 15h12m55,3s | -23°29'23" | 23,5° | 0,04 | -6,2 | 6:55 | 10:55 | 14:47 |
| Di 8.12.2026 | 16h04m17,0s | -26°09'25" | 12,8° | 0,01 | -5,2 | 8:03 | 11:45 | 15:23 |
| Mi 9.12.2026 | 16h56m58,1s | -27°38'48" | 4,7° | 0 ● | -4,3 | 9:04 | 12:36 | 16:09 |
| Do 10.12.2026 | 17h50m05,5s | -27°53'04" | 10,9° | 0,01 | -4,9 | 9:53 | 13:28 | 17:05 |
| Fr 11.12.2026 | 18h42m35,7s | -26°52'33" | 21,2° | 0,03 | -5,9 | 10:30 | 14:18 | 18:10 |
| Sa 12.12.2026 | 19h33m34,5s | -24°42'08" | 31,8° | 0,08 | -6,8 | 10:59 | 15:05 | 19:19 |
| So 13.12.2026 | 20h22m31,6s | -21°30'03" | 42,5° | 0,13 | -7,6 | 11:21 | 15:51 | 20:30 |
| Mo 14.12.2026 | 21h09m25,7s | -17°26'02" | 53,3° | 0,2 | -8,3 | 11:38 | 16:34 | 21:41 |
| Di 15.12.2026 | 21h54m40,7s | -12°40'01" | 64,2° | 0,28 | -8,9 | 11:53 | 17:16 | 22:51 |
| Mi 16.12.2026 | 22h38m59,6s | -7°21'28" | 75,4° | 0,37 | -9,5 | 12:06 | 17:57 |  |
| Do 17.12.2026 | 23h23m18,6s | -1°39'38" | 86,8° | 0,47 ☽ | -10,0 | 12:19 | 18:39 | 0:02 |
| Fr 18.12.2026 | 0h08m44,9s | 4°15'20" | 98,5° | 0,58 | -10,5 | 12:33 | 19:24 | 1:16 |
| Sa 19.12.2026 | 0h56m34,3s | 10°10'58" | 110,7° | 0,68 | -10,9 | 12:50 | 20:12 | 2:32 |
| So 20.12.2026 | 1h48m07,3s | 15°50'22" | 123,3° | 0,78 | -11,3 | 13:11 | 21:06 | 3:55 |
| Mo 21.12.2026 | 2h44m36,7s | 20°50'29" | 136,4° | 0,86 | -11,7 | 13:40 | 22:05 | 5:21 |
| Di 22.12.2026 | 3h46m39,9s | 24°41'59" | 149,9° | 0,93 | -12,1 | 14:21 | 23:10 | 6:47 |
| Mi 23.12.2026 | 4h53m37,8s | 26°53'27" | 163,6° | 0,98 | -12,5 | 15:21 |  | 8:06 |
| Do 24.12.2026 | 6h03m09,7s | 27°01'13" | 175,8° | 1 ○ | -12,8 | 16:39 | 0:18 | 9:09 |
| Fr 25.12.2026 | 7h11m50,5s | 25°00'15" | 166,8° | 0,99 | -12,6 | 18:08 | 01:25 | 09:54 |
| Sa 26.12.2026 | 8h16m43,7s | 21°07'18" | 153,0° | 0,95 | -12,2 | 19:40 | 02:27 | 10:25 |
| So 27.12.2026 | 9h16m28,5s | 15°53'08" | 139,2° | 0,88 | -11,8 | 21:07 | 03:24 | 10:47 |
| Mo 28.12.2026 | 10h11m16,3s | 9°51'07" | 125,7° | 0,79 | -11,4 | 22:30 | 04:16 | 11:05 |
| Di 29.12.2026 | 11h02m10,5s | 3°29'57" | 112,7° | 0,69 | -11 | 23:49 | 05:04 | 11:20 |
| Mi 30.12.2026 | 11h50m31,2s | -2°48'25" | 100,1° | 0,59 ☾ | -10,5 |  | 05:49 | 11:35 |
| Do 31.12.2026 | 12h37m37,1s | -8°47'43" | 88,0° | 0,48 | -10,1 | 01:05 | 06:33 | 11:49 |

# Jupitermond-Ereignisse

| Datum | Uhrzeit (MEZ) | Mond | Erscheinung | Phase |
|---|---|---|---|---|
| 1.12.2026 | 04:38:29 | Europa | Schattenvorübergang | Anfang |
| 1.12.2026 | 07:09:44 | Europa | Durchgang | Anfang |
| 1.12.2026 | 07:32:59 | Europa | Schattenvorübergang | Ende |
| 1.12.2026 | 07:35:22 | Io | Schattenvorübergang | Anfang |
| 2.12.2026 | 04:46:33 | Io | Verfinsterung | Anfang |
| 2.12.2026 | 23:12:01 | Ganymed | Durchgang | Anfang |
| 2.12.2026 | 23:28:40 | Europa | Verfinsterung | Anfang |
| 3.12.2026 | 02:03:37 | Io | Schattenvorübergang | Anfang |
| 3.12.2026 | 02:40:46 | Kallisto | Verfinsterung | Ende |
| 3.12.2026 | 02:49:20 | Ganymed | Durchgang | Ende |
| 3.12.2026 | 03:16:14 | Io | Durchgang | Anfang |
| 3.12.2026 | 04:20:58 | Io | Schattenvorübergang | Ende |
| 3.12.2026 | 04:44:17 | Europa | Bedeckung | Ende |
| 3.12.2026 | 05:33:26 | Io | Durchgang | Ende |
| 3.12.2026 | 23:14:55 | Io | Verfinsterung | Anfang |
| 4.12.2026 | 02:46:52 | Io | Bedeckung | Ende |
| 4.12.2026 | 23:17:55 | Europa | Durchgang | Ende |
| 5.12.2026 | 00:01:02 | Io | Durchgang | Ende |
| 8.12.2026 | 07:14:22 | Europa | Schattenvorübergang | Anfang |
| 9.12.2026 | 06:40:10 | Io | Verfinsterung | Anfang |
| 10.12.2026 | 01:52:28 | Ganymed | Schattenvorübergang | Ende |
| 10.12.2026 | 02:01:41 | Europa | Verfinsterung | Anfang |
| 10.12.2026 | 02:57:39 | Ganymed | Durchgang | Anfang |
| 10.12.2026 | 03:56:37 | Io | Schattenvorübergang | Anfang |
| 10.12.2026 | 05:06:20 | Io | Durchgang | Anfang |
| 10.12.2026 | 06:13:58 | Io | Schattenvorübergang | Ende |
| 10.12.2026 | 06:34:42 | Ganymed | Durchgang | Ende |
| 10.12.2026 | 07:11:17 | Europa | Bedeckung | Ende |
| 10.12.2026 | 07:23:29 | Io | Durchgang | Ende |
| 11.12.2026 | 01:08:33 | Io | Verfinsterung | Anfang |
| 11.12.2026 | 04:37:25 | Io | Bedeckung | Ende |
| 11.12.2026 | 22:54:20 | Europa | Durchgang | Anfang |
| 11.12.2026 | 23:26:21 | Europa | Schattenvorübergang | Ende |
| 11.12.2026 | 23:33:40 | Io | Durchgang | Anfang |
| 11.12.2026 | 23:52:44 | Kallisto | Durchgang | Ende |
| 12.12.2026 | 00:42:12 | Io | Schattenvorübergang | Ende |
| 12.12.2026 | 01:47:10 | Europa | Durchgang | Ende |
| 12.12.2026 | 01:50:49 | Io | Durchgang | Ende |
| 12.12.2026 | 23:04:55 | Io | Bedeckung | Ende |
| 17.12.2026 | 02:11:41 | Ganymed | Schattenvorübergang | Anfang |
| 17.12.2026 | 04:34:42 | Europa | Verfinsterung | Anfang |
| 17.12.2026 | 05:49:40 | Io | Schattenvorübergang | Anfang |

| Datum | Uhrzeit (MEZ) | Mond | Erscheinung | Phase |
|---|---|---|---|---|
| 17.12.2026 | 05:49:59 | Ganymed | Schattenvorübergang | Ende |
| 17.12.2026 | 06:38:41 | Ganymed | Durchgang | Anfang |
| 17.12.2026 | 06:55:19 | Io | Durchgang | Anfang |
| 18.12.2026 | 03:02:15 | Io | Verfinsterung | Anfang |
| 18.12.2026 | 06:26:50 | Io | Bedeckung | Ende |
| 18.12.2026 | 23:07:53 | Europa | Schattenvorübergang | Anfang |
| 19.12.2026 | 00:17:55 | Io | Schattenvorübergang | Anfang |
| 19.12.2026 | 01:21:25 | Europa | Durchgang | Anfang |
| 19.12.2026 | 01:22:23 | Io | Durchgang | Anfang |
| 19.12.2026 | 02:02:17 | Europa | Schattenvorübergang | Ende |
| 19.12.2026 | 02:35:14 | Io | Schattenvorübergang | Ende |
| 19.12.2026 | 03:39:30 | Io | Durchgang | Ende |
| 19.12.2026 | 04:14:05 | Europa | Durchgang | Ende |
| 20.12.2026 | 00:54:04 | Io | Bedeckung | Ende |
| 20.12.2026 | 02:05:35 | Kallisto | Bedeckung | Anfang |
| 20.12.2026 | 06:47:03 | Kallisto | Bedeckung | Ende |
| 20.12.2026 | 22:06:30 | Io | Durchgang | Ende |
| 20.12.2026 | 22:47:36 | Europa | Bedeckung | Ende |
| 21.12.2026 | 00:03:54 | Ganymed | Bedeckung | Ende |
| 24.12.2026 | 06:09:59 | Ganymed | Schattenvorübergang | Anfang |
| 24.12.2026 | 07:07:44 | Europa | Verfinsterung | Anfang |
| 24.12.2026 | 07:42:44 | Io | Schattenvorübergang | Anfang |
| 25.12.2026 | 04:56:00 | Io | Verfinsterung | Anfang |
| 26.12.2026 | 01:43:58 | Europa | Schattenvorübergang | Anfang |
| 26.12.2026 | 02:11:00 | Io | Schattenvorübergang | Anfang |
| 26.12.2026 | 03:10:01 | Io | Durchgang | Anfang |
| 26.12.2026 | 03:46:13 | Europa | Durchgang | Anfang |
| 26.12.2026 | 04:28:20 | Io | Schattenvorübergang | Ende |
| 26.12.2026 | 04:38:18 | Europa | Schattenvorübergang | Ende |
| 26.12.2026 | 05:27:06 | Io | Durchgang | Ende |
| 26.12.2026 | 06:38:44 | Europa | Durchgang | Ende |
| 26.12.2026 | 23:24:30 | Io | Verfinsterung | Anfang |
| 27.12.2026 | 02:42:07 | Io | Bedeckung | Ende |
| 27.12.2026 | 21:36:46 | Io | Durchgang | Anfang |
| 27.12.2026 | 22:56:37 | Io | Schattenvorübergang | Ende |
| 27.12.2026 | 23:43:50 | Ganymed | Verfinsterung | Ende |
| 27.12.2026 | 23:53:51 | Io | Durchgang | Ende |
| 27.12.2026 | 23:59:29 | Ganymed | Bedeckung | Anfang |
| 28.12.2026 | 01:09:03 | Europa | Bedeckung | Ende |
| 28.12.2026 | 02:16:43 | Kallisto | Schattenvorübergang | Anfang |
| 28.12.2026 | 03:37:40 | Ganymed | Bedeckung | Ende |
| 28.12.2026 | 07:04:47 | Kallisto | Schattenvorübergang | Ende |

# Anhang
## Liste der Sternbedeckungen durch den Mond

| Datum | Stern | Vorgang | Berlin | Bern | Dresden | Frankfurt | Hamburg | Hannover | Köln | Leipzig | München | Nürnberg | Stuttgart | Wien |
|---|---|---|---|---|---|---|---|---|---|---|---|---|---|---|
| 1.1 | SAO 76559 7,7 mag | Eintritt | 3:56 111° | 4:09 134° | 3:59 114° | 4:02 122° | 3:55 112° | 3:57 115° | 4:01 122° | 3:59 115° | 4:05 124° | 4:03 121° | 4:05 126° | 4:03 118° |
| 1.1 | SAO 76559 7,7 mag | Austritt | 4:44 243° | 4:46 221° | 4:45 240° | 4:45 232° | 4:43 241° | 4:44 238° | 4:44 232° | 4:44 239° | 4:46 231° | 4:46 233° | 4:46 229° | 4:46 237° |
| 1.1 | SAO 76599 7,7 mag | Eintritt | - | - | - | - | 5:45 156° | 5:50 163° | - | - | - | - | - | - |
| 1.1 | SAO 76599 7,7 mag | Austritt | - | - | - | - | 6:02 198° | 6:01 191° | - | - | - | - | - | - |
| 1.1 | SAO 76880 6,6 mag | Eintritt | - | - | - | - | - | - | - | - | 16:30 350° | - | - | 16:20 12° |
| 1.1 | SAO 76880 6,6 mag | Austritt | - | - | - | - | - | - | - | - | 16:32 346° | - | - | 16:43 322° |
| 1.1 | SAO 76998 6,9 mag | Eintritt | 20:08 66° | 19:54 75° | 20:06 71° | 20:00 68° | 20:07 60° | 20:05 63° | 20:01 64° | 20:05 69° | 20:00 76° | 20:01 72° | 19:59 72° | 20:05 81° |
| 1.1 | SAO 76998 6,9 mag | Austritt | 21:14 275° | 21:02 263° | 21:14 270° | 21:07 271° | 21:10 281° | 21:09 277° | 21:05 275° | 21:12 272° | 21:09 263° | 21:09 267° | 21:06 267° | 21:15 259° |
| 2.1 | SAO 77121 6,3 mag | Eintritt | - | 1:18 41° | - | 1:30 16° | - | - | 1:31 8° | - | 1:29 27° | 1:33 17° | 1:25 27° | 1:42 11° |
| 2.1 | SAO 77121 6,3 mag | Austritt | - | 2:01 325° | - | 1:45 349° | - | - | 1:39 356° | - | 1:56 339° | 1:48 349° | 1:53 338° | 1:51 356° |
| 2.1 | SAO 77177 7,9 mag | Eintritt | 3:37 81° | 3:42 100° | 3:39 83° | 3:38 91° | 3:34 82° | 3:36 85° | 3:36 91° | 3:38 84° | 3:42 92° | 3:40 90° | 3:40 94° | 3:44 87° |
| 2.1 | SAO 77177 7,9 mag | Austritt | 4:31 289° | 4:39 272° | 4:33 287° | 4:35 280° | 4:29 288° | 4:31 285° | 4:34 279° | 4:33 286° | 4:38 279° | 4:36 281° | 4:37 277° | 4:38 284° |
| 2.1 | SAO 77224 7,4 mag | Eintritt | - | 5:29 38° | - | 5:32 20° | - | - | 5:31 22° | - | 5:34 21° | 5:36 13° | 5:31 26° | - |
| 2.1 | SAO 77224 7,4 mag | Austritt | - | 5:56 334° | - | 5:45 350° | - | - | 5:45 349° | - | 5:48 350° | 5:43 358° | 5:49 345° | - |
| 2.1 | SAO 77266 7,9 mag | Eintritt | 6:13 110° | 6:24 125° | 6:15 112° | 6:19 118° | 6:13 112° | 6:15 114° | 6:18 119° | 6:15 113° | 6:20 119° | 6:18 117° | 6:20 120° | 6:17 114° |
| 2.1 | SAO 77266 7,9 mag | Austritt | 6:59 259° | 7:05 245° | 07:00 257° | 7:03 251° | 6:59 257° | 7:00 255° | 7:02 251° | 7:00 256° | 7:03 251° | 7:02 253° | 7:04 250° | 7:01 256° |
| 2.1 | SAO 77295 6,5 mag | Eintritt | - | - | - | 6:58 31° | 7:01 12° | 6:59 20° | 6:57 32° | - | - | - | 6:58 34° | - |
| 2.1 | SAO 77295 6,5 mag | Austritt | - | - | - | 7:18 339° | 7:07 357° | 7:12 349° | 7:19 338° | - | - | - | 7:21 336° | - |

| Datum | Stern | Vorgang | Berlin | Bern | Dresden | Frankfurt | Hamburg | Hannover | Koeln | Leipzig | Muenchen | Nuernberg | Stuttgart | Wien |
|---|---|---|---|---|---|---|---|---|---|---|---|---|---|---|
| 2.1 | SAO 78299 7,9 mag | Eintritt | 22:16 42° | 21:56 63° | 22:12 50° | 22:04 51° | 22:16 35° | 22:12 41° | 22:05 46° | 22:11 48° | 22:03 61° | 22:05 55° | 22:02 57° | 22:09 62° |
| 2.1 | SAO 78299 7,9 mag | Austritt | 23:00 325° | 22:59 301° | 23:04 318° | 22:58 314° | 22:53 331° | 22:55 325° | 22:54 318° | 23:01 319° | 23:05 305° | 23:02 311° | 23:00 308° | 23:12 306° |
| 3.1 | SAO 78410 7,7 mag | Eintritt | 0:57 30° | 0:35 65° | 0:53 40° | 0:41 50° | 0:54 26° | 0:48 36° | 0:39 47° | 0:51 40° | 0:43 57° | 0:44 51° | 0:40 56° | 0:53 52° |
| 3.1 | SAO 78410 7,7 mag | Austritt | 1:20 350° | 1:35 315° | 1:27 341° | 1:28 329° | 1:14 353° | 1:20 343° | 1:24 331° | 1:26 340° | 1:36 324° | 1:32 329° | 1:32 324° | 1:39 331° |
| 3.1 | SAO 78540 6,9 mag | Eintritt | - | 4:16 58° | 4:30 20° | 4:18 45° | - | 4:21 31° | 4:15 45° | 4:26 26° | 4:22 46° | 4:21 42° | 4:18 49° | 4:30 30° |
| 3.1 | SAO 78540 6,9 mag | Austritt | - | 4:57 331° | 4:36 8° | 4:48 343° | - | 4:38 357° | 4:46 342° | 4:38 1° | 4:52 343° | 4:48 347° | 4:51 340° | 4:46 358° |
| 4.1 | SAO 79649 6,8 mag | Eintritt | 5:03 118° | 5:12 134° | 5:06 119° | 5:06 127° | 5:00 120° | 5:02 122° | 5:04 128° | 5:05 121° | 5:11 127° | 5:08 125° | 5:09 129° | 5:11 121° |
| 4.1 | SAO 79649 6,8 mag | Austritt | 06:00 284° | 6:06 270° | 6:02 283° | 6:02 276° | 5:57 282° | 5:59 280° | 6:01 275° | 6:01 282° | 6:06 277° | 6:04 278° | 6:05 275° | 6:07 282° |
| 4.1 | Kap Gem 3,7 mag | Eintritt | 5:13 78° | 5:16 96° | 5:15 80° | 5:12 88° | 5:09 80° | 5:10 83° | 5:10 89° | 5:13 81° | 5:17 88° | 5:15 86° | 5:15 90° | 5:20 81° |
| 4.1 | Kap Gem 3,7 mag | Austritt | 6:00 324° | 6:12 309° | 6:03 323° | 6:06 315° | 5:59 322° | 6:01 320° | 6:04 314° | 6:03 321° | 6:09 316° | 6:07 317° | 6:08 314° | 6:08 322° |
| 4.1 | SAO 80125 7,7 mag | Eintritt | 17:53 130° | - | 17:53 134° | 17:53 131° | 17:54 124° | 17:54 127° | - | 17:53 132° | 17:52 140° | 17:52 135° | - | 17:52 146° |
| 4.1 | SAO 80125 7,7 mag | Austritt | 18:38 252° | - | 18:35 248° | 18:36 251° | 18:41 258° | 18:39 256° | 18:38 255° | 18:36 250° | 18:31 242° | 18:34 246° | - | 18:28 236° |
| 4.1 | SAO 80262 7,8 mag | Eintritt | 23:38 48° | 23:16 77° | 23:34 57° | 23:24 63° | 23:38 42° | 23:33 51° | 23:25 59° | 23:33 56° | 23:24 72° | 23:26 66° | 23:22 70° | 23:31 70° |
| 5.1 | SAO 80262 7,8 mag | Austritt | 0:11 354° | 0:17 323° | 0:16 345° | 0:13 337° | 0:04 359° | 0:08 350° | 0:10 340° | 0:14 346° | 0:20 330° | 0:17 335° | 0:16 331° | 0:26 334° |
| 5.1 | SAO 80354 6,6 mag | Eintritt | 3:15 122° | 3:19 143° | 3:17 125° | 3:14 133° | 3:10 124° | 3:11 127° | 3:11 134° | 3:16 126° | 3:20 134° | 3:18 132° | 3:17 136° | 3:25 128° |
| 5.1 | SAO 80354 6,6 mag | Austritt | 4:22 294° | 4:23 275° | 4:25 292° | 4:21 283° | 4:17 291° | 4:19 289° | 4:18 282° | 4:23 290° | 4:27 283° | 4:25 285° | 4:23 281° | 4:31 290° |
| 5.1 | SAO 80405 7,6 mag | Eintritt | 5:35 102° | 5:40 117° | 5:37 103° | 5:36 111° | 5:31 104° | 5:33 106° | 5:33 112° | 5:36 105° | 5:41 110° | 5:38 109° | 5:38 112° | 5:43 104° |
| 5.1 | SAO 80405 7,6 mag | Austritt | 6:32 312° | 6:41 299° | 6:35 311° | 6:36 305° | 6:30 310° | 6:32 308° | 6:34 304° | 6:34 310° | 6:40 306° | 6:37 307° | 6:38 304° | 6:40 311° |

| Datum | Stern | Vorgang | Berlin | Bern | Dresden | Frankfurt | Hamburg | Hannover | Koeln | Leipzig | Muenchen | Nuernberg | Stuttgart | Wien |
|---|---|---|---|---|---|---|---|---|---|---|---|---|---|---|
| 5.1 | SAO 98561 6,3 mag | Eintritt | 20:44 123° | 20:40 137° | 20:43 128° | 20:42 128° | 20:44 118° | 20:43 121° | 20:42 124° | 20:43 126° | 20:42 136° | 20:42 132° | 20:41 132° | 20:43 140° |
| 5.1 | SAO 98561 6,3 mag | Austritt | 21:41 276° | 21:31 260° | 21:39 271° | 21:36 270° | 21:42 281° | 21:40 277° | 21:37 274° | 21:39 273° | 21:34 262° | 21:36 267° | 21:34 265° | 21:36 260° |
| 5.1 | SAO 98568 7,9 mag | Eintritt | 21:09 81° | 21:00 96° | 21:07 86° | 21:04 86° | 21:11 75° | 21:08 79° | 21:06 83° | 21:07 85° | 21:02 95° | 21:04 90° | 21:03 91° | 21:03 97° |
| 5.1 | SAO 98568 7,9 mag | Austritt | 22:02 320° | 21:58 302° | 22:02 315° | 21:59 313° | 22:00 325° | 22:00 321° | 21:58 317° | 22:01 316° | 22:00 305° | 22:00 310° | 21:59 308° | 22:03 304° |
| 6.1 | SAO 98625 7,5 mag | Eintritt | 0:20 177° | - | 0:26 188° | - | 0:15 174° | 0:19 182° | - | 0:24 188° | - | - | - | - |
| 6.1 | SAO 98625 7,5 mag | Austritt | 0:56 238° | - | 0:51 228° | - | 0:53 240° | 0:48 232° | - | 0:49 228° | - | - | - | - |
| 6.1 | Psi Leo 5,6 mag | Eintritt | 7:28 173° | 7:48 196° | 7:32 174° | 7:37 184° | 7:27 177° | 7:30 179° | 7:35 186° | 7:31 176° | 7:40 183° | 7:37 181° | 7:40 186° | 7:37 175° |
| 6.1 | Psi Leo 5,6 mag | Austritt | 8:02 246° | 8:02 225° | 8:05 245° | 8:02 236° | 7:59 243° | 8:00 241° | 7:59 234° | 8:03 243° | 8:06 237° | 8:05 239° | 8:04 234° | 8:09 244° |
| 7.1 | 45 Leo 5,9 mag | Eintritt | 2:35 68° | 2:18 99° | 2:33 74° | 2:22 86° | 2:29 70° | 2:27 76° | 2:20 86° | 2:31 76° | 2:26 89° | 2:26 85° | 2:22 90° | 2:36 80° |
| 7.1 | 45 Leo 5,9 mag | Austritt | 3:15 2° | 3:25 333° | 3:19 357° | 3:20 344° | 3:12 359° | 3:15 354° | 3:17 344° | 3:18 355° | 3:26 344° | 3:23 347° | 3:23 341° | 3:28 353° |
| 8.1 | SAO 118801 7,9 mag | Eintritt | 6:39 104° | 6:40 118° | 6:41 105° | 6:36 112° | 6:33 107° | 6:34 108° | 6:33 113° | 6:39 106° | 6:43 111° | 6:40 110° | 6:39 113° | 6:49 104° |
| 8.1 | SAO 118801 7,9 mag | Austritt | 7:43 327° | 7:51 316° | 7:46 326° | 7:45 320° | 7:39 324° | 7:41 323° | 7:42 319° | 7:45 325° | 7:51 322° | 7:48 322° | 7:48 320° | 7:53 326° |
| 8.1 | SAO 138476 7,9 mag | Eintritt | - | - | - | - | - | - | - | - | - | - | - | 22:41 72° |
| 8.1 | SAO 138476 7,9 mag | Austritt | - | - | - | - | - | - | - | - | - | - | - | 23:21 347° |
| 9.1 | SAO 138553 7,7 mag | Eintritt | 4:53 164° | 5:05 192° | 4:55 166° | 4:56 178° | 4:50 167° | 4:51 170° | 4:54 180° | 4:54 168° | 5:00 177° | 4:57 175° | 4:59 181° | 5:02 167° |
| 9.1 | SAO 138553 7,7 mag | Austritt | 5:55 273° | 5:42 248° | 5:56 271° | 5:46 260° | 5:48 269° | 5:48 266° | 5:42 258° | 5:54 269° | 5:53 262° | 5:52 263° | 5:47 258° | 6:04 271° |
| 9.1 | SAO 138602 7,2 mag | Eintritt | - | - | - | - | 8:30 162° | 8:32 163° | 8:34 167° | - | - | - | - | - |
| 9.1 | SAO 138602 7,2 mag | Austritt | - | - | - | - | 9:22 262° | 9:24 261° | 9:24 259° | - | - | - | - | - |

| Datum | Stern | Vorgang | Berlin | Bern | Dresden | Frankfurt | Hamburg | Hannover | Koeln | Leipzig | Muenchen | Nuernberg | Stuttgart | Wien |
|---|---|---|---|---|---|---|---|---|---|---|---|---|---|---|
| 10.1 | SAO 138948<br>7,3 mag | Eintritt | 2:27<br>128° | 2:25<br>152° | 2:27<br>132° | 2:24<br>140° | 2:25<br>128° | 2:25<br>132° | 2:23<br>139° | 2:26<br>132° | 2:26<br>143° | 2:25<br>139° | 2:24<br>144° | 2:28<br>137° |
| 10.1 | SAO 138948<br>7,3 mag | Austritt | 3:39<br>304° | 3:29<br>282° | 3:39<br>301° | 3:33<br>292° | 3:36<br>303° | 3:35<br>299° | 3:31<br>292° | 3:37<br>300° | 3:36<br>291° | 3:35<br>294° | 3:33<br>289° | 3:42<br>299° |
| 10.1 | SAO 138964<br>7,7 mag | Eintritt | 4:53<br>199° | - | 4:59<br>207° | - | 4:58<br>213° | - | - | - | - | - | - | 5:08<br>212° |
| 10.1 | SAO 138964<br>7,7 mag | Austritt | 5:18<br>236° | - | 5:14<br>229° | - | 5:03<br>221° | - | - | - | - | - | - | 5:17<br>225° |
| 10.1 | SAO 138978<br>7,3 mag | Eintritt | 5:25<br>118° | 5:21<br>136° | 5:26<br>120° | 5:20<br>129° | 5:20<br>121° | 5:20<br>123° | 5:18<br>130° | 5:24<br>121° | 5:25<br>128° | 5:23<br>126° | 5:21<br>130° | 5:32<br>120° |
| 10.1 | SAO 138978<br>7,3 mag | Austritt | 6:42<br>315° | 6:41<br>301° | 6:45<br>314° | 6:39<br>307° | 6:37<br>312° | 6:38<br>311° | 6:36<br>306° | 6:43<br>313° | 6:46<br>308° | 6:43<br>309° | 6:42<br>306° | 6:52<br>315° |
| 12.1 | SAO 158538<br>7,7 mag | Eintritt | - | 8:20<br>97° | - | 8:21<br>92° | 8:21<br>88° | 8:21<br>89° | 8:17<br>93° | - | - | - | 8:23<br>93° | - |
| 12.1 | SAO 158538<br>7,7 mag | Austritt | - | 9:40<br>317° | - | 9:36<br>320° | 9:32<br>323° | 9:34<br>322° | 9:33<br>320° | - | - | - | 9:39<br>319° | - |
| 13.1 | SAO 183171<br>7,1 mag | Eintritt | 4:38<br>142° | 4:40<br>169° | 4:38<br>145° | 4:38<br>156° | 4:38<br>145° | 4:38<br>148° | 4:38<br>156° | 4:38<br>147° | 4:39<br>157° | 4:38<br>154° | 4:38<br>159° | 4:39<br>148° |
| 13.1 | SAO 183171<br>7,1 mag | Austritt | 5:45<br>272° | 5:27<br>248° | 5:44<br>270° | 5:35<br>260° | 5:42<br>269° | 5:40<br>266° | 5:34<br>259° | 5:42<br>268° | 5:37<br>260° | 5:38<br>262° | 5:34<br>257° | 5:46<br>269° |
| 14.1 | SAO 184064<br>6,9 mag | Eintritt | - | - | - | 8:31<br>85° | 8:35<br>81° | 8:34<br>82° | 8:28<br>86° | - | - | - | - | - |
| 14.1 | SAO 184064<br>6,9 mag | Austritt | - | - | - | 9:51<br>307° | 9:50<br>309° | 9:51<br>309° | 9:48<br>307° | - | - | - | - | - |
| 16.1 | SAO 185798<br>7,9 mag | Eintritt | 7:55<br>134° | 7:50<br>152° | 7:54<br>136° | 7:51<br>144° | - | 7:52<br>139° | 7:50<br>145° | 7:53<br>137° | 7:52<br>143° | 7:52<br>141° | 7:50<br>145° | - |
| 16.1 | SAO 185798<br>7,9 mag | Austritt | 8:55<br>234° | 8:35<br>221° | 8:54<br>233° | 8:43<br>227° | - | 8:48<br>231° | 8:41<br>227° | 8:52<br>232° | 8:46<br>227° | 8:47<br>229° | 8:42<br>226° | - |
| 19.1 | 17 Cap<br>5,9 mag | Eintritt | - | 16:26<br>112° | - | 16:22<br>103° | 16:17<br>96° | 16:19<br>99° | 16:18<br>98° | - | 16:31<br>117° | 16:27<br>110° | 16:25<br>109° | - |
| 19.1 | 17 Cap<br>5,9 mag | Austritt | - | 17:08<br>188° | - | 17:10<br>198° | 17:11<br>207° | 17:11<br>204° | 17:11<br>204° | - | 17:07<br>184° | 17:09<br>191° | 17:09<br>192° | - |
| 22.1 | SAO 146615<br>7,8 mag | Eintritt | - | - | - | - | 19:26<br>130° | - | - | - | - | - | - | - |
| 22.1 | SAO 146615<br>7,8 mag | Austritt | - | - | - | - | 19:44<br>164° | - | - | - | - | - | - | - |

| Datum | Stern | Vorgang | Berlin | Bern | Dresden | Frankfurt | Hamburg | Hannover | Koeln | Leipzig | Muenchen | Nuernberg | Stuttgart | Wien |
|---|---|---|---|---|---|---|---|---|---|---|---|---|---|---|
| 23.1 | SAO 108983 7,4 mag | Eintritt | 18:31 22° | 18:22 33° | 18:30 27° | 18:26 24° | 18:31 14° | 18:29 18° | 18:26 19° | 18:29 25° | 18:26 34° | 18:27 30° | 18:25 29° | 18:30 40° |
| 23.1 | SAO 108983 7,4 mag | Austritt | 19:27 270° | 19:28 255° | 19:30 264° | 19:26 265° | 19:22 277° | 19:24 273° | 19:23 270° | 19:28 266° | 19:31 256° | 19:29 261° | 19:28 260° | 19:35 252° |
| 24.1 | Del Psc 4,5 mag | Eintritt | 16:05 103° | - | 16:06 108° | - | 15:59 94° | 15:58 96° | - | 16:03 104° | - | - | - | 16:23 136° |
| 24.1 | Del Psc 4,5 mag | Austritt | 16:52 184° | - | 16:48 178° | - | 16:54 193° | 16:51 191° | - | 16:49 182° | - | - | - | 16:31 149° |
| 25.1 | SAO 92548 7,1 mag | Eintritt | 15:43 19° | - | 15:40 22° | - | - | - | - | 15:40 19° | - | - | - | 15:35 32° |
| 25.1 | SAO 92548 7,1 mag | Austritt | 16:39 274° | - | 16:39 270° | - | - | - | - | 16:37 273° | - | - | - | 16:42 258° |
| 26.1 | SAO 93033 7,1 mag | Eintritt | 18:33 103° | 18:26 116° | 18:35 109° | 18:26 105° | 18:27 95° | 18:27 99° | 18:22 100° | 18:32 106° | 18:35 119° | 18:32 112° | 18:28 111° | 18:48 129° |
| 26.1 | SAO 93033 7,1 mag | Austritt | 19:30 205° | 19:10 188° | 19:27 199° | 19:21 200° | 19:29 212° | 19:27 208° | 19:21 206° | 19:27 201° | 19:17 187° | 19:21 194° | 19:17 194° | 19:19 179° |
| 26.1 | Mu Ari 5,7 mag | Eintritt | 20:56 143° | - | - | - | 20:45 131° | 20:51 141° | - | - | - | - | - | - |
| 26.1 | Mu Ari 5,7 mag | Austritt | 21:15 176° | - | - | - | 21:17 186° | 21:12 176° | - | - | - | - | - | - |
| 26.1 | SAO 75531 7,8 mag | Eintritt | 21:02 93° | 21:04 115° | 21:05 99° | 21:00 101° | 20:57 89° | 20:58 93° | 20:56 97° | 21:03 98° | 21:07 111° | 21:04 105° | 21:03 107° | 21:13 111° |
| 26.1 | SAO 75531 7,8 mag | Austritt | 22:05 228° | 21:55 204° | 22:05 222° | 22:00 218° | 22:02 231° | 22:02 227° | 21:58 221° | 22:04 223° | 22:01 210° | 22:02 215° | 21:59 212° | 22:06 212° |
| 27.1 | SAO 75979 7,6 mag | Eintritt | 15:33 70° | - | 15:31 73° | - | - | - | - | - | - | - | - | - |
| 27.1 | SAO 75979 7,6 mag | Austritt | 16:37 244° | - | 16:34 241° | - | - | - | - | - | - | - | - | - |
| 27.1 | SAO 75990 7,6 mag | Eintritt | 16:26 69° | 16:13 72° | 16:24 73° | 16:19 68° | 16:26 63° | 16:23 65° | 16:19 64° | 16:24 70° | 16:18 76° | 16:20 72° | 16:17 71° | 16:23 82° |
| 27.1 | SAO 75990 7,6 mag | Austritt | 17:34 245° | 17:19 239° | 17:32 241° | 17:25 245° | 17:32 251° | 17:30 249° | 17:25 249° | 17:31 243° | 17:25 237° | 17:26 240° | 17:24 241° | 17:29 231° |
| 27.1 | SAO 76036 7,9 mag | Eintritt | 18:30 57° | 18:15 66° | 18:28 62° | 18:21 59° | 18:28 51° | 18:26 54° | 18:20 54° | 18:27 59° | 18:22 67° | 18:23 63° | 18:19 63° | 18:28 73° |
| 27.1 | SAO 76036 7,9 mag | Austritt | 19:41 263° | 19:29 250° | 19:41 258° | 19:33 259° | 19:36 269° | 19:35 266° | 19:31 263° | 19:39 260° | 19:36 251° | 19:36 255° | 19:33 255° | 19:44 248° |

| Datum | Stern | Vorgang | Berlin | Bern | Dresden | Frankfurt | Hamburg | Hannover | Koeln | Leipzig | Muenchen | Nuernberg | Stuttgart | Wien |
|---|---|---|---|---|---|---|---|---|---|---|---|---|---|---|
| 27.1 | 19 Tau<br>4,4 mag | Eintritt | 22:22<br>122° | - | 22:27<br>128° | 22:26<br>136° | 22:17<br>118° | 22:19<br>124° | 22:21<br>132° | 22:25<br>128° | 22:38<br>149° | 22:31<br>139° | 22:33<br>146° | 22:39<br>143° |
| 27.1 | 19 Tau<br>4,4 mag | Austritt | 23:12<br>218° | - | 23:11<br>211° | 23:03<br>202° | 23:09<br>220° | 23:08<br>214° | 23:02<br>205° | 23:10<br>211° | 23:02<br>191° | 23:05<br>200° | 23:00<br>193° | 23:10<br>198° |
| 27.1 | 18 Tau<br>5,6 mag | Eintritt | 22:30<br>38° | 22:20<br>61° | 22:29<br>44° | 22:22<br>49° | 22:27<br>34° | 22:25<br>40° | 22:21<br>46° | 22:28<br>43° | 22:25<br>56° | 22:25<br>51° | 22:23<br>54° | 22:31<br>53° |
| 27.1 | 18 Tau<br>5,6 mag | Austritt | 23:18<br>302° | 23:26<br>278° | 23:22<br>297° | 23:21<br>290° | 23:14<br>304° | 23:17<br>299° | 23:18<br>292° | 23:21<br>297° | 23:27<br>285° | 23:24<br>289° | 23:24<br>285° | 23:30<br>289° |
| 27.1 | 21 Tau<br>5,9 mag | Eintritt | 22:39<br>107° | 22:49<br>136° | 22:42<br>113° | 22:40<br>119° | 22:34<br>105° | 22:36<br>110° | 22:36<br>116° | 22:40<br>112° | 22:48<br>126° | 22:44<br>121° | 22:44<br>125° | 22:51<br>123° |
| 27.1 | 21 Tau<br>5,9 mag | Austritt | 23:37<br>233° | 23:28<br>204° | 23:37<br>228° | 23:32<br>221° | 23:34<br>234° | 23:34<br>230° | 23:31<br>223° | 23:36<br>228° | 23:34<br>215° | 23:35<br>220° | 23:32<br>215° | 23:40<br>220° |
| 27.1 | 22 Tau<br>6,5 mag | Eintritt | 22:45<br>115° | 23:00<br>151° | 22:48<br>121° | 22:47<br>129° | 22:40<br>113° | 22:42<br>118° | 22:43<br>125° | 22:47<br>121° | 22:56<br>137° | 22:51<br>130° | 22:52<br>136° | 22:58<br>132° |
| 27.1 | 22 Tau<br>6,5 mag | Austritt | 23:38<br>225° | 23:23<br>189° | 23:38<br>220° | 23:32<br>211° | 23:35<br>227° | 23:34<br>222° | 23:31<br>214° | 23:37<br>220° | 23:33<br>204° | 23:34<br>211° | 23:31<br>205° | 23:39<br>211° |
| 27.1 | SAO 76183<br>6,7 mag | Eintritt | 23:14<br>128° | - | 23:19<br>135° | 23:22<br>147° | 23:10<br>126° | 23:13<br>132° | 23:18<br>143° | 23:18<br>135° | 23:35<br>162° | 23:26<br>148° | 23:31<br>160° | 23:31<br>149° |
| 27.1 | SAO 76183<br>6,7 mag | Austritt | 23:58<br>214° | - | 23:57<br>208° | 23:49<br>195° | 23:55<br>215° | 23:54<br>210° | 23:48<br>199° | 23:56<br>208° | 23:46<br>181° | 23:51<br>195° | 23:44<br>183° | 23:56<br>196° |
| 27.1 | SAO 76194<br>7,5 mag | Eintritt | 23:22<br>114° | 23:37<br>146° | 23:25<br>119° | 23:25<br>127° | 23:17<br>112° | 23:20<br>117° | 23:22<br>125° | 23:24<br>119° | 23:33<br>134° | 23:28<br>128° | 23:30<br>133° | 23:34<br>128° |
| 28.1 | SAO 76194<br>7,5 mag | Austritt | 0:14<br>229° | 0:05<br>197° | 0:15<br>225° | 0:10<br>216° | 0:12<br>230° | 0:12<br>225° | 0:09<br>217° | 0:14<br>224° | 0:12<br>210° | 0:12<br>216° | 0:10<br>210° | 0:17<br>217° |
| 27.1 | SAO 76206<br>6,8 mag | Eintritt | 23:55<br>26° | 23:48<br>55° | 23:55<br>33° | 23:49<br>42° | 23:53<br>25° | 23:51<br>31° | 23:47<br>40° | 23:53<br>33° | 23:52<br>47° | 23:51<br>42° | 23:49<br>47° | 23:56<br>42° |
| 28.1 | SAO 76206<br>6,8 mag | Austritt | 0:29<br>318° | 0:44<br>290° | 0:34<br>312° | 0:37<br>302° | 0:27<br>318° | 0:30<br>313° | 0:34<br>304° | 0:33<br>312° | 0:41<br>299° | 0:38<br>303° | 0:40<br>298° | 0:41<br>305° |
| 28.1 | SAO 76272<br>6,9 mag | Eintritt | - | 1:22<br>33° | - | 1:26<br>13° | - | - | 1:26<br>12° | - | 1:27<br>19° | 1:28<br>11° | 1:25<br>21° | 1:36<br>359° |
| 28.1 | SAO 76272<br>6,9 mag | Austritt | - | 1:57<br>316° | - | 1:45<br>334° | - | - | 1:43<br>335° | - | 1:50<br>330° | 1:45<br>337° | 1:50<br>327° | 1:40<br>350° |
| 28.1 | SAO 76286<br>6,8 mag | Eintritt | - | 1:37<br>39° | 1:49<br>0° | 1:40<br>24° | - | 1:45<br>5° | 1:39<br>23° | 1:47<br>5° | 1:41<br>27° | 1:41<br>22° | 1:39<br>29° | 1:45<br>16° |
| 28.1 | SAO 76286<br>6,8 mag | Austritt | - | 2:16<br>310° | 1:55<br>348° | 2:07<br>325° | - | 1:56<br>342° | 2:06<br>325° | 1:57<br>343° | 2:10<br>322° | 2:07<br>327° | 2:10<br>320° | 2:05<br>333° |

| Datum | Stern | Vorgang | Berlin | Bern | Dresden | Frankfurt | Hamburg | Hannover | Koeln | Leipzig | Muenchen | Nuernberg | Stuttgart | Wien |
|---|---|---|---|---|---|---|---|---|---|---|---|---|---|---|
| 28.1 | SAO 76345 7,8 mag | Eintritt | - | - | - | 3:31 20° | - | 3:36 3° | 3:31 21° | - | - | - | - | - |
| 28.1 | SAO 76345 7,8 mag | Austritt | - | - | - | 3:53 329° | - | 3:43 345° | 3:53 328° | - | - | - | - | - |
| 28.1 | SAO 76682 6,5 mag | Eintritt | 17:14 51° | 17:00 57° | 17:11 55° | 17:07 51° | 17:15 44° | 17:12 47° | 17:08 47° | 17:11 53° | 17:04 59° | 17:07 56° | 17:05 55° | 17:08 65° |
| 28.1 | SAO 76682 6,5 mag | Austritt | 18:15 279° | 18:03 271° | 18:15 275° | 18:08 278° | 18:12 286° | 18:11 283° | 18:06 282° | 18:13 277° | 18:10 269° | 18:10 273° | 18:07 274° | 18:16 264° |
| 28.1 | SAO 76764 7,8 mag | Eintritt | 22:11 147° | - | 22:19 160° | - | 22:03 142° | 22:08 150° | - | 22:16 158° | - | - | - | - |
| 28.1 | SAO 76764 7,8 mag | Austritt | 22:45 205° | - | 22:40 194° | - | 22:42 209° | 22:38 201° | - | 22:39 195° | - | - | - | - |
| 28.1 | SAO 76770 7,6 mag | Eintritt | 22:26 135° | - | 22:32 143° | 22:32 154° | 22:20 132° | 22:23 138° | 22:26 148° | 22:29 142° | - | 22:37 157° | 22:44 171° | 22:47 161° |
| 28.1 | SAO 76770 7,6 mag | Austritt | 23:13 219° | - | 23:11 212° | 23:00 200° | 23:09 221° | 23:07 215° | 22:59 204° | 23:09 212° | - | 23:02 197° | 22:51 183° | 23:08 195° |
| 29.1 | SAO 76841 7,5 mag | Eintritt | 1:08 97° | 1:16 118° | 1:11 100° | 1:11 108° | 1:05 98° | 1:07 101° | 1:08 107° | 1:10 101° | 1:15 110° | 1:13 107° | 1:13 111° | 1:16 104° |
| 29.1 | SAO 76841 7,5 mag | Austritt | 2:06 266° | 2:10 246° | 2:08 263° | 2:08 255° | 2:04 264° | 2:05 262° | 2:06 255° | 2:07 262° | 2:11 254° | 2:09 256° | 2:09 253° | 2:12 260° |
| 29.1 | SAO 76880 6,6 mag | Eintritt | 2:49 66° | 2:55 84° | 2:51 69° | 2:51 76° | 2:48 68° | 2:49 71° | 2:50 77° | 2:50 70° | 2:54 77° | 2:52 75° | 2:53 79° | 2:54 71° |
| 29.1 | SAO 76880 6,6 mag | Austritt | 3:36 297° | 3:47 281° | 3:38 295° | 3:42 288° | 3:36 296° | 3:38 293° | 3:41 288° | 3:39 294° | 3:44 288° | 3:42 289° | 3:44 286° | 3:41 293° |
| 29.1 | SAO 77478 7,8 mag | Eintritt | 17:07 101° | 16:57 108° | 17:06 105° | 17:01 102° | 17:06 95° | 17:05 98° | 17:01 98° | 17:05 103° | 17:01 110° | 17:02 106° | 17:00 105° | 17:06 116° |
| 29.1 | SAO 77478 7,8 mag | Austritt | 18:07 245° | 17:53 237° | 18:04 241° | 18:00 244° | 18:07 252° | 18:05 249° | 18:01 248° | 18:04 243° | 17:57 235° | 18:00 239° | 17:57 240° | 18:00 229° |
| 29.1 | SAO 77625 5,6 mag | Eintritt | 20:05 80° | 19:52 95° | 20:04 85° | 19:56 85° | 20:02 75° | 20:00 78° | 19:55 81° | 20:02 83° | 19:59 93° | 19:59 89° | 19:56 90° | 20:06 95° |
| 29.1 | SAO 77625 5,6 mag | Austritt | 21:16 279° | 21:06 261° | 21:17 274° | 21:09 272° | 21:11 283° | 21:11 279° | 21:07 275° | 21:15 275° | 21:13 264° | 21:13 269° | 21:10 267° | 21:21 265° |
| 29.1 | SAO 77621 7,8 mag | Eintritt | 20:16 148° | - | 20:23 160° | 20:18 164° | 20:08 140° | 20:10 146° | 20:09 153° | 20:19 156° | - | - | - | - |
| 29.1 | SAO 77621 7,8 mag | Austritt | 20:54 210° | - | 20:47 198° | 20:35 192° | 20:53 217° | 20:49 211° | 20:40 203° | 20:47 202° | - | - | - | - |

| Datum | Stern | Vorgang | Berlin | Bern | Dresden | Frankfurt | Hamburg | Hannover | Koeln | Leipzig | Muenchen | Nuernberg | Stuttgart | Wien |
|---|---|---|---|---|---|---|---|---|---|---|---|---|---|---|
| 29.1 | SAO 77724 7,5 mag | Eintritt | 22:30 131° | 22:44 169° | 22:34 137° | 22:31 145° | 22:24 129° | 22:26 134° | 22:26 142° | 22:31 137° | 22:41 154° | 22:35 147° | 22:36 152° | 22:45 148° |
| 29.1 | SAO 77724 7,5 mag | Austritt | 23:27 240° | 23:05 201° | 23:27 235° | 23:18 225° | 23:23 241° | 23:22 236° | 23:16 228° | 23:25 234° | 23:20 218° | 23:21 224° | 23:16 218° | 23:30 225° |
| 30.1 | SAO 77804 7,6 mag | Eintritt | 0:16 152° | - | 0:21 159° | 0:32 185° | 0:11 152° | 0:16 159° | 0:26 179° | 0:20 160° | - | 0:33 180° | - | 0:34 171° |
| 30.1 | SAO 77804 7,6 mag | Austritt | 0:54 225° | - | 0:54 219° | 0:36 191° | 0:50 224° | 0:48 217° | 0:37 197° | 0:52 217° | - | 0:43 198° | - | 0:55 209° |
| 30.1 | SAO 77818 7,0 mag | Eintritt | - | 0:45 24° | - | - | - | - | - | - | - | - | - | - |
| 30.1 | SAO 77818 7,0 mag | Austritt | - | 1:02 355° | - | - | - | - | - | - | - | - | - | - |
| 30.1 | SAO 77837 6,1 mag | Eintritt | 0:57 132° | 1:13 162° | 1:01 135° | 1:02 146° | 0:53 132° | 0:56 136° | 0:59 145° | 01:00 136° | 1:08 148° | 1:04 144° | 1:06 150° | 1:08 140° |
| 30.1 | SAO 77837 6,1 mag | Austritt | 1:49 247° | 1:44 218° | 1:51 244° | 1:46 234° | 1:46 246° | 1:46 242° | 1:44 234° | 1:50 243° | 1:50 232° | 1:49 235° | 1:47 230° | 1:55 240° |
| 30.1 | SAO 77909 7,8 mag | Eintritt | 2:06 108° | 2:16 128° | 2:09 111° | 2:09 119° | 2:03 109° | 2:05 112° | 2:07 119° | 2:08 112° | 2:14 119° | 2:11 117° | 2:12 121° | 2:14 113° |
| 30.1 | SAO 77909 7,8 mag | Austritt | 3:03 272° | 3:08 254° | 3:05 270° | 3:05 262° | 3:01 270° | 3:02 267° | 3:03 262° | 3:04 269° | 3:08 262° | 3:06 264° | 3:07 260° | 3:09 268° |
| 30.1 | SAO 78853 7,5 mag | Eintritt | 19:10 157° | - | 19:16 170° | 19:09 167° | 19:04 147° | 19:05 152° | 19:03 157° | 19:12 164° | - | - | - | - |
| 30.1 | SAO 78853 7,5 mag | Austritt | 19:42 212° | - | 19:33 199° | 19:28 200° | 19:44 222° | 19:40 216° | 19:33 210° | 19:35 205° | - | - | - | - |
| 30.1 | SAO 78957 7,8 mag | Eintritt | 21:57 22° | 21:27 61° | 21:48 37° | 21:37 45° | - | 21:48 27° | 21:37 40° | 21:47 36° | 21:36 55° | 21:38 48° | 21:33 52° | 21:44 53° |
| 30.1 | SAO 78957 7,8 mag | Austritt | 22:10 1° | 22:25 320° | 22:20 346° | 22:18 336° | - | 22:09 354° | 22:13 340° | 22:17 347° | 22:28 327° | 22:23 334° | 22:23 329° | 22:33 332° |
| 31.1 | SAO 79124 7,7 mag | Eintritt | 2:39 176° | - | 2:45 182° | - | 2:39 182° | - | - | 2:46 187° | - | - | - | 2:55 190° |
| 31.1 | SAO 79124 7,7 mag | Austritt | 3:02 220° | - | 3:01 214° | - | 2:56 214° | - | - | 2:58 210° | - | - | - | 3:03 206° |
| 31.1 | SAO 79121 7,0 mag | Eintritt | 2:43 189° | - | - | - | - | - | - | - | - | - | - | - |
| 31.1 | SAO 79121 7,0 mag | Austritt | 2:52 207° | - | - | - | - | - | - | - | - | - | - | - |

| Datum | Stern | Vorgang | Berlin | Bern | Dresden | Frankfurt | Hamburg | Hannover | Koeln | Leipzig | Muenchen | Nuernberg | Stuttgart | Wien |
|---|---|---|---|---|---|---|---|---|---|---|---|---|---|---|
| 31.1 | 49 Gem 6,9 mag | Eintritt | 3:31 114° | 3:41 130° | 3:34 116° | 3:35 123° | 3:29 116° | 3:31 118° | 3:33 124° | 3:33 117° | 3:39 123° | 3:36 121° | 3:38 125° | 3:39 117° |
| 31.1 | 49 Gem 6,9 mag | Austritt | 4:26 281° | 4:33 267° | 4:28 279° | 4:29 273° | 4:24 279° | 4:26 277° | 4:28 272° | 4:27 278° | 4:32 273° | 4:30 275° | 4:31 272° | 4:32 278° |
| 31.1 | SAO 79739 7,0 mag | Eintritt | 16:00 77° | - | 15:58 80° | - | 16:04 71° | - | - | 15:59 78° | - | - | - | 15:53 89° |
| 31.1 | SAO 79739 7,0 mag | Austritt | 16:49 300° | - | 16:48 296° | - | 16:49 306° | - | - | 16:48 298° | - | - | - | 16:45 286° |
| 31.1 | SAO 79804 7,5 mag | Eintritt | 18:14 140° | 18:12 156° | 18:15 146° | 18:11 144° | 18:12 133° | 18:12 137° | 18:10 139° | 18:13 144° | 18:15 157° | 18:13 150° | 18:12 150° | 18:20 165° |
| 31.1 | SAO 79804 7,5 mag | Austritt | 19:01 241° | 18:44 222° | 18:57 234° | 18:53 235° | 19:02 247° | 18:59 243° | 18:55 240° | 18:57 237° | 18:47 222° | 18:52 230° | 18:50 229° | 18:47 215° |
| 31.1 | SAO 79805 6,7 mag | Eintritt | 18:26 162° | - | 18:30 173° | 18:25 169° | 18:22 152° | 18:22 157° | 18:21 160° | 18:27 168° | - | - | - | - |
| 31.1 | SAO 79805 6,7 mag | Austritt | 18:55 219° | - | 18:47 207° | 18:45 210° | 18:59 229° | 18:55 223° | 18:50 219° | 18:50 212° | - | - | - | - |
| 31.1 | SAO 79864 6,4 mag | Eintritt | 20:19 113° | 20:12 130° | 20:19 118° | 20:13 119° | 20:16 108° | 20:15 112° | 20:12 115° | 20:17 116° | 20:16 127° | 20:16 122° | 20:13 124° | 20:22 128° |
| 31.1 | SAO 79864 6,4 mag | Austritt | 21:28 278° | 21:14 258° | 21:27 273° | 21:20 269° | 21:24 281° | 21:23 277° | 21:18 272° | 21:25 274° | 21:21 262° | 21:22 267° | 21:19 264° | 21:28 263° |
| 31.1 | SAO 79868 7,5 mag | Eintritt | - | 20:27 49° | - | 20:47 18° | - | - | - | - | 20:34 44° | 20:41 33° | 20:36 38° | 20:39 45° |
| 31.1 | SAO 79868 7,5 mag | Austritt | - | 21:07 339° | - | 20:52 10° | - | - | - | - | 21:09 346° | 21:03 357° | 21:03 351° | 21:15 347° |
| 31.1 | SAO 79917 7,9 mag | Eintritt | 22:27 42° | 22:02 75° | 22:22 52° | 22:10 60° | 22:25 36° | 22:19 47° | 22:10 57° | 22:20 51° | 22:11 68° | 22:13 62° | 22:08 66° | 22:20 65° |
| 31.1 | SAO 79917 7,9 mag | Austritt | 22:54 358° | 23:04 323° | 23:00 348° | 22:59 338° | 22:47 2° | 22:52 352° | 22:55 341° | 22:58 348° | 23:07 332° | 23:03 337° | 23:03 332° | 23:11 337° |
| 1.2 | SAO 80125 7,7 mag | Eintritt | 6:19 61° | 6:25 74° | 6:21 63° | 6:22 69° | 6:18 64° | 6:19 65° | 6:20 70° | 6:20 64° | 6:24 68° | 6:22 67° | 6:23 70° | 6:24 64° |
| 1.2 | SAO 80125 7,7 mag | Austritt | 6:51 342° | 7:04 331° | 6:53 340° | 6:58 335° | 6:51 340° | 6:54 339° | 6:58 335° | 6:54 340° | 07:00 335° | 6:58 337° | 7:00 334° | 6:56 339° |
| 1.2 | SAO 98198 7,9 mag | Eintritt | 17:42 166° | - | 17:44 176° | 17:42 171° | 17:39 156° | 17:40 161° | 17:40 163° | 17:43 171° | - | 17:47 185° | 17:47 186° | - |
| 1.2 | SAO 98198 7,9 mag | Austritt | 18:09 225° | - | 18:02 214° | 18:03 218° | 18:13 234° | 18:10 229° | 18:07 226° | 18:05 219° | - | 17:56 204° | 17:55 203° | - |

| Datum | Stern | Vorgang | Berlin | Bern | Dresden | Frankfurt | Hamburg | Hannover | Koeln | Leipzig | Muenchen | Nuernberg | Stuttgart | Wien |
|---|---|---|---|---|---|---|---|---|---|---|---|---|---|---|
| 2.2 | SAO 98521 6,8 mag | Eintritt | - | 7:45 87° | - | 7:41 83° | 7:36 80° | 7:37 81° | 7:40 84° | - | - | - | - | - |
| 2.2 | SAO 98521 6,8 mag | Austritt | - | - | - | 8:23 327° | 8:17 329° | 8:19 329° | 8:22 327° | - | - | - | - | - |
| 3.2 | SAO 118479 7,9 mag | Eintritt | 20:51 75° | 20:40 96° | 20:48 81° | 20:45 85° | 20:53 70° | 20:50 75° | 20:47 81° | 20:49 80° | 20:43 93° | 20:45 88° | 20:43 90° | 20:44 93° |
| 3.2 | SAO 118479 7,9 mag | Austritt | 21:36 341° | 21:37 318° | 21:38 335° | 21:36 330° | 21:34 346° | 21:35 340° | 21:35 333° | 21:37 336° | 21:39 323° | 21:38 328° | 21:37 325° | 21:41 325° |
| 4.2 | SAO 118571 7,6 mag | Eintritt | 2:50 110° | 2:48 130° | 2:52 112° | 2:46 122° | 2:44 113° | 2:45 116° | 2:43 122° | 2:50 114° | 2:52 121° | 2:50 119° | 2:48 123° | 2:58 113° |
| 4.2 | SAO 118571 7,6 mag | Austritt | 3:58 324° | 4:02 308° | 4:01 322° | 3:58 314° | 3:54 321° | 3:56 319° | 3:56 313° | 04:00 321° | 4:05 316° | 4:02 317° | 4:01 313° | 4:08 322° |
| 5.2 | SAO 138346 7,8 mag | Eintritt | 3:15 214° | - | - | - | - | - | - | - | - | - | - | - |
| 5.2 | SAO 138346 7,8 mag | Austritt | 3:21 222° | - | - | - | - | - | - | - | - | - | - | - |
| 6.2 | SAO 138754 7,2 mag | Eintritt | 0:28 182° | - | 0:32 189° | - | 0:27 183° | 0:30 190° | - | 0:32 191° | - | - | - | 0:42 203° |
| 6.2 | SAO 138754 7,2 mag | Austritt | 1:08 251° | - | 1:04 244° | - | 1:04 248° | 01:00 241° | - | 1:02 242° | - | - | - | 01:00 232° |
| 6.2 | SAO 138811 7,8 mag | Eintritt | - | 3:31 77° | - | 3:39 63° | - | 3:52 41° | 3:34 65° | - | 3:46 60° | 3:47 55° | 3:38 66° | - |
| 6.2 | SAO 138811 7,8 mag | Austritt | - | 4:19 2° | - | 4:10 14° | - | 3:56 34° | 4:09 11° | - | 4:14 18° | 4:09 22° | 4:14 12° | - |
| 7.2 | SAO 157745 7,6 mag | Eintritt | 0:07 165° | - | 0:09 170° | 0:12 183° | 0:07 165° | 0:08 170° | 0:11 181° | 0:09 171° | 0:16 191° | 0:12 183° | 0:16 192° | 0:13 180° |
| 7.2 | SAO 157745 7,6 mag | Austritt | 0:58 263° | - | 0:55 258° | 0:45 244° | 0:56 262° | 0:53 257° | 0:45 245° | 0:54 257° | 0:43 238° | 0:47 245° | 0:41 236° | 0:53 251° |
| 7.2 | SAO 157831 7,7 mag | Eintritt | 6:10 152° | 6:14 164° | 6:12 152° | 6:09 159° | 6:05 154° | 6:07 155° | 6:07 160° | 6:11 154° | 6:15 157° | 6:13 157° | 6:12 159° | 6:20 152° |
| 7.2 | SAO 157831 7,7 mag | Austritt | 7:14 270° | 7:14 261° | 7:17 269° | 7:12 265° | 7:09 268° | 7:10 267° | 7:08 264° | 7:15 268° | 7:18 265° | 7:16 266° | 7:14 264° | 7:24 268° |
| 11.2 | SAO 184428 6,8 mag | Eintritt | 4:08 102° | 3:59 120° | 4:07 104° | - | - | - | - | 4:06 105° | 4:02 112° | 4:03 110° | 4:01 114° | 4:07 105° |
| 11.2 | SAO 184428 6,8 mag | Austritt | 5:24 292° | 5:12 278° | 5:24 291° | 5:17 284° | - | 5:20 288° | 5:15 283° | 5:22 290° | 5:19 284° | 5:19 286° | 5:16 283° | 5:25 290° |

| Datum | Stern | Vorgang | Berlin | Bern | Dresden | Frankfurt | Hamburg | Hannover | Koeln | Leipzig | Muenchen | Nuernberg | Stuttgart | Wien |
|---|---|---|---|---|---|---|---|---|---|---|---|---|---|---|
| 11.2 | Tau Sco 2,9 mag | Eintritt | 7:36 95° | 7:26 102° | 7:37 95° | 7:28 98° | 7:30 95° | 7:30 96° | 7:25 99° | 7:34 96° | 7:33 98° | 7:32 98° | 7:29 99° | - |
| 11.2 | Tau Sco 2,9 mag | Austritt | 8:59 282° | 8:54 278° | 9:01 281° | 8:54 281° | 8:53 283° | 8:54 282° | 8:50 281° | 8:59 281° | 9:00 279° | 8:58 280° | 8:56 280° | - |
| 12.2 | SAO 185429 7,5 mag | Eintritt | 6:47 53° | 6:29 66° | 6:46 54° | 6:35 60° | 6:43 55° | 6:40 56° | 6:33 61° | 6:44 55° | 6:38 60° | 6:39 58° | 6:35 61° | 6:48 55° |
| 12.2 | SAO 185429 7,5 mag | Austritt | 7:49 317° | 7:41 309° | 7:50 315° | 7:43 313° | 7:44 316° | 7:44 315° | 7:40 312° | 7:48 315° | 7:48 312° | 7:46 313° | 7:44 312° | 7:56 313° |
| 13.2 | SAO 186672 7,4 mag | Austritt | - | - | - | - | - | - | - | - | - | - | - | 6:04 235° |
| 16.2 | Eta Cap 4,9 mag | Eintritt | - | - | - | - | - | - | - | - | 7:08 14° | - | - | - |
| 16.2 | Eta Cap 4,9 mag | Austritt | - | - | - | - | - | - | - | - | 7:45 308° | - | - | - |
| 21.2 | SAO 92500 7,9 mag | Eintritt | - | - | - | - | 19:55 139° | - | - | - | - | - | - | - |
| 21.2 | SAO 92500 7,9 mag | Austritt | - | - | - | - | 20:12 171° | - | - | - | - | - | - | - |
| 21.2 | SAO 92548 7,1 mag | Eintritt | - | - | - | 22:33 97° | 22:28 85° | 22:30 89° | 22:32 95° | - | - | - | - | - |
| 21.2 | SAO 92548 7,1 mag | Austritt | - | - | - | - | 23:19 235° | 23:20 232° | 23:21 225° | - | - | - | - | - |
| 23.2 | SAO 75979 7,6 mag | Eintritt | 23:06 133° | - | 23:10 139° | 23:19 157° | 23:04 133° | 23:08 139° | 23:16 154° | 23:10 140° | - | 23:19 156° | - | 23:18 150° |
| 23.2 | SAO 75979 7,6 mag | Austritt | 23:40 209° | - | 23:40 204° | 23:33 186° | 23:39 209° | 23:38 203° | 23:33 188° | 23:39 203° | - | 23:35 188° | - | 23:39 194° |
| 23.2 | SAO 75990 7,6 mag | Eintritt | 23:43 102° | 23:55 125° | 23:45 106° | 23:48 114° | 23:42 103° | 23:44 106° | 23:47 113° | 23:45 106° | 23:51 116° | 23:49 113° | 23:51 117° | 23:49 110° |
| 24.2 | SAO 75990 7,6 mag | Austritt | 0:33 241° | 0:35 220° | 0:34 238° | 0:34 230° | 0:32 240° | 0:33 237° | 0:34 231° | 0:34 238° | 0:36 229° | 0:35 232° | 0:35 227° | 0:35 235° |
| 24.2 | SAO 76036 7,9 mag | Eintritt | - | - | - | - | 1:20 34° | 1:21 38° | 1:21 45° | - | - | - | - | - |
| 24.2 | SAO 76036 7,9 mag | Austritt | - | - | - | - | 1:54 310° | 1:56 307° | 2:00 300° | - | - | - | - | - |
| 25.2 | SAO 76682 6,5 mag | Eintritt | 0:55 49° | 0:58 69° | 0:56 52° | 0:56 60° | 0:54 51° | 0:54 54° | 0:55 61° | 0:56 53° | 0:58 61° | 0:57 59° | 0:57 63° | 0:59 55° |

| Datum | Stern | Vorgang | Berlin | Bern | Dresden | Frankfurt | Hamburg | Hannover | Koeln | Leipzig | Muenchen | Nuernberg | Stuttgart | Wien |
|---|---|---|---|---|---|---|---|---|---|---|---|---|---|---|
| 25.2 | SAO 76682 6,5 mag | Austritt | 1:35 310° | 1:48 291° | 1:38 307° | 1:42 299° | 1:35 308° | 1:38 305° | 1:42 299° | 1:38 306° | 1:44 298° | 1:42 301° | 1:44 297° | 1:41 305° |
| 25.2 | SAO 77224 7,4 mag | Eintritt | 20:00 137° | - | 20:05 144° | 20:02 152° | 19:53 132° | 19:55 138° | 19:56 146° | 20:02 143° | 20:19 171° | 20:08 156° | 20:10 163° | 20:21 163° |
| 25.2 | SAO 77224 7,4 mag | Austritt | 20:52 226° | - | 20:50 219° | 20:38 209° | 20:48 228° | 20:46 223° | 20:38 213° | 20:48 219° | 20:33 192° | 20:40 206° | 20:32 197° | 20:46 202° |
| 25.2 | SAO 77295 6,5 mag | Eintritt | 22:23 158° | - | 22:30 168° | - | 22:18 158° | 22:24 167° | - | 22:29 169° | - | - | - | - |
| 25.2 | SAO 77295 6,5 mag | Austritt | 22:53 213° | - | 22:51 204° | - | 22:49 212° | 22:45 203° | - | 22:48 202° | - | - | - | - |
| 26.2 | SAO 77478 7,8 mag | Eintritt | 1:32 88° | 1:40 104° | 1:34 90° | 1:35 97° | 1:30 89° | 1:32 92° | 1:34 97° | 1:33 91° | 1:38 97° | 1:36 95° | 1:37 98° | 1:37 91° |
| 26.2 | SAO 77478 7,8 mag | Austritt | 2:24 286° | 2:33 272° | 2:26 285° | 2:29 278° | 2:23 285° | 2:25 283° | 2:28 278° | 2:26 284° | 2:30 278° | 2:29 280° | 2:30 277° | 2:28 283° |
| 26.2 | SAO 77604 7,3 mag | Eintritt | 3:24 97° | 3:33 109° | 3:25 99° | 3:29 104° | 3:24 99° | 3:25 100° | 3:28 104° | 3:25 99° | - | 3:28 103° | 3:30 105° | - |
| 26.2 | SAO 77604 7,3 mag | Austritt | 4:11 275° | - | 4:12 273° | 4:16 269° | 4:12 273° | 4:13 272° | 4:16 268° | 4:13 273° | - | 4:15 270° | 4:17 268° | - |
| 26.2 | SAO 77619 7,1 mag | Eintritt | - | - | - | - | 3:45 104° | 3:46 105° | 3:50 109° | - | - | - | - | - |
| 26.2 | SAO 77619 7,1 mag | Austritt | - | - | - | - | 4:32 268° | 4:33 267° | 4:36 263° | - | - | - | - | - |
| 26.2 | SAO 77621 7,8 mag | Eintritt | - | - | - | - | 3:50 62° | 3:51 64° | 3:53 68° | - | - | - | - | - |
| 26.2 | SAO 77621 7,8 mag | Austritt | - | - | - | - | 4:29 309° | 4:31 308° | 4:35 304° | - | - | - | - | - |
| 26.2 | SAO 78540 6,9 mag | Eintritt | 20:01 116° | 20:00 140° | 20:03 121° | 19:57 126° | 19:55 113° | 19:56 117° | 19:53 123° | 20:01 121° | 20:04 133° | 20:01 128° | 19:59 131° | 20:11 131° |
| 26.2 | SAO 78540 6,9 mag | Austritt | 21:12 263° | 20:59 237° | 21:13 258° | 21:04 251° | 21:07 264° | 21:07 260° | 21:02 253° | 21:11 258° | 21:08 246° | 21:08 250° | 21:04 246° | 21:17 250° |
| 26.2 | SAO 78643 7,7 mag | Eintritt | 22:39 110° | 22:44 132° | 22:41 113° | 22:38 121° | 22:34 110° | 22:35 114° | 22:35 121° | 22:40 114° | 22:45 124° | 22:42 121° | 22:41 125° | 22:49 118° |
| 26.2 | SAO 78643 7,7 mag | Austritt | 23:45 279° | 23:46 258° | 23:47 276° | 23:44 268° | 23:41 278° | 23:42 274° | 23:42 268° | 23:46 275° | 23:49 267° | 23:47 269° | 23:46 265° | 23:53 273° |
| 27.2 | SAO 78853 7,5 mag | Eintritt | 3:54 70° | 4:01 82° | 3:56 71° | 3:58 77° | 3:54 72° | 3:55 73° | 3:57 78° | 3:56 72° | 3:59 77° | 3:58 76° | 3:59 78° | 3:58 72° |

| Datum | Stern | Vorgang | Berlin | Bern | Dresden | Frankfurt | Hamburg | Hannover | Koeln | Leipzig | Muenchen | Nuernberg | Stuttgart | Wien |
|---|---|---|---|---|---|---|---|---|---|---|---|---|---|---|
| 27.2 | SAO 78853 7,5 mag | Austritt | 4:35 316° | 4:46 306° | 4:37 315° | 4:41 310° | 4:36 315° | 4:38 313° | 4:41 310° | 4:37 314° | 4:42 310° | 4:41 311° | 4:43 309° | 4:38 314° |
| 27.2 | Kap Gem 3,7 mag | Eintritt | 22:56 133° | 23:05 159° | 22:59 137° | 22:57 146° | 22:51 134° | 22:53 138° | 22:54 146° | 22:57 137° | 23:04 148° | 23:01 145° | 23:01 150° | 23:07 141° |
| 27.2 | Kap Gem 3,7 mag | Austritt | 24:00 271° | 23:55 247° | 24:02 268° | 23:56 259° | 23:55 269° | 23:56 266° | 23:53 258° | 24:00 267° | 24:02 258° | 24:00 260° | 23:58 256° | 24:08 265° |
| 28.2 | SAO 79739 7,0 mag | Eintritt | 1:55 58° | 1:55 80° | 1:56 61° | 1:52 71° | 1:50 62° | 1:51 65° | 1:50 72° | 1:55 63° | 1:57 71° | 1:55 69° | 1:54 73° | 2:01 62° |
| 28.2 | SAO 79739 7,0 mag | Austritt | 2:29 346° | 2:44 327° | 2:32 344° | 2:37 334° | 2:28 342° | 2:31 340° | 2:35 333° | 2:32 342° | 2:40 335° | 2:37 337° | 2:40 333° | 2:38 343° |
| 28.2 | SAO 79805 6,7 mag | Eintritt | 4:08 75° | 4:15 86° | 4:09 76° | 4:11 81° | 4:06 77° | 4:08 78° | 4:10 82° | 4:09 77° | 4:13 81° | 4:11 80° | 4:12 82° | 4:12 77° |
| 28.2 | SAO 79805 6,7 mag | Austritt | 4:49 325° | 5:01 315° | 4:51 324° | 4:55 319° | 4:49 323° | 4:51 322° | 4:55 319° | 4:51 323° | 4:57 319° | 4:55 320° | 4:57 318° | 4:53 322° |
| 28.2 | SAO 79804 7,5 mag | Eintritt | 4:09 57° | 4:15 71° | 4:11 59° | 4:11 66° | 4:08 60° | 4:09 62° | 4:10 67° | 4:10 60° | 4:14 65° | 4:12 64° | 4:13 67° | 4:14 60° |
| 28.2 | SAO 79804 7,5 mag | Austritt | 4:40 342° | 4:54 330° | 4:42 341° | 4:47 335° | 4:40 340° | 4:43 339° | 4:47 334° | 4:43 340° | 4:49 335° | 4:47 336° | 4:49 334° | 4:45 340° |
| 28.2 | SAO 80262 7,8 mag | Eintritt | 18:10 49° | 17:52 71° | 18:05 57° | 18:00 58° | 18:13 39° | 18:08 47° | 18:02 52° | 18:05 55° | 17:56 69° | 17:59 63° | 17:57 64° | 17:59 71° |
| 28.2 | SAO 80262 7,8 mag | Austritt | 18:45 345° | 18:45 321° | 18:48 337° | 18:44 334° | 18:38 355° | 18:41 346° | 18:41 339° | 18:46 339° | 18:49 324° | 18:47 330° | 18:46 328° | 18:54 324° |
| 28.2 | SAO 80354 6,6 mag | Eintritt | 21:55 147° | 22:07 182° | 21:58 152° | 21:56 162° | 21:49 147° | 21:51 152° | 21:52 161° | 21:56 153° | 22:04 167° | 21:59 162° | 22:00 168° | 22:07 159° |
| 28.2 | SAO 80354 6,6 mag | Austritt | 22:57 266° | 22:40 233° | 22:58 262° | 22:48 251° | 22:52 265° | 22:51 261° | 22:45 252° | 22:56 261° | 22:53 248° | 22:53 252° | 22:48 246° | 23:03 257° |
| 1.3 | SAO 80405 7,6 mag | Eintritt | 0:24 127° | 0:31 147° | 0:27 129° | 0:25 138° | 0:20 129° | 0:22 132° | 0:22 138° | 0:26 130° | 0:31 138° | 0:28 136° | 0:28 140° | 0:34 131° |
| 1.3 | SAO 80405 7,6 mag | Austritt | 1:30 291° | 1:33 273° | 1:32 289° | 1:30 281° | 1:25 288° | 1:27 286° | 1:27 280° | 1:31 288° | 1:35 281° | 1:33 283° | 1:32 279° | 1:39 288° |
| 1.3 | SAO 98198 7,9 mag | Eintritt | 4:04 83° | 4:11 94° | 4:06 84° | 4:07 89° | 4:02 85° | 4:04 86° | 4:05 90° | 4:06 85° | 4:10 89° | 4:08 88° | 4:09 90° | 4:11 84° |
| 1.3 | SAO 98198 7,9 mag | Austritt | 4:49 328° | 5:01 318° | 4:52 327° | 4:55 322° | 4:49 326° | 4:51 325° | 4:54 322° | 4:52 326° | 4:58 323° | 4:56 323° | 4:57 322° | 4:55 326° |
| 1.3 | SAO 98625 7,5 mag | Eintritt | 19:30 167° | - | 19:34 176° | 19:34 185° | 19:25 162° | 19:27 168° | 19:29 178° | 19:32 174° | - | 19:40 193° | - | - |

| Datum | Stern | Vorgang | Berlin | Bern | Dresden | Frankfurt | Hamburg | Hannover | Koeln | Leipzig | Muenchen | Nuernberg | Stuttgart | Wien |
|---|---|---|---|---|---|---|---|---|---|---|---|---|---|---|
| 1.3 | SAO 98625 7,5 mag | Austritt | 20:12 243° | - | 20:07 235° | 19:56 224° | 20:11 247° | 20:07 241° | 19:58 230° | 20:07 236° | - | 19:54 217° | - | - |
| 2.3 | Psi Leo 5,6 mag | Eintritt | 2:56 171° | 3:16 198° | 2:59 173° | 3:04 184° | 2:54 175° | 2:57 178° | 3:02 187° | 2:59 175° | 3:08 182° | 3:04 180° | 3:07 186° | 3:06 173° |
| 2.3 | Psi Leo 5,6 mag | Austritt | 3:35 251° | 3:32 227° | 3:37 250° | 3:33 240° | 3:30 248° | 3:32 245° | 3:29 237° | 3:36 248° | 3:38 242° | 3:36 243° | 3:35 238° | 3:43 250° |
| 2.3 | SAO 98773 7,8 mag | Eintritt | 4:58 163° | 5:12 174° | 5:01 164° | 5:04 169° | 4:57 164° | 4:59 166° | 5:03 170° | 5:01 164° | 5:08 168° | 5:05 167° | 5:07 170° | 5:06 165° |
| 2.3 | SAO 98773 7,8 mag | Austritt | 5:36 253° | 5:43 243° | 5:38 252° | 5:39 248° | 5:35 252° | 5:36 251° | 5:38 248° | 5:38 252° | 5:42 248° | 5:40 249° | 5:41 247° | 5:41 250° |
| 2.3 | 45 Leo 5,9 mag | Eintritt | 22:11 41° | 21:41 87° | 22:02 57° | 21:49 71° | 22:07 42° | 21:58 56° | 21:48 69° | 22:00 58° | 21:50 77° | 21:52 71° | 21:47 77° | 22:00 69° |
| 2.3 | 45 Leo 5,9 mag | Austritt | 22:20 26° | 22:40 341° | 22:30 12° | 22:33 356° | 22:18 24° | 22:26 11° | 22:31 357° | 22:29 10° | 22:40 352° | 22:36 357° | 22:37 351° | 22:41 2° |
| 4.3 | SAO 118801 7,9 mag | Eintritt | 1:37 91° | 1:31 111° | 1:38 93° | 1:31 103° | 1:31 95° | 1:31 97° | 1:27 104° | 1:36 95° | 1:37 102° | 1:35 100° | 1:32 105° | 1:45 93° |
| 4.3 | SAO 118801 7,9 mag | Austritt | 2:35 344° | 2:42 327° | 2:38 343° | 2:37 334° | 2:31 340° | 2:33 338° | 2:34 332° | 2:37 341° | 2:43 335° | 2:40 336° | 2:40 333° | 2:45 343° |
| 4.3 | 79 Leo 5,5 mag | Eintritt | 4:29 182° | 4:51 211° | 4:32 183° | 4:36 194° | 4:27 186° | 4:30 188° | 4:35 196° | 4:32 185° | 4:41 191° | 4:37 190° | 4:40 195° | 4:39 183° |
| 4.3 | 79 Leo 5,5 mag | Austritt | 5:02 244° | 4:55 218° | 5:04 243° | 4:59 234° | 4:57 241° | 4:58 239° | 4:55 232° | 5:02 241° | 5:05 235° | 5:03 237° | 5:01 232° | 5:10 242° |
| 4.3 | SAO 118868 7,7 mag | Eintritt | 5:50 76° | 5:56 84° | 5:53 77° | 5:52 80° | 5:47 77° | 5:49 78° | 5:50 80° | 5:52 77° | 5:56 80° | 5:54 79° | 5:54 81° | 5:58 78° |
| 4.3 | SAO 118868 7,7 mag | Austritt | 6:32 344° | 6:44 338° | 6:35 343° | 6:37 341° | 6:30 344° | 6:33 343° | 6:35 341° | 6:35 343° | 6:42 340° | 6:39 341° | 6:40 340° | 6:41 340° |
| 4.3 | SAO 118870 7,6 mag | Eintritt | 5:55 87° | 6:02 94° | 5:58 88° | 5:57 90° | 5:52 88° | 5:54 88° | 5:55 91° | 5:57 88° | 6:02 91° | 06:00 90° | 06:00 91° | 6:03 89° |
| 4.3 | SAO 118870 7,6 mag | Austritt | 6:44 332° | 6:55 327° | 6:47 331° | 6:49 330° | 6:42 333° | 6:44 332° | 6:47 330° | 6:46 331° | 6:53 328° | 6:50 330° | 6:52 329° | - |
| 4.3 | SAO 118871 7,6 mag | Eintritt | 6:16 157° | 6:28 164° | - | 6:21 160° | 6:14 158° | 6:16 158° | 6:19 160° | 6:19 158° | 6:25 161° | 6:23 160° | 6:24 161° | - |
| 4.3 | SAO 118871 7,6 mag | Austritt | - | 7:09 255° | - | 7:05 258° | 07:00 261° | 7:01 260° | 7:03 259° | - | - | - | 7:07 257° | - |
| 4.3 | SAO 138553 7,7 mag | Eintritt | 23:02 157° | 23:12 191° | 23:04 161° | 23:04 173° | 23:00 158° | 23:01 163° | 23:02 172° | 23:03 162° | 23:08 176° | 23:06 171° | 23:07 177° | 23:09 167° |

| Datum | Stern | Vorgang | Berlin | Bern | Dresden | Frankfurt | Hamburg | Hannover | Koeln | Leipzig | Muenchen | Nuernberg | Stuttgart | Wien |
|---|---|---|---|---|---|---|---|---|---|---|---|---|---|---|
| 4.3 | SAO 138553 7,7 mag | Austritt | 24:05 277° | 23:45 245° | 24:04 274° | 23:54 262° | 24:00 275° | 23:59 271° | 23:52 262° | 24:02 273° | 23:58 261° | 23:58 264° | 23:53 258° | 24:08 271° |
| 5.3 | SAO 138602 7,2 mag | Eintritt | 2:37 143° | 2:41 159° | 2:39 144° | 2:37 153° | 2:33 146° | 2:34 148° | 2:34 154° | 2:38 146° | 2:42 151° | 2:40 150° | 2:39 154° | 2:46 144° |
| 5.3 | SAO 138602 7,2 mag | Austritt | 3:47 289° | 3:46 277° | 3:49 288° | 3:44 282° | 3:41 287° | 3:43 285° | 3:41 281° | 3:47 287° | 3:51 283° | 3:48 284° | 3:47 281° | 3:57 289° |
| 5.3 | SAO 138948 7,3 mag | Eintritt | - | - | - | - | - | - | - | - | - | - | - | 20:15 125° |
| 5.3 | SAO 138948 7,3 mag | Austritt | - | - | 21:16 306° | - | - | - | - | - | - | - | - | 21:15 299° |
| 5.3 | SAO 138964 7,7 mag | Eintritt | 22:22 205° | - | - | - | 22:21 205° | - | - | - | - | - | - | - |
| 5.3 | SAO 138964 7,7 mag | Austritt | 22:33 224° | - | - | - | 22:31 223° | - | - | - | - | - | - | - |
| 5.3 | SAO 138978 7,3 mag | Eintritt | 22:45 122° | 22:42 145° | 22:45 126° | 22:42 134° | 22:44 122° | 22:43 126° | 22:41 133° | 22:44 126° | 22:43 137° | 22:43 133° | 22:42 138° | 22:46 131° |
| 5.3 | SAO 138978 7,3 mag | Austritt | 23:55 309° | 23:47 287° | 23:55 306° | 23:50 297° | 23:52 308° | 23:51 304° | 23:48 297° | 23:54 305° | 23:52 296° | 23:52 299° | 23:50 294° | 23:57 303° |
| 7.3 | SAO 158070 7,5 mag | Eintritt | 1:38 69° | 1:20 96° | 1:36 73° | 1:25 86° | 1:32 74° | 1:30 78° | 1:23 87° | 1:34 75° | 1:28 85° | 1:29 83° | 1:24 88° | 1:39 74° |
| 7.3 | SAO 158070 7,5 mag | Austritt | 2:22 360° | 2:27 336° | 2:24 357° | 2:24 345° | 2:20 355° | 2:21 351° | 2:22 343° | 2:23 355° | 2:28 346° | 2:26 348° | 2:26 343° | 2:29 356° |
| 7.3 | 83 Vir 5,7 mag | Eintritt | 5:25 113° | 5:25 121° | 5:27 114° | 5:22 117° | 5:19 115° | 5:21 115° | 5:19 118° | 5:25 115° | 5:29 117° | 5:27 116° | 5:25 118° | 5:35 115° |
| 7.3 | 83 Vir 5,7 mag | Austritt | 6:38 299° | 6:43 294° | 6:41 298° | 6:38 297° | 6:33 299° | 6:35 298° | 6:35 297° | 6:39 298° | 6:45 296° | 6:42 297° | 6:41 296° | 6:49 296° |
| 7.3 | SAO 158538 7,7 mag | Eintritt | 23:51 112° | 23:45 134° | 23:50 115° | 23:47 124° | 23:50 113° | 23:49 116° | 23:47 123° | 23:49 116° | 23:47 125° | 23:47 122° | 23:46 127° | 23:49 119° |
| 8.3 | SAO 158538 7,7 mag | Austritt | 01:00 310° | 0:52 289° | 0:59 307° | 0:55 298° | 0:58 307° | 0:57 305° | 0:54 298° | 0:58 306° | 0:56 298° | 0:57 300° | 0:55 296° | 1:01 305° |
| 7.3 | SAO 158542 7,9 mag | Eintritt | 24:06 71° | 23:50 98° | 24:03 75° | 23:56 87° | 24:04 73° | 24:01 78° | 23:56 86° | 24:02 77° | 23:55 89° | 23:57 85° | 23:54 90° | 24:01 80° |
| 8.3 | SAO 158542 7,9 mag | Austritt | 0:51 351° | 0:53 324° | 0:52 347° | 0:53 335° | 0:51 347° | 0:52 343° | 0:52 335° | 0:52 345° | 0:54 334° | 0:53 337° | 0:53 332° | 0:55 343° |
| 8.3 | SAO 158556 6,7 mag | Eintritt | 0:44 104° | 0:35 125° | 0:43 107° | 0:38 116° | 0:42 106° | 0:41 109° | 0:38 116° | 0:42 108° | 0:39 117° | 0:39 114° | 0:38 118° | 0:43 110° |

| Datum | Stern | Vorgang | Berlin | Bern | Dresden | Frankfurt | Hamburg | Hannover | Koeln | Leipzig | Muenchen | Nuernberg | Stuttgart | Wien |
|---|---|---|---|---|---|---|---|---|---|---|---|---|---|---|
| 8.3 | SAO 158556<br>6,7 mag | Austritt | 1:54<br>318° | 1:48<br>299° | 1:55<br>316° | 1:50<br>307° | 1:52<br>315° | 1:52<br>313° | 1:49<br>306° | 1:54<br>314° | 1:53<br>307° | 1:52<br>309° | 1:50<br>305° | 1:58<br>315° |
| 8.3 | SAO 158558<br>6,4 mag | Eintritt | 0:46<br>104° | 0:37<br>125° | 0:44<br>107° | 0:39<br>116° | 0:44<br>106° | 0:42<br>109° | 0:39<br>116° | 0:43<br>108° | 0:40<br>116° | 0:41<br>114° | 0:39<br>118° | 0:45<br>109° |
| 8.3 | SAO 158558<br>6,4 mag | Austritt | 1:56<br>318° | 1:50<br>299° | 1:56<br>316° | 1:52<br>307° | 1:53<br>315° | 1:53<br>313° | 1:50<br>306° | 1:55<br>315° | 1:54<br>308° | 1:54<br>309° | 1:52<br>305° | 1:59<br>315° |
| 8.3 | SAO 182620<br>7,0 mag | Eintritt | 4:32<br>109° | 4:26<br>119° | 4:34<br>109° | 4:26<br>115° | 4:26<br>111° | 4:27<br>112° | 4:23<br>116° | 4:31<br>110° | 4:32<br>114° | 4:31<br>113° | 4:28<br>115° | 4:40<br>110° |
| 8.3 | SAO 182620<br>7,0 mag | Austritt | 5:52<br>301° | 5:51<br>295° | 5:54<br>300° | 5:48<br>298° | 5:46<br>300° | 5:47<br>299° | 5:45<br>297° | 5:52<br>300° | 5:55<br>298° | 5:53<br>298° | 5:51<br>297° | 6:02<br>299° |
| 8.3 | SAO 182639<br>7,9 mag | Eintritt | 5:29<br>129° | 5:28<br>137° | 5:31<br>130° | 5:25<br>134° | 5:23<br>131° | 5:24<br>131° | 5:22<br>134° | 5:29<br>131° | 5:32<br>133° | 5:29<br>133° | 5:28<br>134° | 5:39<br>131° |
| 8.3 | SAO 182639<br>7,9 mag | Austritt | 6:43<br>275° | 6:43<br>270° | 6:45<br>274° | 6:41<br>273° | 6:37<br>275° | 6:39<br>275° | 6:37<br>273° | 6:43<br>274° | 6:47<br>272° | 6:45<br>273° | 6:43<br>272° | 6:52<br>272° |
| 9.3 | SAO 183269<br>6,4 mag | Eintritt | - | - | 0:23<br>158° | - | - | - | - | - | 0:26<br>173° | - | - | 0:23<br>163° |
| 9.3 | SAO 183269<br>6,4 mag | Austritt | - | - | 1:15<br>255° | - | - | - | - | - | 1:04<br>241° | - | - | 1:13<br>252° |
| 9.3 | SAO 183333<br>7,2 mag | Eintritt | 2:13<br>61° | 1:53<br>87° | 2:11<br>65° | 02:00<br>77° | 2:08<br>66° | 2:06<br>69° | 1:59<br>78° | 2:09<br>67° | 2:01<br>77° | 2:03<br>74° | 1:58<br>79° | 2:11<br>67° |
| 9.3 | SAO 183333<br>7,2 mag | Austritt | 2:58<br>350° | 2:59<br>328° | 03:00<br>347° | 2:59<br>336° | 2:57<br>345° | 2:58<br>343° | 2:57<br>335° | 2:59<br>345° | 3:01<br>337° | 3:00<br>339° | 03:00<br>334° | 3:03<br>346° |
| 9.3 | SAO 183368<br>7,2 mag | Eintritt | 3:47<br>63° | 3:29<br>82° | 3:46<br>65° | 3:34<br>74° | 3:40<br>67° | 3:39<br>69° | 3:31<br>76° | 3:43<br>66° | 3:39<br>73° | 3:39<br>71° | 3:34<br>76° | 3:50<br>65° |
| 9.3 | SAO 183368<br>7,2 mag | Austritt | 4:40<br>343° | 4:39<br>329° | 4:41<br>342° | 4:37<br>334° | 4:36<br>340° | 4:37<br>338° | 4:35<br>333° | 4:40<br>340° | 4:42<br>335° | 4:41<br>337° | 4:39<br>333° | 4:48<br>341° |
| 9.3 | SAO 183377<br>7,2 mag | Eintritt | 4:18<br>43° | 3:54<br>67° | 4:17<br>45° | 4:01<br>58° | 4:09<br>48° | 4:06<br>51° | 3:57<br>60° | 4:13<br>48° | 4:07<br>56° | 4:07<br>54° | 4:01<br>60° | 4:22<br>46° |
| 9.3 | SAO 183377<br>7,2 mag | Austritt | 4:47<br>2° | 4:51<br>342° | 4:49<br>359° | 4:48<br>349° | 4:44<br>357° | 4:46<br>354° | 4:46<br>348° | 4:48<br>357° | 4:53<br>350° | 4:51<br>352° | 4:50<br>348° | 4:56<br>358° |
| 10.3 | SAO 184205<br>6,8 mag | Eintritt | 4:26<br>58° | 4:08<br>74° | 4:26<br>60° | 4:14<br>68° | 4:20<br>61° | 4:19<br>63° | 4:11<br>69° | 4:23<br>61° | 4:18<br>67° | 4:18<br>65° | 4:14<br>69° | 4:29<br>61° |
| 10.3 | SAO 184205<br>6,8 mag | Austritt | 5:23<br>333° | 5:20<br>322° | 5:25<br>331° | 5:19<br>326° | 5:19<br>331° | 5:19<br>330° | 5:17<br>326° | 5:23<br>331° | 5:25<br>327° | 5:23<br>328° | 5:21<br>325° | 5:31<br>330° |
| 11.3 | SAO 184914<br>7,6 mag | Eintritt | - | - | - | - | - | - | - | - | - | - | - | 2:14<br>55° |

| Datum | Stern | Vorgang | Berlin | Bern | Dresden | Frankfurt | Hamburg | Hannover | Koeln | Leipzig | Muenchen | Nuernberg | Stuttgart | Wien |
|---|---|---|---|---|---|---|---|---|---|---|---|---|---|---|
| 11.3 | SAO 184914 7,6 mag | Austritt | - | - | - | - | - | - | - | - | - | - | - | 3:03 333° |
| 11.3 | SAO 185017 7,4 mag | Eintritt | 5:03 76° | 4:48 86° | 5:02 77° | 4:53 81° | 4:58 77° | 4:57 79° | 4:51 82° | 5:00 77° | 4:56 81° | 4:57 80° | 4:53 82° | 5:06 78° |
| 11.3 | SAO 185017 7,4 mag | Austritt | 6:22 298° | 6:13 292° | 6:23 297° | 6:14 295° | 6:16 298° | 6:16 297° | 6:11 296° | 6:20 297° | 6:20 295° | 6:19 296° | 6:16 295° | 6:29 295° |
| 12.3 | SAO 186041 7,1 mag | Eintritt | 4:34 135° | 4:29 152° | 4:33 136° | 4:29 143° | - | 4:31 139° | 4:29 144° | 4:32 137° | 4:31 143° | 4:30 141° | 4:29 145° | 4:35 137° |
| 12.3 | SAO 186041 7,1 mag | Austritt | 5:33 230° | 5:13 217° | 5:32 229° | 5:21 224° | - | 5:26 227° | 5:19 223° | 5:30 228° | 5:24 224° | 5:25 225° | 5:20 222° | 5:34 227° |
| 12.3 | SAO 186100 7,7 mag | Eintritt | 5:52 149° | 5:50 165° | 5:53 151° | 5:47 156° | 5:48 150° | 5:48 152° | 5:46 156° | 5:51 151° | 5:52 157° | 5:50 155° | 5:49 158° | 5:58 154° |
| 12.3 | SAO 186100 7,7 mag | Austritt | 6:34 208° | 6:13 196° | 6:33 207° | 6:22 205° | 6:29 209° | 6:27 208° | 6:20 205° | 6:31 207° | 6:25 202° | 6:26 204° | 6:21 202° | 6:34 202° |
| 12.3 | SAO 186156 7,9 mag | Eintritt | 6:37 124° | 6:28 130° | - | 6:30 126° | 6:32 124° | 6:31 125° | 6:27 126° | 6:36 125° | 6:35 128° | 6:34 127° | 6:30 128° | - |
| 12.3 | SAO 186156 7,9 mag | Austritt | 7:43 227° | 7:33 225° | - | 7:36 227° | 7:38 229° | 7:38 229° | 7:33 229° | 7:41 227° | 7:40 224° | 7:39 226° | 7:36 226° | - |
| 13.3 | SAO 187463 7,5 mag | Eintritt | 5:37 84° | 5:23 92° | 5:36 85° | 5:28 88° | 5:34 85° | 5:32 86° | 5:27 89° | 5:34 86° | 5:30 89° | 5:30 88° | 5:27 89° | 5:37 87° |
| 13.3 | SAO 187463 7,5 mag | Austritt | 6:59 259° | 6:45 256° | 6:58 259° | 6:49 259° | 6:54 260° | 6:53 260° | 6:47 259° | 6:56 259° | 6:53 257° | 6:53 258° | 6:49 258° | 7:02 256° |
| 14.3 | SAO 188570 7,8 mag | Eintritt | - | - | - | - | - | - | - | - | - | - | - | 4:34 41° |
| 14.3 | SAO 188570 7,8 mag | Austritt | - | - | - | - | - | - | - | - | 5:28 295° | - | - | 5:33 297° |
| 21.3 | SAO 92810 6,4 mag | Eintritt | 19:01 84° | 19:08 106° | 19:04 89° | 19:03 94° | 18:58 81° | 19:00 85° | 19:00 91° | 19:03 88° | 19:08 100° | 19:05 95° | 19:05 98° | 19:09 97° |
| 21.3 | SAO 92810 6,4 mag | Austritt | 19:59 238° | 19:57 214° | 20:00 233° | 19:58 227° | 19:57 239° | 19:58 235° | 19:57 229° | 19:59 233° | 20:00 222° | 19:59 226° | 19:59 223° | 20:01 226° |
| 22.3 | SAO 75704 7,9 mag | Eintritt | - | - | - | - | - | - | - | - | - | - | - | 16:50 84° |
| 22.3 | SAO 75704 7,9 mag | Austritt | - | - | - | - | - | - | - | - | - | - | - | 18:00 240° |
| 22.3 | SAO 75806 6,9 mag | Eintritt | - | 22:20 14° | - | - | - | - | - | - | - | - | - | - |

| Datum | Stern | Vorgang | Berlin | Bern | Dresden | Frankfurt | Hamburg | Hannover | Koeln | Leipzig | Muenchen | Nuernberg | Stuttgart | Wien |
|---|---|---|---|---|---|---|---|---|---|---|---|---|---|---|
| 22.3 | SAO 75806 6,9 mag | Austritt | - | 22:41 327° | - | - | - | - | - | - | - | - | - | - |
| 22.3 | SAO 75845 7,9 mag | Eintritt | - | - | - | - | 23:12 65° | - | 23:15 74° | - | - | - | - | - |
| 22.3 | SAO 75845 7,9 mag | Austritt | - | - | - | - | 24:00 275° | - | 24:04 267° | - | - | - | - | - |
| 23.3 | SAO 76472 7,5 mag | Eintritt | 18:37 76° | 18:34 96° | 18:39 81° | 18:33 85° | 18:33 73° | 18:33 77° | 18:30 83° | 18:37 80° | 18:39 91° | 18:37 87° | 18:35 90° | 18:44 89° |
| 23.3 | SAO 76472 7,5 mag | Austritt | 19:45 269° | 19:44 247° | 19:47 264° | 19:43 258° | 19:41 270° | 19:42 266° | 19:41 260° | 19:45 264° | 19:48 254° | 19:46 258° | 19:45 254° | 19:52 257° |
| 23.3 | SAO 76514 7,6 mag | Eintritt | - | 21:28 45° | 21:39 14° | 21:30 30° | 21:42 358° | 21:35 15° | 21:29 29° | 21:37 16° | 21:32 34° | 21:33 29° | 21:30 36° | 21:38 25° |
| 23.3 | SAO 76514 7,6 mag | Austritt | - | 22:12 309° | 21:55 339° | 22:03 323° | 21:44 353° | 21:54 337° | 22:01 323° | 21:56 337° | 22:07 319° | 22:04 324° | 22:07 318° | 22:04 329° |
| 23.3 | SAO 76559 7,7 mag | Eintritt | 23:40 145° | - | 23:43 149° | - | 23:41 148° | 23:44 153° | - | 23:44 151° | - | 23:53 166° | - | - |
| 24.3 | SAO 76559 7,7 mag | Austritt | 0:07 209° | - | 0:07 205° | - | 0:06 206° | 0:05 201° | - | 0:06 203° | - | 0:03 189° | - | - |
| 24.3 | SAO 76998 6,9 mag | Eintritt | - | - | - | - | - | - | - | - | - | - | - | 17:21 135° |
| 24.3 | SAO 76998 6,9 mag | Austritt | - | - | - | - | - | - | - | - | - | - | - | 18:12 219° |
| 24.3 | SAO 77121 6,3 mag | Eintritt | - | 22:28 33° | - | - | - | - | - | - | - | - | 22:37 9° | - |
| 24.3 | SAO 77121 6,3 mag | Austritt | - | 22:54 339° | - | - | - | - | - | - | - | - | 22:41 1° | - |
| 25.3 | SAO 77177 7,9 mag | Eintritt | 0:25 75° | 0:32 90° | 0:26 77° | 0:28 84° | 0:24 77° | 0:25 79° | 0:27 84° | 0:26 78° | 0:30 84° | 0:28 82° | 0:30 85° | 0:29 79° |
| 25.3 | SAO 77177 7,9 mag | Austritt | 1:12 294° | 1:22 280° | 1:14 292° | 1:18 286° | 1:12 292° | 1:14 290° | 1:17 285° | 1:14 291° | 1:18 286° | 1:17 287° | 1:19 285° | 1:15 290° |
| 25.3 | SAO 78191 7,4 mag | Eintritt | - | 18:42 34° | - | - | - | - | - | - | 19:00 16° | - | - | - |
| 25.3 | SAO 78191 7,4 mag | Austritt | - | 19:18 340° | - | - | - | - | - | - | 19:11 0° | - | - | - |
| 25.3 | SAO 78299 7,9 mag | Eintritt | 21:31 15° | 21:08 63° | 21:24 32° | 21:12 48° | 21:22 23° | 21:17 34° | 21:09 48° | 21:21 34° | 21:16 52° | 21:16 47° | 21:12 53° | 21:25 41° |

| Datum | Stern | Vorgang | Berlin | Bern | Dresden | Frankfurt | Hamburg | Hannover | Koeln | Leipzig | Muenchen | Nuernberg | Stuttgart | Wien |
|---|---|---|---|---|---|---|---|---|---|---|---|---|---|---|
| 25.3 | SAO 78299 7,9 mag | Austritt | 21:33 10° | 22:01 323° | 21:45 354° | 21:52 336° | 21:34 1° | 21:42 350° | 21:49 337° | 21:45 351° | 21:58 334° | 21:53 338° | 21:56 332° | 21:56 345° |
| 25.3 | SAO 78417 6,5 mag | Eintritt | 23:51 148° | 24:14 181° | 23:55 151° | 24:00 163° | 23:50 151° | 23:53 154° | 23:59 164° | 23:55 153° | 24:04 163° | 24:00 160° | 24:04 166° | 24:00 153° |
| 26.3 | SAO 78417 6,5 mag | Austritt | 0:29 237° | 0:25 206° | 0:31 234° | 0:28 223° | 0:27 234° | 0:28 231° | 0:27 222° | 0:30 233° | 0:31 223° | 0:30 226° | 0:29 220° | 0:34 232° |
| 27.3 | SAO 79562 6,3 mag | Eintritt | 2:41 120° | 2:52 130° | 2:42 121° | 2:46 126° | 2:41 122° | 2:42 123° | 2:46 126° | 2:43 122° | 2:48 126° | 2:46 125° | 2:48 127° | - |
| 27.3 | SAO 79562 6,3 mag | Austritt | 3:28 274° | 3:37 266° | 3:30 273° | 3:33 269° | 3:28 273° | 3:30 272° | 3:33 269° | 3:30 272° | 3:34 269° | 3:33 270° | 3:34 268° | - |
| 27.3 | SAO 79580 6,0 mag | Eintritt | 3:06 136° | - | - | 3:13 141° | 3:06 137° | 3:08 138° | 3:12 142° | 3:08 138° | - | - | - | - |
| 27.3 | SAO 79580 6,0 mag | Austritt | 3:48 257° | - | - | 3:52 253° | 3:48 256° | 3:50 255° | 3:52 252° | 3:49 256° | - | - | - | - |
| 27.3 | SAO 80125 7,7 mag | Eintritt | 19:45 173° | - | 19:52 182° | - | 19:39 171° | 19:44 180° | - | 19:50 183° | - | - | - | - |
| 27.3 | SAO 80125 7,7 mag | Austritt | 20:24 235° | - | 20:21 227° | - | 20:19 235° | 20:14 227° | - | 20:18 225° | - | - | - | - |
| 27.3 | SAO 80201 7,0 mag | Eintritt | 23:35 179° | - | 23:40 183° | - | 23:34 184° | 23:40 191° | - | 23:40 186° | - | - | - | 23:48 185° |
| 27.3 | SAO 80201 7,0 mag | Austritt | 24:05 234° | - | 24:06 231° | - | 23:58 229° | 23:57 223° | - | 24:03 228° | - | - | - | 24:11 229° |
| 28.3 | SAO 80278 7,9 mag | Eintritt | 3:09 155° | 3:23 167° | 3:11 156° | 3:16 161° | 3:08 157° | 3:11 158° | 3:15 162° | 3:11 157° | 3:18 161° | 3:15 160° | 3:18 163° | - |
| 28.3 | SAO 80278 7,9 mag | Austritt | 3:46 249° | 3:53 239° | 3:47 248° | 3:49 244° | 3:45 248° | 3:47 247° | 3:49 244° | 3:47 248° | 3:51 244° | 3:49 245° | 3:51 243° | - |
| 28.3 | SAO 98521 6,8 mag | Eintritt | 22:36 149° | 22:48 175° | 22:39 152° | 22:39 163° | 22:31 152° | 22:34 155° | 22:36 164° | 22:38 154° | 22:45 163° | 22:42 160° | 22:43 166° | 22:47 154° |
| 28.3 | SAO 98521 6,8 mag | Austritt | 23:37 274° | 23:33 252° | 23:39 272° | 23:33 262° | 23:32 271° | 23:33 269° | 23:30 261° | 23:37 271° | 23:40 263° | 23:38 265° | 23:35 260° | 23:46 272° |
| 29.3 | SAO 98966 7,6 mag | Eintritt | 19:25 87° | 19:13 111° | 19:24 92° | 19:17 99° | 19:22 86° | 19:20 90° | 19:15 97° | 19:22 92° | 19:19 104° | 19:19 100° | 19:16 104° | 19:25 100° |
| 29.3 | SAO 98966 7,6 mag | Austritt | 20:25 337° | 20:26 312° | 20:28 332° | 20:24 323° | 20:21 337° | 20:22 332° | 20:22 324° | 20:26 331° | 20:29 320° | 20:27 324° | 20:26 320° | 20:34 327° |
| 29.3 | Regulus 1,3 mag | Eintritt | 19:31 88° | 19:19 112° | 19:30 94° | 19:23 101° | 19:28 87° | 19:26 92° | 19:22 99° | 19:29 94° | 19:25 105° | 19:25 101° | 19:22 105° | 19:32 101° |

| Datum | Stern | Vorgang | Berlin | Bern | Dresden | Frankfurt | Hamburg | Hannover | Koeln | Leipzig | Muenchen | Nuernberg | Stuttgart | Wien |
|---|---|---|---|---|---|---|---|---|---|---|---|---|---|---|
| 29.3 | Regulus 1,3 mag | Austritt | 20:32 336° | 20:33 311° | 20:35 331° | 20:31 323° | 20:28 335° | 20:29 331° | 20:29 323° | 20:33 331° | 20:36 320° | 20:34 323° | 20:33 319° | 20:42 326° |
| 30.3 | SAO 118571 7,6 mag | Eintritt | 18:55 169° | - | 18:58 177° | 19:00 189° | 18:52 167° | 18:54 173° | 18:57 184° | 18:57 177° | - | 19:03 192° | 19:11 208° | 19:08 194° |
| 30.3 | SAO 118571 7,6 mag | Austritt | 19:41 255° | - | 19:38 248° | 19:26 234° | 19:39 256° | 19:36 250° | 19:27 238° | 19:37 248° | - | 19:27 233° | 19:16 216° | 19:32 233° |
| 30.3 | 56 Leo 6,0 mag | Eintritt | - | 18:56 84° | 19:16 55° | 19:05 67° | - | 19:16 49° | 19:06 64° | 19:15 55° | 19:03 75° | 19:06 69° | 19:02 74° | 19:10 70° |
| 30.3 | 56 Leo 6,0 mag | Austritt | - | 19:50 341° | 19:42 11° | 19:44 357° | - | 19:36 15° | 19:42 360° | 19:41 11° | 19:50 351° | 19:47 356° | 19:48 351° | 19:52 358° |
| 31.3 | SAO 118679 7,8 mag | Eintritt | 3:56 163° | 4:09 171° | 04:00 164° | 4:02 167° | 3:54 164° | 3:57 165° | 04:00 167° | 3:59 164° | 4:06 167° | 4:03 166° | 4:05 168° | 4:06 165° |
| 31.3 | SAO 118679 7,8 mag | Austritt | 4:39 257° | 4:46 249° | 4:41 255° | 4:42 253° | 4:37 257° | 4:39 256° | 4:40 254° | 4:41 256° | 4:45 252° | 4:43 253° | 4:44 252° | 4:45 253° |
| 31.3 | SAO 138388 7,4 mag | Eintritt | 21:03 71° | 20:46 101° | 21:00 77° | 20:51 89° | 20:59 73° | 20:56 78° | 20:50 88° | 20:59 78° | 20:52 92° | 20:53 88° | 20:50 93° | 21:00 84° |
| 31.3 | SAO 138388 7,4 mag | Austritt | 21:44 2° | 21:51 333° | 21:47 357° | 21:47 345° | 21:41 360° | 21:44 355° | 21:45 345° | 21:46 356° | 21:52 343° | 21:50 347° | 21:50 341° | 21:54 353° |
| 1.4 | SAO 138811 7,8 mag | Eintritt | 20:02 121° | 19:59 145° | 20:01 126° | 19:59 133° | 20:01 121° | 20:00 125° | 19:59 131° | 20:01 126° | 20:00 137° | 20:00 133° | 19:59 137° | 20:02 132° |
| 1.4 | SAO 138811 7,8 mag | Austritt | 21:09 308° | 21:01 285° | 21:09 304° | 21:04 296° | 21:07 307° | 21:06 304° | 21:03 297° | 21:08 304° | 21:06 293° | 21:06 297° | 21:04 293° | 21:10 300° |
| 2.4 | SAO 138865 7,9 mag | Eintritt | - | 0:53 60° | - | - | - | - | - | - | - | - | - | - |
| 2.4 | SAO 138865 7,9 mag | Austritt | - | 1:22 17° | - | - | - | - | - | - | - | - | - | - |
| 2.4 | SAO 138878 6,9 mag | Eintritt | 2:42 168° | 2:52 182° | 2:45 169° | 2:45 176° | 2:39 171° | 2:41 172° | 2:43 178° | 2:44 170° | 2:51 174° | 2:48 173° | 2:48 177° | 2:53 169° |
| 2.4 | SAO 138878 6,9 mag | Austritt | 3:32 256° | 3:31 245° | 3:34 255° | 3:29 250° | 3:26 254° | 3:27 253° | 3:25 249° | 3:32 255° | 3:36 251° | 3:33 252° | 3:31 249° | 3:41 254° |
| 2.4 | SAO 138905 7,3 mag | Eintritt | 4:22 95° | 4:27 101° | 4:24 96° | 4:22 98° | 4:17 96° | 4:19 97° | 4:20 98° | 4:23 96° | 4:28 99° | 4:25 98° | 4:25 99° | 4:31 98° |
| 2.4 | SAO 138905 7,3 mag | Austritt | 5:21 320° | 5:30 316° | 5:24 319° | 5:24 319° | 5:18 321° | 5:20 320° | 5:22 319° | 5:23 319° | 5:29 317° | 5:26 318° | 5:27 317° | - |
| 2.4 | SAO 157822 7,4 mag | Eintritt | 20:52 97° | 20:43 120° | 20:51 101° | 20:46 109° | 20:51 97° | 20:50 101° | 20:46 108° | 20:50 102° | 20:46 112° | 20:47 109° | 20:45 113° | 20:49 107° |

| Datum | Stern | Vorgang | Berlin | Bern | Dresden | Frankfurt | Hamburg | Hannover | Koeln | Leipzig | Muenchen | Nuernberg | Stuttgart | Wien |
|---|---|---|---|---|---|---|---|---|---|---|---|---|---|---|
| 2.4 | SAO 157822 7,4 mag | Austritt | 21:52 331° | 21:50 308° | 21:53 328° | 21:51 318° | 21:51 330° | 21:51 326° | 21:50 319° | 21:52 327° | 21:52 317° | 21:52 320° | 21:51 315° | 21:55 324° |
| 2.4 | SAO 157834 7,9 mag | Eintritt | 21:43 88° | 21:31 113° | 21:41 92° | 21:35 102° | 21:41 89° | 21:39 94° | 21:34 102° | 21:40 93° | 21:35 104° | 21:36 101° | 21:34 105° | 21:41 97° |
| 2.4 | SAO 157834 7,9 mag | Austritt | 22:39 342° | 22:39 318° | 22:41 339° | 22:39 328° | 22:38 339° | 22:38 336° | 22:38 328° | 22:40 337° | 22:42 328° | 22:41 330° | 22:40 326° | 22:44 336° |
| 2.4 | SAO 157849 7,2 mag | Eintritt | - | 22:44 70° | - | 23:02 42° | - | - | 22:58 46° | - | 23:04 44° | - | 22:55 54° | - |
| 2.4 | SAO 157849 7,2 mag | Austritt | - | 23:25 4° | - | 23:10 30° | - | - | 23:11 26° | - | 23:13 30° | - | 23:17 19° | - |
| 3.4 | SAO 158306 6,5 mag | Eintritt | - | 21:01 74° | - | - | - | - | - | - | 21:08 61° | 21:13 54° | 21:08 63° | 21:18 46° |
| 3.4 | SAO 158306 6,5 mag | Austritt | - | 21:45 348° | - | - | - | - | - | - | 21:41 1° | 21:38 8° | 21:41 360° | 21:34 18° |
| 4.4 | SAO 158414 7,9 mag | Eintritt | 3:25 137° | 3:25 146° | 3:27 138° | 3:22 142° | 3:20 139° | 3:21 140° | 3:19 143° | 3:25 139° | 3:29 142° | 3:26 141° | 3:25 143° | 3:35 139° |
| 4.4 | SAO 158414 7,9 mag | Austritt | 4:35 272° | 4:36 266° | 4:38 271° | 4:33 269° | 4:30 272° | 4:31 271° | 4:30 269° | 4:36 271° | 4:40 269° | 4:37 269° | 4:36 269° | 4:45 269° |
| 6.4 | SAO 183797 6,9 mag | Eintritt | 0:51 100° | 0:40 118° | 0:50 102° | 0:44 110° | 0:48 103° | 0:47 105° | 0:43 111° | 0:49 104° | 0:45 110° | 0:46 108° | 0:43 112° | 0:51 103° |
| 6.4 | SAO 183797 6,9 mag | Austritt | 2:08 302° | 1:59 289° | 2:09 301° | 2:02 295° | 2:04 300° | 2:04 298° | 02:00 294° | 2:07 300° | 2:05 295° | 2:05 296° | 2:02 293° | 2:12 301° |
| 6.4 | SAO 183847 6,7 mag | Eintritt | 2:37 117° | 2:29 129° | 2:37 118° | 2:30 123° | 2:32 119° | 2:32 120° | 2:28 124° | 2:35 119° | 2:34 123° | 2:34 122° | 2:31 124° | 2:42 118° |
| 6.4 | SAO 183847 6,7 mag | Austritt | 3:59 278° | 3:50 271° | 4:00 277° | 3:52 274° | 3:53 277° | 3:53 276° | 3:49 274° | 3:58 277° | 3:58 274° | 3:56 275° | 3:53 273° | 4:07 276° |
| 6.4 | SAO 183872 7,0 mag | Eintritt | 3:52 149° | 3:50 159° | 3:54 150° | 3:48 154° | 3:47 150° | 3:48 151° | 3:45 155° | 3:52 150° | 3:54 154° | 3:52 153° | 3:50 155° | 4:01 151° |
| 6.4 | SAO 183872 7,0 mag | Austritt | 4:51 239° | 4:43 233° | 4:52 238° | 4:44 237° | 4:45 240° | 4:45 239° | 4:41 237° | 4:50 238° | 4:50 235° | 4:49 237° | 4:46 236° | 4:58 235° |
| 6.4 | 4 Sco 5,6 mag | Eintritt | - | 5:57 36° | - | 5:59 29° | - | - | 5:58 26° | - | - | - | 5:59 33° | - |
| 6.4 | 4 Sco 5,6 mag | Austritt | - | 6:33 342° | - | 6:26 349° | - | - | 6:20 354° | - | - | - | 6:31 345° | - |
| 7.4 | SAO 184602 6,0 mag | Eintritt | 3:46 126° | 3:39 135° | 3:47 127° | 3:40 131° | 3:41 128° | 3:41 128° | 3:37 131° | 3:45 128° | 3:45 131° | 3:43 130° | 3:41 132° | 3:53 129° |

| Datum | Stern | Vorgang | Berlin | Bern | Dresden | Frankfurt | Hamburg | Hannover | Koeln | Leipzig | Muenchen | Nuernberg | Stuttgart | Wien |
|---|---|---|---|---|---|---|---|---|---|---|---|---|---|---|
| 7.4 | SAO 184602 6,0 mag | Austritt | 5:00 249° | 4:51 245° | 5:01 248° | 4:53 248° | 4:54 250° | 4:54 249° | 4:50 248° | 4:59 249° | 4:59 246° | 4:57 247° | 4:54 247° | 5:07 245° |
| 8.4 | SAO 185604 7,0 mag | Eintritt | 5:08 7° | 4:46 23° | 5:05 12° | 4:55 14° | - | 5:04 5° | 4:54 12° | 5:04 11° | 4:57 19° | 4:59 16° | 4:54 18° | 5:05 21° |
| 8.4 | SAO 185604 7,0 mag | Austritt | 5:21 350° | 5:20 338° | 5:26 345° | 5:16 346° | - | 5:12 354° | 5:11 349° | 5:22 347° | 5:27 339° | 5:23 343° | 5:20 342° | 5:40 334° |
| 9.4 | SAO 186892 7,5 mag | Eintritt | - | - | - | - | - | - | - | - | 2:11 139° | - | - | 2:13 133° |
| 9.4 | SAO 186892 7,5 mag | Austritt | - | - | - | - | - | - | - | - | 3:03 223° | - | - | 3:12 227° |
| 9.4 | SAO 187048 6,8 mag | Eintritt | - | 5:52 86° | - | 5:54 84° | - | - | 5:51 83° | - | - | - | 5:55 85° | - |
| 9.4 | SAO 187048 6,8 mag | Austritt | - | 7:18 251° | - | 7:18 253° | - | - | 7:15 256° | - | - | - | 7:20 251° | - |
| 11.4 | SAO 189132 7,5 mag | Eintritt | 3:46 129° | 3:40 144° | 3:45 130° | 3:42 135° | - | - | - | 3:45 131° | 3:42 136° | 3:42 134° | 3:41 137° | 3:45 133° |
| 11.4 | SAO 189132 7,5 mag | Austritt | 4:30 199° | 4:08 188° | 4:28 198° | 4:19 195° | - | - | - | 4:26 198° | 4:18 193° | 4:20 195° | 4:16 193° | 4:25 194° |
| 11.4 | SAO 189192 7,6 mag | Eintritt | 5:14 69° | 4:59 72° | 5:13 70° | 5:05 69° | 5:11 68° | 5:09 68° | 5:04 69° | 5:12 69° | 5:06 71° | 5:07 70° | 5:04 70° | 5:14 72° |
| 11.4 | SAO 189192 7,6 mag | Austritt | 6:35 249° | 6:21 249° | 6:34 248° | 6:26 250° | 6:30 252° | 6:29 251° | 6:24 252° | 6:32 249° | 6:29 247° | 6:29 248° | 6:25 249° | 6:37 243° |
| 13.4 | SAO 164817 7,8 mag | Eintritt | 5:22 128° | 5:11 135° | 5:21 130° | 5:14 129° | 5:19 125° | 5:17 126° | 5:13 127° | 5:19 129° | 5:16 134° | 5:16 131° | 5:14 132° | - |
| 13.4 | SAO 164817 7,8 mag | Austritt | 5:51 176° | 5:33 172° | 5:47 174° | 5:43 177° | 5:51 180° | 5:49 179° | 5:44 180° | 5:47 176° | 5:38 171° | 5:42 174° | 5:39 175° | - |
| 14.4 | SAO 146323 7,6 mag | Eintritt | 4:53 2° | 4:37 9° | 4:49 3° | 4:45 4° | 4:54 360° | 4:51 1° | 4:47 3° | 4:50 3° | 4:42 7° | 4:45 5° | 4:42 6° | 4:44 8° |
| 14.4 | SAO 146323 7,6 mag | Austritt | 5:25 300° | 5:14 296° | 5:24 299° | 5:18 300° | 5:24 303° | 5:22 302° | 5:18 302° | 5:23 300° | 5:18 296° | 5:19 298° | 5:17 298° | 5:23 294° |
| 16.4 | SAO 109238 6,6 mag | Eintritt | - | 5:50 123° | - | - | - | - | - | - | - | - | - | - |
| 16.4 | SAO 109238 6,6 mag | Austritt | - | 6:15 177° | - | - | - | - | - | - | - | - | - | - |
| 17.4 | SAO 92388 6,9 mag | Eintritt | - | 5:18 50° | - | 5:23 48° | 5:28 46° | 5:26 47° | 5:25 47° | - | 5:19 50° | 5:21 49° | 5:21 49° | - |

| Datum | Stern | Vorgang | Berlin | Bern | Dresden | Frankfurt | Hamburg | Hannover | Koeln | Leipzig | Muenchen | Nuernberg | Stuttgart | Wien |
|---|---|---|---|---|---|---|---|---|---|---|---|---|---|---|
| 17.4 | SAO 92388 6,9 mag | Austritt | - | 6:08 255° | - | 6:13 257° | 6:18 258° | 6:16 258° | 6:14 258° | - | 6:10 254° | 6:12 255° | 6:11 255° | - |
| 18.4 | SAO 75531 7,8 mag | Eintritt | - | - | - | - | - | - | - | - | - | - | - | 17:57 89° |
| 18.4 | SAO 75531 7,8 mag | Austritt | - | - | - | - | - | - | - | - | - | - | - | 18:52 242° |
| 19.4 | 19 Tau 4,4 mag | Eintritt | - | - | - | - | - | - | - | - | - | - | - | 17:55 106° |
| 19.4 | 19 Tau 4,4 mag | Austritt | - | - | - | - | - | - | - | - | - | - | - | 18:51 238° |
| 19.4 | 21 Tau 5,9 mag | Eintritt | 18:05 82° | - | 18:07 86° | - | - | - | - | 18:05 86° | 18:09 97° | 18:07 93° | - | 18:12 93° |
| 19.4 | 21 Tau 5,9 mag | Austritt | 19:05 261° | - | 19:07 258° | - | - | - | - | 19:06 257° | 19:08 248° | 19:07 251° | - | 19:10 252° |
| 19.4 | 22 Tau 6,5 mag | Eintritt | 18:08 88° | - | 18:10 93° | - | - | - | - | 18:09 93° | 18:14 104° | 18:11 100° | - | 18:16 99° |
| 19.4 | 22 Tau 6,5 mag | Austritt | 19:07 255° | - | 19:09 251° | - | - | - | - | 19:08 251° | 19:10 241° | 19:09 244° | - | 19:13 246° |
| 19.4 | 18 Tau 5,6 mag | Eintritt | - | - | - | - | - | - | - | - | - | - | - | 18:15 16° |
| 19.4 | 18 Tau 5,6 mag | Austritt | - | - | - | - | - | - | - | - | - | - | - | 18:40 328° |
| 19.4 | 20 Tau 4,0 mag | Eintritt | - | - | - | - | - | - | - | - | - | - | - | 18:21 140° |
| 19.4 | 20 Tau 4,0 mag | Austritt | - | - | - | - | - | - | - | - | - | - | - | 18:53 205° |
| 19.4 | SAO 76183 6,7 mag | Eintritt | 18:32 97° | 18:40 121° | 18:34 101° | 18:34 108° | 18:29 96° | 18:30 100° | 18:32 107° | 18:33 101° | 18:39 112° | 18:36 108° | 18:37 112° | 18:40 108° |
| 19.4 | SAO 76183 6,7 mag | Austritt | 19:28 248° | 19:28 224° | 19:30 244° | 19:28 236° | 19:26 247° | 19:27 244° | 19:27 237° | 19:29 243° | 19:31 233° | 19:30 237° | 19:29 233° | 19:33 239° |
| 19.4 | SAO 76194 7,5 mag | Eintritt | 18:42 86° | 18:48 107° | 18:44 90° | 18:43 96° | 18:39 85° | 18:40 89° | 18:41 95° | 18:43 90° | 18:48 100° | 18:45 96° | 18:46 100° | 18:49 95° |
| 19.4 | SAO 76194 7,5 mag | Austritt | 19:40 259° | 19:43 238° | 19:41 256° | 19:41 249° | 19:38 259° | 19:39 256° | 19:39 249° | 19:41 255° | 19:44 246° | 19:42 249° | 19:42 245° | 19:45 251° |
| 19.4 | SAO 76206 6,8 mag | Eintritt | - | 19:28 13° | - | - | - | - | - | - | - | - | - | - |

| Datum | Stern | Vorgang | Berlin | Bern | Dresden | Frankfurt | Hamburg | Hannover | Koeln | Leipzig | Muenchen | Nuernberg | Stuttgart | Wien |
|---|---|---|---|---|---|---|---|---|---|---|---|---|---|---|
| 19.4 | SAO 76206 6,8 mag | Austritt | - | 19:48 334° | - | - | - | - | - | - | - | - | - | - |
| 19.4 | SAO 76259 7,3 mag | Eintritt | 20:01 128° | - | 20:04 133° | 20:10 146° | 19:59 129° | 20:02 134° | 20:08 145° | 20:04 134° | 20:15 151° | 20:10 144° | 20:15 153° | 20:10 140° |
| 19.4 | SAO 76259 7,3 mag | Austritt | 20:39 219° | - | 20:39 214° | 20:35 202° | 20:37 218° | 20:37 213° | 20:35 202° | 20:38 213° | 20:36 198° | 20:37 204° | 20:34 195° | 20:40 208° |
| 20.4 | SAO 76841 7,5 mag | Eintritt | 19:47 69° | 19:49 90° | 19:48 73° | 19:46 80° | 19:43 70° | 19:44 73° | 19:44 80° | 19:47 73° | 19:50 82° | 19:48 80° | 19:48 83° | 19:52 77° |
| 20.4 | SAO 76841 7,5 mag | Austritt | 20:40 293° | 20:48 274° | 20:42 291° | 20:44 283° | 20:38 292° | 20:40 289° | 20:42 283° | 20:42 290° | 20:47 282° | 20:45 284° | 20:46 280° | 20:47 287° |
| 20.4 | SAO 76880 6,6 mag | Eintritt | 21:37 26° | 21:35 55° | 21:37 31° | 21:34 44° | 21:34 30° | 21:34 35° | 21:33 44° | 21:36 33° | 21:36 45° | 21:35 42° | 21:35 47° | 21:38 36° |
| 20.4 | SAO 76880 6,6 mag | Austritt | 21:59 337° | 22:16 311° | 22:02 332° | 22:09 321° | 21:59 333° | 22:03 329° | 22:08 320° | 22:03 331° | 22:11 320° | 22:08 323° | 22:11 318° | 22:06 329° |
| 21.4 | SAO 77804 7,6 mag | Eintritt | 18:26 114° | 18:33 138° | 18:29 118° | 18:26 126° | 18:21 113° | 18:23 117° | 18:23 124° | 18:27 118° | 18:33 129° | 18:30 126° | 18:30 130° | 18:37 124° |
| 21.4 | SAO 77804 7,6 mag | Austritt | 19:30 263° | 19:27 239° | 19:32 259° | 19:27 251° | 19:26 262° | 19:27 259° | 19:25 252° | 19:31 259° | 19:32 249° | 19:31 252° | 19:29 248° | 19:37 255° |
| 21.4 | SAO 77837 6,1 mag | Eintritt | 19:16 99° | 19:21 121° | 19:18 103° | 19:16 110° | 19:12 100° | 19:13 103° | 19:13 110° | 19:17 103° | 19:21 113° | 19:19 110° | 19:18 113° | 19:25 107° |
| 21.4 | SAO 77837 6,1 mag | Austritt | 20:19 279° | 20:22 259° | 20:21 277° | 20:20 269° | 20:16 278° | 20:17 275° | 20:17 269° | 20:20 276° | 20:24 268° | 20:22 270° | 20:22 266° | 20:27 274° |
| 21.4 | SAO 77909 7,8 mag | Eintritt | 20:33 77° | 20:37 96° | 20:35 80° | 20:33 88° | 20:30 78° | 20:31 81° | 20:31 88° | 20:34 81° | 20:37 89° | 20:35 86° | 20:35 90° | 20:40 83° |
| 21.4 | SAO 77909 7,8 mag | Austritt | 21:27 303° | 21:36 286° | 21:29 301° | 21:31 293° | 21:25 301° | 21:27 299° | 21:29 293° | 21:29 300° | 21:35 293° | 21:32 295° | 21:34 291° | 21:34 299° |
| 22.4 | SAO 79121 7,0 mag | Eintritt | 21:05 125° | 21:16 145° | 21:08 127° | 21:09 136° | 21:02 127° | 21:04 130° | 21:07 136° | 21:07 128° | 21:14 136° | 21:11 134° | 21:12 138° | 21:15 129° |
| 22.4 | SAO 79121 7,0 mag | Austritt | 22:02 271° | 22:06 253° | 22:05 269° | 22:03 261° | 21:59 269° | 22:01 266° | 22:01 260° | 22:04 268° | 22:08 261° | 22:06 263° | 22:05 259° | 22:09 268° |
| 22.4 | SAO 79124 7,7 mag | Eintritt | 21:08 121° | 21:18 141° | 21:11 123° | 21:12 132° | 21:05 123° | 21:07 126° | 21:09 132° | 21:10 125° | 21:16 132° | 21:14 130° | 21:15 134° | 21:17 125° |
| 22.4 | SAO 79124 7,7 mag | Austritt | 22:06 275° | 22:11 258° | 22:08 273° | 22:08 265° | 22:03 272° | 22:05 270° | 22:06 264° | 22:07 272° | 22:12 265° | 22:10 267° | 22:10 263° | 22:13 272° |
| 22.4 | 49 Gem 6,9 mag | Eintritt | 22:25 71° | 22:29 88° | 22:26 73° | 22:25 81° | 22:22 74° | 22:23 76° | 22:23 82° | 22:25 74° | 22:29 81° | 22:27 79° | 22:27 83° | 22:31 74° |

| Datum | Stern | Vorgang | Berlin | Bern | Dresden | Frankfurt | Hamburg | Hannover | Koeln | Leipzig | Muenchen | Nuernberg | Stuttgart | Wien |
|---|---|---|---|---|---|---|---|---|---|---|---|---|---|---|
| 22.4 | 49 Gem 6,9 mag | Austritt | 23:09 324° | 23:22 309° | 23:12 322° | 23:15 315° | 23:08 321° | 23:11 319° | 23:14 314° | 23:12 321° | 23:18 315° | 23:16 317° | 23:18 313° | 23:16 321° |
| 23.4 | SAO 79951 7,9 mag | Eintritt | 19:26 135° | 19:35 161° | 19:29 139° | 19:27 148° | 19:21 137° | 19:23 140° | 19:24 148° | 19:27 140° | 19:34 150° | 19:30 147° | 19:31 152° | 19:37 143° |
| 23.4 | SAO 79951 7,9 mag | Austritt | 20:31 273° | 20:26 250° | 20:33 271° | 20:27 261° | 20:26 271° | 20:27 268° | 20:24 261° | 20:31 269° | 20:33 260° | 20:31 263° | 20:29 258° | 20:39 268° |
| 24.4 | SAO 98389 7,4 mag | Eintritt | 22:55 147° | 23:08 164° | 22:59 149° | 23:00 157° | 22:53 150° | 22:55 152° | 22:58 158° | 22:58 150° | 23:05 156° | 23:02 155° | 23:04 158° | 23:05 149° |
| 24.4 | SAO 98389 7,4 mag | Austritt | 23:49 270° | 23:53 256° | 23:51 269° | 23:50 262° | 23:45 267° | 23:47 266° | 23:47 261° | 23:50 268° | 23:54 263° | 23:52 264° | 23:52 261° | 23:56 269° |
| 25.4 | Nu Leo 5,2 mag | Eintritt | 21:33 145° | 21:42 165° | 21:36 147° | 21:35 156° | 21:29 148° | 21:31 150° | 21:32 157° | 21:35 148° | 21:41 155° | 21:38 154° | 21:39 158° | 21:44 148° |
| 25.4 | Nu Leo 5,2 mag | Austritt | 22:38 283° | 22:38 266° | 22:41 282° | 22:36 274° | 22:33 280° | 22:34 278° | 22:33 272° | 22:39 281° | 22:42 275° | 22:40 276° | 22:38 272° | 22:48 282° |
| 26.4 | SAO 98931 7,0 mag | Eintritt | 0:56 125° | 1:06 133° | 0:59 125° | 1:00 130° | 0:54 126° | 0:56 127° | 0:58 130° | 0:58 126° | 1:04 129° | 1:02 128° | 1:03 130° | 1:05 126° |
| 26.4 | SAO 98931 7,0 mag | Austritt | 1:53 294° | 2:03 287° | 1:56 293° | 1:57 290° | 1:51 293° | 1:54 292° | 1:56 290° | 1:55 293° | 2:01 290° | 1:59 291° | 02:00 289° | 2:00 292° |
| 26.4 | SAO 118493 7,0 mag | Eintritt | 22:21 162° | 22:34 185° | 22:24 164° | 22:25 174° | 22:17 166° | 22:20 168° | 22:23 176° | 22:23 165° | 22:30 173° | 22:27 171° | 22:29 176° | 22:32 164° |
| 26.4 | SAO 118493 7,0 mag | Austritt | 23:18 270° | 23:14 251° | 23:20 269° | 23:14 259° | 23:12 267° | 23:13 265° | 23:10 258° | 23:18 267° | 23:21 261° | 23:19 263° | 23:16 258° | 23:28 269° |
| 28.4 | SAO 138346 7,8 mag | Eintritt | - | 3:03 110° | - | 2:58 107° | 2:52 105° | 2:54 105° | 2:56 107° | - | - | - | 3:00 108° | - |
| 28.4 | SAO 138346 7,8 mag | Austritt | - | - | - | 3:56 310° | 3:49 312° | 3:51 312° | 3:54 311° | - | - | - | 3:58 309° | - |
| 29.4 | SAO 138754 7,2 mag | Eintritt | 1:36 63° | 1:34 75° | 1:38 64° | 1:32 70° | 1:30 65° | 1:31 67° | 1:29 71° | 1:36 65° | 1:39 70° | 1:36 68° | 1:35 71° | 1:45 65° |
| 29.4 | SAO 138754 7,2 mag | Austritt | 2:11 359° | 2:23 349° | 2:15 358° | 2:16 353° | 2:08 358° | 2:11 356° | 2:13 353° | 2:14 357° | 2:21 353° | 2:18 354° | 2:19 352° | 2:23 356° |
| 30.4 | SAO 157745 7,6 mag | Eintritt | 1:33 59° | 1:28 73° | 1:35 60° | 1:27 67° | 1:27 62° | 1:27 63° | 1:23 69° | 1:33 61° | 1:35 66° | 1:32 65° | 1:30 68° | 1:43 61° |
| 30.4 | SAO 157745 7,6 mag | Austritt | 2:09 360° | 2:19 349° | 2:13 359° | 2:12 354° | 2:05 358° | 2:07 357° | 2:09 353° | 2:11 358° | 2:19 353° | 2:15 355° | 2:16 353° | 2:21 356° |
| 30.4 | 85 Vir 6,1 mag | Eintritt | 19:07 110° | 19:02 133° | 19:06 114° | 19:03 122° | 19:07 110° | 19:05 114° | 19:04 121° | 19:05 114° | 19:03 125° | 19:04 121° | 19:03 125° | 19:05 119° |

| Datum | Stern | Vorgang | Berlin | Bern | Dresden | Frankfurt | Hamburg | Hannover | Koeln | Leipzig | Muenchen | Nuernberg | Stuttgart | Wien |
|---|---|---|---|---|---|---|---|---|---|---|---|---|---|---|
| 30.4 | 85 Vir 6,1 mag | Austritt | 20:12 314° | 20:06 292° | 20:12 311° | 20:09 302° | 20:11 313° | 20:10 309° | 20:08 302° | 20:11 310° | 20:09 300° | 20:10 303° | 20:08 299° | 20:13 307° |
| 1.5 | SAO 158225 6,8 mag | Eintritt | 1:22 127° | 1:22 136° | 1:24 128° | 1:19 132° | 1:17 129° | 1:18 130° | 1:16 133° | 1:22 128° | 1:26 131° | 1:23 131° | 1:22 133° | 1:32 128° |
| 1.5 | SAO 158225 6,8 mag | Austritt | 2:37 286° | 2:38 280° | 2:39 285° | 2:35 283° | 2:31 285° | 2:33 285° | 2:32 283° | 2:38 285° | 2:42 282° | 2:39 283° | 2:38 282° | 2:47 283° |
| 1.5 | SAO 182676 6,5 mag | Eintritt | 20:15 65° | 19:58 94° | 20:11 71° | - | - | - | - | 20:10 72° | 20:03 85° | 20:05 81° | 20:02 86° | 20:08 77° |
| 1.5 | SAO 182676 6,5 mag | Austritt | 20:55 353° | 20:58 325° | 20:56 348° | 20:57 336° | - | - | - | 20:56 346° | 20:58 335° | 20:58 338° | 20:58 333° | 20:58 344° |
| 3.5 | SAO 183572 7,6 mag | Eintritt | 2:13 76° | 2:04 84° | 2:14 77° | 2:05 80° | 2:06 77° | 2:06 78° | 2:02 80° | 2:11 77° | 2:12 80° | 2:10 79° | 2:07 81° | 2:20 78° |
| 3.5 | SAO 183572 7,6 mag | Austritt | 3:23 314° | 3:23 310° | 3:26 313° | 3:20 313° | 3:17 315° | 3:18 314° | 3:16 313° | 3:23 314° | 3:27 311° | 3:24 312° | 3:23 312° | 3:34 310° |
| 4.5 | SAO 184428 6,8 mag | Eintritt | - | 4:57 135° | - | - | - | - | - | - | - | - | - | - |
| 4.5 | SAO 184428 6,8 mag | Austritt | - | 5:54 230° | - | - | - | - | - | - | - | - | - | - |
| 6.5 | SAO 186444 6,4 mag | Eintritt | 1:11 120° | 1:02 132° | 1:10 121° | 1:05 126° | 1:09 121° | 1:07 123° | 1:04 127° | 1:09 122° | 1:06 126° | 1:06 125° | 1:04 128° | 1:12 122° |
| 6.5 | SAO 186444 6,4 mag | Austritt | 2:22 240° | 2:05 232° | 2:21 239° | 2:11 236° | 2:17 239° | 2:16 238° | 2:09 236° | 2:19 238° | 2:14 235° | 2:15 236° | 2:11 235° | 2:23 237° |
| 6.5 | SAO 186594 6,0 mag | Eintritt | 4:28 77° | 4:20 78° | 4:29 78° | 4:21 76° | 4:23 74° | 4:23 75° | 4:18 74° | 4:27 77° | 4:27 79° | 4:26 78° | 4:23 77° | 4:35 82° |
| 6.5 | SAO 186594 6,0 mag | Austritt | 5:48 263° | 5:46 262° | 5:50 261° | 5:45 265° | 5:43 267° | 5:44 266° | 5:41 267° | 5:48 263° | 5:50 259° | 5:49 262° | 5:47 263° | 5:56 254° |
| 7.5 | SAO 187672 7,2 mag | Eintritt | 1:43 56° | 1:26 65° | 1:41 57° | 1:33 61° | 1:40 56° | 1:38 58° | 1:32 61° | 1:40 57° | 1:34 61° | 1:35 60° | 1:31 62° | 1:41 58° |
| 7.5 | SAO 187672 7,2 mag | Austritt | 2:56 288° | 2:43 282° | 2:56 287° | 2:47 286° | 2:52 288° | 2:50 287° | 2:45 286° | 2:54 287° | 2:50 284° | 2:50 285° | 2:47 285° | 2:59 284° |
| 7.5 | SAO 187749 6,8 mag | Eintritt | 3:56 44° | 3:42 47° | 3:56 45° | 3:47 44° | 3:52 42° | 3:51 43° | 3:45 43° | 3:54 45° | 3:50 47° | 3:50 46° | 3:47 45° | 3:58 50° |
| 7.5 | SAO 187749 6,8 mag | Austritt | 5:07 286° | 4:59 285° | 5:09 284° | 05:00 288° | 5:01 290° | 5:01 289° | 4:56 290° | 5:06 286° | 5:07 283° | 5:05 285° | 5:01 286° | 5:16 278° |
| 12.5 | SAO 146615 7,8 mag | Eintritt | - | 4:20 79° | 4:32 79° | 4:27 77° | 4:34 76° | 4:31 76° | 4:27 75° | 4:32 78° | 4:26 80° | 4:27 79° | 4:25 78° | 4:30 83° |

| Datum | Stern | Vorgang | Berlin | Bern | Dresden | Frankfurt | Hamburg | Hannover | Koeln | Leipzig | Muenchen | Nuernberg | Stuttgart | Wien |
|---|---|---|---|---|---|---|---|---|---|---|---|---|---|---|
| 12.5 | SAO 146615 7,8 mag | Austritt | - | 5:23 216° | 5:36 214° | 5:30 218° | 5:37 219° | 5:35 219° | 5:30 220° | 5:35 215° | 5:29 213° | 5:31 215° | 5:28 216° | 5:32 208° |
| 17.5 | SAO 76249 7,3 mag | Eintritt | 4:01 45° | - | - | - | - | - | - | - | - | - | - | - |
| 17.5 | SAO 76249 7,3 mag | Austritt | 4:42 283° | - | - | - | - | - | - | - | - | - | - | - |
| 17.5 | SAO 76259 7,3 mag | Eintritt | - | - | 4:20 16° | - | 4:28 8° | - | - | 4:22 14° | - | - | - | 4:14 22° |
| 17.5 | SAO 76259 7,3 mag | Austritt | - | - | 4:45 312° | - | 4:47 320° | - | - | 4:45 314° | - | - | - | 4:43 305° |
| 18.5 | SAO 77266 7,9 mag | Eintritt | - | 18:59 124° | 18:53 107° | - | - | - | - | 18:52 108° | 18:57 116° | 18:55 114° | - | 18:58 110° |
| 18.5 | SAO 77266 7,9 mag | Austritt | - | 19:50 250° | 19:47 266° | - | - | - | - | 19:46 265° | 19:50 258° | 19:48 260° | - | 19:50 263° |
| 18.5 | SAO 77295 6,5 mag | Eintritt | - | 19:42 36° | - | - | - | - | - | - | 19:53 10° | - | 19:47 20° | - |
| 18.5 | SAO 77295 6,5 mag | Austritt | - | 20:08 338° | - | - | - | - | - | - | 19:55 4° | - | 19:59 353° | - |
| 18.5 | SAO 77466 7,9 mag | Eintritt | 22:06 66° | - | - | 22:09 73° | 22:06 67° | 22:07 69° | 22:09 73° | - | - | - | - | - |
| 18.5 | SAO 77466 7,9 mag | Austritt | 22:46 305° | - | - | 22:52 298° | 22:47 303° | 22:48 302° | 22:52 298° | - | - | - | - | - |
| 19.5 | SAO 78824 7,5 mag | Eintritt | 23:00 146° | - | - | 23:07 154° | 23:01 148° | 23:03 150° | 23:07 155° | - | - | - | - | - |
| 19.5 | SAO 78824 7,5 mag | Austritt | 23:33 238° | - | - | 23:36 231° | 23:34 237° | 23:35 235° | 23:36 231° | - | - | - | - | - |
| 20.5 | SAO 79688 7,8 mag | Eintritt | 19:14 128° | 19:24 148° | 19:17 131° | 19:17 139° | 19:10 130° | 19:12 133° | 19:14 140° | 19:16 132° | 19:22 139° | 19:19 137° | 19:20 141° | 19:24 132° |
| 20.5 | SAO 79688 7,8 mag | Austritt | 20:13 276° | 20:16 258° | 20:15 274° | 20:13 266° | 20:09 274° | 20:11 272° | 20:11 265° | 20:14 273° | 20:18 267° | 20:16 268° | 20:15 265° | 20:20 273° |
| 21.5 | SAO 98162 6,1 mag | Eintritt | 21:33 145° | 21:46 160° | 21:36 146° | 21:39 153° | 21:31 147° | 21:34 149° | 21:37 154° | 21:36 147° | 21:43 152° | 21:40 151° | 21:42 154° | 21:42 146° |
| 21.5 | SAO 98162 6,1 mag | Austritt | 22:23 268° | 22:29 255° | 22:26 267° | 22:26 261° | 22:21 266° | 22:23 265° | 22:24 260° | 22:25 266° | 22:29 262° | 22:27 263° | 22:28 260° | 22:30 267° |
| 22.5 | Psi Leo 5,6 mag | Eintritt | 20:56 74° | 20:55 93° | 20:58 76° | 20:53 86° | 20:51 78° | 20:52 81° | 20:49 88° | 20:56 78° | 20:59 85° | 20:57 83° | 20:55 87° | 21:05 76° |

| Datum | Stern | Vorgang | Berlin | Bern | Dresden | Frankfurt | Hamburg | Hannover | Koeln | Leipzig | Muenchen | Nuernberg | Stuttgart | Wien |
|---|---|---|---|---|---|---|---|---|---|---|---|---|---|---|
| 22.5 | Psi Leo 5,6 mag | Austritt | 21:39 349° | 21:53 333° | 21:43 348° | 21:45 339° | 21:37 346° | 21:40 344° | 21:43 338° | 21:42 346° | 21:50 341° | 21:47 342° | 21:49 338° | 21:49 348° |
| 22.5 | SAO 98773 7,8 mag | Eintritt | 23:13 59° | 23:17 74° | 23:15 61° | 23:14 68° | 23:10 63° | 23:11 64° | 23:11 69° | 23:14 62° | 23:18 67° | 23:16 66° | 23:16 69° | 23:20 62° |
| 22.5 | SAO 98773 7,8 mag | Austritt | 23:42 357° | 23:57 345° | 23:45 356° | 23:49 350° | 23:41 355° | 23:44 354° | 23:48 350° | 23:45 355° | 23:53 350° | 23:50 352° | 23:52 349° | 23:50 355° |
| 23.5 | 23 Leo 6,7 mag | Eintritt | - | - | - | 0:46 67° | 0:42 63° | 0:43 64° | 0:45 67° | - | - | - | - | - |
| 23.5 | 23 Leo 6,7 mag | Austritt | - | - | - | 1:20 346° | 1:13 350° | 1:15 349° | 1:19 346° | - | - | - | - | - |
| 24.5 | 79 Leo 5,5 mag | Eintritt | 23:28 99° | 23:33 107° | 23:30 100° | 23:28 104° | 23:23 101° | 23:25 102° | 23:26 105° | 23:29 100° | 23:34 103° | 23:31 103° | 23:31 105° | 23:37 100° |
| 25.5 | 79 Leo 5,5 mag | Austritt | 0:26 324° | 0:36 317° | 0:29 323° | 0:30 320° | 0:23 323° | 0:25 322° | 0:28 320° | 0:28 323° | 0:34 320° | 0:32 321° | 0:33 320° | 0:35 321° |
| 25.5 | SAO 138553 7,7 mag | Eintritt | - | 18:49 103° | 19:04 79° | - | - | - | - | - | 18:57 92° | 18:57 89° | - | 19:07 82° |
| 25.5 | SAO 138553 7,7 mag | Austritt | - | 19:59 336° | 19:54 358° | - | - | - | - | - | 19:59 346° | 19:56 348° | - | 20:01 356° |
| 25.5 | SAO 138602 7,2 mag | Eintritt | 22:56 63° | 22:51 80° | 22:58 64° | 22:50 74° | 22:49 67° | 22:50 69° | 22:46 75° | 22:56 66° | 22:58 72° | 22:55 71° | 22:53 75° | 23:06 65° |
| 25.5 | SAO 138602 7,2 mag | Austritt | 23:31 3° | 23:44 349° | 23:35 1° | 23:36 354° | 23:29 360° | 23:31 358° | 23:34 353° | 23:34 0° | 23:42 355° | 23:39 356° | 23:40 353° | 23:43 1° |
| 26.5 | SAO 138964 7,7 mag | Eintritt | - | - | - | - | - | - | - | - | - | - | - | 18:28 126° |
| 26.5 | SAO 138964 7,7 mag | Austritt | - | - | - | - | - | - | - | - | - | - | - | 19:45 310° |
| 26.5 | SAO 138978 7,3 mag | Eintritt | - | 19:34 68° | - | - | - | - | - | - | - | - | 19:48 48° | - |
| 26.5 | SAO 138978 7,3 mag | Austritt | - | 20:13 9° | - | - | - | - | - | - | - | - | 20:02 27° | - |
| 28.5 | SAO 158538 7,7 mag | Eintritt | 21:41 74° | 21:26 94° | 21:41 76° | 21:30 86° | 21:35 78° | 21:34 80° | 21:27 87° | 21:38 78° | 21:35 85° | 21:35 83° | 21:30 87° | 21:46 76° |
| 28.5 | SAO 158538 7,7 mag | Austritt | 22:39 343° | 22:39 328° | 22:41 342° | 22:37 334° | 22:35 340° | 22:36 338° | 22:35 333° | 22:39 340° | 22:42 335° | 22:40 336° | 22:39 333° | 22:47 342° |
| 28.5 | SAO 158556 6,7 mag | Eintritt | 22:46 68° | 22:32 84° | 22:47 69° | 22:35 78° | 22:39 71° | 22:38 73° | 22:32 79° | 22:44 71° | 22:42 76° | 22:41 75° | 22:36 79° | 22:53 69° |

| Datum | Stern | Vorgang | Berlin | Bern | Dresden | Frankfurt | Hamburg | Hannover | Koeln | Leipzig | Muenchen | Nuernberg | Stuttgart | Wien |
|---|---|---|---|---|---|---|---|---|---|---|---|---|---|---|
| 28.5 | SAO 158556 6,7 mag | Austritt | 23:39 345° | 23:42 333° | 23:42 344° | 23:38 338° | 23:35 342° | 23:36 341° | 23:35 337° | 23:40 343° | 23:45 339° | 23:42 340° | 23:41 337° | 23:50 343° |
| 28.5 | SAO 158558 6,4 mag | Eintritt | 22:48 67° | 22:34 84° | 22:48 69° | 22:37 77° | 22:40 71° | 22:40 73° | 22:34 79° | 22:45 70° | 22:43 76° | 22:42 75° | 22:38 78° | 22:55 69° |
| 28.5 | SAO 158558 6,4 mag | Austritt | 23:41 345° | 23:43 333° | 23:44 344° | 23:40 338° | 23:36 343° | 23:38 341° | 23:37 337° | 23:42 343° | 23:46 339° | 23:44 340° | 23:43 337° | 23:51 343° |
| 29.5 | SAO 183269 6,4 mag | Eintritt | 22:07 144° | 22:06 161° | 22:08 145° | 22:04 153° | 22:04 146° | 22:04 148° | 22:03 155° | 22:06 146° | 22:07 152° | 22:06 151° | 22:05 155° | 22:12 145° |
| 29.5 | SAO 183269 6,4 mag | Austritt | 23:17 263° | 23:04 249° | 23:18 262° | 23:08 255° | 23:11 260° | 23:11 259° | 23:05 254° | 23:16 261° | 23:14 256° | 23:13 257° | 23:09 254° | 23:24 261° |
| 30.5 | SAO 183333 7,2 mag | Eintritt | 0:15 69° | 0:06 78° | 0:16 70° | 0:07 74° | 0:09 70° | 0:09 71° | 0:04 74° | 0:14 70° | 0:14 74° | 0:12 73° | 0:09 75° | 0:23 71° |
| 30.5 | SAO 183333 7,2 mag | Austritt | 1:18 325° | 1:19 320° | 1:21 324° | 1:16 323° | 1:12 326° | 1:14 325° | 1:12 324° | 1:19 324° | 1:23 321° | 1:20 323° | 1:19 322° | 1:30 321° |
| 30.5 | SAO 183368 7,2 mag | Eintritt | 1:43 93° | 1:42 96° | 1:45 94° | 1:40 94° | 1:38 92° | 1:39 92° | 1:37 93° | 1:43 93° | 1:47 96° | 1:44 95° | 1:42 95° | 1:53 97° |
| 30.5 | SAO 183368 7,2 mag | Austritt | - | 3:00 290° | - | 2:56 293° | - | 2:53 295° | 2:53 295° | - | 3:03 289° | 03:00 291° | 2:59 292° | - |
| 30.5 | SAO 183377 7,2 mag | Eintritt | - | 2:02 90° | - | 02:00 88° | - | 1:58 86° | 1:57 87° | - | 2:06 90° | 2:04 89° | 2:02 89° | - |
| 30.5 | SAO 183377 7,2 mag | Austritt | - | 3:18 295° | - | 3:13 298° | - | 3:10 300° | 3:10 300° | - | 3:19 294° | 3:16 296° | 3:16 296° | - |
| 30.5 | SAO 184064 6,9 mag | Eintritt | 21:14 132° | 21:11 152° | 21:14 134° | 21:11 143° | 21:13 134° | 21:12 137° | 21:10 143° | 21:13 135° | 21:12 142° | 21:12 140° | 21:11 145° | 21:15 135° |
| 30.5 | SAO 184064 6,9 mag | Austritt | 22:26 267° | 22:10 251° | 22:26 265° | 22:16 258° | 22:22 264° | 22:20 262° | 22:14 257° | 22:24 264° | 22:19 259° | 22:20 260° | 22:15 256° | 22:29 265° |
| 30.5 | SAO 184092 7,8 mag | Eintritt | 22:35 158° | 22:42 186° | 22:36 159° | 22:35 171° | 22:33 161° | 22:34 164° | 22:34 173° | 22:35 161° | 22:38 169° | 22:36 167° | 22:37 173° | 22:40 160° |
| 30.5 | SAO 184092 7,8 mag | Austritt | 23:27 236° | 23:02 213° | 23:27 235° | 23:13 226° | 23:20 233° | 23:19 231° | 23:10 224° | 23:24 233° | 23:19 227° | 23:19 229° | 23:13 224° | 23:31 234° |
| 31.5 | SAO 184184 6,7 mag | Eintritt | 1:33 74° | 1:27 79° | 1:34 75° | 1:27 76° | 1:27 73° | 1:27 74° | 1:24 75° | 1:32 75° | 1:33 78° | 1:32 76° | 1:29 77° | 1:41 79° |
| 31.5 | SAO 184184 6,7 mag | Austritt | 2:45 301° | 2:46 299° | 2:48 299° | 2:43 301° | 2:39 304° | 2:40 303° | 2:39 303° | 2:46 300° | 2:50 297° | 2:47 299° | 2:46 300° | 2:56 294° |
| 31.5 | SAO 184205 6,8 mag | Eintritt | - | 2:24 125° | - | 2:21 122° | - | - | 2:17 121° | - | 2:29 125° | 2:26 123° | 2:24 123° | - |

| Datum | Stern | Vorgang | Berlin | Bern | Dresden | Frankfurt | Hamburg | Hannover | Koeln | Leipzig | Muenchen | Nuernberg | Stuttgart | Wien |
|---|---|---|---|---|---|---|---|---|---|---|---|---|---|---|
| 31.5 | SAO 184205 6,8 mag | Austritt | - | 3:34 247° | - | 3:31 250° | - | - | 3:29 253° | - | 3:36 245° | 3:34 247° | 3:33 248° | - |
| 31.5 | SAO 184901 7,9 mag | Eintritt | 23:49 132° | 23:42 143° | 23:50 133° | 23:43 138° | 23:45 133° | 23:45 134° | 23:41 138° | 23:48 133° | 23:47 137° | 23:46 136° | 23:44 139° | 23:54 134° |
| 1.6 | SAO 184901 7,9 mag | Austritt | 0:58 242° | 0:45 235° | 0:59 241° | 0:49 239° | 0:53 242° | 0:52 241° | 0:46 239° | 0:56 241° | 0:54 238° | 0:54 239° | 0:50 238° | 1:03 238° |
| 31.5 | SAO 184914 7,6 mag | Eintritt | 24:02 107° | 23:52 115° | 24:02 108° | 23:54 111° | 23:57 108° | 23:57 109° | 23:52 112° | 24:00 108° | 23:59 111° | 23:58 110° | 23:55 112° | 24:07 109° |
| 1.6 | SAO 184914 7,6 mag | Austritt | 1:24 264° | 1:15 260° | 1:26 264° | 1:17 263° | 1:19 265° | 1:19 265° | 1:14 263° | 1:23 264° | 1:23 262° | 1:22 263° | 1:19 262° | 1:32 261° |
| 1.6 | SAO 184990 6,7 mag | Eintritt | 2:09 100° | 2:03 102° | 2:11 101° | 2:03 100° | 2:03 98° | 2:03 99° | 02:00 99° | 2:08 100° | 2:10 102° | 2:08 101° | 2:05 101° | 2:18 105° |
| 1.6 | SAO 184990 6,7 mag | Austritt | 3:27 260° | 3:26 258° | 3:29 258° | 3:24 261° | 3:22 263° | 3:23 262° | 3:21 263° | 3:27 259° | 3:30 256° | 3:28 258° | 3:26 259° | 3:34 252° |
| 2.6 | SAO 186025 6,0 mag | Eintritt | 2:14 82° | 2:05 85° | 2:15 84° | 2:07 82° | 2:08 81° | 2:08 81° | 2:04 81° | 2:13 83° | 2:12 85° | 2:11 84° | 2:08 84° | 2:21 88° |
| 2.6 | SAO 186025 6,0 mag | Austritt | 3:35 263° | 3:31 262° | 3:37 261° | 3:31 265° | 3:29 267° | 3:30 266° | 3:27 267° | 3:35 263° | 3:36 260° | 3:35 262° | 3:32 263° | 3:42 255° |
| 3.6 | SAO 187403 7,4 mag | Eintritt | 2:43 104° | 2:33 105° | 2:44 105° | 2:35 103° | 2:36 101° | 2:36 102° | 2:31 101° | 2:41 104° | 2:41 107° | 2:39 105° | 2:36 104° | 2:51 111° |
| 3.6 | SAO 187403 7,4 mag | Austritt | 3:54 227° | 3:48 226° | 3:55 225° | 3:50 229° | 3:50 231° | 3:50 230° | 3:47 232° | 3:53 226° | 3:53 223° | 3:52 226° | 3:50 227° | 3:57 217° |
| 5.6 | SAO 189403 7,8 mag | Eintritt | 0:18 63° | 0:02 70° | 0:16 64° | 0:09 66° | 0:17 63° | 0:14 64° | 0:09 66° | 0:15 64° | 0:08 67° | 0:10 66° | 0:07 67° | 0:14 65° |
| 5.6 | SAO 189403 7,8 mag | Austritt | 1:33 260° | 1:18 257° | 1:32 259° | 1:24 259° | 1:30 261° | 1:29 261° | 1:23 260° | 1:31 260° | 1:25 257° | 1:26 259° | 1:23 258° | 1:32 256° |
| 5.6 | SAO 189425 7,4 mag | Eintritt | 1:02 102° | 0:48 108° | 1:01 103° | 0:54 104° | 01:00 102° | 0:58 102° | 0:53 104° | 0:59 103° | 0:54 106° | 0:55 105° | 0:52 105° | 1:01 106° |
| 5.6 | SAO 189425 7,4 mag | Austritt | 2:08 217° | 1:52 215° | 2:07 216° | 1:59 217° | 2:06 219° | 2:04 218° | 1:58 218° | 2:05 217° | 1:59 214° | 2:01 216° | 1:57 216° | 2:06 212° |
| 7.6 | SAO 164935 7,1 mag | Eintritt | - | 3:57 41° | - | 4:03 40° | 4:09 38° | 4:08 39° | 4:03 37° | 4:09 42° | 4:04 45° | 4:05 43° | 4:02 41° | - |
| 7.6 | SAO 164935 7,1 mag | Austritt | - | 5:15 249° | - | 5:19 251° | 5:22 254° | 5:21 253° | 5:16 255° | 5:25 248° | 5:22 244° | 5:22 247° | 5:19 249° | - |
| 8.6 | 78 Aqr 6,3 mag | Eintritt | 0:39 96° | - | 0:36 97° | - | - | - | - | 0:37 97° | - | - | - | 0:33 100° |

234

| Datum | Stern | Vorgang | Berlin | Bern | Dresden | Frankfurt | Hamburg | Hannover | Koeln | Leipzig | Muenchen | Nuernberg | Stuttgart | Wien |
|---|---|---|---|---|---|---|---|---|---|---|---|---|---|---|
| 8.6 | 78 Aqr 6,3 mag | Austritt | 1:31 208° | - | 1:28 207° | 1:24 207° | 1:32 210° | 1:29 209° | - | 1:28 208° | 1:21 205° | 1:24 207° | 1:22 206° | 1:23 204° |
| 9.6 | SAO 146885 7,3 mag | Eintritt | - | - | - | 3:02 138° | 3:06 132° | 3:05 134° | 2:59 131° | - | - | - | - | - |
| 9.6 | SAO 146885 7,3 mag | Austritt | - | - | - | 3:13 157° | 3:23 163° | 3:20 161° | 3:18 165° | - | - | - | - | - |
| 11.6 | SAO 92388 6,9 mag | Eintritt | 1:42 108° | - | 1:40 110° | 1:39 109° | 1:43 106° | 1:42 107° | 1:41 108° | 1:40 109° | 1:37 112° | 1:38 110° | 1:38 111° | 1:36 114° |
| 11.6 | SAO 92388 6,9 mag | Austritt | 2:19 197° | - | 2:16 195° | 2:15 197° | 2:22 200° | 2:19 199° | 2:17 199° | 2:17 196° | 2:10 194° | 2:13 195° | 2:13 196° | 2:09 190° |
| 14.6 | Chi Tau 5,4 mag | Eintritt | 2:31 87° | - | - | - | 2:34 84° | - | - | - | - | - | - | - |
| 14.6 | Chi Tau 5,4 mag | Austritt | 3:16 249° | - | - | - | 3:19 251° | - | - | - | - | - | - | - |
| 14.6 | SAO 76599 7,7 mag | Eintritt | 3:20 89° | - | 3:18 90° | 3:20 88° | 3:23 86° | 3:21 87° | 3:21 86° | 3:19 89° | 3:16 92° | 3:18 90° | 3:18 90° | 3:14 95° |
| 14.6 | SAO 76599 7,7 mag | Austritt | 4:07 245° | 4:02 243° | 4:04 243° | 4:05 246° | 4:09 248° | 4:08 248° | 4:07 248° | 4:05 244° | 4:01 242° | 4:03 243° | 4:03 244° | 3:59 237° |
| 15.6 | SAO 77262 7,7 mag | Eintritt | 3:44 134° | - | - | - | 3:46 129° | - | - | - | - | - | - | - |
| 15.6 | SAO 77262 7,7 mag | Austritt | 4:14 215° | - | - | - | 4:19 221° | - | - | - | - | - | - | - |
| 15.6 | SAO 77266 7,9 mag | Eintritt | 3:53 28° | - | 3:50 32° | - | 3:58 22° | - | - | 3:52 29° | - | - | - | 3:43 40° |
| 15.6 | SAO 77266 7,9 mag | Austritt | 4:19 320° | - | 4:18 317° | - | 4:19 328° | - | - | 4:18 319° | - | - | - | 4:16 308° |
| 20.6 | SAO 118638 7,1 mag | Eintritt | 19:55 140° | 20:02 154° | 19:58 141° | 19:56 148° | 19:51 143° | 19:53 145° | 19:54 150° | 19:56 143° | 20:02 147° | 19:59 146° | 19:59 149° | 20:05 141° |
| 20.6 | SAO 118638 7,1 mag | Austritt | 20:59 288° | 21:04 278° | 21:02 287° | 21:00 282° | 20:55 286° | 20:57 285° | 20:57 281° | 21:00 286° | 21:05 283° | 21:03 284° | 21:02 281° | 21:09 287° |
| 20.6 | SAO 118683 7,8 mag | Eintritt | 22:24 81° | 22:30 89° | 22:26 82° | 22:26 86° | 22:21 82° | 22:22 83° | 22:23 86° | 22:25 83° | 22:30 86° | 22:28 85° | 22:28 87° | 22:32 84° |
| 20.6 | SAO 118683 7,8 mag | Austritt | 23:10 338° | 23:21 331° | 23:13 337° | 23:15 335° | 23:08 338° | 23:10 337° | 23:13 335° | 23:12 337° | 23:19 334° | 23:16 335° | 23:17 334° | 23:18 334° |
| 22.6 | SAO 138878 6,9 mag | Eintritt | 20:40 64° | 20:31 83° | 20:42 66° | 20:31 76° | 20:32 69° | 20:32 71° | 20:27 78° | 20:39 68° | 20:39 74° | 20:37 73° | 20:33 77° | 20:49 65° |

| Datum | Stern | Vorgang | Berlin | Bern | Dresden | Frankfurt | Hamburg | Hannover | Koeln | Leipzig | Muenchen | Nuernberg | Stuttgart | Wien |
|---|---|---|---|---|---|---|---|---|---|---|---|---|---|---|
| 22.6 | SAO 138878 6,9 mag | Austritt | 21:18 2° | 21:28 347° | 21:22 1° | 21:22 353° | 21:15 359° | 21:17 357° | 21:19 351° | 21:21 359° | 21:28 354° | 21:24 355° | 21:25 352° | 21:29 1° |
| 24.6 | SAO 158414 7,9 mag | Eintritt | 22:08 90° | 22:04 98° | 22:11 91° | 22:03 95° | 22:02 91° | 22:03 92° | 22:00 95° | 22:08 91° | 22:10 94° | 22:08 94° | 22:06 95° | 22:18 92° |
| 24.6 | SAO 158414 7,9 mag | Austritt | 23:19 317° | 23:23 312° | 23:22 316° | 23:18 315° | 23:14 317° | 23:15 317° | 23:15 315° | 23:20 316° | 23:25 314° | 23:22 315° | 23:21 314° | 23:30 314° |
| 26.6 | SAO 183797 6,9 mag | Eintritt | 20:12 101° | 20:01 116° | 20:11 102° | 20:04 109° | 20:08 103° | 20:07 105° | 20:02 110° | 20:10 103° | 20:07 109° | 20:07 107° | 20:04 111° | 20:14 103° |
| 26.6 | SAO 183797 6,9 mag | Austritt | 21:32 298° | 21:24 287° | 21:33 297° | 21:26 292° | 21:28 296° | 21:27 295° | 21:23 291° | 21:31 296° | 21:30 292° | 21:29 293° | 21:26 291° | 21:39 296° |
| 26.6 | SAO 183847 6,7 mag | Eintritt | 22:02 123° | 21:56 132° | 22:03 124° | 21:56 128° | 21:57 125° | 21:57 126° | 21:54 129° | 22:01 125° | 22:02 128° | 22:00 127° | 21:58 129° | 22:10 125° |
| 26.6 | SAO 183847 6,7 mag | Austritt | 23:21 265° | 23:15 260° | 23:22 264° | 23:15 263° | 23:15 265° | 23:15 265° | 23:11 263° | 23:20 264° | 23:21 262° | 23:19 263° | 23:17 262° | 23:29 262° |
| 26.6 | SAO 183872 7,0 mag | Eintritt | 23:30 171° | - | 23:34 174° | 23:28 176° | 23:23 170° | 23:25 172° | 23:24 175° | 23:31 173° | 23:40 183° | 23:34 178° | 23:33 180° | - |
| 26.6 | SAO 183872 7,0 mag | Austritt | 23:57 211° | - | 23:57 207° | 23:51 208° | 23:53 214° | 23:53 212° | 23:49 210° | 23:56 209° | 23:51 199° | 23:53 205° | 23:50 204° | - |
| 27.6 | 4 Sco 5,6 mag | Eintritt | - | 1:05 65° | - | - | - | - | - | - | - | - | - | - |
| 27.6 | SAO 184547 6,5 mag | Eintritt | - | 21:04 30° | - | - | - | - | - | - | - | - | - | - |
| 27.6 | SAO 184547 6,5 mag | Austritt | - | 21:26 358° | - | - | - | - | - | - | - | - | - | - |
| 28.6 | SAO 185604 7,0 mag | Eintritt | 24:02 105° | 23:54 108° | 24:03 106° | 23:55 106° | 23:56 104° | 23:56 104° | 23:52 105° | 24:01 106° | 24:01 108° | 24:00 107° | 23:56 107° | 24:10 110° |
| 29.6 | SAO 185604 7,0 mag | Austritt | 1:19 246° | 1:15 245° | 1:21 245° | 1:15 247° | 1:14 250° | 1:15 249° | 1:12 249° | 1:19 246° | 1:20 243° | 1:18 245° | 1:16 246° | 1:26 239° |
| 30.6 | SAO 188125 7,5 mag | Eintritt | 23:28 96° | 23:14 100° | 23:27 97° | 23:18 97° | 23:24 95° | 23:22 96° | 23:17 97° | 23:25 96° | 23:21 99° | 23:21 98° | 23:18 98° | 23:30 99° |
| 1.7 | SAO 188125 7,5 mag | Austritt | 0:45 234° | 0:32 233° | 0:44 233° | 0:36 235° | 0:40 237° | 0:39 236° | 0:34 237° | 0:43 234° | 0:39 232° | 0:40 233° | 0:36 234° | 0:47 228° |
| 1.7 | SAO 188231 7,4 mag | Eintritt | 2:42 36° | 2:36 36° | 2:42 38° | 2:38 33° | 2:40 30° | 2:40 31° | 2:37 29° | 2:41 36° | 2:40 40° | 2:40 37° | 2:38 36° | 2:45 47° |
| 1.7 | SAO 188231 7,4 mag | Austritt | 3:46 281° | 3:45 278° | 3:48 277° | 3:42 283° | 3:39 288° | 3:41 286° | 3:38 287° | 3:46 280° | 3:50 274° | 3:47 278° | 3:45 279° | 3:55 267° |

| Datum | Stern | Vorgang | Berlin | Bern | Dresden | Frankfurt | Hamburg | Hannover | Koeln | Leipzig | Muenchen | Nuernberg | Stuttgart | Wien |
|---|---|---|---|---|---|---|---|---|---|---|---|---|---|---|
| 1.7 | SAO 189085<br>7,7 mag | Eintritt | 22:40<br>151° | - | 22:42<br>156° | - | - | - | - | 22:41<br>157° | - | - | - | - |
| 1.7 | SAO 189085<br>7,7 mag | Austritt | 22:57<br>176° | - | 22:52<br>171° | - | - | - | - | 22:51<br>171° | - | - | - | - |
| 2.7 | SAO 164152<br>6,8 mag | Eintritt | 23:38<br>90° | 23:23<br>94° | 23:36<br>91° | 23:29<br>91° | 23:36<br>89° | 23:34<br>89° | 23:29<br>90° | 23:35<br>90° | 23:29<br>93° | 23:31<br>91° | 23:28<br>92° | 23:36<br>94° |
| 3.7 | SAO 164152<br>6,8 mag | Austritt | 0:48<br>221° | 0:32<br>220° | 0:46<br>220° | 0:39<br>222° | 0:46<br>223° | 0:44<br>223° | 0:38<br>223° | 0:45<br>221° | 0:39<br>219° | 0:41<br>220° | 0:37<br>221° | 0:46<br>215° |
| 3.7 | SAO 164192<br>7,9 mag | Eintritt | 2:34<br>353° | 2:23<br>351° | 2:31<br>358° | 2:31<br>344° | - | 2:38<br>339° | - | 2:32<br>353° | 2:25<br>359° | 2:28<br>355° | 2:27<br>351° | 2:26<br>9° |
| 3.7 | SAO 164192<br>7,9 mag | Austritt | 3:06<br>305° | 2:54<br>307° | 3:09<br>300° | 2:53<br>314° | - | 2:51<br>320° | - | 3:04<br>305° | 3:07<br>298° | 3:03<br>303° | 2:58<br>307° | 3:20<br>286° |
| 4.7 | SAO 164750<br>7,8 mag | Eintritt | 0:30<br>93° | 0:15<br>94° | 0:29<br>94° | 0:21<br>92° | 0:28<br>91° | 0:26<br>91° | 0:21<br>91° | 0:28<br>93° | 0:22<br>95° | 0:23<br>94° | 0:20<br>93° | 0:29<br>98° |
| 4.7 | SAO 164750<br>7,8 mag | Austritt | 1:34<br>207° | 1:19<br>208° | 1:32<br>205° | 1:26<br>209° | 1:32<br>211° | 1:30<br>210° | 1:25<br>212° | 1:31<br>207° | 1:25<br>205° | 1:27<br>207° | 1:24<br>208° | 1:29<br>199° |
| 4.7 | SAO 164780<br>7,3 mag | Eintritt | 03:00<br>357° | 2:48<br>355° | 2:57<br>1° | 2:56<br>351° | 3:04<br>345° | 3:01<br>348° | 03:00<br>342° | 2:58<br>358° | 2:51<br>2° | 2:54<br>359° | 2:52<br>355° | 2:53<br>12° |
| 4.7 | SAO 164780<br>7,3 mag | Austritt | 3:41<br>293° | 3:29<br>294° | 3:43<br>289° | 3:30<br>300° | 3:29<br>307° | 3:30<br>303° | 3:22<br>309° | 3:40<br>293° | 3:40<br>286° | 3:38<br>291° | 3:33<br>294° | 3:52<br>276° |
| 4.7 | SAO 164811<br>7,1 mag | Eintritt | - | 4:11<br>47° | - | 4:14<br>44° | - | 4:17<br>42° | 4:13<br>40° | - | 4:17<br>51° | 4:17<br>48° | 4:14<br>47° | - |
| 4.7 | SAO 164811<br>7,1 mag | Austritt | - | 5:28<br>239° | - | 5:29<br>244° | - | 5:30<br>248° | 5:27<br>249° | - | 5:33<br>236° | 5:32<br>239° | 5:30<br>241° | - |
| 5.7 | SAO 146271<br>6,8 mag | Eintritt | 1:07<br>80° | 0:52<br>80° | 1:05<br>82° | 0:58<br>79° | 1:05<br>77° | 1:03<br>78° | 0:58<br>77° | 1:04<br>80° | 0:58<br>82° | 01:00<br>81° | 0:56<br>80° | 1:04<br>86° |
| 5.7 | SAO 146271<br>6,8 mag | Austritt | 2:14<br>213° | 1:59<br>214° | 2:12<br>211° | 2:06<br>216° | 2:13<br>217° | 2:11<br>217° | 2:06<br>218° | 2:12<br>213° | 2:05<br>211° | 2:07<br>213° | 2:04<br>214° | 2:10<br>205° |
| 5.7 | SAO 146712<br>7,6 mag | Eintritt | 24:10<br>89° | 23:58<br>92° | 24:08<br>90° | 24:04<br>89° | 24:10<br>88° | 24:08<br>88° | 24:04<br>88° | 24:07<br>90° | 24:02<br>92° | 24:04<br>91° | 24:02<br>91° | 24:05<br>94° |
| 6.7 | SAO 146712<br>7,6 mag | Austritt | 1:06<br>207° | 0:52<br>207° | 1:03<br>206° | 0:59<br>209° | 1:07<br>210° | 1:04<br>210° | 1:00<br>211° | 1:03<br>207° | 0:56<br>205° | 0:59<br>207° | 0:57<br>208° | 0:59<br>201° |
| 6.7 | SAO 146733<br>6,6 mag | Eintritt | - | - | 2:36<br>331° | - | - | - | - | - | 2:28<br>333° | - | - | 2:22<br>351° |
| 6.7 | SAO 146733<br>6,6 mag | Austritt | - | - | 2:46<br>316° | - | - | - | - | - | 2:40<br>314° | - | - | 2:58<br>295° |

| Datum | Stern | Vorgang | Berlin | Bern | Dresden | Frankfurt | Hamburg | Hannover | Koeln | Leipzig | Muenchen | Nuernberg | Stuttgart | Wien |
|---|---|---|---|---|---|---|---|---|---|---|---|---|---|---|
| 6.7 | 14 Psc 6,0 mag | Eintritt | - | 4:55 57° | - | - | - | - | - | - | - | - | - | - |
| 6.7 | 14 Psc 6,0 mag | Austritt | - | 6:12 224° | - | - | - | - | - | - | - | - | - | - |
| 7.7 | SAO 109094 7,0 mag | Eintritt | 2:05 11° | 1:51 10° | 2:02 13° | 1:59 8° | 2:07 6° | 2:04 6° | 2:01 4° | 2:02 11° | 1:54 14° | 1:57 11° | 1:56 10° | 1:56 20° |
| 7.7 | SAO 109094 7,0 mag | Austritt | 2:54 279° | 2:38 281° | 2:52 277° | 2:44 284° | 2:50 286° | 2:48 285° | 2:42 288° | 2:51 279° | 2:45 276° | 2:46 279° | 2:43 281° | 2:53 269° |
| 10.7 | SAO 75671 6,7 mag | Eintritt | - | 4:19 48° | - | 4:26 44° | - | - | 4:27 41° | - | 4:23 51° | 4:25 48° | 4:23 47° | - |
| 10.7 | SAO 75671 6,7 mag | Austritt | - | 5:20 259° | - | 5:25 264° | - | - | 5:25 268° | - | 5:25 256° | 5:27 259° | 5:24 260° | - |
| 10.7 | Eps Ari 4,6 mag | Eintritt | - | 4:22 113° | - | 4:27 108° | - | - | 4:26 104° | - | 4:29 118° | 4:29 114° | 4:26 112° | - |
| 10.7 | Eps Ari 4,6 mag | Austritt | - | 5:03 195° | - | 5:12 200° | - | - | 5:14 205° | - | 5:06 189° | 5:10 194° | 5:08 196° | - |
| 11.7 | SAO 76249 7,3 mag | Eintritt | 0:19 84° | - | - | - | - | - | - | - | - | - | - | - |
| 11.7 | SAO 76249 7,3 mag | Austritt | 1:06 246° | - | - | - | - | - | - | - | - | - | - | - |
| 11.7 | SAO 76259 7,3 mag | Eintritt | 0:33 60° | - | 0:31 62° | - | 0:36 58° | 0:35 59° | - | 0:32 61° | - | - | - | 0:26 66° |
| 11.7 | SAO 76259 7,3 mag | Austritt | 1:19 268° | - | 1:17 267° | - | 1:21 271° | 1:20 270° | - | 1:18 268° | - | - | - | 1:12 262° |
| 12.7 | SAO 76903 6,9 mag | Eintritt | 2:33 132° | 2:30 135° | 2:32 135° | 2:31 130° | 2:34 126° | 2:33 127° | 2:32 127° | 2:32 132° | 2:30 138° | 2:31 134° | 2:31 133° | 2:32 147° |
| 12.7 | SAO 76903 6,9 mag | Austritt | 3:03 209° | 2:57 206° | 3:00 205° | 3:02 211° | 3:08 215° | 3:06 213° | 3:05 215° | 3:02 208° | 2:56 202° | 2:59 206° | 2:59 207° | 2:51 192° |
| 12.7 | SAO 76945 7,7 mag | Eintritt | - | - | - | - | 3:45 154° | 3:46 160° | 3:43 156° | - | - | - | - | - |
| 12.7 | SAO 76945 7,7 mag | Austritt | - | - | - | - | 3:59 185° | 3:55 180° | 3:55 183° | - | - | - | - | - |
| 14.7 | 57 Gem 5,1 mag | Eintritt | - | 4:49 53° | - | - | - | - | - | - | - | - | - | - |
| 14.7 | 57 Gem 5,1 mag | Austritt | - | 5:26 317° | - | - | - | - | - | - | - | - | - | - |

238

| Datum | Stern | Vorgang | Berlin | Bern | Dresden | Frankfurt | Hamburg | Hannover | Koeln | Leipzig | Muenchen | Nuernberg | Stuttgart | Wien |
|---|---|---|---|---|---|---|---|---|---|---|---|---|---|---|
| 14.7 | SAO 79810 7,7 mag | Eintritt | - | - | - | - | - | - | - | - | 19:19 141° | - | - | 19:17 137° |
| 14.7 | SAO 79810 7,7 mag | Austritt | - | - | - | - | - | - | - | - | 20:01 259° | - | - | 19:59 262° |
| 18.7 | Yps Leo 4,5 mag | Eintritt | - | 21:44 96° | - | 21:39 93° | - | - | 21:37 93° | - | - | - | - | - |
| 18.7 | Yps Leo 4,5 mag | Austritt | - | - | - | 22:31 323° | - | - | 22:29 324° | - | - | - | - | - |
| 22.7 | SAO 182852 7,5 mag | Eintritt | - | 22:34 156° | - | 22:28 152° | - | - | 22:24 151° | - | - | - | 22:32 154° | - |
| 22.7 | SAO 182852 7,5 mag | Austritt | - | 23:22 236° | - | 23:19 240° | - | - | 23:18 242° | - | - | - | 23:21 238° | - |
| 22.7 | SAO 182861 7,5 mag | Eintritt | - | 22:51 139° | - | - | - | - | - | - | - | - | - | - |
| 23.7 | SAO 183594 7,3 mag | Eintritt | 22:03 149° | 22:05 154° | 22:07 150° | 22:01 150° | 21:57 147° | 21:58 148° | 21:57 149° | 22:04 149° | 22:09 153° | 22:06 151° | 22:04 152° | 22:17 155° |
| 23.7 | SAO 183594 7,3 mag | Austritt | 22:56 234° | 22:55 230° | 22:57 232° | 22:54 234° | 22:52 237° | 22:53 236° | 22:52 236° | 22:56 233° | 22:58 229° | 22:57 231° | 22:56 232° | 23:01 225° |
| 24.7 | SAO 184428 6,8 mag | Eintritt | - | 23:28 107° | - | - | - | - | - | - | - | - | 23:28 106° | - |
| 25.7 | SAO 184428 6,8 mag | Austritt | - | - | - | - | - | - | - | - | - | - | 0:41 257° | - |
| 26.7 | SAO 186444 6,4 mag | Eintritt | 20:12 162° | - | 20:13 165° | - | - | 20:12 170° | - | 20:13 167° | - | - | - | 20:19 172° |
| 26.7 | SAO 186444 6,4 mag | Austritt | 20:35 196° | - | 20:33 193° | - | - | 20:25 189° | - | 20:30 191° | - | - | - | 20:30 186° |
| 26.7 | SAO 186594 6,0 mag | Eintritt | 23:06 107° | 22:58 108° | 23:08 108° | 22:59 106° | 23:00 104° | 23:00 105° | 22:56 104° | 23:05 107° | 23:06 110° | 23:04 108° | 23:01 107° | 23:16 114° |
| 27.7 | SAO 186594 6,0 mag | Austritt | 0:17 231° | 0:13 231° | 0:18 229° | 0:14 233° | 0:14 236° | 0:14 235° | 0:12 236° | 0:17 231° | 0:17 228° | 0:17 230° | 0:15 231° | 0:21 221° |
| 26.7 | SAO 186593 6,3 mag | Eintritt | 23:47 358° | 23:38 2° | 23:43 5° | - | - | - | - | 23:46 359° | 23:39 9° | 23:42 3° | 23:42 359° | 23:40 19° |
| 26.7 | SAO 186593 6,3 mag | Austritt | 24:00 340° | 23:58 335° | 24:07 331° | - | - | - | - | 24:00 338° | 24:09 327° | 24:03 334° | 23:57 338° | 24:23 315° |
| 27.7 | SAO 187672 7,2 mag | Eintritt | 20:12 111° | 20:01 122° | 20:10 112° | 20:05 117° | 20:09 112° | 20:08 113° | 20:04 117° | 20:09 113° | 20:05 117° | 20:06 116° | 20:04 118° | 20:11 114° |

| Datum | Stern | Vorgang | Berlin | Bern | Dresden | Frankfurt | Hamburg | Hannover | Koeln | Leipzig | Muenchen | Nuernberg | Stuttgart | Wien |
|---|---|---|---|---|---|---|---|---|---|---|---|---|---|---|
| 27.7 | SAO 187672 7,2 mag | Austritt | 21:21 232° | 21:03 225° | 21:19 231° | 21:10 229° | 21:17 232° | 21:15 231° | 21:09 229° | 21:18 231° | 21:12 228° | 21:13 229° | 21:09 228° | 21:20 228° |
| 27.7 | SAO 187716 7,0 mag | Eintritt | - | 21:39 4° | - | - | - | - | - | - | 21:51 360° | 21:58 349° | 21:51 354° | 21:56 4° |
| 27.7 | SAO 187716 7,0 mag | Austritt | - | 22:01 335° | - | - | - | - | - | - | 22:08 336° | 22:00 347° | 21:59 343° | 22:22 329° |
| 27.7 | SAO 187749 6,8 mag | Eintritt | 22:15 100° | 22:02 103° | 22:15 101° | 22:06 101° | 22:10 99° | 22:09 99° | 22:04 100° | 22:13 101° | 22:10 103° | 22:10 102° | 22:06 102° | 22:20 105° |
| 27.7 | SAO 187749 6,8 mag | Austritt | 23:30 230° | 23:20 229° | 23:30 228° | 23:23 231° | 23:26 233° | 23:25 233° | 23:21 233° | 23:28 230° | 23:26 227° | 23:26 229° | 23:23 230° | 23:33 222° |
| 28.7 | SAO 187848 7,0 mag | Eintritt | 0:57 111° | 0:53 112° | 01:00 114° | 0:52 108° | 0:50 105° | 0:51 106° | 0:47 105° | 0:57 112° | 1:00 117° | 0:57 113° | 0:54 111° | 1:11 127° |
| 28.7 | SAO 187848 7,0 mag | Austritt | 1:53 209° | 1:51 206° | 1:53 205° | 1:52 211° | 1:52 216° | 1:52 214° | 1:51 216° | 1:53 208° | 1:52 201° | 1:53 206° | 1:52 208° | 1:51 191° |
| 29.7 | SAO 188932 7,8 mag | Eintritt | 2:16 141° | - | - | 2:08 134° | 2:02 124° | 2:04 128° | 2:01 125° | 2:19 145° | - | - | 2:18 148° | - |
| 29.7 | SAO 188932 7,8 mag | Austritt | 2:32 167° | - | - | 2:33 173° | 2:38 184° | 2:37 180° | 2:37 182° | 2:29 162° | - | - | 2:25 158° | - |
| 29.7 | SAO 188948 7,5 mag | Eintritt | 2:36 81° | 2:34 84° | 2:38 85° | 2:33 79° | 2:31 75° | 2:32 76° | 2:30 75° | 2:36 82° | 2:39 88° | 2:36 84° | 2:35 83° | 2:45 95° |
| 29.7 | SAO 188948 7,5 mag | Austritt | - | 3:41 221° | 3:42 223° | 3:41 227° | 3:40 233° | 3:40 231° | 3:40 231° | 3:41 225° | 3:42 218° | 3:42 222° | 3:41 223° | 3:42 211° |
| 30.7 | 20 Cap 6,2 mag | Eintritt | - | 4:09 348° | - | - | - | - | - | - | 4:07 354° | 4:13 342° | 4:15 338° | 4:04 6° |
| 30.7 | 20 Cap 6,2 mag | Austritt | - | 4:31 310° | - | - | - | - | - | - | 4:36 304° | 4:28 317° | 4:25 321° | 4:43 293° |
| 31.7 | 45 Cap 5,9 mag | Eintritt | 1:42 346° | 1:32 345° | 1:38 352° | 1:43 334° | - | - | - | 1:40 347° | 1:32 355° | 1:36 349° | 1:36 344° | 1:32 6° |
| 31.7 | 45 Cap 5,9 mag | Austritt | 2:09 305° | 02:00 305° | 2:13 298° | 1:55 317° | - | - | - | 2:08 304° | 2:12 295° | 2:08 301° | 2:02 306° | 2:25 283° |
| 31.7 | SAO 146111 7,6 mag | Eintritt | 23:49 41° | 23:34 40° | 23:47 42° | 23:41 38° | 23:48 37° | 23:45 37° | 23:41 36° | 23:46 40° | 23:40 42° | 23:42 41° | 23:39 40° | 23:45 47° |
| 1.8 | SAO 146111 7,6 mag | Austritt | 1:02 251° | 0:47 252° | 1:01 249° | 0:52 254° | 0:58 256° | 0:56 255° | 0:50 257° | 0:59 251° | 0:55 249° | 0:55 251° | 0:52 252° | 1:02 242° |
| 2.8 | SAO 146593 5,5 mag | Eintritt | - | - | 0:57 336° | - | - | - | - | - | 0:49 338° | - | - | 0:46 353° |

240

| Datum | Stern | Vorgang | Berlin | Bern | Dresden | Frankfurt | Hamburg | Hannover | Koeln | Leipzig | Muenchen | Nuernberg | Stuttgart | Wien |
|---|---|---|---|---|---|---|---|---|---|---|---|---|---|---|
| 2.8 | SAO 146593 5,5 mag | Austritt | - | - | 1:14<br>310° | - | - | - | - | - | 1:08<br>308° | - | - | 1:25<br>291° |
| 4.8 | SAO 92548 7,1 mag | Eintritt | 23:37<br>101° | 23:28<br>102° | 23:35<br>103° | 23:32<br>100° | 23:38<br>98° | 23:36<br>98° | 23:33<br>98° | 23:35<br>101° | 23:30<br>104° | 23:32<br>102° | 23:30<br>101° | 23:32<br>109° |
| 5.8 | SAO 92548 7,1 mag | Austritt | 0:21<br>200° | 0:10<br>200° | 0:18<br>198° | 0:17<br>203° | 0:24<br>205° | 0:21<br>204° | 0:19<br>205° | 0:19<br>200° | 0:12<br>197° | 0:15<br>199° | 0:14<br>201° | 0:11<br>191° |
| 4.8 | 104 Psc 6,9 mag | Eintritt | 24:08<br>51° | 23:57<br>51° | 24:05<br>52° | 24:03<br>49° | 24:10<br>48° | 24:07<br>48° | 24:05<br>47° | 24:06<br>51° | 24:00<br>53° | 24:02<br>52° | 24:01<br>51° | 24:00<br>57° |
| 5.8 | 104 Psc 6,9 mag | Austritt | 1:08<br>248° | 0:55<br>249° | 1:06<br>246° | 1:01<br>251° | 1:08<br>253° | 1:06<br>252° | 1:02<br>253° | 1:05<br>248° | 0:59<br>246° | 1:01<br>248° | 0:59<br>249° | 1:02<br>240° |
| 7.8 | SAO 75979 7,6 mag | Eintritt | 0:36<br>75° | 0:29<br>76° | 0:33<br>77° | 0:33<br>74° | 0:38<br>72° | 0:36<br>72° | 0:34<br>71° | 0:34<br>75° | 0:29<br>78° | 0:31<br>76° | 0:31<br>75° | 0:29<br>82° |
| 7.8 | SAO 75979 7,6 mag | Austritt | 1:30<br>244° | 1:21<br>243° | 1:27<br>242° | 1:26<br>246° | 1:32<br>249° | 1:30<br>248° | 1:27<br>249° | 1:28<br>244° | 1:22<br>241° | 1:25<br>243° | 1:24<br>244° | 1:22<br>235° |
| 7.8 | SAO 75990 7,6 mag | Eintritt | 1:22<br>70° | 1:13<br>71° | 1:19<br>72° | 1:18<br>68° | 1:23<br>66° | 1:21<br>67° | 1:19<br>65° | 1:20<br>70° | 1:14<br>73° | 1:16<br>71° | 1:15<br>70° | 1:15<br>78° |
| 7.8 | SAO 75990 7,6 mag | Austritt | 2:19<br>248° | 2:08<br>247° | 2:16<br>246° | 2:14<br>250° | 2:20<br>253° | 2:18<br>252° | 2:15<br>253° | 2:17<br>247° | 2:11<br>244° | 2:13<br>246° | 2:11<br>248° | 2:12<br>238° |
| 7.8 | SAO 76036 7,9 mag | Eintritt | 3:09<br>54° | 2:56<br>56° | 3:06<br>57° | 3:02<br>52° | 3:10<br>48° | 3:07<br>49° | 3:04<br>48° | 3:06<br>54° | 2:59<br>59° | 3:02<br>56° | 03:00<br>55° | 3:02<br>65° |
| 7.8 | SAO 76036 7,9 mag | Austritt | 4:11<br>263° | 3:58<br>259° | 4:09<br>260° | 4:03<br>264° | 4:09<br>270° | 4:07<br>267° | 4:03<br>268° | 4:09<br>262° | 4:03<br>256° | 4:05<br>259° | 4:02<br>261° | 4:08<br>250° |
| 9.8 | SAO 77466 7,9 mag | Eintritt | 2:05<br>101° | 02:00<br>104° | 2:03<br>103° | 2:03<br>100° | 2:06<br>96° | 2:05<br>97° | 2:04<br>97° | 2:03<br>102° | 2:00<br>106° | 2:01<br>103° | 2:01<br>102° | 2:00<br>111° |
| 9.8 | SAO 77466 7,9 mag | Austritt | 2:55<br>247° | 2:47<br>244° | 2:53<br>244° | 2:52<br>248° | 2:57<br>253° | 2:56<br>251° | 2:54<br>252° | 2:53<br>246° | 2:48<br>241° | 2:50<br>244° | 2:50<br>245° | 2:47<br>235° |
| 9.8 | SAO 77604 7,3 mag | Eintritt | 4:15<br>76° | 4:05<br>82° | 4:13<br>80° | 4:10<br>76° | 4:16<br>70° | 4:14<br>72° | 4:11<br>72° | 4:13<br>78° | 4:08<br>84° | 4:09<br>80° | 4:08<br>80° | 4:10<br>89° |
| 9.8 | SAO 77604 7,3 mag | Austritt | 5:16<br>274° | 5:04<br>266° | 5:14<br>270° | 5:09<br>272° | 5:15<br>280° | 5:13<br>277° | 5:09<br>276° | 5:14<br>272° | 5:09<br>264° | 5:10<br>268° | 5:08<br>269° | 5:12<br>259° |
| 9.8 | SAO 77619 7,1 mag | Eintritt | 4:39<br>90° | 4:29<br>97° | 4:37<br>94° | 4:33<br>91° | 4:39<br>84° | 4:37<br>87° | 4:34<br>87° | 4:37<br>92° | 4:33<br>99° | 4:34<br>95° | 4:32<br>94° | 4:36<br>104° |
| 9.8 | SAO 77619 7,1 mag | Austritt | 5:42<br>261° | 5:29<br>251° | 5:40<br>256° | 5:35<br>258° | 5:41<br>266° | 5:39<br>264° | 5:35<br>262° | 5:40<br>258° | 5:34<br>250° | 5:36<br>254° | 5:33<br>254° | 5:37<br>245° |
| 9.8 | SAO 77621 7,8 mag | Eintritt | 4:49<br>51° | 4:36<br>59° | 4:46<br>56° | 4:43<br>52° | 4:52<br>44° | 4:49<br>47° | 4:45<br>48° | 4:47<br>53° | 4:40<br>61° | 4:42<br>57° | 4:40<br>56° | 4:41<br>67° |

| Datum | Stern | Vorgang | Berlin | Bern | Dresden | Frankfurt | Hamburg | Hannover | Koeln | Leipzig | Muenchen | Nuernberg | Stuttgart | Wien |
|---|---|---|---|---|---|---|---|---|---|---|---|---|---|---|
| 9.8 | SAO 77621 7,8 mag | Austritt | 5:42 300° | 5:33 289° | 5:42 295° | 5:36 297° | 5:38 307° | 5:38 303° | 5:34 302° | 5:41 297° | 5:38 288° | 5:38 292° | 5:36 292° | 5:43 283° |
| 10.8 | 39 Gem 6,1 mag | Eintritt | - | 5:15 106° | - | 5:19 99° | - | - | 5:19 95° | | | | 5:18 103° | - |
| 10.8 | 39 Gem 6,1 mag | Austritt | - | 6:14 260° | | 6:20 268° | - | - | 6:20 272° | - | - | - | 6:18 264° | - |
| 11.8 | SAO 79847 6,9 mag | Eintritt | - | 4:22 38° | 4:30 29° | 4:34 18° | - | - | - | 4:33 21° | 4:22 41° | 4:26 33° | 4:26 32° | 4:18 49° |
| 11.8 | SAO 79847 6,9 mag | Austritt | - | 4:47 340° | 4:47 351° | 4:42 0° | - | - | - | 4:44 358° | 4:49 338° | 4:47 346° | 4:46 347° | 4:53 331° |
| 12.8 | SAO 98265 6,6 mag | Austritt | 4:43 299° | - | - | - | - | - | - | - | - | - | - | 4:39 285° |
| 12.8 | SAO 98276 6,6 mag | Eintritt | 4:16 116° | - | 4:15 120° | - | 4:18 111° | 4:17 114° | - | 4:16 118° | - | - | - | 4:14 131° |
| 12.8 | SAO 98276 6,6 mag | Austritt | 5:07 276° | - | 5:05 271° | - | 5:09 281° | 5:08 278° | - | 5:06 273° | 5:02 265° | 5:04 269° | - | 5:01 260° |
| 13.8 | SAO 118260 7,0 mag | Eintritt | - | 19:14 53° | - | - | - | - | - | - | 19:15 46° | 19:14 43° | 19:14 47° | - |
| 13.8 | SAO 118260 7,0 mag | Austritt | - | 19:36 5° | - | - | - | - | - | - | 19:31 10° | 19:28 14° | 19:31 10° | - |
| 14.8 | SAO 118734 6,8 mag | Eintritt | - | - | - | - | - | - | 19:51 66° | - | - | - | - | - |
| 14.8 | SAO 118734 6,8 mag | Austritt | - | - | - | - | - | - | 20:24 352° | - | - | - | - | - |
| 19.8 | SAO 183286 7,8 mag | Eintritt | 18:59 114° | 18:55 120° | 19:01 114° | 18:54 117° | 18:53 114° | 18:53 115° | 18:50 117° | 18:58 115° | 19:00 117° | 18:58 116° | 18:56 118° | 19:08 116° |
| 19.8 | SAO 183286 7,8 mag | Austritt | 20:18 279° | 20:17 275° | 20:20 278° | 20:15 278° | 20:12 280° | 20:13 279° | 20:11 278° | 20:18 278° | 20:21 276° | 20:19 277° | 20:17 277° | 20:27 275° |
| 20.8 | SAO 184092 7,8 mag | Eintritt | 18:29 72° | 18:16 82° | 18:29 73° | 18:19 78° | 18:23 74° | 18:22 75° | 18:16 78° | 18:27 74° | 18:25 77° | 18:24 76° | 18:20 79° | 18:35 74° |
| 20.8 | SAO 184092 7,8 mag | Austritt | 19:41 312° | 19:37 307° | 19:43 311° | 19:36 310° | 19:35 313° | 19:36 312° | 19:33 310° | 19:41 312° | 19:43 309° | 19:41 310° | 19:38 309° | 19:51 309° |
| 21.8 | SAO 184901 7,9 mag | Eintritt | 19:48 80° | 19:38 85° | 19:49 81° | 19:41 82° | 19:43 80° | 19:42 80° | 19:38 82° | 19:47 81° | 19:46 83° | 19:45 82° | 19:42 83° | 19:55 84° |
| 21.8 | SAO 184901 7,9 mag | Austritt | 21:09 283° | 21:06 282° | 21:12 282° | 21:05 284° | 21:03 286° | 21:04 285° | 21:01 285° | 21:09 283° | 21:12 281° | 21:09 282° | 21:07 283° | 21:19 277° |

| Datum | Stern | Vorgang | Berlin | Bern | Dresden | Frankfurt | Hamburg | Hannover | Koeln | Leipzig | Muenchen | Nuernberg | Stuttgart | Wien |
|---|---|---|---|---|---|---|---|---|---|---|---|---|---|---|
| 21.8 | SAO 184914 7,6 mag | Eintritt | 20:16 58° | 20:06 62° | 20:17 59° | 20:09 59° | 20:10 56° | 20:10 57° | 20:06 58° | 20:14 58° | 20:14 61° | 20:13 60° | 20:10 60° | 20:22 63° |
| 21.8 | SAO 184914 7,6 mag | Austritt | 21:24 304° | 21:22 302° | 21:27 302° | 21:20 305° | 21:17 307° | 21:18 306° | 21:15 307° | 21:24 304° | 21:28 300° | 21:25 302° | 21:22 303° | 21:36 296° |
| 21.8 | SAO 184990 6,7 mag | Eintritt | - | 22:14 68° | - | - | - | - | - | - | - | - | - | - |
| 22.8 | SAO 186025 6,0 mag | Eintritt | - | 22:15 71° | - | 22:15 69° | - | 22:14 67° | 22:12 66° | - | 22:20 74° | 22:18 71° | 22:16 71° | 22:26 79° |
| 22.8 | SAO 186025 6,0 mag | Austritt | - | 23:34 267° | - | 23:31 271° | - | 23:29 273° | 23:28 274° | - | 23:37 264° | 23:34 267° | 23:33 268° | 23:40 258° |
| 23.8 | SAO 187403 7,4 mag | Eintritt | 22:44 115° | 22:39 116° | 22:46 118° | 22:38 112° | 22:36 110° | 22:37 111° | 22:33 109° | 22:43 116° | 22:47 120° | 22:43 117° | 22:40 115° | 22:58 130° |
| 23.8 | SAO 187403 7,4 mag | Austritt | 23:39 210° | 23:37 208° | 23:40 206° | 23:38 213° | 23:38 217° | 23:38 215° | 23:37 217° | 23:39 209° | 23:39 203° | 23:39 207° | 23:38 209° | 23:38 193° |
| 24.8 | SAO 188547 7,6 mag | Eintritt | 23:30 20° | 23:24 21° | 23:30 23° | 23:27 16° | 23:30 11° | 23:29 13° | 23:28 11° | 23:29 20° | 23:27 26° | 23:28 22° | 23:27 20° | 23:30 33° |
| 25.8 | SAO 188547 7,6 mag | Austritt | 0:21 292° | 0:21 289° | 0:25 288° | 0:17 295° | 0:13 302° | 0:15 299° | 0:12 301° | 0:22 291° | 0:26 285° | 0:23 289° | 0:21 291° | 0:33 277° |
| 25.8 | SAO 189345 6,2 mag | Eintritt | - | - | - | - | - | - | - | - | - | - | - | 17:58 109° |
| 25.8 | SAO 189345 6,2 mag | Austritt | - | - | - | - | - | - | - | - | - | - | - | 18:58 219° |
| 25.8 | SAO 189403 7,8 mag | Eintritt | 19:36 94° | 19:22 99° | 19:34 95° | 19:27 96° | 19:33 93° | 19:32 94° | 19:27 96° | 19:33 95° | 19:28 97° | 19:29 96° | 19:26 97° | 19:34 97° |
| 25.8 | SAO 189403 7,8 mag | Austritt | 20:46 224° | 20:30 223° | 20:45 223° | 20:37 225° | 20:43 227° | 20:41 226° | 20:36 226° | 20:43 224° | 20:38 222° | 20:39 224° | 20:36 224° | 20:45 220° |
| 26.8 | SAO 189516 7,3 mag | Eintritt | - | - | - | - | - | - | - | - | - | - | - | 0:50 340° |
| 26.8 | SAO 189516 7,3 mag | Austritt | - | - | - | - | - | - | - | - | - | - | - | 1:04 319° |
| 27.8 | SAO 164935 7,1 mag | Eintritt | 22:28 104° | 22:12 103° | 22:28 107° | 22:17 100° | 22:23 99° | 22:21 100° | 22:15 98° | 22:25 104° | 22:22 107° | 22:21 105° | 22:17 103° | 22:34 117° |
| 27.8 | SAO 164935 7,1 mag | Austritt | 23:18 187° | 23:06 189° | 23:16 185° | 23:12 192° | 23:19 194° | 23:17 193° | 23:13 196° | 23:16 188° | 23:10 184° | 23:12 187° | 23:10 189° | 23:10 172° |
| 29.8 | SAO 146482 6,6 mag | Eintritt | 2:14 339° | 02:00 349° | 2:08 350° | 2:11 335° | - | - | - | 2:11 344° | 2:01 356° | 2:05 349° | 2:04 346° | 2:01 7° |

| Datum | Stern | Vorgang | Berlin | Bern | Dresden | Frankfurt | Hamburg | Hannover | Koeln | Leipzig | Muenchen | Nuernberg | Stuttgart | Wien |
|---|---|---|---|---|---|---|---|---|---|---|---|---|---|---|
| 29.8 | SAO 146482 6,6 mag | Austritt | 2:35 307° | 2:35 293° | 2:41 296° | 2:28 309° | - | - | - | 2:36 302° | 2:43 287° | 2:39 295° | 2:35 297° | 2:53 277° |
| 29.8 | SAO 146891 7,8 mag | Eintritt | 22:02 47° | 21:48 46° | 21:59 48° | 21:55 45° | 22:02 44° | 22:00 44° | 21:55 43° | 21:59 47° | 21:53 49° | 21:55 47° | 21:52 46° | 21:56 53° |
| 29.8 | SAO 146891 7,8 mag | Austritt | 23:10 243° | 22:55 245° | 23:08 241° | 23:01 246° | 23:08 248° | 23:06 247° | 23:01 249° | 23:07 243° | 23:01 241° | 23:03 243° | 23:00 245° | 23:06 235° |
| 29.8 | SAO 128375 7,4 mag | Eintritt | 22:46 12° | 22:32 11° | 22:43 14° | 22:39 9° | 22:47 7° | 22:45 7° | 22:41 5° | 22:43 12° | 22:36 15° | 22:39 13° | 22:36 11° | 22:38 21° |
| 29.8 | SAO 128375 7,4 mag | Austritt | 23:39 275° | 23:23 277° | 23:38 273° | 23:28 280° | 23:34 283° | 23:32 281° | 23:26 284° | 23:36 275° | 23:31 272° | 23:32 275° | 23:28 277° | 23:40 264° |
| 30.8 | 21 Psc 5,8 mag | Eintritt | 0:50 10° | 0:36 10° | 0:47 14° | 0:44 6° | 0:52 2° | 0:49 4° | 0:45 1° | 0:47 11° | 0:40 16° | 0:43 12° | 0:41 10° | 0:44 24° |
| 30.8 | 21 Psc 5,8 mag | Austritt | 1:45 274° | 1:33 271° | 1:46 270° | 1:36 277° | 1:38 283° | 1:38 281° | 1:32 283° | 1:43 273° | 1:42 266° | 1:41 270° | 1:37 272° | 1:51 258° |
| 31.8 | SAO 92395 7,0 mag | Eintritt | - | - | - | - | - | - | - | - | - | - | - | 21:54 348° |
| 31.8 | SAO 92395 7,0 mag | Austritt | - | - | - | - | - | - | - | - | - | - | - | 22:13 310° |
| 1.9 | SAO 92873 7,3 mag | Eintritt | - | - | - | - | - | - | - | - | 23:33 340° | - | - | 23:25 358° |
| 1.9 | SAO 92873 7,3 mag | Austritt | - | - | - | - | - | - | - | - | 23:42 322° | - | - | 23:54 303° |
| 2.9 | SAO 92940 7,9 mag | Eintritt | - | - | - | - | - | - | - | - | - | - | - | 4:16 345° |
| 2.9 | SAO 92940 7,9 mag | Austritt | - | - | - | - | - | - | - | - | - | - | - | 4:32 321° |
| 2.9 | SAO 75777 7,8 mag | Eintritt | 21:46 102° | 21:41 103° | 21:44 104° | 21:44 101° | 21:48 99° | 21:46 100° | 21:45 99° | 21:44 102° | 21:41 105° | 21:42 103° | 21:42 103° | 21:40 109° |
| 2.9 | SAO 75777 7,8 mag | Austritt | 22:29 216° | 22:22 215° | 22:27 214° | 22:27 218° | 22:33 220° | 22:31 219° | 22:29 220° | 22:28 216° | 22:22 213° | 22:25 215° | 22:24 216° | 22:20 208° |
| 3.9 | SAO 75845 7,9 mag | Eintritt | 0:32 91° | 0:21 92° | 0:31 94° | 0:26 89° | 0:32 86° | 0:30 87° | 0:27 86° | 0:30 92° | 0:25 96° | 0:27 93° | 0:25 92° | 0:29 103° |
| 3.9 | SAO 75845 7,9 mag | Austritt | 1:29 221° | 1:15 219° | 1:26 218° | 1:23 223° | 1:30 228° | 1:28 226° | 1:24 227° | 1:26 221° | 1:19 215° | 1:22 219° | 1:20 220° | 1:20 208° |
| 3.9 | SAO 75832 7,9 mag | Eintritt | 0:38 5° | 0:26 6° | 0:33 10° | 0:34 360° | 0:46 349° | 0:42 354° | 0:41 349° | 0:35 6° | 0:26 12° | 0:30 8° | 0:30 5° | 0:24 21° |

| Datum | Stern | Vorgang | Berlin | Bern | Dresden | Frankfurt | Hamburg | Hannover | Koeln | Leipzig | Muenchen | Nuernberg | Stuttgart | Wien |
|---|---|---|---|---|---|---|---|---|---|---|---|---|---|---|
| 3.9 | SAO 75832 7,9 mag | Austritt | 1:08 308° | 0:56 305° | 1:08 303° | 0:59 312° | 01:00 324° | 1:00 318° | 0:54 323° | 1:06 307° | 1:03 299° | 1:03 304° | 01:00 306° | 1:10 289° |
| 4.9 | SAO 76559 7,7 mag | Eintritt | - | - | - | - | 1:39 152° | - | 1:37 159° | - | - | - | - | - |
| 4.9 | SAO 76559 7,7 mag | Austritt | - | - | - | - | 1:51 175° | - | 1:41 168° | - | - | - | - | - |
| 5.9 | SAO 77177 7,9 mag | Eintritt | 2:34 66° | 2:22 71° | 2:31 69° | 2:28 66° | 2:35 59° | 2:32 62° | 2:29 62° | 2:31 67° | 2:25 74° | 2:27 70° | 2:25 69° | 2:27 79° |
| 5.9 | SAO 77177 7,9 mag | Austritt | 3:35 279° | 3:23 270° | 3:34 274° | 3:28 277° | 3:33 285° | 3:32 282° | 3:27 281° | 3:33 276° | 3:28 269° | 3:30 273° | 3:27 273° | 3:33 264° |
| 5.9 | SAO 77224 7,4 mag | Eintritt | 4:34 58° | 4:18 70° | 4:31 63° | 4:25 62° | 4:33 52° | 4:30 56° | 4:25 57° | 4:30 61° | 4:24 71° | 4:26 66° | 4:23 66° | 4:29 74° |
| 5.9 | SAO 77224 7,4 mag | Austritt | 5:38 293° | 5:28 277° | 5:39 287° | 5:31 287° | 5:32 298° | 5:32 294° | 5:28 291° | 5:36 289° | 5:35 278° | 5:35 283° | 5:31 282° | 5:43 276° |
| 5.9 | SAO 78309 7,8 mag | Eintritt | 23:52 13° | - | 23:47 21° | - | - | - | - | 23:50 16° | 23:43 26° | 23:47 20° | - | 23:38 35° |
| 6.9 | SAO 78309 7,8 mag | Austritt | 0:04 346° | - | 0:05 338° | - | - | - | - | 0:04 343° | 0:05 332° | 0:04 338° | - | 0:07 322° |
| 6.9 | SAO 78417 6,5 mag | Eintritt | 1:29 69° | 1:22 74° | 1:27 73° | 1:26 69° | 1:32 64° | 1:30 66° | 1:28 65° | 1:27 71° | 1:22 76° | 1:25 73° | 1:24 72° | 1:22 82° |
| 6.9 | SAO 78417 6,5 mag | Austritt | 2:22 289° | 2:14 283° | 2:20 285° | 2:18 289° | 2:22 295° | 2:20 293° | 2:18 293° | 2:20 287° | 2:16 281° | 2:18 285° | 2:16 285° | 2:18 276° |
| 7.9 | SAO 79416 7,9 mag | Eintritt | 0:20 77° | - | 0:18 80° | - | 0:23 72° | 0:22 74° | - | 0:19 78° | - | - | - | - |
| 7.9 | SAO 79416 7,9 mag | Austritt | 1:06 296° | - | 1:05 292° | - | 1:08 301° | 1:07 299° | - | 1:06 294° | - | - | - | 1:02 284° |
| 7.9 | SAO 79523 7,9 mag | Eintritt | 2:41 125° | 2:37 134° | 2:40 129° | 2:38 126° | 2:41 119° | 2:40 121° | 2:39 122° | 2:40 127° | 2:38 136° | 2:39 131° | 2:38 131° | 2:41 142° |
| 7.9 | SAO 79523 7,9 mag | Austritt | 3:32 251° | 3:21 239° | 3:29 246° | 3:27 248° | 3:34 257° | 3:32 254° | 3:29 252° | 3:30 248° | 3:23 238° | 3:26 243° | 3:24 243° | 3:22 233° |
| 7.9 | SAO 79562 6,3 mag | Eintritt | 3:56 83° | 3:46 94° | 3:54 87° | 3:51 86° | 3:57 77° | 3:55 80° | 3:52 82° | 3:54 86° | 3:49 94° | 3:50 90° | 3:49 90° | 3:51 98° |
| 7.9 | SAO 79562 6,3 mag | Austritt | 4:56 296° | 4:47 282° | 4:55 291° | 4:51 291° | 4:54 301° | 4:53 298° | 4:50 295° | 4:54 293° | 4:51 283° | 4:52 288° | 4:50 287° | 4:55 280° |
| 7.9 | SAO 79580 6,0 mag | Eintritt | 4:22 105° | 4:13 117° | 4:20 109° | 4:16 108° | 4:21 99° | 4:19 103° | 4:16 104° | 4:20 108° | 4:17 117° | 4:17 112° | 4:16 113° | 4:20 120° |

| Datum | Stern | Vorgang | Berlin | Bern | Dresden | Frankfurt | Hamburg | Hannover | Koeln | Leipzig | Muenchen | Nuernberg | Stuttgart | Wien |
|---|---|---|---|---|---|---|---|---|---|---|---|---|---|---|
| 7.9 | SAO 79580 6,0 mag | Austritt | 5:26 276° | 5:13 261° | 5:25 271° | 5:19 270° | 5:24 281° | 5:23 277° | 5:19 274° | 5:24 272° | 5:19 262° | 5:20 267° | 5:18 266° | 5:23 260° |
| 8.9 | Eta Cnc 5,5 mag | Eintritt | 1:51 104° | - | 1:50 108° | - | 1:53 99° | 1:52 101° | - | 1:50 106° | - | - | - | 1:47 117° |
| 8.9 | Eta Cnc 5,5 mag | Austritt | 2:42 282° | - | 2:41 278° | - | 2:44 288° | 2:43 285° | - | 2:41 280° | 2:38 273° | 2:39 277° | - | 2:37 269° |
| 8.9 | SAO 80278 7,9 mag | Eintritt | 3:13 83° | 3:07 93° | 3:11 88° | 3:11 86° | 3:16 77° | 3:14 80° | 3:13 82° | 3:12 86° | 3:08 94° | 3:09 90° | 3:09 90° | 3:07 98° |
| 8.9 | SAO 80278 7,9 mag | Austritt | 4:06 306° | 4:00 293° | 4:05 301° | 4:03 302° | 4:05 311° | 4:05 308° | 4:03 306° | 4:05 303° | 4:02 294° | 4:03 298° | 4:02 297° | 4:04 290° |
| 8.9 | 39 Cnc 6,5 mag | Eintritt | 4:52 103° | 4:45 117° | 4:51 108° | 4:48 108° | 4:52 98° | 4:51 102° | 4:48 105° | 4:51 107° | 4:47 116° | 4:48 112° | 4:47 113° | 4:50 119° |
| 8.9 | 39 Cnc 6,5 mag | Austritt | 5:55 291° | 5:45 275° | 5:54 286° | 5:50 285° | 5:53 296° | 5:52 292° | 5:49 288° | 5:53 288° | 5:50 277° | 5:51 282° | 5:49 280° | 5:54 276° |
| 8.9 | 40 Cnc 6,5 mag | Eintritt | 4:56 110° | 4:49 124° | 4:54 114° | 4:51 115° | 4:55 105° | 4:54 108° | 4:51 111° | 4:54 113° | 4:51 123° | 4:52 118° | 4:51 119° | 4:54 125° |
| 8.9 | 40 Cnc 6,5 mag | Austritt | 5:59 285° | 5:48 268° | 5:58 280° | 5:53 279° | 5:57 289° | 5:56 286° | 5:52 282° | 5:57 282° | 5:52 271° | 5:54 276° | 5:51 274° | 5:56 270° |
| 8.9 | 38 Cnc 6,7 mag | Eintritt | 5:04 165° | - | 5:08 175° | 5:05 177° | 05:00 156° | 5:01 162° | 5:01 168° | 5:05 171° | - | - | - | - |
| 8.9 | 38 Cnc 6,7 mag | Austritt | 5:38 230° | - | 5:31 219° | 5:26 216° | 5:40 237° | 5:36 231° | 5:30 225° | 5:32 223° | - | - | - | - |
| 8.9 | SAO 80340 7,9 mag | Eintritt | 5:09 136° | 5:07 154° | 5:09 141° | 5:06 142° | 5:07 130° | 5:06 134° | 5:05 138° | 5:08 139° | 5:09 152° | 5:08 146° | 5:07 148° | 5:13 155° |
| 8.9 | SAO 80340 7,9 mag | Austritt | 6:05 260° | 5:49 238° | 6:03 254° | 5:57 252° | 6:05 265° | 6:02 260° | 5:58 256° | 6:02 256° | 5:54 242° | 5:57 248° | 5:54 246° | 5:58 241° |
| 8.9 | 42 Cnc 6,7 mag | Eintritt | 5:30 160° | - | 5:33 169° | 5:30 171° | 5:26 153° | 5:27 158° | 5:26 164° | 5:31 166° | - | 5:35 180° | 5:36 186° | - |
| 8.9 | 42 Cnc 6,7 mag | Austritt | 6:10 237° | - | 6:05 228° | 5:58 223° | 6:11 243° | 6:07 237° | 6:01 230° | 6:05 230° | - | 5:55 216° | 5:49 209° | - |
| 8.9 | SAO 80361 7,0 mag | Eintritt | - | 5:33 121° | 5:40 110° | 5:36 111° | 5:40 101° | 5:39 105° | 5:36 108° | 5:39 109° | 5:37 119° | 5:37 115° | 5:35 116° | - |
| 8.9 | SAO 80361 7,0 mag | Austritt | - | 6:37 274° | 6:47 288° | 6:41 285° | 6:44 297° | 6:44 293° | 6:40 288° | 6:46 289° | 6:42 278° | 6:43 283° | 6:40 280° | - |
| 8.9 | SAO 98021 6,4 mag | Eintritt | - | - | - | - | 5:34 186° | - | - | - | - | - | - | - |

| Datum | Stern | Vorgang | Berlin | Bern | Dresden | Frankfurt | Hamburg | Hannover | Koeln | Leipzig | Muenchen | Nuernberg | Stuttgart | Wien |
|---|---|---|---|---|---|---|---|---|---|---|---|---|---|---|
| 8.9 | SAO 98021 6,4 mag | Austritt | - | - | - | - | 5:47 210° | - | - | - | - | - | - | - |
| 9.9 | 7 Leo 6,2 mag | Eintritt | 5:18 172° | - | 5:23 184° | 5:22 189° | 5:15 164° | 5:16 170° | 5:17 178° | 5:20 180° | - | - | - | - |
| 9.9 | 7 Leo 6,2 mag | Austritt | 5:48 232° | - | 5:41 220° | 5:35 214° | 5:51 240° | 5:47 233° | 5:41 225° | 5:43 224° | - | - | - | - |
| 9.9 | 11 Leo 6,6 mag | Eintritt | - | 5:56 146° | - | 5:56 134° | - | 5:57 127° | 5:55 131° | - | - | - | 5:56 139° | - |
| 9.9 | 11 Leo 6,6 mag | Austritt | - | 6:48 260° | - | 6:54 273° | - | 6:58 281° | 6:54 276° | - | - | - | 6:53 268° | - |
| 13.9 | SAO 157797 7,5 mag | Eintritt | - | - | 17:31 163° | - | - | - | - | - | - | - | - | 17:39 166° |
| 13.9 | SAO 157797 7,5 mag | Austritt | - | - | 18:16 248° | - | - | - | - | - | - | - | - | 18:21 244° |
| 14.9 | Venus -4,5 mag | Eintritt | 10:37 100° | 10:28 120° | 10:35 103° | 10:31 110° | 10:36 99° | 10:34 103° | 10:31 109° | 10:35 103° | 10:31 112° | 10:32 109° | 10:30 113° | 10:34 107° |
| 14.9 | Venus -4,5 mag | Austritt | 11:41 328° | 11:37 304° | 11:41 324° | 11:38 314° | 11:39 325° | 11:39 321° | 11:38 314° | 11:40 322° | 11:40 313° | 11:40 316° | 11:38 312° | 11:43 321° |
| 16.9 | SAO 183797 6,9 mag | Eintritt | - | 19:46 38° | - | - | - | - | - | - | - | - | - | - |
| 16.9 | SAO 183797 6,9 mag | Austritt | - | 20:25 336° | - | - | - | - | - | - | - | - | - | - |
| 19.9 | SAO 186903 7,8 mag | Eintritt | - | 21:08 9° | - | 21:13 360° | - | - | - | - | 21:09 15° | 21:10 10° | 21:10 7° | 21:09 25° |
| 19.9 | SAO 186903 7,8 mag | Austritt | - | 21:41 320° | - | 21:33 331° | - | - | - | - | 21:48 314° | 21:43 319° | 21:40 322° | 21:58 303° |
| 20.9 | SAO 188017 7,4 mag | Eintritt | - | - | 20:10 343° | - | - | - | - | - | 20:00 352° | - | - | 19:58 6° |
| 20.9 | SAO 188017 7,4 mag | Austritt | - | - | 20:13 339° | - | - | - | - | - | 20:16 330° | - | - | 20:35 314° |
| 22.9 | SAO 164087 7,1 mag | Eintritt | 19:11 47° | 18:55 48° | 19:10 48° | 19:02 46° | 19:09 45° | 19:07 45° | 19:01 45° | 19:08 47° | 19:03 49° | 19:04 48° | 19:00 47° | 19:09 52° |
| 22.9 | SAO 164087 7,1 mag | Austritt | 20:27 259° | 20:13 259° | 20:27 257° | 20:18 261° | 20:22 263° | 20:21 262° | 20:16 263° | 20:25 259° | 20:21 256° | 20:21 258° | 20:18 259° | 20:30 251° |
| 23.9 | SAO 164192 7,9 mag | Eintritt | 0:20 76° | 0:20 82° | 0:22 80° | 0:19 76° | 0:17 69° | 0:17 72° | 0:16 71° | 0:21 78° | 0:24 85° | 0:22 81° | 0:20 80° | 0:29 92° |

247

| Datum | Stern | Vorgang | Berlin | Bern | Dresden | Frankfurt | Hamburg | Hannover | Koeln | Leipzig | Muenchen | Nuernberg | Stuttgart | Wien |
|---|---|---|---|---|---|---|---|---|---|---|---|---|---|---|
| 23.9 | SAO 164192 7,9 mag | Austritt | 1:24 223° | 1:23 213° | 1:24 218° | 1:23 221° | 1:22 229° | 1:23 226° | 1:23 226° | 1:24 220° | 1:24 212° | 1:24 216° | 1:23 217° | 1:23 205° |
| 24.9 | SAO 164780 7,3 mag | Eintritt | 0:20 74° | 0:16 79° | 0:21 78° | 0:16 73° | 0:15 67° | 0:16 69° | 0:13 68° | 0:19 75° | 0:21 82° | 0:19 78° | 0:17 77° | 0:28 90° |
| 24.9 | SAO 164780 7,3 mag | Austritt | 1:25 219° | 1:21 210° | 1:25 214° | 1:23 217° | 1:23 225° | 1:23 222° | 1:22 222° | 1:24 216° | 1:23 208° | 1:23 212° | 1:23 213° | 1:24 201° |
| 24.9 | SAO 164811 7,1 mag | Eintritt | 2:03 123° | - | 2:14 141° | 2:06 130° | 1:55 111° | 1:59 117° | 1:59 119° | 2:08 131° | - | - | - | - |
| 24.9 | SAO 164811 7,1 mag | Austritt | 2:30 173° | - | 2:21 154° | 2:25 164° | 2:33 185° | 2:32 179° | 2:30 175° | 2:26 165° | - | - | - | - |
| 25.9 | SAO 146344 7,8 mag | Eintritt | - | - | - | - | 3:24 119° | 3:29 128° | 3:35 140° | - | - | - | - | - |
| 25.9 | SAO 146344 7,8 mag | Austritt | - | - | - | - | 3:54 178° | 3:50 168° | 3:44 156° | - | - | - | - | - |
| 25.9 | SAO 146733 6,6 mag | Eintritt | 22:03 36° | 21:49 35° | 22:01 38° | 21:55 33° | 22:02 31° | 22:00 32° | 21:55 29° | 22:00 36° | 21:54 39° | 21:56 37° | 21:53 35° | 22:00 46° |
| 25.9 | SAO 146733 6,6 mag | Austritt | 23:13 249° | 23:00 249° | 23:13 246° | 23:04 252° | 23:09 256° | 23:08 254° | 23:02 256° | 23:11 249° | 23:07 244° | 23:08 247° | 23:04 249° | 23:14 237° |
| 26.9 | 13 Psc 6,5 mag | Eintritt | 0:37 338° | 0:20 349° | 0:30 349° | 0:33 334° | - | - | - | 0:32 343° | 0:22 356° | 0:26 349° | 0:25 346° | 0:22 7° |
| 26.9 | 13 Psc 6,5 mag | Austritt | 0:55 308° | 0:55 293° | 1:02 297° | 0:48 310° | - | - | - | 0:57 303° | 1:04 288° | 0:59 295° | 0:55 298° | 1:13 278° |
| 26.9 | 14 Psc 6,0 mag | Eintritt | 1:10 104° | 1:07 115° | 1:13 111° | 1:04 104° | 1:02 94° | 1:03 98° | 0:59 97° | 1:10 107° | 1:17 122° | 1:11 113° | 1:08 111° | - |
| 26.9 | 14 Psc 6,0 mag | Austritt | 1:55 184° | 1:40 169° | 1:51 176° | 1:49 182° | 1:56 193° | 1:54 189° | 1:51 188° | 1:52 180° | 1:42 163° | 1:47 174° | 1:46 174° | - |
| 26.9 | SAO 109094 7,0 mag | Eintritt | 20:57 42° | 20:43 41° | 20:55 43° | 20:50 39° | 20:57 38° | 20:55 38° | 20:51 37° | 20:54 42° | 20:48 44° | 20:50 42° | 20:48 41° | 20:51 49° |
| 26.9 | SAO 109094 7,0 mag | Austritt | 22:03 248° | 21:48 249° | 22:01 245° | 21:54 251° | 22:01 253° | 21:59 252° | 21:54 254° | 22:00 248° | 21:55 245° | 21:56 247° | 21:53 249° | 22:00 238° |
| 28.9 | SAO 92395 7,0 mag | Eintritt | - | 6:35 117° | - | 6:28 102° | 6:22 89° | 6:24 93° | 6:26 99° | - | - | - | - | - |
| 28.9 | SAO 92395 7,0 mag | Austritt | - | 7:14 199° | - | 7:16 214° | 7:16 227° | 7:17 222° | 7:16 216° | - | - | - | - | - |
| 29.9 | SAO 75671 6,7 mag | Eintritt | 22:46 50° | 22:34 51° | 22:44 53° | 22:41 48° | 22:48 45° | 22:45 46° | 22:42 45° | 22:44 51° | 22:37 54° | 22:40 52° | 22:38 50° | 22:39 60° |

| Datum | Stern | Vorgang | Berlin | Bern | Dresden | Frankfurt | Hamburg | Hannover | Koeln | Leipzig | Muenchen | Nuernberg | Stuttgart | Wien |
|---|---|---|---|---|---|---|---|---|---|---|---|---|---|---|
| 29.9 | SAO 75671<br>6,7 mag | Austritt | 23:48<br>259° | 23:34<br>257° | 23:46<br>256° | 23:40<br>261° | 23:46<br>265° | 23:44<br>263° | 23:40<br>264° | 23:45<br>258° | 23:40<br>253° | 23:41<br>256° | 23:38<br>258° | 23:44<br>247° |
| 29.9 | Eps Ari<br>4,6 mag | Eintritt | 22:52<br>117° | 22:40<br>119° | 22:51<br>121° | 22:44<br>114° | 22:49<br>109° | 22:47<br>111° | 22:43<br>109° | 22:49<br>118° | 22:46<br>125° | 22:46<br>120° | 22:44<br>118° | 22:58<br>142° |
| 29.9 | Eps Ari<br>4,6 mag | Austritt | 23:30<br>192° | 23:16<br>190° | 23:25<br>187° | 23:24<br>195° | 23:33<br>201° | 23:30<br>199° | 23:27<br>200° | 23:27<br>191° | 23:17<br>183° | 23:22<br>189° | 23:20<br>191° | 23:11<br>166° |
| 30.9 | SAO 75704<br>7,9 mag | Eintritt | 0:48<br>67° | 0:34<br>72° | 0:47<br>71° | 0:40<br>67° | 0:47<br>61° | 0:44<br>63° | 0:40<br>63° | 0:45<br>69° | 0:40<br>75° | 0:41<br>71° | 0:38<br>70° | 0:46<br>81° |
| 30.9 | SAO 75704<br>7,9 mag | Austritt | 1:59<br>244° | 1:44<br>236° | 1:57<br>239° | 1:50<br>242° | 1:56<br>250° | 1:54<br>247° | 1:49<br>247° | 1:56<br>241° | 1:50<br>234° | 1:52<br>238° | 1:49<br>238° | 1:56<br>228° |
| 30.9 | SAO 76236<br>6,6 mag | Eintritt | 18:55<br>77° | - | - | - | - | - | - | - | - | - | - | - |
| 30.9 | SAO 76236<br>6,6 mag | Austritt | 19:42<br>253° | - | - | - | - | - | - | - | - | - | - | - |
| 30.9 | SAO 76249<br>7,3 mag | Eintritt | 19:06<br>91° | - | 19:05<br>92° | - | 19:09<br>89° | 19:08<br>89° | - | 19:06<br>91° | - | - | - | - |
| 30.9 | SAO 76249<br>7,3 mag | Austritt | 19:52<br>238° | - | 19:50<br>237° | - | 19:55<br>241° | 19:54<br>240° | - | 19:51<br>238° | - | - | - | 19:44<br>232° |
| 30.9 | SAO 76259<br>7,3 mag | Eintritt | 19:19<br>67° | - | 19:17<br>68° | - | 19:22<br>65° | 19:21<br>66° | - | 19:18<br>68° | - | - | - | 19:12<br>72° |
| 30.9 | SAO 76259<br>7,3 mag | Austritt | 20:07<br>261° | - | 20:05<br>260° | - | 20:09<br>264° | 20:08<br>263° | - | 20:06<br>261° | - | 20:04<br>260° | - | 20:00<br>255° |
| 1.10 | SAO 76472<br>7,5 mag | Eintritt | 3:12<br>52° | 2:57<br>64° | 3:11<br>57° | 3:03<br>56° | 3:11<br>45° | 3:08<br>49° | 3:02<br>51° | 3:09<br>55° | 3:04<br>64° | 3:05<br>60° | 3:01<br>60° | 3:11<br>68° |
| 1.10 | SAO 76472<br>7,5 mag | Austritt | 4:19<br>282° | 4:12<br>265° | 4:21<br>276° | 4:13<br>275° | 4:13<br>287° | 4:14<br>283° | 4:10<br>279° | 4:19<br>278° | 4:19<br>267° | 4:17<br>272° | 4:15<br>270° | 4:26<br>266° |
| 1.10 | SAO 76514<br>7,6 mag | Eintritt | - | 6:13<br>46° | - | 6:20<br>30° | - | 6:28<br>14° | 6:19<br>26° | - | 6:21<br>38° | 6:22<br>32° | 6:18<br>36° | - |
| 1.10 | SAO 76514<br>7,6 mag | Austritt | - | 7:09<br>302° | - | 7:01<br>318° | - | 6:51<br>334° | 6:57<br>321° | - | 7:09<br>311° | 7:05<br>317° | 7:06<br>312° | - |
| 2.10 | SAO 76998<br>6,9 mag | Eintritt | 2:05<br>26° | 1:46<br>39° | 2:00<br>33° | 1:56<br>29° | 2:09<br>14° | 2:04<br>20° | 1:59<br>22° | 2:01<br>30° | 1:51<br>41° | 1:54<br>35° | 1:52<br>35° | 1:54<br>47° |
| 2.10 | SAO 76998<br>6,9 mag | Austritt | 2:45<br>317° | 2:38<br>300° | 2:47<br>309° | 2:39<br>312° | 2:36<br>328° | 2:38<br>321° | 2:34<br>318° | 2:44<br>312° | 2:45<br>300° | 2:44<br>306° | 2:41<br>305° | 2:53<br>295° |
| 3.10 | SAO 78196<br>6,7 mag | Eintritt | 3:24<br>83° | 3:11<br>97° | 3:23<br>88° | 3:16<br>88° | 3:22<br>78° | 3:20<br>81° | 3:15<br>84° | 3:21<br>86° | 3:17<br>96° | 3:18<br>91° | 3:15<br>92° | 3:24<br>98° |

| Datum | Stern | Vorgang | Berlin | Bern | Dresden | Frankfurt | Hamburg | Hannover | Koeln | Leipzig | Muenchen | Nuernberg | Stuttgart | Wien |
|---|---|---|---|---|---|---|---|---|---|---|---|---|---|---|
| 3.10 | SAO 78196 6,7 mag | Austritt | 4:35 282° | 4:24 265° | 4:36 277° | 4:28 275° | 4:31 286° | 4:30 283° | 4:26 279° | 4:34 279° | 4:31 268° | 4:31 272° | 4:28 271° | 4:39 268° |
| 3.10 | SAO 78309 7,8 mag | Eintritt | 5:59 84° | 5:50 105° | 5:59 89° | 5:51 93° | 5:54 81° | 5:53 86° | 5:49 91° | 5:57 88° | 5:56 99° | 5:55 95° | 5:52 98° | 6:04 97° |
| 3.10 | SAO 78309 7,8 mag | Austritt | 7:09 295° | 7:07 273° | 7:12 291° | 7:06 284° | 7:04 296° | 7:05 292° | 7:03 286° | 7:10 291° | 7:12 280° | 7:10 284° | 7:08 281° | 7:19 285° |
| 4.10 | 57 Gem 5,1 mag | Eintritt | 4:21 88° | 4:09 105° | 4:20 93° | 4:13 95° | 4:18 84° | 4:16 88° | 4:12 91° | 4:18 92° | 4:15 102° | 4:15 98° | 4:12 99° | 4:21 103° |
| 4.10 | 57 Gem 5,1 mag | Austritt | 5:31 297° | 5:22 277° | 5:32 292° | 5:25 288° | 5:26 300° | 5:26 296° | 5:23 291° | 5:30 293° | 5:29 282° | 5:28 286° | 5:26 284° | 5:37 283° |
| 8.10 | SAO 118638 7,1 mag | Eintritt | - | - | - | - | 6:43 171° | 6:45 178° | 6:50 192° | - | - | - | - | - |
| 8.10 | SAO 118638 7,1 mag | Austritt | - | - | - | - | 7:27 254° | 7:23 247° | 7:13 233° | - | - | - | - | - |
| 12.10 | SAO 182639 7,9 mag | Eintritt | 16:11 82° | - | 16:13 83° | - | - | - | - | 16:12 83° | 16:15 86° | - | - | 16:20 86° |
| 12.10 | SAO 182639 7,9 mag | Austritt | 17:15 315° | - | 17:19 313° | - | - | - | - | 17:17 314° | 17:22 311° | - | - | - |
| 14.10 | SAO 184262 7,5 mag | Eintritt | - | - | - | - | - | - | - | - | - | - | - | 15:38 86° |
| 14.10 | SAO 184262 7,5 mag | Austritt | - | - | - | - | - | - | - | - | - | - | - | 16:59 291° |
| 16.10 | SAO 186286 7,3 mag | Eintritt | 17:46 42° | 17:38 43° | 17:47 43° | 17:40 40° | 17:42 38° | 17:42 39° | 17:38 38° | 17:45 42° | 17:44 45° | 17:43 43° | 17:41 42° | 17:50 49° |
| 16.10 | SAO 186286 7,3 mag | Austritt | 18:49 299° | 18:46 298° | 18:52 297° | 18:44 301° | 18:41 305° | 18:43 303° | 18:39 305° | 18:49 299° | 18:53 295° | 18:50 297° | 18:47 299° | 19:01 289° |
| 16.10 | SAO 186328 4,7 mag | Eintritt | 18:22 77° | 18:17 77° | 18:24 78° | 18:17 75° | 18:17 73° | 18:17 74° | 18:14 73° | 18:22 77° | 18:23 80° | 18:21 78° | 18:19 77° | 18:30 84° |
| 16.10 | SAO 186328 4,7 mag | Austritt | 19:39 261° | 19:39 260° | 19:41 259° | 19:37 263° | 19:34 266° | 19:36 265° | 19:34 266° | 19:40 261° | 19:42 257° | 19:40 259° | 19:39 260° | 19:46 251° |
| 19.10 | SAO 189638 7,5 mag | Eintritt | - | - | - | 19:52 138° | 19:49 130° | 19:50 133° | 19:43 128° | - | - | - | - | - |
| 19.10 | SAO 189638 7,5 mag | Austritt | - | - | - | 20:09 163° | 20:17 172° | 20:15 169° | 20:14 174° | - | - | - | - | - |
| 20.10 | SAO 164476 7,1 mag | Eintritt | - | - | - | 20:20 131° | 20:17 123° | 20:18 126° | 20:11 122° | - | - | - | - | - |

| Datum | Stern | Vorgang | Berlin | Bern | Dresden | Frankfurt | Hamburg | Hannover | Koeln | Leipzig | Muenchen | Nuernberg | Stuttgart | Wien |
|---|---|---|---|---|---|---|---|---|---|---|---|---|---|---|
| 20.10 | SAO 164476 7,1 mag | Austritt | - | - | - | 20:40 161° | 20:49 171° | 20:46 167° | 20:45 172° | - | - | - | - | - |
| 21.10 | SAO 164538 7,1 mag | Eintritt | - | 0:01 8° | - | 0:07 354° | - | - | 0:12 341° | - | 0:01 10° | 0:04 3° | 0:03 3° | - |
| 21.10 | SAO 164538 7,1 mag | Austritt | - | 0:43 287° | - | 0:34 303° | - | - | 0:27 316° | - | 0:43 287° | 0:39 294° | 0:40 294° | - |
| 21.10 | SAO 165042 7,3 mag | Eintritt | 22:48 108° | 22:48 118° | 22:52 115° | 22:43 107° | 22:40 98° | 22:41 101° | 22:38 100° | 22:48 111° | 22:57 127° | 22:50 116° | 22:47 114° | - |
| 21.10 | SAO 165042 7,3 mag | Austritt | 23:30 182° | 23:18 168° | 23:26 174° | 23:26 181° | 23:31 192° | 23:30 188° | 23:28 188° | 23:28 179° | 23:18 161° | 23:24 172° | 23:23 173° | - |
| 23.10 | SAO 146593 5,5 mag | Eintritt | 1:50 114° | - | 1:56 124° | 1:55 124° | 1:45 105° | 1:48 111° | 1:49 116° | 1:53 120° | - | 2:02 136° | 2:06 144° | - |
| 23.10 | SAO 146593 5,5 mag | Austritt | 2:25 185° | - | 2:22 175° | 2:20 172° | 2:27 192° | 2:25 186° | 2:23 180° | 2:23 178° | - | 2:16 161° | 2:11 152° | - |
| 24.10 | SAO 109004 6,9 mag | Eintritt | 3:43 344° | 3:29 21° | 3:37 359° | 3:34 5° | - | 3:42 346° | 3:36 359° | 3:38 357° | 3:32 16° | 3:33 9° | 3:32 13° | 3:33 16° |
| 24.10 | SAO 109004 6,9 mag | Austritt | 3:54 322° | 4:14 283° | 4:02 307° | 4:06 299° | - | 3:56 319° | 4:03 305° | 4:01 308° | 4:11 289° | 4:08 296° | 4:10 292° | 4:11 291° |
| 25.10 | SAO 92500 7,9 mag | Eintritt | 18:11 110° | 18:02 111° | 18:10 112° | 18:07 108° | 18:12 106° | 18:10 107° | 18:07 106° | 18:09 110° | 18:05 113° | 18:06 111° | 18:05 110° | 18:08 119° |
| 25.10 | SAO 92500 7,9 mag | Austritt | 18:49 192° | 18:38 192° | 18:45 190° | 18:45 195° | 18:52 197° | 18:49 196° | 18:47 197° | 18:46 192° | 18:39 189° | 18:42 191° | 18:42 193° | 18:38 182° |
| 25.10 | SAO 92548 7,1 mag | Eintritt | 21:18 130° | 21:05 132° | - | 21:07 123° | 21:10 117° | 21:09 119° | 21:04 116° | 21:16 132° | - | 21:15 137° | 21:09 130° | - |
| 25.10 | SAO 92548 7,1 mag | Austritt | 21:39 166° | 21:22 162° | - | 21:34 172° | 21:45 180° | 21:41 177° | 21:38 179° | 21:35 163° | - | 21:27 158° | 21:28 164° | - |
| 25.10 | 104 Psc 6,9 mag | Eintritt | 21:40 71° | 21:25 72° | 21:38 74° | 21:31 68° | 21:38 65° | 21:36 66° | 21:31 65° | 21:37 71° | 21:32 76° | 21:33 73° | 21:30 71° | 21:38 83° |
| 25.10 | 104 Psc 6,9 mag | Austritt | 22:47 225° | 22:32 221° | 22:45 221° | 22:38 226° | 22:45 231° | 22:43 229° | 22:38 230° | 22:44 223° | 22:38 217° | 22:40 221° | 22:37 222° | 22:42 210° |
| 26.10 | SAO 93033 7,1 mag | Eintritt | - | - | - | - | 23:09 129° | 23:11 135° | 23:05 134° | - | - | - | - | - |
| 26.10 | SAO 93033 7,1 mag | Austritt | - | - | - | - | 23:38 178° | 23:32 171° | 23:27 171° | - | - | - | - | - |
| 27.10 | SAO 75531 7,8 mag | Eintritt | 1:43 136° | - | - | - | 1:33 124° | 1:36 131° | 1:35 138° | 1:49 149° | - | - | - | - |

| Datum | Stern | Vorgang | Berlin | Bern | Dresden | Frankfurt | Hamburg | Hannover | Koeln | Leipzig | Muenchen | Nuernberg | Stuttgart | Wien |
|---|---|---|---|---|---|---|---|---|---|---|---|---|---|---|
| 27.10 | SAO 75531 7,8 mag | Austritt | 2:09 180° | - | - | - | 2:11 191° | 2:07 183° | 1:58 175° | 2:00 166° | - | - | - | - |
| 27.10 | SAO 75979 7,6 mag | Eintritt | 19:50 31° | 19:41 32° | 19:47 34° | 19:47 29° | 19:53 26° | 19:51 27° | 19:49 25° | 19:48 32° | 19:42 35° | 19:44 33° | 19:44 31° | 19:40 41° |
| 27.10 | SAO 75979 7,6 mag | Austritt | 20:33 288° | 20:24 286° | 20:32 285° | 20:28 290° | 20:32 294° | 20:31 292° | 20:28 294° | 20:31 287° | 20:27 283° | 20:28 286° | 20:26 287° | 20:30 276° |
| 27.10 | SAO 75990 7,6 mag | Eintritt | 20:38 25° | 20:27 26° | 20:34 28° | 20:34 22° | 20:42 18° | 20:39 20° | 20:37 18° | 20:36 26° | 20:29 30° | 20:32 27° | 20:31 26° | 20:28 37° |
| 27.10 | SAO 75990 7,6 mag | Austritt | 21:20 293° | 21:09 290° | 21:19 289° | 21:13 295° | 21:18 301° | 21:16 298° | 21:12 300° | 21:18 292° | 21:14 286° | 21:15 290° | 21:13 291° | 21:18 279° |
| 27.10 | SAO 76036 7,9 mag | Eintritt | 22:40 353° | 22:21 4° | 22:33 3° | 22:35 349° | - | - | - | 22:35 357° | 22:23 10° | 22:28 3° | 22:27 0° | 22:22 20° |
| 27.10 | SAO 76036 7,9 mag | Austritt | 22:56 325° | 22:49 312° | 23:00 314° | 22:47 328° | - | - | - | 22:56 320° | 22:58 306° | 22:56 313° | 22:52 316° | 23:07 296° |
| 28.10 | 16 Tau 5,4 mag | Eintritt | 1:41 130° | - | 1:47 139° | 1:38 139° | 1:33 121° | 1:35 126° | 1:32 130° | 1:43 136° | - | 1:49 151° | 1:49 156° | - |
| 28.10 | 16 Tau 5,4 mag | Austritt | 2:23 199° | - | 2:17 189° | 2:09 188° | 2:22 207° | 2:19 201° | 2:11 196° | 2:17 193° | - | 2:05 176° | 1:58 170° | - |
| 28.10 | 19 Tau 4,4 mag | Eintritt | 1:45 92° | 1:38 107° | 1:46 97° | 1:38 96° | 1:40 86° | 1:40 90° | 1:36 92° | 1:44 95° | 1:44 106° | 1:43 101° | 1:40 102° | 1:53 109° |
| 28.10 | 19 Tau 4,4 mag | Austritt | 2:54 239° | 2:40 220° | 2:54 234° | 2:46 231° | 2:50 243° | 2:50 239° | 2:45 235° | 2:52 235° | 2:48 223° | 2:49 228° | 2:45 226° | 2:55 222° |
| 28.10 | 18 Tau 5,6 mag | Eintritt | - | 1:57 26° | 2:18 7° | 2:09 9° | - | - | 2:13 358° | 2:18 3° | 2:05 24° | 2:08 16° | 2:04 18° | 2:10 27° |
| 28.10 | 18 Tau 5,6 mag | Austritt | - | 2:47 302° | 2:45 324° | 2:40 320° | - | - | 2:31 330° | 2:41 328° | 2:52 306° | 2:47 314° | 2:46 310° | 2:59 305° |
| 28.10 | 21 Tau 5,9 mag | Eintritt | 2:07 83° | 1:59 98° | 2:08 88° | 2:00 88° | 2:03 78° | 2:02 82° | 1:58 85° | 2:06 86° | 2:05 97° | 2:04 92° | 2:01 93° | 2:13 99° |
| 28.10 | 21 Tau 5,9 mag | Austritt | 3:18 249° | 3:07 230° | 3:19 244° | 3:11 242° | 3:14 253° | 3:13 249° | 3:09 245° | 3:17 245° | 3:14 234° | 3:15 239° | 3:11 237° | 3:21 234° |
| 28.10 | 20 Tau 4,0 mag | Eintritt | 2:11 126° | - | 2:16 134° | 2:09 136° | 2:04 118° | 2:05 124° | 2:03 128° | 2:13 131° | - | 2:17 144° | 2:17 148° | - |
| 28.10 | 20 Tau 4,0 mag | Austritt | 2:58 206° | - | 2:54 198° | 2:45 194° | 2:56 212° | 2:53 206° | 2:46 200° | 2:53 200° | - | 2:44 186° | 2:38 181° | - |
| 28.10 | 22 Tau 6,5 mag | Eintritt | 2:11 90° | 2:05 107° | 2:12 95° | 2:05 96° | 2:06 85° | 2:06 89° | 2:02 92° | 2:10 94° | 2:11 105° | 2:09 100° | 2:06 101° | 2:19 107° |

| Datum | Stern | Vorgang | Berlin | Bern | Dresden | Frankfurt | Hamburg | Hannover | Koeln | Leipzig | Muenchen | Nuernberg | Stuttgart | Wien |
|---|---|---|---|---|---|---|---|---|---|---|---|---|---|---|
| 28.10 | 22 Tau 6,5 mag | Austritt | 3:20 242° | 3:08 222° | 3:21 237° | 3:13 234° | 3:16 246° | 3:16 242° | 3:11 238° | 3:19 238° | 3:16 226° | 3:16 232° | 3:13 229° | 3:22 227° |
| 28.10 | SAO 76183 6,7 mag | Eintritt | 2:41 104° | 2:40 126° | 2:43 110° | 2:37 112° | 2:35 99° | 2:36 103° | 2:33 107° | 2:41 108° | 2:45 122° | 2:42 115° | 2:40 118° | 2:53 123° |
| 28.10 | SAO 76183 6,7 mag | Austritt | 3:44 231° | 3:29 206° | 3:44 226° | 3:36 221° | 3:41 235° | 3:40 230° | 3:35 225° | 3:42 226° | 3:37 212° | 3:39 218° | 3:35 215° | 3:44 214° |
| 28.10 | SAO 76194 7,5 mag | Eintritt | 2:52 94° | 2:50 114° | 2:54 99° | 2:48 101° | 2:47 90° | 2:47 94° | 2:44 98° | 2:52 98° | 2:55 110° | 2:52 105° | 2:50 107° | 3:02 110° |
| 28.10 | SAO 76194 7,5 mag | Austritt | 04:00 242° | 3:49 220° | 4:00 237° | 3:54 233° | 3:56 245° | 3:55 241° | 3:52 236° | 3:59 238° | 3:56 225° | 3:56 231° | 3:53 228° | 4:03 227° |
| 28.10 | SAO 76206 6,8 mag | Eintritt | - | 3:25 36° | 3:45 10° | 3:34 19° | - | 3:49 353° | 3:35 12° | 3:44 8° | 3:33 30° | 3:35 23° | 3:31 27° | 3:40 28° |
| 28.10 | SAO 76206 6,8 mag | Austritt | - | 4:18 301° | 4:09 329° | 4:10 319° | - | 3:55 344° | 4:04 324° | 4:07 330° | 4:19 309° | 4:15 316° | 4:15 311° | 4:23 312° |
| 28.10 | SAO 76272 6,9 mag | Eintritt | - | 5:09 24° | - | - | - | - | - | - | 5:20 9° | - | 5:19 7° | - |
| 28.10 | SAO 76272 6,9 mag | Austritt | - | 5:44 321° | - | - | - | - | - | - | 5:38 337° | - | 5:35 338° | - |
| 28.10 | SAO 76286 6,8 mag | Eintritt | - | 5:26 33° | - | 5:35 11° | - | - | 5:35 6° | - | 5:34 22° | 5:37 12° | 5:32 21° | 5:42 11° |
| 28.10 | SAO 76286 6,8 mag | Austritt | - | 6:08 313° | - | 5:55 335° | - | - | 5:50 339° | - | 6:04 326° | 5:57 334° | 6:01 326° | 6:01 337° |
| 29.10 | SAO 76764 7,8 mag | Eintritt | 0:54 45° | 0:37 57° | 0:51 50° | 0:44 48° | 0:54 38° | 0:51 42° | 0:45 44° | 0:50 48° | 0:43 58° | 0:45 53° | 0:42 53° | 0:48 62° |
| 29.10 | SAO 76764 7,8 mag | Austritt | 1:52 296° | 1:44 280° | 1:53 290° | 1:46 290° | 1:46 302° | 1:46 298° | 1:42 294° | 1:51 292° | 1:51 281° | 1:50 286° | 1:47 285° | 1:59 278° |
| 29.10 | SAO 76770 7,6 mag | Eintritt | 1:17 41° | 0:59 55° | 1:14 47° | 1:07 46° | 1:17 34° | 1:14 38° | 1:08 41° | 1:13 45° | 1:06 55° | 1:08 50° | 1:05 51° | 1:12 59° |
| 29.10 | SAO 76770 7,6 mag | Austritt | 2:12 301° | 2:06 283° | 2:14 295° | 2:07 294° | 2:05 308° | 2:07 303° | 2:03 299° | 2:12 297° | 2:13 285° | 2:11 290° | 2:09 289° | 2:21 283° |
| 29.10 | SAO 76804 7,3 mag | Eintritt | 3:03 120° | 3:08 148° | 3:06 126° | 3:00 130° | 2:57 115° | 2:58 120° | 2:56 125° | 3:04 125° | 3:10 141° | 3:06 133° | 3:04 137° | 3:18 140° |
| 29.10 | SAO 76804 7,3 mag | Austritt | 4:03 232° | 3:42 201° | 4:02 226° | 3:53 220° | 3:59 235° | 3:58 230° | 3:52 224° | 4:00 227° | 3:53 210° | 3:55 218° | 3:51 213° | 4:01 213° |
| 29.10 | SAO 76841 7,5 mag | Eintritt | 4:33 28° | 4:15 58° | 4:30 36° | 4:20 44° | 4:30 24° | 4:26 32° | 4:19 41° | 4:28 36° | 4:23 51° | 4:23 46° | 4:20 50° | 4:31 48° |

| Datum | Stern | Vorgang | Berlin | Bern | Dresden | Frankfurt | Hamburg | Hannover | Koeln | Leipzig | Muenchen | Nuernberg | Stuttgart | Wien |
|---|---|---|---|---|---|---|---|---|---|---|---|---|---|---|
| 29.10 | SAO 76841 7,5 mag | Austritt | 5:06 330° | 5:18 299° | 5:12 322° | 5:11 313° | 05:00 333° | 5:05 325° | 5:07 316° | 5:10 322° | 5:19 307° | 5:15 312° | 5:15 308° | 5:22 312° |
| 29.10 | SAO 76880 6,6 mag | Eintritt | - | 6:41 9° | - | - | - | - | - | - | - | - | - | - |
| 29.10 | SAO 76880 6,6 mag | Austritt | - | 6:48 357° | - | - | - | - | - | - | - | - | - | - |
| 29.10 | SAO 76903 6,9 mag | Eintritt | - | - | - | - | 7:18 167° | - | - | - | - | - | - | - |
| 29.10 | SAO 76903 6,9 mag | Austritt | - | - | - | - | 7:34 198° | - | - | - | - | - | - | - |
| 29.10 | SAO 77466 7,9 mag | Eintritt | 20:42 16° | 20:34 22° | 20:37 22° | 20:41 12° | - | 20:49 1° | - | 20:40 18° | 20:32 26° | 20:36 21° | 20:37 19° | 20:28 35° |
| 29.10 | SAO 77466 7,9 mag | Austritt | 21:01 333° | 20:57 326° | 21:01 327° | 20:57 337° | - | 20:55 348° | - | 21:00 331° | 21:00 322° | 20:59 327° | 20:58 329° | 21:02 313° |
| 29.10 | SAO 77619 7,1 mag | Eintritt | - | - | - | - | - | - | - | - | 23:17 5° | - | - | 23:11 21° |
| 29.10 | SAO 77619 7,1 mag | Austritt | - | - | - | - | - | - | - | - | 23:28 344° | - | - | 23:40 328° |
| 30.10 | SAO 77753 7,7 mag | Eintritt | 1:46 77° | 1:33 91° | 1:45 82° | 1:38 82° | 1:44 72° | 1:42 76° | 1:37 79° | 1:44 81° | 1:39 90° | 1:40 86° | 1:37 87° | 1:46 93° |
| 30.10 | SAO 77753 7,7 mag | Austritt | 2:56 284° | 2:46 266° | 2:57 279° | 2:49 277° | 2:51 288° | 2:51 284° | 2:47 280° | 2:55 280° | 2:53 269° | 2:53 274° | 2:50 272° | 3:01 269° |
| 30.10 | SAO 77804 7,6 mag | Eintritt | - | 2:47 35° | - | - | - | - | - | - | 2:58 29° | 3:05 16° | 2:58 23° | 3:06 29° |
| 30.10 | SAO 77804 7,6 mag | Austritt | - | 3:29 328° | - | - | - | - | - | - | 3:31 336° | 3:23 349° | 3:24 342° | 3:38 339° |
| 30.10 | SAO 77819 6,8 mag | Eintritt | 3:13 85° | 3:03 103° | 3:13 90° | 3:05 93° | 3:09 81° | 3:08 85° | 3:03 89° | 3:11 89° | 3:09 100° | 3:09 95° | 3:06 97° | 3:17 99° |
| 30.10 | SAO 77819 6,8 mag | Austritt | 4:25 284° | 4:18 264° | 4:26 280° | 4:20 275° | 4:19 287° | 4:20 283° | 4:17 277° | 4:24 280° | 4:25 269° | 4:24 273° | 4:21 270° | 4:32 272° |
| 30.10 | SAO 77837 6,1 mag | Eintritt | - | 3:53 23° | - | - | - | - | - | - | - | - | - | - |
| 30.10 | SAO 77837 6,1 mag | Austritt | - | 4:17 346° | - | - | - | - | - | - | - | - | - | - |
| 30.10 | SAO 78795 6,9 mag | Eintritt | 21:14 112° | 21:10 117° | 21:12 115° | 21:12 112° | 21:15 107° | 21:14 109° | 21:13 109° | 21:13 113° | 21:10 119° | 21:11 116° | 21:11 115° | 21:10 124° |

| Datum | Stern | Vorgang | Berlin | Bern | Dresden | Frankfurt | Hamburg | Hannover | Koeln | Leipzig | Muenchen | Nuernberg | Stuttgart | Wien |
|---|---|---|---|---|---|---|---|---|---|---|---|---|---|---|
| 30.10 | SAO 78795 6,9 mag | Austritt | 22:03 252° | 21:56 246° | 22:00 249° | 22:00 252° | 22:05 258° | 22:03 256° | 22:02 256° | 22:01 251° | 21:56 244° | 21:58 248° | 21:58 249° | 21:54 239° |
| 30.10 | SAO 78813 6,6 mag | Eintritt | 21:39 134° | 21:36 140° | 21:39 138° | 21:37 134° | 21:40 127° | 21:39 130° | 21:38 129° | 21:39 135° | 21:38 144° | 21:38 139° | 21:37 138° | 21:40 152° |
| 30.10 | SAO 78813 6,6 mag | Austritt | 22:19 231° | 22:10 223° | 22:16 226° | 22:16 230° | 22:23 238° | 22:21 235° | 22:19 235° | 22:17 229° | 22:10 220° | 22:13 225° | 22:13 226° | 22:06 211° |
| 30.10 | SAO 78824 7,5 mag | Eintritt | 21:54 108° | 21:49 113° | 21:52 111° | 21:51 108° | 21:55 102° | 21:54 104° | 21:52 104° | 21:52 109° | 21:49 115° | 21:51 112° | 21:50 111° | 21:50 121° |
| 30.10 | SAO 78824 7,5 mag | Austritt | 22:46 257° | 22:38 250° | 22:44 253° | 22:43 256° | 22:48 263° | 22:46 260° | 22:44 260° | 22:44 255° | 22:39 248° | 22:41 252° | 22:40 253° | 22:38 243° |
| 31.10 | 39 Gem 6,1 mag | Eintritt | - | 0:21 20° | - | - | - | - | - | - | 0:24 21° | - | - | 0:22 31° |
| 31.10 | 39 Gem 6,1 mag | Austritt | - | 0:39 347° | - | - | - | - | - | - | 0:43 347° | - | - | 0:52 337° |
| 31.10 | 40 Gem 6,3 mag | Eintritt | 0:33 59° | 0:19 71° | 0:30 64° | 0:26 62° | 0:35 52° | 0:32 56° | 0:28 58° | 0:30 62° | 0:23 72° | 0:26 67° | 0:24 67° | 0:26 76° |
| 31.10 | 40 Gem 6,3 mag | Austritt | 1:26 312° | 1:19 296° | 1:27 306° | 1:21 306° | 1:22 318° | 1:22 314° | 1:19 311° | 1:25 308° | 1:24 297° | 1:23 302° | 1:21 301° | 1:30 294° |
| 31.10 | SAO 78990 6,9 mag | Eintritt | 2:07 166° | - | - | - | 1:59 156° | 2:02 164° | 2:04 175° | 2:14 181° | - | - | - | - |
| 31.10 | SAO 78990 6,9 mag | Austritt | 2:34 210° | - | - | - | 2:35 219° | 2:30 211° | 2:18 199° | 2:22 195° | - | - | - | - |
| 31.10 | SAO 79810 7,7 mag | Eintritt | 22:43 142° | 22:42 153° | 22:43 147° | 22:42 144° | 22:43 135° | 22:42 138° | 22:42 139° | 22:43 145° | 22:43 156° | 22:42 149° | 22:42 149° | 22:47 165° |
| 31.10 | SAO 79810 7,7 mag | Austritt | 23:24 237° | 23:12 224° | 23:20 231° | 23:20 235° | 23:27 244° | 23:24 241° | 23:22 240° | 23:21 234° | 23:13 222° | 23:17 229° | 23:16 229° | 23:09 213° |
| 1.11 | SAO 79948 7,2 mag | Eintritt | 3:14 51° | 2:54 76° | 3:10 59° | 3:02 63° | 3:15 44° | 3:10 52° | 3:02 59° | 3:09 58° | 3:01 72° | 3:03 66° | 2:59 69° | 3:07 72° |
| 1.11 | SAO 79948 7,2 mag | Austritt | 3:53 345° | 3:57 317° | 3:58 337° | 3:54 331° | 3:47 350° | 3:50 343° | 3:50 334° | 3:55 338° | 4:01 323° | 3:58 329° | 3:56 325° | 4:07 326° |
| 2.11 | SAO 98265 6,6 mag | Eintritt | 0:46 30° | 0:28 57° | 0:38 44° | 0:37 42° | - | - | 0:43 32° | 0:40 40° | 0:29 57° | 0:33 50° | 0:32 51° | 0:29 62° |
| 2.11 | SAO 98265 6,6 mag | Austritt | 01:00 4° | 1:06 335° | 1:05 350° | 1:02 351° | - | - | 0:58 1° | 1:03 354° | 1:07 336° | 1:05 344° | 1:05 342° | 1:11 333° |
| 2.11 | SAO 98276 6,6 mag | Eintritt | 0:56 72° | 0:46 86° | 0:53 77° | 0:51 77° | 0:59 65° | 0:56 70° | 0:53 73° | 0:54 75° | 0:48 86° | 0:50 81° | 0:49 82° | 0:49 89° |

| Datum | Stern | Vorgang | Berlin | Bern | Dresden | Frankfurt | Hamburg | Hannover | Koeln | Leipzig | Muenchen | Nuernberg | Stuttgart | Wien |
|---|---|---|---|---|---|---|---|---|---|---|---|---|---|---|
| 2.11 | SAO 98276<br>6,6 mag | Austritt | 1:45<br>325° | 1:41<br>307° | 1:46<br>319° | 1:43<br>318° | 1:43<br>330° | 1:43<br>326° | 1:41<br>322° | 1:45<br>320° | 1:44<br>309° | 1:44<br>314° | 1:43<br>313° | 1:47<br>307° |
| 2.11 | SAO 98362<br>7,6 mag | Eintritt | 4:56<br>149° | 5:06<br>183° | 4:58<br>154° | 4:56<br>163° | 4:51<br>148° | 4:53<br>152° | 4:53<br>160° | 4:57<br>154° | 5:03<br>170° | 4:59<br>164° | 05:00<br>169° | 5:07<br>163° |
| 2.11 | SAO 98362<br>7,6 mag | Austritt | 5:59<br>267° | 5:37<br>232° | 5:58<br>262° | 5:48<br>252° | 5:54<br>266° | 5:52<br>262° | 5:46<br>253° | 5:56<br>261° | 5:51<br>247° | 5:52<br>252° | 5:46<br>246° | 6:02<br>255° |
| 2.11 | SAO 98384<br>7,8 mag | Eintritt | 6:42<br>179° | - | 6:48<br>187° | - | 6:38<br>182° | 6:44<br>190° | - | 6:47<br>189° | - | - | - | - |
| 2.11 | SAO 98384<br>7,8 mag | Austritt | 7:19<br>241° | - | 7:18<br>235° | - | 7:12<br>238° | 7:09<br>230° | - | 7:14<br>232° | - | - | - | - |
| 4.11 | SAO 118483<br>6,3 mag | Eintritt | - | 3:03<br>70° | 3:27<br>32° | 3:15<br>50° | - | - | 3:20<br>40° | - | 3:08<br>63° | 3:13<br>55° | 3:09<br>59° | 3:11<br>62° |
| 4.11 | SAO 118483<br>6,3 mag | Austritt | - | 3:45<br>345° | 3:30<br>25° | 3:38<br>6° | - | - | 3:33<br>15° | - | 3:44<br>353° | 3:41<br>2° | 3:42<br>356° | 3:46<br>357° |
| 4.11 | SAO 118562<br>7,8 mag | Eintritt | - | - | - | - | - | - | 7:37<br>126° | - | - | - | - | - |
| 4.11 | SAO 118562<br>7,8 mag | Austritt | - | - | - | - | - | - | 8:51<br>308° | - | - | - | - | - |
| 5.11 | Yps Leo<br>4,5 mag | Eintritt | 5:37<br>157° | 5:47<br>193° | 5:38<br>162° | 5:38<br>172° | 5:35<br>156° | 5:36<br>161° | 5:37<br>170° | 5:38<br>162° | 5:43<br>177° | 5:40<br>172° | 5:41<br>178° | 5:43<br>170° |
| 5.11 | Yps Leo<br>4,5 mag | Austritt | 6:36<br>273° | 6:13<br>237° | 6:35<br>269° | 6:25<br>257° | 6:32<br>272° | 6:31<br>268° | 6:24<br>258° | 6:33<br>268° | 6:26<br>253° | 6:28<br>258° | 6:23<br>252° | 6:35<br>263° |
| 14.11 | SAO 188231<br>7,4 mag | Eintritt | 15:42<br>131° | - | 15:44<br>133° | - | 15:35<br>126° | 15:34<br>127° | - | 15:40<br>131° | - | - | - | 15:55<br>144° |
| 14.11 | SAO 188231<br>7,4 mag | Austritt | 16:25<br>192° | - | 16:24<br>189° | - | 16:24<br>198° | 16:22<br>197° | - | 16:23<br>192° | - | - | - | 16:19<br>176° |
| 14.11 | 52 Sgr<br>4,7 mag | Eintritt | - | 19:19<br>38° | - | 19:19<br>33° | - | - | 19:19<br>28° | - | 19:21<br>42° | 19:20<br>38° | 19:20<br>37° | - |
| 14.11 | 52 Sgr<br>4,7 mag | Austritt | - | 20:23<br>273° | - | 20:19<br>280° | - | - | 20:15<br>285° | - | 20:25<br>270° | 20:22<br>275° | 20:22<br>275° | - |
| 15.11 | SAO 189202<br>7,4 mag | Eintritt | - | - | - | - | - | - | - | - | - | - | - | 16:56<br>356° |
| 15.11 | SAO 189202<br>7,4 mag | Austritt | - | - | - | - | - | - | - | - | - | - | - | 17:30<br>309° |
| 16.11 | SAO 164192<br>7,9 mag | Eintritt | 16:26<br>125° | 16:10<br>124° | 16:27<br>128° | 16:14<br>121° | 16:19<br>119° | 16:18<br>119° | 16:11<br>118° | 16:23<br>125° | 16:22<br>129° | 16:20<br>126° | 16:15<br>124° | - |

| Datum | Stern | Vorgang | Berlin | Bern | Dresden | Frankfurt | Hamburg | Hannover | Koeln | Leipzig | Muenchen | Nuernberg | Stuttgart | Wien |
|---|---|---|---|---|---|---|---|---|---|---|---|---|---|---|
| 16.11 | SAO 164192 7,9 mag | Austritt | 17:02 177° | 16:49 179° | 16:59 173° | 16:56 182° | 17:03 185° | 17:01 184° | 16:57 187° | 16:59 177° | 16:52 172° | 16:55 176° | 16:54 179° | - |
| 16.11 | SAO 164249 6,2 mag | Eintritt | 19:51 46° | 19:45 49° | 19:51 49° | 19:47 44° | 19:48 39° | 19:48 41° | 19:46 40° | 19:50 47° | 19:49 52° | 19:49 49° | 19:47 48° | 19:54 59° |
| 16.11 | SAO 164249 6,2 mag | Austritt | 21:00 251° | 21:00 244° | 21:02 246° | 20:59 250° | 20:56 257° | 20:57 255° | 20:56 255° | 21:01 249° | 21:02 242° | 21:01 246° | 21:00 246° | 21:05 235° |
| 17.11 | SAO 164780 7,3 mag | Eintritt | 17:38 138° | 17:19 132° | - | 17:21 126° | 17:24 122° | 17:24 124° | 17:16 120° | 17:35 138° | - | 17:34 141° | 17:24 132° | - |
| 17.11 | SAO 164780 7,3 mag | Austritt | 17:49 155° | 17:40 160° | - | 17:49 167° | 17:57 172° | 17:54 170° | 17:52 174° | 17:47 154° | - | 17:41 150° | 17:44 160° | - |
| 17.11 | SAO 164779 7,0 mag | Eintritt | 18:25 336° | 18:16 331° | 18:18 345° | - | - | - | - | 18:22 337° | 18:12 347° | 18:17 340° | 18:20 331° | 18:10 1° |
| 17.11 | SAO 164779 7,0 mag | Austritt | 18:39 315° | 18:25 317° | 18:45 305° | - | - | - | - | 18:38 313° | 18:44 301° | 18:38 309° | 18:29 319° | 18:58 287° |
| 18.11 | SAO 146371 6,8 mag | Eintritt | 23:55 86° | 24:02 104° | 23:57 91° | 23:56 91° | 23:52 80° | 23:53 84° | 23:54 87° | 23:56 89° | 24:02 102° | 23:59 96° | 23:59 97° | - |
| 19.11 | SAO 146371 6,8 mag | Austritt | - | 0:45 193° | - | 0:48 206° | 0:49 219° | 0:49 215° | 0:49 210° | - | 0:46 196° | 0:48 202° | 0:47 200° | - |
| 19.11 | SAO 146733 6,6 mag | Eintritt | 16:51 83° | 16:36 82° | 16:50 84° | 16:43 80° | 16:50 79° | 16:47 80° | 16:42 78° | 16:49 83° | 16:43 85° | 16:44 83° | 16:41 82° | 16:49 90° |
| 19.11 | SAO 146733 6,6 mag | Austritt | 17:54 207° | 17:40 209° | 17:52 205° | 17:47 211° | 17:54 212° | 17:52 212° | 17:47 213° | 17:52 207° | 17:45 205° | 17:47 207° | 17:45 209° | 17:48 198° |
| 19.11 | 13 Psc 6,5 mag | Eintritt | 18:57 36° | 18:42 35° | 18:55 39° | 18:49 33° | 18:56 30° | 18:54 31° | 18:49 29° | 18:54 36° | 18:49 40° | 18:50 37° | 18:47 35° | 18:54 47° |
| 19.11 | 13 Psc 6,5 mag | Austritt | 20:08 249° | 19:56 248° | 20:08 246° | 20:00 252° | 20:04 256° | 20:03 254° | 19:58 256° | 20:07 248° | 20:04 243° | 20:04 247° | 20:00 248° | 20:10 236° |
| 20.11 | SAO 128319 7,8 mag | Eintritt | 0:51 37° | 0:50 55° | 0:51 43° | 0:50 44° | 0:51 32° | 0:50 36° | 0:49 40° | 0:51 41° | 0:51 52° | 0:51 47° | 0:50 49° | 0:53 53° |
| 20.11 | SAO 128319 7,8 mag | Austritt | 1:45 265° | 1:51 246° | 1:47 260° | 1:48 257° | 1:43 269° | 1:45 265° | 1:47 260° | 1:47 261° | 1:50 250° | 1:49 255° | 1:49 252° | - |
| 20.11 | SAO 109094 7,0 mag | Eintritt | 16:25 80° | 16:12 80° | 16:22 81° | 16:18 78° | 16:24 76° | 16:22 77° | 16:18 76° | 16:22 80° | 16:16 82° | 16:18 80° | 16:16 79° | 16:19 86° |
| 20.11 | SAO 109094 7,0 mag | Austritt | 17:25 214° | 17:10 215° | 17:22 212° | 17:18 217° | 17:25 218° | 17:23 218° | 17:18 219° | 17:22 214° | 17:15 212° | 17:17 214° | 17:15 215° | 17:17 206° |
| 21.11 | 51 Psc 5,7 mag | Eintritt | - | 2:52 82° | - | 2:48 71° | 2:46 59° | 2:46 63° | 2:47 68° | - | - | 2:49 72° | 2:50 75° | - |

| Datum | Stern | Vorgang | Berlin | Bern | Dresden | Frankfurt | Hamburg | Hannover | Koeln | Leipzig | Muenchen | Nuernberg | Stuttgart | Wien |
|---|---|---|---|---|---|---|---|---|---|---|---|---|---|---|
| 21.11 | 51 Psc 5,7 mag | Austritt | - | - | - | 3:44 241° | 3:41 252° | 3:42 248° | 3:43 242° | - | - | 3:44 240° | 3:44 236° | - |
| 22.11 | SAO 92395 7,0 mag | Eintritt | 2:06 114° | - | 2:11 122° | 2:12 130° | 2:02 110° | 2:05 116° | 2:08 124° | 2:09 121° | - | 2:16 135° | 2:20 143° | 2:25 145° |
| 22.11 | SAO 92395 7,0 mag | Austritt | 2:47 200° | - | 2:45 192° | 2:40 184° | 2:46 203° | 2:45 197° | 2:41 189° | 2:45 193° | - | 2:40 180° | 2:35 171° | 2:38 171° |
| 22.11 | SAO 92810 6,4 mag | Eintritt | - | - | - | - | 21:53 141° | - | - | - | - | - | - | - |
| 22.11 | SAO 92810 6,4 mag | Austritt | - | - | - | - | 22:07 162° | - | - | - | - | - | - | - |
| 23.11 | SAO 92873 7,3 mag | Eintritt | 2:22 62° | 2:22 82° | 2:23 67° | 2:20 71° | 2:19 60° | 2:20 64° | 2:18 69° | 2:22 67° | 2:24 77° | 2:23 73° | 2:22 76° | 2:27 76° |
| 23.11 | SAO 92873 7,3 mag | Austritt | 3:22 262° | 3:25 241° | 3:24 257° | 3:23 252° | 3:20 263° | 3:21 260° | 3:21 254° | 3:23 258° | 3:26 247° | 3:25 251° | 3:24 248° | 3:28 250° |
| 23.11 | Eps Ari 4,6 mag | Eintritt | 17:13 59° | 17:05 60° | 17:11 61° | 17:10 58° | 17:15 56° | 17:13 56° | 17:12 56° | 17:11 60° | 17:06 62° | 17:08 60° | 17:08 59° | 17:06 66° |
| 23.11 | Eps Ari 4,6 mag | Austritt | 18:07 255° | 17:57 254° | 18:04 253° | 18:02 257° | 18:08 259° | 18:06 258° | 18:03 260° | 18:05 255° | 17:59 252° | 18:01 254° | 18:00 255° | 18:00 247° |
| 23.11 | SAO 75704 7,9 mag | Eintritt | 19:27 344° | 19:12 350° | 19:19 355° | - | - | - | - | 19:23 347° | 19:11 360° | 19:16 352° | 19:17 347° | 19:08 12° |
| 23.11 | SAO 75704 7,9 mag | Austritt | 19:36 327° | 19:27 320° | 19:39 316° | - | - | - | - | 19:35 323° | 19:36 310° | 19:34 318° | 19:30 323° | 19:45 298° |
| 24.11 | SAO 75806 6,9 mag | Eintritt | 0:44 28° | 0:28 47° | 0:41 34° | 0:34 36° | 0:42 21° | 0:39 27° | 0:33 31° | 0:40 33° | 0:35 45° | 0:36 40° | 0:32 41° | 0:41 47° |
| 24.11 | SAO 75806 6,9 mag | Austritt | 1:32 300° | 1:34 277° | 1:36 293° | 1:31 289° | 1:25 305° | 1:28 299° | 1:27 293° | 1:33 294° | 1:38 281° | 1:35 287° | 1:34 284° | 1:44 282° |
| 24.11 | SAO 75832 7,9 mag | Eintritt | 2:02 28° | 1:50 52° | 2:01 34° | 1:54 39° | 2:00 23° | 1:58 29° | 1:53 36° | 02:00 33° | 1:56 47° | 1:56 42° | 1:53 45° | 2:02 46° |
| 24.11 | SAO 75832 7,9 mag | Austritt | 2:45 306° | 2:53 281° | 2:49 300° | 2:48 293° | 2:40 310° | 2:43 304° | 2:45 296° | 2:48 300° | 2:54 287° | 2:51 292° | 2:51 288° | 2:57 290° |
| 24.11 | SAO 75845 7,9 mag | Eintritt | 2:10 103° | 2:17 129° | 2:13 109° | 2:10 114° | 2:05 100° | 2:06 104° | 2:06 110° | 2:11 108° | 2:17 122° | 2:14 116° | 2:13 119° | 2:21 119° |
| 24.11 | SAO 75845 7,9 mag | Austritt | 3:08 232° | 2:58 205° | 3:08 227° | 3:03 220° | 3:05 234° | 3:05 229° | 3:02 223° | 3:07 227° | 3:05 213° | 3:05 219° | 3:03 215° | 3:10 217° |
| 24.11 | SAO 76350 6,4 mag | Eintritt | 15:30 95° | - | - | - | 15:33 92° | - | - | - | - | - | - | - |

| Datum | Stern | Vorgang | Berlin | Bern | Dresden | Frankfurt | Hamburg | Hannover | Koeln | Leipzig | Muenchen | Nuernberg | Stuttgart | Wien |
|---|---|---|---|---|---|---|---|---|---|---|---|---|---|---|
| 24.11 | SAO 76350 6,4 mag | Austritt | 16:14 237° | - | - | - | 16:17 240° | - | - | - | - | - | - | - |
| 25.11 | SAO 76559 7,7 mag | Eintritt | 0:57 110° | 0:58 133° | 01:00 116° | 0:53 118° | 0:51 105° | 0:52 110° | 0:49 114° | 0:57 115° | 1:02 129° | 0:58 122° | 0:56 125° | 1:09 129° |
| 25.11 | SAO 76559 7,7 mag | Austritt | 1:59 233° | 1:42 207° | 1:58 228° | 1:50 223° | 1:55 237° | 1:54 232° | 1:49 226° | 1:57 228° | 1:51 214° | 1:53 220° | 1:49 217° | 1:59 216° |
| 25.11 | SAO 77028 6,8 mag | Eintritt | - | - | - | - | 18:33 159° | 18:35 168° | 18:31 162° | - | - | - | - | - |
| 25.11 | SAO 77028 6,8 mag | Austritt | - | - | - | - | 18:43 184° | 18:38 174° | 18:39 180° | - | - | - | - | - |
| 26.11 | SAO 77237 7,1 mag | Eintritt | 2:47 134° | - | 2:51 140° | 2:50 149° | 2:41 132° | 2:44 137° | 2:45 146° | 2:49 140° | 3:01 160° | 2:54 151° | 2:56 158° | 3:03 153° |
| 26.11 | SAO 77237 7,1 mag | Austritt | 3:39 234° | - | 3:39 228° | 3:29 218° | 3:35 235° | 3:34 230° | 3:28 221° | 3:37 228° | 3:30 209° | 3:32 217° | 3:27 210° | 3:40 218° |
| 26.11 | SAO 77266 7,9 mag | Eintritt | 3:37 50° | 3:27 76° | 3:37 56° | 3:29 64° | 3:33 49° | 3:32 54° | 3:27 62° | 3:35 56° | 3:33 68° | 3:33 64° | 3:30 68° | 3:40 63° |
| 26.11 | SAO 77266 7,9 mag | Austritt | 4:23 321° | 4:33 296° | 4:27 316° | 4:27 307° | 4:19 321° | 4:22 316° | 4:24 308° | 4:26 315° | 4:33 304° | 4:30 308° | 4:30 303° | 4:35 310° |
| 26.11 | SAO 77262 7,7 mag | Eintritt | 3:46 158° | - | 3:54 169° | - | 3:41 157° | 3:47 166° | - | 3:53 170° | - | - | - | - |
| 26.11 | SAO 77262 7,7 mag | Austritt | 4:16 213° | - | 4:13 203° | - | 4:12 213° | 4:09 204° | - | 4:11 201° | - | - | - | - |
| 26.11 | SAO 77322 5,7 mag | Eintritt | 4:48 126° | 5:02 155° | 4:51 130° | 4:52 139° | 4:44 127° | 4:47 131° | 4:49 139° | 4:50 131° | 4:58 143° | 4:55 139° | 4:56 144° | 4:59 136° |
| 26.11 | SAO 77322 5,7 mag | Austritt | 5:41 248° | 5:37 221° | 5:43 245° | 5:39 235° | 5:38 247° | 5:39 243° | 5:36 235° | 5:42 244° | 5:42 233° | 5:41 236° | 5:39 231° | 5:47 240° |
| 27.11 | SAO 78778 7,2 mag | Eintritt | 6:53 137° | 7:08 160° | 6:56 139° | 6:59 149° | 6:51 139° | 6:53 142° | 6:57 150° | 6:56 141° | 7:03 149° | 7:00 147° | 7:02 152° | 7:02 142° |
| 27.11 | SAO 78778 7,2 mag | Austritt | 7:42 255° | 7:43 234° | 7:43 253° | 7:41 244° | 7:39 253° | 7:40 250° | 7:39 243° | 7:42 252° | 7:45 244° | 7:44 246° | 7:43 242° | 7:48 251° |
| 27.11 | SAO 78795 6,9 mag | Eintritt | 7:18 60° | 7:20 81° | 7:20 63° | 7:17 73° | 7:15 63° | 7:16 66° | 7:15 73° | 7:19 65° | 7:21 73° | 7:20 71° | 7:19 75° | 7:24 65° |
| 27.11 | SAO 78795 6,9 mag | Austritt | 7:57 332° | 8:11 313° | 8:00 329° | 8:04 321° | 7:56 329° | 7:59 326° | 8:03 320° | 8:00 328° | 8:07 321° | 8:05 323° | 8:07 319° | 8:05 328° |
| 27.11 | SAO 78813 6,6 mag | Eintritt | 7:39 69° | 7:43 87° | 7:41 71° | 7:40 80° | 7:36 72° | 7:38 74° | 7:38 80° | 7:40 73° | 7:43 80° | 7:42 78° | 7:42 81° | - |

| Datum | Stern | Vorgang | Berlin | Bern | Dresden | Frankfurt | Hamburg | Hannover | Koeln | Leipzig | Muenchen | Nuernberg | Stuttgart | Wien |
|---|---|---|---|---|---|---|---|---|---|---|---|---|---|---|
| 27.11 | SAO 78813 6,6 mag | Austritt | 8:23 322° | 8:35 307° | 8:25 321° | 8:29 313° | 8:22 320° | 8:24 318° | 8:28 312° | 8:25 319° | 8:32 313° | 8:29 315° | 8:31 312° | - |
| 27.11 | SAO 78827 7,4 mag | Eintritt | - | - | - | - | 8:08 130° | 8:10 132° | 8:14 138° | - | - | - | - | - |
| 27.11 | SAO 78827 7,4 mag | Austritt | - | - | - | - | 8:56 261° | 8:58 259° | 8:59 254° | - | - | - | - | - |
| 27.11 | SAO 79477 7,9 mag | Eintritt | 20:32 86° | 20:26 92° | 20:30 90° | 20:30 87° | 20:34 81° | 20:32 83° | 20:31 83° | 20:30 88° | 20:27 94° | 20:28 91° | 20:28 90° | 20:26 99° |
| 27.11 | SAO 79477 7,9 mag | Austritt | 21:24 288° | 21:18 280° | 21:23 284° | 21:21 287° | 21:25 294° | 21:24 291° | 21:22 291° | 21:23 286° | 21:19 279° | 21:21 283° | 21:20 283° | 21:20 275° |
| 28.11 | SAO 79618 7,7 mag | Eintritt | 0:34 107° | 0:26 124° | 0:34 112° | 0:28 113° | 0:31 102° | 0:30 106° | 0:27 110° | 0:32 110° | 0:30 121° | 0:30 116° | 0:28 118° | 0:36 122° |
| 28.11 | SAO 79618 7,7 mag | Austritt | 1:43 282° | 1:31 262° | 1:43 277° | 1:36 273° | 1:39 285° | 1:39 281° | 1:34 276° | 1:41 278° | 1:38 266° | 1:38 271° | 1:35 268° | 1:45 268° |
| 28.11 | SAO 79657 7,8 mag | Eintritt | 1:57 108° | 1:50 128° | 1:57 113° | 1:51 117° | 1:53 105° | 1:52 109° | 1:49 114° | 1:55 112° | 1:55 123° | 1:54 119° | 1:52 121° | 2:02 121° |
| 28.11 | SAO 79657 7,8 mag | Austritt | 3:08 288° | 2:59 266° | 3:10 284° | 3:02 277° | 3:04 289° | 3:04 285° | 03:00 279° | 3:08 283° | 3:07 272° | 3:06 277° | 3:03 273° | 3:14 277° |
| 28.11 | 82 Gem 6,2 mag | Eintritt | 4:01 86° | 3:54 109° | 4:02 90° | 3:54 98° | 3:56 86° | 3:55 90° | 3:51 97° | 3:59 91° | 3:59 101° | 3:58 98° | 3:55 102° | 4:07 96° |
| 28.11 | 82 Gem 6,2 mag | Austritt | 5:03 318° | 5:07 296° | 5:07 314° | 5:04 306° | 4:59 317° | 5:01 313° | 5:01 306° | 5:05 313° | 5:10 304° | 5:07 307° | 5:06 303° | 5:14 311° |
| 28.11 | SAO 79768 7,1 mag | Eintritt | 6:44 167° | - | 6:48 171° | 6:57 193° | 6:41 171° | 6:46 176° | 6:57 197° | 6:48 174° | 7:02 193° | 6:56 186° | - | 6:56 175° |
| 28.11 | SAO 79768 7,1 mag | Austritt | 7:19 239° | - | 7:21 236° | 7:09 215° | 7:14 235° | 7:14 230° | 7:05 211° | 7:19 233° | 7:15 216° | 7:16 222° | - | 7:26 233° |
| 28.11 | SAO 79810 7,7 mag | Eintritt | - | 7:57 61° | - | 7:58 49° | - | 8:01 34° | 7:55 50° | - | - | - | 7:59 52° | - |
| 28.11 | SAO 79810 7,7 mag | Austritt | - | 8:32 347° | - | 8:22 359° | - | 8:12 13° | 8:21 357° | - | - | - | 8:26 356° | - |
| 28.11 | 35 Cnc 6,5 mag | Eintritt | 21:34 123° | 21:31 133° | 21:33 127° | 21:32 125° | 21:34 117° | 21:34 120° | 21:33 121° | 21:33 125° | 21:31 134° | 21:32 129° | 21:32 129° | 21:32 139° |
| 28.11 | 35 Cnc 6,5 mag | Austritt | 22:26 266° | 22:17 253° | 22:23 261° | 22:22 262° | 22:27 271° | 22:25 268° | 22:23 266° | 22:24 263° | 22:18 253° | 22:21 258° | 22:20 258° | 22:18 249° |
| 28.11 | SAO 97976 6,7 mag | Eintritt | 22:55 173° | - | - | 23:00 190° | 22:51 162° | 22:52 168° | 22:52 174° | 22:58 182° | - | - | - | - |

| Datum | Stern | Vorgang | Berlin | Bern | Dresden | Frankfurt | Hamburg | Hannover | Koeln | Leipzig | Muenchen | Nuernberg | Stuttgart | Wien |
|---|---|---|---|---|---|---|---|---|---|---|---|---|---|---|
| 28.11 | SAO 97976 6,7 mag | Austritt | 23:18 219° | - | - | 23:04 199° | 23:23 229° | 23:18 223° | 23:13 216° | 23:12 209° | - | - | - | - |
| 28.11 | SAO 98010 6,7 mag | Eintritt | 23:24 74° | 23:13 89° | 23:21 80° | 23:19 80° | 23:26 68° | 23:23 72° | 23:20 76° | 23:22 78° | 23:16 88° | 23:18 83° | 23:16 84° | 23:18 91° |
| 29.11 | SAO 98010 6,7 mag | Austritt | 0:16 320° | 0:11 302° | 0:17 314° | 0:13 313° | 0:14 325° | 0:14 321° | 0:12 317° | 0:16 316° | 0:15 305° | 0:15 309° | 0:13 308° | 0:19 303° |
| 28.11 | SAO 98013 6,9 mag | Eintritt | 23:28 70° | 23:16 85° | 23:25 75° | 23:22 75° | 23:29 63° | 23:27 68° | 23:23 71° | 23:25 74° | 23:19 84° | 23:21 79° | 23:19 80° | 23:20 87° |
| 29.11 | SAO 98013 6,9 mag | Austritt | 0:17 325° | 0:13 306° | 0:18 319° | 0:14 317° | 0:14 330° | 0:14 325° | 0:13 321° | 0:17 320° | 0:16 309° | 0:16 314° | 0:14 312° | 0:20 308° |
| 28.11 | SAO 98009 7,9 mag | Eintritt | 23:28 132° | 23:25 149° | 23:28 137° | 23:25 137° | 23:27 126° | 23:26 130° | 23:24 133° | 23:27 135° | 23:27 147° | 23:27 141° | 23:26 142° | 23:31 150° |
| 29.11 | SAO 98009 7,9 mag | Austritt | 0:25 263° | 0:10 243° | 0:23 258° | 0:18 256° | 0:25 268° | 0:23 264° | 0:19 260° | 0:22 259° | 0:15 247° | 0:18 252° | 0:15 250° | 0:18 245° |
| 28.11 | SAO 98021 6,4 mag | Eintritt | - | 23:35 47° | - | - | - | - | - | - | 23:40 44° | 23:47 32° | 23:43 36° | 23:41 48° |
| 29.11 | SAO 98021 6,4 mag | Austritt | - | 0:07 345° | - | - | - | - | - | - | 0:09 349° | 0:03 1° | 0:04 357° | 0:14 346° |
| 28.11 | SAO 98019 6,9 mag | Eintritt | 23:38 108° | 23:31 122° | 23:37 113° | 23:33 113° | 23:37 103° | 23:36 106° | 23:33 109° | 23:36 111° | 23:34 121° | 23:34 116° | 23:33 117° | 23:37 123° |
| 29.11 | SAO 98019 6,9 mag | Austritt | 0:41 288° | 0:31 270° | 0:40 283° | 0:35 281° | 0:39 292° | 0:38 288° | 0:35 284° | 0:39 284° | 0:35 273° | 0:36 278° | 0:34 276° | 0:39 273° |
| 28.11 | SAO 98018 7,4 mag | Eintritt | 23:38 69° | 23:25 85° | 23:35 75° | 23:31 75° | 23:39 62° | 23:36 67° | 23:33 71° | 23:35 73° | 23:28 84° | 23:31 79° | 23:29 80° | 23:30 86° |
| 29.11 | SAO 98018 7,4 mag | Austritt | 0:27 326° | 0:23 307° | 0:28 320° | 0:24 318° | 0:23 332° | 0:24 327° | 0:22 322° | 0:26 322° | 0:26 310° | 0:26 315° | 0:24 313° | 0:31 309° |
| 28.11 | Eps Cnc 6,3 mag | Eintritt | 23:43 62° | 23:30 80° | 23:40 69° | 23:36 69° | 23:45 55° | 23:42 61° | 23:38 65° | 23:40 67° | 23:33 79° | 23:35 73° | 23:33 75° | 23:35 81° |
| 29.11 | Eps Cnc 6,3 mag | Austritt | 0:28 333° | 0:25 312° | 0:29 326° | 0:25 324° | 0:24 339° | 0:25 333° | 0:23 328° | 0:28 328° | 0:28 315° | 0:28 321° | 0:26 319° | 0:33 314° |
| 28.11 | SAO 98032 6,8 mag | Eintritt | 24:07 35° | 23:46 64° | 24:00 47° | 23:55 49° | - | 24:06 32° | 23:59 42° | 24:01 44° | 23:50 61° | 23:53 55° | 23:51 57° | 23:52 64° |
| 29.11 | SAO 98032 6,8 mag | Austritt | 0:26 1° | 0:31 330° | 0:31 349° | 0:28 345° | - | 0:22 3° | 0:25 352° | 0:29 351° | 0:34 333° | 0:32 340° | 0:31 338° | 0:39 332° |
| 29.11 | SAO 98098 6,8 mag | Eintritt | 2:19 128° | 2:18 151° | 2:20 133° | 2:15 138° | 2:15 125° | 2:15 130° | 2:13 135° | 2:19 132° | 2:21 144° | 2:19 140° | 2:17 143° | 2:26 141° |

| Datum | Stern | Vorgang | Berlin | Bern | Dresden | Frankfurt | Hamburg | Hannover | Koeln | Leipzig | Muenchen | Nuernberg | Stuttgart | Wien |
|---|---|---|---|---|---|---|---|---|---|---|---|---|---|---|
| 29.11 | SAO 98098 6,8 mag | Austritt | 3:29 281° | 3:16 256° | 3:29 277° | 3:21 269° | 3:24 282° | 3:24 278° | 3:19 271° | 3:27 276° | 3:24 265° | 3:24 269° | 3:21 265° | 3:33 270° |
| 29.11 | SAO 98161 6,7 mag | Eintritt | 5:46 175° | - | 5:51 180° | - | 5:42 179° | 5:47 185° | - | 5:50 183° | - | 6:03 202° | - | 6:01 186° |
| 29.11 | SAO 98161 6,7 mag | Austritt | 6:24 243° | - | 6:24 239° | - | 6:17 239° | 6:15 233° | - | 6:21 236° | - | 6:12 217° | - | 6:29 235° |
| 29.11 | SAO 98190 7,2 mag | Eintritt | 6:15 84° | 6:12 106° | 6:17 87° | 6:10 97° | 6:09 87° | 6:10 90° | 6:07 97° | 6:14 89° | 6:16 97° | 6:14 95° | 6:12 99° | 6:23 89° |
| 29.11 | SAO 98190 7,2 mag | Austritt | 7:09 334° | 7:19 315° | 7:13 332° | 7:13 323° | 7:06 332° | 7:09 329° | 7:10 322° | 7:12 331° | 7:19 324° | 7:16 325° | 7:16 321° | 7:20 331° |
| 29.11 | SAO 98204 7,1 mag | Eintritt | 7:42 193° | - | 7:48 199° | - | - | - | - | - | - | - | - | - |
| 29.11 | SAO 98204 7,1 mag | Austritt | 7:59 225° | - | 7:58 218° | - | - | - | - | - | - | - | - | - |
| 29.11 | SAO 98654 7,6 mag | Eintritt | 23:19 115° | 23:15 129° | 23:18 120° | 23:16 120° | 23:19 110° | 23:18 113° | 23:17 116° | 23:18 118° | 23:16 128° | 23:16 123° | 23:16 124° | 23:17 130° |
| 30.11 | SAO 98654 7,6 mag | Austritt | 0:18 288° | 0:09 271° | 0:16 283° | 0:14 282° | 0:18 292° | 0:16 289° | 0:14 285° | 0:16 284° | 0:12 274° | 0:14 278° | 0:12 277° | 0:14 273° |
| 29.11 | 7 Leo 6,2 mag | Eintritt | - | 23:39 38° | - | - | - | - | - | - | 23:45 30° | - | - | 23:42 38° |
| 29.11 | 7 Leo 6,2 mag | Austritt | - | 23:57 3° | - | - | - | - | - | - | 23:54 12° | - | - | 24:00 5° |
| 30.11 | SAO 98730 7,2 mag | Eintritt | - | 3:37 72° | - | 3:50 50° | - | - | 3:50 46° | - | 3:49 59° | 3:53 49° | 3:45 59° | 4:05 42° |
| 30.11 | SAO 98730 7,2 mag | Austritt | - | 4:25 350° | - | 4:13 12° | - | - | 4:09 15° | - | 4:22 5° | 4:16 13° | 4:20 3° | 4:17 23° |
| 1.12 | 48 Leo 5,2 mag | Eintritt | 4:07 141° | 4:09 168° | 4:08 145° | 4:05 154° | 4:03 141° | 4:04 145° | 4:03 153° | 4:07 146° | 4:10 158° | 4:08 154° | 4:07 158° | 4:14 151° |
| 1.12 | 48 Leo 5,2 mag | Austritt | 5:16 288° | 5:03 262° | 5:17 284° | 5:08 275° | 5:11 286° | 5:11 283° | 5:06 275° | 5:14 283° | 5:12 273° | 5:12 276° | 5:08 271° | 5:21 281° |
| 1.12 | SAO 118389 7,9 mag | Eintritt | 4:43 85° | 4:30 111° | 4:42 90° | 4:33 99° | 4:38 86° | 4:37 91° | 4:31 99° | 4:40 91° | 4:37 102° | 4:36 98° | 4:33 103° | 4:45 95° |
| 1.12 | SAO 118389 7,9 mag | Austritt | 5:38 345° | 5:43 321° | 5:41 342° | 5:39 331° | 5:35 343° | 5:37 339° | 5:37 331° | 5:40 340° | 5:45 330° | 5:42 333° | 5:42 328° | 5:49 338° |
| 2.12 | 75 Leo 5,4 mag | Eintritt | - | - | 0:33 62° | - | - | - | - | - | - | - | - | 0:26 77° |

| Datum | Stern | Vorgang | Berlin | Bern | Dresden | Frankfurt | Hamburg | Hannover | Koeln | Leipzig | Muenchen | Nuernberg | Stuttgart | Wien |
|---|---|---|---|---|---|---|---|---|---|---|---|---|---|---|
| 2.12 | 75 Leo 5,4 mag | Austritt | - | - | 1:06 352° | - | - | - | - | - | - | - | - | 1:10 338° |
| 2.12 | 76 Leo 6,0 mag | Eintritt | 1:22 94° | 1:15 114° | 1:20 99° | 1:18 103° | 1:23 90° | 1:22 94° | 1:19 100° | 1:20 98° | 1:17 109° | 1:18 105° | 1:17 107° | 1:18 108° |
| 2.12 | 76 Leo 6,0 mag | Austritt | 2:17 325° | 2:15 304° | 2:18 320° | 2:16 315° | 2:16 328° | 2:16 323° | 2:15 317° | 2:17 321° | 2:17 309° | 2:17 314° | 2:16 311° | 2:19 312° |
| 3.12 | SAO 138617 7,2 mag | Eintritt | 3:56 125° | 3:54 149° | 3:56 129° | 3:53 137° | 3:55 125° | 3:54 129° | 3:53 136° | 3:55 130° | 3:55 141° | 3:54 137° | 3:54 141° | 3:57 136° |
| 3.12 | SAO 138617 7,2 mag | Austritt | 5:04 304° | 4:55 280° | 5:04 300° | 4:59 292° | 5:02 303° | 5:01 299° | 4:58 292° | 5:03 300° | 5:01 290° | 5:01 293° | 4:59 288° | 5:06 296° |
| 3.12 | SAO 138664 6,5 mag | Eintritt | 7:08 47° | 6:41 88° | 7:04 56° | 6:47 75° | 6:57 57° | 6:54 64° | 6:44 76° | 6:59 60° | 6:52 75° | 6:52 71° | 6:46 78° | 7:07 59° |
| 3.12 | SAO 138664 6,5 mag | Austritt | 7:21 27° | 7:39 349° | 7:28 19° | 7:33 0° | 7:23 16° | 7:27 10° | 7:31 359° | 7:28 15° | 7:38 1° | 7:34 4° | 7:36 358° | 7:35 17° |
| 4.12 | SAO 157668 7,2 mag | Eintritt | - | - | - | 8:14 160° | 8:12 152° | 8:12 154° | 8:12 161° | - | - | - | - | - |
| 4.12 | SAO 157668 7,2 mag | Austritt | - | - | - | 9:18 270° | 9:19 276° | 9:19 275° | 9:15 269° | - | - | - | - | - |
| 5.12 | 83 Vir 5,7 mag | Eintritt | 4:30 86° | - | 4:28 91° | - | - | - | - | 4:27 92° | 4:23 103° | 4:24 99° | - | 4:25 98° |
| 5.12 | 83 Vir 5,7 mag | Austritt | 5:23 335° | 5:22 310° | 5:24 330° | 5:23 321° | 5:23 334° | 5:23 329° | - | 5:24 330° | 5:24 319° | 5:24 322° | 5:23 318° | 5:25 326° |
| 9.12 | SAO 185420 7,8 mag | Eintritt | - | - | 14:37 76° | - | - | - | - | 14:35 74° | - | - | - | 14:43 81° |
| 9.12 | SAO 185420 7,8 mag | Austritt | - | - | - | - | - | - | - | 15:50 273° | - | - | - | 15:58 264° |
| 11.12 | SAO 187898 7,4 mag | Eintritt | - | - | - | - | - | - | - | - | - | - | - | 16:39 359° |
| 11.12 | SAO 187898 7,4 mag | Austritt | - | - | - | - | - | - | - | - | - | - | - | 17:05 317° |
| 13.12 | SAO 163954 7,1 mag | Eintritt | 15:34 352° | - | 15:31 357° | - | - | - | - | 15:32 352° | - | - | - | 15:26 9° |
| 13.12 | SAO 163954 7,1 mag | Austritt | 16:04 309° | - | 16:07 303° | - | - | - | - | 16:02 309° | - | - | - | 16:19 289° |
| 13.12 | SAO 163965 7,5 mag | Eintritt | - | - | - | - | - | - | - | - | - | - | - | 16:04 354° |

| Datum | Stern | Vorgang | Berlin | Bern | Dresden | Frankfurt | Hamburg | Hannover | Koeln | Leipzig | Muenchen | Nuernberg | Stuttgart | Wien |
|---|---|---|---|---|---|---|---|---|---|---|---|---|---|---|
| 13.12 | SAO 163965<br>7,5 mag | Austritt | - | - | - | - | - | - | - | - | - | - | - | 16:40<br>302° |
| 14.12 | SAO 164579<br>7,1 mag | Eintritt | - | - | - | 15:53<br>133° | 15:54<br>127° | 15:54<br>130° | 15:46<br>125° | - | - | - | - | - |
| 14.12 | SAO 164579<br>7,1 mag | Austritt | - | - | - | 16:12<br>160° | 16:21<br>167° | 16:18<br>165° | 16:17<br>170° | - | - | - | - | - |
| 14.12 | 44 Cap<br>6,0 mag | Eintritt | 17:05<br>81° | 16:54<br>81° | 17:06<br>84° | 16:57<br>78° | 16:59<br>75° | 16:59<br>76° | 16:54<br>74° | 17:03<br>82° | 17:03<br>86° | 17:01<br>83° | 16:58<br>81° | 17:12<br>95° |
| 14.12 | 44 Cap<br>6,0 mag | Austritt | 18:14<br>210° | 18:07<br>207° | 18:13<br>206° | 18:10<br>212° | 18:12<br>217° | 18:12<br>215° | 18:09<br>216° | 18:13<br>209° | 18:10<br>203° | 18:11<br>207° | 18:09<br>208° | 18:12<br>194° |
| 17.12 | SAO 108992<br>7,9 mag | Eintritt | - | 21:58<br>345° | - | - | - | - | - | - | 22:04<br>342° | - | - | 22:02<br>351° |
| 17.12 | SAO 108992<br>7,9 mag | Austritt | - | 22:20<br>310° | - | - | - | - | - | - | 22:20<br>315° | - | - | 22:27<br>307° |
| 17.12 | SAO 109004<br>6,9 mag | Eintritt | 22:12<br>98° | 22:20<br>122° | 22:15<br>105° | 22:12<br>105° | 22:06<br>91° | 22:08<br>96° | 22:08<br>99° | 22:13<br>102° | 22:21<br>119° | 22:16<br>110° | 22:16<br>112° | 22:27<br>124° |
| 17.12 | SAO 109004<br>6,9 mag | Austritt | 23:03<br>202° | 22:51<br>175° | 23:01<br>195° | 22:59<br>193° | 23:02<br>207° | 23:02<br>203° | 22:59<br>198° | 23:01<br>197° | 22:55<br>180° | 22:58<br>188° | 22:56<br>186° | 22:56<br>177° |
| 20.12 | SAO 93005<br>7,9 mag | Eintritt | 18:56<br>30° | 18:41<br>34° | 18:53<br>34° | 18:49<br>29° | 18:57<br>22° | 18:54<br>25° | 18:50<br>24° | 18:53<br>31° | 18:45<br>38° | 18:48<br>34° | 18:46<br>32° | 18:49<br>45° |
| 20.12 | SAO 93005<br>7,9 mag | Austritt | 19:55<br>276° | 19:42<br>269° | 19:55<br>271° | 19:46<br>276° | 19:49<br>284° | 19:49<br>281° | 19:44<br>281° | 19:53<br>274° | 19:50<br>266° | 19:50<br>270° | 19:46<br>271° | 19:58<br>260° |
| 21.12 | SAO 75979<br>7,6 mag | Eintritt | 17:14<br>62° | 17:03<br>63° | 17:11<br>65° | 17:09<br>60° | 17:15<br>57° | 17:13<br>58° | 17:10<br>57° | 17:11<br>63° | 17:06<br>66° | 17:08<br>64° | 17:06<br>63° | 17:07<br>72° |
| 21.12 | SAO 75979<br>7,6 mag | Austritt | 18:13<br>256° | 18:01<br>254° | 18:11<br>253° | 18:06<br>258° | 18:12<br>262° | 18:10<br>260° | 18:07<br>261° | 18:10<br>255° | 18:05<br>250° | 18:07<br>253° | 18:05<br>255° | 18:08<br>244° |
| 21.12 | SAO 75990<br>7,6 mag | Eintritt | 18:03<br>58° | 17:51<br>60° | 18:01<br>61° | 17:57<br>56° | 18:04<br>52° | 18:02<br>54° | 17:58<br>53° | 18:01<br>59° | 17:55<br>63° | 17:57<br>60° | 17:55<br>59° | 17:57<br>69° |
| 21.12 | SAO 75990<br>7,6 mag | Austritt | 19:05<br>260° | 18:52<br>256° | 19:03<br>257° | 18:58<br>261° | 19:03<br>266° | 19:02<br>264° | 18:57<br>265° | 19:03<br>259° | 18:57<br>253° | 18:59<br>257° | 18:56<br>258° | 19:02<br>247° |
| 21.12 | SAO 76036<br>7,9 mag | Eintritt | 20:01<br>39° | 19:45<br>46° | 19:58<br>43° | 19:52<br>39° | 20:01<br>31° | 19:58<br>34° | 19:53<br>35° | 19:57<br>41° | 19:50<br>49° | 19:52<br>44° | 19:50<br>44° | 19:55<br>54° |
| 21.12 | SAO 76036<br>7,9 mag | Austritt | 21:00<br>283° | 20:49<br>272° | 21:00<br>278° | 20:52<br>280° | 20:54<br>290° | 20:54<br>286° | 20:49<br>285° | 20:58<br>280° | 20:56<br>271° | 20:56<br>275° | 20:52<br>275° | 21:04<br>266° |
| 21.12 | 19 Tau<br>4,4 mag | Eintritt | 23:34<br>101° | 23:35<br>124° | 23:36<br>107° | 23:30<br>110° | 23:28<br>97° | 23:29<br>102° | 23:27<br>106° | 23:34<br>106° | 23:38<br>119° | 23:35<br>113° | 23:33<br>116° | 23:45<br>118° |

| Datum | Stern | Vorgang | Berlin | Bern | Dresden | Frankfurt | Hamburg | Hannover | Koeln | Leipzig | Muenchen | Nuernberg | Stuttgart | Wien |
|---|---|---|---|---|---|---|---|---|---|---|---|---|---|---|
| 22.12 | 19 Tau 4,4 mag | Austritt | 0:37 237° | 0:25 212° | 0:38 232° | 0:31 226° | 0:34 239° | 0:33 235° | 0:29 229° | 0:36 232° | 0:33 219° | 0:34 224° | 0:30 221° | 0:39 222° |
| 21.12 | 16 Tau 5,4 mag | Eintritt | 23:39 150° | - | - | - | 23:29 140° | 23:35 151° | - | - | - | - | - | - |
| 21.12 | 16 Tau 5,4 mag | Austritt | 24:01 187° | - | - | - | 24:01 195° | 23:55 185° | - | - | - | - | - | - |
| 21.12 | 21 Tau 5,9 mag | Eintritt | 23:53 90° | 23:52 111° | 23:55 95° | 23:50 99° | 23:48 87° | 23:49 91° | 23:46 95° | 23:53 94° | 23:56 106° | 23:54 101° | 23:52 103° | 24:02 105° |
| 22.12 | 21 Tau 5,9 mag | Austritt | 1:00 250° | 0:53 228° | 1:01 245° | 0:56 240° | 0:56 252° | 0:56 248° | 0:54 242° | 01:00 246° | 0:59 234° | 0:59 239° | 0:56 235° | 1:05 237° |
| 21.12 | 22 Tau 6,5 mag | Eintritt | 23:58 97° | 23:59 119° | 24:00 102° | 23:55 106° | 23:52 94° | 23:53 98° | 23:51 103° | 23:58 101° | 24:02 114° | 23:59 108° | 23:58 111° | 24:08 112° |
| 22.12 | 22 Tau 6,5 mag | Austritt | 1:02 243° | 0:54 219° | 1:03 238° | 0:57 233° | 0:59 245° | 0:59 241° | 0:55 235° | 1:02 239° | 1:00 226° | 1:00 231° | 0:58 228° | 1:06 230° |
| 21.12 | 18 Tau 5,6 mag | Eintritt | 24:00 11° | 23:40 42° | 23:56 22° | 23:47 27° | 24:02 1° | 23:55 13° | 23:47 22° | 23:55 20° | 23:47 37° | 23:49 31° | 23:45 34° | 23:54 36° |
| 22.12 | 18 Tau 5,6 mag | Austritt | 0:26 328° | 0:38 295° | 0:33 318° | 0:31 310° | 0:16 337° | 0:24 325° | 0:27 314° | 0:30 319° | 0:40 302° | 0:36 307° | 0:36 304° | 0:44 305° |
| 21.12 | 20 Tau 4,0 mag | Eintritt | 24:02 136° | - | 24:08 146° | 24:11 160° | 23:54 130° | 23:58 137° | 24:01 149° | 24:06 144° | - | - | - | - |
| 22.12 | 20 Tau 4,0 mag | Austritt | 0:40 203° | - | 0:36 194° | 0:22 178° | 0:37 208° | 0:34 201° | 0:25 189° | 0:35 195° | - | - | - | - |
| 22.12 | SAO 76183 6,7 mag | Eintritt | 0:26 108° | 0:33 134° | 0:29 113° | 0:25 118° | 0:21 105° | 0:22 109° | 0:22 115° | 0:27 112° | 0:34 126° | 0:30 121° | 0:29 124° | 0:38 124° |
| 22.12 | SAO 76183 6,7 mag | Austritt | 1:25 235° | 1:14 207° | 1:25 230° | 1:20 223° | 1:22 236° | 1:21 232° | 1:18 225° | 1:24 230° | 1:22 216° | 1:22 221° | 1:19 217° | 1:28 220° |
| 22.12 | SAO 76194 7,5 mag | Eintritt | 0:36 96° | 0:39 119° | 0:38 101° | 0:35 106° | 0:31 94° | 0:32 98° | 0:31 103° | 0:37 101° | 0:41 113° | 0:38 108° | 0:37 111° | 0:46 110° |
| 22.12 | SAO 76194 7,5 mag | Austritt | 1:39 247° | 1:34 223° | 1:40 242° | 1:36 236° | 1:36 248° | 1:36 244° | 1:34 238° | 1:39 242° | 1:39 231° | 1:38 235° | 1:36 231° | 1:44 235° |
| 22.12 | SAO 76206 6,8 mag | Eintritt | - | 1:10 37° | - | 1:17 18° | - | - | 1:17 13° | - | 1:17 27° | 1:19 20° | 1:15 26° | 1:24 21° |
| 22.12 | SAO 76206 6,8 mag | Austritt | - | 1:57 308° | - | 1:46 326° | - | - | 1:41 330° | - | 1:54 318° | 1:49 325° | 1:51 319° | 1:54 325° |
| 22.12 | SAO 76259 7,3 mag | Eintritt | 2:14 151° | - | 2:23 165° | - | 2:09 149° | 2:16 160° | - | 2:23 167° | - | - | - | - |

| Datum | Stern | Vorgang | Berlin | Bern | Dresden | Frankfurt | Hamburg | Hannover | Koeln | Leipzig | Muenchen | Nuernberg | Stuttgart | Wien |
|---|---|---|---|---|---|---|---|---|---|---|---|---|---|---|
| 22.12 | SAO 76259 7,3 mag | Austritt | 2:37 197° | - | 2:32 183° | - | 2:35 198° | 2:30 186° | - | 2:30 181° | - | - | - | - |
| 22.12 | SAO 76286 6,8 mag | Eintritt | - | 3:11 9° | - | - | - | - | - | - | - | - | - | - |
| 22.12 | SAO 76286 6,8 mag | Austritt | - | 3:25 342° | - | - | - | - | - | - | - | - | - | - |
| 22.12 | SAO 76764 7,8 mag | Eintritt | 22:10 23° | 21:48 43° | 22:05 31° | 21:58 31° | 22:13 11° | 22:07 20° | 21:59 25° | 22:05 29° | 21:55 43° | 21:58 37° | 21:55 38° | 22:01 46° |
| 22.12 | SAO 76764 7,8 mag | Austritt | 22:46 322° | 22:46 298° | 22:50 314° | 22:44 312° | 22:36 333° | 22:40 324° | 22:39 317° | 22:48 316° | 22:52 301° | 22:49 307° | 22:47 305° | 23:00 300° |
| 22.12 | SAO 76770 7,6 mag | Eintritt | 22:38 12° | 22:12 40° | 22:31 24° | 22:23 25° | - | 22:34 9° | 22:25 18° | 22:31 21° | 22:20 38° | 22:23 31° | 22:19 33° | 22:26 40° |
| 22.12 | SAO 76770 7,6 mag | Austritt | 23:01 334° | 23:06 304° | 23:08 323° | 23:02 319° | - | 22:55 336° | 22:56 326° | 23:04 325° | 23:12 308° | 23:08 314° | 23:06 312° | 23:19 307° |
| 22.12 | SAO 76804 7,3 mag | Eintritt | 23:59 94° | 23:56 115° | 24:01 99° | 23:54 103° | 23:54 91° | 23:54 95° | 23:51 100° | 23:59 98° | 24:01 110° | 23:58 105° | 23:56 108° | 24:07 109° |
| 23.12 | SAO 76804 7,3 mag | Austritt | 1:08 262° | 1:00 239° | 1:09 257° | 1:03 251° | 1:03 263° | 1:03 259° | 1:00 253° | 1:07 257° | 1:07 246° | 1:06 250° | 1:04 247° | 1:14 249° |
| 23.12 | SAO 76841 7,5 mag | Eintritt | - | 1:36 11° | - | - | - | - | - | - | - | - | - | - |
| 23.12 | SAO 76841 7,5 mag | Austritt | - | 1:49 350° | - | - | - | - | - | - | - | - | - | - |
| 23.12 | SAO 76903 6,9 mag | Eintritt | 3:46 114° | 3:58 137° | 3:49 117° | 3:50 126° | 3:44 115° | 3:46 118° | 3:48 126° | 3:48 118° | 3:55 128° | 3:52 125° | 3:53 129° | 3:55 122° |
| 23.12 | SAO 76903 6,9 mag | Austritt | 4:38 252° | 4:40 231° | 4:40 250° | 4:39 241° | 4:36 251° | 4:37 248° | 4:37 241° | 4:39 249° | 4:42 240° | 4:40 243° | 4:40 239° | 4:43 246° |
| 23.12 | SAO 76895 7,8 mag | Eintritt | 3:49 153° | - | 3:55 159° | - | 3:48 154° | 3:52 162° | - | 3:55 161° | - | - | - | 4:05 170° |
| 23.12 | SAO 76895 7,8 mag | Austritt | 4:18 214° | - | 4:18 208° | - | 4:15 211° | 4:14 205° | - | 4:16 206° | - | - | - | 4:18 198° |
| 23.12 | SAO 76945 7,7 mag | Eintritt | 4:52 96° | 5:01 114° | 4:55 98° | 4:56 105° | 4:51 97° | 4:52 100° | 4:55 105° | 4:54 99° | 4:59 106° | 4:57 104° | 4:58 108° | 4:58 101° |
| 23.12 | SAO 76945 7,7 mag | Austritt | 5:44 272° | 5:51 255° | 5:46 270° | 5:48 263° | 5:43 270° | 5:45 268° | 5:47 262° | 5:46 269° | 5:50 262° | 5:48 264° | 5:49 261° | 5:49 267° |
| 23.12 | SAO 77350 6,5 mag | Eintritt | 15:04 109° | - | - | - | 15:06 106° | - | - | - | - | - | - | - |

| Datum | Stern | Vorgang | Berlin | Bern | Dresden | Frankfurt | Hamburg | Hannover | Koeln | Leipzig | Muenchen | Nuernberg | Stuttgart | Wien |
|---|---|---|---|---|---|---|---|---|---|---|---|---|---|---|
| 23.12 | SAO 77350 6,5 mag | Austritt | 15:46 243° | - | - | - | 15:50 247° | - | - | - | - | - | - | - |
| 23.12 | SAO 77753 7,7 mag | Eintritt | - | 21:37 32° | 22:01 9° | 21:54 9° | - | - | - | - | 21:43 31° | 21:49 22° | 21:45 24° | 21:47 36° |
| 23.12 | SAO 77753 7,7 mag | Austritt | - | 22:15 324° | 22:12 351° | 22:06 349° | - | - | - | - | 22:20 327° | 22:16 337° | 22:14 334° | 22:29 324° |
| 23.12 | SAO 77819 6,8 mag | Eintritt | 23:19 17° | 22:51 50° | 23:11 31° | 23:02 35° | - | 23:14 17° | 23:03 28° | 23:11 28° | 22:59 47° | 23:02 40° | 22:58 43° | 23:06 48° |
| 23.12 | SAO 77819 6,8 mag | Austritt | 23:36 349° | 23:45 313° | 23:44 336° | 23:40 330° | - | 23:32 348° | 23:35 335° | 23:41 338° | 23:50 319° | 23:46 326° | 23:44 322° | 23:56 320° |
| 24.12 | SAO 77974 7,5 mag | Eintritt | 2:12 127° | 2:23 157° | 2:16 132° | 2:14 141° | 2:07 127° | 2:09 131° | 2:11 139° | 2:14 132° | 2:21 145° | 2:17 140° | 2:18 145° | 2:24 138° |
| 24.12 | SAO 77974 7,5 mag | Austritt | 3:10 253° | 3:02 225° | 3:11 250° | 3:05 240° | 3:05 253° | 3:06 249° | 3:03 241° | 3:09 249° | 3:09 237° | 3:08 241° | 3:06 236° | 3:16 245° |
| 24.12 | SAO 77980 7,0 mag | Eintritt | 2:18 123° | 2:27 149° | 2:21 127° | 2:19 135° | 2:13 122° | 2:15 126° | 2:16 134° | 2:20 127° | 2:26 139° | 2:23 135° | 2:23 139° | 2:29 133° |
| 24.12 | SAO 77980 7,0 mag | Austritt | 3:18 258° | 3:12 233° | 3:19 255° | 3:14 246° | 3:13 258° | 3:14 254° | 3:11 246° | 3:18 254° | 3:18 243° | 3:17 247° | 3:15 242° | 3:24 250° |
| 24.12 | SAO 78813 6,6 mag | Eintritt | 16:46 31° | - | 16:42 36° | - | - | - | - | 16:45 32° | - | - | - | 16:35 47° |
| 24.12 | SAO 78813 6,6 mag | Austritt | 17:08 336° | - | 17:08 330° | - | - | - | - | 17:08 334° | - | - | - | 17:08 318° |
| 24.12 | SAO 78827 7,4 mag | Eintritt | 16:58 112° | - | 16:56 115° | 16:57 111° | 16:59 107° | 16:59 109° | 16:59 108° | 16:57 113° | 16:55 118° | 16:56 115° | 16:56 114° | 16:54 123° |
| 24.12 | SAO 78827 7,4 mag | Austritt | 17:43 255° | - | 17:41 251° | 17:42 255° | 17:46 260° | 17:45 258° | 17:44 258° | 17:42 253° | 17:38 248° | 17:40 251° | 17:40 252° | 17:36 242° |
| 24.12 | 37 Gem 5,8 mag | Eintritt | 17:39 93° | 17:35 97° | 17:37 96° | 17:38 93° | 17:41 88° | 17:40 90° | 17:39 90° | 17:38 94° | 17:35 99° | 17:36 96° | 17:36 96° | 17:34 104° |
| 24.12 | 37 Gem 5,8 mag | Austritt | 18:29 274° | 18:24 268° | 18:28 270° | 18:27 273° | 18:31 279° | 18:30 277° | 18:28 277° | 18:28 272° | 18:24 266° | 18:26 270° | 18:25 270° | 18:23 261° |
| 24.12 | SAO 78990 6,9 mag | Eintritt | 20:08 62° | 19:57 72° | 20:05 67° | 20:03 64° | 20:10 55° | 20:08 59° | 20:05 60° | 20:06 65° | 19:59 73° | 20:02 69° | 20:00 69° | 20:01 78° |
| 24.12 | SAO 78990 6,9 mag | Austritt | 20:58 308° | 20:51 296° | 20:58 303° | 20:53 305° | 20:55 315° | 20:55 311° | 20:52 309° | 20:57 305° | 20:55 296° | 20:55 300° | 20:53 300° | 20:59 292° |
| 24.12 | SAO 78995 7,2 mag | Eintritt | 20:11 75° | 20:01 84° | 20:08 80° | 20:06 77° | 20:12 69° | 20:10 72° | 20:07 73° | 20:08 77° | 20:03 85° | 20:05 81° | 20:04 81° | 20:05 90° |

| Datum | Stern | Vorgang | Berlin | Bern | Dresden | Frankfurt | Hamburg | Hannover | Koeln | Leipzig | Muenchen | Nuernberg | Stuttgart | Wien |
|---|---|---|---|---|---|---|---|---|---|---|---|---|---|---|
| 24.12 | SAO 78995 7,2 mag | Austritt | 21:07 295° | 20:58 283° | 21:06 291° | 21:02 292° | 21:05 301° | 21:04 298° | 21:01 296° | 21:05 293° | 21:02 283° | 21:03 288° | 21:01 287° | 21:06 280° |
| 24.12 | SAO 79054 7,2 mag | Eintritt | - | - | - | - | 22:17 183° | - | - | - | - | - | - | - |
| 24.12 | SAO 79054 7,2 mag | Austritt | - | - | - | - | 22:23 193° | - | - | - | - | - | - | - |
| 25.12 | SAO 79191 6,7 mag | Eintritt | 1:38 112° | 1:38 135° | 1:40 116° | 1:35 123° | 1:33 111° | 1:34 115° | 1:32 122° | 1:38 117° | 1:41 127° | 1:39 124° | 1:37 127° | 1:47 123° |
| 25.12 | SAO 79191 6,7 mag | Austritt | 2:46 283° | 2:42 260° | 2:48 279° | 2:43 271° | 2:41 282° | 2:42 279° | 2:40 272° | 2:46 279° | 2:48 269° | 2:46 272° | 2:44 268° | 2:54 275° |
| 25.12 | 52 Gem 6,0 mag | Eintritt | 1:45 73° | 1:35 97° | 1:45 78° | 1:37 86° | 1:40 73° | 1:39 77° | 1:34 84° | 1:43 78° | 1:41 90° | 1:40 86° | 1:37 90° | 1:49 85° |
| 25.12 | 52 Gem 6,0 mag | Austritt | 2:41 322° | 2:46 299° | 2:45 318° | 2:42 309° | 2:36 321° | 2:39 317° | 2:39 310° | 2:43 317° | 2:48 307° | 2:46 310° | 2:45 306° | 2:53 313° |
| 25.12 | SAO 79238 7,0 mag | Eintritt | 2:47 113° | 2:50 136° | 2:49 117° | 2:45 125° | 2:42 114° | 2:43 117° | 2:42 124° | 2:47 118° | 2:52 127° | 2:49 124° | 2:48 128° | 2:56 121° |
| 25.12 | SAO 79238 7,0 mag | Austritt | 3:52 285° | 3:52 264° | 3:54 282° | 3:50 274° | 3:47 283° | 3:49 280° | 3:47 274° | 3:52 281° | 3:56 272° | 3:54 275° | 3:52 271° | 4:00 279° |
| 25.12 | SAO 79903 6,9 mag | Eintritt | 19:01 37° | 18:52 50° | 18:56 45° | 18:58 40° | 19:10 20° | 19:04 30° | 19:03 32° | 18:58 41° | 18:51 52° | 18:55 47° | 18:55 46° | 18:48 59° |
| 25.12 | SAO 79903 6,9 mag | Austritt | 19:24 344° | 19:24 329° | 19:25 337° | 19:23 341° | 19:18 2° | 19:21 352° | 19:21 349° | 19:24 340° | 19:25 328° | 19:25 334° | 19:24 334° | 19:27 322° |
| 25.12 | Mu2 Cnc 5,4 mag | Eintritt | 20:21 113° | 20:15 123° | 20:20 117° | 20:18 115° | 20:21 107° | 20:20 110° | 20:18 112° | 20:19 115° | 20:17 124° | 20:18 119° | 20:17 120° | 20:19 128° |
| 25.12 | Mu2 Cnc 5,4 mag | Austritt | 21:17 273° | 21:07 259° | 21:15 268° | 21:12 268° | 21:17 278° | 21:16 274° | 21:13 272° | 21:15 270° | 21:10 260° | 21:12 265° | 21:10 264° | 21:12 257° |
| 26.12 | SAO 80063 7,5 mag | Eintritt | 0:24 65° | 0:08 89° | 0:22 71° | 0:14 77° | 0:22 62° | 0:19 67° | 0:13 74° | 0:21 71° | 0:15 84° | 0:16 79° | 0:12 82° | 0:22 82° |
| 26.12 | SAO 80063 7,5 mag | Austritt | 1:13 338° | 1:15 312° | 1:16 332° | 1:12 324° | 1:07 339° | 1:10 334° | 1:09 326° | 1:14 332° | 1:19 319° | 1:16 323° | 1:15 319° | 1:24 323° |
| 26.12 | SAO 80099 7,9 mag | Eintritt | 1:55 74° | 1:43 99° | 1:55 79° | 1:46 87° | 1:51 73° | 1:49 78° | 1:44 85° | 1:53 79° | 1:50 91° | 1:50 87° | 1:46 91° | 1:58 86° |
| 26.12 | SAO 80099 7,9 mag | Austritt | 2:48 336° | 2:53 311° | 2:52 331° | 2:49 322° | 2:43 335° | 2:46 330° | 2:46 322° | 2:50 330° | 2:56 319° | 2:53 323° | 2:52 318° | 03:00 326° |
| 26.12 | SAO 80112 5,9 mag | Eintritt | 2:14 96° | 2:08 119° | 2:15 100° | 2:08 108° | 2:09 96° | 2:09 100° | 2:05 107° | 2:13 101° | 2:13 111° | 2:12 108° | 2:10 112° | 2:20 106° |

| Datum | Stern | Vorgang | Berlin | Bern | Dresden | Frankfurt | Hamburg | Hannover | Koeln | Leipzig | Muenchen | Nuernberg | Stuttgart | Wien |
|---|---|---|---|---|---|---|---|---|---|---|---|---|---|---|
| 26.12 | SAO 80112 5,9 mag | Austritt | 3:19 314° | 3:21 293° | 3:22 311° | 3:18 302° | 3:15 313° | 3:16 309° | 3:15 303° | 3:20 310° | 3:24 301° | 3:22 304° | 3:21 299° | 3:29 307° |
| 26.12 | SAO 80164 7,0 mag | Eintritt | 4:36 113° | 4:41 132° | 4:39 116° | 4:36 124° | 4:32 115° | 4:33 118° | 4:33 124° | 4:33 124° | 4:42 124° | 4:39 122° | 4:39 126° | 4:46 117° |
| 26.12 | SAO 80164 7,0 mag | Austritt | 5:39 300° | 5:44 283° | 5:41 298° | 5:40 291° | 5:35 298° | 5:37 295° | 5:37 290° | 5:37 290° | 5:45 291° | 5:43 292° | 5:42 289° | 5:48 297° |
| 26.12 | SAO 98384 7,8 mag | Eintritt | 20:39 74° | 20:31 87° | 20:36 79° | 20:36 78° | 20:42 67° | 20:39 71° | 20:38 74° | 20:37 77° | 20:32 87° | 20:34 82° | 20:33 83° | 20:31 90° |
| 26.12 | SAO 98384 7,8 mag | Austritt | 21:25 322° | 21:22 307° | 21:25 317° | 21:23 317° | 21:23 329° | 21:23 324° | 21:22 321° | 21:24 319° | 21:23 308° | 21:23 313° | 21:23 312° | 21:25 306° |
| 26.12 | SAO 98430 7,6 mag | Eintritt | - | 22:21 52° | - | - | - | - | - | - | 22:27 47° | 22:34 33° | 22:30 39° | 22:28 49° |
| 26.12 | SAO 98430 7,6 mag | Austritt | - | 22:53 348° | - | - | - | - | - | - | 22:54 355° | 22:48 8° | 22:49 2° | 22:58 354° |
| 27.12 | SAO 98517 6,5 mag | Eintritt | 3:05 73° | 2:52 100° | 3:04 78° | 2:55 88° | 2:59 75° | 2:58 79° | 2:52 88° | 2:52 88° | 2:52 88° | 2:59 87° | 2:55 92° | 3:08 83° |
| 27.12 | SAO 98517 6,5 mag | Austritt | 3:51 349° | 04:00 324° | 3:55 345° | 3:55 334° | 3:47 347° | 3:50 342° | 3:52 334° | 3:52 334° | 3:52 334° | 3:58 336° | 3:58 331° | 4:03 342° |
| 27.12 | SAO 98571 7,9 mag | Eintritt | 6:13 87° | 6:15 104° | 6:16 89° | 6:11 97° | 6:08 90° | 6:10 92° | 6:08 98° | 6:08 98° | 6:08 98° | 6:15 95° | 6:14 99° | 6:22 89° |
| 27.12 | SAO 98571 7,9 mag | Austritt | 7:04 334° | 7:15 320° | 7:07 333° | 7:09 326° | 7:02 332° | 7:04 330° | 7:07 325° | 7:07 325° | 7:07 325° | 7:11 328° | 7:12 325° | 7:14 333° |
| 27.12 | SAO 98574 7,1 mag | Eintritt | 6:22 119° | 6:29 134° | 6:25 121° | 6:24 128° | 6:18 122° | 6:20 124° | 6:21 129° | 6:21 129° | 6:21 129° | 6:24 122° | 6:26 129° | 6:32 121° |
| 27.12 | SAO 98574 7,1 mag | Austritt | 7:23 301° | 7:30 290° | 7:26 300° | 7:25 294° | 7:20 299° | 7:22 298° | 7:23 294° | 7:23 294° | 7:23 294° | 7:25 299° | 7:28 294° | 7:31 300° |
| 27.12 | SAO 98617 7,8 mag | Eintritt | - | - | - | - | 8:47 195° | - | - | - | - | - | - | - |
| 27.12 | SAO 98617 7,8 mag | Austritt | - | - | - | - | 8:59 220° | - | - | - | - | - | - | - |
| 27.12 | 31 Leo 4,6 mag | Eintritt | 22:51 151° | 22:51 151° | 22:52 157° | 22:51 161° | 22:49 146° | 22:49 151° | 22:49 156° | 22:49 156° | 22:49 156° | 22:49 156° | 22:52 168° | 22:57 172° |
| 27.12 | 31 Leo 4,6 mag | Austritt | 23:41 261° | 23:41 261° | 23:38 255° | 23:33 250° | 23:41 265° | 23:38 260° | 23:34 254° | 23:34 254° | 23:34 254° | 23:34 254° | 23:29 243° | 23:32 241° |
| 28.12 | 58 Leo 5,0 mag | Eintritt | 23:30 120° | 23:27 140° | 23:29 125° | 23:28 128° | 23:30 117° | 23:29 121° | 23:28 125° | 23:28 125° | 23:28 125° | 23:28 130° | 23:28 130° | 23:29 134° |

| Datum | Stern | Vorgang | Berlin | Bern | Dresden | Frankfurt | Hamburg | Hannover | Koeln | Leipzig | Muenchen | Nuernberg | Stuttgart | Wien |
|---|---|---|---|---|---|---|---|---|---|---|---|---|---|---|
| 29.12 | 58 Leo 5,0 mag | Austritt | 0:31 299° | 0:22 277° | 0:30 294° | 0:27 289° | 0:30 301° | 0:29 297° | 0:26 291° | 0:26 291° | 0:26 291° | 0:27 287° | 0:27 287° | 0:29 286° |
| 29.12 | SAO 118693 7,9 mag | Eintritt | - | 4:58 74° | - | 5:07 56° | - | - | 5:02 58° | 5:02 58° | 5:02 58° | 5:02 58° | 5:02 58° | - |
| 29.12 | SAO 118693 7,9 mag | Austritt | - | 5:42 3° | - | 5:30 19° | - | - | 5:29 16° | 5:29 16° | 5:29 16° | 5:29 16° | 5:29 16° | - |
| 30.12 | SAO 138464 7,3 mag | Eintritt | 3:14 207° | 3:14 207° | - | - | - | - | - | - | - | - | - | - |
| 30.12 | SAO 138464 7,3 mag | Austritt | 3:25 225° | 3:25 225° | - | - | - | - | - | - | - | - | - | - |
| 30.12 | SAO 138508 7,1 mag | Eintritt | 5:32 150° | 5:32 150° | 5:34 152° | 5:32 162° | 5:29 153° | 5:30 155° | 5:30 155° | 5:30 155° | 5:30 155° | 5:30 155° | 5:30 155° | 5:41 153° |
| 30.12 | SAO 138508 7,1 mag | Austritt | 6:40 284° | 6:40 284° | 6:42 282° | 6:34 273° | 6:35 280° | 6:35 278° | 6:35 278° | 6:35 278° | 6:35 278° | 6:35 278° | 6:35 278° | 6:49 282° |
| 31.12 | SAO 138935 7,6 mag | Eintritt | 3:57 103° | 3:49 126° | 3:49 126° | 3:51 116° | 3:54 105° | 3:53 109° | 3:50 116° | 3:50 116° | 3:50 116° | 3:50 116° | 3:50 116° | 3:51 119° |
| 31.12 | SAO 138935 7,6 mag | Austritt | 5:04 328° | 5:01 307° | 5:01 307° | 5:02 316° | 5:01 325° | 5:02 322° | 05:00 315° | 05:00 315° | 05:00 315° | 05:00 315° | 05:00 315° | 5:03 314° |

# Position von Merkur und Venus relativ zur Sonne

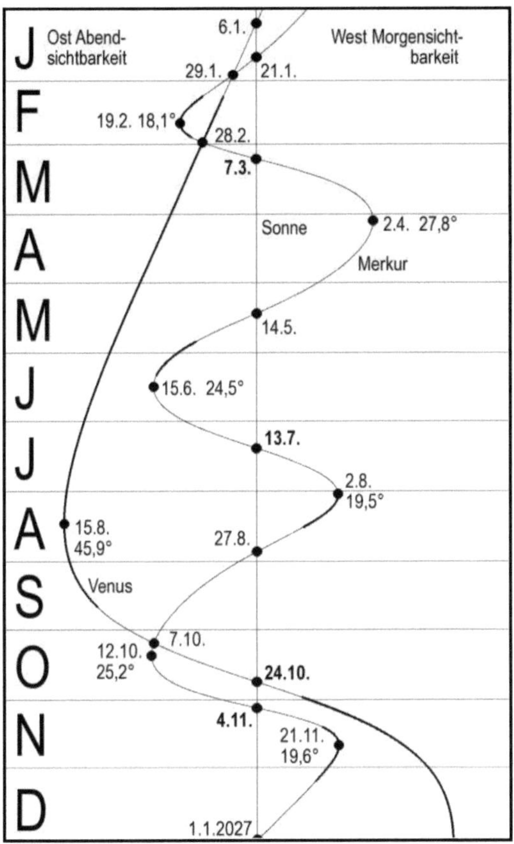


Position von Merkur und Venus in Bezug zur Sonne im Lauf des Jahres 2026. Die Datumswerte geben die Zeitpunkte der größten Elongationen (mit Elongationswert) und der oberen und unteren Konjunktionen zur Sonne an. Daten der unteren Konjunktionen sind fett, die der Elongationen und oberen Konjunktionen normal gedruckt. Eine dicke Linie bedeutet freiäugige Sichtbarkeit in Mitteleuropa.

# Helligkeiten und Scheibchendurchmesser der Planeten 2026

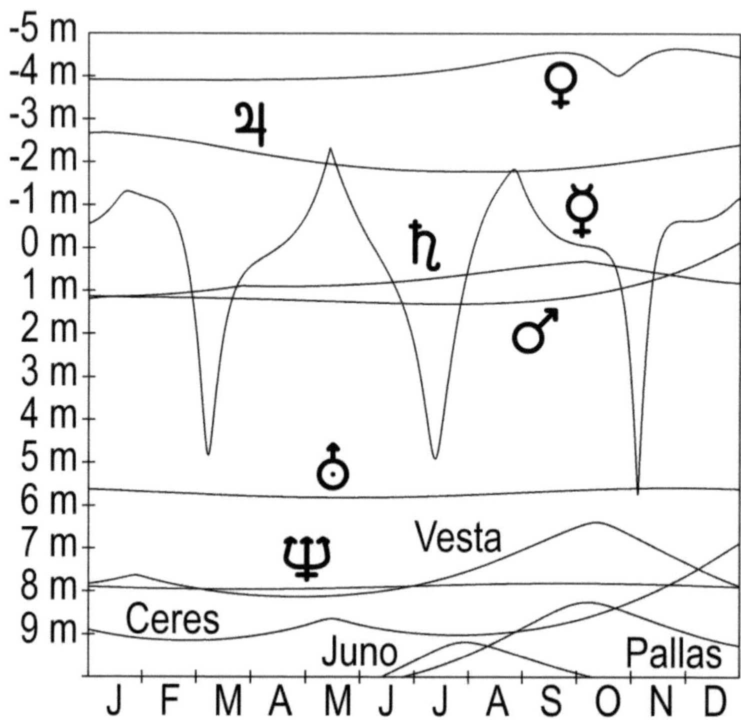


Helligkeiten der Planeten 2026

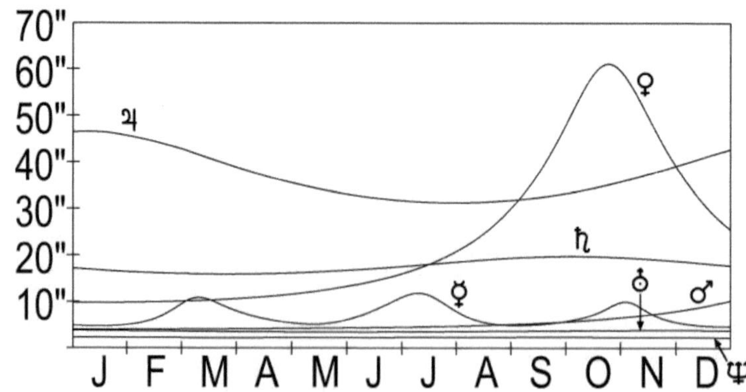


Scheibchendurchmesser der Planeten 2026

# Ephemeriden

## Sonne

| Datum | Rektaszension | Deklination | Scheibchendurchmesser | Zentralmeridian | B | P |
|---|---|---|---|---|---|---|
| 1.1. | 18h45,8m | -23,02° | 32,6' | 299,7° | -3,0° | 2,1° |
| 6.1. | 19h07,8m | -22,53° | 32,6' | 233,8° | -3,6° | -0,3° |
| 11.1. | 19h29,6m | -21,84° | 32,6' | 168,0° | -4,1° | -2,7° |
| 16.1. | 19h51,2m | -20,98° | 32,6' | 102,1° | -4,6° | -5,1° |
| 21.1. | 20h12,5m | -19,96° | 32,5' | 36,3° | -5,1° | -7,4° |
| 26.1. | 20h33,5m | -18,78° | 32,5' | 330,5° | -5,5° | -9,6° |
| 31.1. | 20h54,1m | -17,45° | 32,5' | 264,6° | -5,9° | -11,7° |
| 5.2. | 21h14,4m | -16,00° | 32,5' | 198,8° | -6,3° | -13,7° |
| 10.2. | 21h34,4m | -14,43° | 32,5' | 133,0° | -6,6° | -15,6° |
| 15.2. | 21h54,0m | -12,76° | 32,4' | 67,1° | -6,8° | -17,4° |
| 20.2. | 22h13,3m | -11,01° | 32,4' | 1,3° | -7,0° | -19,0° |
| 25.2. | 22h32,4m | -9,18° | 32,4' | 295,4° | -7,1° | -20,4° |
| 2.3. | 22h51,2m | -7,30° | 32,3' | 229,6° | -7,2° | -21,7° |
| 7.3. | 23h09,9m | -5,38° | 32,3' | 163,7° | -7,3° | -22,9° |
| 12.3. | 23h28,3m | -3,42° | 32,2' | 97,8° | -7,2° | -23,9° |
| 17.3. | 23h46,6m | -1,45° | 32,2' | 31,9° | -7,1° | -24,7° |
| 22.3. | 0h04,9m | 0,53° | 32,1' | 326,0° | -7,0° | -25,3° |
| 27.3. | 0h23,1m | 2,50° | 32,1' | 260,1° | -6,8° | -25,8° |
| 1.4. | 0h41,3m | 4,44° | 32,1' | 194,1° | -6,6° | -26,1° |
| 6.4. | 0h59,6m | 6,35° | 32,0' | 128,1° | -6,3° | -26,3° |
| 11.4. | 1h17,9m | 8,22° | 32,0' | 62,2° | -5,9° | -26,2° |
| 16.4. | 1h36,4m | 10,03° | 31,9' | 356,1° | -5,6° | -26,0° |
| 21.4. | 1h55,0m | 11,77° | 31,9' | 290,1° | -5,1° | -25,5° |
| 26.4. | 2h13,8m | 13,43° | 31,8' | 224,1° | -4,7° | -24,9° |
| 1.5. | 2h32,7m | 15,00° | 31,8' | 158,0° | -4,2° | -24,1° |
| 6.5. | 2h51,9m | 16,46° | 31,7' | 91,9° | -3,7° | -23,2° |
| 11.5. | 3h11,4m | 17,82° | 31,7' | 25,8° | -3,2° | -22,0° |
| 16.5. | 3h31,1m | 19,04° | 31,7' | 319,7° | -2,6° | -20,7° |
| 21.5. | 3h51,0m | 20,13° | 31,6' | 253,5° | -2,0° | -19,2° |
| 26.5. | 4h11,1m | 21,08° | 31,6' | 187,4° | -1,4° | -17,6° |
| 31.5. | 4h31,5m | 21,88° | 31,6' | 121,2° | -0,8° | -15,8° |
| 5.6. | 4h52,0m | 22,52° | 31,6' | 55,1° | -0,2° | -13,9° |
| 10.6. | 5h12,6m | 22,99° | 31,5' | 348,9° | 0,4° | -11,9° |
| 15.6. | 5h33,4m | 23,30° | 31,5' | 282,7° | 1,0° | -9,8° |
| 20.6. | 5h54,2m | 23,43° | 31,5' | 216,5° | 1,6° | -7,7° |
| 25.6. | 6h15,0m | 23,39° | 31,5' | 150,3° | 2,2° | -5,4° |
| 30.6. | 6h35,7m | 23,18° | 31,5' | 84,2° | 2,7° | -3,2° |
| 5.7. | 6h56,4m | 22,80° | 31,5' | 18,0° | 3,3° | -0,9° |
| 10.7. | 7h16,9m | 22,26° | 31,5' | 311,8° | 3,8° | 1,3° |
| 15.7. | 7h37,2m | 21,56° | 31,5' | 245,6° | 4,3° | 3,6° |
| 20.7. | 7h57,4m | 20,70° | 31,5' | 179,5° | 4,8° | 5,8° |

| Datum | Rektaszension | Deklination | Scheibchendurchmesser | Zentralmeridian | B | P |
|---|---|---|---|---|---|---|
| 25.7. | 8h17,3m | 19,70° | 31,5' | 113,3° | 5,2° | 7,9° |
| 30.7. | 8h36,9m | 18,56° | 31,5' | 47,2° | 5,6° | 10,0° |
| 4.8. | 8h56,3m | 17,30° | 31,6' | 341,1° | 6,0° | 11,9° |
| 9.8. | 9h15,5m | 15,92° | 31,6' | 274,9° | 6,3° | 13,8° |
| 14.8. | 9h34,4m | 14,43° | 31,6' | 208,8° | 6,6° | 15,6° |
| 19.8. | 9h53,1m | 12,84° | 31,6' | 142,7° | 6,8° | 17,3° |
| 24.8. | 10h11,5m | 11,18° | 31,7' | 76,7° | 7,0° | 18,8° |
| 29.8. | 10h29,8m | 9,44° | 31,7' | 10,6° | 7,1° | 20,2° |
| 3.9. | 10h48,0m | 7,63° | 31,7' | 304,6° | 7,2° | 21,5° |
| 8.9. | 11h06,0m | 5,78° | 31,8' | 238,5° | 7,3° | 22,7° |
| 13.9. | 11h24,0m | 3,88° | 31,8' | 172,5° | 7,2° | 23,6° |
| 18.9. | 11h41,9m | 1,96° | 31,9' | 106,5° | 7,2° | 24,5° |
| 23.9. | 11h59,8m | 0,02° | 31,9' | 40,5° | 7,0° | 25,2° |
| 28.9. | 12h17,8m | -1,93° | 32,0' | 334,5° | 6,9° | 25,7° |
| 3.10. | 12h35,9m | -3,87° | 32,0' | 268,5° | 6,6° | 26,1° |
| 8.10. | 12h54,1m | -5,79° | 32,0' | 202,5° | 6,4° | 26,2° |
| 13.10. | 13h12,5m | -7,68° | 32,1' | 136,6° | 6,0° | 26,2° |
| 18.10. | 13h31,1m | -9,53° | 32,1' | 70,6° | 5,7° | 26,0° |
| 23.10. | 13h50,0m | -11,32° | 32,2' | 4,7° | 5,3° | 25,7° |
| 28.10. | 14h09,1m | -13,03° | 32,2' | 298,7° | 4,8° | 25,1° |
| 2.11. | 14h28,5m | -14,67° | 32,3' | 232,8° | 4,3° | 24,3° |
| 7.11. | 14h48,3m | -16,20° | 32,3' | 166,9° | 3,8° | 23,4° |
| 12.11. | 15h08,5m | -17,63° | 32,3' | 101,0° | 3,2° | 22,2° |
| 17.11. | 15h29,0m | -18,92° | 32,4' | 35,0° | 2,7° | 20,8° |
| 22.11. | 15h49,8m | -20,08° | 32,4' | 329,1° | 2,1° | 19,3° |
| 27.11. | 16h11,0m | -21,08° | 32,4' | 263,2° | 1,4° | 17,6° |
| 2.12. | 16h32,4m | -21,91° | 32,5' | 197,3° | 0,8° | 15,7° |
| 7.12. | 16h54,2m | -22,58° | 32,5' | 131,4° | 0,2° | 13,7° |
| 12.12. | 17h16,1m | -23,06° | 32,5' | 65,6° | -0,5° | 11,6° |
| 17.12. | 17h38,2m | -23,34° | 32,5' | 359,7° | -1,1° | 9,3° |
| 22.12. | 18h00,4m | -23,44° | 32,6' | 293,8° | -1,7° | 7,0° |
| 27.12. | 18h22,6m | -23,34° | 32,6' | 227,9° | -2,4° | 4,6° |
| 1.1. | 18h44,7m | -23,04° | 32,6' | 162,1° | -3,0° | 2,2° |

Änderung des Zentralmeridian: 0,55°/Stunde, B = Neigung der Sonnenachse zur Erde, P = Positionswinkel des Sonnen-Nordpols

## Beginn der synodischen Sonnenrotation nach Carrington 2026

| Rotation | Datum |
|---|---|
| 2307 | 23.1.2026 18h08m |
| 2308 | 20.2.2026 2h19m |
| 2309 | 19.3.2026 10h06m |
| 2310 | 15.4.2026 16h59m |
| 2311 | 12.5.2026 22h49m |
| 2312 | 9.6.2026 3h50m |
| 2313 | 6.7.2026 8h35m |

| Rotation | Datum |
|---|---|
| 2314 | 2.8.2026 13h37m |
| 2315 | 29.8.2026 19h16m |
| 2316 | 26.9.2026 1h37m |
| 2317 | 23.10.2026 8h31m |
| 2318 | 19.11.2026 15h48m |
| 2319 | 16.12.2026 23h25m |

# Merkur

| Datum | Rektaszension | Deklination | Kulmination | Auf-/Untergang | Phase | Helligkeit | Scheibchendurchmesser |
|---|---|---|---|---|---|---|---|
| 1.1. | 17h53,8m | -24,00° | 11:37 | 7:40A | 0,95 | -0,6 mag | 4,9" |
| 6.1. | 18h27,6m | -24,37° | 11:51 | 7:57A | 0,97 | -0,7 mag | 4,8" |
| 11.1. | 19h02,1m | -24,19° | 12:06 | 8:10A | 0,98 | -0,8 mag | 4,7" |
| 16.1. | 19h37,2m | -23,42° | 12:21 | | 0,99 | -1,0 mag | 4,7" |
| 21.1. | 20h12,4m | -22,05° | 12:37 | | 1,00 | -1,3 mag | 4,7" |
| 26.1. | 20h47,8m | -20,04° | 12:52 | 17:16U | 0,99 | -1,3 mag | 4,8" |
| 31.1. | 21h22,8m | -17,39° | 13:08 | 17:47U | 0,98 | -1,2 mag | 5,0" |
| 5.2. | 21h57,1m | -14,16° | 13:22 | 18:19U | 0,93 | -1,2 mag | 5,2" |
| 10.2. | 22h29,5m | -10,45° | 13:35 | 18:51U | 0,85 | -1,1 mag | 5,7" |
| 15.2. | 22h58,0m | -6,57° | 13:43 | 19:18U | 0,70 | -0,9 mag | 6,3" |
| 20.2. | 23h19,0m | -3,06° | 13:43 | 19:34U | 0,49 | -0,4 mag | 7,2" |
| 25.2. | 23h28,2m | -0,72° | 13:31 | 19:31U | 0,26 | 0,6 mag | 8,4" |
| 2.3. | 23h23,4m | -0,22° | 13:05 | 19:05U | 0,08 | 2,5 mag | 9,8" |
| 7.3. | 23h07,9m | -1,62° | 12:29 | 18:21U | 0,01 | 4,8 mag | 10,7" |
| 12.3. | 22h50,8m | -4,04° | 11:53 | 6:11A | 0,04 | 3,4 mag | 10,8" |
| 17.3. | 22h40,4m | -6,30° | 11:24 | 5:52A | 0,14 | 1,9 mag | 10,3" |
| 22.3. | 22h39,7m | -7,71° | 11:04 | 5:39A | 0,26 | 1,1 mag | 9,6" |
| 27.3. | 22h47,5m | -8,12° | 10:53 | 5:29A | 0,36 | 0,7 mag | 8,7" |
| 1.4. | 23h01,8m | -7,62° | 10:48 | 5:21A | 0,45 | 0,4 mag | 8,0" |
| 6.4. | 23h20,8m | -6,36° | 10:48 | 5:15A | 0,53 | 0,3 mag | 7,4" |
| 11.4. | 23h43,2m | -4,43° | 10:51 | 5:08A | 0,60 | 0,1 mag | 6,8" |
| 16.4. | 0h08,4m | -1,94° | 10:57 | 5:01A | 0,67 | -0,0 mag | 6,4" |
| 21.4. | 0h36,0m | 1,05° | 11:05 | 4:55A | 0,73 | -0,2 mag | 6,0" |
| 26.4. | 1h06,1m | 4,46° | 11:15 | 4:49A | 0,80 | -0,4 mag | 5,6" |
| 1.5. | 1h38,9m | 8,21° | 11:29 | 4:44A | 0,87 | -0,8 mag | 5,4" |
| 6.5. | 2h14,9m | 12,17° | 11:45 | 4:40A | 0,93 | -1,2 mag | 5,2" |
| 11.5. | 2h54,5m | 16,14° | 12:06 | 4:39A | 0,99 | -1,8 mag | 5,1" |
| 16.5. | 3h37,5m | 19,81° | 12:29 | 20:20U | 1,00 | -2,2 mag | 5,1" |
| 21.5. | 4h22,5m | 22,76° | 12:55 | 21:04U | 0,95 | -1,6 mag | 5,3" |
| 26.5. | 5h06,9m | 24,69° | 13:19 | 21:40U | 0,85 | -1,1 mag | 5,6" |
| 31.5. | 5h48,2m | 25,54° | 13:41 | 22:06U | 0,72 | -0,6 mag | 6,0" |
| 5.6. | 6h24,7m | 25,44° | 13:57 | 22:20U | 0,61 | -0,2 mag | 6,6" |
| 10.6. | 6h55,6m | 24,62° | 14:07 | 22:23U | 0,50 | 0,1 mag | 7,2" |
| 15.6. | 7h20,2m | 23,32° | 14:11 | 22:17U | 0,40 | 0,5 mag | 8,0" |
| 20.6. | 7h38,1m | 21,75° | 14:09 | 22:04U | 0,31 | 0,9 mag | 8,9" |
| 25.6. | 7h48,7m | 20,15° | 13:59 | 21:44U | 0,22 | 1,4 mag | 9,9" |
| 30.6. | 7h51,3m | 18,71° | 13:41 | 21:17U | 0,13 | 2,1 mag | 10,8" |

| Datum | Rektaszension | Deklination | Kulmination | Auf-/Untergang | Phase | Helligkeit | Scheibchendurchmesser |
|---|---|---|---|---|---|---|---|
| 5.7. | 7h46,1m | 17,64° | 13:15 | 20:45U | 0,06 | 3,2 mag | 11,5" |
| 10.7. | 7h34,8m | 17,09° | 12:44 | | 0,02 | 4,5 mag | 11,8" |
| 15.7. | 7h21,5m | 17,14° | 12:11 | | 0,01 | 4,6 mag | 11,6" |
| 20.7. | 7h11,4m | 17,71° | 11:42 | 4:10A | 0,06 | 3,2 mag | 10,7" |
| 25.7. | 7h09,0m | 18,61° | 11:21 | 3:43A | 0,15 | 1,8 mag | 9,6" |
| 30.7. | 7h16,9m | 19,56° | 11:10 | 3:26A | 0,28 | 0,8 mag | 8,4" |
| 4.8. | 7h35,5m | 20,22° | 11:10 | 3:21A | 0,45 | -0,0 mag | 7,3" |
| 9.8. | 8h03,9m | 20,22° | 11:19 | 3:30A | 0,63 | -0,7 mag | 6,4" |
| 14.8. | 8h39,8m | 19,23° | 11:36 | 3:53A | 0,81 | -1,1 mag | 5,7" |
| 19.8. | 9h19,5m | 17,15° | 11:56 | 4:25A | 0,93 | -1,4 mag | 5,3" |
| 24.8. | 9h59,3m | 14,15° | 12:16 | 19:28U | 0,99 | -1,7 mag | 5,0" |
| 29.8. | 10h37,0m | 10,57° | 12:34 | 19:27U | 1,00 | -1,7 mag | 4,9" |
| 3.9. | 11h12,0m | 6,72° | 12:49 | 19:23U | 0,98 | -1,2 mag | 4,9" |
| 8.9. | 11h44,4m | 2,79° | 13:02 | 19:16U | 0,95 | -0,8 mag | 4,9" |
| 13.9. | 12h14,7m | -1,07° | 13:12 | 19:08U | 0,92 | -0,5 mag | 5,0" |
| 18.9. | 12h43,3m | -4,79° | 13:21 | 18:59U | 0,89 | -0,3 mag | 5,1" |
| 23.9. | 13h10,5m | -8,29° | 13:28 | 18:49U | 0,85 | -0,2 mag | 5,3" |
| 28.9. | 13h36,5m | -11,53° | 13:34 | 18:39U | 0,80 | -0,1 mag | 5,5" |
| 3.10. | 14h01,3m | -14,45° | 13:39 | 18:29U | 0,75 | -0,1 mag | 5,9" |
| 8.10. | 14h24,4m | -16,98° | 13:42 | 18:19U | 0,69 | -0,0 mag | 6,2" |
| 13.10. | 14h45,0m | -19,03° | 13:43 | 18:08U | 0,60 | 0,0 mag | 6,8" |
| 18.10. | 15h01,3m | -20,44° | 13:39 | 17:56U | 0,49 | 0,1 mag | 7,4" |
| 23.10. | 15h10,2m | -20,96° | 13:27 | 17:42U | 0,35 | 0,5 mag | 8,3" |
| 28.10. | 15h07,5m | -20,18° | 13:03 | 17:24U | 0,17 | 1,4 mag | 9,3" |
| 2.11. | 14h50,8m | -17,70° | 12:25 | 17:01U | 0,03 | 3,7 mag | 9,9" |
| 7.11. | 14h27,9m | -14,16° | 11:43 | 6:50A | 0,02 | 3,8 mag | 9,7" |
| 12.11. | 14h14,5m | -11,63° | 11:12 | 6:05A | 0,20 | 1,0 mag | 8,7" |
| 17.11. | 14h17,8m | -11,30° | 10:57 | 5:49A | 0,44 | -0,2 mag | 7,5" |
| 22.11. | 14h34,2m | -12,67° | 10:54 | 5:53A | 0,64 | -0,6 mag | 6,6" |
| 27.11. | 14h57,9m | -14,85° | 10:59 | 6:09A | 0,77 | -0,6 mag | 5,9" |
| 2.12. | 15h25,7m | -17,24° | 11:07 | 6:30A | 0,86 | -0,6 mag | 5,4" |
| 7.12. | 15h55,8m | -19,52° | 11:18 | 6:54A | 0,92 | -0,6 mag | 5,1" |
| 12.12. | 16h27,4m | -21,49° | 11:30 | 7:18A | 0,95 | -0,7 mag | 4,9" |
| 17.12. | 17h00,1m | -23,07° | 11:43 | 7:41A | 0,97 | -0,7 mag | 4,8" |
| 22.12. | 17h33,8m | -24,18° | 11:57 | 8:02A | 0,99 | -0,8 mag | 4,7" |
| 27.12. | 18h08,3m | -24,76° | 12:12 | 8:20A | 1,00 | -1,0 mag | 4,7" |
| 1.1. | 18h43,4m | -24,78° | 12:27 | | 1,00 | -1,2 mag | 4,7" |

## Venus

| Datum | Rektaszension | Deklination | Kulmination | Auf-/Untergang | Phase | Helligkeit | Scheibchendurchmesser |
|---|---|---|---|---|---|---|---|
| 1.1. | 18h40,0m | -23,63° | 12:22 | | 1,00 | -3,9 mag | 9,8" |
| 6.1. | 19h07,4m | -23,23° | 12:30 | | 1,00 | -3,9 mag | 9,8" |
| 11.1. | 19h34,5m | -22,53° | 12:37 | | 1,00 | -3,9 mag | 9,8" |
| 16.1. | 20h01,3m | -21,54° | 12:44 | 16:58U | 1,00 | -3,9 mag | 9,8" |
| 21.1. | 20h27,7m | -20,29° | 12:51 | 17:12U | 1,00 | -3,9 mag | 9,8" |

| Datum | Rektaszension | Deklination | Kulmination | Auf-/Untergang | Phase | Helligkeit | Scheibchendurchmesser |
|---|---|---|---|---|---|---|---|
| 26.1. | 20h53,6m | -18,79° | 12:57 | 17:27U | 1,00 | -3,9 mag | 9,8" |
| 31.1. | 21h19,0m | -17,06° | 13:03 | 17:43U | 1,00 | -3,9 mag | 9,8" |
| 5.2. | 21h43,8m | -15,14° | 13:08 | 17:58U | 0,99 | -3,9 mag | 9,8" |
| 10.2. | 22h08,2m | -13,04° | 13:12 | 18:14U | 0,99 | -3,9 mag | 9,9" |
| 15.2. | 22h32,1m | -10,80° | 13:17 | 18:29U | 0,99 | -3,9 mag | 9,9" |
| 20.2. | 22h55,6m | -8,43° | 13:20 | 18:45U | 0,98 | -3,9 mag | 10,0" |
| 25.2. | 23h18,7m | -5,98° | 13:24 | 19:01U | 0,98 | -3,9 mag | 10,0" |
| 2.3. | 23h41,6m | -3,46° | 13:27 | 19:16U | 0,98 | -3,9 mag | 10,1" |
| 7.3. | 0h04,3m | -0,90° | 13:30 | 19:32U | 0,97 | -3,9 mag | 10,2" |
| 12.3. | 0h26,9m | 1,68° | 13:33 | 19:47U | 0,97 | -3,9 mag | 10,2" |
| 17.3. | 0h49,6m | 4,24° | 13:36 | 20:02U | 0,96 | -3,9 mag | 10,3" |
| 22.3. | 1h12,3m | 6,77° | 13:39 | 20:17U | 0,95 | -3,9 mag | 10,4" |
| 27.3. | 1h35,2m | 9,23° | 13:42 | 20:32U | 0,95 | -3,9 mag | 10,5" |
| 1.4. | 1h58,4m | 11,61° | 13:45 | 20:48U | 0,94 | -3,9 mag | 10,6" |
| 6.4. | 2h21,8m | 13,87° | 13:49 | 21:04U | 0,93 | -3,9 mag | 10,8" |
| 11.4. | 2h45,7m | 15,99° | 13:53 | 21:20U | 0,92 | -3,9 mag | 10,9" |
| 16.4. | 3h09,9m | 17,94° | 13:58 | 21:35U | 0,91 | -3,9 mag | 11,1" |
| 21.4. | 3h34,6m | 19,71° | 14:03 | 21:51U | 0,90 | -3,9 mag | 11,2" |
| 26.4. | 3h59,8m | 21,25° | 14:09 | 22:05U | 0,89 | -3,9 mag | 11,4" |
| 1.5. | 4h25,3m | 22,56° | 14:14 | 22:19U | 0,88 | -3,9 mag | 11,6" |
| 6.5. | 4h51,2m | 23,61° | 14:21 | 22:32U | 0,87 | -3,9 mag | 11,8" |
| 11.5. | 5h17,4m | 24,39° | 14:27 | 22:44U | 0,86 | -4,0 mag | 12,1" |
| 16.5. | 5h43,7m | 24,88° | 14:34 | 22:54U | 0,84 | -4,0 mag | 12,3" |
| 21.5. | 6h10,1m | 25,07° | 14:40 | 23:01U | 0,83 | -4,0 mag | 12,6" |
| 26.5. | 6h36,4m | 24,97° | 14:47 | 23:07U | 0,81 | -4,0 mag | 12,9" |
| 31.5. | 7h02,4m | 24,58° | 14:53 | 23:10U | 0,80 | -4,0 mag | 13,2" |
| 5.6. | 7h28,1m | 23,90° | 14:59 | 23:11U | 0,78 | -4,0 mag | 13,6" |
| 10.6. | 7h53,3m | 22,95° | 15:05 | 23:09U | 0,77 | -4,0 mag | 14,0" |
| 15.6. | 8h18,0m | 21,75° | 15:10 | 23:06U | 0,75 | -4,0 mag | 14,4" |
| 20.6. | 8h42,0m | 20,31° | 15:14 | 23:01U | 0,73 | -4,0 mag | 14,8" |
| 25.6. | 9h05,4m | 18,67° | 15:17 | 22:55U | 0,71 | -4,0 mag | 15,3" |
| 30.6. | 9h28,1m | 16,84° | 15:20 | 22:47U | 0,70 | -4,1 mag | 15,9" |
| 5.7. | 9h50,1m | 14,85° | 15:22 | 22:38U | 0,68 | -4,1 mag | 16,5" |
| 10.7. | 10h11,4m | 12,72° | 15:24 | 22:28U | 0,66 | -4,1 mag | 17,1" |
| 15.7. | 10h32,1m | 10,48° | 15:25 | 22:17U | 0,64 | -4,1 mag | 17,8" |
| 20.7. | 10h52,2m | 8,16° | 15:25 | 22:06U | 0,61 | -4,2 mag | 18,6" |
| 25.7. | 11h11,7m | 5,77° | 15:25 | 21:54U | 0,59 | -4,2 mag | 19,5" |
| 30.7. | 11h30,6m | 3,34° | 15:24 | 21:42U | 0,57 | -4,2 mag | 20,4" |
| 4.8. | 11h48,9m | 0,89° | 15:23 | 21:28U | 0,54 | -4,2 mag | 21,5" |
| 9.8. | 12h06,7m | -1,55° | 15:21 | 21:15U | 0,52 | -4,3 mag | 22,7" |
| 14.8. | 12h24,0m | -3,98° | 15:18 | 21:00U | 0,49 | -4,3 mag | 24,0" |
| 19.8. | 12h40,7m | -6,35° | 15:15 | 20:46U | 0,47 | -4,4 mag | 25,4" |
| 24.8. | 12h56,6m | -8,65° | 15:11 | 20:31U | 0,44 | -4,4 mag | 27,0" |
| 29.8. | 13h11,8m | -10,86° | 15:07 | 20:15U | 0,41 | -4,4 mag | 28,9" |
| 3.9. | 13h26,1m | -12,96° | 15:01 | 19:59U | 0,37 | -4,5 mag | 30,9" |
| 8.9. | 13h39,2m | -14,91° | 14:54 | 19:42U | 0,34 | -4,5 mag | 33,3" |
| 13.9. | 13h50,8m | -16,68° | 14:46 | 19:25U | 0,30 | -4,5 mag | 35,9" |
| 18.9. | 14h00,7m | -18,25° | 14:36 | 19:06U | 0,26 | -4,6 mag | 38,8" |

| Datum | Rektaszension | Deklination | Kulmination | Auf-/Untergang | Phase | Helligkeit | Scheibchendurchmesser |
|---|---|---|---|---|---|---|---|
| 23.9. | 14h08,2m | -19,56° | 14:23 | 18:46U | 0,22 | -4,6 mag | 42,1" |
| 28.9. | 14h13,0m | -20,56° | 14:08 | 18:24U | 0,18 | -4,5 mag | 45,7" |
| 3.10. | 14h14,5m | -21,16° | 13:49 | 18:03U | 0,13 | -4,5 mag | 49,5" |
| 8.10. | 14h12,4m | -21,29° | 13:27 | | 0,09 | -4,4 mag | 53,3" |
| 13.10. | 14h06,7m | -20,87° | 13:02 | | 0,05 | -4,3 mag | 56,8" |
| 18.10. | 13h58,0m | -19,85° | 12:33 | | 0,02 | -4,2 mag | 59,5" |
| 23.10. | 13h47,5m | -18,27° | 12:03 | | 0,01 | -4,0 mag | 61,0" |
| 28.10. | 13h37,2m | -16,33° | 11:33 | 6:51A | 0,01 | -4,1 mag | 60,9" |
| 2.11. | 13h28,7m | -14,28° | 11:05 | 6:12A | 0,03 | -4,3 mag | 59,2" |
| 7.11. | 13h23,3m | -12,41° | 10:41 | 5:38A | 0,06 | -4,4 mag | 56,3" |
| 12.11. | 13h21,7m | -10,92° | 10:20 | 5:10A | 0,11 | -4,5 mag | 52,8" |
| 17.11. | 13h23,7m | -9,89° | 10:02 | 4:47A | 0,15 | -4,6 mag | 49,0" |
| 22.11. | 13h29,2m | -9,33° | 9:48 | 4:30A | 0,20 | -4,6 mag | 45,2" |
| 27.11. | 13h37,5m | -9,22° | 9:37 | 4:18A | 0,24 | -4,7 mag | 41,7" |
| 2.12. | 13h48,4m | -9,49° | 9:29 | 4:11A | 0,29 | -4,6 mag | 38,5" |
| 7.12. | 14h01,3m | -10,06° | 9:22 | 4:07A | 0,33 | -4,6 mag | 35,7" |
| 12.12. | 14h16,0m | -10,88° | 9:17 | 4:06A | 0,36 | -4,6 mag | 33,1" |
| 17.12. | 14h32,1m | -11,87° | 9:14 | 4:08A | 0,40 | -4,6 mag | 30,9" |
| 22.12. | 14h49,6m | -12,98° | 9:11 | 4:11A | 0,43 | -4,5 mag | 28,9" |
| 27.12. | 15h08,2m | -14,16° | 9:10 | 4:16A | 0,46 | -4,5 mag | 27,1" |
| 1.1. | 15h27,8m | -15,36° | 9:10 | 4:23A | 0,49 | -4,5 mag | 25,5" |

## Mars

| Datum | Rektaszension | Deklination | Kulmination | Auf-/Untergang | Phase | Helligkeit | Scheibchendurchmesser |
|---|---|---|---|---|---|---|---|
| 1.1. | 18h55,4m | -23,72° | 12:37 | 16:35U | 1,00 | 1,2 mag | 3,9" |
| 6.1. | 19h12,0m | -23,33° | 12:34 | | 1,00 | 1,2 mag | 3,9" |
| 11.1. | 19h28,7m | -22,84° | 12:30 | | 1,00 | 1,2 mag | 3,9" |
| 16.1. | 19h45,2m | -22,23° | 12:27 | | 1,00 | 1,2 mag | 3,9" |
| 21.1. | 20h01,7m | -21,52° | 12:24 | | 1,00 | 1,2 mag | 3,9" |
| 26.1. | 20h18,0m | -20,71° | 12:21 | 8:03A | 1,00 | 1,2 mag | 3,9" |
| 31.1. | 20h34,2m | -19,80° | 12:17 | 7:54A | 1,00 | 1,2 mag | 3,9" |
| 5.2. | 20h50,3m | -18,80° | 12:13 | 7:45A | 1,00 | 1,2 mag | 3,9" |
| 10.2. | 21h06,2m | -17,72° | 12:10 | 7:35A | 1,00 | 1,2 mag | 4,0" |
| 15.2. | 21h21,9m | -16,56° | 12:06 | 7:25A | 1,00 | 1,2 mag | 4,0" |
| 20.2. | 21h37,4m | -15,33° | 12:01 | 7:14A | 1,00 | 1,2 mag | 4,0" |
| 25.2. | 21h52,8m | -14,03° | 11:57 | 7:02A | 1,00 | 1,2 mag | 4,0" |
| 2.3. | 22h08,0m | -12,67° | 11:53 | 6:51A | 0,99 | 1,2 mag | 4,0" |
| 7.3. | 22h23,1m | -11,27° | 11:48 | 6:39A | 0,99 | 1,2 mag | 4,0" |
| 12.3. | 22h37,9m | -9,81° | 11:43 | 6:27A | 0,99 | 1,2 mag | 4,0" |
| 17.3. | 22h52,7m | -8,32° | 11:38 | 6:14A | 0,99 | 1,2 mag | 4,0" |
| 22.3. | 23h07,3m | -6,80° | 11:33 | 6:02A | 0,99 | 1,2 mag | 4,1" |
| 27.3. | 23h21,8m | -5,26° | 11:28 | 5:49A | 0,99 | 1,2 mag | 4,1" |
| 1.4. | 23h36,3m | -3,70° | 11:22 | 5:37A | 0,99 | 1,2 mag | 4,1" |
| 6.4. | 23h50,6m | -2,14° | 11:17 | 5:24A | 0,99 | 1,2 mag | 4,1" |
| 11.4. | 0h04,9m | -0,57° | 11:12 | 5:11A | 0,98 | 1,2 mag | 4,1" |

| Datum | Rektaszension | Deklination | Kulmination | Auf-/Untergang | Phase | Helligkeit | Scheibchendurchmesser |
|---|---|---|---|---|---|---|---|
| 16.4. | 0h19,1m | 1,00° | 11:06 | 4:58A | 0,98 | 1,2 mag | 4,1" |
| 21.4. | 0h33,3m | 2,55° | 11:01 | 4:45A | 0,98 | 1,2 mag | 4,1" |
| 26.4. | 0h47,4m | 4,09° | 10:55 | 4:32A | 0,98 | 1,2 mag | 4,2" |
| 1.5. | 1h01,6m | 5,61° | 10:50 | 4:19A | 0,98 | 1,2 mag | 4,2" |
| 6.5. | 1h15,8m | 7,09° | 10:44 | 4:06A | 0,98 | 1,2 mag | 4,2" |
| 11.5. | 1h30,0m | 8,54° | 10:38 | 3:54A | 0,97 | 1,2 mag | 4,2" |
| 16.5. | 1h44,2m | 9,95° | 10:33 | 3:41A | 0,97 | 1,2 mag | 4,2" |
| 21.5. | 1h58,5m | 11,32° | 10:28 | 3:29A | 0,97 | 1,3 mag | 4,2" |
| 26.5. | 2h12,8m | 12,63° | 10:22 | 3:17A | 0,97 | 1,3 mag | 4,3" |
| 31.5. | 2h27,2m | 13,89° | 10:17 | 3:05A | 0,97 | 1,3 mag | 4,3" |
| 5.6. | 2h41,7m | 15,08° | 10:12 | 2:53A | 0,96 | 1,3 mag | 4,3" |
| 10.6. | 2h56,2m | 16,22° | 10:06 | 2:41A | 0,96 | 1,3 mag | 4,3" |
| 15.6. | 3h10,8m | 17,28° | 10:01 | 2:30A | 0,96 | 1,3 mag | 4,4" |
| 20.6. | 3h25,5m | 18,27° | 9:56 | 2:20A | 0,96 | 1,3 mag | 4,4" |
| 25.6. | 3h40,2m | 19,18° | 9:51 | 2:09A | 0,95 | 1,3 mag | 4,4" |
| 30.6. | 3h55,0m | 20,01° | 9:46 | 2:00A | 0,95 | 1,3 mag | 4,4" |
| 5.7. | 4h09,8m | 20,77° | 9:42 | 1:50A | 0,95 | 1,3 mag | 4,5" |
| 10.7. | 4h24,6m | 21,43° | 9:37 | 1:41A | 0,95 | 1,3 mag | 4,5" |
| 15.7. | 4h39,4m | 22,02° | 9:32 | 1:33A | 0,94 | 1,3 mag | 4,5" |
| 20.7. | 4h54,3m | 22,51° | 9:27 | 1:25A | 0,94 | 1,3 mag | 4,6" |
| 25.7. | 5h09,0m | 22,92° | 9:22 | 1:17A | 0,94 | 1,3 mag | 4,6" |
| 30.7. | 5h23,8m | 23,24° | 9:17 | 1:10A | 0,94 | 1,3 mag | 4,7" |
| 4.8. | 5h38,5m | 23,48° | 9:12 | 1:03A | 0,93 | 1,3 mag | 4,7" |
| 9.8. | 5h53,1m | 23,63° | 9:07 | 0:57A | 0,93 | 1,3 mag | 4,8" |
| 14.8. | 6h07,5m | 23,70° | 9:02 | 0:51A | 0,93 | 1,3 mag | 4,8" |
| 19.8. | 6h21,9m | 23,68° | 8:56 | 0:46A | 0,93 | 1,3 mag | 4,9" |
| 24.8. | 6h36,0m | 23,59° | 8:51 | 0:41A | 0,92 | 1,3 mag | 5,0" |
| 29.8. | 6h50,0m | 23,43° | 8:45 | 0:36A | 0,92 | 1,3 mag | 5,0" |
| 3.9. | 7h03,8m | 23,19° | 8:39 | 0:32A | 0,92 | 1,2 mag | 5,1" |
| 8.9. | 7h17,4m | 22,89° | 8:33 | 0:28A | 0,92 | 1,2 mag | 5,2" |
| 13.9. | 7h30,7m | 22,53° | 8:26 | 0:24A | 0,91 | 1,2 mag | 5,3" |
| 18.9. | 7h43,8m | 22,10° | 8:20 | 0:20A | 0,91 | 1,2 mag | 5,4" |
| 23.9. | 7h56,7m | 21,63° | 8:13 | 0:16A | 0,91 | 1,2 mag | 5,4" |
| 28.9. | 8h09,2m | 21,11° | 8:06 | 0:12A | 0,91 | 1,1 mag | 5,6" |
| 3.10. | 8h21,5m | 20,55° | 7:58 | 0:08A | 0,90 | 1,1 mag | 5,7" |
| 8.10. | 8h33,4m | 19,95° | 7:51 | 0:04A | 0,90 | 1,1 mag | 5,8" |
| 13.10. | 8h45,1m | 19,32° | 7:42 | 0:00A | 0,90 | 1,0 mag | 5,9" |
| 18.10. | 8h56,4m | 18,67° | 7:34 | 23:55A | 0,90 | 1,0 mag | 6,1" |
| 23.10. | 9h07,4m | 18,00° | 7:25 | 23:50A | 0,90 | 1,0 mag | 6,2" |
| 28.10. | 9h18,0m | 17,32° | 7:16 | 23:45A | 0,90 | 0,9 mag | 6,4" |
| 2.11. | 9h28,2m | 16,63° | 7:07 | 23:39A | 0,89 | 0,9 mag | 6,6" |
| 7.11. | 9h38,1m | 15,95° | 6:57 | 23:33A | 0,89 | 0,8 mag | 6,8" |
| 12.11. | 9h47,5m | 15,28° | 6:47 | 23:26A | 0,89 | 0,8 mag | 7,0" |
| 17.11. | 9h56,5m | 14,62° | 6:36 | 23:19A | 0,89 | 0,7 mag | 7,2" |
| 22.11. | 10h05,0m | 13,99° | 6:25 | 23:11A | 0,90 | 0,6 mag | 7,5" |
| 27.11. | 10h13,0m | 13,40° | 6:13 | 23:02A | 0,90 | 0,5 mag | 7,7" |
| 2.12. | 10h20,5m | 12,84° | 6:01 | 22:52A | 0,90 | 0,5 mag | 8,0" |
| 7.12. | 10h27,4m | 12,33° | 5:48 | 22:42A | 0,90 | 0,4 mag | 8,3" |

| Datum | Rektaszen-sion | Deklina-tion | Kulmina-tion | Auf-/Untergang | Phase | Helligkeit | Scheibchen-durchmesser |
|---|---|---|---|---|---|---|---|
| 12.12. | 10h33,6m | 11,89° | 5:34 | 22:31A | 0,91 | 0,3 mag | 8,7" |
| 17.12. | 10h39,1m | 11,51° | 5:20 | 22:18A | 0,91 | 0,2 mag | 9,0" |
| 22.12. | 10h43,9m | 11,22° | 5:05 | 22:05A | 0,92 | 0,1 mag | 9,4" |
| 27.12. | 10h47,7m | 11,01° | 4:49 | 21:50A | 0,92 | -0,0 mag | 9,8" |
| 1.1. | 10h50,7m | 10,90° | 4:32 | 21:34A | 0,93 | -0,1 mag | 10,2" |

## Jupiter

| Datum | Rektaszen-sion | Deklina-tion | Kulmina-tion | Auf-/Untergang | Helligkeit | Scheibchen-durchmesser |
|---|---|---|---|---|---|---|
| 1.1. | 7h32,5m | 21,98° | 1:14 | 17:11A | -2,7 mag | 46,4" |
| 6.1. | 7h29,7m | 22,09° | 0:51 | 16:48A | -2,7 mag | 46,5" |
| 11.1. | 7h26,8m | 22,20° | 0:29 |  | -2,7 mag | 46,5" |
| 16.1. | 7h24,0m | 22,31° | 0:06 | 8:06U | -2,7 mag | 46,5" |
| 21.1. | 7h21,2m | 22,41° | 23:39 | 7:45U | -2,7 mag | 46,3" |
| 26.1. | 7h18,5m | 22,51° | 23:17 | 7:23U | -2,6 mag | 46,1" |
| 31.1. | 7h15,9m | 22,60° | 22:55 | 7:01U | -2,6 mag | 45,8" |
| 5.2. | 7h13,6m | 22,67° | 22:33 | 6:40U | -2,6 mag | 45,4" |
| 10.2. | 7h11,5m | 22,74° | 22:11 | 6:18U | -2,6 mag | 44,9" |
| 15.2. | 7h09,7m | 22,80° | 21:50 | 5:58U | -2,5 mag | 44,4" |
| 20.2. | 7h08,2m | 22,85° | 21:29 | 5:37U | -2,5 mag | 43,9" |
| 25.2. | 7h07,1m | 22,89° | 21:08 | 5:16U | -2,5 mag | 43,3" |
| 2.3. | 7h06,3m | 22,91° | 20:48 | 4:56U | -2,4 mag | 42,7" |
| 7.3. | 7h05,8m | 22,93° | 20:28 | 4:36U | -2,4 mag | 42,0" |
| 12.3. | 7h05,7m | 22,94° | 20:08 | 4:16U | -2,4 mag | 41,4" |
| 17.3. | 7h05,9m | 22,94° | 19:49 | 3:57U | -2,3 mag | 40,8" |
| 22.3. | 7h06,5m | 22,92° | 19:30 | 3:38U | -2,3 mag | 40,1" |
| 27.3. | 7h07,4m | 22,90° | 19:11 | 3:19U | -2,3 mag | 39,5" |
| 1.4. | 7h08,7m | 22,87° | 18:52 | 3:00U | -2,2 mag | 38,9" |
| 6.4. | 7h10,2m | 22,83° | 18:34 | 2:42U | -2,2 mag | 38,2" |
| 11.4. | 7h12,1m | 22,79° | 18:17 | 2:23U | -2,2 mag | 37,7" |
| 16.4. | 7h14,2m | 22,73° | 17:59 | 2:06U | -2,1 mag | 37,1" |
| 21.4. | 7h16,6m | 22,66° | 17:42 | 1:48U | -2,1 mag | 36,5" |
| 26.4. | 7h19,3m | 22,58° | 17:25 | 1:31U | -2,1 mag | 36,0" |
| 1.5. | 7h22,1m | 22,49° | 17:08 | 1:13U | -2,0 mag | 35,5" |
| 6.5. | 7h25,2m | 22,39° | 16:52 | 0:56U | -2,0 mag | 35,1" |
| 11.5. | 7h28,5m | 22,28° | 16:35 | 0:39U | -2,0 mag | 34,6" |
| 16.5. | 7h32,0m | 22,16° | 16:19 | 0:22U | -1,9 mag | 34,2" |
| 21.5. | 7h35,6m | 22,03° | 16:03 | 0:05U | -1,9 mag | 33,8" |
| 26.5. | 7h39,4m | 21,89° | 15:47 | 23:45U | -1,9 mag | 33,5" |
| 31.5. | 7h43,3m | 21,73° | 15:31 | 23:28U | -1,9 mag | 33,1" |
| 5.6. | 7h47,3m | 21,57° | 15:16 | 23:11U | -1,9 mag | 32,8" |
| 10.6. | 7h51,5m | 21,40° | 15:00 | 22:55U | -1,9 mag | 32,6" |
| 15.6. | 7h55,7m | 21,21° | 14:45 | 22:38U | -1,8 mag | 32,3" |
| 20.6. | 8h00,0m | 21,01° | 14:29 | 22:21U | -1,8 mag | 32,1" |
| 25.6. | 8h04,4m | 20,81° | 14:14 | 22:05U | -1,8 mag | 31,9" |
| 30.6. | 8h08,9m | 20,59° | 13:59 | 21:49U | -1,8 mag | 31,7" |

| Datum | Rektaszension | Deklination | Kulmination | Auf-/Untergang | Helligkeit | Scheibchendurchmesser |
|---|---|---|---|---|---|---|
| 5.7. | 8h13,4m | 20,36° | 13:44 | 21:32U | -1,8 mag | 31,6" |
| 10.7. | 8h17,9m | 20,13° | 13:29 | 21:15U | -1,8 mag | 31,5" |
| 15.7. | 8h22,4m | 19,88° | 13:13 | 20:59U | -1,8 mag | 31,4" |
| 20.7. | 8h27,0m | 19,63° | 12:58 | 20:42U | -1,8 mag | 31,3" |
| 25.7. | 8h31,5m | 19,37° | 12:43 | 20:25U | -1,8 mag | 31,3" |
| 30.7. | 8h36,1m | 19,10° | 12:28 | 4:47A | -1,8 mag | 31,3" |
| 4.8. | 8h40,6m | 18,83° | 12:13 | 4:34A | -1,8 mag | 31,3" |
| 9.8. | 8h45,1m | 18,55° | 11:58 | 4:20A | -1,8 mag | 31,3" |
| 14.8. | 8h49,6m | 18,27° | 11:43 | 4:07A | -1,8 mag | 31,4" |
| 19.8. | 8h54,0m | 17,98° | 11:27 | 3:53A | -1,8 mag | 31,4" |
| 24.8. | 8h58,4m | 17,69° | 11:12 | 3:40A | -1,8 mag | 31,6" |
| 29.8. | 9h02,7m | 17,40° | 10:57 | 3:26A | -1,8 mag | 31,7" |
| 3.9. | 9h06,9m | 17,10° | 10:41 | 3:12A | -1,8 mag | 31,9" |
| 8.9. | 9h11,1m | 16,81° | 10:26 | 2:58A | -1,8 mag | 32,0" |
| 13.9. | 9h15,2m | 16,52° | 10:10 | 2:44A | -1,8 mag | 32,3" |
| 18.9. | 9h19,1m | 16,23° | 9:54 | 2:30A | -1,8 mag | 32,5" |
| 23.9. | 9h22,9m | 15,95° | 9:38 | 2:16A | -1,8 mag | 32,8" |
| 28.9. | 9h26,6m | 15,67° | 9:22 | 2:01A | -1,9 mag | 33,1" |
| 3.10. | 9h30,2m | 15,40° | 9:06 | 1:47A | -1,9 mag | 33,4" |
| 8.10. | 9h33,6m | 15,14° | 8:50 | 1:32A | -1,9 mag | 33,7" |
| 13.10. | 9h36,8m | 14,89° | 8:34 | 1:17A | -1,9 mag | 34,1" |
| 18.10. | 9h39,9m | 14,65° | 8:17 | 1:01A | -1,9 mag | 34,5" |
| 23.10. | 9h42,8m | 14,43° | 8:00 | 0:46A | -2,0 mag | 35,0" |
| 28.10. | 9h45,4m | 14,22° | 7:43 | 0:30A | -2,0 mag | 35,4" |
| 2.11. | 9h47,9m | 14,03° | 7:26 | 0:14A | -2,0 mag | 35,9" |
| 7.11. | 9h50,1m | 13,86° | 7:08 | 23:54A | -2,1 mag | 36,4" |
| 12.11. | 9h52,1m | 13,70° | 6:51 | 23:37A | -2,1 mag | 36,9" |
| 17.11. | 9h53,8m | 13,57° | 6:33 | 23:20A | -2,1 mag | 37,5" |
| 22.11. | 9h55,3m | 13,47° | 6:14 | 23:02A | -2,1 mag | 38,1" |
| 27.11. | 9h56,4m | 13,38° | 5:56 | 22:44A | -2,2 mag | 38,7" |
| 2.12. | 9h57,3m | 13,33° | 5:37 | 22:25A | -2,2 mag | 39,2" |
| 7.12. | 9h57,9m | 13,30° | 5:18 | 22:06A | -2,2 mag | 39,9" |
| 12.12. | 9h58,1m | 13,30° | 4:59 | 21:47A | -2,3 mag | 40,5" |
| 17.12. | 9h58,1m | 13,33° | 4:39 | 21:27A | -2,3 mag | 41,1" |
| 22.12. | 9h57,7m | 13,38° | 4:19 | 21:06A | -2,3 mag | 41,6" |
| 27.12. | 9h57,0m | 13,47° | 3:59 | 20:45A | -2,4 mag | 42,2" |
| 1.1. | 9h56,0m | 13,57° | 3:38 | 20:24A | -2,4 mag | 42,7" |

## Saturn

| Datum | Rektaszension | Deklination | Kulmination | Auf-/Untergang | Helligkeit | Scheibchendurchmesser | Ringöffnung |
|---|---|---|---|---|---|---|---|
| 1.1. | 23h49,5m | -3,60° | 17:28 | 23:14U | 1,1 mag | 17,2" | -0,9° |
| 6.1. | 23h50,6m | -3,46° | 17:10 | 22:56U | 1,1 mag | 17,0" | -1,1° |
| 11.1. | 23h51,9m | -3,31° | 16:51 | 22:38U | 1,1 mag | 16,9" | -1,3° |
| 16.1. | 23h53,3m | -3,14° | 16:33 | 22:21U | 1,1 mag | 16,8" | -1,5° |
| 21.1. | 23h54,8m | -2,97° | 16:15 | 22:04U | 1,1 mag | 16,6" | -1,7° |

| Datum | Rektaszen-sion | Deklina-tion | Kulmina-tion | Auf-/Untergang | Helligkeit | Scheibchen-durchmesser | Ring-öffnung |
|---|---|---|---|---|---|---|---|
| 26.1. | 23h56,4m | -2,78° | 15:57 | 21:47U | 1,1 mag | 16,5" | -1,9° |
| 31.1. | 23h58,1m | -2,58° | 15:39 | 21:30U | 1,1 mag | 16,4" | -2,1° |
| 5.2. | 23h59,9m | -2,37° | 15:21 | 21:13U | 1,1 mag | 16,3" | -2,4° |
| 10.2. | 0h01,8m | -2,15° | 15:03 | 20:56U | 1,1 mag | 16,2" | -2,6° |
| 15.2. | 0h03,8m | -1,93° | 14:46 | 20:39U | 1,1 mag | 16,2" | -2,9° |
| 20.2. | 0h05,9m | -1,70° | 14:28 | 20:23U | 1,1 mag | 16,1" | -3,1° |
| 25.2. | 0h08,0m | -1,46° | 14:11 | 20:06U | 1,0 mag | 16,0" | -3,4° |
| 2.3. | 0h10,1m | -1,22° | 13:53 | 19:50U | 1,0 mag | 16,0" | -3,7° |
| 7.3. | 0h12,3m | -0,98° | 13:36 | 19:34U | 1,0 mag | 16,0" | -4,0° |
| 12.3. | 0h14,6m | -0,74° | 13:18 | 19:18U | 1,0 mag | 15,9" | -4,3° |
| 17.3. | 0h16,9m | -0,49° | 13:01 | 19:01U | 0,9 mag | 15,9" | -4,5° |
| 22.3. | 0h19,1m | -0,24° | 12:43 | 18:45U | 0,9 mag | 15,9" | -4,8° |
| 27.3. | 0h21,4m | 0,00° | 12:26 | | 0,9 mag | 15,9" | -5,1° |
| 1.4. | 0h23,7m | 0,25° | 12:09 | | 0,9 mag | 15,9" | -5,4° |
| 6.4. | 0h26,0m | 0,49° | 11:51 | 5:46A | 0,9 mag | 15,9" | -5,7° |
| 11.4. | 0h28,3m | 0,73° | 11:34 | 5:28A | 0,9 mag | 15,9" | -5,9° |
| 16.4. | 0h30,5m | 0,96° | 11:16 | 5:09A | 0,9 mag | 16,0" | -6,2° |
| 21.4. | 0h32,7m | 1,19° | 10:59 | 4:50A | 0,9 mag | 16,0" | -6,5° |
| 26.4. | 0h34,9m | 1,41° | 10:41 | 4:32A | 0,9 mag | 16,1" | -6,7° |
| 1.5. | 0h37,0m | 1,63° | 10:24 | 4:13A | 0,9 mag | 16,1" | -7,0° |
| 6.5. | 0h39,1m | 1,83° | 10:06 | 3:55A | 0,9 mag | 16,2" | -7,2° |
| 11.5. | 0h41,1m | 2,03° | 9:49 | 3:37A | 0,9 mag | 16,3" | -7,4° |
| 16.5. | 0h43,0m | 2,22° | 9:31 | 3:18A | 0,9 mag | 16,4" | -7,7° |
| 21.5. | 0h44,8m | 2,40° | 9:13 | 2:59A | 0,9 mag | 16,5" | -7,9° |
| 26.5. | 0h46,6m | 2,57° | 8:55 | 2:40A | 0,9 mag | 16,6" | -8,1° |
| 31.5. | 0h48,2m | 2,73° | 8:37 | 2:21A | 0,9 mag | 16,7" | -8,2° |
| 5.6. | 0h49,8m | 2,87° | 8:19 | 2:03A | 0,8 mag | 16,8" | -8,4° |
| 10.6. | 0h51,2m | 3,00° | 8:01 | 1:44A | 0,8 mag | 17,0" | -8,5° |
| 15.6. | 0h52,6m | 3,12° | 7:42 | 1:25A | 0,8 mag | 17,1" | -8,7° |
| 20.6. | 0h53,8m | 3,22° | 7:24 | 1:06A | 0,8 mag | 17,2" | -8,8° |
| 25.6. | 0h54,8m | 3,31° | 7:05 | 0:47A | 0,8 mag | 17,4" | -8,9° |
| 30.6. | 0h55,8m | 3,38° | 6:47 | 0:28A | 0,8 mag | 17,5" | -9,0° |
| 5.7. | 0h56,5m | 3,44° | 6:28 | 0:08A | 0,7 mag | 17,7" | -9,1° |
| 10.7. | 0h57,2m | 3,48° | 6:09 | 23:46A | 0,7 mag | 17,8" | -9,1° |
| 15.7. | 0h57,7m | 3,51° | 5:49 | 23:27A | 0,7 mag | 18,0" | -9,1° |
| 20.7. | 0h58,0m | 3,52° | 5:30 | 23:07A | 0,7 mag | 18,2" | -9,2° |
| 25.7. | 0h58,2m | 3,51° | 5:11 | 22:47A | 0,6 mag | 18,3" | -9,1° |
| 30.7. | 0h58,2m | 3,49° | 4:51 | 22:28A | 0,6 mag | 18,5" | -9,1° |
| 4.8. | 0h58,0m | 3,45° | 4:31 | 22:08A | 0,6 mag | 18,6" | -9,1° |
| 9.8. | 0h57,7m | 3,39° | 4:11 | 21:49A | 0,6 mag | 18,8" | -9,0° |
| 14.8. | 0h57,3m | 3,32° | 3:51 | 21:29A | 0,5 mag | 18,9" | -8,9° |
| 19.8. | 0h56,7m | 3,24° | 3:31 | 21:09A | 0,5 mag | 19,1" | -8,9° |
| 24.8. | 0h56,0m | 3,14° | 3:10 | 20:49A | 0,5 mag | 19,2" | -8,7° |
| 29.8. | 0h55,1m | 3,03° | 2:50 | 20:29A | 0,5 mag | 19,3" | -8,6° |
| 3.9. | 0h54,1m | 2,90° | 2:29 | 20:09A | 0,4 mag | 19,4" | -8,5° |
| 8.9. | 0h53,0m | 2,77° | 2:08 | 19:49A | 0,4 mag | 19,5" | -8,3° |
| 13.9. | 0h51,8m | 2,63° | 1:48 | 19:29A | 0,4 mag | 19,6" | -8,2° |
| 18.9. | 0h50,5m | 2,48° | 1:27 | 19:08A | 0,4 mag | 19,7" | -8,0° |

| Datum | Rektaszen-sion | Deklina-tion | Kulmina-tion | Auf-/Untergang | Helligkeit | Scheibchen-durchmesser | Ring-öffnung |
|---|---|---|---|---|---|---|---|
| 23.9. | 0h49,1m | 2,33° | 1:06 | 18:48A | 0,4 mag | 19,7" | -7,8° |
| 28.9. | 0h47,7m | 2,18° | 0:45 | 18:27A | 0,3 mag | 19,7" | -7,7° |
| 3.10. | 0h46,3m | 2,02° | 0:24 | 18:07A | 0,3 mag | 19,8" | -7,5° |
| 8.10. | 0h44,8m | 1,87° | 0:02 | 6:14U | 0,3 mag | 19,8" | -7,3° |
| 13.10. | 0h43,4m | 1,72° | 23:37 | 5:52U | 0,4 mag | 19,7" | -7,2° |
| 18.10. | 0h42,0m | 1,57° | 23:16 | 5:30U | 0,4 mag | 19,7" | -7,0° |
| 23.10. | 0h40,6m | 1,43° | 22:55 | 5:09U | 0,4 mag | 19,6" | -6,8° |
| 28.10. | 0h39,3m | 1,31° | 22:34 | 4:47U | 0,5 mag | 19,6" | -6,7° |
| 2.11. | 0h38,1m | 1,19° | 22:13 | 4:25U | 0,5 mag | 19,5" | -6,5° |
| 7.11. | 0h37,0m | 1,09° | 21:53 | 4:04U | 0,5 mag | 19,4" | -6,4° |
| 12.11. | 0h36,0m | 1,00° | 21:32 | 3:44U | 0,6 mag | 19,3" | -6,3° |
| 17.11. | 0h35,2m | 0,92° | 21:11 | 3:23U | 0,6 mag | 19,1" | -6,2° |
| 22.11. | 0h34,5m | 0,86° | 20:51 | 3:02U | 0,6 mag | 19,0" | -6,2° |
| 27.11. | 0h33,9m | 0,82° | 20:31 | 2:41U | 0,7 mag | 18,9" | -6,1° |
| 2.12. | 0h33,5m | 0,80° | 20:11 | 2:21U | 0,7 mag | 18,7" | -6,1° |
| 7.12. | 0h33,2m | 0,80° | 19:51 | 2:01U | 0,7 mag | 18,6" | -6,1° |
| 12.12. | 0h33,1m | 0,81° | 19:31 | 1:42U | 0,7 mag | 18,4" | -6,1° |
| 17.12. | 0h33,2m | 0,84° | 19:12 | 1:22U | 0,8 mag | 18,2" | -6,1° |
| 22.12. | 0h33,5m | 0,89° | 18:52 | 1:03U | 0,8 mag | 18,1" | -6,2° |
| 27.12. | 0h33,9m | 0,96° | 18:33 | 0:44U | 0,8 mag | 17,9" | -6,3° |
| 1.1. | 0h34,5m | 1,05° | 18:14 | 0:25U | 0,8 mag | 17,8" | -6,4° |

## Uranus

| Datum | Rektaszen-sion | Deklina-tion | Kulmina-tion | Auf-/Untergang | Helligkeit | Scheibchen-durchmesser |
|---|---|---|---|---|---|---|
| 1.1. | 3h43,0m | 19,51° | 21:21 | 5:08U | 5,6 mag | 3,7" |
| 11.1. | 3h42,0m | 19,46° | 20:41 | 4:27U | 5,6 mag | 3,7" |
| 21.1. | 3h41,3m | 19,42° | 20:01 | 3:47U | 5,7 mag | 3,7" |
| 31.1. | 3h40,9m | 19,41° | 19:21 | 3:07U | 5,7 mag | 3,7" |
| 10.2. | 3h41,0m | 19,41° | 18:42 | 2:28U | 5,7 mag | 3,6" |
| 20.2. | 3h41,4m | 19,44° | 18:03 | 1:49U | 5,7 mag | 3,6" |
| 2.3. | 3h42,1m | 19,48° | 17:24 | 1:11U | 5,7 mag | 3,6" |
| 12.3. | 3h43,2m | 19,55° | 16:46 | 0:33U | 5,7 mag | 3,5" |
| 22.3. | 3h44,6m | 19,62° | 16:08 | 23:52U | 5,8 mag | 3,5" |
| 1.4. | 3h46,3m | 19,72° | 15:31 | 23:15U | 5,8 mag | 3,5" |
| 11.4. | 3h48,2m | 19,82° | 14:53 | 22:38U | 5,8 mag | 3,5" |
| 21.4. | 3h50,3m | 19,93° | 14:16 | 22:01U | 5,8 mag | 3,4" |
| 1.5. | 3h52,6m | 20,05° | 13:39 | 21:25U | 5,8 mag | 3,4" |
| 11.5. | 3h54,9m | 20,17° | 13:02 | 20:49U | 5,8 mag | 3,4" |
| 21.5. | 3h57,3m | 20,29° | 12:25 | 20:12U | 5,8 mag | 3,4" |
| 31.5. | 3h59,8m | 20,40° | 11:48 | 4:00A | 5,8 mag | 3,4" |
| 10.6. | 4h02,2m | 20,52° | 11:11 | 3:22A | 5,8 mag | 3,4" |
| 20.6. | 4h04,5m | 20,63° | 10:34 | 2:44A | 5,8 mag | 3,4" |
| 30.6. | 4h06,7m | 20,73° | 9:57 | 2:07A | 5,8 mag | 3,5" |
| 10.7. | 4h08,7m | 20,82° | 9:20 | 1:29A | 5,8 mag | 3,5" |
| 20.7. | 4h10,5m | 20,90° | 8:42 | 0:51A | 5,8 mag | 3,5" |

| Datum | Rektaszen-sion | Deklina-tion | Kulmina-tion | Auf-/Untergang | Helligkeit | Scheibchen-durchmesser |
|---|---|---|---|---|---|---|
| 30.7. | 4h12,1m | 20,97° | 8:04 | 0:12A | 5,8 mag | 3,5" |
| 9.8. | 4h13,4m | 21,02° | 7:26 | 23:31A | 5,7 mag | 3,6" |
| 19.8. | 4h14,4m | 21,06° | 6:48 | 22:52A | 5,7 mag | 3,6" |
| 29.8. | 4h15,0m | 21,09° | 6:09 | 22:13A | 5,7 mag | 3,6" |
| 8.9. | 4h15,3m | 21,10° | 5:30 | 21:34A | 5,7 mag | 3,6" |
| 18.9. | 4h15,2m | 21,10° | 4:51 | 20:54A | 5,7 mag | 3,7" |
| 28.9. | 4h14,8m | 21,08° | 4:11 | 20:15A | 5,6 mag | 3,7" |
| 8.10. | 4h14,0m | 21,05° | 3:31 | 19:35A | 5,6 mag | 3,7" |
| 18.10. | 4h12,9m | 21,00° | 2:51 | 18:55A | 5,6 mag | 3,8" |
| 28.10. | 4h11,6m | 20,95° | 2:10 | 18:14A | 5,6 mag | 3,8" |
| 7.11. | 4h10,0m | 20,88° | 1:29 | 17:34A | 5,6 mag | 3,8" |
| 17.11. | 4h08,4m | 20,81° | 0:48 | 16:53A | 5,6 mag | 3,8" |
| 27.11. | 4h06,6m | 20,73° | 0:07 |  | 5,6 mag | 3,8" |
| 7.12. | 4h04,8m | 20,65° | 23:22 | 7:16U | 5,6 mag | 3,8" |
| 17.12. | 4h03,2m | 20,58° | 22:41 | 6:34U | 5,6 mag | 3,8" |
| 27.12. | 4h01,7m | 20,51° | 22:00 | 5:53U | 5,6 mag | 3,8" |
| 1.1. | 4h01,0m | 20,48° | 21:40 | 5:33U | 5,6 mag | 3,8" |

## Neptun

| Datum | Rektaszen-sion | Deklina-tion | Kulmina-tion | Auf-/Untergang | Helligkeit | Scheibchen-durchmesser |
|---|---|---|---|---|---|---|
| 1.1. | 0h00,3m | -1,42° | 17:39 | 23:35U | 7,9 mag | 2,2" |
| 11.1. | 0h00,9m | -1,35° | 17:00 | 22:56U | 7,9 mag | 2,2" |
| 21.1. | 0h01,6m | -1,27° | 16:22 | 22:18U | 7,9 mag | 2,2" |
| 31.1. | 0h02,5m | -1,16° | 15:43 | 21:41U | 7,9 mag | 2,2" |
| 10.2. | 0h03,6m | -1,04° | 15:05 | 21:03U | 7,9 mag | 2,2" |
| 20.2. | 0h04,8m | -0,91° | 14:27 | 20:25U | 7,9 mag | 2,2" |
| 2.3. | 0h06,0m | -0,77° | 13:49 | 19:48U | 8,0 mag | 2,2" |
| 12.3. | 0h07,4m | -0,62° | 13:11 | 19:11U | 8,0 mag | 2,2" |
| 22.3. | 0h08,8m | -0,47° | 12:33 |  | 8,0 mag | 2,2" |
| 1.4. | 0h10,2m | -0,32° | 11:55 | 5:54A | 8,0 mag | 2,2" |
| 11.4. | 0h11,5m | -0,18° | 11:17 | 5:15A | 8,0 mag | 2,2" |
| 21.4. | 0h12,8m | -0,04° | 10:39 | 4:36A | 7,9 mag | 2,2" |
| 1.5. | 0h14,1m | 0,08° | 10:01 | 3:58A | 7,9 mag | 2,2" |
| 11.5. | 0h15,2m | 0,20° | 9:23 | 3:19A | 7,9 mag | 2,2" |
| 21.5. | 0h16,1m | 0,30° | 8:44 | 2:40A | 7,9 mag | 2,2" |
| 31.5. | 0h17,0m | 0,38° | 8:06 | 2:01A | 7,9 mag | 2,2" |
| 10.6. | 0h17,6m | 0,44° | 7:27 | 1:23A | 7,9 mag | 2,2" |
| 20.6. | 0h18,1m | 0,48° | 6:48 | 0:43A | 7,9 mag | 2,2" |
| 30.6. | 0h18,3m | 0,50° | 6:09 | 0:04A | 7,9 mag | 2,3" |
| 10.7. | 0h18,4m | 0,49° | 5:30 | 23:21A | 7,9 mag | 2,3" |
| 20.7. | 0h18,3m | 0,47° | 4:50 | 22:42A | 7,9 mag | 2,3" |
| 30.7. | 0h17,9m | 0,43° | 4:11 | 22:02A | 7,8 mag | 2,3" |
| 9.8. | 0h17,4m | 0,36° | 3:31 | 21:23A | 7,8 mag | 2,3" |
| 19.8. | 0h16,8m | 0,28° | 2:51 | 20:43A | 7,8 mag | 2,3" |
| 29.8. | 0h16,0m | 0,19° | 2:11 | 20:03A | 7,8 mag | 2,3" |

| Datum | Rektaszen-sion | Deklina-tion | Kulmina-tion | Auf-/Untergang | Helligkeit | Scheibchen-durchmesser |
|---|---|---|---|---|---|---|
| 8.9. | 0h15,1m | 0,09° | 1:31 | 19:24A | 7,8 mag | 2,3" |
| 18.9. | 0h14,1m | -0,02° | 0:50 | 18:44A | 7,8 mag | 2,3" |
| 28.9. | 0h13,1m | -0,13° | 0:10 | 6:12U | 7,8 mag | 2,3" |
| 8.10. | 0h12,1m | -0,24° | 23:26 | 5:31U | 7,8 mag | 2,3" |
| 18.10. | 0h11,1m | -0,34° | 22:45 | 4:50U | 7,8 mag | 2,3" |
| 28.10. | 0h10,2m | -0,44° | 22:05 | 4:10U | 7,8 mag | 2,3" |
| 7.11. | 0h09,5m | -0,51° | 21:25 | 3:30U | 7,8 mag | 2,3" |
| 17.11. | 0h08,9m | -0,57° | 20:45 | 2:49U | 7,8 mag | 2,3" |
| 27.11. | 0h08,4m | -0,62° | 20:06 | 2:09U | 7,9 mag | 2,3" |
| 7.12. | 0h08,2m | -0,63° | 19:26 | 1:30U | 7,9 mag | 2,3" |
| 17.12. | 0h08,1m | -0,63° | 18:47 | 0:50U | 7,9 mag | 2,3" |
| 27.12. | 0h08,3m | -0,60° | 18:08 | 0:11U | 7,9 mag | 2,2" |
| 1.1. | 0h08,5m | -0,58° | 17:48 | 23:48U | 7,9 mag | 2,2" |

## Pluto

| Datum | Rektaszen-sion | Deklinat-ion | Kulmina-tion | Auf-/Untergang | Helligkeit |
|---|---|---|---|---|---|
| 1.1. | 20h23,7m | -23,22° | 14:03 | 18:04U | 14,5 mag |
| 11.1. | 20h25,0m | -23,16° | 13:25 | 17:26U | 14,6 mag |
| 21.1. | 20h26,4m | -23,09° | 12:47 | | 14,6 mag |
| 31.1. | 20h27,8m | -23,03° | 12:09 | | 14,6 mag |
| 10.2. | 20h29,1m | -22,97° | 11:31 | 7:29A | 14,6 mag |
| 20.2. | 20h30,4m | -22,92° | 10:53 | 6:50A | 14,6 mag |
| 2.3. | 20h31,6m | -22,87° | 10:15 | 6:12A | 14,5 mag |
| 12.3. | 20h32,7m | -22,83° | 9:37 | 5:34A | 14,5 mag |
| 22.3. | 20h33,6m | -22,81° | 8:58 | 4:55A | 14,5 mag |
| 1.4. | 20h34,4m | -22,79° | 8:20 | 4:16A | 14,5 mag |
| 11.4. | 20h35,0m | -22,78° | 7:41 | 3:38A | 14,5 mag |
| 21.4. | 20h35,5m | -22,79° | 7:02 | 2:59A | 14,5 mag |
| 1.5. | 20h35,7m | -22,81° | 6:23 | 2:19A | 14,5 mag |
| 11.5. | 20h35,8m | -22,84° | 5:44 | 1:41A | 14,5 mag |
| 21.5. | 20h35,6m | -22,88° | 5:04 | 1:01A | 14,5 mag |
| 31.5. | 20h35,3m | -22,94° | 4:25 | 0:22A | 14,5 mag |
| 10.6. | 20h34,8m | -23,00° | 3:45 | 23:39A | 14,5 mag |
| 20.6. | 20h34,2m | -23,06° | 3:05 | 22:59A | 14,5 mag |
| 30.6. | 20h33,4m | -23,13° | 2:25 | 22:19A | 14,5 mag |
| 10.7. | 20h32,5m | -23,21° | 1:45 | 21:40A | 14,4 mag |
| 20.7. | 20h31,6m | -23,28° | 1:04 | 21:00A | 14,4 mag |
| 30.7. | 20h30,6m | -23,35° | 0:24 | 4:24U | 14,4 mag |
| 9.8. | 20h29,6m | -23,42° | 23:40 | 3:44U | 14,5 mag |
| 19.8. | 20h28,7m | -23,48° | 23:00 | 3:03U | 14,5 mag |
| 29.8. | 20h27,9m | -23,53° | 22:19 | 2:22U | 14,5 mag |
| 8.9. | 20h27,1m | -23,58° | 21:39 | 1:42U | 14,5 mag |
| 18.9. | 20h26,5m | -23,61° | 20:59 | 1:02U | 14,5 mag |
| 28.9. | 20h26,1m | -23,63° | 20:20 | 0:22U | 14,5 mag |
| 8.10. | 20h25,8m | -23,64° | 19:40 | 23:38U | 14,5 mag |

| Datum | Rektaszen-sion | Deklinat-ion | Kulmina-tion | Auf-/Untergang | Helligkeit |
|---|---|---|---|---|---|
| 18.10. | 20h25,7m | -23,64° | 19:01 | 22:59U | 14,5 mag |
| 28.10. | 20h25,9m | -23,62° | 18:22 | 22:20U | 14,5 mag |
| 7.11. | 20h26,2m | -23,59° | 17:43 | 21:41U | 14,5 mag |
| 17.11. | 20h26,7m | -23,56° | 17:04 | 21:03U | 14,5 mag |
| 27.11. | 20h27,4m | -23,51° | 16:25 | 20:24U | 14,6 mag |
| 7.12. | 20h28,3m | -23,46° | 15:47 | 19:46U | 14,6 mag |
| 17.12. | 20h29,4m | -23,40° | 15:09 | 19:08U | 14,6 mag |
| 27.12. | 20h30,5m | -23,34° | 14:30 | 18:30U | 14,6 mag |
| 1.1. | 20h31,1m | -23,30° | 14:11 | 18:11U | 14,6 mag |

## Ceres

| Datum | Rektaszen-sion | Deklina-tion | Kulmina-tion | Auf-/Untergang | Helligkeit |
|---|---|---|---|---|---|
| 1.1. | 0h40,0m | -5,37° | 18:19 | 23:57U | 8,9 mag |
| 6.1. | 0h43,5m | -4,63° | 18:03 | 23:44U | 8,9 mag |
| 11.1. | 0h47,4m | -3,88° | 17:47 | 23:32U | 9,0 mag |
| 16.1. | 0h51,6m | -3,10° | 17:32 | 23:21U | 9,0 mag |
| 21.1. | 0h56,1m | -2,31° | 17:17 | 23:09U | 9,0 mag |
| 26.1. | 1h00,9m | -1,50° | 17:02 | 22:58U | 9,1 mag |
| 31.1. | 1h06,1m | -0,68° | 16:47 | 22:47U | 9,1 mag |
| 5.2. | 1h11,4m | 0,14° | 16:33 | 22:37U | 9,1 mag |
| 10.2. | 1h17,0m | 0,97° | 16:19 | 22:27U | 9,1 mag |
| 15.2. | 1h22,8m | 1,81° | 16:05 | 22:17U | 9,1 mag |
| 20.2. | 1h28,8m | 2,65° | 15:51 | 22:07U | 9,1 mag |
| 25.2. | 1h35,0m | 3,48° | 15:38 | 21:58U | 9,1 mag |
| 2.3. | 1h41,4m | 4,32° | 15:25 | 21:49U | 9,1 mag |
| 7.3. | 1h47,9m | 5,15° | 15:12 | 21:40U | 9,1 mag |
| 12.3. | 1h54,6m | 5,98° | 14:59 | 21:31U | 9,1 mag |
| 17.3. | 2h01,5m | 6,80° | 14:46 | 21:22U | 9,1 mag |
| 22.3. | 2h08,5m | 7,61° | 14:33 | 21:13U | 9,1 mag |
| 27.3. | 2h15,6m | 8,42° | 14:20 | 21:05U | 9,1 mag |
| 1.4. | 2h22,8m | 9,21° | 14:08 | 20:56U | 9,0 mag |
| 6.4. | 2h30,2m | 9,99° | 13:56 | 20:48U | 9,0 mag |
| 11.4. | 2h37,7m | 10,75° | 13:44 | 20:39U | 9,0 mag |
| 16.4. | 2h45,2m | 11,50° | 13:31 | 20:31U | 8,9 mag |
| 21.4. | 2h52,9m | 12,23° | 13:19 | 20:23U | 8,9 mag |
| 26.4. | 3h00,7m | 12,94° | 13:08 | 20:15U | 8,8 mag |
| 1.5. | 3h08,6m | 13,63° | 12:56 | 20:06U | 8,8 mag |
| 6.5. | 3h16,5m | 14,30° | 12:44 | 19:58U | 8,7 mag |
| 11.5. | 3h24,5m | 14,95° | 12:32 |  | 8,7 mag |
| 16.5. | 3h32,6m | 15,58° | 12:21 |  | 8,6 mag |
| 21.5. | 3h40,8m | 16,18° | 12:09 |  | 8,7 mag |
| 26.5. | 3h49,0m | 16,76° | 11:58 |  | 8,7 mag |
| 31.5. | 3h57,3m | 17,31° | 11:46 | 4:15A | 8,8 mag |
| 5.6. | 4h05,6m | 17,84° | 11:35 | 4:01A | 8,8 mag |
| 10.6. | 4h13,9m | 18,34° | 11:24 | 3:47A | 8,9 mag |

| Datum | Rektaszension | Deklination | Kulmination | Auf-/Untergang | Helligkeit |
|---|---|---|---|---|---|
| 15.6. | 4h22,3m | 18,81° | 11:12 | 3:33A | 8,9 mag |
| 20.6. | 4h30,8m | 19,25° | 11:01 | 3:19A | 8,9 mag |
| 25.6. | 4h39,2m | 19,67° | 10:50 | 3:05A | 8,9 mag |
| 30.6. | 4h47,6m | 20,06° | 10:38 | 2:52A | 9,0 mag |
| 5.7. | 4h56,1m | 20,42° | 10:27 | 2:38A | 9,0 mag |
| 10.7. | 5h04,5m | 20,75° | 10:16 | 2:25A | 9,0 mag |
| 15.7. | 5h12,9m | 21,06° | 10:05 | 2:12A | 9,0 mag |
| 20.7. | 5h21,2m | 21,34° | 9:53 | 1:59A | 9,0 mag |
| 25.7. | 5h29,6m | 21,59° | 9:42 | 1:46A | 9,0 mag |
| 30.7. | 5h37,8m | 21,82° | 9:30 | 1:33A | 9,0 mag |
| 4.8. | 5h46,0m | 22,02° | 9:19 | 1:20A | 9,0 mag |
| 9.8. | 5h54,1m | 22,20° | 9:07 | 1:07A | 9,0 mag |
| 14.8. | 6h02,1m | 22,35° | 8:56 | 0:55A | 9,0 mag |
| 19.8. | 6h10,0m | 22,49° | 8:44 | 0:42A | 9,0 mag |
| 24.8. | 6h17,7m | 22,61° | 8:32 | 0:29A | 9,0 mag |
| 29.8. | 6h25,3m | 22,71° | 8:20 | 0:16A | 8,9 mag |
| 3.9. | 6h32,7m | 22,80° | 8:07 | 0:04A | 8,9 mag |
| 8.9. | 6h39,9m | 22,87° | 7:55 | 23:48A | 8,9 mag |
| 13.9. | 6h47,0m | 22,94° | 7:42 | 23:35A | 8,8 mag |
| 18.9. | 6h53,7m | 23,01° | 7:29 | 23:22A | 8,8 mag |
| 23.9. | 7h00,3m | 23,07° | 7:16 | 23:08A | 8,8 mag |
| 28.9. | 7h06,5m | 23,13° | 7:03 | 22:54A | 8,7 mag |
| 3.10. | 7h12,4m | 23,20° | 6:49 | 22:39A | 8,7 mag |
| 8.10. | 7h18,0m | 23,28° | 6:35 | 22:25A | 8,6 mag |
| 13.10. | 7h23,1m | 23,37° | 6:20 | 22:09A | 8,5 mag |
| 18.10. | 7h27,9m | 23,48° | 6:05 | 21:54A | 8,5 mag |
| 23.10. | 7h32,2m | 23,62° | 5:50 | 21:38A | 8,4 mag |
| 28.10. | 7h36,0m | 23,79° | 5:34 | 21:21A | 8,3 mag |
| 2.11. | 7h39,3m | 23,98° | 5:18 | 21:03A | 8,2 mag |
| 7.11. | 7h42,0m | 24,22° | 5:01 | 20:44A | 8,1 mag |
| 12.11. | 7h44,1m | 24,49° | 4:43 | 20:24A | 8,0 mag |
| 17.11. | 7h45,5m | 24,81° | 4:25 | 20:03A | 7,9 mag |
| 22.11. | 7h46,2m | 25,18° | 4:06 | 19:42A | 7,8 mag |
| 27.11. | 7h46,2m | 25,58° | 3:46 | 19:19A | 7,7 mag |
| 2.12. | 7h45,4m | 26,03° | 3:26 | 18:55A | 7,6 mag |
| 7.12. | 7h43,9m | 26,52° | 3:04 | 18:30A | 7,5 mag |
| 12.12. | 7h41,6m | 27,05° | 2:42 | 18:04A | 7,4 mag |
| 17.12. | 7h38,6m | 27,59° | 2:20 | 17:37A | 7,3 mag |
| 22.12. | 7h34,9m | 28,15° | 1:56 | 17:09A | 7,1 mag |
| 27.12. | 7h30,6m | 28,71° | 1:32 | 16:40A | 7,0 mag |
| 1.1. | 7h25,9m | 29,25° | 1:08 | | 6,9 mag |

# Pallas

| Datum | Rektaszension | Deklination | Kulmination | Auf-/Untergang | Helligkeit |
|---|---|---|---|---|---|
| 1.1. | 21h25,9m | -3,93° | 15:06 | 20:50U | 10,4 mag |
| 6.1. | 21h32,1m | -3,90° | 14:52 | 20:36U | 10,4 mag |
| 11.1. | 21h38,3m | -3,83° | 14:39 | 20:23U | 10,4 mag |
| 16.1. | 21h44,6m | -3,73° | 14:25 | 20:10U | 10,4 mag |
| 21.1. | 21h51,1m | -3,59° | 14:12 | 19:58U | 10,4 mag |
| 26.1. | 21h57,5m | -3,43° | 13:59 | 19:46U | 10,3 mag |
| 31.1. | 22h04,1m | -3,24° | 13:46 | 19:34U | 10,3 mag |
| 5.2. | 22h10,6m | -3,03° | 13:33 | 19:22U | 10,3 mag |
| 10.2. | 22h17,2m | -2,77° | 13:20 | 19:10U | 10,2 mag |
| 15.2. | 22h23,9m | -2,51° | 13:07 | 18:58U | 10,2 mag |
| 20.2. | 22h30,5m | -2,23° | 12:54 | 18:46U | 10,1 mag |
| 25.2. | 22h37,2m | -1,93° | 12:40 | 18:34U | 10,1 mag |
| 2.3. | 22h43,9m | -1,62° | 12:27 | 18:23U | 10,0 mag |
| 7.3. | 22h50,5m | -1,29° | 12:14 | 6:17A | 10,0 mag |
| 12.3. | 22h57,2m | -0,96° | 12:01 | 6:03A | 10,0 mag |
| 17.3. | 23h03,9m | -0,61° | 11:48 | 5:49A | 10,1 mag |
| 22.3. | 23h10,5m | -0,27° | 11:35 | 5:34A | 10,1 mag |
| 27.3. | 23h17,1m | 0,08° | 11:22 | 5:19A | 10,2 mag |
| 1.4. | 23h23,7m | 0,43° | 11:09 | 5:04A | 10,2 mag |
| 6.4. | 23h30,2m | 0,78° | 10:56 | 4:49A | 10,2 mag |
| 11.4. | 23h36,8m | 1,12° | 10:43 | 4:34A | 10,2 mag |
| 16.4. | 23h43,2m | 1,46° | 10:30 | 4:19A | 10,3 mag |
| 21.4. | 23h49,6m | 1,79° | 10:16 | 4:05A | 10,3 mag |
| 26.4. | 23h56,0m | 2,10° | 10:03 | 3:50A | 10,3 mag |
| 1.5. | 0h02,3m | 2,40° | 9:50 | 3:36A | 10,3 mag |
| 6.5. | 0h08,5m | 2,68° | 9:36 | 3:21A | 10,3 mag |
| 11.5. | 0h14,7m | 2,94° | 9:23 | 3:06A | 10,3 mag |
| 16.5. | 0h20,7m | 3,18° | 9:09 | 2:51A | 10,2 mag |
| 21.5. | 0h26,7m | 3,40° | 8:55 | 2:36A | 10,2 mag |
| 26.5. | 0h32,6m | 3,58° | 8:41 | 2:21A | 10,2 mag |
| 31.5. | 0h38,3m | 3,73° | 8:27 | 2:07A | 10,2 mag |
| 5.6. | 0h44,0m | 3,85° | 8:13 | 1:52A | 10,2 mag |
| 10.6. | 0h49,4m | 3,92° | 7:59 | 1:38A | 10,1 mag |
| 15.6. | 0h54,8m | 3,96° | 7:45 | 1:23A | 10,1 mag |
| 20.6. | 0h59,9m | 3,94° | 7:30 | 1:09A | 10,0 mag |
| 25.6. | 1h04,9m | 3,88° | 7:16 | 0:54A | 10,0 mag |
| 30.6. | 1h09,6m | 3,76° | 7:01 | 0:40A | 9,9 mag |
| 5.7. | 1h14,1m | 3,58° | 6:45 | 0:25A | 9,9 mag |
| 10.7. | 1h18,4m | 3,33° | 6:30 | 0:11A | 9,8 mag |
| 15.7. | 1h22,4m | 3,02° | 6:14 | 23:54A | 9,8 mag |
| 20.7. | 1h26,0m | 2,63° | 5:58 | 23:40A | 9,7 mag |
| 25.7. | 1h29,4m | 2,17° | 5:42 | 23:26A | 9,6 mag |
| 30.7. | 1h32,3m | 1,62° | 5:25 | 23:12A | 9,5 mag |
| 4.8. | 1h34,9m | 0,98° | 5:08 | 22:58A | 9,4 mag |
| 9.8. | 1h37,0m | 0,26° | 4:50 | 22:44A | 9,3 mag |

| Datum | Rektaszension | Deklination | Kulmination | Auf-/Untergang | Helligkeit |
|---|---|---|---|---|---|
| 14.8. | 1h38,7m | -0,56° | 4:32 | 22:29A | 9,2 mag |
| 19.8. | 1h39,9m | -1,47° | 4:14 | 22:15A | 9,1 mag |
| 24.8. | 1h40,5m | -2,48° | 3:55 | 22:01A | 9,0 mag |
| 29.8. | 1h40,6m | -3,58° | 3:35 | 21:47A | 8,9 mag |
| 3.9. | 1h40,2m | -4,76° | 3:15 | 21:33A | 8,8 mag |
| 8.9. | 1h39,2m | -6,02° | 2:55 | 21:18A | 8,7 mag |
| 13.9. | 1h37,6m | -7,35° | 2:33 | 21:03A | 8,6 mag |
| 18.9. | 1h35,5m | -8,72° | 2:12 | 20:48A | 8,5 mag |
| 23.9. | 1h32,9m | -10,12° | 1:49 | 20:32A | 8,4 mag |
| 28.9. | 1h29,9m | -11,53° | 1:27 | 20:17A | 8,3 mag |
| 3.10. | 1h26,4m | -12,92° | 1:04 | 6:02U | 8,3 mag |
| 8.10. | 1h22,7m | -14,26° | 0:40 | 5:32U | 8,2 mag |
| 13.10. | 1h18,9m | -15,53° | 0:17 | 5:02U | 8,3 mag |
| 18.10. | 1h14,9m | -16,70° | 23:48 | 4:32U | 8,3 mag |
| 23.10. | 1h11,0m | -17,77° | 23:25 | 4:03U | 8,4 mag |
| 28.10. | 1h07,3m | -18,70° | 23:02 | 3:34U | 8,5 mag |
| 2.11. | 1h03,9m | -19,50° | 22:39 | 3:06U | 8,5 mag |
| 7.11. | 1h00,8m | -20,17° | 22:16 | 2:40U | 8,6 mag |
| 12.11. | 0h58,2m | -20,69° | 21:54 | 2:14U | 8,7 mag |
| 17.11. | 0h56,2m | -21,07° | 21:32 | 1:51U | 8,8 mag |
| 22.11. | 0h54,7m | -21,32° | 21:11 | 1:28U | 8,8 mag |
| 27.11. | 0h53,8m | -21,45° | 20:51 | 1:07U | 8,9 mag |
| 2.12. | 0h53,6m | -21,47° | 20:31 | 0:46U | 9,0 mag |
| 7.12. | 0h53,9m | -21,39° | 20:12 | 0:28U | 9,0 mag |
| 12.12. | 0h54,9m | -21,21° | 19:53 | 0:10U | 9,1 mag |
| 17.12. | 0h56,5m | -20,95° | 19:35 | 23:51U | 9,1 mag |
| 22.12. | 0h58,6m | -20,61° | 19:18 | 23:36U | 9,2 mag |
| 27.12. | 1h01,4m | -20,21° | 19:01 | 23:21U | 9,2 mag |
| 1.1. | 1h04,6m | -19,75° | 18:45 | 23:07U | 9,3 mag |

# Juno

| Datum | Rektaszension | Deklination | Kulmination | Auf-/Untergang | Helligkeit |
|---|---|---|---|---|---|
| 1.1. | 18h03,4m | -13,53° | 11:44 | 16:40U | 11,3 mag |
| 6.1. | 18h10,7m | -13,50° | 11:31 | 6:34A | 11,3 mag |
| 11.1. | 18h18,0m | -13,43° | 11:19 | 6:22A | 11,3 mag |
| 16.1. | 18h25,3m | -13,34° | 11:06 | 6:09A | 11,3 mag |
| 21.1. | 18h32,5m | -13,21° | 10:54 | 5:56A | 11,3 mag |
| 26.1. | 18h39,6m | -13,06° | 10:41 | 5:43A | 11,3 mag |
| 31.1. | 18h46,7m | -12,88° | 10:29 | 5:29A | 11,3 mag |
| 5.2. | 18h53,7m | -12,67° | 10:16 | 5:15A | 11,3 mag |
| 10.2. | 19h00,7m | -12,43° | 10:03 | 5:01A | 11,3 mag |
| 15.2. | 19h07,5m | -12,17° | 9:51 | 4:47A | 11,3 mag |
| 20.2. | 19h14,2m | -11,88° | 9:38 | 4:32A | 11,3 mag |
| 25.2. | 19h20,7m | -11,57° | 9:24 | 4:17A | 11,3 mag |
| 2.3. | 19h27,1m | -11,23° | 9:11 | 4:03A | 11,3 mag |

| Datum | Rektaszension | Deklination | Kulmination | Auf-/Untergang | Helligkeit |
|---|---|---|---|---|---|
| 7.3. | 19h33,4m | -10,88° | 8:58 | 3:48A | 11,2 mag |
| 12.3. | 19h39,5m | -10,51° | 8:44 | 3:32A | 11,2 mag |
| 17.3. | 19h45,4m | -10,12° | 8:30 | 3:16A | 11,2 mag |
| 22.3. | 19h51,1m | -9,72° | 8:16 | 3:00A | 11,1 mag |
| 27.3. | 19h56,5m | -9,30° | 8:02 | 2:44A | 11,1 mag |
| 1.4. | 20h01,8m | -8,87° | 7:48 | 2:27A | 11,1 mag |
| 6.4. | 20h06,7m | -8,44° | 7:33 | 2:10A | 11,0 mag |
| 11.4. | 20h11,4m | -8,00° | 7:18 | 1:53A | 11,0 mag |
| 16.4. | 20h15,8m | -7,56° | 7:02 | 1:36A | 10,9 mag |
| 21.4. | 20h19,9m | -7,11° | 6:47 | 1:18A | 10,9 mag |
| 26.4. | 20h23,7m | -6,68° | 6:31 | 1:00A | 10,8 mag |
| 1.5. | 20h27,1m | -6,25° | 6:15 | 0:42A | 10,7 mag |
| 6.5. | 20h30,0m | -5,83° | 5:58 | 0:23A | 10,7 mag |
| 11.5. | 20h32,6m | -5,43° | 5:41 | 0:04A | 10,6 mag |
| 16.5. | 20h34,8m | -5,05° | 5:23 | 23:41A | 10,5 mag |
| 21.5. | 20h36,4m | -4,69° | 5:05 | 23:21A | 10,4 mag |
| 26.5. | 20h37,6m | -4,37° | 4:47 | 23:01A | 10,3 mag |
| 31.5. | 20h38,3m | -4,08° | 4:28 | 22:40A | 10,2 mag |
| 5.6. | 20h38,4m | -3,83° | 4:08 | 22:19A | 10,1 mag |
| 10.6. | 20h38,0m | -3,63° | 3:48 | 21:59A | 10,1 mag |
| 15.6. | 20h37,1m | -3,49° | 3:27 | 21:38A | 10,0 mag |
| 20.6. | 20h35,5m | -3,40° | 3:06 | 21:16A | 9,9 mag |
| 25.6. | 20h33,5m | -3,38° | 2:45 | 20:54A | 9,7 mag |
| 30.6. | 20h30,9m | -3,43° | 2:22 | | 9,6 mag |
| 5.7. | 20h27,8m | -3,54° | 2:00 | | 9,5 mag |
| 10.7. | 20h24,3m | -3,73° | 1:36 | | 9,4 mag |
| 15.7. | 20h20,4m | -4,00° | 1:13 | | 9,3 mag |
| 20.7. | 20h16,3m | -4,34° | 0:49 | | 9,3 mag |
| 25.7. | 20h11,9m | -4,74° | 0:25 | | 9,2 mag |
| 30.7. | 20h07,6m | -5,21° | 0:01 | | 9,2 mag |
| 4.8. | 20h03,3m | -5,73° | 23:32 | | 9,2 mag |
| 9.8. | 19h59,1m | -6,29° | 23:09 | 4:45U | 9,2 mag |
| 14.8. | 19h55,3m | -6,88° | 22:45 | 4:19U | 9,3 mag |
| 19.8. | 19h51,8m | -7,50° | 22:22 | 3:53U | 9,4 mag |
| 24.8. | 19h48,8m | -8,13° | 22:00 | 3:28U | 9,4 mag |
| 29.8. | 19h46,4m | -8,75° | 21:38 | 3:02U | 9,5 mag |
| 3.9. | 19h44,6m | -9,37° | 21:16 | 2:38U | 9,6 mag |
| 8.9. | 19h43,4m | -9,97° | 20:56 | 2:14U | 9,6 mag |
| 13.9. | 19h42,9m | -10,55° | 20:36 | 1:51U | 9,7 mag |
| 18.9. | 19h43,1m | -11,09° | 20:16 | 1:29U | 9,7 mag |
| 23.9. | 19h43,9m | -11,60° | 19:58 | 1:08U | 9,8 mag |
| 28.9. | 19h45,4m | -12,07° | 19:40 | 0:47U | 9,9 mag |
| 3.10. | 19h47,5m | -12,50° | 19:22 | 0:27U | 9,9 mag |
| 8.10. | 19h50,3m | -12,88° | 19:05 | 0:08U | 10,0 mag |
| 13.10. | 19h53,6m | -13,22° | 18:49 | 23:47U | 10,0 mag |
| 18.10. | 19h57,6m | -13,51° | 18:33 | 23:30U | 10,1 mag |
| 23.10. | 20h02,0m | -13,75° | 18:18 | 23:13U | 10,1 mag |
| 28.10. | 20h06,9m | -13,94° | 18:03 | 22:58U | 10,2 mag |

| Datum | Rektaszen-sion | Deklina-tion | Kulmina-tion | Auf-/Untergang | Helligkeit |
|---|---|---|---|---|---|
| 2.11. | 20h12,2m | -14,08° | 17:49 | 22:43U | 10,2 mag |
| 7.11. | 20h18,0m | -14,17° | 17:35 | 22:28U | 10,2 mag |
| 12.11. | 20h24,2m | -14,20° | 17:22 | 22:15U | 10,2 mag |
| 17.11. | 20h30,8m | -14,19° | 17:09 | 22:02U | 10,3 mag |
| 22.11. | 20h37,6m | -14,13° | 16:56 | 21:50U | 10,3 mag |
| 27.11. | 20h44,8m | -14,02° | 16:44 | 21:38U | 10,3 mag |
| 2.12. | 20h52,3m | -13,86° | 16:31 | 21:27U | 10,3 mag |
| 7.12. | 21h00,0m | -13,65° | 16:19 | 21:16U | 10,3 mag |
| 12.12. | 21h07,9m | -13,39° | 16:08 | 21:05U | 10,3 mag |
| 17.12. | 21h16,1m | -13,09° | 15:56 | 20:55U | 10,3 mag |
| 22.12. | 21h24,5m | -12,74° | 15:45 | 20:46U | 10,3 mag |
| 27.12. | 21h33,0m | -12,35° | 15:34 | 20:37U | 10,3 mag |
| 1.1. | 21h41,7m | -11,92° | 15:23 | 20:28U | 10,3 mag |

## Vesta

| Datum | Rektaszen-sion | Deklina-tion | Kulmina-tion | Auf-/Untergang | Helligkeit |
|---|---|---|---|---|---|
| 1.1. | 19h45,7m | -22,65° | 13:26 | 17:32U | 7,8 mag |
| 6.1. | 19h57,0m | -22,28° | 13:18 | 17:26U | 7,8 mag |
| 11.1. | 20h08,2m | -21,87° | 13:09 | 17:20U | 7,8 mag |
| 16.1. | 20h19,4m | -21,41° | 13:01 | 17:14U | 7,7 mag |
| 21.1. | 20h30,5m | -20,91° | 12:52 | 17:08U | 7,7 mag |
| 26.1. | 20h41,4m | -20,37° | 12:43 | | 7,6 mag |
| 31.1. | 20h52,3m | -19,80° | 12:35 | | 7,6 mag |
| 5.2. | 21h03,0m | -19,19° | 12:26 | | 7,7 mag |
| 10.2. | 21h13,7m | -18,55° | 12:17 | | 7,8 mag |
| 15.2. | 21h24,2m | -17,88° | 12:07 | | 7,8 mag |
| 20.2. | 21h34,6m | -17,18° | 11:58 | 7:21A | 7,9 mag |
| 25.2. | 21h44,9m | -16,46° | 11:49 | 7:07A | 7,9 mag |
| 2.3. | 21h55,0m | -15,72° | 11:39 | 6:54A | 7,9 mag |
| 7.3. | 22h05,0m | -14,97° | 11:29 | 6:40A | 8,0 mag |
| 12.3. | 22h14,9m | -14,20° | 11:20 | 6:26A | 8,0 mag |
| 17.3. | 22h24,7m | -13,42° | 11:10 | 6:12A | 8,0 mag |
| 22.3. | 22h34,4m | -12,63° | 11:00 | 5:58A | 8,1 mag |
| 27.3. | 22h43,9m | -11,83° | 10:49 | 5:44A | 8,1 mag |
| 1.4. | 22h53,2m | -11,03° | 10:39 | 5:30A | 8,1 mag |
| 6.4. | 23h02,5m | -10,24° | 10:29 | 5:15A | 8,1 mag |
| 11.4. | 23h11,6m | -9,44° | 10:18 | 5:00A | 8,1 mag |
| 16.4. | 23h20,6m | -8,65° | 10:07 | 4:46A | 8,1 mag |
| 21.4. | 23h29,4m | -7,87° | 9:56 | 4:31A | 8,1 mag |
| 26.4. | 23h38,1m | -7,11° | 9:45 | 4:16A | 8,1 mag |
| 1.5. | 23h46,7m | -6,35° | 9:34 | 4:01A | 8,1 mag |
| 6.5. | 23h55,1m | -5,61° | 9:23 | 3:47A | 8,1 mag |
| 11.5. | 0h03,4m | -4,89° | 9:12 | 3:32A | 8,1 mag |
| 16.5. | 0h11,5m | -4,19° | 9:00 | 3:17A | 8,1 mag |
| 21.5. | 0h19,5m | -3,52° | 8:48 | 3:02A | 8,1 mag |

| Datum | Rektaszension | Deklination | Kulmination | Auf-/Untergang | Helligkeit |
|---|---|---|---|---|---|
| 26.5. | 0h27,3m | -2,87° | 8:36 | 2:47A | 8,1 mag |
| 31.5. | 0h34,9m | -2,26° | 8:24 | 2:32A | 8,1 mag |
| 5.6. | 0h42,3m | -1,67° | 8:12 | 2:17A | 8,0 mag |
| 10.6. | 0h49,6m | -1,12° | 7:59 | 2:02A | 8,0 mag |
| 15.6. | 0h56,6m | -0,61° | 7:47 | 1:47A | 8,0 mag |
| 20.6. | 1h03,3m | -0,13° | 7:34 | 1:32A | 8,0 mag |
| 25.6. | 1h09,8m | 0,30° | 7:21 | 1:16A | 7,9 mag |
| 30.6. | 1h16,1m | 0,69° | 7:07 | 1:01A | 7,9 mag |
| 5.7. | 1h22,0m | 1,03° | 6:53 | 0:45A | 7,8 mag |
| 10.7. | 1h27,6m | 1,32° | 6:39 | 0:30A | 7,8 mag |
| 15.7. | 1h32,9m | 1,56° | 6:25 | 0:14A | 7,7 mag |
| 20.7. | 1h37,7m | 1,74° | 6:10 | 23:56A | 7,7 mag |
| 25.7. | 1h42,1m | 1,87° | 5:55 | 23:40A | 7,6 mag |
| 30.7. | 1h46,1m | 1,94° | 5:39 | 23:24A | 7,6 mag |
| 4.8. | 1h49,5m | 1,95° | 5:23 | 23:07A | 7,5 mag |
| 9.8. | 1h52,4m | 1,89° | 5:06 | 22:51A | 7,4 mag |
| 14.8. | 1h54,8m | 1,77° | 4:48 | 22:34A | 7,3 mag |
| 19.8. | 1h56,5m | 1,59° | 4:30 | 22:17A | 7,3 mag |
| 24.8. | 1h57,5m | 1,35° | 4:12 | 21:59A | 7,2 mag |
| 29.8. | 1h57,8m | 1,05° | 3:52 | 21:42A | 7,1 mag |
| 3.9. | 1h57,5m | 0,69° | 3:32 | 21:23A | 7,0 mag |
| 8.9. | 1h56,4m | 0,27° | 3:12 | 21:04A | 6,9 mag |
| 13.9. | 1h54,6m | -0,19° | 2:50 | 20:45A | 6,8 mag |
| 18.9. | 1h52,1m | -0,68° | 2:28 | 20:25A | 6,7 mag |
| 23.9. | 1h48,9m | -1,20° | 2:05 | 20:04A | 6,6 mag |
| 28.9. | 1h45,2m | -1,72° | 1:42 | 19:44A | 6,6 mag |
| 3.10. | 1h41,1m | -2,24° | 1:18 | 19:22A | 6,5 mag |
| 8.10. | 1h36,5m | -2,74° | 0:54 | 19:00A | 6,4 mag |
| 13.10. | 1h31,8m | -3,19° | 0:30 | 6:16U | 6,4 mag |
| 18.10. | 1h27,0m | -3,60° | 0:05 | 5:50U | 6,4 mag |
| 23.10. | 1h22,3m | -3,93° | 23:36 | 5:25U | 6,5 mag |
| 28.10. | 1h17,8m | -4,18° | 23:12 | 4:59U | 6,6 mag |
| 2.11. | 1h13,7m | -4,35° | 22:48 | 4:34U | 6,7 mag |
| 7.11. | 1h10,1m | -4,43° | 22:25 | 4:11U | 6,8 mag |
| 12.11. | 1h07,0m | -4,43° | 22:03 | 3:48U | 6,9 mag |
| 17.11. | 1h04,6m | -4,33° | 21:41 | 3:27U | 7,0 mag |
| 22.11. | 1h02,8m | -4,14° | 21:19 | 3:06U | 7,1 mag |
| 27.11. | 1h01,7m | -3,88° | 20:59 | 2:47U | 7,2 mag |
| 2.12. | 1h01,3m | -3,54° | 20:39 | 2:28U | 7,3 mag |
| 7.12. | 1h01,5m | -3,14° | 20:19 | 2:11U | 7,4 mag |
| 12.12. | 1h02,4m | -2,68° | 20:01 | 1:54U | 7,5 mag |
| 17.12. | 1h03,9m | -2,16° | 19:43 | 1:39U | 7,6 mag |
| 22.12. | 1h06,0m | -1,59° | 19:25 | 1:24U | 7,7 mag |
| 27.12. | 1h08,6m | -0,98° | 19:08 | 1:10U | 7,8 mag |
| 1.1. | 1h11,7m | -0,34° | 18:52 | 0:56U | 7,9 mag |

# Saturnmonde

## Januar

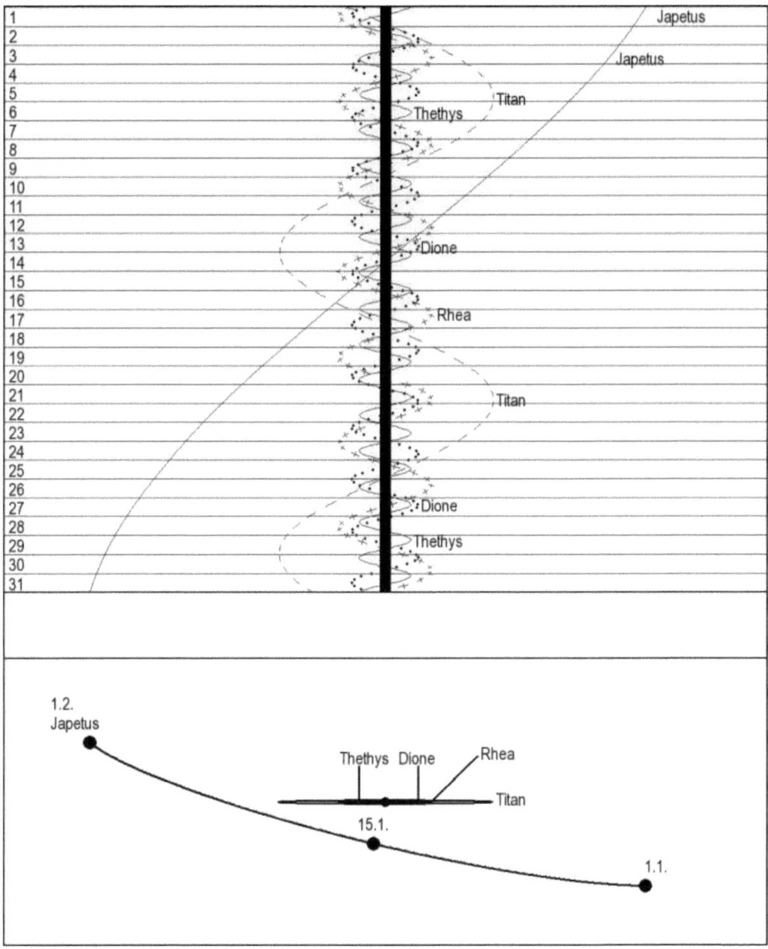

| Datum | Uhrzeit (MEZ) | Mond | Erscheinung | Phase |
|---|---|---|---|---|
| 1.1.2026 | 18:07:04 | Titan | Bedeckung | Anfang |
| 2.1.2026 | 16:57:27 | Rhea | Verfinsterung | Ende |
| 4.1.2026 | 17:33:49 | Dione | Bedeckung | Anfang |
| 4.1.2026 | 18:05:25 | Rhea | Durchgang | Anfang |
| 4.1.2026 | 19:54:45 | Rhea | Schattenvorübergang | Anfang |

| Datum | Uhrzeit (MEZ) | Mond | Erscheinung | Phase |
|---|---|---|---|---|
| 4.1.2026 | 21:40:20 | Dione | Verfinsterung | Ende |
| 4.1.2026 | 21:58:43 | Rhea | Durchgang | Ende |
| 8.1.2026 | 20:08:52 | Dione | Durchgang | Anfang |
| 8.1.2026 | 20:55:32 | Tethys | Durchgang | Anfang |
| 8.1.2026 | 21:10:22 | Dione | Schattenvorübergang | Anfang |
| 8.1.2026 | 21:36:40 | Tethys | Schattenvorübergang | Anfang |
| 9.1.2026 | 19:20:20 | Titan | Durchgang | Anfang |
| 9.1.2026 | 19:35:20 | Tethys | Bedeckung | Anfang |
| 10.1.2026 | 18:15:09 | Tethys | Durchgang | Anfang |
| 10.1.2026 | 18:55:51 | Tethys | Schattenvorübergang | Anfang |
| 10.1.2026 | 21:11:39 | Tethys | Durchgang | Ende |
| 10.1.2026 | 21:44:18 | Tethys | Schattenvorübergang | Ende |
| 11.1.2026 | 17:10:43 | Dione | Durchgang | Ende |
| 11.1.2026 | 17:52:18 | Rhea | Verfinsterung | Ende |
| 11.1.2026 | 17:55:52 | Dione | Schattenvorübergang | Ende |
| 11.1.2026 | 20:23:49 | Tethys | Verfinsterung | Ende |
| 12.1.2026 | 18:31:11 | Tethys | Durchgang | Ende |
| 12.1.2026 | 19:03:20 | Tethys | Schattenvorübergang | Ende |
| 13.1.2026 | 17:42:51 | Tethys | Verfinsterung | Ende |
| 13.1.2026 | 19:08:02 | Rhea | Durchgang | Anfang |
| 13.1.2026 | 20:52:55 | Rhea | Schattenvorübergang | Anfang |
| 15.1.2026 | 20:29:12 | Dione | Verfinsterung | Ende |
| 17.1.2026 | 18:09:22 | Titan | Bedeckung | Anfang |
| 19.1.2026 | 19:03:37 | Dione | Durchgang | Anfang |
| 19.1.2026 | 20:00:46 | Dione | Schattenvorübergang | Anfang |
| 20.1.2026 | 18:46:59 | Rhea | Verfinsterung | Ende |
| 22.1.2026 | 20:12:56 | Rhea | Durchgang | Anfang |
| 25.1.2026 | 19:56:53 | Titan | Durchgang | Anfang |
| 25.1.2026 | 20:53:15 | Tethys | Durchgang | Anfang |
| 26.1.2026 | 19:17:49 | Dione | Verfinsterung | Ende |
| 26.1.2026 | 19:33:11 | Tethys | Bedeckung | Anfang |
| 27.1.2026 | 18:13:09 | Tethys | Durchgang | Anfang |
| 27.1.2026 | 18:48:19 | Tethys | Schattenvorübergang | Anfang |
| 28.1.2026 | 20:14:54 | Tethys | Verfinsterung | Ende |
| 29.1.2026 | 18:27:53 | Tethys | Durchgang | Ende |
| 29.1.2026 | 18:54:24 | Tethys | Schattenvorübergang | Ende |
| 29.1.2026 | 19:41:26 | Rhea | Verfinsterung | Ende |
| 30.1.2026 | 17:33:54 | Tethys | Verfinsterung | Ende |
| 30.1.2026 | 18:00:05 | Dione | Durchgang | Anfang |
| 30.1.2026 | 18:51:04 | Dione | Schattenvorübergang | Anfang |

# Februar

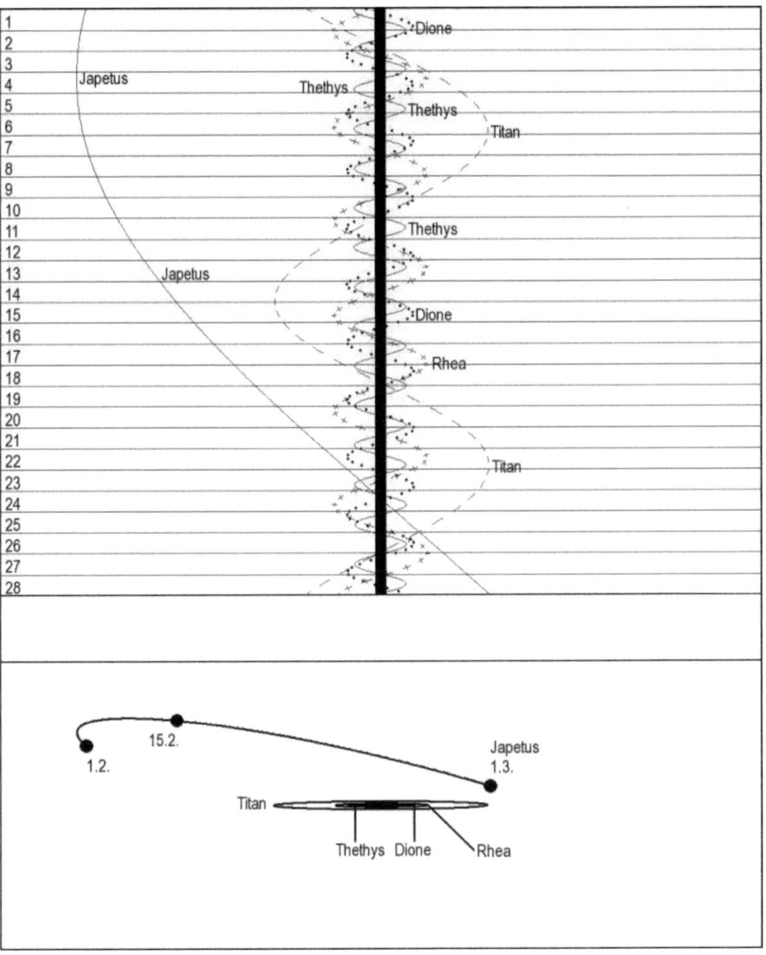



| Datum | Uhrzeit (MEZ) | Mond | Erscheinung | Phase |
|---|---|---|---|---|
| 2.2.2026 | 18:54:42 | Titan | Bedeckung | Anfang |
| 3.2.2026 | 20:36:40 | Dione | Bedeckung | Anfang |
| 6.2.2026 | 18:06:19 | Dione | Verfinsterung | Ende |
| 10.2.2026 | 20:09:54 | Dione | Durchgang | Ende |
| 12.2.2026 | 19:33:24 | Tethys | Bedeckung | Anfang |
| 13.2.2026 | 18:13:29 | Tethys | Durchgang | Anfang |
| 13.2.2026 | 18:40:24 | Tethys | Schattenvorübergang | Anfang |
| 14.2.2026 | 19:35:13 | Dione | Bedeckung | Anfang |

| Datum | Uhrzeit (MEZ) | Mond | Erscheinung | Phase |
|---|---|---|---|---|
| 15.2.2026 | 18:25:42 | Tethys | Durchgang | Ende |
| 15.2.2026 | 18:45:02 | Tethys | Schattenvorübergang | Ende |
| 21.2.2026 | 19:04:58 | Dione | Durchgang | Ende |
| 21.2.2026 | 19:27:33 | Dione | Schattenvorübergang | Ende |
| 25.2.2026 | 18:34:54 | Rhea | Bedeckung | Anfang |
| 25.2.2026 | 18:35:03 | Dione | Bedeckung | Anfang |

## Juni

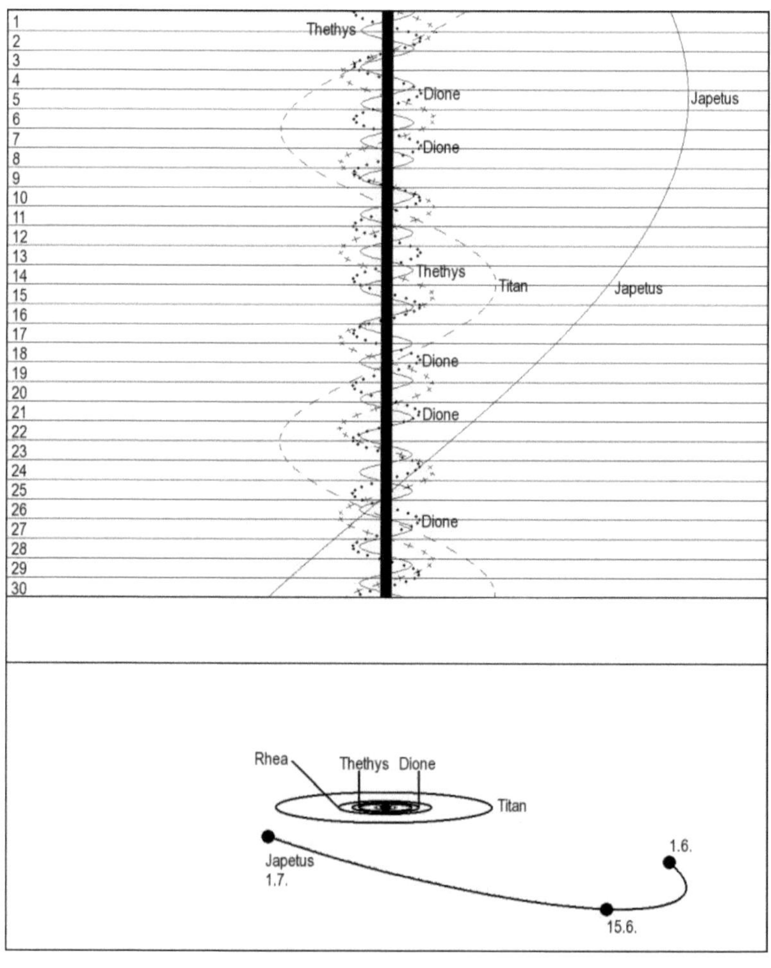


296

| Datum | Uhrzeit (MEZ) | Mond | Erscheinung | Phase |
|---|---|---|---|---|
| 6.6.2026 | 02:55:49 | Tethys | Verfinsterung | Anfang |
| 8.6.2026 | 03:10:18 | Tethys | Bedeckung | Ende |
| 12.6.2026 | 02:28:41 | Rhea | Schattenvorübergang | Ende |
| 18.6.2026 | 03:38:23 | Dione | Bedeckung | Ende |
| 21.6.2026 | 01:55:53 | Rhea | Schattenvorübergang | Anfang |
| 21.6.2026 | 03:16:39 | Rhea | Schattenvorübergang | Ende |
| 22.6.2026 | 03:30:18 | Dione | Schattenvorübergang | Anfang |
| 23.6.2026 | 02:44:39 | Tethys | Verfinsterung | Anfang |
| 24.6.2026 | 02:22:39 | Tethys | Durchgang | Anfang |
| 25.6.2026 | 02:58:12 | Tethys | Bedeckung | Ende |
| 26.6.2026 | 01:37:28 | Tethys | Durchgang | Ende |
| 29.6.2026 | 02:17:47 | Dione | Bedeckung | Ende |
| 30.6.2026 | 02:57:35 | Rhea | Schattenvorübergang | Anfang |

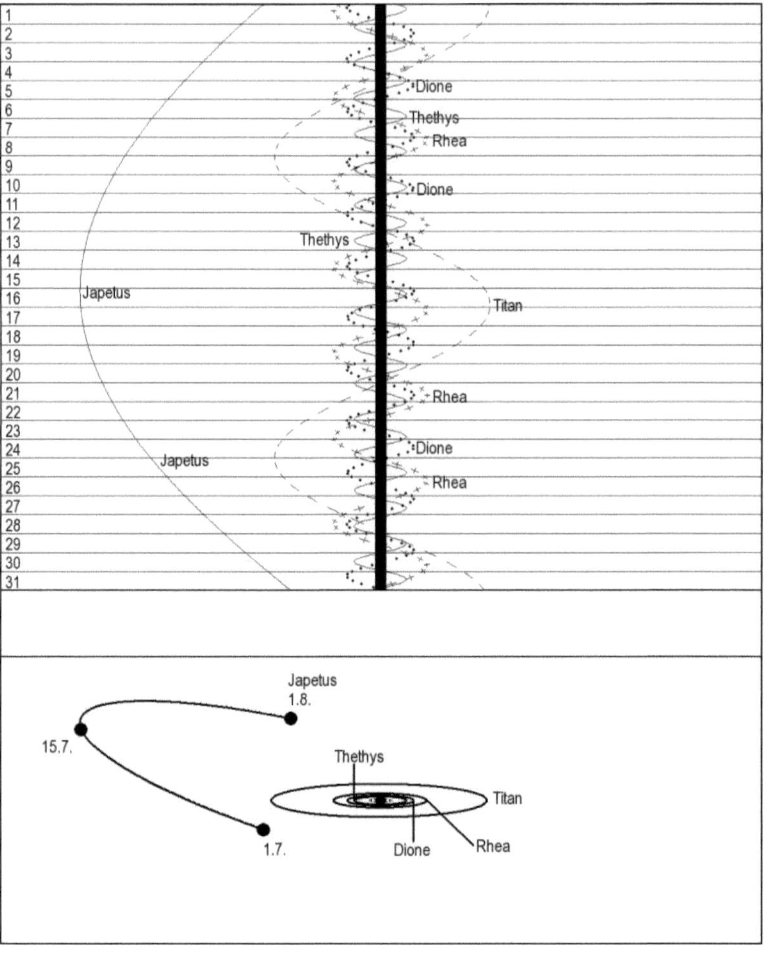


| Datum | Uhrzeit (MEZ) | Mond | Erscheinung | Phase |
|---|---|---|---|---|
| 3.7.2026 | 02:18:45 | Dione | Schattenvorübergang | Anfang |
| 9.7.2026 | 03:54:00 | Tethys | Schattenvorübergang | Anfang |
| 9.7.2026 | 04:01:53 | Rhea | Schattenvorübergang | Anfang |
| 10.7.2026 | 00:56:52 | Dione | Verfinsterung | Ende |
| 10.7.2026 | 02:33:22 | Tethys | Verfinsterung | Anfang |
| 11.7.2026 | 01:12:45 | Tethys | Schattenvorübergang | Anfang |

| Datum | Uhrzeit (MEZ) | Mond | Erscheinung | Phase |
|---|---|---|---|---|
| 11.7.2026 | 02:13:15 | Tethys | Durchgang | Anfang |
| 11.7.2026 | 03:41:29 | Tethys | Schattenvorübergang | Ende |
| 11.7.2026 | 04:05:30 | Tethys | Durchgang | Ende |
| 12.7.2026 | 02:44:42 | Tethys | Bedeckung | Ende |
| 13.7.2026 | 00:59:57 | Tethys | Schattenvorübergang | Ende |
| 13.7.2026 | 01:23:54 | Tethys | Durchgang | Ende |
| 14.7.2026 | 01:07:21 | Dione | Schattenvorübergang | Anfang |
| 14.7.2026 | 03:28:50 | Dione | Schattenvorübergang | Ende |
| 18.7.2026 | 03:40:33 | Dione | Verfinsterung | Anfang |
| 24.7.2026 | 23:55:57 | Dione | Schattenvorübergang | Anfang |
| 25.7.2026 | 02:13:48 | Dione | Schattenvorübergang | Ende |
| 26.7.2026 | 03:42:52 | Tethys | Schattenvorübergang | Anfang |
| 27.7.2026 | 02:22:15 | Tethys | Verfinsterung | Anfang |
| 28.7.2026 | 01:01:38 | Tethys | Schattenvorübergang | Anfang |
| 28.7.2026 | 01:58:46 | Tethys | Durchgang | Anfang |
| 28.7.2026 | 03:27:50 | Tethys | Schattenvorübergang | Ende |
| 28.7.2026 | 03:50:39 | Tethys | Durchgang | Ende |
| 28.7.2026 | 23:41:01 | Tethys | Verfinsterung | Anfang |
| 29.7.2026 | 02:29:19 | Dione | Verfinsterung | Anfang |
| 29.7.2026 | 02:29:48 | Tethys | Bedeckung | Ende |
| 29.7.2026 | 23:16:49 | Tethys | Durchgang | Anfang |
| 30.7.2026 | 00:46:19 | Tethys | Schattenvorübergang | Ende |
| 30.7.2026 | 01:08:57 | Tethys | Durchgang | Ende |
| 30.7.2026 | 23:48:05 | Tethys | Bedeckung | Ende |

# August

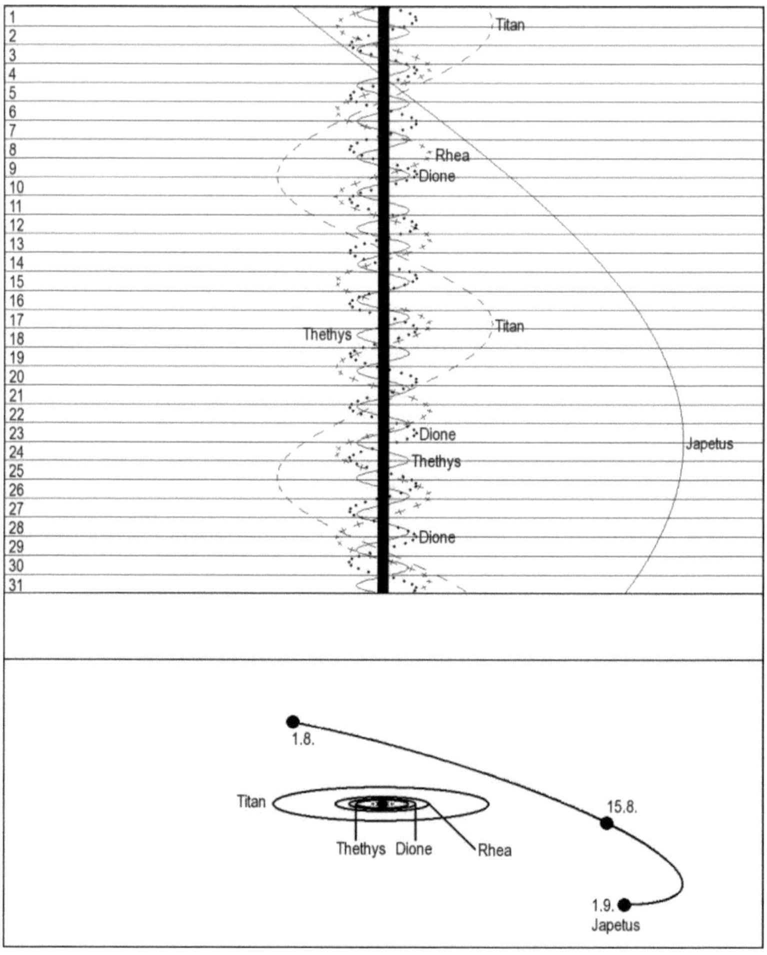



| Datum | Uhrzeit (MEZ) | Mond | Erscheinung | Phase |
|---|---|---|---|---|
| 5.8.2026 | 00:35:08 | Dione | Durchgang | Anfang |
| 5.8.2026 | 00:58:00 | Dione | Durchgang | Ende |
| 5.8.2026 | 00:58:46 | Dione | Schattenvorübergang | Ende |
| 9.8.2026 | 01:18:14 | Dione | Verfinsterung | Anfang |
| 12.8.2026 | 03:31:59 | Tethys | Schattenvorübergang | Anfang |
| 12.8.2026 | 04:21:41 | Tethys | Durchgang | Anfang |
| 13.8.2026 | 02:11:24 | Tethys | Verfinsterung | Anfang |
| 13.8.2026 | 03:51:41 | Dione | Schattenvorübergang | Anfang |

| Datum | Uhrzeit (MEZ) | Mond | Erscheinung | Phase |
|---|---|---|---|---|
| 14.8.2026 | 00:50:49 | Tethys | Schattenvorübergang | Anfang |
| 14.8.2026 | 01:39:15 | Tethys | Durchgang | Anfang |
| 14.8.2026 | 03:14:16 | Tethys | Schattenvorübergang | Ende |
| 14.8.2026 | 03:34:30 | Tethys | Durchgang | Ende |
| 14.8.2026 | 23:30:14 | Tethys | Verfinsterung | Anfang |
| 15.8.2026 | 02:13:35 | Tethys | Bedeckung | Ende |
| 15.8.2026 | 22:09:39 | Tethys | Schattenvorübergang | Anfang |
| 15.8.2026 | 22:56:45 | Tethys | Durchgang | Anfang |
| 15.8.2026 | 23:05:44 | Dione | Durchgang | Anfang |
| 15.8.2026 | 23:43:50 | Dione | Schattenvorübergang | Ende |
| 15.8.2026 | 23:49:22 | Dione | Durchgang | Ende |
| 16.8.2026 | 00:32:49 | Tethys | Schattenvorübergang | Ende |
| 16.8.2026 | 00:52:41 | Tethys | Durchgang | Ende |
| 16.8.2026 | 23:31:45 | Tethys | Bedeckung | Ende |
| 17.8.2026 | 22:10:49 | Tethys | Durchgang | Ende |
| 20.8.2026 | 00:07:30 | Dione | Verfinsterung | Anfang |
| 20.8.2026 | 02:22:54 | Dione | Bedeckung | Ende |
| 24.8.2026 | 02:41:00 | Dione | Schattenvorübergang | Anfang |
| 24.8.2026 | 03:57:59 | Dione | Durchgang | Anfang |
| 24.8.2026 | 04:47:40 | Dione | Schattenvorübergang | Ende |
| 24.8.2026 | 04:55:59 | Dione | Durchgang | Ende |
| 26.8.2026 | 21:35:20 | Dione | Durchgang | Anfang |
| 26.8.2026 | 22:28:56 | Dione | Schattenvorübergang | Ende |
| 26.8.2026 | 22:37:58 | Dione | Durchgang | Ende |
| 28.8.2026 | 04:42:10 | Tethys | Verfinsterung | Anfang |
| 28.8.2026 | 05:14:33 | Dione | Verfinsterung | Anfang |
| 29.8.2026 | 03:21:37 | Tethys | Schattenvorübergang | Anfang |
| 29.8.2026 | 03:58:17 | Tethys | Durchgang | Anfang |
| 30.8.2026 | 02:01:03 | Tethys | Verfinsterung | Anfang |
| 30.8.2026 | 04:38:06 | Tethys | Bedeckung | Ende |
| 30.8.2026 | 22:56:58 | Dione | Verfinsterung | Anfang |
| 31.8.2026 | 00:40:29 | Tethys | Schattenvorübergang | Anfang |
| 31.8.2026 | 01:10:41 | Dione | Bedeckung | Ende |
| 31.8.2026 | 01:15:28 | Tethys | Durchgang | Anfang |
| 31.8.2026 | 03:01:06 | Tethys | Schattenvorübergang | Ende |
| 31.8.2026 | 03:17:06 | Tethys | Durchgang | Ende |
| 31.8.2026 | 23:19:56 | Tethys | Verfinsterung | Anfang |

## September

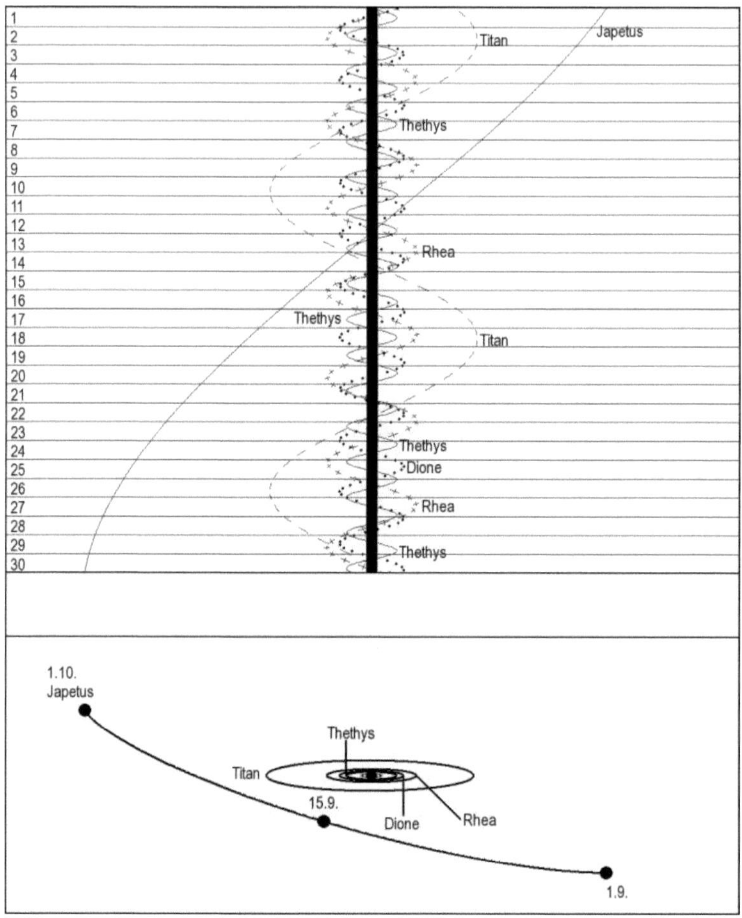



| Datum | Uhrzeit (MEZ) | Mond | Erscheinung | Phase |
|---|---|---|---|---|
| 1.9.2026 | 01:56:04 | Tethys | Bedeckung | Ende |
| 1.9.2026 | 21:59:22 | Tethys | Schattenvorübergang | Anfang |
| 1.9.2026 | 22:32:40 | Tethys | Durchgang | Anfang |
| 2.9.2026 | 00:19:39 | Tethys | Schattenvorübergang | Ende |
| 2.9.2026 | 00:35:06 | Tethys | Durchgang | Ende |
| 2.9.2026 | 23:14:07 | Tethys | Bedeckung | Ende |
| 3.9.2026 | 21:38:12 | Tethys | Schattenvorübergang | Ende |
| 3.9.2026 | 21:53:07 | Tethys | Durchgang | Ende |
| 4.9.2026 | 01:30:41 | Dione | Schattenvorübergang | Anfang |

| Datum | Uhrzeit (MEZ) | Mond | Erscheinung | Phase |
|---|---|---|---|---|
| 4.9.2026 | 02:27:18 | Dione | Durchgang | Anfang |
| 4.9.2026 | 03:32:47 | Dione | Schattenvorübergang | Ende |
| 4.9.2026 | 03:43:04 | Dione | Durchgang | Ende |
| 6.9.2026 | 21:14:04 | Dione | Schattenvorübergang | Ende |
| 6.9.2026 | 21:24:30 | Dione | Durchgang | Ende |
| 8.9.2026 | 04:04:26 | Dione | Verfinsterung | Anfang |
| 10.9.2026 | 21:46:57 | Dione | Verfinsterung | Anfang |
| 10.9.2026 | 23:56:20 | Dione | Bedeckung | Ende |
| 14.9.2026 | 04:32:23 | Tethys | Verfinsterung | Anfang |
| 15.9.2026 | 00:20:44 | Dione | Schattenvorübergang | Anfang |
| 15.9.2026 | 00:56:01 | Dione | Durchgang | Anfang |
| 15.9.2026 | 02:18:01 | Dione | Schattenvorübergang | Ende |
| 15.9.2026 | 02:28:07 | Dione | Durchgang | Ende |
| 15.9.2026 | 03:11:52 | Tethys | Schattenvorübergang | Anfang |
| 15.9.2026 | 03:32:06 | Tethys | Durchgang | Anfang |
| 15.9.2026 | 05:29:51 | Tethys | Schattenvorübergang | Ende |
| 15.9.2026 | 05:40:40 | Tethys | Durchgang | Ende |
| 16.9.2026 | 01:51:21 | Tethys | Verfinsterung | Anfang |
| 16.9.2026 | 04:19:36 | Tethys | Bedeckung | Ende |
| 17.9.2026 | 00:30:50 | Tethys | Schattenvorübergang | Anfang |
| 17.9.2026 | 00:49:07 | Tethys | Durchgang | Anfang |
| 17.9.2026 | 02:48:28 | Tethys | Schattenvorübergang | Ende |
| 17.9.2026 | 02:58:31 | Tethys | Durchgang | Ende |
| 17.9.2026 | 19:59:22 | Dione | Schattenvorübergang | Ende |
| 17.9.2026 | 20:09:07 | Dione | Durchgang | Ende |
| 17.9.2026 | 23:10:19 | Tethys | Verfinsterung | Anfang |
| 18.9.2026 | 01:37:27 | Tethys | Bedeckung | Ende |
| 18.9.2026 | 21:49:49 | Tethys | Schattenvorübergang | Anfang |
| 18.9.2026 | 22:06:06 | Tethys | Durchgang | Anfang |
| 19.9.2026 | 00:07:06 | Tethys | Schattenvorübergang | Ende |
| 19.9.2026 | 00:16:22 | Tethys | Durchgang | Ende |
| 19.9.2026 | 02:54:36 | Dione | Verfinsterung | Anfang |
| 19.9.2026 | 04:59:31 | Dione | Bedeckung | Ende |
| 19.9.2026 | 20:29:18 | Tethys | Verfinsterung | Anfang |
| 19.9.2026 | 22:55:19 | Tethys | Bedeckung | Ende |
| 20.9.2026 | 21:25:43 | Tethys | Schattenvorübergang | Ende |
| 20.9.2026 | 21:34:17 | Tethys | Durchgang | Ende |
| 21.9.2026 | 20:13:14 | Tethys | Bedeckung | Ende |
| 21.9.2026 | 20:37:13 | Dione | Verfinsterung | Anfang |
| 21.9.2026 | 22:40:23 | Dione | Bedeckung | Ende |
| 23.9.2026 | 05:28:37 | Dione | Schattenvorübergang | Anfang |
| 23.9.2026 | 05:47:53 | Dione | Durchgang | Anfang |
| 25.9.2026 | 23:11:16 | Dione | Schattenvorübergang | Anfang |
| 25.9.2026 | 23:25:12 | Dione | Durchgang | Anfang |
| 26.9.2026 | 01:03:29 | Dione | Schattenvorübergang | Ende |
| 26.9.2026 | 01:11:32 | Dione | Durchgang | Ende |
| 30.9.2026 | 01:45:21 | Dione | Verfinsterung | Anfang |
| 30.9.2026 | 03:42:30 | Dione | Bedeckung | Ende |

| Datum | Uhrzeit (MEZ) | Mond | Erscheinung | Phase |
|---|---|---|---|---|
| 30.9.2026 | 05:43:52 | Tethys | Schattenvorübergang | Anfang |
| 30.9.2026 | 05:47:56 | Tethys | Durchgang | Anfang |

## Oktober

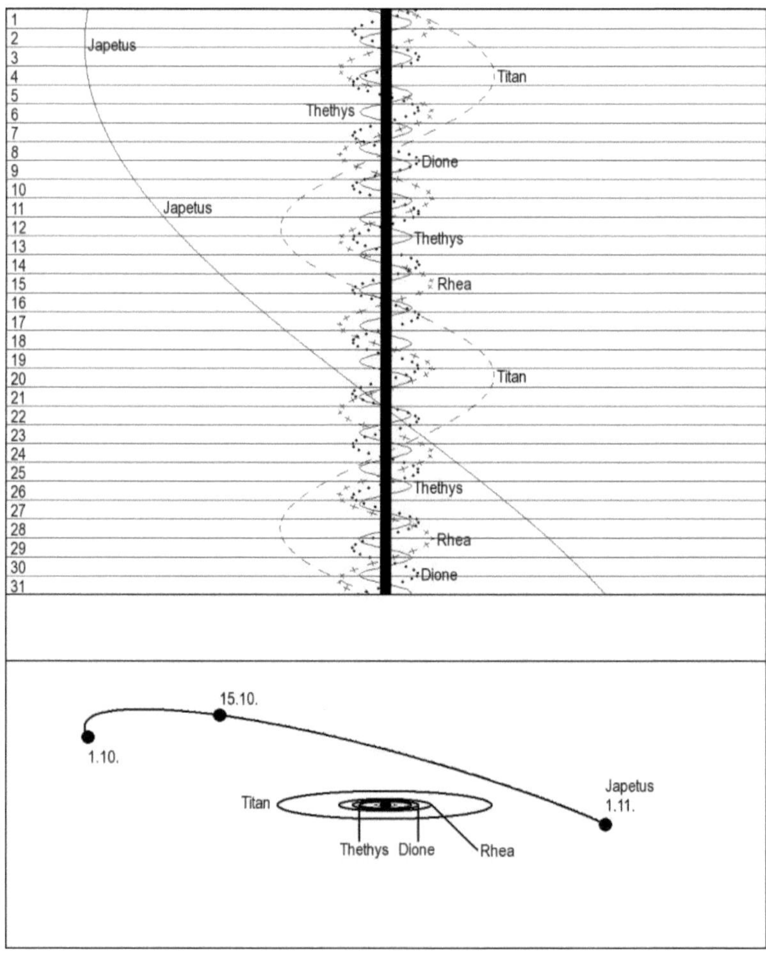


| Datum | Uhrzeit (MEZ) | Mond | Erscheinung | Phase |
|---|---|---|---|---|
| 1.10.2026 | 04:23:23 | Tethys | Verfinsterung | Anfang |
| 2.10.2026 | 03:02:54 | Tethys | Schattenvorübergang | Anfang |

| Datum | Uhrzeit (MEZ) | Mond | Erscheinung | Phase |
|---|---|---|---|---|
| 2.10.2026 | 03:04:56 | Tethys | Durchgang | Anfang |
| 2.10.2026 | 05:17:37 | Tethys | Schattenvorübergang | Ende |
| 2.10.2026 | 05:21:21 | Tethys | Durchgang | Ende |
| 2.10.2026 | 19:28:06 | Dione | Verfinsterung | Anfang |
| 2.10.2026 | 21:23:04 | Dione | Bedeckung | Ende |
| 3.10.2026 | 01:42:26 | Tethys | Verfinsterung | Anfang |
| 3.10.2026 | 04:00:15 | Tethys | Bedeckung | Ende |
| 4.10.2026 | 00:21:55 | Tethys | Durchgang | Anfang |
| 4.10.2026 | 00:21:57 | Tethys | Schattenvorübergang | Anfang |
| 4.10.2026 | 02:36:18 | Tethys | Schattenvorübergang | Ende |
| 4.10.2026 | 02:39:09 | Tethys | Durchgang | Ende |
| 4.10.2026 | 04:17:26 | Dione | Durchgang | Anfang |
| 4.10.2026 | 04:19:26 | Dione | Schattenvorübergang | Anfang |
| 4.10.2026 | 23:00:25 | Tethys | Bedeckung | Anfang |
| 5.10.2026 | 01:18:04 | Tethys | Bedeckung | Ende |
| 5.10.2026 | 21:38:55 | Tethys | Durchgang | Anfang |
| 5.10.2026 | 21:41:01 | Tethys | Schattenvorübergang | Anfang |
| 5.10.2026 | 23:55:01 | Tethys | Schattenvorübergang | Ende |
| 5.10.2026 | 23:56:58 | Tethys | Durchgang | Ende |
| 6.10.2026 | 20:17:25 | Tethys | Bedeckung | Anfang |
| 6.10.2026 | 21:55:01 | Dione | Durchgang | Anfang |
| 6.10.2026 | 22:02:16 | Dione | Schattenvorübergang | Anfang |
| 6.10.2026 | 22:35:52 | Tethys | Bedeckung | Ende |
| 6.10.2026 | 23:49:02 | Dione | Schattenvorübergang | Ende |
| 6.10.2026 | 23:53:47 | Dione | Durchgang | Ende |
| 7.10.2026 | 18:55:56 | Tethys | Durchgang | Anfang |
| 7.10.2026 | 19:00:05 | Tethys | Schattenvorübergang | Anfang |
| 7.10.2026 | 21:13:45 | Tethys | Schattenvorübergang | Ende |
| 7.10.2026 | 21:14:49 | Tethys | Durchgang | Ende |
| 8.10.2026 | 19:53:46 | Tethys | Bedeckung | Ende |
| 9.10.2026 | 18:32:30 | Tethys | Schattenvorübergang | Ende |
| 9.10.2026 | 18:32:42 | Tethys | Durchgang | Ende |
| 11.10.2026 | 00:21:37 | Dione | Bedeckung | Anfang |
| 11.10.2026 | 02:24:29 | Dione | Bedeckung | Ende |
| 13.10.2026 | 20:04:53 | Dione | Bedeckung | Ende |
| 15.10.2026 | 02:48:25 | Dione | Durchgang | Anfang |
| 15.10.2026 | 03:10:52 | Dione | Schattenvorübergang | Anfang |
| 15.10.2026 | 04:53:13 | Dione | Schattenvorübergang | Ende |
| 15.10.2026 | 04:55:00 | Dione | Durchgang | Ende |
| 17.10.2026 | 20:26:25 | Dione | Durchgang | Anfang |
| 17.10.2026 | 20:53:45 | Dione | Schattenvorübergang | Anfang |
| 17.10.2026 | 22:34:36 | Dione | Schattenvorübergang | Ende |
| 17.10.2026 | 22:35:22 | Dione | Durchgang | Ende |
| 18.10.2026 | 04:00:06 | Tethys | Bedeckung | Anfang |
| 19.10.2026 | 02:38:42 | Tethys | Durchgang | Anfang |
| 19.10.2026 | 02:54:43 | Tethys | Schattenvorübergang | Anfang |
| 20.10.2026 | 01:17:18 | Tethys | Bedeckung | Anfang |
| 20.10.2026 | 03:45:35 | Tethys | Verfinsterung | Ende |

| Datum | Uhrzeit (MEZ) | Mond | Erscheinung | Phase |
|---|---|---|---|---|
| 20.10.2026 | 23:55:54 | Tethys | Durchgang | Anfang |
| 21.10.2026 | 00:13:53 | Tethys | Schattenvorübergang | Anfang |
| 21.10.2026 | 02:19:49 | Tethys | Durchgang | Ende |
| 21.10.2026 | 02:24:58 | Tethys | Schattenvorübergang | Ende |
| 21.10.2026 | 22:34:33 | Tethys | Bedeckung | Anfang |
| 21.10.2026 | 22:53:36 | Dione | Bedeckung | Anfang |
| 22.10.2026 | 01:04:21 | Tethys | Verfinsterung | Ende |
| 22.10.2026 | 01:06:48 | Dione | Verfinsterung | Ende |
| 22.10.2026 | 21:13:12 | Tethys | Durchgang | Anfang |
| 22.10.2026 | 21:33:03 | Tethys | Schattenvorübergang | Anfang |
| 22.10.2026 | 23:37:42 | Tethys | Durchgang | Ende |
| 22.10.2026 | 23:43:44 | Tethys | Schattenvorübergang | Ende |
| 23.10.2026 | 19:51:51 | Tethys | Bedeckung | Anfang |
| 23.10.2026 | 22:23:07 | Tethys | Verfinsterung | Ende |
| 24.10.2026 | 18:30:31 | Tethys | Durchgang | Anfang |
| 24.10.2026 | 18:48:14 | Dione | Verfinsterung | Ende |
| 24.10.2026 | 18:52:14 | Tethys | Schattenvorübergang | Anfang |
| 24.10.2026 | 20:55:36 | Tethys | Durchgang | Ende |
| 24.10.2026 | 21:02:30 | Tethys | Schattenvorübergang | Ende |
| 25.10.2026 | 19:41:53 | Tethys | Verfinsterung | Ende |
| 26.10.2026 | 01:21:10 | Dione | Durchgang | Anfang |
| 26.10.2026 | 02:02:48 | Dione | Schattenvorübergang | Anfang |
| 26.10.2026 | 03:36:26 | Dione | Durchgang | Ende |
| 26.10.2026 | 03:38:52 | Dione | Schattenvorübergang | Ende |
| 26.10.2026 | 18:13:35 | Tethys | Durchgang | Ende |
| 26.10.2026 | 18:21:16 | Tethys | Schattenvorübergang | Ende |
| 28.10.2026 | 18:59:41 | Dione | Durchgang | Anfang |
| 28.10.2026 | 19:45:53 | Dione | Schattenvorübergang | Anfang |
| 28.10.2026 | 21:16:50 | Dione | Durchgang | Ende |
| 28.10.2026 | 21:20:19 | Dione | Schattenvorübergang | Ende |
| 30.10.2026 | 03:49:03 | Dione | Bedeckung | Anfang |

**November**

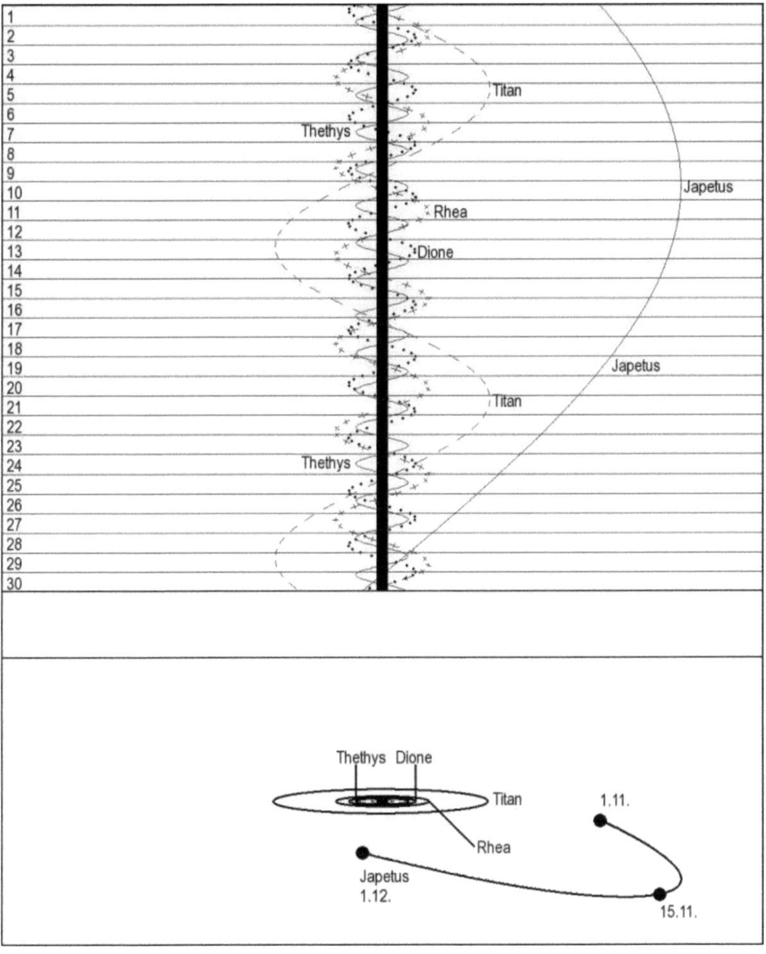



| Datum | Uhrzeit (MEZ) | Mond | Erscheinung | Phase |
|---|---|---|---|---|
| 1.11.2026 | 21:27:50 | Dione | Bedeckung | Anfang |
| 1.11.2026 | 23:52:27 | Dione | Verfinsterung | Ende |
| 4.11.2026 | 03:36:25 | Tethys | Bedeckung | Anfang |
| 4.11.2026 | 17:33:51 | Dione | Verfinsterung | Ende |
| 5.11.2026 | 02:15:13 | Tethys | Durchgang | Anfang |
| 5.11.2026 | 02:47:28 | Tethys | Schattenvorübergang | Anfang |
| 5.11.2026 | 21:22:21 | Rhea | Bedeckung | Anfang |
| 5.11.2026 | 21:56:31 | Rhea | Bedeckung | Ende |

| Datum | Uhrzeit (MEZ) | Mond | Erscheinung | Phase |
|---|---|---|---|---|
| 5.11.2026 | 23:56:14 | Dione | Durchgang | Anfang |
| 6.11.2026 | 00:54:02 | Tethys | Bedeckung | Anfang |
| 6.11.2026 | 00:55:14 | Dione | Schattenvorübergang | Anfang |
| 6.11.2026 | 02:18:09 | Dione | Durchgang | Ende |
| 6.11.2026 | 02:24:37 | Dione | Schattenvorübergang | Ende |
| 6.11.2026 | 23:32:51 | Tethys | Durchgang | Anfang |
| 7.11.2026 | 00:06:42 | Tethys | Schattenvorübergang | Anfang |
| 7.11.2026 | 02:01:34 | Tethys | Durchgang | Ende |
| 7.11.2026 | 02:14:07 | Tethys | Schattenvorübergang | Ende |
| 7.11.2026 | 22:11:41 | Tethys | Bedeckung | Anfang |
| 8.11.2026 | 00:53:32 | Tethys | Verfinsterung | Ende |
| 8.11.2026 | 17:35:25 | Dione | Durchgang | Anfang |
| 8.11.2026 | 18:38:28 | Dione | Schattenvorübergang | Anfang |
| 8.11.2026 | 19:58:40 | Dione | Durchgang | Ende |
| 8.11.2026 | 20:06:02 | Dione | Schattenvorübergang | Ende |
| 8.11.2026 | 20:50:32 | Tethys | Durchgang | Anfang |
| 8.11.2026 | 21:25:56 | Tethys | Schattenvorübergang | Anfang |
| 8.11.2026 | 23:19:37 | Tethys | Durchgang | Ende |
| 8.11.2026 | 23:32:58 | Tethys | Schattenvorübergang | Ende |
| 9.11.2026 | 19:29:24 | Tethys | Bedeckung | Anfang |
| 9.11.2026 | 22:12:24 | Tethys | Verfinsterung | Ende |
| 10.11.2026 | 02:25:08 | Dione | Bedeckung | Anfang |
| 10.11.2026 | 18:08:16 | Tethys | Durchgang | Anfang |
| 10.11.2026 | 18:45:11 | Tethys | Schattenvorübergang | Anfang |
| 10.11.2026 | 20:37:42 | Tethys | Durchgang | Ende |
| 10.11.2026 | 20:51:49 | Tethys | Schattenvorübergang | Ende |
| 11.11.2026 | 19:31:15 | Tethys | Verfinsterung | Ende |
| 12.11.2026 | 17:55:50 | Tethys | Durchgang | Ende |
| 12.11.2026 | 18:10:41 | Tethys | Schattenvorübergang | Ende |
| 12.11.2026 | 20:04:36 | Dione | Bedeckung | Anfang |
| 12.11.2026 | 22:38:03 | Dione | Verfinsterung | Ende |
| 14.11.2026 | 21:50:26 | Rhea | Bedeckung | Anfang |
| 14.11.2026 | 22:55:21 | Rhea | Bedeckung | Ende |
| 16.11.2026 | 22:34:05 | Dione | Durchgang | Anfang |
| 16.11.2026 | 23:48:27 | Dione | Schattenvorübergang | Anfang |
| 17.11.2026 | 01:00:32 | Dione | Durchgang | Ende |
| 17.11.2026 | 01:10:11 | Dione | Schattenvorübergang | Ende |
| 19.11.2026 | 17:31:48 | Dione | Schattenvorübergang | Anfang |
| 19.11.2026 | 18:41:16 | Dione | Durchgang | Ende |
| 19.11.2026 | 18:51:32 | Dione | Schattenvorübergang | Ende |
| 21.11.2026 | 01:04:05 | Dione | Bedeckung | Anfang |
| 21.11.2026 | 17:35:02 | Rhea | Durchgang | Ende |
| 22.11.2026 | 01:55:43 | Tethys | Durchgang | Anfang |
| 23.11.2026 | 00:34:47 | Tethys | Bedeckung | Anfang |
| 23.11.2026 | 18:44:17 | Dione | Bedeckung | Anfang |
| 23.11.2026 | 21:23:34 | Dione | Verfinsterung | Ende |
| 23.11.2026 | 22:28:59 | Rhea | Bedeckung | Anfang |
| 23.11.2026 | 23:13:51 | Tethys | Durchgang | Anfang |

| Datum | Uhrzeit (MEZ) | Mond | Erscheinung | Phase |
|---|---|---|---|---|
| 23.11.2026 | 23:48:00 | Rhea | Bedeckung | Ende |
| 24.11.2026 | 00:00:08 | Tethys | Schattenvorübergang | Anfang |
| 24.11.2026 | 01:45:17 | Tethys | Durchgang | Ende |
| 24.11.2026 | 02:03:50 | Tethys | Schattenvorübergang | Ende |
| 24.11.2026 | 21:52:57 | Tethys | Bedeckung | Anfang |
| 25.11.2026 | 00:43:16 | Tethys | Verfinsterung | Ende |
| 25.11.2026 | 20:32:03 | Tethys | Durchgang | Anfang |
| 25.11.2026 | 21:19:27 | Tethys | Schattenvorübergang | Anfang |
| 25.11.2026 | 23:03:37 | Tethys | Durchgang | Ende |
| 25.11.2026 | 23:22:42 | Tethys | Schattenvorübergang | Ende |
| 26.11.2026 | 19:11:10 | Tethys | Bedeckung | Anfang |
| 26.11.2026 | 22:02:08 | Tethys | Verfinsterung | Ende |
| 27.11.2026 | 17:50:17 | Tethys | Durchgang | Anfang |
| 27.11.2026 | 18:38:45 | Tethys | Schattenvorübergang | Anfang |
| 27.11.2026 | 20:21:59 | Tethys | Durchgang | Ende |
| 27.11.2026 | 20:41:34 | Tethys | Schattenvorübergang | Ende |
| 27.11.2026 | 21:14:55 | Dione | Durchgang | Anfang |
| 27.11.2026 | 22:42:14 | Dione | Schattenvorübergang | Anfang |
| 27.11.2026 | 23:43:55 | Dione | Durchgang | Ende |
| 27.11.2026 | 23:55:26 | Dione | Schattenvorübergang | Ende |
| 28.11.2026 | 19:21:00 | Tethys | Verfinsterung | Ende |
| 29.11.2026 | 17:40:23 | Tethys | Durchgang | Ende |
| 29.11.2026 | 18:00:26 | Tethys | Schattenvorübergang | Ende |
| 30.11.2026 | 17:02:07 | Rhea | Durchgang | Anfang |
| 30.11.2026 | 17:24:56 | Dione | Durchgang | Ende |
| 30.11.2026 | 17:36:42 | Dione | Schattenvorübergang | Ende |
| 30.11.2026 | 18:26:12 | Rhea | Durchgang | Ende |

**Dezember**

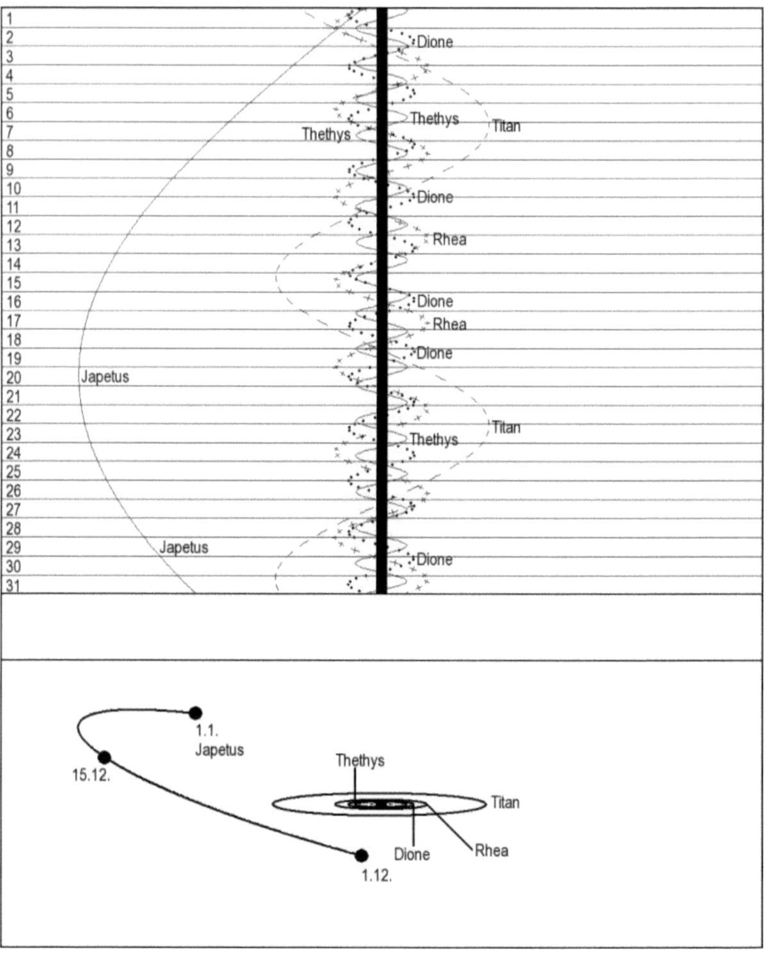

| Datum | Uhrzeit (MEZ) | Mond | Erscheinung | Phase |
|---|---|---|---|---|
| 1.12.2026 | 23:46:05 | Dione | Bedeckung | Anfang |
| 2.12.2026 | 23:13:52 | Rhea | Bedeckung | Anfang |
| 3.12.2026 | 00:38:46 | Rhea | Bedeckung | Ende |
| 4.12.2026 | 17:27:04 | Dione | Bedeckung | Anfang |
| 4.12.2026 | 20:08:38 | Dione | Verfinsterung | Ende |
| 8.12.2026 | 19:58:54 | Dione | Durchgang | Anfang |
| 8.12.2026 | 21:36:46 | Dione | Schattenvorübergang | Anfang |
| 8.12.2026 | 22:28:29 | Dione | Durchgang | Ende |

| Datum | Uhrzeit (MEZ) | Mond | Erscheinung | Phase |
|---|---|---|---|---|
| 8.12.2026 | 22:40:19 | Dione | Schattenvorübergang | Ende |
| 9.12.2026 | 17:51:20 | Rhea | Durchgang | Anfang |
| 9.12.2026 | 19:16:16 | Rhea | Durchgang | Ende |
| 10.12.2026 | 00:20:15 | Tethys | Bedeckung | Anfang |
| 10.12.2026 | 22:59:35 | Tethys | Durchgang | Anfang |
| 10.12.2026 | 23:54:09 | Tethys | Schattenvorübergang | Anfang |
| 11.12.2026 | 21:38:56 | Tethys | Bedeckung | Anfang |
| 12.12.2026 | 00:04:32 | Rhea | Bedeckung | Anfang |
| 12.12.2026 | 00:33:16 | Tethys | Verfinsterung | Ende |
| 12.12.2026 | 20:18:18 | Tethys | Durchgang | Anfang |
| 12.12.2026 | 21:13:32 | Tethys | Schattenvorübergang | Anfang |
| 12.12.2026 | 22:31:15 | Dione | Bedeckung | Anfang |
| 12.12.2026 | 22:50:12 | Tethys | Durchgang | Ende |
| 12.12.2026 | 23:12:44 | Tethys | Schattenvorübergang | Ende |
| 13.12.2026 | 18:57:40 | Tethys | Bedeckung | Anfang |
| 13.12.2026 | 21:52:11 | Tethys | Verfinsterung | Ende |
| 14.12.2026 | 17:37:04 | Tethys | Durchgang | Anfang |
| 14.12.2026 | 18:32:54 | Tethys | Schattenvorübergang | Anfang |
| 14.12.2026 | 20:08:53 | Tethys | Durchgang | Ende |
| 14.12.2026 | 20:31:39 | Tethys | Schattenvorübergang | Ende |
| 15.12.2026 | 18:52:55 | Dione | Verfinsterung | Ende |
| 15.12.2026 | 19:11:06 | Tethys | Verfinsterung | Ende |
| 16.12.2026 | 17:27:35 | Tethys | Durchgang | Ende |
| 16.12.2026 | 17:50:34 | Tethys | Schattenvorübergang | Ende |
| 18.12.2026 | 18:46:21 | Rhea | Durchgang | Anfang |
| 18.12.2026 | 20:05:39 | Rhea | Durchgang | Ende |
| 19.12.2026 | 18:46:08 | Dione | Durchgang | Anfang |
| 19.12.2026 | 20:32:37 | Dione | Schattenvorübergang | Anfang |
| 19.12.2026 | 21:14:14 | Dione | Durchgang | Ende |
| 19.12.2026 | 21:24:17 | Dione | Schattenvorübergang | Ende |
| 23.12.2026 | 21:19:38 | Dione | Bedeckung | Anfang |
| 23.12.2026 | 23:55:16 | Dione | Verfinsterung | Ende |
| 26.12.2026 | 17:35:47 | Dione | Verfinsterung | Ende |
| 27.12.2026 | 19:48:02 | Rhea | Durchgang | Anfang |
| 27.12.2026 | 20:53:09 | Rhea | Durchgang | Ende |
| 27.12.2026 | 22:50:12 | Tethys | Durchgang | Anfang |
| 27.12.2026 | 23:48:37 | Tethys | Schattenvorübergang | Anfang |
| 27.12.2026 | 23:53:36 | Dione | Durchgang | Anfang |
| 28.12.2026 | 21:29:49 | Tethys | Bedeckung | Anfang |
| 29.12.2026 | 20:09:27 | Tethys | Durchgang | Anfang |
| 29.12.2026 | 21:08:01 | Tethys | Schattenvorübergang | Anfang |
| 29.12.2026 | 22:39:21 | Tethys | Durchgang | Ende |
| 29.12.2026 | 23:02:51 | Tethys | Schattenvorübergang | Ende |
| 30.12.2026 | 17:36:29 | Dione | Durchgang | Anfang |
| 30.12.2026 | 18:49:06 | Tethys | Bedeckung | Anfang |
| 30.12.2026 | 19:30:31 | Dione | Schattenvorübergang | Anfang |
| 30.12.2026 | 20:01:13 | Dione | Durchgang | Ende |
| 30.12.2026 | 20:06:15 | Dione | Schattenvorübergang | Ende |

| Datum | Uhrzeit (MEZ) | Mond | Erscheinung | Phase |
|---|---|---|---|---|
| 30.12.2026 | 21:42:17 | Tethys | Verfinsterung | Ende |
| 31.12.2026 | 17:28:45 | Tethys | Durchgang | Anfang |
| 31.12.2026 | 18:27:25 | Tethys | Schattenvorübergang | Anfang |
| 31.12.2026 | 19:58:17 | Tethys | Durchgang | Ende |
| 31.12.2026 | 20:21:44 | Tethys | Schattenvorübergang | Ende |

# Sternzeit für 0 Uhr MEZ und 9° östlicher Länge

|  | J | F | M | A | M | J | J | A | S | O | N | D |
|---|---|---|---|---|---|---|---|---|---|---|---|---|
| 1 | 6:18 | 8:21 | 10:11 | 12:13 | 14:12 | 16:14 | 18:12 | 20:14 | 22:17 | 0:15 | 2:17 | 4:15 |
| 2 | 6:22 | 8:25 | 10:15 | 12:17 | 14:16 | 16:18 | 18:16 | 20:18 | 22:20 | 0:19 | 2:21 | 4:19 |
| 3 | 6:26 | 8:29 | 10:19 | 12:21 | 14:19 | 16:22 | 18:20 | 20:22 | 22:24 | 0:23 | 2:25 | 4:23 |
| 4 | 6:30 | 8:33 | 10:23 | 12:25 | 14:23 | 16:26 | 18:24 | 20:26 | 22:28 | 0:27 | 2:29 | 4:27 |
| 5 | 6:34 | 8:36 | 10:27 | 12:29 | 14:27 | 16:30 | 18:28 | 20:30 | 22:32 | 0:31 | 2:33 | 4:31 |
| 6 | 6:38 | 8:40 | 10:31 | 12:33 | 14:31 | 16:34 | 18:32 | 20:34 | 22:36 | 0:35 | 2:37 | 4:35 |
| 7 | 6:42 | 8:44 | 10:35 | 12:37 | 14:35 | 16:37 | 18:36 | 20:38 | 22:40 | 0:38 | 2:41 | 4:39 |
| 8 | 6:46 | 8:48 | 10:39 | 12:41 | 14:39 | 16:41 | 18:40 | 20:42 | 22:44 | 0:42 | 2:45 | 4:43 |
| 9 | 6:50 | 8:52 | 10:43 | 12:45 | 14:43 | 16:45 | 18:44 | 20:46 | 22:48 | 0:46 | 2:49 | 4:47 |
| 10 | 6:54 | 8:56 | 10:47 | 12:49 | 14:47 | 16:49 | 18:48 | 20:50 | 22:52 | 0:50 | 2:53 | 4:51 |
| 11 | 6:58 | 9:00 | 10:51 | 12:53 | 14:51 | 16:53 | 18:52 | 20:54 | 22:56 | 0:54 | 2:56 | 4:55 |
| 12 | 7:02 | 9:04 | 10:54 | 12:57 | 14:55 | 16:57 | 18:55 | 20:58 | 23:00 | 0:58 | 3:00 | 4:59 |
| 13 | 7:06 | 9:08 | 10:58 | 13:01 | 14:59 | 17:01 | 18:59 | 21:02 | 23:04 | 1:02 | 3:04 | 5:03 |
| 14 | 7:10 | 9:12 | 11:02 | 13:05 | 15:03 | 17:05 | 19:03 | 21:06 | 23:08 | 1:06 | 3:08 | 5:07 |
| 15 | 7:14 | 9:16 | 11:06 | 13:09 | 15:07 | 17:09 | 19:07 | 21:10 | 23:12 | 1:10 | 3:12 | 5:11 |
| 16 | 7:18 | 9:20 | 11:10 | 13:12 | 15:11 | 17:13 | 19:11 | 21:13 | 23:16 | 1:14 | 3:16 | 5:14 |
| 17 | 7:22 | 9:24 | 11:14 | 13:16 | 15:15 | 17:17 | 19:15 | 21:17 | 23:20 | 1:18 | 3:20 | 5:18 |
| 18 | 7:26 | 9:28 | 11:18 | 13:20 | 15:19 | 17:21 | 19:19 | 21:21 | 23:24 | 1:22 | 3:24 | 5:22 |
| 19 | 7:29 | 9:32 | 11:22 | 13:24 | 15:23 | 17:25 | 19:23 | 21:25 | 23:27 | 1:26 | 3:28 | 5:26 |
| 20 | 7:33 | 9:36 | 11:26 | 13:28 | 15:26 | 17:29 | 19:27 | 21:29 | 23:31 | 1:30 | 3:32 | 5:30 |
| 21 | 7:37 | 9:40 | 11:30 | 13:32 | 15:30 | 17:33 | 19:31 | 21:33 | 23:35 | 1:34 | 3:36 | 5:34 |
| 22 | 7:41 | 9:43 | 11:34 | 13:36 | 15:34 | 17:37 | 19:35 | 21:37 | 23:39 | 1:38 | 3:40 | 5:38 |
| 23 | 7:45 | 9:47 | 11:38 | 13:40 | 15:38 | 17:41 | 19:39 | 21:41 | 23:43 | 1:42 | 3:44 | 5:42 |
| 24 | 7:49 | 9:51 | 11:42 | 13:44 | 15:42 | 17:44 | 19:43 | 21:45 | 23:47 | 1:45 | 3:48 | 5:46 |
| 25 | 7:53 | 9:55 | 11:46 | 13:48 | 15:46 | 17:48 | 19:47 | 21:49 | 23:51 | 1:49 | 3:52 | 5:50 |
| 26 | 7:57 | 9:59 | 11:50 | 13:52 | 15:50 | 17:52 | 19:51 | 21:53 | 23:55 | 1:53 | 3:56 | 5:54 |
| 27 | 8:01 | 10:03 | 11:54 | 13:56 | 15:54 | 17:56 | 19:55 | 21:57 | 23:59 | 1:57 | 4:00 | 5:58 |
| 28 | 8:05 | 10:07 | 11:58 | 14:00 | 15:58 | 18:00 | 19:59 | 22:01 | 0:03 | 2:01 | 4:03 | 6:02 |
| 29 | 8:09 |  | 12:01 | 14:04 | 16:02 | 18:04 | 20:02 | 22:05 | 0:07 | 2:05 | 4:07 | 6:06 |
| 30 | 8:13 |  | 12:05 | 14:08 | 16:06 | 18:08 | 20:06 | 22:09 | 0:11 | 2:09 | 4:11 | 6:10 |
| 31 | 8:17 |  | 12:09 |  | 16:10 |  | 20:10 | 22:13 |  | 2:13 |  | 6:14 |

- Änderung: 60,164 min/h
- Korrektur für Orte anderer geographischer Länge:
  (Länge des Orts − 9) * 4 min

# Zentralmeridiane

## Mars

|  | Okt. | Nov. | Dez. |
|---|---|---|---|
| 1 | 22 | 83 | 156 |
| 2 | 12 | 73 | 146 |
| 3 | 2 | 64 | 137 |
| 4 | 353 | 54 | 127 |
| 5 | 343 | 44 | 118 |
| 6 | 333 | 35 | 109 |
| 7 | 324 | 25 | 99 |
| 8 | 314 | 16 | 90 |
| 9 | 304 | 6 | 80 |
| 10 | 295 | 356 | 71 |
| 11 | 285 | 347 | 61 |
| 12 | 275 | 337 | 52 |
| 13 | 266 | 328 | 43 |
| 14 | 256 | 318 | 33 |
| 15 | 246 | 308 | 24 |
| 16 | 237 | 299 | 14 |
| 17 | 227 | 289 | 5 |
| 18 | 218 | 280 | 356 |
| 19 | 208 | 270 | 346 |
| 20 | 198 | 261 | 337 |
| 21 | 189 | 251 | 328 |
| 22 | 179 | 242 | 318 |
| 23 | 169 | 232 | 309 |
| 24 | 160 | 223 | 300 |
| 25 | 150 | 213 | 290 |
| 26 | 140 | 203 | 281 |
| 27 | 131 | 194 | 272 |
| 28 | 121 | 184 | 262 |
| 29 | 112 | 175 | 253 |
| 30 | 102 | 165 | 244 |
| 31 | 92 |  | 235 |

Änderung: +14,62°/Stunde

## Neigung der Marsachse zur Erde

|  | Okt. | Nov. | Dez. |
|---|---|---|---|
| 1 | 15,3 | 20,2 | 22,5 |
| 2 | 15,5 | 20,3 | 22,5 |
| 3 | 15,7 | 20,4 | 22,6 |
| 4 | 15,9 | 20,5 | 22,6 |
| 5 | 16,1 | 20,6 | 22,6 |
| 6 | 16,2 | 20,7 | 22,7 |
| 7 | 16,4 | 20,8 | 22,7 |

|    | Okt. | Nov. | Dez. |
|----|------|------|------|
| 8  | 16,6 | 20,9 | 22,7 |
| 9  | 16,8 | 21,0 | 22,7 |
| 10 | 17,0 | 21,1 | 22,7 |
| 11 | 17,1 | 21,2 | 22,8 |
| 12 | 17,3 | 21,3 | 22,8 |
| 13 | 17,5 | 21,4 | 22,8 |
| 14 | 17,6 | 21,5 | 22,8 |
| 15 | 17,8 | 21,5 | 22,8 |
| 16 | 18,0 | 21,6 | 22,8 |
| 17 | 18,1 | 21,7 | 22,8 |
| 18 | 18,3 | 21,8 | 22,8 |
| 19 | 18,4 | 21,8 | 22,8 |
| 20 | 18,6 | 21,9 | 22,8 |
| 21 | 18,7 | 22,0 | 22,8 |
| 22 | 18,9 | 22,0 | 22,8 |
| 23 | 19,0 | 22,1 | 22,8 |
| 24 | 19,2 | 22,2 | 22,8 |
| 25 | 19,3 | 22,2 | 22,8 |
| 26 | 19,4 | 22,3 | 22,8 |
| 27 | 19,6 | 22,3 | 22,8 |
| 28 | 19,7 | 22,4 | 22,8 |
| 29 | 19,8 | 22,4 | 22,7 |
| 30 | 19,9 | 22,4 | 22,7 |
| 31 | 20,1 |      | 22,7 |

# Jupiter, System I

|    | Jan. | Feb. | Mär. | Apr. | Mai | Jun. | Sep. | Okt. | Nov. | Dez. |
|----|------|------|------|------|-----|------|------|------|------|------|
| 1  | 174  | 33   | 135  | 347  | 38  | 246  | 352  | 44   | 256  | 313  |
| 2  | 332  | 191  | 292  | 144  | 196 | 43   | 149  | 202  | 54   | 111  |
| 3  | 130  | 349  | 90   | 302  | 353 | 201  | 307  | 360  | 212  | 269  |
| 4  | 288  | 147  | 248  | 100  | 151 | 359  | 105  | 158  | 10   | 67   |
| 5  | 86   | 305  | 46   | 258  | 309 | 156  | 263  | 315  | 168  | 225  |
| 6  | 244  | 103  | 204  | 55   | 106 | 314  | 60   | 113  | 326  | 23   |
| 7  | 42   | 261  | 2    | 213  | 264 | 112  | 218  | 271  | 124  | 181  |
| 8  | 200  | 58   | 160  | 11   | 62  | 269  | 16   | 69   | 282  | 339  |
| 9  | 359  | 216  | 317  | 169  | 219 | 67   | 174  | 226  | 79   | 137  |
| 10 | 157  | 14   | 115  | 326  | 17  | 225  | 331  | 24   | 237  | 295  |
| 11 | 315  | 172  | 273  | 124  | 175 | 22   | 129  | 182  | 35   | 93   |
| 12 | 113  | 330  | 71   | 282  | 332 | 180  | 287  | 340  | 193  | 251  |
| 13 | 271  | 128  | 229  | 79   | 130 | 338  | 84   | 138  | 351  | 49   |
| 14 | 69   | 286  | 26   | 237  | 288 | 135  | 242  | 296  | 149  | 207  |
| 15 | 227  | 84   | 184  | 35   | 86  | 293  | 40   | 93   | 307  | 5    |
| 16 | 25   | 242  | 342  | 193  | 243 | 91   | 198  | 251  | 105  | 163  |
| 17 | 183  | 40   | 140  | 350  | 41  | 248  | 355  | 49   | 263  | 321  |
| 18 | 341  | 198  | 298  | 148  | 198 | 46   | 153  | 207  | 60   | 119  |
| 19 | 139  | 356  | 96   | 306  | 356 | 203  | 311  | 5    | 218  | 277  |
| 20 | 297  | 154  | 253  | 103  | 154 | 1    | 109  | 162  | 16   | 75   |

| | Jan. | Feb. | Mär. | Apr. | Mai | Jun. | Sep. | Okt. | Nov. | Dez. |
|---|---|---|---|---|---|---|---|---|---|---|
| 21 | 95 | 312 | 51 | 261 | 311 | 159 | 266 | 320 | 174 | 233 |
| 22 | 253 | 109 | 209 | 59 | 109 | 316 | 64 | 118 | 332 | 31 |
| 23 | 51 | 267 | 7 | 217 | 267 | 114 | 222 | 276 | 130 | 189 |
| 24 | 209 | 65 | 164 | 14 | 64 | 272 | 20 | 74 | 288 | 347 |
| 25 | 7 | 223 | 322 | 172 | 222 | 69 | 178 | 232 | 86 | 145 |
| 26 | 165 | 21 | 120 | 330 | 20 | 227 | 335 | 29 | 244 | 303 |
| 27 | 323 | 179 | 278 | 127 | 177 | 25 | 133 | 187 | 42 | 101 |
| 28 | 121 | 337 | 76 | 285 | 335 | 182 | 291 | 345 | 200 | 259 |
| 29 | 279 | | 233 | 83 | 133 | 340 | 89 | 143 | 358 | 57 |
| 30 | 77 | | 31 | 240 | 290 | 138 | 246 | 301 | 155 | 215 |
| 31 | 235 | | 189 | | 88 | | | 99 | | 13 |

Änderung: +36,58°/Stunde

## Jupiter, System II

| | Jan. | Feb. | Mär. | Apr. | Mai | Jun. | Sep. | Okt. | Nov. | Dez. |
|---|---|---|---|---|---|---|---|---|---|---|
| 1 | 53 | 35 | 283 | 258 | 81 | 52 | 176 | 360 | 335 | 163 |
| 2 | 203 | 185 | 73 | 48 | 231 | 202 | 326 | 150 | 126 | 314 |
| 3 | 353 | 335 | 223 | 199 | 21 | 352 | 116 | 300 | 276 | 104 |
| 4 | 144 | 126 | 14 | 349 | 171 | 142 | 266 | 90 | 66 | 254 |
| 5 | 294 | 276 | 164 | 139 | 321 | 292 | 56 | 240 | 216 | 45 |
| 6 | 85 | 66 | 314 | 289 | 111 | 82 | 207 | 30 | 7 | 195 |
| 7 | 235 | 217 | 104 | 79 | 261 | 232 | 357 | 181 | 157 | 345 |
| 8 | 25 | 7 | 254 | 229 | 51 | 22 | 147 | 331 | 307 | 136 |
| 9 | 176 | 157 | 45 | 19 | 201 | 172 | 297 | 121 | 97 | 286 |
| 10 | 326 | 308 | 195 | 169 | 351 | 322 | 87 | 271 | 248 | 76 |
| 11 | 117 | 98 | 345 | 319 | 141 | 112 | 237 | 61 | 38 | 227 |
| 12 | 267 | 248 | 135 | 110 | 291 | 262 | 27 | 211 | 188 | 17 |
| 13 | 57 | 39 | 285 | 260 | 81 | 52 | 177 | 2 | 338 | 167 |
| 14 | 208 | 189 | 76 | 50 | 232 | 202 | 327 | 152 | 129 | 318 |
| 15 | 358 | 339 | 226 | 200 | 22 | 352 | 118 | 302 | 279 | 108 |
| 16 | 149 | 129 | 16 | 350 | 172 | 142 | 268 | 92 | 69 | 258 |
| 17 | 299 | 280 | 166 | 140 | 322 | 292 | 58 | 242 | 219 | 49 |
| 18 | 89 | 70 | 316 | 290 | 112 | 82 | 208 | 33 | 10 | 199 |
| 19 | 240 | 220 | 106 | 80 | 262 | 232 | 358 | 183 | 160 | 349 |
| 20 | 30 | 11 | 257 | 230 | 52 | 23 | 148 | 333 | 310 | 140 |
| 21 | 181 | 161 | 47 | 20 | 202 | 173 | 298 | 123 | 100 | 290 |
| 22 | 331 | 311 | 197 | 170 | 352 | 323 | 88 | 273 | 251 | 81 |
| 23 | 121 | 101 | 347 | 320 | 142 | 113 | 239 | 64 | 41 | 231 |
| 24 | 272 | 252 | 137 | 110 | 292 | 263 | 29 | 214 | 191 | 21 |
| 25 | 62 | 42 | 287 | 261 | 82 | 53 | 179 | 4 | 342 | 172 |
| 26 | 212 | 192 | 78 | 51 | 232 | 203 | 329 | 154 | 132 | 322 |
| 27 | 3 | 342 | 228 | 201 | 22 | 353 | 119 | 304 | 282 | 112 |
| 28 | 153 | 133 | 18 | 351 | 172 | 143 | 269 | 95 | 73 | 263 |
| 29 | 304 | | 168 | 141 | 322 | 293 | 59 | 245 | 223 | 53 |
| 30 | 94 | | 318 | 291 | 112 | 83 | 210 | 35 | 13 | 204 |
| 31 | 244 | | 108 | | 262 | | | 185 | | 354 |

Änderung: 36,26°/Stunde

## Neigung der Jupiterachse zur Erde

|    | Jan. | Feb. | Mär. | Apr. | Mai | Jun. | Sep. | Okt. | Nov. | Dez. |
|----|------|------|------|------|-----|------|------|------|------|------|
| 1  | 1,4  | 1,4  | 1,4  | 1,4  | 1,3 | 1,1  | 0,4  | 0,1  | -0,2 | -0,4 |
| 2  | 1,4  | 1,4  | 1,4  | 1,4  | 1,3 | 1,1  | 0,4  | 0,1  | -0,2 | -0,4 |
| 3  | 1,4  | 1,4  | 1,4  | 1,4  | 1,3 | 1,1  | 0,4  | 0,1  | -0,2 | -0,4 |
| 4  | 1,4  | 1,4  | 1,4  | 1,4  | 1,3 | 1,1  | 0,4  | 0,1  | -0,2 | -0,4 |
| 5  | 1,4  | 1,4  | 1,4  | 1,4  | 1,3 | 1,1  | 0,4  | 0,1  | -0,2 | -0,4 |
| 6  | 1,4  | 1,4  | 1,4  | 1,4  | 1,3 | 1,1  | 0,3  | 0,1  | -0,2 | -0,4 |
| 7  | 1,4  | 1,4  | 1,4  | 1,4  | 1,3 | 1,1  | 0,3  | 0,1  | -0,2 | -0,4 |
| 8  | 1,4  | 1,4  | 1,4  | 1,4  | 1,3 | 1,1  | 0,3  | 0,0  | -0,2 | -0,4 |
| 9  | 1,4  | 1,4  | 1,4  | 1,4  | 1,3 | 1,1  | 0,3  | 0,0  | -0,2 | -0,4 |
| 10 | 1,4  | 1,4  | 1,4  | 1,4  | 1,3 | 1,1  | 0,3  | 0,0  | -0,2 | -0,4 |
| 11 | 1,4  | 1,4  | 1,4  | 1,4  | 1,3 | 1,1  | 0,3  | 0,0  | -0,2 | -0,4 |
| 12 | 1,4  | 1,4  | 1,4  | 1,4  | 1,2 | 1,1  | 0,3  | 0,0  | -0,2 | -0,4 |
| 13 | 1,4  | 1,4  | 1,4  | 1,4  | 1,2 | 1,1  | 0,3  | 0,0  | -0,2 | -0,4 |
| 14 | 1,4  | 1,4  | 1,4  | 1,4  | 1,2 | 1,1  | 0,3  | 0,0  | -0,3 | -0,4 |
| 15 | 1,4  | 1,4  | 1,4  | 1,4  | 1,2 | 1,0  | 0,3  | 0,0  | -0,3 | -0,4 |
| 16 | 1,4  | 1,4  | 1,4  | 1,4  | 1,2 | 1,0  | 0,3  | 0,0  | -0,3 | -0,4 |
| 17 | 1,4  | 1,4  | 1,4  | 1,3  | 1,2 | 1,0  | 0,2  | 0,0  | -0,3 | -0,4 |
| 18 | 1,4  | 1,4  | 1,4  | 1,3  | 1,2 | 1,0  | 0,2  | 0,0  | -0,3 | -0,4 |
| 19 | 1,4  | 1,4  | 1,4  | 1,3  | 1,2 | 1,0  | 0,2  | 0,0  | -0,3 | -0,4 |
| 20 | 1,4  | 1,4  | 1,4  | 1,3  | 1,2 | 1,0  | 0,2  | -0,1 | -0,3 | -0,4 |
| 21 | 1,4  | 1,4  | 1,4  | 1,3  | 1,2 | 1,0  | 0,2  | -0,1 | -0,3 | -0,5 |
| 22 | 1,4  | 1,4  | 1,4  | 1,3  | 1,2 | 1,0  | 0,2  | -0,1 | -0,3 | -0,5 |
| 23 | 1,4  | 1,4  | 1,4  | 1,3  | 1,2 | 1,0  | 0,2  | -0,1 | -0,3 | -0,5 |
| 24 | 1,4  | 1,4  | 1,4  | 1,3  | 1,2 | 1,0  | 0,2  | -0,1 | -0,3 | -0,5 |
| 25 | 1,4  | 1,4  | 1,4  | 1,3  | 1,2 | 1,0  | 0,2  | -0,1 | -0,3 | -0,5 |
| 26 | 1,4  | 1,4  | 1,4  | 1,3  | 1,2 | 1,0  | 0,2  | -0,1 | -0,3 | -0,5 |
| 27 | 1,4  | 1,4  | 1,4  | 1,3  | 1,2 | 1,0  | 0,1  | -0,1 | -0,3 | -0,5 |
| 28 | 1,4  | 1,4  | 1,4  | 1,3  | 1,2 | 1,0  | 0,1  | -0,1 | -0,3 | -0,5 |
| 29 | 1,4  |      | 1,4  | 1,3  | 1,2 | 0,9  | 0,1  | -0,1 | -0,4 | -0,5 |
| 30 | 1,4  |      | 1,4  | 1,3  | 1,1 | 0,9  | 0,1  | -0,1 | -0,4 | -0,5 |
| 31 | 1,4  |      | 1,4  |      | 1,1 |      |      | -0,1 |      | -0,5 |

# Korrektur der Auf- und Untergangszeiten

Korrektur für geographische Länge:
(Geographische Länge des Orts – 9°) *4 Minuten

Korrektur für geographische Breite:
Deklinationabhängiger Korrekturwert für die geographische Breite des
Beobachtungsorts von der Aufgangszeit für 50° nördliche Breite subtrahieren und zur
Untergangszeit zu addieren.

| Deklination / Geographische Breite | 47° | 48° | 49° | 50° | 51° | 52° | 53° | 54° |
|---|---|---|---|---|---|---|---|---|
| -30° | 21 | 15 | 8 | 0 | -8 | -17 | -27 | -38 |
| -29° | 20 | 14 | 7 | 0 | -8 | -16 | -25 | -34 |
| -28° | 19 | 13 | 7 | 0 | -7 | -15 | -23 | -32 |
| -27° | 18 | 12 | 6 | 0 | -7 | -14 | -21 | -29 |
| -26° | 16 | 11 | 6 | 0 | -6 | -13 | -20 | -27 |
| -25° | 15 | 11 | 5 | 0 | -6 | -12 | -18 | -25 |
| -24° | 15 | 10 | 5 | 0 | -5 | -11 | -17 | -24 |
| -23° | 14 | 9 | 5 | 0 | -5 | -10 | -16 | -22 |
| -22° | 13 | 9 | 4 | 0 | -5 | -10 | -15 | -21 |
| -21° | 12 | 8 | 4 | 0 | -4 | -9 | -14 | -19 |
| -20° | 11 | 8 | 4 | 0 | -4 | -9 | -13 | -18 |
| -19° | 11 | 7 | 4 | 0 | -4 | -8 | -12 | -17 |
| -18° | 10 | 7 | 3 | 0 | -4 | -7 | -11 | -16 |
| -17° | 9 | 6 | 3 | 0 | -3 | -7 | -11 | -15 |
| -16° | 9 | 6 | 3 | 0 | -3 | -6 | -10 | -14 |
| -15° | 8 | 5 | 3 | 0 | -3 | -6 | -9 | -13 |
| -14° | 7 | 5 | 3 | 0 | -3 | -6 | -9 | -12 |
| -13° | 7 | 5 | 2 | 0 | -3 | -5 | -8 | -11 |
| -12° | 6 | 4 | 2 | 0 | -2 | -5 | -7 | -10 |
| -11° | 6 | 4 | 2 | 0 | -2 | -4 | -7 | -9 |
| -10° | 5 | 4 | 2 | 0 | -2 | -4 | -6 | -8 |
| -9° | 5 | 3 | 2 | 0 | -2 | -4 | -5 | -7 |
| -8° | 4 | 3 | 1 | 0 | -2 | -3 | -5 | -7 |
| -7° | 4 | 3 | 1 | 0 | -1 | -3 | -4 | -6 |
| -6° | 3 | 2 | 1 | 0 | -1 | -2 | -4 | -5 |
| -5° | 3 | 2 | 1 | 0 | -1 | -2 | -3 | -4 |
| -4° | 2 | 2 | 1 | 0 | -1 | -2 | -3 | -3 |
| -3° | 2 | 1 | 1 | 0 | -1 | -1 | -2 | -3 |
| -2° | 1 | 1 | 0 | 0 | 0 | -1 | -1 | -2 |
| -1° | 1 | 1 | 0 | 0 | 0 | -1 | -1 | -1 |
| 0° | 0 | 0 | 0 | 0 | 0 | 0 | 0 | -1 |
| 1° | 0 | 0 | 0 | 0 | 0 | 0 | 0 | 0 |

| Deklination / Geographische Breite | 47° | 48° | 49° | 50° | 51° | 52° | 53° | 54° |
|---|---|---|---|---|---|---|---|---|
| 2° | -1 | 0 | 0 | 0 | 0 | 0 | 1 | 1 |
| 3° | -1 | -1 | 0 | 0 | 0 | 1 | 1 | 2 |
| 4° | -2 | -1 | -1 | 0 | 1 | 1 | 2 | 2 |
| 5° | -2 | -1 | -1 | 0 | 1 | 2 | 2 | 3 |
| 6° | -3 | -2 | -1 | 0 | 1 | 2 | 3 | 4 |
| 7° | -3 | -2 | -1 | 0 | 1 | 2 | 3 | 5 |
| 8° | -4 | -2 | -1 | 0 | 1 | 3 | 4 | 6 |
| 9° | -4 | -3 | -1 | 0 | 1 | 3 | 5 | 6 |
| 10° | -5 | -3 | -2 | 0 | 2 | 3 | 5 | 7 |
| 11° | -5 | -3 | -2 | 0 | 2 | 4 | 6 | 8 |
| 12° | -6 | -4 | -2 | 0 | 2 | 4 | 6 | 9 |
| 13° | -6 | -4 | -2 | 0 | 2 | 5 | 7 | 10 |
| 14° | -7 | -5 | -2 | 0 | 2 | 5 | 8 | 11 |
| 15° | -7 | -5 | -3 | 0 | 3 | 5 | 8 | 11 |
| 16° | -8 | -5 | -3 | 0 | 3 | 6 | 9 | 12 |
| 17° | -9 | -6 | -3 | 0 | 3 | 6 | 10 | 13 |
| 18° | -9 | -6 | -3 | 0 | 3 | 7 | 11 | 14 |
| 19° | -10 | -7 | -3 | 0 | 4 | 7 | 11 | 16 |
| 20° | -11 | -7 | -4 | 0 | 4 | 8 | 12 | 17 |
| 21° | -11 | -8 | -4 | 0 | 4 | 8 | 13 | 18 |
| 22° | -12 | -8 | -4 | 0 | 4 | 9 | 14 | 19 |
| 23° | -13 | -9 | -4 | 0 | 5 | 10 | 15 | 21 |
| 24° | -14 | -9 | -5 | 0 | 5 | 10 | 16 | 22 |
| 25° | -15 | -10 | -5 | 0 | 5 | 11 | 17 | 24 |
| 26° | -15 | -11 | -5 | 0 | 6 | 12 | 19 | 26 |
| 27° | -17 | -11 | -6 | 0 | 6 | 13 | 20 | 28 |
| 28° | -18 | -12 | -6 | 0 | 7 | 14 | 21 | 30 |
| 29° | -19 | -13 | -7 | 0 | 7 | 15 | 23 | 32 |
| 30° | -20 | -14 | -7 | 0 | 8 | 16 | 25 | 35 |

# Veränderliche Sterne

## Algol

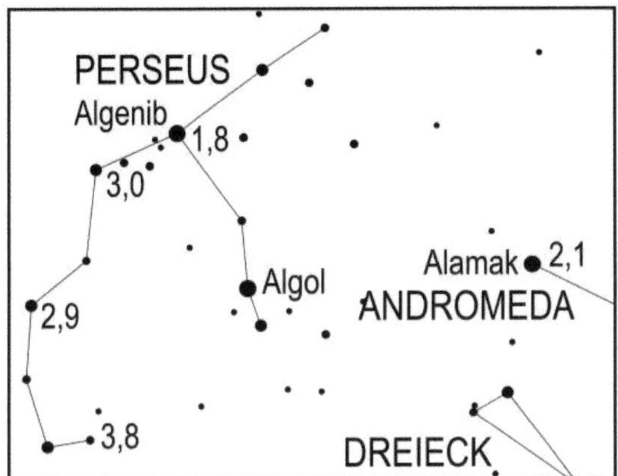


Aufsuchkarte für Algol. Die Dezimalzahlen bezeichnen die Helligkeitswerte (in mag) von Vergleichssternen zur Helligkeitsbestimmung.

Algol ist der bekannteste bedeckungsveränderliche Stern. Er hat eine Helligkeit von 2,1 mag. Alle 2,8673 Tage wird der hellere der beiden Sterne vom schwächeren bedeckt, wobei seine Helligkeit innerhalb von 5 Stunden auf 3,4 mag zurückgeht, um anschließend wieder im gleichen Zeitraum auf den ursprünglichen Wert anzusteigen. Nach einer halben Periode bedeckt die hellere Komponente des Algol-Systems die schwächere, wodurch ein Nebenminimum entsteht. Dieses hat einen Betrag von unter 0,1 mag und kann mit bloßem Auge nicht erkannt werden.

## Algol-Minima 2026

Es sind nur diejenigen Minima aufgeführt, die während der Nachtstunden stattfinden und bei denen Algol eine Höhe von mehr als 15° über dem Horizont hat. Alle aufgeführten Minima sind Hauptminima (Zeiten in MEZ).

10.1.2026 3:02, 12.1.2026 23:51, 15.1.2026 20:40, 18.1.2026 17:30

2.2.2026 1:36, 4.2.2026 22:26, 7.2.2026 19:15, 25.2.2026 0:11, 27.2.2026 21:01

19.3.2026 22:46, 22.3.2026 19:35

11.4.2026 21:20

19.5.2026 3:58

11.6.2026 2:30

1.7.2026 4:11, 4.7.2026 1:00, 24.7.2026 2:41, 26.7.2026 23:29

13.8.2026 4:21, 16.8.2026 1:10, 18.8.2026 21:58

5.9.2026 2:50, 7.9.2026 23:39, 10.9.2026 20:27, 25.9.2026 4:30, 28.9.2026 1:19,
30.9.2026 22:08

3.10.2026 18:57, 15.10.2026 6:12, 18.10.2026 3:00, 20.10.2026 23:49,
23.10.2026 20:38, 26.10.2026 17:27

7.11.2026 4:42, 10.11.2026 1:31, 12.11.2026 22:20, 15.11.2026 19:09,
27.11.2026 6:25, 30.11.2026 3:14

3.12.2026 0:03, 5.12.2026 20:52, 8.12.2026 17:41, 20.12.2026 4:58, 23.12.2026 1:47,
25.12.2026 22:36, 28.12.2026 19:26

## β (Beta) Lyrae

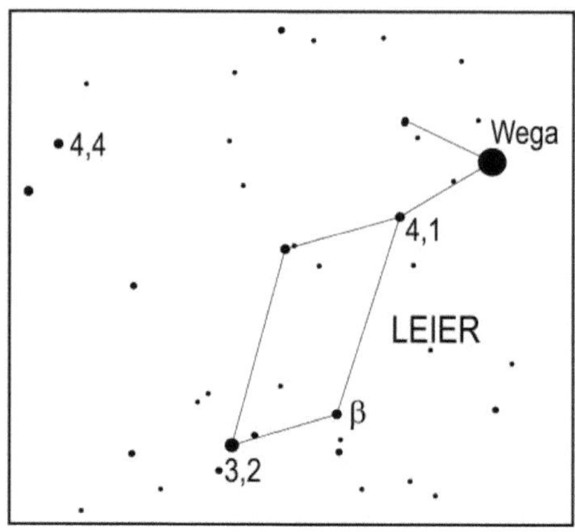


Aufsuchkarte für β Lyrae. Die Dezimalzahlen bezeichnen die Helligkeitswerte (in mag) von Vergleichssternen zur Helligkeitsbestimmung.

Die Helligkeit des bedeckungsveränderlichen Sterns β Lyrae schwankt mit einer Periode von 12,9075 Tagen zwischen 3,4 mag und 4,6 mag. Im Unterschied zu Algol ist bei β Lyrae das Nebenminimum, bei dem die Helligkeit auf 3,9 mag zurückgeht, gut beobachtbar. Die Haupt- und Nebenminima von β Lyrae folgen direkt aufeinander und es gibt keinen Zeitraum konstanter Helligkeit bei diesem Stern. Das System von β Lyrae besteht nicht nur aus den beiden, sich gegenseitig bedeckenden Sternen, sondern auch noch aus zwei Sternen, die im Fernglas bzw.

Fernrohr beobachtet werden können. Ersterer hat eine Helligkeit von 7,1 mag und befindet sich in südsüdöstlicher Richtung vom Hauptsystem in 45,7" Abstand, letzterer steht 85,8" nordnordöstlich des Hauptsystems und hat eine Helligkeit von 10,6 mag.

## Hauptminima von β Lyrae 2026

Es sind nur diejenigen Hauptminima aufgeführt, die während der Nachtstunden stattfinden und bei denen β Lyrae eine Höhe von mehr als 15° über dem Horizont hat. (Zeiten in MEZ).

7.8.2026 4:17, 20.8.2026 2:59

2.9.2026 1:42, 15.9.2026 0:24, 27.9.2026 23:07

10.10.2026 21:49, 23.10.2026 20:32

5.11.2026 19:15, 18.11.2026 17:57, 1.12.2026 16:40

## Nebenminima von β Lyrae 2026

Es sind nur diejenigen Nebenminima aufgeführt, die während der Nachtstunden stattfinden und bei denen β Lyrae eine Höhe von mehr als 15° über dem Horizont hat. (Zeiten in MEZ).

24.3.2026 6:07

6.4.2026 4:47, 19.4.2026 3:28

2.5.2026 2:08, 15.5.2026 0:49, 27.5.2026 23:29

9.6.2026 22:10, 22.6.2026 20:52

# δ (Delta) Cephei

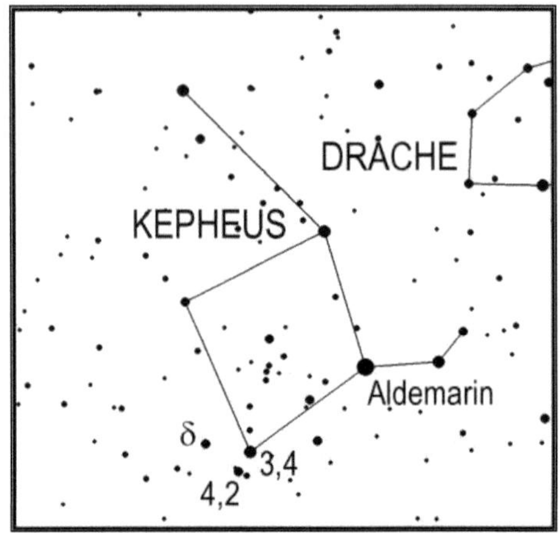



Aufsuchkarte für δ Cephei. Die Dezimalzahlen bezeichnen die Helligkeitswerte (in mag) von Vergleichssternen zur Helligkeitsbestimmung.

Die Helligkeit des physikalisch-veränderlichen Sterns δ Cephei, welcher der Prototyp einer Klasse veränderlicher Sterne ist, schwankt zwischen 3,5 mag und 4,4 mag mit einer Periode von 5,36643 Tagen. Seine Lichtkurve ist stark asymmetrisch: der Abfall von der Maximalhelligkeit zur Minimalhelligkeit dauert 4 Tage, während der Anstieg zum Maximalwert nur 1,36 Tage lang andauert.
δ Cephei hat einen 6,4 mag hellen Begleiter in 41" Abstand, der schon im Feldstecher gesehen werden kann.

## Maxima von δ Cephei 2026

Es sind nur diejenigen Maxima aufgeführt, die während der Nachtstunden stattfinden. Für Beobachter in Mitteleuropa hat δ Cephei immer eine zur Beobachtung ausreichende Höhe über dem Horizont (Zeiten in MEZ).

4.1.2026 5:48, 14.1.2026 23:24, 20.1.2026 8:12, 31.1.2026 1:48

10.2.2026 19:23, 16.2.2026 4:11, 26.2.2026 21:47

4.3.2026 6:35, 15.3.2026 0:10, 31.3.2026 2:33

10.4.2026 20:08, 16.4.2026 4:55, 26.4.2026 22:30

13.5.2026 0:52, 29.5.2026 3:14

8.6.2026 20:49, 24.6.2026 23:10

11.7.2026 1:32, 27.7.2026 3:53

6.8.2026 21:28, 22.8.2026 23:49

8.9.2026 2:11, 18.9.2026 19:46, 24.9.2026 4:33

4.10.2026 22:08, 21.10.2026 0:31, 31.10.2026 18:06

6.11.2026 2:54, 16.11.2026 20:29, 22.11.2026 5:17

2.12.2026 22:53, 8.12.2026 7:40, 13.12.2026 16:28, 19.12.2026 1:16,
29.12.2026 18:52

## Mira

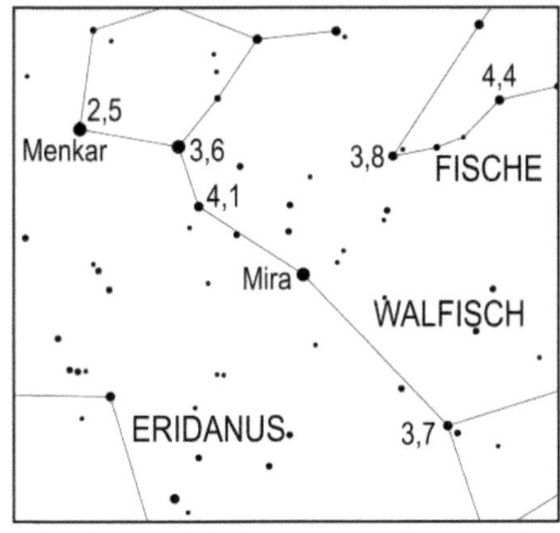


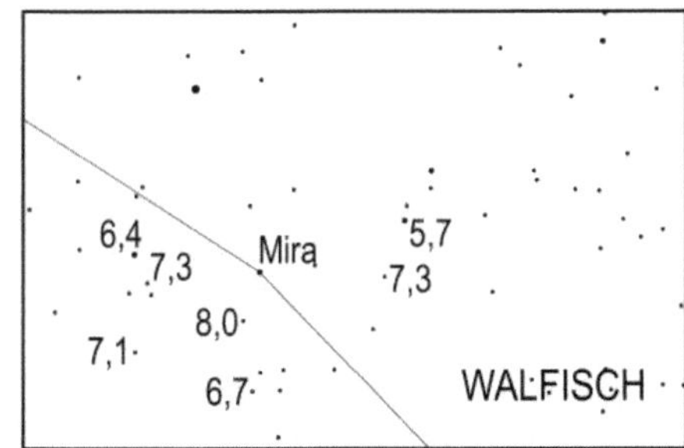


Aufsuchkarte für Mira. Die Dezimalzahlen bezeichnen die Helligkeitswerte (in mag) von Vergleichssternen zur Helligkeitsbestimmung.

Miras Helligkeit schwankt mit einer Periode von 332 Tagen zwischen 2,0 mag und 10,1 mag. Sie ist somit im Maximum mit bloßem Auge als auffälliger Stern zu sehen, während es im Minimum ein Fernrohr benötigt, um sie zu sehen. Allerdings erreicht Mira nicht in jedem Maximum 2,0 mag. Es wurden schon Maxima mit einer Helligkeit von nur 4,9 mag registriert. Miras Minimalhelligkeit fällt manchmal auch größer als der Maximalwert aus und erreichte in manchen Jahren nur 8,6 mag. Mira erreicht ihr Minimum am 22.9.2026 und ihr Maximum am 28.2.2026.

## χ (Chi) Cygni

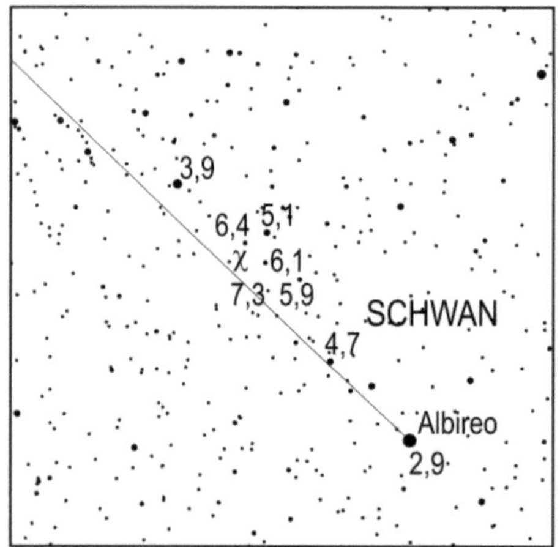


Aufsuchkarte für χ Cygni. Die Dezimalzahlen bezeichnen die Helligkeitswerte (in mag) von Vergleichssternen zur Helligkeitsbestimmung.

χ Cygni gehört zu den pulsationsveränderlichen Sternen mit dem größten Lichtwechsel, denn dieser Veränderliche vom Mira-Typ mit einer Periode von 408,7 Tagen kann im Maximum eine Helligkeit von 3,4 mag erreichen, während im Minimum seine Helligkeit auf 14,2 mag zurückgehen kann. Man kann diesen Stern somit im Maximum gut mit freiem Auge sehen, während zu seiner Beobachtung im Minimum ein Fernrohr von 30 cm-Durchmesser erforderlich ist. Wie bei Mira erreicht auch χ Cygni nicht in jedem Minimum und jedem Maximum die oben genannten Werte. Die mittlere Maximalhelligkeit von χ Cygni beträgt 4,8 mag, die mittlere Minimalhelligkeit 13,4 mag. Es wurden schon Maxima mit einer Helligkeit von 6,5 mag registriert. χ Cygni erreicht sein Minimum am 20.4.2026 und sein Maximum am 4.10.2026.

# R Hydrae

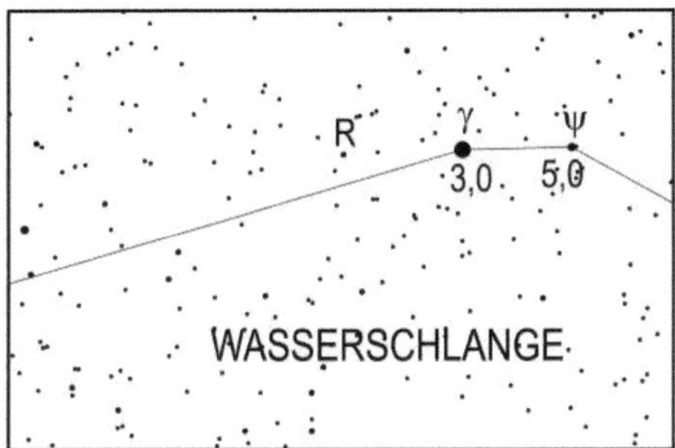

Aufsuchkarte für R Hydrae. Die Dezimalzahlen bezeichnen die Helligkeitswerte (in mag) von Vergleichssternen zur Helligkeitsbestimmung.

R Hydrae ist ein weiterer, leicht beobachtbarer Mirastern, dessen Helligkeit mit einer leicht veränderlichen Periode von 389 Tagen zwischen 3,5 mag und 10,9 mag schwankt. R Hydrae erreicht sein Maximum am 10.9.2026 und sein Minimum am 18.3.2026.

# R Leonis

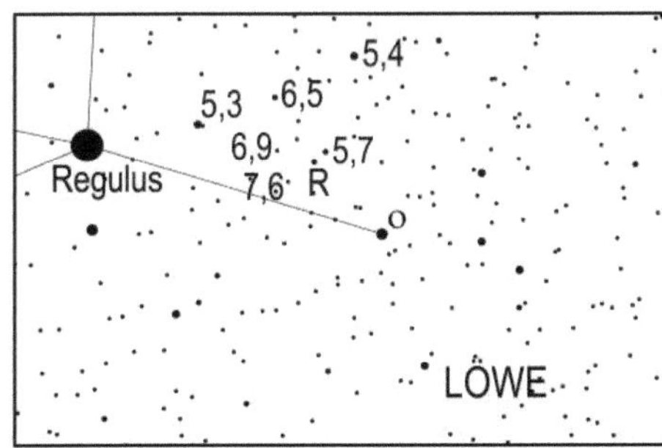

Aufsuchkarte für R Leonis. Die Dezimalzahlen bezeichnen die Helligkeitswerte (in mag) von Vergleichssternen zur Helligkeitsbestimmung.

R Leonis ist ein Mirastern im westlichen Teil des Sternbildes Löwe. Seine Helligkeit schwankt mit einer Periode von 312 Tagen zwischen 4,3 mag und 11,7 mag. R Leonis erreicht sein Maximum am 21.10.2026 und sein Minimum am 9.6.2026.